高等院校化学与化工类创新型应用人才培养规划教材

有机化学基础教程

主　编　何建玲
副主编　李立冬　张　红
参　编　仓　辉　唐兰勤　陈立根

内 容 简 介

为了适应高等教育从精英教育向大众化教育的转变，深化教育教学改革，我们编写了《有机化学基础教程》一书。本书仍按官能团体系编排，共分16章，主要论述各类有机化合物的分类、命名、结构、性质和重要反应，以及对映异构、现代物理实验方法在有机化学中的应用等；阐明了各类有机化合物结构和性质之间的关系。每章有练习、阅读材料和习题。本书在保持有机化学的基本框架内精炼内容，选材更加贴近社会、贴近生活，同时引入有机化学的新成果、新发展，反映各学科相互渗透、相互交叉的趋势。

本书可作为化工工艺、高分子材料、生物工程、制药工程、应用化学、食品工程等相关专业的教材，也可作为其他专业的学生、教师及科技工作者的参考用书。

图书在版编目(CIP)数据

有机化学基础教程/何建玲主编. —北京：北京大学出版社，2011.2
(高等院校化学与化工类创新型应用人才培养规划教材)
ISBN 978-7-301-18406-6

Ⅰ.①有… Ⅱ.①何… Ⅲ.有机化学—高等学校—教材 Ⅳ.①O62

中国版本图书馆CIP数据核字(2011)第001774号

书　　名：有机化学基础教程
著作责任者：何建玲　主编
责 任 编 辑：王显超
标 准 书 号：ISBN 978-7-301-18406-6/TQ·0004
出 版 者：北京大学出版社
地　　址：北京市海淀区成府路205号　100871
网　　址：http://www.pup.cn　http://www.pup6.com
电　　话：邮购部 010-62752015　发行部 010-62750672　编辑部 010-62750667
电 子 邮 箱：编辑部 pup6@pup.cn　总编室 zpup@pup.cn
印 刷 者：北京虎彩文化传播有限公司
发 行 者：北京大学出版社
经 销 者：新华书店
787毫米×1092毫米　16开本　25.25印张　578千字
2011年2月第1版　2024年1月第11次印刷
定　　价：56.00元

前　言

随着教学改革的不断深入，有机化学教学在课程体系、教学内容、教学手段和教学模式等方面都有了新的变化。为了适应这种形势的需要，我们特编写了《有机化学基础教程》一书，着重介绍了有机化学的基本概念、基本理论、基本方法、基本反应及机理，阐明了各类有机化合物结构和性质之间的关系。各章前有“教学目标”和“教学要求”，中间有练习，章节后除了附有习题外，还编写有“阅读材料”、“本章小结”等内容，以便学生自主学习、及时复习和巩固所学知识。

本书以官能团为主线，脂肪族与芳香族混合编章，对映异构、有机化合物的波谱方法简介独立编章。本书的编写特点：

(1) 重基础，适应性广。为适应本科新学科(专业)的不断涌现，在编写中重视基础，注意新的应用，深浅有别，希望能适应多个学科(专业)使用。

(2) 重视学生的自主学习。本书每章都编有教学目标、教学要求、练习、阅读材料、本章小结和习题，有利于学生个体化学习。每章后的“阅读材料”有利于学生知识更新，扩展知识面，加强素质教育。本书设置的习题强调基础内容，且难易有度，方便选择。

(3) 重视绿色化学理念。本书特别注意有机化学的理论知识与生产、生活实际相结合，重视绿色化学理念，引进绿色环保的新反应和新试剂，以提高学生的环保意识，激发学生兴趣。

本书由何建玲担任主编，李立冬、张红担任副主编；仓辉、唐兰勤、陈立根担任参编。具体分工如下：何建玲(第1章、第6章、第10、11章)、张红(第2～4章)、李立冬(第5章、第7、8章)、仓辉(第9章、第12章)、陈立根(第13、14章)、唐兰勤(第15、16章)。全书由何建玲负责制定编写大纲、统稿、校对和定稿。

本书在编写过程中参考了有关书籍和资料，并得到了盐城工学院教材出版基金的资助，在此表示衷心的感谢!

由于编者的水平有限，书中错误和不妥之处在所难免，敬请同行及读者批评指正。

编　者

2010年11月于盐城

目　录

第1章 绪 论

教学目标

了解有机化学的含义，掌握有机化合物的特点。

掌握有机化合物的结构及共价键理论的基本内容。

掌握有机反应的类型和共价键的断裂方式。

理解有机化合物的分类原则，能够识别常见的官能团；理解有机化学中的酸碱理论。

了解研究有机化合物的一般步骤和方法。

教学要求

知识要点	能力要求	相关知识
有机化合物和有机化学	(1) 了解有机化学的含义 (2) 掌握有机化合物的特点	
有机化合物中的共价键	(1) 掌握价键理论要点以及σ键和π键的成键特点 (2) 理解杂化轨道理论和碳原子的三种杂化形式 (3) 了解分子轨道理论	σ键和π键的异同 sp^3、sp^2、sp杂化
共价键的断裂和有机反应类型	(1) 理解共价键的均裂和自由基型反应 (2) 理解共价键的异裂和离子型反应	
有机化合物的分类和有机化学中的酸碱理论	(1) 理解有机化合物的分类原则 (2) 能够识别常见的官能团 (3) 理解有机化学中的酸碱理论	官能团 酸碱质子理论 酸碱电子理论
有机化合物的研究程序	了解研究有机化合物的一般步骤和方法	

有机化学是一门非常重要的科学，人们的衣、食、住、行都离不开有机化合物。人体中存在的蛋白质、核酸等都是极其复杂的有机化合物；能源物质如木材、煤、石油和天然气等是有机化合物，橡胶、纸张、棉花、羊毛等也是有机化合物，以及合成纤维、合成橡胶、塑料、各种药物、添加剂、染料、化妆品等都是有机化合物。

1.1 有机化合物和有机化学

1.1.1 有机化学的研究对象

有机化学是化学的一个分支，是与人们的日常生活密切相关的一门学科。有机化学是研究有机化合物的化学，是一门研究有机化合物的组成、结构、性质及其变化规律的科学。

有机化合物的主要特征是都含有碳原子，绝大多数有机化合物也都含有氢，一般简称为有机物，相应地，无机化合物简称为无机物。有机化合物除含碳和氢以外，还含有氧、氮、卤素、硫或磷等元素。通常把只含碳和氢两种元素的化合物(简称碳氢化合物)看做有机化合物的母体，而有机化合物可以定义为碳氢化合物(烃)及其衍生物。所谓衍生物是指碳氢化合物中的一个或几个氢原子被其他原子或基团取代而得到的化合物。

有机化学的研究内容有：有机化合物的结构和命名；有机化合物的合成方法；有机化合物的物理、化学性质；有机化合物之间的相互转化以及根据反应事实归纳出来的理论和规律。

为什么要把有机化学作为一门独立的学科呢？其主要原因是有机化合物种类繁多，具有重要的研究价值；其次是有机化合物具有与典型无机化合物截然不同的特性。

1.1.2 有机化合物的特点

1. 有机化合物数目庞大，分子组成复杂

目前发现的有机化合物有近千万种，且还在不断增加，每天新合成的有机化合物平均达上千种，每年有近 30 万种。而目前发现的无机化合物仅有几万种。有机化合物的分子组成有的非常复杂，如从自然界分离出来的维生素 B_{12}，它的分子式是 $C_{63}H_{88}N_{14}O_{14}PCo$，而无机化合物往往是由几个原子所组成。

有机化合物数目庞大的原因主要有：

(1) 碳原子自身相互结合的能力较强，一个分子含有的碳原子数可以非常多，如聚乙烯分子中碳原子数可达数万、数十万。

(2) 有机化合物分子中的原子结合的方式多种多样(单键、双键、三键、链状、环状)。

(3) 有机化合物具有同分异构现象(构造异构、构象异构、构型异构)，同一个分子式可以代表多种不同性质的化合物(具有同一分子式，而分子中原子的排列次序和方式不同的化合物互称为同分异构体)，如 C_2H_6O，就可以代表乙醇(CH_3CH_2OH)和甲醚(CH_3OCH_3)。

2. 性质上的特征

有机化合物在性质上和无机化合物有一定的差别，主要表现在：

1) 有机化合物容易燃烧

除少数种类外，一般有机化合物都容易燃烧。若分子中只含有碳和氢两种元素而不含有其他元素，最终的产物是二氧化碳和水。而大多数的无机化合物不能着火，也不能烧尽。众所周知，糖和油容易着火，而盐不能着火。

2) 有较低的熔点和沸点

有机化合物在室温下常为气体、液体或低熔点的固体；而无机化合物常为固体。因为有机化合物是靠分子间的排列形成的晶体，用分子间力来维持分子晶体，所以其熔点一般较低。通常有机化合物熔点在400℃以下，且液体有机化合物的沸点也较低。而无机化合物多属离子晶体或原子晶体，带电荷的正负离子之间靠静电引力作用，若要破坏这样的作

用力，需要比较大的能量，所以其熔点、沸点一般较高。

3）一般难溶于水而易溶于有机溶剂

有机化合物一般是非极性或弱极性的，而水是一种极性较强的液体，根据相似相溶原理，大多数有机化合物难溶于水，而易溶于有机溶剂。

4）有机反应速度慢且副反应多

无机反应一般为离子反应，反应速度快；而大多数的有机反应速度较慢，需要一定的反应时间，有些甚至要很长时间才能进行，如石油的形成、橡胶老化等；当然有些有机反应进行得相当快，如有机炸药的爆炸。为了加快反应速度，可以采用加热、搅拌及加催化剂等方法。

在有机反应进行时，常伴有副反应发生。因为有机分子结构复杂，发生部位常常不止一点，当反应发生时，分子的各部分可能都受影响，产率很难达到100%，所以反应产物往往是混合物，这给分离纯化有机化合物带来许多麻烦。因此分离技术是研究有机化合物的重要手段。

1.1.3 有机化学的产生和发展

早在有机化学成为一门科学之前(19 世纪初期之前)，人类就在日常生活和生产过程中大量利用和加工自然界取得的有机化合物。人类使用有机化合物的历史很长，世界上几个文明古国很早就掌握了酿酒、造醋和制饴糖的技术。但是对纯物质的认识和取得却是比较近代的事情，直到 18 世纪末期，才开始由动植物取得一系列较纯的有机物质。1769—1785 年期间，取得了一些重要的有机酸，如酒石酸、柠檬酸、乳酸、尿酸等。1773 年首次由尿提取得到纯的尿素。1805 年由鸦片提取得到第一个生物碱——吗啡。

据记载，中国古代曾制取了一些较纯的有机物质，如没食子酸、乌头碱、甘露醇等；16 世纪后期，西欧制得了乙醚、硝酸乙酯、氯乙烷等。由于这些有机物质都是直接或间接来自动植物体，因此，1777 年，瑞典化学家贝克曼(Bergman)将从动植物体内得到的物质称为有机物(有机化合物)，以示区别于有关矿物质的无机物(无机化合物)。

“有机化学”这一名词于 1806 年首次由贝采利乌斯(Berzelius)提出，他认为，有机物是从有生命的有机体中获得的，它们的形成一定是借助生命力的帮助，只能从动植物中得到的，人是无法从无机物合成有机物的。

有机化学即有生机的化学，这一僵化的观点便是历史上显赫一时的“生命力”学说。

实践是检验真理的标准，随着生产和科学的发展，人们发现了许多有机物，而且也测定了许多有机物的结构与组成，使人们对有机物的认识提高到一个新的阶段。1824 年德国化学家维勒(F. Wohler)从氰经水解制得草酸；1828 年他无意中用加热的方法又使氰酸铵转化为尿素。氰和氰酸铵都是无机化合物，而草酸和尿素都是有机化合物。维勒的实验结果给予“生命力”学说第一次冲击。此后，乙酸等有机化合物相继由碳、氢等元素合成，“生命力”学说才逐渐被人们抛弃。

维勒的发现轰动了化学界，也是对“生命力”学说的否定，确立了有机物和无机物一样也能用化学方法合成，推动了当时有机工业如染料、香料、煤焦油的发展。1845 年柯尔贝(Kolbe)合成了醋酸；1854 年柏赛罗(Berthelot)合成了属于油脂的物质；1856 年英国人柏琴(Perkin)制造出第一种合成染料(苯胺紫)；1850—1900 年成千上万的药品、染料被合成出来，从此有机化学进入了合成的新时代。

1965年9月，中国科学家通力合作，历时七年多，在世界上第一次用人工的方法合成出具有生物活性的蛋白质——结晶牛胰岛素。1967年，中国科学工作者提出继人工合成胰岛素之后要开展人工合成核酸的建议。到1981年底，经过13年的努力，终于完成了酵母丙氨酸转移核糖核酸的人工全合成，这标志着我国在该领域进入了世界领先行列。

随着拉瓦锡(Lavoisier. A. L)和李比希(Von Liebig. J. F)有机分析方法的建立，合成方法和结构理论得到了发展。1858年德国化学家凯库勒(Kekule)和库帕(Couper)提出了碳原子四价理论及碳原子连接成碳链的概念，成为研究有机化合物分子结构的最原始和最基础的理论。1861年布特列洛夫(Butlerow)对有机化合物的结构提出了比较完整的概念，指出了原子之间存在着相互影响，化合物的结构决定了化合物的性质。1865年凯库勒(Kekule)提出了苯的结构式。1874年，荷兰化学家范特霍夫(Van't Hoff)和法国化学家勒贝尔(Le Bel)，提出了碳四面体结构学说，建立了分子的立体概念，说明了对映异构和几何异构现象。1885年，拜尔(Von Baeyer)提出了分子张力学说。至此经典有机化学结构理论基本建立起来。

20世纪初量子化学原理的建立，使化学键理论获得了理论基础。1917年美国化学家路易斯(Lewis)用电子对的方法说明化学键的生成。1932年德国物理化学家休克尔(Huckel)用量子化学方法研究了不饱和化合物和芳香化合物的结构。量子化学阐明了化学键的微观本质，使得诱导效应、共轭效应理论及共振论相继出现。20世纪60年代波谱技术，如红外光谱(IR)、核磁共振波谱(NMR)、紫外光谱(UV)、质谱(MS)等应用到测定有机化合物分子的精细结构，促进了有机化合物的研究。分子轨道理论、对称守恒原理的提出，使有机化学进入一个辉煌的阶段。

1.2 有机化合物中的共价键

碳是组成有机物的主要元素，在周期表中位于第二周期第四主族，介于典型金属与典型非金属之间。它所处的特殊位置，使得它具有不易失去电子形成正离子，也不易得到电子形成负离子的特性，故在形成化合物时更倾向于形成共价键。大多数有机物分子里的碳原子和其他原子都是以共价键相结合的，因此讨论共价键是有重要意义的。

1.2.1 共价键的类型

共价键若按共用电子对的多少可以分为单键和重键；若按成键轨道的重叠方式不同又可分为σ键和π键。

1. σ键

两个碳原子之间可以形成C—C单键，由成键的原子轨道沿着其对称轴的方向以“头碰头”的方式相互重叠而形成的键，称为σ键。

2. π键

在形成共价重键时，成键的原子除了以σ键相互结合外，未杂化的P轨道也会相互平行重叠。且成键的两个P轨道的方向恰好与连接两个原子的轴垂直，这种以“肩并肩”方式重叠的键称为π键。

3．σ键和π键的比较

1）存在的情况

σ键可以单独存在，可存在于任何含共价键的分子中。

π键不能单独存在，必须与σ键共存，可存在于双键和三键中。

两个原子间只能有一个σ键，但是可有一个π键或两个π键。

2）成键原子轨道

σ键在直线上相互交盖，沿成键轨道方向结合。

π键相互平行而交盖，与成键轨道方向平行。

3）电子云的重叠及分布情况

σ键重叠程度大，有对称轴，呈圆柱形对称分布，电子云密集在两个原子之间，对称轴上电子云最密集。

π键重叠程度较小，分布成块状，通过键轴有一个对称面，电子云较扩散，分布在分子平面上、下两部分，对称面上电子云密集最小。

4）键的性质

σ键键能较大，可沿键轴自由旋转，键的极化性较小。

π键键能较小，不能旋转，键的极化性较大。

5）化学性质

σ键较稳定；π键易断裂，易氧化，易加成。

1.2.2 价键理论要点

1．共价键的形成

共价键的形成是原子轨道的重叠或电子配对的结果，如果两个原子都有未成键电子，并且自旋方向相反，就能配对形成共价键。

例如：碳原子可与四个氢原子形成四个C—H键而生成甲烷。

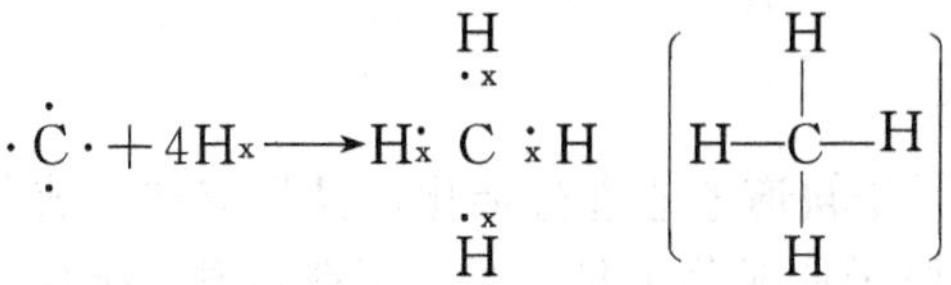

$$\cdot\dot{\underset{\cdot}{C}}\cdot + 4H^{\times} \longrightarrow H\overset{\cdot}{\times}\overset{\overset{H}{\times\cdot}}{\underset{\underset{H}{\cdot\times}}{C}}\overset{\cdot}{\times}H \quad \left(\begin{array}{c} H \\ | \\ H—C—H \\ | \\ H \end{array}\right)$$

由一对电子形成的共价键称为单键，用一条短直线表示，如果两个原子共用两对或三对电子形成的共价键，则构成的共价键称为双键或三键。

$$\begin{array}{cc} \diagdown\quad\diagup & \\ C{=}C & —C{\equiv}C— \\ \diagup\quad\diagdown & \\ 双键 & 三键 \end{array}$$

2．共价键形成的基本要点

(1) 最大重叠原理：形成共价键时，成键电子的原子轨道重叠越多，形成的共价键越牢固。

(2) 共价键的饱和性：形成共价键时，形成的共价键数与原子的单电子数相同。原子有几个未成对的价电子，就能和几个自旋方向相反的电子配对成键。

(3) 共价键的方向性：按照最大重叠原理，成键时原子轨道只能沿着轨道伸展的方向重叠，成键的两个电子的原子轨道只有在一定方向上才能达到最大重叠，形成稳定的共价键。如图 1.1 所示的 s 和 p 电子原子轨道的三种重叠情况。

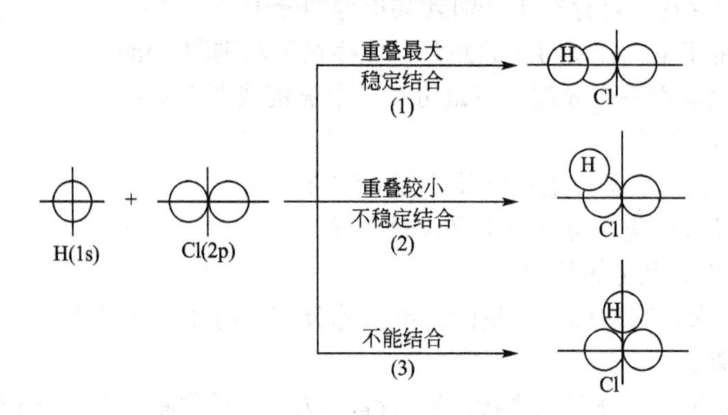

图 1.1　s 和 p 电子原子轨道的三种重叠情况

1.2.3　杂化轨道理论

价键理论阐述了共价键的形成和本质，并且解释了共价键的方向性和饱和性。但随着近代实验技术的发展，许多分子的空间构型已经被确定，用价键理论无法解释。如甲烷分子 CH_4，若按照价键理论，碳原子 $C(2s^2 2p^2)$ 只有两个未成对电子，只能形成两个共价单键，且这两个共价键应互相垂直，即键角为 90°。但现代实验表明甲烷为正四面体，四个 C—H 共价键完全相同，其键角为 109.5°。为了解释多原子分子的空间构型，鲍林(Pauling)于 1931 年在价键理论的基础上引入了杂化轨道的概念，补充和发展了价键理论。

杂化是指原子成键时，参与成键的若干个能级相近的原子轨道相互“混合”，形成一组新的能量相等的轨道，这个过程称为原子轨道的“杂化”，而通过杂化形成的轨道称为杂化轨道。

1. 杂化轨道理论要点

(1) 只有能量相近的原子轨道才能进行杂化，且只有在形成分子的过程中发生，孤立的原子是不发生杂化的。原子形成分子时，通常存在激发、杂化、轨道重叠等过程。

(2) 杂化轨道的成键能力增强，形成的化学键键能大。

(3) 杂化轨道的数目等于参与杂化的轨道数目。

(4) 杂化轨道成键时，必须满足化学键间最小排斥原理。化学键间排斥力的大小取决于键的方向，即取决于杂化轨道间的夹角。因而杂化轨道的类型与空间构型有关。

2. 杂化类型

根据杂化轨道理论，碳原子在与其他原子成键时，先经过电子跃迁，形成四个价电子，然后进行轨道杂化。由于碳原子有四个可成键的轨道和四个价电子，所以它可以形成四个共价键；根据参与杂化的原子轨道的种类和数目的不同，杂化轨道有 sp^3、sp^2、sp 三种杂化轨道。

1）sp^3 杂化

以甲烷为例，碳原子成键时的一个 2s 和三个 2p 轨道进行杂化，形成四个能量相等的杂化轨道，称为 sp^3 杂化轨道(图 1.2)，每个轨道中含有 1/4 的 s 成分、3/4 的 p 成分。四个 sp^3 轨道对称地分布在碳原子的四周，对称轴之间的夹角为 109.5°，这样可使价电子尽可能彼此离得最远，相互间的斥力最小，有利于成键。

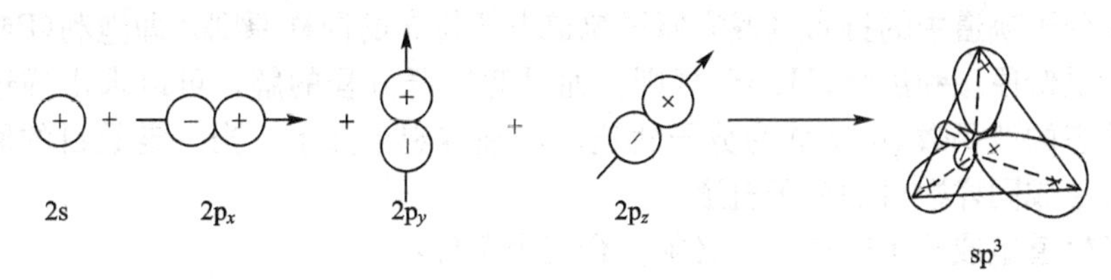

图 1.2　sp^3 杂化轨道

2）sp^2 杂化

现代实验结果表明乙烯分子中的六个原子都处在同一平面内，每个碳原子与两个氢原子及另一个碳原子相连。乙烯分子成键时碳原子的一个 2s 和两个 2p 轨道进行杂化，形成三个能量相等的杂化轨道，称为 sp^2 杂化轨道(图 1.3)，每个轨道中含有 1/3 的 s 成分、2/3 的 p 成分。每个碳原子各用两个 sp^2 杂化轨道与两个氢原子的 1s 轨道以“头碰头”方式形成碳氢 σ 键，各用一个 sp^2 杂化轨道彼此重叠形成碳碳 σ 键，五个 σ 键处在同一平面上，所以乙烯分子呈平面结构。两个碳原子各剩下一个 p 轨道，这两个 p 轨道垂直于 σ 键所在的平面，且相互平行，侧面重叠形成 π 键。

3）sp 杂化

现代实验结果表明乙炔分子是一个线型分子，分子中四个原子排在一条直线上。为了形成乙炔分子，碳原子的一个 2s 和一个 2p 轨道进行杂化，形成两个能量相等的 sp 杂化轨道，称为 sp 杂化轨道(图 1.4)，含 1/2s 和 1/2p 成分，剩下两个未杂化的 p 轨道。两个 sp 杂化轨道成 180°分布，两个未杂化的 p 轨道互相垂直，且都垂直于 sp 杂化轨道轴所在的直线。

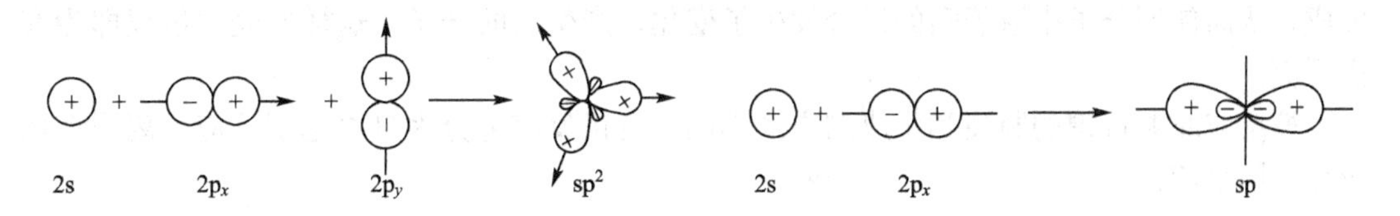

图 1.3　sp^2 杂化轨道　　　**图 1.4　sp 杂化轨道**

碳原子杂化轨道的类型和空间构型如表 1－1 所示。

表 1－1　碳原子的三种杂化轨道类型与空间构型

杂化轨道类型	s 成分	电负性	体积大小	键角	构型
sp	1/2	大	小	180°	直线
sp^2	1/3	中	中	120°	平面三角形
sp^3	1/4	小	大	109°28′	正四面体

1.2.4 分子轨道理论

分子轨道理论是1932年提出来的，它是从分子的整体出发去研究分子中每一个电子的运动状态，认为形成的化学键的电子是在整个分子中运动的。分子中的原子以一定方式连接，分子中的电子分布在分子轨道中，分子轨道可由组成分子的原子轨道线性组合得到。电子在分子轨道中的排布也遵守原子轨道电子排布的同样原则，即泡利(Pauli)不相容原理、能量最低原理和洪特(Hund)规则。通过薛定谔方程的解，可以求出描述分子中的电子运动状态的波函数ψ，ψ称为分子轨道。其基本观点如下：当一定数目的原子轨道重叠时，就可形成同样数目的分子轨道。

由原子轨道组成分子轨道时，必须符合三个条件：

(1) 对称性匹配：组成分子轨道的原子轨道的符号(位相)必须相同。

(2) 原子轨道的重叠具有方向性：只能在特定方向上形成分子轨道。

(3) 能量相近：只有能量相近的原子轨道才能组成分子轨道。

例如：两个原子轨道可以线性地组合成两个分子轨道，其中一个比原来的原子轨道的能量低，称为成键轨道(由符号相同的两个原子轨道的波函数相加而成)，另一个是由符号不同的两个原子轨道的波函数相加而成，其能量比两个原子轨道的能量高，这种分子轨道称为反键轨道，如图1.5所示。

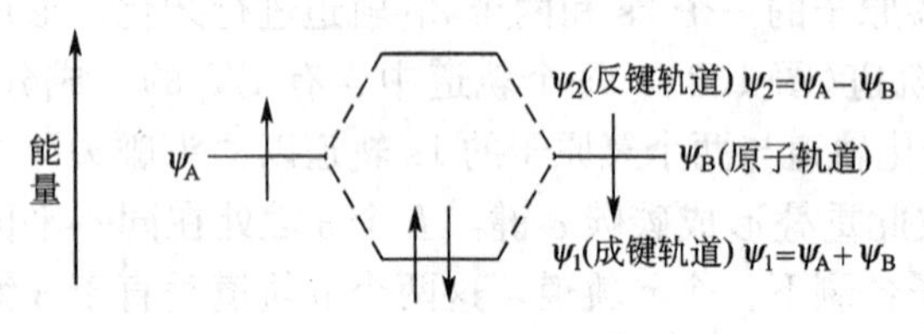

图1.5 分子轨道能级图

用分子轨道理论处理具有共轭体系的有机分子的化学键是最方便的，如1，3-丁二烯和苯分子的结构解释。

1.3 共价键的断裂和有机反应类型

有机化合物在一定条件下分子中的成键电子会进行重新排布，原来的键断裂，新的键形成，从而使原分子中原子间的组合发生了变化，产生新的分子。这样的变化过程即为有机反应。

按反应时共价键的断裂和生成的方式不同，有机反应可分为自由基型反应、离子型反应和协同反应。

1.3.1 均裂和自由基型反应

共价键断裂时成键的一对电子平均分给两个原子或原子团，这种共价键的断裂方式称为均裂，生成的原子或原子团带有一个孤电子，带有孤电子的原子或原子团称为自由基，它是电中性的。自由基多数寿命很短，是活性中间体的一种。

$$A:B \longrightarrow A\cdot + B\cdot$$

$$H_3C:H \longrightarrow CH_3\cdot + H\cdot$$

由均裂产生自由基而引发的反应称为自由基型反应。

1.3.2 异裂和离子型反应

共价键断裂时成键的一对电子在断裂时为某一原子或原子团所有，这种共价键的断裂方式称为异裂。异裂生成正离子和负离子。通常有机反应中的碳正离子和碳负离子寿命很短，也是活性中间体的一种。

$$A:B \longrightarrow A^{+} + :B^{-}$$

$$(CH_3)_3C:Cl \longrightarrow (CH_3)_3C^{+} + :Cl^{-}$$

由异裂产生正负离子而引发的反应称为离子型反应。

在离子型反应中根据反应试剂的类型不同，又分为亲电反应和亲核反应两类。在反应过程中接受电子的试剂称为亲电试剂，由亲电试剂进攻而引发的反应称为亲电反应。亲核试剂是指在反应过程中能提供电子而进攻反应物中带部分正电荷的碳原子的试剂，由亲核试剂进攻而引发的反应称为亲核反应。

1.3.3 协同反应

在有机反应中还有一类反应，称为协同反应，这类反应的特点是旧化学键断裂和新化学键形成同时(或几乎同时)进行。协同反应往往经过一个环状过渡态。它是一种基元反应。

按反应物和产物的结构关系，有机反应可分为取代反应、加成反应、消去反应、重排反应、氧化还原反应、缩合反应、酸碱反应等。

1.4 有机化合物的分类

有机化合物的分类方法主要有两种：一种是按碳架分类；另一种是按官能团分类。

1.4.1 按碳架分类

1. 开链化合物

分子中的碳原子相互结合成链。因这类化合物最初是从动物脂肪中获取的，所以也称为脂肪族化合物。

2. 碳环化合物

分子中的碳原子相互结合成环状结构。碳环化合物又分为：

(1) 脂环化合物。

(2) 芳香族化合物。

(3) 杂环化合物。

1.4.2 按官能团分类

官能团是指有机化合物分子中能起化学反应的一些原子和原子团，官能团可以决定化合物的主要性质。重要的官能团及化合物分类如表 1-2 所示。

表 1-2 重要官能团及化合物分类

化合物类别	官能团	官能团名称	实例	
烷烃	C—C	碳碳单键	CH_3CH_3	乙烷
烯烃	C═C	碳碳双键	$CH_2=CH_2$	乙烯
炔烃	C≡C	碳碳叁键	$CH\equiv CH$	乙炔
卤代烃	F，Cl，Br，I	卤素	CH_2Cl_2	二氯甲烷
芳烃	苯环，萘环	苯环，萘环(芳环)	C_6H_6，$C_{10}H_8$	苯，萘
醇	—OH	羟基	C_2H_5OH	乙醇
酚	—OH，Ar—	羟基，芳基	C_6H_5OH	苯酚
醚	C—O—C	醚键	$C_2H_5OC_2H_5$	乙醚
醛	—CHO	甲酰基(醛基)	CH_3CHO	乙醛
酮	—CO—	羰基(酮基)	CH_3COCH_3	丙酮
羧酸	—COOH	羧基	CH_3COOH	乙酸
酯	—COOR	酯基	$CH_3COOCH_2CH_3$	乙酸乙酯
腈	—C≡N	氰基	CH_3CN	乙腈
硝基化合物	$—NO_2$	硝基	CH_3NO_2	硝基甲烷
胺	$—NH_2$ —NHR	氨基 胺基	$C_6H_5NH_2$ $(CH_3)_2NH$	苯胺 二甲胺
偶氮化合物	—N═N—	偶氮基	$C_6H_5N=NC_6H_5$	偶氮苯
重氮化合物	$—N\equiv N^+X^-$	重氮基	$C_6H_5N\equiv N^+Cl^-$	氯化重氮苯
硫醇	—SH	巯基	C_2H_5SH	乙硫醇
磺酸	$—SO_3H$	磺酸基	$C_6H_5SO_3H$	苯磺酸
氨基酸	$—NH_2$，—COOH	氨基，羧基	H_2NCH_2COOH	甘氨酸
糖	—OH，—CO—	羟基，羰基	$CH_2OHCHOHCHO$	甘油醛
杂环化合物		含杂原子环状物	吡咯　呋喃　噻吩	

1.5 有机化学中的酸碱理论

随着科学的发展，酸碱的含义和范围在不断扩大，很多化学物质都包含其中，因而对它们的认识尤为重要。

1.5.1 酸碱质子理论

酸碱质子理论又称布朗斯特(Bronsted)酸碱理论，该理论认为：凡是能给出质子者为酸，凡是能接受质子者为碱。酸碱反应是质子的转移或接受过程。酸给出质子后生成碱是原来酸的共轭碱，碱接受质子后生成的酸是原来碱的共轭酸。例如：

酸　　碱　　共轭碱　　共轭酸

$$HCl + H_2O \rightleftharpoons Cl^- + H_3O^+$$

$$C_6H_5SO_3H + H_2O \rightleftharpoons C_6H_5SO_3^- + H_3O^+$$

$$CH_3COOH + H_2O \rightleftharpoons CH_3COO^- + H_3O^+$$

$$C_6H_5OH + H_2O \rightleftharpoons C_6H_5O^- + H_3O^+$$

$$CH_3CH_2OH + H_2O \rightleftharpoons CH_3CH_2O^- + H_3O^+$$

$$C_2H_5NH_2 + OH^- \rightleftharpoons C_2H_5NH^- + H_2O$$

有些有机化合物既能给出质子，又能接受质子，它们既是酸又是碱。所以酸碱的概念是相对的，如 C_2H_5OH(乙醇)、$C_2H_5NH_2$(乙胺)。

酸的强度取决于它给出质子的难易程度。容易给出质子的是强酸；不易给出质子的是弱酸。碱的强度取决于它接受质子的难易程度。容易接受质子的是强碱；不易接受质子的是弱碱。强酸给出质子后得到的共轭碱是弱碱；强碱接受质子后得到的共轭酸是弱酸。化合物的酸性可用 K_a 或 pK_a 表示；化合物的碱性可用 K_b 或 pK_b 表示。

1.5.2 酸碱电子理论

酸碱电子理论又称路易斯(Lewis)酸碱理论，该理论认为：能够接受未共用电子对者为路易斯酸，即酸是电子对的接受体；能够给出电子对者为路易斯碱，即碱是电子对的给予体。酸和碱的反应是通过配位键生成酸碱络合物。

$$A + :B \longrightarrow A:B$$

酸　　碱　酸碱络合物

路易斯酸的结构特征是具有空轨道原子的分子或正离子。例如 H^+ 的空轨道，可以接受一对电子，故 H^+ 是酸。由此可见，路易斯酸包括全部布朗斯特酸。又如 BF_3 中的硼原子，价电子层有六个电子，可以接受一对电子，所以 BF_3 也是酸。路易斯碱的结构特征是具有未共用电子对原子的分子或负离子。例如，$:NH_3$ 和 $:OH^-$ 能够提供未共用电子对，它们是碱。常见的路易斯酸碱如下所示：

路易斯酸：BF_3、$AlCl_3$、$SnCl_4$、LiCl、$ZnCl_2$，H^+、R^+、Ag^+ 等。

路易斯碱：H_2O、NH_3、CH_3NH_2、CH_3OH、CH_3OCH_3、X^-，OH^-，CN^-、NH^{2-}、RO^-，R^- 等。

路易斯碱就是布朗斯特碱，但路易斯酸则比布朗斯特酸范围广泛。布朗斯特酸碱理论和路易斯酸碱理论在有机化学中均有重要用途。

1.6 有机化合物的研究程序

研究有机化合物，一般要通过下列步骤。

1.6.1 分离提纯

天然存在或人工合成的有机物并非都以纯净状态存在，但是研究任何有机物的结构和性质都需要纯品，所以首先要把它分离提纯，保证达到应有的纯度。分离提纯的方法：重结晶、升华、蒸馏、层析法以及离子交换法等。

1.6.2 检验纯度

纯的有机物有固定的物理常数，如熔点、沸点、相对密度和折射率等，而且熔点或沸点范围很小。如果化合物不纯，则熔点或沸点范围增大，甚至测不出固定的常数。所以测定物理常数可以鉴定这些单一的有机物，也可以检验其纯度。

1.6.3 元素分析和实验式的确定

纯净的有机化合物可以进行元素定性分析，以确定该化合物是由哪些元素组成的。然后再进行元素定量分析，确定各组成元素的含量。在此基础上，可以计算得出该化合物的实验式。实验式可以反映组成化合物分子的各元素原子的种类和比例，但不能反映分子中各原子的具体数目，也不能得出化合物的具体的分子式。

1.6.4 相对分子质量的测定和分子式确定

分子式可以与实验式相同，也可以是实验式的整数倍。若知道化合物的相对分子质量，就可以在实验式的基础上得出分子式。测定相对分子质量的方法很多，常用的有凝固点降低法、沸点升高法和渗透压法等。近年来质谱仪的应用可以最准确、最快速地测定化合物的相对分子质量。

1.6.5 结构的确定

有机物的结构比较复杂，不仅有分子构造的不同，而且包含分子中各原子在空间排布的不同。故知道有机物的实验式和分子式，并不能完全了解这个分子，也不能确切地写出其构造式、确定其结构。确定一个有机分子的结构，一般要通过化学方法和物理方法的综合分析，才能得到比较准确的结果。

首先要进行官能团分析。官能团不同则化学性质不同，用化学方法进行试验，可以揭示化合物分子中不同官能团存在的情况，从而判断其结构。

为了确定一个新的、结构复杂的有机物的结构，通常要用化学方法把分子分解，拆成“碎片”，通过测定这些“碎片”的结构，再将“碎片”拼接起来得到分子的整体结构。

现代物理方法的广泛应用为有机化合物的结构测定提供了便捷的途径，如紫外光谱、红外光谱、核磁共振谱、质谱等，与化学方法相配合，可以快速地为结构的确定提供准确可靠的数据。

阅读材料

诺贝尔奖简介

诺贝尔奖（Nobel Prize）创立于1901年，它是以瑞典著名化学家、工业家、硝化甘油炸药发明人阿尔弗雷德·贝恩哈德·诺贝尔(Alfred Bernhard Noble，1833—1896)的部分遗产作为基金创立的。

诺贝尔生于瑞典的斯德哥尔摩。他一生致力于炸药的研究，在硝化甘油的研究方面取得了重大成就。他不仅从事理论研究，而且进行工业实践。他一生共获得技术发明专利355项，并在欧、美等五大洲20个国家开设了约100家公司和工厂，积累了巨额财富。

1896年12月10日，诺贝尔在意大利逝世。逝世的前一年，他留下了遗嘱。在遗嘱中他提出，将部分遗产(3100万瑞典克朗，当时合920万美元)作为基金，基金放于低风险的投资，以其每年的利润和利息分设物理、化学、生理或医学、文学及和平五项奖金，授予世界各国在这些领域对人类作出重大贡献的人或组织。根据他的这个遗嘱，从1901年开始，具有国际性的诺贝尔奖创立了。1969年，诺贝尔奖新设了第六个奖——诺贝尔经济学奖。

诺贝尔奖的评选工作，是这样分工的：由瑞典皇家科学院负责诺贝尔物理学奖、诺贝尔化学奖和诺贝尔经济学奖的评选；由瑞典文学院负责诺贝尔文学奖的评选；由挪威议会选出的五人小组负责诺贝尔和平奖的评选。诺贝尔还在遗嘱中强调："不分国籍、肤色以及宗教信仰，必须要把奖金授予那些最合格的获奖者。"因此，由各奖的诺贝尔委员会和全世界的主要大学等机构，还有著名专家、科学家独立自主地、秘密地推选出获奖候选人名单，最后的获奖者从这个名单中产生出来。评选诺贝尔文学奖据说有一些语言上的问题，需要法国国家文学院协助，而且那些曾获得过诺贝尔奖的人以及欧洲的王室成员，他们的意见都对诺贝尔奖的评选工作有一定的影响。这些情况是每一位希望获奖的人所必须知道的。还有一个必须重视的问题是，你的研究成果要使非专业的人也能理解。诺贝尔奖获得者一旦被确定下来，马上就用电报通知本人，不过在大多数场合，获奖者是从收音机或电视里得知获奖消息的。获奖者名单在每年的10月中旬公布，授奖仪式于诺贝尔的逝世日12月10日在斯德哥尔摩音乐厅举行。瑞典国王亲自出席大会并授奖。授奖仪式后，还要在市政大厅举行晚宴和舞会。诺贝尔和平奖的仪式比较简单，也是和其他奖在同一时间在挪威的奥斯陆大学的讲演厅中举行。诺贝尔奖获得者在授奖仪式上接受奖状、金质奖章和奖金支票，还要在晚宴上作3min的即席演讲。

本章小结

1. 有机化学就是研究碳氢化合物及其衍生物的化学；有机化合物是指碳氢化合物以及由碳氢化合物衍生而得的化合物。

2. 有机化合物的特点是：品种繁多；易燃烧；溶于有机溶剂；熔沸点低；有机反应大多反应速率低，副反应多。

3. 有机化合物中碳原子之间以共价键结合，共价键分为σ键和π键。

4. 共价键的断裂方式有两种——均裂和异裂。分子经过共价键均裂而发生的反应称为自由基型反应。分子经过共价键异裂而发生的反应称为离子型反应。

5. 有机化合物的分类：按碳骨架分为开链化合物、脂环化合物、芳香族化合物和杂环化合物。有机化合物还可以按官能团进行分类。

6. 近代酸碱理论。

(1) 酸碱质子理论(又称布朗斯特酸碱理论)：凡能放出质子(氢离子)的任何分子或离

子都是酸，凡能与质子(氢离子)结合的分子或离子都是碱。

(2) 酸碱电子理论(又称路易斯酸碱理论)：凡是能给出电子对的物质(分子、离子或原子团)为碱，凡能接受电子对的物质(分子、离子或原子团)为酸。

习　题

1. 指出下列各式哪些是实验式？哪些是分子式？哪些是结构式？

(1) C_2H_6　　(2) C_6H_6

(3) $CH_2=CH_2$　　(4) CH_4O

(5) CH_2O　　(6) CH_3COOH

2. 写出符合下列条件且分子式为 C_3H_6O 的化合物的结构式：

(1) 含有醛基　　(2) 含有酮基

(3) 含有环和羟基　　(4) 醚

(5) 环醚　　(6) 含有双键和羟基(双键和羟基不在同一碳上)

3. 指出下列化合物中碳原子的杂化轨道类型：

(1) $CH\equiv C-CH=CH-CH_3$　　(2) $H_2C=C=CH_2$

4. 下列化合物哪些是极性分子？哪些是非极性分子？

(1) CH_4　　(2) CH_2Cl_2

(3) CH_3CH_2OH　　(4) CH_3OCH_3

(5) CH_3CHO　　(6) $HCOOH$

5. 下列化合物中各含一主要官能团，试指出该官能团的名称及所属化合物的类别：

(1) CH_3CH_2Cl　　(2) CH_3OCH_3

(3) CH_3CH_2OH　　(4) CH_3CHO

(5) $CH_3CH=CH_2$　　(6) $CH_3CH_2NH_2$

(7) C_6H_5-COOH (苯环—COOH)　　(8) C_6H_5-OH (苯环—OH)

(9) $C_6H_5-NH_2$ (苯环—NH₂)　　(10) C_6H_5-CHO

6. σ 键和 π 键是怎样构成的？它们各有哪些特点？

7. 下列化合物哪些易溶于水？哪些易溶于有机溶剂？

(1) CH_3CH_2OH　　(2) CCl_4

(3) $C_6H_5-NH_2$ (苯环—NH₂)　　(4) CH_3CHO

(5) $HCOOH$　　(6) $NaCl$

8. 某化合物称取 3.26mg，燃烧后产物分析得 4.74mg CO_2 和 1.92mg H_2O。该化合物相对分子质量为 60，求该化合物的实验式和分子式。

9. 下列各反应均可看成是酸和碱的反应，试注明哪些化合物是酸？哪些是碱？

(1) $CH_3COOH+H_2O \rightleftharpoons H_3O^++CH_3COO^-$

(2) $CH_3COO^-+HCl \rightleftharpoons CH_3COOH+Cl^-$

(3) $H_2O+CH_3NH_2 \rightleftharpoons CH_3\overset{+}{N}H_3+OH^-$

(4) $(C_2H_5)_2O+BF_3 \rightleftharpoons (C_2H_5)_2\overset{+}{O}-\overset{-}{B}F_3$

10. 指出下列分子或离子哪些是路易斯酸？哪些是路易斯碱？

(1) H_2O　(2) $AlCl_3$　(3) CN^-　(4) SO_3

(5) CH_3OCH_3　(6) CH_3^+　(7) CH_3O^-　(8) $CH_3CH_2NH_2$

(9) H^+　(10) Ag^+　(11) $SnCl_2$　(12) Cu^{2+}

11. 比较下列各化合物酸性强弱：

(1) H_2O　(2) CH_3COOH　(3) CH_3CH_2OH　(4) CH_4

(5) C_6H_5OH　(6) H_2CO_3　(7) HCl　(8) NH_3

第2章 烷　　烃

教学目标

了解烷烃的异构现象，掌握烷烃的系统命名方法。

掌握烷烃典型构象的表示方法。

了解烷烃的物理性质及与相对分子质量的关系。

理解烷烃的自由基取代反应及其历程。

教学要求

知识要点	能力要求	相关知识
烷烃的同系列及同分异构现象	(1) 了解烃、烷烃、通式、同系列等概念的含义 (2) 掌握同分异构现象	
烷烃的命名	(1) 了解烷烃的习惯命名法 (2) 理解烷烃的衍生物命名法 (3) 掌握烷烃的系统命名法	命名原则、基团名称
烷烃的结构和构象	(1) 理解烷烃的结构及构象的含义 (2) 掌握烷烃典型构象的表示方法	
烷烃的性质	(1) 了解烷烃的物理性质及与相对分子质量的关系 (2) 理解烷烃的自由基取代反应及其历程 (3) 理解各种氢原子的相对活泼性及取代规律 (4) 理解不同卤素的反应活性及选择性差异	元素的性质
烷烃的来源和用途	了解烷烃的来源及主要用途	

分子中只有C和H两种元素的有机化合物称为烃，根据烃分子中碳原子间的不同连接方式，烃可分为开链烃和闭链烃。开链烃分子中碳原子连接成链状，简称链烃，又称脂肪烃；闭链烃分子中碳原子连接成闭合的碳环，又称环烃。其中脂肪烃又可根据碳原子饱和度差异分为烷烃、烯烃、二烯烃、炔烃等；环烃可分为脂环烃和芳香烃。

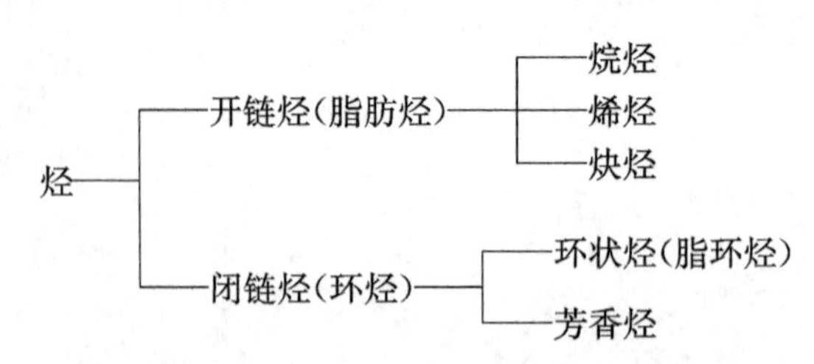

烃是最简单的有机化合物，可看作是其他有机化合物的母体，其他有机化合物则可看作是烃的衍生物。所以先从烷烃开始讨论有机化合物。

2.1 烷烃的同系列及同分异构现象

2.1.1 烷烃的同系列

烷烃是指分子中的碳除了以碳碳单键相连外，其他价键都为与氢原子相连接所饱和的烃，例如甲烷中碳原子的四个价键都和氢原子相结合；乙烷中两个碳原子以单键结合成碳链，其余六个价键和氢原子结合，即完全为氢原子饱和。因而烷烃也称为饱和烃。由于石蜡是烷烃的混合物，所以烷烃又称为石蜡烃。

最简单的烷烃是甲烷，仅含有一个碳原子，随碳原子数的递增，依次为乙烷、丙烷、丁烷、戊烷等，它们的分子式、构造式为：

名称	分子式	构造式	构造简式
甲烷	CH_4	$\begin{array}{c}H\\ \vert\\ H-C-H\\ \vert\\ H\end{array}$	CH_4
乙烷	C_2H_6	$\begin{array}{cccc} & H & H & \\ & \vert & \vert & \\ H- & C- & C- & H\\ & \vert & \vert & \\ & H & H & \end{array}$	CH_3CH_3
丙烷	C_3H_8	$\begin{array}{ccccc} & H & H & H & \\ & \vert & \vert & \vert & \\ H- & C- & C- & C- & H\\ & \vert & \vert & \vert & \\ & H & H & H & \end{array}$	$CH_3CH_2CH_3$
丁烷	C_4H_{10}	$\begin{array}{cccccc} & H & H & H & H & \\ & \vert & \vert & \vert & \vert & \\ H- & C- & C- & C- & C- & H\\ & \vert & \vert & \vert & \vert & \\ & H & H & H & H & \end{array}$	$CH_3CH_2CH_2CH_3$

从上述构造式可以看出，直链烷烃的组成都是相差一个或几个—CH_2—(亚甲基)而连成的碳链，碳链的两端各连一个氢原子。所以直链烷烃的通式为 $H\leftarrow CH_2 \rightarrow_n H$ 或 C_nH_{2n+2}。

所有烷烃的分子式都符合通式 C_nH_{2n+2}。从甲烷开始，每增加一个碳原子就增加两个氢原子，因此两个烷烃分子式之间总是相差一个或几个 CH_2。具有同一通式，组成上相差一个或多个 CH_2，且结构和化学性质相似的一系列化合物称为同系列。同系列中的化合物互称为同系物。CH_2 称为系差。

由于同系列中同系物的结构和化学性质相似，其物理性质也随着分子中碳原子数目的增加而呈规律性变化，这些规律为归类学习和研究有机化合物带来了很大方便，所以掌握了同系列中几个典型的代表物的化学性质，就可推知同系列中其他成员的一般化学性质。

在应用同系列概念时，除了注意同系物的共性外，还要注意它们的个性(因共性易见，个性则比较特殊)，要根据分子结构上的差异来理解性质上的异同，这是学习有机化学的基本方法之一。

2.1.2 烷烃的同分异构现象

甲烷、乙烷和丙烷只有一种结合方式，但含有四个或四个以上碳原子的烷烃则不止一种。例如，含有四个碳原子的丁烷(C_4H_{10})有以下两种结合方式：

$$CH_3—CH_2—CH_2—CH_3$$

正丁烷

$$CH_3—\underset{}{\overset{CH_3}{\overset{|}{C}}}H—CH_3$$

异丁烷

正丁烷和异丁烷具有相同的分子通式 C_4H_{10}，但它们是不同的化合物，如物理性质不同，它们的沸点分别为－0.5℃和－11.73℃。这种分子式相同而构造式不同的化合物称为同分异构体，这种现象称为构造异构现象。

构造异构现象是有机化学中普遍存在的异构现象中的一种，这种异构是由于分子内原子间相互连接的顺序(即构造)不同而形成的，同时因为同分异构体相互间的碳骨架不同，故又称为碳架异构。烷烃的构造异构属于碳架异构。随着碳原子数目的增多，同分异构体的数目也显著增多，如表 2－1 所示。

表 2－1　烷烃构造异构体的数目

碳原子数	同分异构体数	碳原子数	同分异构体数
1～3	1	8	18
4	2	9	35
5	3	10	75
6	5	15	4347
7	9	20	366319

烷烃 C_6H_{14} 的同分异构体有以下五种：

$$CH_3—CH_2—CH_2—CH_2—CH_2—CH_3$$

$$CH_3—\underset{CH_3}{\underset{|}{C}}H—CH_2—CH_2—CH_3$$

$$CH_3—CH_2—\underset{CH_3}{\underset{|}{C}}H—CH_2—CH_3$$

$$CH_3—\underset{CH_3}{\underset{|}{C}}H—\underset{CH_3}{\underset{|}{C}}H—CH_3$$

$$CH_3—\overset{CH_3}{\overset{|}{\underset{CH_3}{\underset{|}{C}}}}—CH_2—CH_3$$

2.1.3 碳原子和氢原子的类型

烷烃分子中的碳原子，按照所连碳原子数目的不同，可分为四类：

(1) 与一个碳相连的碳原子称为伯碳原子(或一级碳原子，用 1°表示)。

(2) 与两个碳相连的碳原子称为仲碳原子(或二级碳原子，用 2°表示)。

(3) 与三个碳相连的碳原子称为叔碳原子(或三级碳原子，用3°表示)。

(4) 与四个碳相连的碳原子称为季碳原子(或四级碳原子，用4°表示)。

例如：

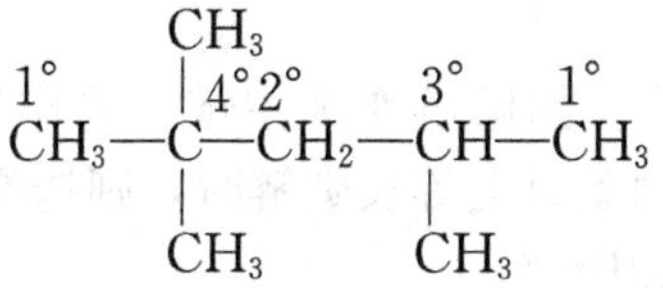

$$
\begin{array}{ccccccccc}
 & & CH_3 & & & & & & \\
1^{\circ} & & |\ 4^{\circ} & 2^{\circ} & & 3^{\circ} & & 1^{\circ} & \\
CH_3 & — & C & — & CH_2 & — & CH & — & CH_3 \\
 & & | & & & & | & & \\
 & & CH_3 & & & & CH_3 & &
\end{array}
$$

与伯、仲、叔碳原子相连的氢原子，分别称为伯、仲、叔氢原子。

2.2 烷烃的命名

有机化合物的命名的基本要求是必须能够反映出分子结构，能根据名称写出它的构造式，或是看到构造式就能叫出它的名称来。烷烃的命名法是有机化合物命名的基础，常用的有普通命名法和系统命名法。

2.2.1 烷基

一般说来，烷烃去掉一个氢原子后的原子团称为烷基，常用R—表示，烷烃又可以用通式RH来表示。通常去掉直链烷烃末端氢原子后的原子团称为正烷基，命名时“正”字可用“n-”表示，如正丙基—$CH_2CH_2CH_3$ 又称n-丙基，正丁基—$CH_2CH_2CH_2CH_3$ 又称n-丁基。去掉一个仲氢原子后的烷基称为仲烷基，命名时“仲”字常用“sec-”表示，如仲丁基 $CH_3CH_2(CH_3)CH$—又称sec-丁基。去掉一个叔氢原子后的烷基称为叔烷基，命名时“叔”字可用“t-或tert-”表示，如叔丁基 $(CH_3)_3C$—又称t-丁基，叔戊基 $CH_3CH_2C(CH_3)_2$—又称t-戊基。—$CH(CH_3)_2$ 在末端且无其他支链的烷基，即$(CH_3)_2CH(CH_2)n$—型的烷基称为异烷基，在英文名称中“异”字用“iso-”表示，如异丙基$(CH_3)_2CH$—、异丁基$(CH_3)_2CHCH_2$—、异戊基$(CH_3)_2CHCH_2CH_2$—。而碳链末端具有$(CH_3)_3C$—的烷基称为新烷基，如新戊基$(CH_3)_3CCH_2$—、新己基$(CH_3)_3CCH_2CH_2$—。

2.2.2 普通命名法

根据分子中碳原子数目称为“某烷”，碳原子数十个以内的依次用甲、乙、丙、丁、戊、己、庚、辛、壬、癸表示，十以上的用汉字数字如十一、十二、十三等表示碳原子数，用正、异、新、仲、叔等表示不同的构造异构体。例如：

$$
CH_3—CH_2—CH_2—CH_2—CH_3 \qquad
\begin{array}{ccccccc}
CH_3 & — & CH & — & CH_2 & — & CH_3 \\
 & & | & & & & \\
 & & CH_3 & & & &
\end{array}
\qquad
\begin{array}{ccccc}
 & & CH_3 & & \\
 & & | & & \\
CH_3 & — & C & — & CH_3 \\
 & & | & & \\
 & & CH_3 & &
\end{array}
$$

正戊烷 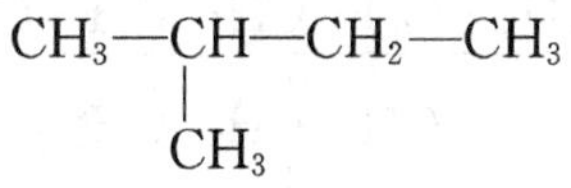　　　　异戊烷 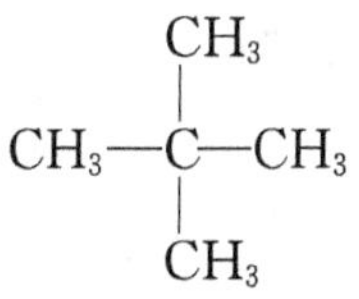　　　　新戊烷

普通命名法简单方便，但一般只能适用于构造比较简单的烷烃。

2.2.3 系统命名法

系统命名法是中国化学学会根据国际纯粹和应用化学联合会(IUPAC)制定的有机化合物命名原则，再结合我国汉字的特点而制定的(1960年制定，1980年进行了修订)。其原则如下：

(1) 直链烷烃命名时不需要加正字，根据碳原子的个数称为“某烷”。如 $CH_3CH_2CH_2CH_3$ 称为丁烷。

(2) 对于支链烷烃，选择最长的碳链作为主链，看作母体，称为“某烷”。主链外的支链作为取代基。分子中如有两条以上等长碳链时，则选择支链多的一条为主链。例如下面的两个化合物分别称为己烷和庚烷。

例如：

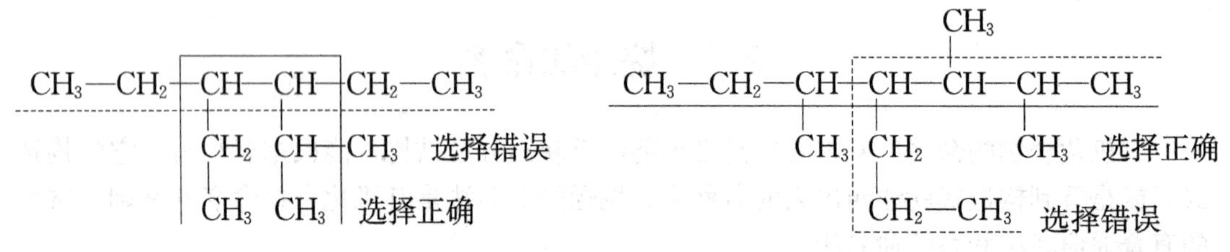

(3) 从最接近取代基的一端开始，将主链碳原子用阿拉伯数字 1、2、3……进行编号，使取代基编号依次最小(满足最低系列原则)。从碳链任何一端开始，第一个支链的位置都相同时，则从较简单的一端开始编号。例如

```
1  2  3  4  5  6  7  8  编号错误        1  2  3  4  5  6   编号正确
C—C—C—C—C—C—C—C                      C—C—C—C—C—C
8  7  6 |5  4 |3  2  1  编号正确        6  5|  4  3|  2  1   编号错误
        C     C                             C      C
              |
              C
```

```
1   2    3   4    5   6    7      编号正确
CH3CH2CHCH2CHCH2CH3
7   6   5|  4    |3 2      1      编号错误
        CH3     CH2CH3
```

```
1   2  3    4   5   6    7 8      编号正确(2＋4＋7＝13)
CH3CHCH2CHCH2CH2CHCH3
8  7|  6   5|   4   3  |2  1      编号错误(2＋5＋7＝14)
   CH3    CH3         CH3
```

(4) 烷烃名称的书写：取代基在前，母体名称在后面。如 2-甲基己烷。如果分子中有多种取代基，简单的放在前面，复杂的放在后面。相同基团合并写出，位次用 2，3……标出，取代基数目用二，三……标出。表示位次的数字间要用逗号隔开，位次和取代基名称之间要用“-”隔开。

例如：

```
CH3—CH—CH—CH—CH2—CH3      主链
    |   |   |
   CH3 CH2 CH3
        |
       CH3
```

2，4-二甲基-3-乙基己烷

(5) 烷烃系统命名法总结。

烷烃的命名归纳为 16 个字：最长碳链，最小定位，同基合并，由简到繁。

练习 2-1 用系统命名法给下列化合物命名。

(1)
$$\begin{array}{cccccc} & \mathrm{CH_3} & & & \mathrm{CH_3} & \\ & | & & & | & \\ \mathrm{CH_3} & \mathrm{CH} & \mathrm{CH_2} & \mathrm{CH_2} & \mathrm{C} & \mathrm{CH_2CH_3} \\ & & & & | & \\ & & & & \mathrm{CH_2CH_3} & \end{array}$$

(2)
$$\begin{array}{cccccc} & \mathrm{CH_3} & & & \mathrm{CH_3} & \\ & | & & & | & \\ \mathrm{CH_3} & \mathrm{CH} & \mathrm{CH_2} & \mathrm{CH_2} & \mathrm{C} & \mathrm{CH_3} \\ & & & & | & \\ & & & & \mathrm{CH_2CH_3} & \end{array}$$

(3)
$$\begin{array}{ccccccc} & \mathrm{CH_3} & & & & \mathrm{CH_3} & \\ & | & & & & | & \\ \mathrm{CH_3} & \mathrm{CH} & \mathrm{CH_2} & \mathrm{CH_2} & \mathrm{CH_2} & \mathrm{C} & \mathrm{CH_3} \\ & & & & & | & \\ & & & & & \mathrm{CH_3} & \end{array}$$

(4)
$$\begin{array}{cccccccc} & & \mathrm{CH_3} & & & \mathrm{CH_2CH_3} & & \\ & & | & & & | & & \\ \mathrm{CH_3} & \mathrm{CH_2} & \mathrm{CH} & \mathrm{CH_2} & \mathrm{CH_2} & \mathrm{CH} & \mathrm{CH_2} & \mathrm{CH_3} \end{array}$$

练习 2-2 写出下列基团或化合物的构造式。

(1) 2，3，5-三甲基-4-丙基庚烷　(2) 新戊基

(3) 2，3，5-三甲基己烷　(4) 4-异丙基辛烷

(5) 甲基异丁基叔丁基甲烷　(6) 甲基异丙基仲丁基甲烷

2.3 烷烃的结构和构象

2.3.1 结构与构象的定义及其表示方法

1. 基本概念

结构是指分子中原子间相互连接的顺序及各原子或基团在空间上的排列方式。结构包括内容较广泛，它包括构造、构型和构象。分子中各原子之间的相互连接次序称为构造；分子中原子或基团在空间上的排列方式称为构型；而构象则是由于σ键的自由旋转产生的分子中原子或基团在空间上的不同排列形式。

2. 烷烃分子的形成

烷烃分子形成时，碳原子的 sp^3 杂化轨道沿着对称轴的方向分别与其他碳原子的 sp^3 轨道或氢原子的 1s 轨道相互重叠成σ键，如图 2.1 所示。

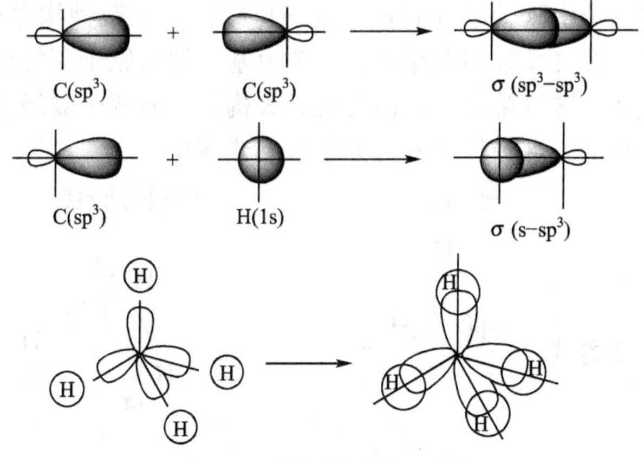

图 2.1 烷烃的形成示意图

成键电子云沿键轴方向呈圆柱形对称重叠而形成的键称为σ键。这种σ键的电子云沿键轴呈圆柱形对称分布，键轴在两个原子核的连接线上；以σ键相连接的两个原子可自由旋转而不影响电子云重叠的程度；σ键结合的较牢固，如C—H键的键能为415.3kJ/mol；C—C键的键能为345.6kJ/mol。

其他烷烃分子中的碳原子都是以sp^3杂化轨道与其他原子形成σ键，碳原子都为正四面体的结构。C—C键长均为0.154nm，C—H键长为0.109nm，键角都接近于109.5°。

为了方便，书写时一般将构造式写成直链的形式，但实际上，碳链一般是曲折地排布在空间，在晶体时碳链排列整齐，呈锯齿状，在气、液态时呈多种曲折排列形式（因σ键能自由旋转所致）。因而现在也常用键线式来书写分子结构。键线式中只需写出锯齿形骨架，而不用写出每个碳上所连的氢原子，但除碳氢原子以外的其他原子必须写出。

例如：

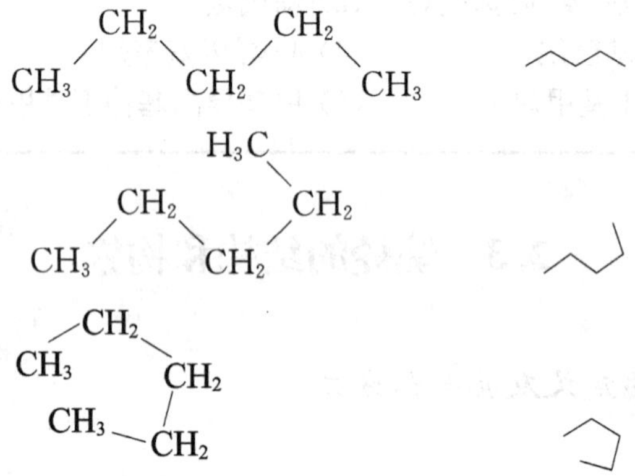

CH_2 CH_2
CH_3 CH_2 CH_3

H_3C
CH_2 CH_2
CH_3 CH_2

CH_2
CH_3 CH_2
CH_3 CH_2

3. 构象表示方法

由σ键旋转而产生的不同空间排列形式，称为构象异构体，常用来表达的书面方式有透视式和纽曼(Newman)投影式两种。

透视式表达了从分子模型斜侧面观察到的形象，可清楚地看到分子中所有的价键。纽曼投影式表示从分子模型碳碳键轴正前方观察到的形象，后面的碳原子用圆圈表示，前面的碳原子用三个等长线段的交点表示，两线段间夹角为120°。

2.3.2 乙烷的构象

理论上讲，乙烷分子中碳碳单键的自由旋转可以产生无数种构象（用模型操作示意），但极限构象只有两种，即交叉式和重叠式。一个甲基上的氢原子正好处在另一个甲基的两个氢原子之间的中线上，这种排布方式称为交叉式构象；而两个碳原子上的各个氢原子正好处在相互对映的位置上，这种排布方式称为重叠式构象。

透视式　　纽曼投影式

重叠式

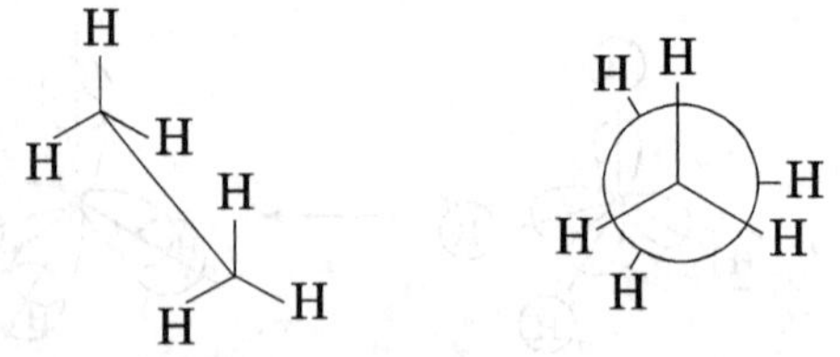

交叉式

由于交叉式构象中原子间的斥力小，能量最低，故交叉式构象为乙烷的优势构象。而重叠式构象是最不稳定的构象，其比交叉式的能垒(扭转能)高 12.5kJ/mol。

单键旋转的能垒一般为 12～42kJ/mol，在室温时，乙烷分子中的 C—C 键能迅速的旋转，因此不能分离出乙烷的某一构象。在低温时，交叉式构象增加，如乙烷在－170℃时，基本上都是交叉式构象。

2.3.3 丁烷的构象

以正丁烷的 C_2—C_3 键的旋转来讨论丁烷的构象，固定 C_2，把 C_3 旋转一圈来看丁烷的构象情况。在转动时，每次转 60°，直到 360°复原可得到四种典型构象。

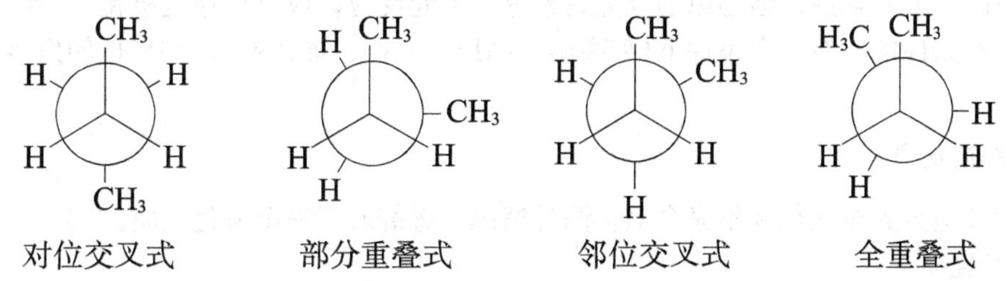
对位交叉式　　部分重叠式　　邻位交叉式　　全重叠式

其稳定性次序为：对位交叉式 > 邻位交叉式 > 部分重叠式 > 全重叠式，四种构象式的相对能垒分别为 0、3.3、14.6、18.4～25.5kJ/mol；室温时，对位交叉式构象约占 70%，邻位交叉式构象的占 30%，其他两种极少。

2.4 烷烃的性质

2.4.1 烷烃的物理性质

1. 状态

在 25℃室温和 0.1MPa 下，C_1～C_4 的直链烷烃为气态，C_5～C_{16} 的直链烷烃为液态，C_{17} 以上的直链烷烃为固态。

2. 沸点

一个化合物的沸点就是这个化合物的蒸气压与外界压力达到平衡时的温度。化合物的蒸气压与分子间的引力大小有关。烷烃分子是靠范德瓦尔斯(Van Der Waals)力吸引在一起的，这些力只在分子相距很近时才能产生。分子的大小能影响范德瓦尔斯力的大小，所以随着烷烃相对分子质量的增加，分子间的作用力也增加，其沸点也相应增高。即随烷烃分子中碳原子数的递增，沸点依次升高。在原子数相同时，分子的支链越多，则沸点越低。

3. 熔点

烷烃熔点的变化基本也是随着相对分子质量的增加而增加，熔点是随着分子的对称性增加而升高，分子越对称它们在晶格中的排列越紧密，熔点也越高。因此含奇数碳原子的烷烃和含偶数碳原子的烷烃构成两条熔点曲线，偶数碳原子的烷烃熔点曲线在上，奇数碳原子的烷烃熔点曲线在下，随着相对分子质量的增加，两条曲线逐渐接近。例如戊烷的三个同分异构体中，新戊烷因对称性最好，故熔点最高。

4. 相对密度(比重)

烷烃的相对密度都小于1，随着分子量的增加而增加，最后接近于0.8(20℃)。

5. 溶解度

烷烃几乎都不溶于水，而易溶于某些有机溶剂如四氯化碳、乙醇、乙醚等，尤其是烃类化合物(满足“相似相溶”原理)。

2.4.2 烷烃的化学性质

烷烃的化学性质稳定(特别是正烷烃)。在一般条件下(常温、常压)，与大多数试剂如强酸、强碱、强氧化剂、强还原剂及金属钠等都不起反应，或反应速度极慢。但稳定性是相对的、有条件的，在一定条件下(如高温、高压、光照、催化剂)，烷烃也能发生一些化学反应。

1. 氧化反应

氧化反应分完全氧化和不完全氧化两种情况，燃烧属于完全氧化反应。

1) 燃烧

烷烃在空气中燃烧，生成二氧化碳和水，并放出大量的热能。如：

$$C_nH_{2n+2}+\frac{3n+1}{2}O_2\xrightarrow{\text{燃烧}}nCO_2+(n+1)H_2O+\text{热能}(Q)$$

$$C_6H_{14}+9\,\frac{1}{2}O_2\longrightarrow 6CO_2+7H_2O+4138\text{kJ/mol}$$

沼气、天然气、液化石油气、汽油、柴油等燃料的燃烧，就其化学反应来说，主要是烷烃的燃烧，从而获取大量的热能。所以烷烃常用作内燃机的燃料。

2) 控制氧化

如果控制氧的供给，使其氧化反应不彻底，就不会生成二氧化碳和水，而生成炭黑、甲醛、乙炔、合成气、羧酸等多种重要的化工原料。

2. 裂化反应

在高温及没有氧气的条件下使烷烃分子中的C—C键和C—H键发生断裂形成复杂的混合物的反应称为裂化反应，它是一个复杂的过程。

例如：

$$CH_3\overset{(2)}{\vdots}\underset{\underset{H}{|}}{CH}-\underset{\underset{H}{|}}{CH_2}\ (1)\ \begin{cases}\xrightarrow{(1)}CH_3-CH=CH_2+H_2\ \ (\text{丙烯})\\ \xrightarrow{(2)}CH_4+CH_2=CH_2\ \ (\text{乙烯})\end{cases}$$

裂化反应根据生产目的不同可采用不同的裂化工艺。

(1) 热裂化：烷烃在隔绝空气的条件下加热(500～600℃，5MPa)，发生裂化，生成小分子烷烃、烯烃和氢。通过裂化重油，可以增加汽油的产量。

(2) 催化裂化：在较低的温度(400～500℃)下，使用催化剂(如硅酸铝)使烷烃裂化，在此过程中除发生键的断裂外，还伴有异构化、环化和芳构化等反应发生，生成带有支链的烷烃、烯烃、芳香烃、环烷烃等多种化工原料。还可以提高汽油的产量和质量(生产高辛烷值的汽油)。

(3) 深度裂化(裂解)：在高于700℃的条件下进行深度裂化，得到更多的低级烯烃(乙烯、丙烯、丁二烯、乙炔)。

3. 卤代反应

烷烃分子中的氢原子被卤素取代生成卤代烃的反应称为卤代反应，也称卤化反应。

1) 甲烷的氯代反应

烷烃与卤素在室温和黑暗中不发生反应，但在强日光照射下，会发生猛烈反应，甚至引起爆炸。但在漫射光、加热或催化剂作用下，可进行能够控制的卤化反应。但却很难停留在一元取代阶段。如甲烷与氯气在光照下进行反应，可生成一氯甲烷、二氯甲烷、三氯甲烷(氯仿)和四氯化碳的混合物，这些混合物在工业上常作为溶剂或有机合成原料。

$$CH_4 + 2Cl_2 \xrightarrow{\text{黑暗中}} \text{不发生反应}$$

$$CH_4 + 2Cl_2 \xrightarrow{\text{强烈日光}} 4HCl + C \quad \text{猛烈反应}$$

$$CH_4 + Cl_2 \xrightarrow{\text{漫射光}} CH_3{-}Cl + HCl$$

若控制一定的反应条件和原料的用量比，也可得以一种氯代烷为主要成分的产物。例如甲烷与氯气比例控制在10∶1，温度400～450℃时，产物中CH_3Cl占98%；若比例控制在0.263∶1，温度400℃时，产物主要为CCl_4。

2) 其他烷烃的氯代反应

其他烷烃的氯代反应的反应条件与甲烷的氯代反应相同(光照)，但产物更为复杂，因为氯可取代不同碳原子上的氢，得到各种一氯代或多氯代产物。例如：

$$CH_3CH_2CH_3 \xrightarrow{Cl_2,\text{光}} CH_3CH_2CH_2Cl + CH_3CHClCH_3 + \text{二氯代物} + \text{三氯代物}$$

$$CH_3CH(CH_3)CH_2CH_3 \xrightarrow{Cl_2,\text{光}} \begin{cases} ClCH_2{-}CH(CH_3)CH_2CH_3 & 33.5\% \\ CH_3{-}CCl(CH_3){-}CH_2CH_3 & 22\% \\ CH_3CH(CH_3){-}CHClCH_3 & 28\% \\ CH_3CH(CH_3)CH_2CH_2Cl & 16.5\% \end{cases}$$

伯、仲、叔氢的相对反应活性是不一样的，如下反应：

$$CH_3—CH_2—CH_3 + Cl_2 \xrightarrow{光，25℃} \underset{43\%}{CH_3—CH_2—\underset{|}{\overset{}{CH_2}}} + CH_3—\underset{Cl}{\underset{|}{CH}}—CH_3$$

（第一种产物 $CH_3—CH_2—CH_2Cl$，43%；第二种产物 $CH_3—CHCl—CH_3$，57%）

丙烷分子中有六个等价伯氢，两个等价仲氢，若氢的活性一样，则两种一氯代烃的产率，理论上为 6∶2=3∶1，但实际上为 43∶57=1∶1.33，说明仲氢比伯氢活性大，更容易被取代。由公式

氢的相对活性=产物的数量÷被取代的等价氢的个数，可知：

$$\frac{仲氢的相对活性}{伯氢的相对活性}=\frac{57/2}{43/6}\approx\frac{4}{1}$$

即仲氢与伯氢的相对活性约为 4∶1。

再看异丁烷一氯代反应时的情况：

$$CH_3—\underset{}{\overset{CH_3}{\overset{|}{CH}}}—CH_3 + Cl_2 \xrightarrow{光，25℃} CH_3—\underset{\underset{Cl}{|}}{\overset{CH_3}{\overset{|}{C}}}—CH_3 + CH_3—\overset{CH_3}{\overset{|}{CH}}—CH_2—Cl$$

叔丁基氯 36%　　　　异丁基氯 64%

同上分析，可求得叔氢的相对反应活性：

$$\frac{叔氢的相对活性}{伯氢的相对活性}=\frac{36/1}{64/9}=\frac{5.1}{1}$$

即叔氢的反应活性约为伯氢的 5 倍。

因此，室温时三种氢的相对活性为：3°H∶2°H∶1°H=5∶4∶1，即叔氢>仲氢>伯氢。但在反应温度高于 450℃情况下，烷烃氯代反应时三种氢的活性接近于 1∶1∶1。

3）溴代反应

卤素中溴也可发生溴代反应生成相应的溴烷，但烷烃溴代反应时，溴原子对伯、仲、叔三种氢原子的选择性较高。依据以上推理方法，可计算得溴代反应时三种氢原子的相对活性为：

3°H∶2°H∶1°H=1600∶82∶1。因此在有机合成中溴代反应比氯代反应更有用。

$$CH_3—\overset{CH_3}{\overset{|}{CH}}—CH_3 + Br_2 \xrightarrow{光，127℃} CH_3—\underset{\underset{Br}{|}}{\overset{CH_3}{\overset{|}{C}}}—CH_3 + CH_3—\overset{CH_3}{\overset{|}{CH}}—\underset{\underset{Br}{|}}{CH_2}$$

>99%　　　　<1%

为什么溴代反应的选择性比氯代反应的高？这是由于溴原子的活性比氯原子小，绝大部分溴原子只能夺取较活泼的氢。一般来说，在一组相似的反应中，试剂越不活泼，它在进攻中的选择性越强。

研究卤素与甲烷反应的相对反应活性结果表明，卤素与甲烷反应的相对活性顺序为 $F_2>Cl_2>Br_2>I_2$。氟本身活泼性较高，所以卤代反应过于剧烈，易引起爆炸；碘基本不反应，氯和溴居中。

4. 卤代反应机理

反应历程描述了化学反应所经历的途径或过程，也称为反应机理。反应历程是根据大量的实验事实作出来的理论推导，实验事实越丰富，可靠的程度就越大。了解反应历程，有助于认清反应本质，从而达到控制和利用反应的目的，了解反应历程有助于认清各反应间的内在联系，便于归纳、总结和记忆大量的有机反应。

烷烃的卤代反应是按自由基反应机理进行的。自由基反应机理通常分为链的引发、链的增长、链的终止三个阶段。现以甲烷的氯代反应为例说明自由基反应机理的三个阶段。

1）链的引发

在光照下，氯分子吸收能量均裂成两个氯原子，此阶段主要是产生活性质点(即自由基)的过程。

$$Cl:Cl \xrightarrow{h\nu \text{ or } \triangle} 2Cl\cdot$$

2）链的增长

氯原子具有未成对的电子，很活泼。它立即从甲烷分子中夺取一个氢原子，生成 HCl 和一个新的甲基自由基 $CH_3\cdot$，$CH_3\cdot$ 也很活泼，它与氯分子碰撞生成 CH_3Cl 和一个新的氯原子，如此反复进行，直至生成四氯化碳。此阶段每一步都消耗一个自由基，也为下一步产生一个新的自由基。

$$CH_4+Cl\cdot \longrightarrow CH_3\cdot+HCl$$

$$CH_3\cdot+Cl_2 \longrightarrow CH_3—Cl+Cl\cdot$$

$$CH_3—Cl+Cl\cdot \longrightarrow \cdot CH_2—Cl+HCl$$

$$\cdot CH_2—Cl+Cl_2 \longrightarrow CH_2—Cl_2+Cl\cdot$$

$$\vdots$$

3）链的终止

反应中产生的自由基可两两相互结合，从而使反应终止，此阶段自由基被逐渐消耗，且不再产生新自由基。

$$Cl\cdot+Cl\cdot \longrightarrow Cl_2$$

$$CH_3\cdot+\cdot CH_3 \longrightarrow CH_3—CH_3$$

$$\cdot CH_3+Cl\cdot \longrightarrow CH_3—Cl$$

2.5 烷烃的来源和用途

烷烃的主要来源是石油，以及与石油共存的天然气。石油主要是各种烃类的混合物，包括烷烃和环烷烃，个别产地还有芳烃及少量的含硫、含氧、含氮的有机化合物，但多数以烷烃为主。石油经过炼制可得到汽油、柴油、润滑油等产品以及炼厂气。其中一些可直接作为燃料使用，石油炼制产品可用来合成纤维、油漆、洗涤剂、染料、农药、医药、化肥、塑料、橡胶等产品。天然气只包含挥发性比较大的烷烃，也就是分子量低的烷烃，主要是甲烷，还有少许乙烷、丙烷和再高级一些的烷烃，其含量依次降低。

利用农牧业副产品和废物进行厌氧发酵可产生沼气，沼气的主要成分是甲烷，可作为燃料或动力能源。在农村开展沼气化，既可净化环境，又可提供廉价的能源，而发酵后的残液也可用来养鱼、喂猪和作肥料。

阅读材料

未来洁净的新能源——可燃冰

可燃冰，学名天然气水合物，化学式为$CH_4 \cdot 8H_2O$。它的主要成分是甲烷分子与水分子。它的形成与海底石油、天然气的形成过程相仿，且密切相关。埋于海底地层深处的大量有机质在缺氧环境中被厌气性细菌分解，最后形成石油和天然气。其中许多天然气又被包进水分子中，在海底的低温与压力下形成可燃冰。这是因为天然气有个特殊性能，它和水可以在2～5℃内结晶，这个结晶就是可燃冰。因为甲烷是主要成分，因此也常称为"甲烷水合物"。在常温常压下它会分解成水与甲烷，"可燃冰"可看成是高度压缩的固态天然气。外表上看它像冰霜，从微观上看其分子结构就像一个个由若干水分子组成的笼子，每个笼子里"关"一个气体分子。目前，可燃冰主要分布在东、西太平洋和大西洋西部边缘，是一种极具发展潜力的新能源，但由于开采困难，海底可燃冰至今仍原封不动地保存在海底和永久冻土层内。

1. 可燃冰的发现

1778年英国化学家普得斯特里就已开始研究生成气体水合物的温度和压强等条件。1934年，人们在油气管道和加工设备中发现了冰状固体堵塞管道现象，这些固体正是人们现在说的可燃冰。1965年苏联科学家预言，天然气的水合物可能存在海洋底部的地表层中，后来人们在北极的海底首次发现了大量的可燃冰。

2. 形成和储藏

形成可燃冰需要三个基本条件：第一温度不能太高，0～10℃为宜，最高限是20℃，再高就分解了。第二压力要够，但也不能太大，0℃时，30个大气压以上就可能生成。第三，地底要有气源。目前其分布的陆海比例为1∶100。

有天然气的地方不一定都有可燃冰，因为形成可燃冰除了压力更重要的在于低温，所以一般在冻土带的地方较多。长期以来，有人认为我国的海域纬度较低，不可能存在可燃冰，而实际上我国东海、南海都具备生成条件。

经20年勘测，东海盆地已获得1484亿m^3天然气探明加控制储量。之后，中国工程院院士、海洋专家金翔龙带领的课题组根据天然气水合物存在的必备条件，在东海找出了可燃冰存在的温度和压力范围，并根据地温梯度、结合东海地质条件，勾画出可燃冰的分布区域，计算出其稳定带的厚度，对资源量做了初步评估，得出"蕴藏量很可观"结论。

形成可燃冰有两条途径：一是气候寒冷致使矿层温度下降，加上地层的高压力，使原来分散在地壳中的碳氢化合物和地壳中的水形成气-水结合的矿层。二是由于海洋里大量的生物和微生物死亡后留下的遗尸不断沉积到海底，被分解成有机气体甲烷、乙烷等，这样便钻进海底结构疏松的沉积岩微孔，和水形成化合物。

可燃冰年复一年地积累，形成延伸数千至数万里的矿床。可燃冰每立方米中含有164m^3的可燃气体，已探明的储量比煤炭、石油和天然气加起来的储量还要大几百倍。目前，开发技术问题还没有解决，一旦获得技术上的突破，可燃冰将加入新的世界能源的行列。

3. 储存量和前景

1m^3可燃冰可转化为0.8m^3的水和164m^3的天然气。据估计，海底可燃冰分布的范围约4000万km^2，占海洋总面积的10%，其储量够人类使用1000年。

随着研究和勘测调查的深入，世界海洋中发现的可燃冰逐渐增加，1993年海底发现57处，2001年增加到88处。据探查估算，美国东南海岸外的布莱克海岭，可燃冰储量多达180亿吨，可满足美国105年的天然气消耗；日本海及其周围可燃冰资源可供日本使用100年以上。

2010年6月2日，26名中、德科学家从香港登上德国科学考察船“太阳号”，开始对南海为期42天的综合地质考察。通过海底电视观测和海底电视监测抓斗取样，首次发现了面积约430km^2的巨型碳酸盐岩。

中方首席科学家、广州海洋地质调查局总工程师黄永样说，探测证据表明：仅南海北部的可燃冰储量，就已达到我国陆上石油总量的一半左右；此外，在西沙海槽已初步圈出可燃冰分布面积5242km^2，其资源估算达4.1万亿m^3。

我国将投入8.1亿元对这项新能源的资源量进行勘测，摸清可燃冰家底，2015年进行可燃冰试开采。

4. 可燃冰的开采方案

可燃冰开采方案主要有三种。

第一是热解法。利用“可燃冰”在加温时分解的特性，使其由固态分解出甲烷蒸气。但此方法缺点在于不好收集。海底的多孔介质不是集中为“一片”，也不是一大块岩石，而是较为均匀地遍布着。如何布设管道并高效收集是急于解决的问题。

第二是降压法。有科学家提出将核废料埋入地底，利用核辐射效应使其分解。但依然面临着和热解法同样布设管道并高效收集的问题。

第三是“置换法”。研究证实，将CO_2液化，注入1500m以下的洋面，就会生成二氧化碳水合物，它的相对密度比海水大，于是就会沉入海底。如果将液态CO_2注射入海底的甲烷水合物储层，因液态CO_2比甲烷易于形成水合物，因而就可能将可燃冰中的甲烷分子“挤走”，从而将其置换出来。

5. “双刃剑”

迄今，世界上至少有30多个国家和地区在进行可燃冰的研究与调查勘探。

1960年，苏联在西伯利亚发现了可燃冰，并于1969年投入开发，采气14年，总采气50.17亿m^3。

美国于1969年开始实施可燃冰调查。1998年，把可燃冰作为国家发展的战略能源列入国家级长远计划，计划到2015年进行商业性试开采。

日本开始关注可燃冰是在1992年，目前，已基本完成周边海域的可燃冰调查与评价，钻探了7口探井，圈定了12块矿集区，并成功取得可燃冰样本。目标在2010年进行商业性试开采。

要开采埋藏于深海的可燃冰，还面临着许多新问题。有学者认为，在导致全球气候变暖方面，甲烷所起的作用比二氧化碳要大10～20倍。而可燃冰矿藏哪怕受到最小的破坏，都足以导致甲烷气体的大量泄漏。另外，陆缘海边的可燃冰开采起来十分困难，一旦出了井喷事故，就会造成海啸、海底滑坡、海水毒化等灾害。

因此，可燃冰在作为未来新能源的同时，也是一种危险的能源。可燃冰的开发利用就像一柄“双刃剑”，需要小心对待。

为开发这种新能源，国际上成立了由19个国家参与的地层深处海洋地质取样研究联合机构，有50个科技人员驾驶着一艘装备有先进实验设施的轮船从美国东海岸出发进行海底可燃冰勘探。这艘可燃冰勘探专用轮船的7层船舱都装备着先进的实验设备，是当今世界上唯一的一艘能从深海下岩石中取样的轮船，船上装备有能用于研究沉积层学、古人种学、岩石学、地球化学、地球物理学等的实验设备。这艘专用轮船由得克萨斯州A·M大学主管，英、德、法、日、澳、美科学基金会及欧洲联合科学基金会为其提供经济援助。

海底可燃冰的存在很可能使海床不稳定，会导致大规模的海底泥流，对海底管道和通信电缆有严重的破坏作用。更严重的是，如果地震中海底地层断裂，游离的气体和甲烷水合物分解产生的气体就会喷出海面，或在海水表层及水面上形成许多高度集中的易燃气泡，这不仅会对过往行船有危险，也会给低空飞行的飞机带来厄运。有学者认为，近几个世纪，在位于佛罗里达、百慕大群岛和波多黎各之间的百慕大三角区海域发生过的许多船只和飞机神秘失踪事件，即所谓百慕大之谜就可能与此有关。

因为可燃冰是在深海处低温高压条件下形成的，成冰状，一出水面就会自动融化分解成气体，所以没有必要在分解甲烷水合物上费神，只要用专用设备将这些气体收集起来就可利用。但值得注意的是，可燃冰作为一种新能源虽具有开发应用前景，但如果开采方法不当，释放出的甲烷扩散到大气中，就会增强地球的温室效应，导致地球上永久冻土和两极冰山融化。安全合理地开发可燃冰，必须同时考虑环境保护。

因此，可燃冰带给人类的不仅是新的希望，同样也有新的困难，只有合理地、科学地开发和利用，可燃冰才会真正地为人类造福。

本章小结

1. 烷烃分子(C_nH_{2n+2})由于碳架的不同而有同分异构体。不同的同分异构体的物理性质不同。烷烃分子中只含有C—C和C—H单键。由碳原子的sp^3杂化所构成的σ键有两个特点：σ键较为牢固，化学性质较稳定；σ键可以自由旋转，产生不同的构象。在烷烃的各种构象中以交叉式较为稳定。

2. 烷烃的系统命名原则：

(1) 选择含支链最多的最长碳链作为主链，命名为某烷。

(2) 从靠近支链最近的一端开始给主链编号。

(3) 在主链名称之前写明支链取代基的名称及位次。不同的取代基按“由简到繁”次序，相同的取代基合并写明。

3. 烷烃的化学性质稳定，其主要化学反应——卤代反应属于自由基型的取代反应历程。包括链引发、链增长、链终止三个步骤。

不同氢原子的反应活性为：$3°H>2°H>1°H$

不同卤素的反应活性为：$F_2>Cl_2>Br_2>I_2$

习　题

1. 写出庚烷的所有的构造异构体的构造式，并用系统命名法命名。

2. 写出下列化合物的构造式，并指出化合物分子中碳原子和氢原子的类型。

(1) 2，3，3-三甲基庚烷
(2) 2-甲基-3-乙基戊烷
(3) 2，3，4-三甲基-3-乙基戊烷
(4) 3-甲基-4-乙基壬烷
(5) 2，4-二甲基-3-乙基庚烷
(6) 新戊烷
(7) 4-异丙基壬烷
(8) 2-甲基-5-乙基-6-叔丁基癸烷
(9) 2，4，5-三甲基-4-异丙基庚烷
(10) 3-乙基-5-仲丁基壬烷

3. 用系统命名法命名下列各化合物。

(1) 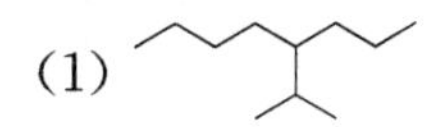

(2)

(3)

(4)

(5)

(6)

(7)

(8) 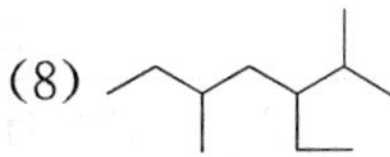

4. 以纽曼投影式，画出下列化合物的最稳定和最不稳定的构象式。

(1) 乙烷
(2) 1，2-二氯乙烷
(3) 丙烷
(4) 1-溴丙烷

5. 不查表，试给下列烃类化合物按沸点升高的次序排列。

(1) 2，4-二甲基戊烷
(2) 正庚烷
(3) 2，3-二甲基己烷
(4) 3-甲基戊烷
(5) 正己烷
(6) 3-甲基己烷

6. 已知某化合物，其相对分子质量为86，写出符合下列条件的该化合物的构造式。

(1) 一氯代时，能生成五种一氯衍生物
(2) 一氯代时，能生成四种一氯衍生物
(3) 一氯代时，能生成三种一氯衍生物
(4) 一氯代时，能生成两种一氯衍生物

7. 某烷烃相对分子质量为72，一元溴代产物只有一种，试推断此烷烃的构造式。

第3章 不饱和烃

教学目标

掌握烯、炔烃的同分异构现象和结构特点。

掌握烯、炔烃的系统命名法、次序规则及Z、E标记法。

掌握烯、炔烃的制备方法。

掌握烯、炔烃重要的化学反应，如亲电加成、硼氢化反应、氧化反应、还原反应等。

理解亲电加成反应历程和Markovnikov规则(马氏规则)。

教学要求

知识要点	能力要求	相关知识
烯烃和炔烃的结构	掌握烯、炔烃的结构特点和差异	杂化轨道理论
烯烃和炔烃的同分异构	掌握烯、炔烃的同分异构现象	同分异构概念
烯烃和炔烃的命名	(1) 理解烯、炔烃的衍生物命名法 (2) 掌握烯、炔烃的系统命名法 (3) 掌握次序规则和Z、E标记法	烷烃的系统命名法
烯烃和炔烃的性质	(1) 了解烯烃和炔烃的物理性质 (2) 理解亲电加成反应历程和Markovnikov规则 (3) 掌握烯、炔烃的化学性质	
烯烃和炔烃的制备	(1) 了解烯、炔烃的工业来源 (2) 掌握烯、炔烃的实验室制法	
二烯烃的分类和命名	(1) 了解二烯烃的分类 (2) 掌握二烯烃的命名	烯烃的命名法
1，3-丁二烯的结构	理解1，3-丁二烯的结构特点	
共轭二烯烃的化学性质	(1) 理解共轭二烯烃的普通双键的反应 (2) 掌握共轭二烯烃的1，4-加成和双烯合成	
共轭体系和共轭效应	(1) 了解共轭体系的类别 (2) 理解共轭效应对结构和性质的影响	

分子中含有碳碳双键C═C的烃称为烯烃，其分子通式为 C_nH_{2n}；分子中含有碳碳三键C≡C的烃称为炔烃，其分子通式为 C_nH_{2n-2}。烯烃和炔烃统称为不饱和烃。双键和三键称为不饱和键，有时统称为重键。

烯烃根据分子中所含碳碳双键数目的不同，可分为单烯烃、二烯烃与多烯烃，其中单烯烃即通常所说的烯烃，分子中只含有一个碳碳双键，如丙烯 $H_2C=CHCH_3$；二烯烃指分子中含有两个碳碳双键，分子通式为 C_nH_{2n-2}，与炔烃的分子通式相同，彼此互为同分异构体。

3.1 烯烃和炔烃的结构

3.1.1 烯烃的结构

最简单的烯烃是乙烯，经现代物理方法证明：乙烯分子中的所有原子均在同一平面上，碳碳双键的键长 0.134nm，碳氢键的键角约为 120°。这说明乙烯分子中碳原子的构型是平面正三角形的。

形成双键的两个碳原子为 sp^2 杂化，它们各用一个 sp^2 杂化轨道“头碰头”重叠形成 C—C σ 键；每个碳原子余下的两个 sp^2 杂化轨道分别与其他原子或基团结合形成两个 σ 单键，如图 3.1 所示；这样形成的五个 σ 键均处同一平面上，两个碳原子各有一个未参与杂化的 p 轨道，垂直于 sp^2 杂化轨道平面，且互相平行，进行侧面重叠形成 π 键，如图 3.2 所示。

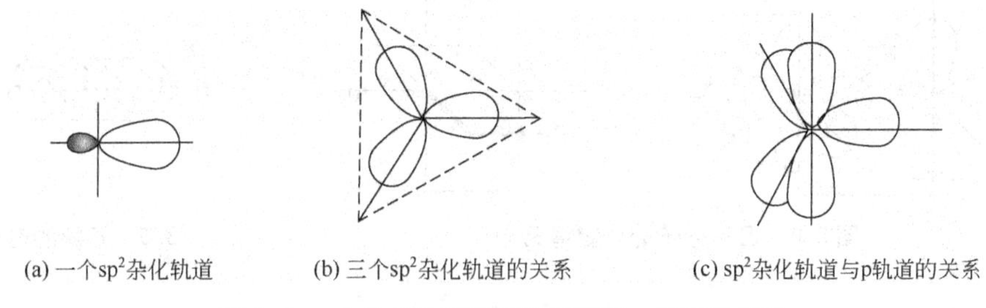

(a) 一个 sp^2 杂化轨道　(b) 三个 sp^2 杂化轨道的关系　(c) sp^2 杂化轨道与p轨道的关系

图 3.1　sp^2 杂化轨道的图形及其与 p 轨道的关系

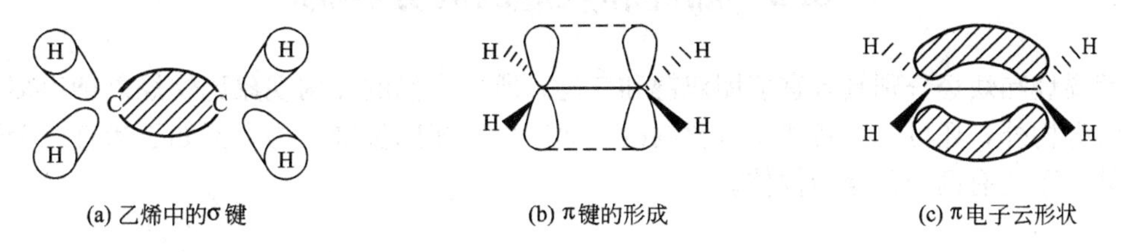

(a) 乙烯中的σ键　(b) π键的形成　(c) π电子云形状

图 3.2　乙烯的 σ 键、π 键及 π 电子云形状

从键能的情况看，乙烯分子中碳碳双键的键能为 610kJ/mol，比两个碳碳单键的键能之和小，345kJ/mol×2=690kJ/mol。说明碳碳双键不是由两个碳碳单键构成的，而是由一个 σ 键和一个 π 键构成的。π 键的键能即为 610−345=265(kJ/mol)，小于碳碳单键的键能，故 π 键稳定性差，容易断裂，容易极化，容易起化学反应，所以碳碳双键是较活泼的官能团。

3.1.2 炔烃的结构

最简单的炔烃是乙炔，经现代物理方法证明：乙炔是一个直线型分子，分子中四个原子排在一条直线上，碳碳三键键长为0.121nm，碳氢键的键角为180°。

杂化后形成两个sp杂化轨道，还有两个未杂化的p轨道。两个sp杂化轨道成180°分布，两个未杂化的p轨道互相垂直，且都垂直于sp杂化轨道轴所在的直线，如图3.3所示。

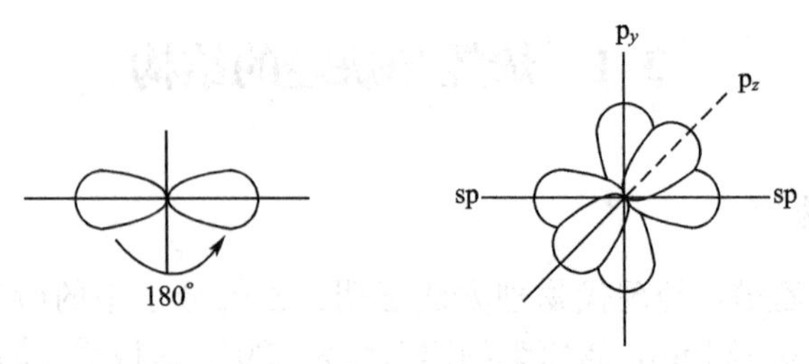

图3.3　sp杂化轨道分布图

乙炔分子中碳碳三键的键能为837kJ/mol，比三个碳碳单键的键能之和小，345kJ/mol×3=1035kJ/mol。说明三键不是简单的三个单键的加和，是由一个σ键和两个互相垂直的π键构成，如图3.4和图3.5所示。因此碳碳三键也是比较活泼的官能团。

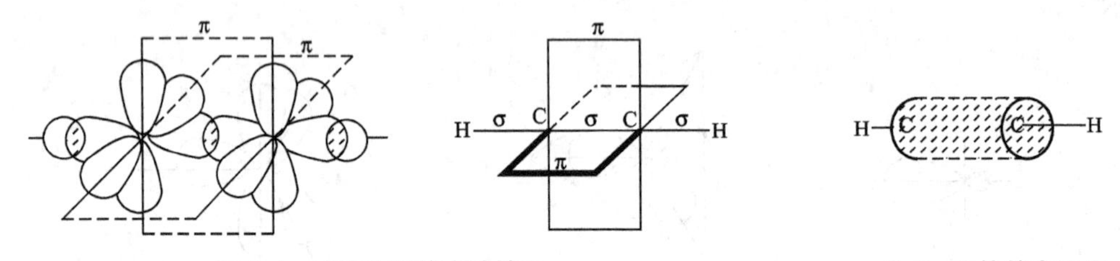

图3.4　乙炔分子的成键情况　　**3.5　乙炔的电子云**

3.2　烯烃和炔烃的同分异构

因烯烃和炔烃分别具有官能团双键和三键，所以它们的异构现象比烷烃复杂很多。除了碳链异构外，还可能因官能团位置的改变而产生官能团位置异构。例如丁烯有三个开链异构体，丁炔有两个开链异构体。

$$H_2C{=}CHCH_2CH_3 \qquad H_3CHC{=}CHCH_3 \qquad H_2C{=}\overset{\overset{\large CH_3}{|}}{C}CH_3$$

1-丁烯　　2-丁烯　　2-甲基-1-丙烯

$$HC{\equiv}CCH_2CH_3 \qquad H_3CC{\equiv}CCH_3$$

1-丁炔　　2-丁炔

无论是碳链异构，还是官能团位置异构，都是由于分子中原子间的连接方式不同而产生的，统称为构造异构。

烯烃除了具有构造异构外，某些烯烃还具有顺反异构。顺反异构的产生是由于双键或其他结构因素阻碍了分子中原子或原子团间的自由旋转，从而固定了原子或原子团在空间的位置而产生的异构现象。例如2-丁烯在空间有顺式和反式两种排列方式：

$$\mathrm{\underset{H}{\overset{H_3C}{}}\!\!>C{=}C<\!\!\underset{H}{\overset{CH_3}{}}}$$

顺-2-丁烯

$$\mathrm{\underset{H}{\overset{H_3C}{}}\!\!>C{=}C<\!\!\underset{CH_3}{\overset{H}{}}}$$

反-2-丁烯

这种由于组成双键的两个碳原子上连接的基团在空间的位置不同而形成的构型不同的现象称为顺反异构现象。当构成双键的任何一个碳原子上所连的两个基团都不同时，即会产生顺反异构，这是产生顺反异构体的一个必要条件。

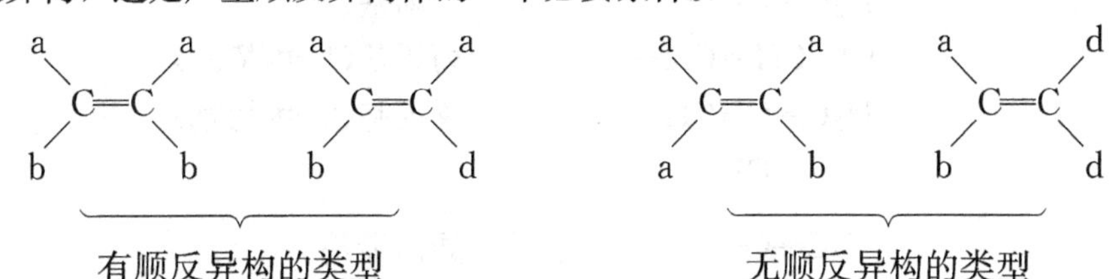

有顺反异构的类型　　　　无顺反异构的类型

顺反异构体的物理性质不同，因而分离它们并不很难。

3.3 烯烃和炔烃的命名

3.3.1 普通命名法

简单的烯烃或炔烃可用普通命名法命名，与烷烃相似，将“烷”改为“烯”或“炔”即可。例如：

$\mathrm{H_2C{=}CHCH_3}$ 丙烯

$\mathrm{H_2C{=}\underset{}{\overset{CH_3}{\overset{|}{C}}}{-}CH_3}$ 异丁烯

$\mathrm{HC{\equiv}CH}$ 乙炔

$\mathrm{HC{\equiv}CCH_3}$ 丙炔

3.3.2 系统命名法

1. 烯烃和炔烃的系统命名法

烯烃和炔烃的系统命名法基本与烷烃的命名相似。其要点是：

(1) 选择含碳碳双键或三键(简称重键)在内的最长碳链为主链，称为某烯或某炔。

(2) 从最靠近重键的一端开始，将主链碳原子依次编号。

$\mathrm{H_2C{=}C{-}CH_2{-}CH_2{-}CH_3}$ 1主链选择错

$\mathrm{\quad\ \ |}$ 2主链选择错

$\mathrm{\quad\ \ CH_2{-}CH_2{-}CH_2{-}CH_3}$ 3主链选择对

编号正确：1 2 3 4 5 6

$\mathrm{CH_3\underset{|}{C}{=}CH{-}CH_2{-}\underset{|}{CH}{-}CH_3}$（2位及5位上各连 $\mathrm{CH_3}$）

编号错误：6 5 4 3 2 1

(3) 以构成重键的两个碳原子中编号小的表示重键的位置，并写在母体名称之前。

当分子中含有两个或两个以上重键时，编号时应使得所有重键的位次之和为最小。若重键相同，则合并书写，并用中文二、三等表示其数目；若重键不同，即在一个分子中同时含有双键和三键，此时采用类名“烯炔”命名。命名时，选取含有双键和三键的最长碳链为主链，编号从靠近双键或三键的一端开始，使得不饱和重键的编号之和尽量最小。如果两个编号相同，则使双键的位次最小。名称书写时，先写烯再写炔。例如：

$H_2C{=}CH{-}C{\equiv}CH$　　　　$HC{\equiv}C{-}CH{=}CHCH_2CH_3$

1-丁烯-3-炔　　　　3-己烯-1-炔

(4) 取代基和书写符号规定与烷烃命名原则相同。

2. 几个重要的烯基

烯基是指烯烃从形式上去掉一个氢原子后剩下的基团。常见的烯基有：

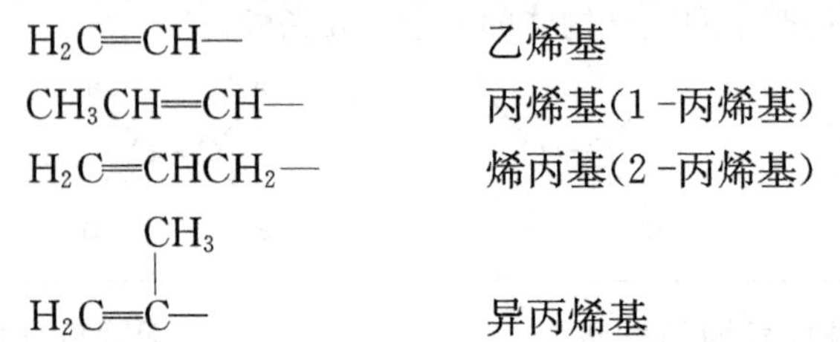

3. Z、E 命名法

1) 顺反命名法

顺反异构体的命名只需将“顺”或“反”写在系统名称的前面即可。

例如：

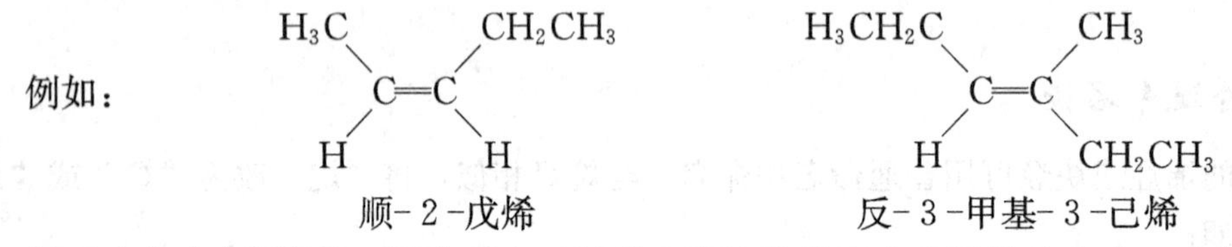

顺-2-戊烯　　　　反-3-甲基-3-己烯

顺反命名法有局限性，即在两个双键碳上所连接的两个基团彼此应有一个是相同的，彼此无相同基团时，则无法命名其顺反。例如：

H_3C、$(H_3C)_2HC$ 与 CH_2CH_3、$CH_2CH_2CH_3$ 分别连于 C=C 两端；H_3CH_2C、Br 与 CH_3、$CH(CH_3)_2$ 分别连于 C=C 两端

为解决上述构型无法用顺反表示的命名，IUPAC 规定，用 Z、E 命名法来标记顺反异构体的构型。

2) Z、E 命名法(次序规则)

Z、E 命名法的具体内容是：分别比较两个双键碳原子上的取代基团按“次序规则”排出的先后顺序，如果两个双键碳上排列顺序在前的基团位于双键的同侧，则为 Z 构型，反之为 E 构型。Z 是德文 Zusammen 的字头，是在一起的意思。E 是德文 Entgegen 的字头，是相反的意思。

“次序规则”的主要内容如下：

(1) 比较与双键碳原子直接连接的原子的原子序数，按大的在前、小的在后排列。

例如：　I>Br>Cl>S>P>F>O>N>C>D>H

$-Br > -OH > -NH_2 > -CH_3 > -H$

(2) 如果与双键碳原子直接连接的基团的第一个原子相同时，则要依次比较第二、第三等原子的原子序数，来决定基团的先后次序。

例如：$CH_3CH_2{-} > CH_3{-}$，因第一顺序原子均为 C，故必须比较与碳相连基团的大

小，CH_3—中与碳相连的是 H、H、H，CH_3CH_2— 中与碳相连的是 C、H、H，所以 CH_3CH_2—大。又如$(CH_3)_2CH$—>$CH_3CH_2CH_2$—，$(CH_3)_2CH$—中与碳相连的是 C、C、H，$CH_3CH_2CH_2$—中与碳相连的是 C、H、H，故$(CH_3)_2CH$—大。常见的几个烃基的优先次序为：

$$(CH_3)_3C—>CH_3CH_2(CH_3)CH—>(CH_3)_2CH—>(CH_3)_2CHCH_2—>$$
$$CH_3CH_2CH_2CH_2—>CH_3CH_2CH_2—>CH_3CH_2—>CH_3—$$

（3）当取代基为不饱和基团时，则把双键或三键原子看成是它与多个碳原子相连。

例如：$H_2C{=}CH$— 相当于 H_2C—CH—（两个碳上各连一个 C）；>C=O 相当于 >C（连两个 O）

Z、E 命名法举例如下：

H_3C、$(H_3C)_2HC$ / C=C / CH_2CH_3、$CH_2CH_2CH_3$

(Z)-2，3-二甲基-4-乙基-3-庚烯

$(H_3C)_2HC$、Br / C=C / CH_3、CH_2CH_3

(Z)-2，4-二甲基-3-溴-3-己烯

Cl、H / C=C / CH_3、Br

(E)-1-氯-2-溴丙烯

Cl、H / C=C / Br、Cl

(Z)-1，2-二氯-1-溴乙烯或反-1，2-二氯-1-溴乙烯

从以上化合物的命名可以看出，顺反命名和 Z、E 命名是不能一一对应的，应引起注意。

练习 3-1 用衍生物命名法或系统命名法命名下列各化合物。

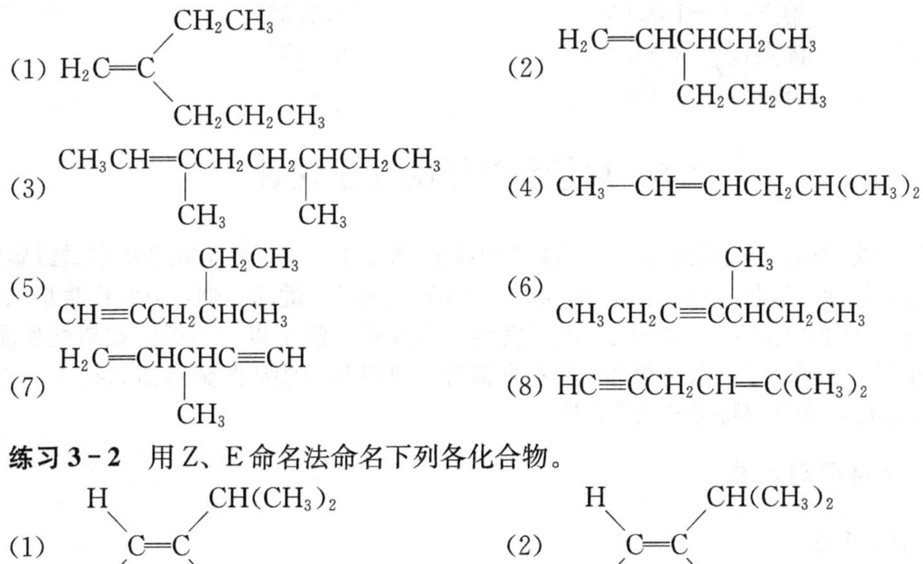

练习 3-2 用 Z、E 命名法命名下列各化合物。

(3) (Cl)(H$_3$C)C=C(CH$_2$CH$_2$CH$_3$)(CH(CH$_3$)$_2$)　　(4) (I)(F)C=C(Cl)(Br)

3.4　烯烃和炔烃的物理性质

烯烃和炔烃的物理性质和烷烃基本相似。除2-丁炔外，在常温下，C_2～C_4的烯烃和炔烃为气体，C_5～C_{16}的为液体，C_{17}以上为固体。沸点、熔点和相对密度都随着碳原子数的增加而上升，且烯、炔烃相对密度都小于1，比水轻，都是无色物质，不溶于水，易溶于非极性或弱极性的有机溶剂如石油醚、苯、氯仿、四氯化碳或乙醚中。

不对称的烯烃和炔烃都有很小的极性。对顺、反异构体来说，差别最大的物理性质是偶极矩，一般反式异构体的偶极矩较顺式小，或等于零。这是因为在反式异构体中，两个基团在分子的不同侧，和双键碳相结合的键，它们的极性方向相反可以抵消，而顺式中则不能。在顺、反异构体中，顺式异构体因为极性较大，分子间的范德瓦尔斯力较大，其沸点通常比反式异构体高，但顺式异构体的对称性较低，在晶格中排列不紧密，所以其熔点通常比反式异构体低。这种情况存在于很多几何异构体中。分子的构型同熔、沸点之间的关系只是经验规律，可能有例外，但偶极矩的大小一般都能正确地判断某一异构体是顺式还是反式。

	(H$_3$C)(H)C=C(CH$_3$)(H)	(H$_3$C)(H)C=C(H)(CH$_3$)
	顺-2-丁烯	反-2-丁烯
	(Z)-2-丁烯	(E)-2-丁烯
熔点：	−138.9℃	−105.6℃
沸点：	3.7℃	0.88℃
偶极矩：	$\mu \neq 0$	$\mu = 0$

3.5　烯烃和炔烃的化学性质

烯烃和炔烃的化学性质很活泼，可以和很多试剂作用，主要发生在碳碳双键或碳碳三键上，能起加成、氧化、聚合等反应。另外，由于双键或三键的影响，与它们直接相连的碳原子(α碳原子)上的氢(α氢原子)也可发生一些反应。除了以上与烯烃相似的性质外，炔烃三键碳上的氢原子活泼性很强，具有弱酸性，可以与一些活泼金属如Na、Li、Ag^+、Cu^+发生反应，表现出特殊的化学性质。

3.5.1　官能团的反应

1. 加成反应

烯烃和炔烃在同某些试剂发生反应时，π键断裂，反应试剂中的两个原子或基团分别加到以双键或三键相连的两个碳原子上，这类反应称为加成反应。

1）催化加氢

烯烃和炔烃常温常压下很难与氢气发生反应，而在催化剂(如 Pt、Pd、Ni)存在下，可以与氢发生加成反应，生成烷烃。因这种加氢反应需催化剂的催化，故又称做催化加氢。

$$R—CH═CH_2 + H_2 \xrightarrow[200\sim300℃]{Ni} R—CH_2—CH_3$$

$$R—C≡CH \xrightarrow{H_2,\ Pt} R—CH═CH_2 \xrightarrow{H_2,\ Pt} R—CH_2—CH_3$$

炔烃的催化加氢是逐步实现的，先生成烯烃，继续加氢生成烷烃。如果选择适当的催化剂(如林德拉催化剂)，可实现部分加氢，使产物停留在烯烃阶段。非末端炔烃进行部分加氢时，选择不同的催化剂，能产生顺式或反式烯烃。例如：常见的林德拉催化剂，它是一种以金属钯沉淀于碳酸钙上，然后用醋酸铅处理而得的加氢催化剂，铅盐可降低钯催化剂的活性，使生成的烯烃不再加氢，而对炔烃的加氢依然有效，产物为顺式烯烃。其次，用钯或硼化镍(也称 P-2 催化剂)对炔烃进行催化加氢时，主要得到顺式烯烃；在液氨中用金属钠或锂对炔烃进行催化时加氢，主要得到反式烯烃。

$$R—C≡C—R^1 \xrightarrow{H_2,\ 林德拉催化剂} \begin{matrix} R & & R^1 \\ & C═C & \\ H & & H \end{matrix}$$

$$R—C≡C—R^1 \xrightarrow{H_2,\ Pd/C} \begin{matrix} R & & R^1 \\ & C═C & \\ H & & H \end{matrix}$$

$$R—C≡C—R^1 \xrightarrow{H_2,\ 液\ NH_3} \begin{matrix} R & & H \\ & C═C & \\ H & & R^1 \end{matrix}$$

一般分子中含有碳碳重键的化合物，均可以在适当条件下进行催化加氢，该反应可以定量进行，对氢气的吸收量进行计算来分析分子中所含重键的数目或试样中该化合物的含量。

加氢反应是个放热反应。这是由于反应过程中形成两个 C—H σ 键放出的能量大于断裂一个 π 键和一个 H—H σ 键所需的能量。1mol 烯烃催化加氢放出的能量称为氢化热。它的数值随烯烃结构的不同而有所不同，如表 3-1 所示。氢化热的大小反映了烯烃分子结构的稳定性，氢化热越小，分子越稳定，所以可以根据氢化热数据比较探讨不同烯烃的稳定性。

表 3-1　一些烯烃的氢化热

化合物	ΔH/kJ·mol^{-1}	化合物	ΔH/kJ·mol^{-1}
乙烯	−137	反-2-丁烯	−115.5
丙烯	−126	异丁烯	−118.8
丁烯	−126.8	2-甲基-2-丁烯	−112.5
顺-2-丁烯	−119.7	2，3-二甲基-2-丁烯	−111.3

烯烃的稳定性与连接在双键碳原子上的烷基数目有关，烷基越多，烯烃越稳定。故一般系统的稳定性顺序如下：

$$R_2C{=}CR_2 > R_2C{=}CHR > R_2C{=}CH_2 > RHC{=}CHR > RHC{=}CH_2 > H_2C{=}CH_2$$

2）亲电加成

（1）加卤素。烯烃和炔烃(除乙炔外)在室温或低温时即能与氯或溴发生加成反应，生成卤代烃类；碘一般不发生该反应；氟反应太剧烈，往往得到碳链断裂的各种产物，无实用意义。

烯烃与溴的作用，通常以四氯化碳为溶剂，室温下即可反应。溴的四氯化碳溶液原本是黄色的，反应后即转变成无色。这个褪色反应很迅速，肉眼容易观察，故它是验证碳碳双键是否存在的一个特征反应。

$$H_2C{=}CH_2 + Br_2 \xrightarrow{CCl_4} CH_2Br{-}CH_2Br$$

$$H_2C{=}CHCH_3 + Br_2 \xrightarrow{CCl_4} CH_2Br{-}CHBr{-}CH_3$$

烯烃和卤素的加成结果是两个卤素原子分别在双键平面的两边加上去，得到反式加成产物。具体反应历程如下：

第一步 (π)C=C(π) + $Br^{\delta+}{-}Br^{\delta-}$ ⟶ C(—Br)—C^{+} ⟶ 环状 Br^{+} + Br^{-}

溴鎓离子

第二步 Br^{-} + 溴鎓离子 ⟶ 反式 BrC—CBr

第一步，当溴分子接近烯烃分子时，由于烯烃 π 电子云的影响，使溴分子发生极化，产生一个溴原子带有部分正电荷，一个溴原子带有部分负电荷。溴的带正电荷部分进一步接近烯烃时，溴的极化程度加深，溴分子发生不均等的异裂，带正电荷的溴原子就同烯烃分子中的 π 键首先形成一个 π 络合物，并进一步解离出溴负离子和一个环状溴鎓正离子。

第二步，溴负离子只能从环的另一面和碳相结合，完成这个加成反应，生成反式加成产物。

上面反应的实质上是由亲电试剂 Br^{+} 对 π 键的进攻引起的，称为亲电加成反应。

与烯烃一样，炔烃与卤素的加成也属于亲电加成反应。但炔烃加卤素，先加一分子卤素生成二卤代烯，再加一分子卤素生成四卤代烷。炔烃与溴的四氯化碳溶液反应也存在褪色现象，故也可依此验证炔烃。

$$H_3C—C\equiv C—CH_3 + Br_2 \xrightarrow{CCl_4} H_3C—\underset{Br}{\underset{|}{C}}=\underset{Br}{\underset{|}{C}}—CH_3 \xrightarrow{Br_2/CCl_4} CH_3—CBr_2—CBr_2—CH_3$$

(2) 加卤化氢。烯烃和炔烃与卤化氢的加成属于亲电加成反应。卤化氢解离出的 H^+ 先加到碳碳重键中的一个碳原子上去，使重键中的另一个碳原子形成碳正离子，然后碳正离子再与 X^- 结合

$$HX \rightleftharpoons H^+ + X^- \quad X=F、Cl、Br、I$$

$$H_2C=CH_2 + H^+ \longrightarrow [CH_3—\overset{+}{C}H_2] \xrightarrow{X^-} CH_3CH_2X$$

$$HC\equiv CH + HX \longrightarrow H_2C=CHX \xrightarrow{HX} CH_3CHX_2$$

乙烯、乙炔的分子是对称的，故在与卤化氢加成时，无论氢加到哪个碳原子上，得到的产物都是一样的。但不对称的烯烃、炔烃与卤化氢加成时，就有可能得到两种不同的产物，现以丙烯为例说明整个反应过程。

$$HX \rightleftharpoons H^+ + X^-$$

$$\overset{1}{H_2C}=\overset{2}{C}H\overset{3}{C}H_3 + H^+ \begin{cases} \xrightarrow{a} CH_3—\overset{+}{C}HCH_3 + X^- \longrightarrow CH_3\underset{}{\overset{X}{\overset{|}{C}}}HCH_3 \quad 2\text{-卤丙烷(主)} \\ \xrightarrow{b} \overset{+}{C}H_2—CH_2CH_3 + X^- \longrightarrow \overset{X}{\overset{|}{C}}H_2CH_2CH_3 \quad 1\text{-卤丙烷} \end{cases}$$

其中 2-卤丙烷是主产物。马尔科夫尼科夫(Markovnikov)在 1869 年根据实验的结果得出了一个经验规律：不对称烯烃与卤化氢加成时，氢原子总是加在含氢最多的碳原子上，卤素原子加在含氢较少或不含氢的碳原子上。这个规律称为马尔科夫尼科夫规则(简称马氏规则)。如何解释这个马氏规则呢？可以从诱导效应的影响来说明。

绪论中已经谈到，在不同的原子或基团形成的共价键中，由于成键的两个原子或基团对电子的吸引力不同，使得共价键具有极性。而在多原子分子中，一个键的极性可通过静电作用沿单键相互传递。这种因某一原子或基团的电负性而引起电子云沿着键链向某一方向移动的效应称为诱导效应。吸电子原子或基团产生的诱导效应称为吸电子诱导效应，用 $-I$ 表示；斥电子原子或基团产生的诱导效应称为斥电子诱导效应，用 $+I$ 表示。电负性越大，吸电子能力越强，吸电子诱导效应越强，反之则小。

不同类型的杂化碳原子的电负性不同。s 成分越多，电负性越强，即吸电子的能力越强。电子电负性由强到弱的顺序为：$s > sp > sp^2 > sp^3 > p$。因而和 sp^2 杂化碳原子相连的甲基或其他烷基都有给电子或供电子的效应。

下面以丙烯与溴化氢的加成为例解释马氏规则。丙烯加溴化氢主要生成 2-溴丙烷：

$$\underset{3}{CH_3}—\underset{2}{\overset{\delta^+}{CH}}=\underset{1}{\overset{\delta^-}{CH_2}} + H^+Br^- \longrightarrow \underset{2\text{-溴丙烷}}{CH_3—\overset{Br}{\overset{|}{C}}H—CH_3}$$

在丙烯中，由于甲基的供电子作用使得 π 电子云偏向 C^1，因而 C^1 就带有部分负电荷，相对而言，C^2 就带有部分正电荷，故与 HBr 加成时，H^+ 必然加到带有部分负电荷的 C^1 上，Br^- 则加到带有部分正电荷的 C^2 上，生成 2-溴丙烷。

另外，从碳正离子的稳定性考虑，也有利于 H^+ 加成到 C^1 上。丙烯与 H^+ 加成后可生成两种碳正离子Ⅰ和Ⅱ(见下式)，在Ⅰ中，两个甲基的给电子作用会使得 C^2 上的正电荷被分散；而Ⅱ中仅有一个基团分散 C^1 上的正电荷。电荷越分散，体系能量越低越稳定，故Ⅰ比Ⅱ稳定。因此反应结果2-溴丙烷是主产物。

$$\overset{1}{H_2C}{=}\overset{2}{C}H\overset{3}{C}H_3 + H^+ \begin{cases} \xrightarrow{a} CH_3-\overset{+}{C}HCH_3 \quad (\text{Ⅰ}) \\ \xrightarrow{b} \overset{+}{C}H_2-CH_2CH_3 \quad (\text{Ⅱ}) \end{cases}$$

当然，对各种碳原子而言，碳正离子的稳定性次序依次为：

$$H_3C-\underset{CH_3}{\overset{CH_3}{C^+}} > H_3C-\underset{H}{\overset{CH_3}{C^+}} > H_3C-\underset{H}{\overset{H}{C^+}} > H-\underset{H}{\overset{H}{C^+}}$$

即叔(3°)R^+＞仲(2°)R^+＞伯(1°)R^+＞CH_3^+。

因此，当烯烃与卤化氢加成时，根据马氏规则，氢总是加成在含氢更多的双键碳上，卤素总是加成在含氢较少或不含氢的碳原子上，这是生成更稳定的活性中间体碳正离子的需要。

不对称的炔烃与卤化氢加成时，也遵守马氏规则。

(3) 加水。在酸存在下，烯烃与水反应生成醇。该反应称为烯烃的水合作用，是工业上制备低级醇的主要方法之一。例如在硫酸或磷酸催化下，异丁烯水合生成叔丁醇。

$$>C{=}C< + H_3O^+ \longrightarrow -CH-\overset{+}{C}< \underset{}{\overset{H_2O}{\rightleftharpoons}} -CH-\underset{^+OH_2}{C}< \underset{+H^+}{\overset{-H^+}{\rightleftharpoons}} -CH-\underset{OH}{C}<$$

$$H_2C{=}CH_2 + H_2O \xrightarrow[300℃,\ 7\sim8MPa]{H_3PO_4/硅藻土} CH_3CH_2OH$$

$$H_2C{=}\overset{CH_3}{C}-CH_3 + H_2O \xrightarrow{H^+} H_3C-\underset{OH}{\overset{CH_3}{C}}-CH_3\ (叔丁醇)$$

不对称烯烃加水反应遵守马氏规则，因而不对称烯烃加水不会生成伯醇。

炔烃在酸和汞盐的催化下，能与水加成，先生成烯醇，烯醇很不稳定，很快发生重排转变成醛或酮。

$$HC{\equiv}CH + H_2O \xrightarrow[HgSO_4]{H_2SO_4} \left[H_2C{=}CH{-}OH \right] \xrightarrow{分子重排} H_3C-\overset{O}{\overset{\|}{C}}-H$$

乙醛

$$RC{\equiv}CH + H_2O \xrightarrow[HgSO_4]{H_2SO_4} \left[RC(OH){=}CH_2 \right] \xrightarrow{分子重排} R-\overset{O}{\overset{\|}{C}}-CH_3$$

酮

在反应过程中，一个分子或离子发生了基团的转移和电子云密度重新分布而生成较稳定的分子的反应，称为分子重排反应，简称重排反应。为什么会发生重排反应？以乙炔为例，计算中间产物乙烯醇和重排后产物乙醛的总键能，比较会发现，乙醛的总键能(2741kJ/mol)比乙烯醇的总键能(2678kJ/mol)大，故乙醛比乙烯醇稳定。在一般条件下，两个构造异构体可以迅速地相互转变的现象，称为互变异构现象，涉及的异构体称为互变异构体。烯醇式和酮式之间的互变异构又称为酮-烯醇互变异构现象，一般表示为：

$$-\overset{|}{C}=\overset{|}{C}-OH \rightleftharpoons -\underset{|}{\overset{|}{C}}-\overset{|}{C}=O$$

烯醇式　　　　酮式

炔烃加水也遵守马氏规则，所以乙炔加水生成乙醛，其他炔烃加水都生成酮。

(4) 加硫酸。烯烃可与浓硫酸反应，生成烷基硫酸酯(也称硫酸氢酯)。例如：

$$H_2C=CH_2 + H-OSO_3H \longrightarrow CH_3-CH_2OSO_3H\text{(硫酸氢乙酯)}$$

$$H_2C=CHCH_3 + \overset{\delta^+}{H} \mid \overset{\delta^-}{OSO_3H} \longrightarrow CH_3-\overset{OSO_3H}{\overset{|}{C}H}-CH_3\text{(异丙基硫酸酯)}$$

反应历程与HX的加成一样，也分成两步，第一步是烯烃与质子的加成生成碳正离子，第二步碳正离子与硫酸氢根结合。不对称烯烃与硫酸的加成也符合马氏规则。

生成的硫酸氢酯可溶于浓硫酸，和水一起加热，就可水解得到醇，这是工业上由烯烃制备醇的一种方法。另外，还可以用烯烃这一性质来除去某些有机物中所含的少量烯烃。

$$CH_3-CH_2OSO_3H \xrightarrow[\triangle]{H_2O} CH_3-CH_2OH$$

$$CH_3-\overset{OSO_3H}{\overset{|}{C}H}-CH_3 \xrightarrow[\triangle]{H_2O} CH_3-\overset{OH}{\overset{|}{C}H}-CH_3$$

炔烃不与浓硫酸发生加成反应。

(5) 加次卤酸。与炔烃不同，烯烃与卤素(溴或氯)的水溶液也可发生亲电加成反应，生成卤代醇和副产物二卤化物等。

$$\rangle C=C\langle \xrightarrow[H_2O]{X_2(Br_2\text{ 或 }Cl_2)} \overset{HO}{-}\overset{|}{C}-\overset{|}{C}\overset{X}{-} + \overset{X}{-}\overset{|}{C}-\overset{|}{C}\overset{X}{-} + HX$$

加成反应的结果是双键上加上了一分子次溴酸或次氯酸，因而也称和次卤酸的加成，但实际上只是烯烃和卤素在水溶液中进行反应的结果。以溴为例，反应第一步是烯烃双键与溴正离子的加成，生成环状溴鎓正离子，第二步是水分子或溴负离子从反面进攻溴鎓正离子，生成卤代醇或二卤化物。因此，与次卤酸的加成也是亲电加成反应，也符合马氏规则，即带正电荷的溴或氯加到含氢多的双键碳上，羟基加到含氢较少的双键碳上。

$$H_2C=CHCH_3 + \overset{\delta^-}{HO} \mid \overset{\delta^+}{Br} \longrightarrow \underset{Br}{\underset{|}{CH_2}}-\overset{OH}{\overset{|}{C}H}-CH_3$$

(6) 硼氢化反应。烯烃和炔烃都可以进行硼氢化反应。烯烃和乙硼烷(B_2H_6)容易发生加成反应生成三烷基硼，该反应称为硼氢化反应。乙硼烷是甲硼烷(BH_3)的二聚体，反应时乙硼烷离解成甲硼烷。加成反应中，由于BH_3是个强的路易斯酸(硼原子的外层只有六个价电子)，硼带有部分正电荷，因而它可以作为一个亲电试剂和不对称烯烃的π电子云络合，硼原子加在含氢多的双键碳上，氢加在含氢较少的双键碳上。整个加成的取向与马氏规则刚好相反，故又称反马氏规则加成。

$$CH_3CH{=}CH_2 + H{-}BH_2 \longrightarrow \underset{\text{一丙基硼}}{CH_3CH_2CH_2BH_2} \xrightarrow{CH_3CH=CH_2} \underset{\text{二丙基硼}}{(CH_3CH_2CH_2)_2BH}$$

$$\xrightarrow{CH_3CH=CH_2} \underset{\text{三丙基硼}}{(CH_3CH_2CH_2)_3B}$$

硼氢化反应生成的烷基硼可直接和过氧化氢的氢氧化钠溶液作用，烷基硼即可被氧化水解成相应的醇。烯烃的硼氢化反应和氧化-水解反应的总结果是双键上加上一分子水，且—OH加成在含氢多的双键碳上，因此，这是一个α-烯烃制备伯醇的好方法。实际使用时，由于乙硼烷有毒且能自燃，故一般用硼氢化钠和三氟化硼直接和烯烃作用。整个反应操作简便，产率高，因此在有机合成上有很好的应用价值。

$$(RCH_2CH_2)_3B \xrightarrow[OH^-]{H_2O_2} (RCH_2CH_2O)_3B \xrightarrow{3H_2O} 3RCH_2CH_2OH + B(OH)_3$$

硼氢化反应是美国化学家布朗(Brown)在1957年发现的，由此布朗获得了1979年的诺贝尔化学奖。

炔烃进行硼氢化反应后再酸化，可以得到顺式加氢产物。例如：

$$CH_3{-}C{\equiv}C{-}CH_3 \xrightarrow[0℃]{B_2H_6/\text{醚}} \left[\begin{matrix} H_3C & & CH_3 \\ & C{=}C & \\ H & & \end{matrix}\right]_3 B \xrightarrow{H^+} \begin{matrix} H_3C & & CH_3 \\ & C{=}C & \\ H & & H \end{matrix}$$

如果炔烃硼氢化后氧化水解，则得到间接水合产物。例如：

$$CH_3{-}C{\equiv}CH \xrightarrow{B_2H_6} \xrightarrow[OH^-,\ H_2O]{H_2O_2} \left[\begin{matrix} H_3C & & H \\ & C{=}C & \\ H & & OH \end{matrix}\right] \longrightarrow CH_3{-}CH_2{-}CHO$$

由于硼氢化反应是反马氏规则进行的，因而同汞盐存在下的水合产物不同，只要是末端炔烃，最后产物都是醛。

3）亲核加成

与简单烯烃不同，炔烃能与乙醇、氢氰酸和乙酸等试剂发生亲核加成。

(1) 与醇加成。在碱存在下，在一定的温度和压力下，乙炔与醇进行加成反应生成乙烯基醚。

反应一般认为是在碱催化下，甲氧基负离子进行进攻的亲核加成反应。这类反应生成的产物很多是工业上制备染料、清漆、黏结剂和增塑剂的原料，如甲基乙烯基醚。

$$HC{\equiv}CH + CH_3OH \xrightarrow[160\sim165℃,\ 2\sim2.2MPa]{20\%KOH} H_2C{=}CH{-}O{-}CH_3$$

$$HC{\equiv}CH \xrightarrow{^-OCH_3} HC^-{=}CH{-}O{-}CH_3 \xrightarrow{CH_3OH} H_2C{=}CH{-}O{-}CH_3$$

(2) 与氢氰酸的加成。在氯化亚铜及氯化铵的催化下，炔烃可与氢氰酸(HCN)加成生成腈。例如：

$$HC\equiv CH + HCN \xrightarrow{CuCl,\ NH_4Cl} H_2C{=}CHCN\text{(丙烯腈)}$$

$$HC\equiv CCH_3 + HCN \xrightarrow{CuCl,\ NH_4Cl} H_2C{=}C(CN)CH_3$$

分子中含有氰基(—CN)的化合物称为腈，丙烯腈是工业上合成“人造毛”——腈纶的单体。

4）聚合反应

烯烃和炔烃可以在引发剂或催化剂的作用下，重键断裂相互加成，得到长链的大分子或高分子化合物。由相对分子质量低的有机化合物相互作用生成高分子化合物的反应称为聚合反应。聚合反应中，参加反应的相对分子质量低的化合物称为单体，反应后生成的相对分子质量高的化合物称为聚合物。聚合反应发生时，反应条件不同，参加聚合的分子数目也不同，生成的聚合物的规格和用途也不同。

例如，乙烯的聚合：

高压法

$$n\underset{\text{乙烯（单体）}}{CH_2{=}CH_2} \xrightarrow[\substack{150\sim250℃\\150\sim300MPa}]{\text{少量引发剂}} \underset{\text{聚乙烯（高分子）}}{\text{⁅}CH_2—CH_2\text{⁆}_n}\ \text{（高压聚乙烯）}$$

低压法

$$nCH_2{=}CH_2 \xrightarrow[\substack{60\sim75℃\\0.1\sim1MPa}]{TiCl_4-Al(C_2H_5)_3} \text{⁅}CH_2—CH_2\text{⁆}_n\ \text{（低压聚乙烯）}$$

聚乙烯是一个电绝缘性能好，耐酸碱，抗腐蚀，用途广的高分子材料(塑料)。

$$nCH_3CH{=}CH_2 \xrightarrow[50℃,\ 10MPa]{TiCl_4-Al(C_2H_5)_3} \text{⁅}CH(CH_3)—CH_2\text{⁆}_n\text{(聚丙烯)}$$

$TiCl_4-Al(C_2H_5)_3$称为齐格勒(Ziegler 德国人)纳塔(Natta 意大利人)催化剂。1959 年齐格勒·纳塔利用此催化剂首次合成了立体定向高分子“人造天然橡胶”，为有机合成做出了巨大的贡献。为此，两人共享了 1963 年的诺贝尔化学奖。

在强酸性介质中，以氯化亚铜及氯化铵作催化剂，炔烃也可发生聚合反应，如乙炔经二聚合作用生成乙烯基乙炔：

$$2HC\equiv CH \xrightarrow{CuCl,\ NH_4Cl} \underset{\text{乙烯基乙炔}}{H_2C{=}CH—C\equiv CH} \xrightarrow{CuCl,\ NH_4Cl} \underset{\text{二乙烯基乙炔}}{H_2C{=}CH—C\equiv C—CH{=}CH_2}$$

乙炔或其他末端炔烃在特殊催化剂存在下，也可发生三聚作用或四聚作用，生成苯或环辛四烯。但炔烃一般不会发生高分子聚合反应生成高聚物。

$$3HC\equiv CH \xrightarrow[\text{醚}]{Ni(CN)_2,\ (C_6H_5)_3P} \text{（苯）}$$

$$4HC\equiv CH \xrightarrow[\text{醚}]{Ni(CN)_2} \text{（环辛四烯）}$$

2. 氧化反应

烯烃和炔烃都可以被氧化剂氧化，但氧化剂不同，得到的产物也不同。

1）高锰酸钾氧化

高锰酸钾是一种强氧化剂，强酸介质下氧化能力更强，因而烯烃与高锰酸钾在不同酸碱介质中其氧化产物有所不同。烯烃与稀冷的高锰酸钾溶液反应生成顺式邻二醇，如果高锰酸钾过量或加热条件下，顺式邻二醇可进一步被高锰酸钾氧化。高锰酸钾与烯烃的氧化反应会使紫红色的高锰酸钾溶液会褪色，且伴有二氧化锰沉淀生成。这个反应一般不用于制备某化合物，而用于定性鉴定分子中是否存在重键。

$$3H_2C{=}CHR + 2KMnO_4 + 4H_2O \xrightarrow[\text{或中性}]{\text{碱性}} 3\,\underset{\substack{|\\OH}}{CH_2}{-}\underset{\substack{|\\OH}}{CH}{-}R + 2MnO_2\downarrow + 2KOH$$

该反应也可以用四氧化锇（OsO_4）代替 $KMnO_4$ 进行反应。

若在强酸性条件下氧化，反应会进行得更快，紫红色的高锰酸钾溶液会迅速褪色，不仅π键打开，σ键也断裂，得到碳碳双键断裂的氧化产物，生成低级的酮、酸或二氧化碳。氧化产物主要取决于双键碳上取代基的情况，$R_2C=$氧化成酮，$RCH=$氧化成羧酸，$CH_2=$氧化成 CO_2。因此可以根据氧化产物的结构来推测烯烃的结构。

$$R{-}CH{=}CH_2 \xrightarrow[H_2SO_4]{KMnO_4} \underset{\text{羧酸}}{R{-}COOH} + HCOOH \longrightarrow CO_2 + H_2O$$

$$\begin{matrix}R'\\ \quad\diagdown\\ \quad C{=}CHR''\\ \quad\diagup\\ R\end{matrix} \xrightarrow[H_2SO_4]{KMnO_4} \underset{\text{酮}}{\begin{matrix}R'\\ \quad\diagdown\\ \quad C{=}O\\ \quad\diagup\\ R\end{matrix}} + \underset{\text{羧酸}}{R''{-}COOH}$$

和烯烃相似，在中性高锰酸钾作用下，炔烃可被双氧化为同碳二醇，同碳二醇脱水后生成二羰基化合物。

$$R{-}C{\equiv}C{-}R' \xrightarrow[H_2O]{KMnO_4} R{-}\overset{OH\,OH}{\underset{OH\,OH}{C{-}C}}{-}R' \xrightarrow{-2H_2O} R{-}\overset{O}{\overset{\|}{C}}{-}\overset{O}{\overset{\|}{C}}{-}R'$$

如果在加热条件下或酸性介质中，高锰酸钾可将炔键断裂氧化成羧酸。末端炔烃氧化后会形成一分子羧酸和一分子二氧化碳。同样可以根据氧化产物来推断原炔烃分子的结构。

$$R{-}C{\equiv}C{-}R' \xrightarrow[H_2O,\,\triangle]{KMnO_4,\,KOH} R{-}\overset{O}{\overset{\|}{C}}{-}O^- + {}^-O{-}\overset{O}{\overset{\|}{C}}{-}R' \xrightarrow[H_2O]{HCl} R{-}\overset{O}{\overset{\|}{C}}{-}OH + R'{-}\overset{O}{\overset{\|}{C}}{-}OH$$

$$R{-}C{\equiv}C{-}H \xrightarrow[2H^+,\,\triangle]{KMnO_4,\,KOH} R{-}\overset{O}{\overset{\|}{C}}{-}OH + CO_2\uparrow$$

酸性的重铬酸钾溶液也可以将烯烃和炔烃氧化，不饱和双键或三键断裂后生成羧酸或酮，重铬酸钾橙黄色溶液会迅速褪色，故此反应也可用作不饱和重键的鉴定和推测原来烯烃和炔烃结构。

2）臭氧氧化

在低温下，将含有6%～8%臭氧的氧气通入液态烯烃或烯烃的四氯化碳溶液，臭氧会迅速而定量地与烯烃作用，生成臭氧化物，此反应称为臭氧化反应。臭氧化物不稳定，容

易发生爆炸，故一般很少分离臭氧化物，而是直接和水作用即水解成羰基化合物——酮或醛。水解时也会产生过氧化氢，为避免生成的醛又继续被氧化，常在水解时加入还原剂(如锌粉或二甲硫醚)或催化氢化下进行水解。由臭氧化物水解的产物也取决于双键碳上取代基的情况，$R_2C=$部分氧化成酮，$RCH=$部分氧化成醛，$CH_2=$部分氧化成甲醛。因而也可根据醛酮结构推测原来烯烃的结构。

$$RR'C=CHR'' + O_3 \longrightarrow \text{臭氧化物} \xrightarrow{H_2O} RR''C=O + O=CHR'' + H_2O_2$$

$$O=CHR'' + H_2O_2 \longrightarrow R''—COOH + H_2O$$

臭氧化物

黏糊状，易爆炸，不必分离，

可直接在溶液中水解

例如：

$$CH_3CH=C(CH_3)_2 \xrightarrow[(2)Zn/H_2O]{(1)O_3} CH_3CHO + O=C(CH_3)_2$$

乙醛　　丙酮

炔烃也能发生臭氧化反应，通过臭氧化水解得到低级的羧酸。

$$R—C\equiv C—R' \xrightarrow{O_3} [\text{臭氧化物}] \xrightarrow{H_2O} R—COOH + R'—COOH$$

但一般情况下，三键在氧化反应上比双键活性差，如同一化合物中既有双键也有三键，则氧化时双键先氧化。

3) 过氧酸氧化

烯烃在有机过氧酸的作用下，会生成环氧化合物，此反应称为环氧化反应。过氧酸是高度立体选择性的氧化剂，烯烃经环氧化反应后仍可保持原双键碳原子上基团间的相对空间取向，因而烯烃的环氧化反应是立体专一性的顺式加成反应。

$$>C=C< + R—\overset{O}{\overset{\|}{C}}—O—OH \longrightarrow >C\overset{O}{—}C< + R—\overset{O}{\overset{\|}{C}}—OH$$

$$H_2C=CHCH_3 + H_3C—\overset{O}{\overset{\|}{C}}—O—OH \longrightarrow CH_3—CH—CH_2(\text{环氧}) + CH_3COOH$$

常见的有机过氧酸有：

$$H_3C—\overset{O}{\overset{\|}{C}}—O—OH \qquad F_3C—\overset{O}{\overset{\|}{C}}—O—OH \qquad m\text{-}Cl—C_6H_4—\overset{O}{\overset{\|}{C}}—O—OH$$

过氧乙酸　　过氧三氟乙酸　　间氯过氧苯甲酸(MCPBA)

环氧化合物中最重要的是环氧乙烷，工业上常用银催化氧化乙烯的方法来制备。

$$H_2C=CH_2 + O_2 \xrightarrow[250℃]{Ag} \underset{\text{环氧乙烷}}{CH_2-CH_2\ (\text{桥连}\ O)}$$

3.5.2 烃基的反应——α 氢原子的反应

双键是烯烃的官能团，凡官能团的邻位统称为 α 位，α 位(即 α 碳)上连接的氢原子称为 α 氢原子，即 α－H(又称为烯丙氢)。α－H 由于受相邻重键的影响，其 α 碳氢键的离解能较低，在一定条件下，比其他类型的氢易发生反应。

一般氢原子的活性顺序为：α－H(烯丙氢)＞3°H ＞ 2°H ＞ 1°H ＞ 乙烯 H

有 α－H 的烯烃与氯在高温下(500～600℃)，发生 α－H 原子被氯原子取代的反应而不是双键的加成反应。

例如：

$$H_2C=CHCH_3 + Cl_2 \xrightarrow{>500℃} H_2C=CHCH_2Cl + HCl$$

$$\text{环己烯} + Cl_2 \xrightarrow{>500℃} \text{3-氯环己烯} + HCl$$

α－H 的溴代反应可以在特殊的卤化剂如 N－溴代丁二酰亚胺(NBS)的作用下进行：

$$H_2C=CHCH_3 + \text{NBS} \xrightarrow{\text{日光}} H_2C=CHCH_2Br + \text{丁二酰亚胺}$$

$$\text{环己烯} + \text{NBS} \xrightarrow{\text{日光}} \text{3-溴环己烯} + \text{丁二酰亚胺}$$

例如：

$$CH_3-\underset{CH_3}{CH}-CH=CH-CH_3 \xrightarrow{NBS} \underset{\text{主要产物}}{CH_3-\underset{Br}{\overset{CH_3}{C}}-CH=CH-CH_3} + \underset{\text{次要产物}}{CH_3-\overset{CH_3}{CH}-CH=C-\underset{Br}{CH_2}}$$

由以上反应可知，反应条件对于反应的重要性。在不同的条件下，烯烃可以同卤素发生加成反应，也可以发生 α－H 的卤代反应。

3.5.3 自由基加成——过氧化物效应

在光照或过氧化物作用下，不对称烯烃与溴化氢的加成是反马氏规则进行的。

$$H_2C=CHCH_3 \xrightarrow[ROOR]{HBr} CH_3CH_2CH_2Br$$

在过氧化物存在下的加成反应不是离子型的亲电加成，而是自由基型的反应。过氧化物作为反应的催化剂，用来产生自由基，故又称为过氧化物效应。最常用的过氧化物为过氧化苯甲酰。

烯烃的自由基加成机理如下，链引发阶段，过氧键的离解能较小(150kJ/mol)，容易断裂形成自由基；链增长阶段是循环进行的，可以生成伯碳自由基和仲碳自由基，但由于仲碳自由基较伯碳自由基稳定，所以仲碳自由基产量更多，主产物就为反马氏规则进行了。

链引发：

$$ROOR \longrightarrow 2RO\cdot$$

$$RO\cdot + HBr \longrightarrow ROH + Br\cdot$$

链增长：

$$H_2C{=}CHCH_3 + Br\cdot \longrightarrow CH_3\dot{C}HCH_2Br$$

$$H_2C{=}CHCH_3 + Br\cdot \longrightarrow CH_3{-}\underset{Br}{\underset{|}{CH}}{-}\dot{C}H_2$$

⋮

链终止：

$$CH_3\dot{C}HCH_2Br + HBr \longrightarrow CH_3{-}CH_2{-}CH_2Br + Br\cdot$$

$$2Br\cdot \longrightarrow Br_2$$

$$CH_3\dot{C}HCH_2Br + Br\cdot \longrightarrow CH_3CHBrCH_2Br$$

烯烃只能与 HBr 发生自由基加成反应。HCl 和 HI 不能与烯烃发生自由基加成反应，无过氧化物效应。

和烯烃情况相似，在光照或过氧化物存在下，炔烃与 HBr 也可发生自由基加成反应，得到反马氏规则的产物。例如：

$$HC{\equiv}CCH_3 + HBr \xrightarrow{ROOR} BrHC{=}CHCH_3$$

3.5.4 末端炔烃的成盐反应

三键在 1 位的炔烃一般称为末端炔烃(简称端炔)。由于在末端炔烃中和三键碳原子相连的氢原子具有微弱的酸性($pK_a=25$)，可被某些金属离子所取代，生成炔化物。例如：

$$HC{\equiv}CH \xrightarrow{2Ag(NH_3)_2NO_3} Ag{-}C{\equiv}C{-}Ag\downarrow + 2NH_4NO_3 + 2NH_3$$

乙炔银(白色)

$$HC{\equiv}CH \xrightarrow{2Cu(NH_3)_2Cl} Cu{-}C{\equiv}C{-}Cu\downarrow + 2NH_4Cl + 2NH_3$$

乙炔亚铜(红棕色)

$$RC{\equiv}CH \xrightarrow{Ag(NH_3)_2NO_3} R{-}C{\equiv}C{-}Ag\downarrow$$

炔化银(白色)

$$RC{\equiv}CH \xrightarrow{Cu(NH_3)_2Cl} R{-}C{\equiv}C{-}Cu\downarrow$$

炔化亚铜(红棕色)

炔化银为白色沉淀，炔化亚铜为红棕色沉淀。由于这两个反应很灵敏，现象明显，可用来鉴定乙炔和末端炔烃。而烷烃、烯烃、非末端炔烃等均不会发生这一反应。

金属炔化物在干燥状态受热或撞击时易发生爆炸生成金属和碳，故炔化物不宜干燥保存，反应后生成的炔化物应加无机酸使其分解，以免发生危险。

$$Ag—C\equiv C—Ag + 2HCl \longrightarrow H—C\equiv C—H + 2AgCl\downarrow$$

乙炔也可与活泼金属钠作用生成乙炔钠和乙炔二钠，末端炔烃在液态氨中与氨基钠作用也会生成炔化钠。例如：

$$HC\equiv CH \xrightarrow{Na} HC\equiv CNa \xrightarrow{Na} NaC\equiv CNa$$

$$RC\equiv CH + NaNH_2 \xrightarrow{液氨} RC\equiv CNa + NH_3$$

炔化钠是很有用的有机合成中间体，可用来合成炔烃的同系物。炔化钠和伯卤烷作用就可得到碳链增长的炔烃，该反应称为炔化物的烷基化反应。例如：

$$CH_3C\equiv CH \xrightarrow{Na} CH_3C\equiv CNa + BrCH_2CH_2CH_3 \longrightarrow CH_3C\equiv C—CH_2CH_2CH_3$$

三键碳上的氢原子之所以具有活泼性，是因为三键的碳氢键是碳原子的 sp 杂化轨道和氢原子的 s 轨道间形成的 σ 键，三键碳的电负性($C_{sp}=3.29$)较氢的电负性($H_s=2.2$)强，即三键碳吸引电子的能力更强，使得碳氢 σ 键的电子云偏向碳原子，使炔烃容易离解为质子和较稳定的炔基负离子。因而末端炔烃具有弱酸性，可以被某些金属离子取代。

$$R C\equiv \overset{\delta^-}{C}—\overset{\delta^+}{H} \rightleftharpoons RC\equiv C^- + H^+$$

练习 3-3 写出下列反应物的构造式。

(1) $C_8H_{16}(A) \xrightarrow[(2)H^+]{(1)KMnO_4,\ H_2O,\ OH^-,\ \triangle} (CH_3)_2CHCH_2COOH + CH_3CH_2COOH$

(2) $C_5H_{10}(B) \xrightarrow[(2)H^+]{(1)KMnO_4,\ H_2O,\ OH^-,\ \triangle} H_3C—\overset{O}{\overset{\|}{C}}—CH_2CH_3 + CO_2 + H_2O$

(3) $C_7H_{12}(C) \xrightarrow[(2)H^+]{(1)KMnO_4,\ H_2O,\ OH^-,\ \triangle} (CH_3)_2CHCOOH + CH_3CH_2COOH$

练习 3-4 为了合成 2，2-二甲基-3-己炔，除用氨基钠和液氨外，现有以下几种原料可供选择，你认为选择什么原料和路线合成较为合理？

(1) $HC\equiv CCH_2CH_3$ (2) $HC\equiv CC(CH_3)_3$ (3) $(CH_3)_3CBr$ (4) CH_3CH_2Br

练习 3-5 试将 1-己炔和 3-己炔的混合物分离成各自的纯品。

3.6 烯烃和炔烃的制备

3.6.1 从醇脱水制备

醇很容易在浓硫酸或磷酸催化下脱水而生成烯烃。例如：

$$—\underset{H}{\overset{|}{\underset{|}{C}}}—\underset{OH}{\overset{|}{\underset{|}{C}}}— \xrightarrow{H^+} —\overset{|}{C}=\overset{|}{C}— + H_2O$$

$$CH_3CH_2OH \xrightarrow[170℃]{浓硫酸} H_2C{=}CH_2 + H_2O$$

不对称醇脱水时，遵守 Saytzeff 规则(扎依采夫规则)，羟基和相邻 β 碳原子上含氢较少的氢脱去一分子水，生成比较稳定的烯烃。

$$\overset{}{CH_3}-\overset{\beta}{CH_2}-\underset{\substack{|\\OH}}{\overset{\alpha}{CH}}-\overset{\beta'}{CH_3} \xrightarrow[\triangle]{浓硫酸} CH_3-CH{=}CH-CH_3 + H_2O$$

在工业生产上常用 Al_2O_3 催化醇脱水成烯烃。例如：

$$CH_3CH_2OH \xrightarrow[350\sim360℃]{Al_2O_3} \underset{98\%}{H_2C{=}CH_2} + H_2O$$

3.6.2 从卤代烃制备

一卤代烷与氢氧化钠或氢氧化钾的醇溶液共热，分子中脱去一分子卤化氢生成烯烃。

$$-\underset{\substack{|\\H}}{\overset{|}{C}}-\underset{\substack{|\\X}}{\overset{|}{C}}- + KOH \xrightarrow{醇} -\overset{|}{C}{=}\overset{|}{C}- + KX + H_2O$$

仲、叔卤代烷形成烯烃时，也遵守 Saytzeff 规则，其双键位置主要趋向于在含氢较少的相邻碳原子上。卤代烷脱卤化氢由易到难的顺序为：3°RX> 2°RX> 1°RX。

$$CH_3-\overset{\beta}{CH_2}-\underset{\substack{|\\X}}{\overset{\alpha}{CH}}-\overset{\beta'}{CH_3} + KOH \xrightarrow{醇} CH_3-CH{=}CH-CH_3 + KX + H_2O$$

邻二卤化物和同碳二卤化物(偕二卤化物)与过量氢氧化钠或氢氧化钾的醇溶液共热时，分子中脱去两分子卤化氢生成炔烃。

$$CH_3-CH_2-\underset{\substack{|\\X}}{\overset{\substack{X\\|}}{C}}-CH_3 + 2KOH \xrightarrow{醇} CH_3-C{\equiv}C-CH_3 + 2KX + H_2O$$

$$CH_3-\underset{\substack{|\\X}}{CH}-\underset{\substack{|\\X}}{CH}-CH_3 + 2KOH \xrightarrow{醇} CH_3-C{\equiv}C-CH_3 + 2KX + H_2O$$

邻二卤化物也可在金属锌或镁的作用下，失去两个卤素原子生成烯烃。

$$-\underset{\substack{|\\X}}{\overset{|}{C}}-\underset{\substack{|\\X}}{\overset{|}{C}}- + Zn \longrightarrow -\overset{|}{C}{=}\overset{|}{C}- + ZnX_2$$

由于邻二卤代烷可常用烯烃制备而得，故用此方法制备烯烃有很大的局限性。但利用这一反应可以用来保护双键。当要使烯烃的某一部位发生反应时，可先将双键加卤素，随后用锌处理使双键再生。

3.7　二烯烃的分类和命名

3.7.1　二烯烃的分类

分子中含有两个碳碳双键的开链烃称为二烯烃，其分子通式为 C_nH_{2n-2}，和炔烃的通式相同。根据分子中两个双键相对位置的不同，二烯烃可以分为以下三类。

1. 累积二烯烃

累积二烯烃是指分子中两个双键合用一个碳原子，即含有—C═C═C—结构的二烯烃，如丙二烯 $H_2C{=}C{=}CH_2$。其中中间碳原子为 sp 杂化，两侧碳原子为 sp^2 杂化。这类二烯烃势能较高，不稳定，数量少且实际应用的也不多。

2. 孤立二烯烃

孤立二烯烃是指分子中两个双键被一个以上的单键隔开，即含有—C═C—$(CH_2)_n$—C═C—结构的二烯烃，如 1，5-己二烯 $H_2C{=}CH{-}CH_2CH_2{-}CH{=}CH_2$。这类二烯烃的性质与单烯烃相似。

3. 共轭二烯烃

共轭二烯烃是指分子中两个双键被一个单键隔开，即含有—C═C—C═C—结构的二烯烃，如 1，3-丁二烯 $H_2C{=}CH{-}CH{=}CH_2$。所谓共轭就是指单、双键相互交替的意思。共轭二烯烃具有特殊的结构和性质，它除了具有烯烃双键的性质外，还具有特殊的稳定性和加成规律，在理论研究和实际工业应用上都有重要地位。这里主要讨论共轭二烯烃的性质。

3.7.2　二烯烃的命名

二烯烃的命名和单烯烃的命名相似，选择含双键最多的最长碳链为主链，主链碳原子的编号从最靠近双键的一端开始，双键的数目用汉字表示，称为某几烯，双键的位次用阿拉伯数字表示。例如：

$$H_2C{=}\underset{\displaystyle CH_3}{\underset{|}{C}}{-}CH{=}CH_2 \qquad H_2C{=}\underset{\displaystyle CH_3}{\underset{|}{C}}{-}CH_2{-}\underset{\displaystyle CH_3}{\underset{|}{CH}}{-}CH{=}CH_2$$

2-甲基-1，3-丁二烯(异戊二烯)　　2，4-二甲基-1，5-己二烯

存在顺、反异构体时，异构体的构型 Z 或 E 应写在整个名称之前，且每一个双键的构型均应标出，并以阿拉伯数字注明双键位次。例如：

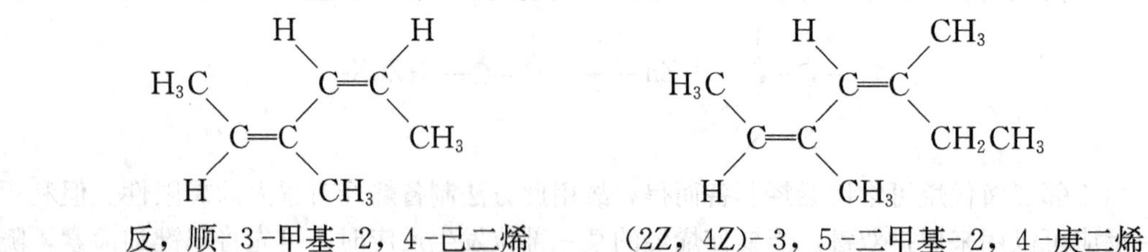

反，顺-3-甲基-2，4-己二烯　　(2Z，4Z)-3，5-二甲基-2，4-庚二烯

(2Z，4Z)-3-甲基-2，4-己二烯

练习 3-6 下列化合物有无顺反异构体？若有，写出其构造式并命名。

(1) 1，3-戊二烯　　$CH_2=CH-CH=CHCH_3$

(2) 2，4，6-辛三烯　　$CH_3CH=CH-CH=CH-CH=CHCH_3$

练习 3-7 写出下列化合物的构造式。

(1) 1，3，5-己三烯　　(2) 1，4-己二炔

(3) 异戊二烯　　(4) 2-氯-1，3-丁二烯

3.8 共轭二烯烃的化学性质

共轭二烯烃具有烯烃的通性，可以发生加成、氧化、聚合等反应，但由于是共轭体系，在加成和聚合反应中又具有共轭二烯烃的特有性质。下面主要讨论共轭二烯烃的特性。

3.8.1 1，3-丁二烯的结构

最简单的共轭二烯烃是1，3-丁二烯，其六个氢原子和四个碳原子处于同一平面。1，3-丁二烯分子中的碳碳单键键长为0.148nm，比乙烷的碳碳单键键长0.154nm短；碳碳双键键长为0.134nm，比乙烯的碳碳双键键长0.133nm长。1，3-丁二烯分子中的单、双键键长有趋于平均化的趋势。

杂化轨道理论认为，1，3-丁二烯分子中四个碳原子都是sp^2杂化，相邻碳原子间以sp^2杂化轨道相互重叠成三个碳碳σ键，其余的sp^2杂化轨道分别与氢原子的1s轨道重叠成六个碳氢σ键。形成这九个σ键都处于同一平面上，即1，3-丁二烯分子中六个氢原子和四个碳原子都在同一平面上，键角都接近于120°。此外，每个碳原子上未参与杂化的p轨道均垂直于上述平面，四个轨道的对称轴互相平行侧面重叠，形成了包含四个碳原子的四电子共轭体系，如图3.6所示。

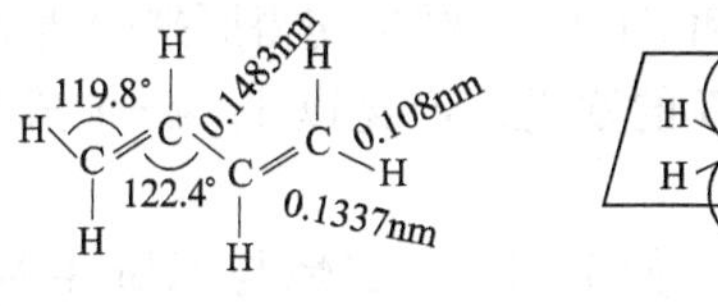

(a) 1,3-丁二烯的结构

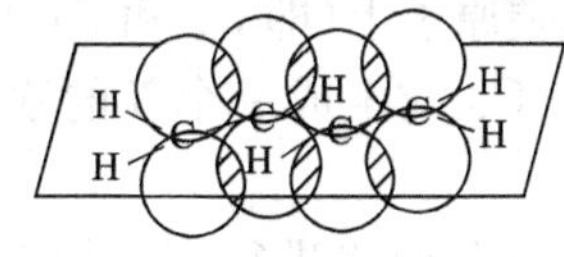

(b) π键所在平面与纸面垂直

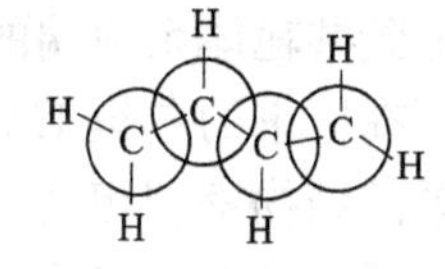

(c) σ键所在平面在纸面上

图3.6 1，3-丁二烯分子结构

分子轨道理论认为，丁二烯分子中未参与杂化的四个p轨道可以线性组合形成四个π电子的分子轨道，如图3.7所示，在ψ_1轨道中π电子云的分布不是局限在C1-C2、C3-C4间，而是分布在包括四个碳原子的两个分子轨道中，这种分子轨道称为离域轨道，这样形成的键称为离域键。从ψ_2分子轨道中看出，C1-C2、C3-C4之间的键加强了，但C2-C3之间的键减弱，结果，所有的键虽然都具有π键的性质，但C2-C3键的π键的性质小些。所以，在丁二烯分子中，四个π电子是分布在包含四个碳原子的分子轨道中，而不是分布在两个定域的π轨道中。

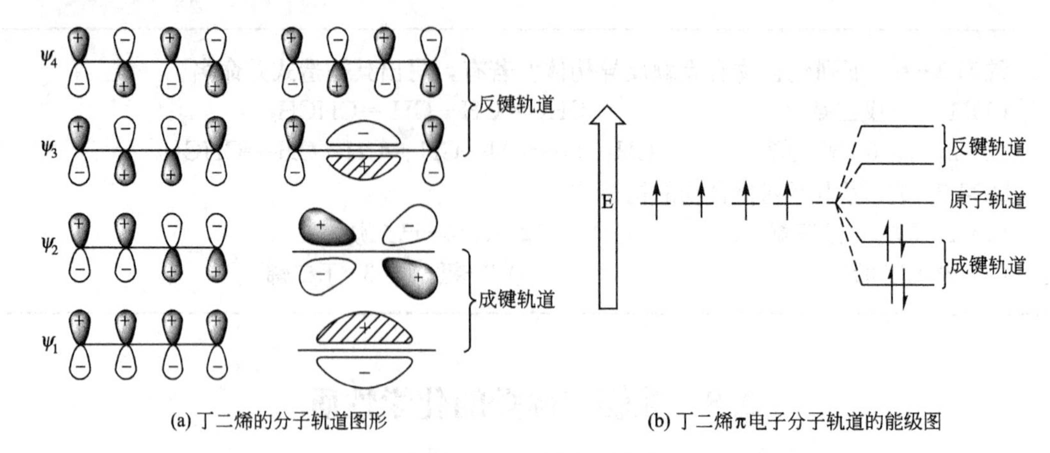

(a) 丁二烯的分子轨道图形 (b) 丁二烯π电子分子轨道的能级图

图 3.7 丁二烯分子轨道

3.8.2 1，2-加成与 1，4-加成

共轭二烯烃如1，3-丁二烯可以与卤素、卤化氢等发生亲电加成反应，也可以发生催化加氢反应，但可产生两种产物。

$$H_2C{=}CH{-}CH{=}CH_2 \xrightarrow{Br_2} H_2C{=}CH{-}\underset{Br}{\underset{|}{CH}}{-}\underset{Br}{\underset{|}{CH_2}} + \underset{Br}{\underset{|}{CH_2}}{-}CH{=}CH{-}\underset{Br}{\underset{|}{CH_2}}$$

$$H_2C{=}CH{-}CH{=}CH_2 \xrightarrow{HBr} H_2C{=}CH{-}\underset{Br}{\underset{|}{CH}}{-}CH_3 + \underset{H}{\underset{|}{CH_2}}{-}CH{=}CH{-}\underset{Br}{\underset{|}{CH_2}}$$

$$H_2C{=}CH{-}CH{=}CH_2 \xrightarrow{H_2/Ni} H_2C{=}CH{-}CH_2{-}CH_3 + \underset{H}{\underset{|}{CH_2}}{-}CH{=}CH{-}\underset{H}{\underset{|}{CH_2}}$$

1，2-加成　　　　1，4-加成

1，2-加成是试剂加到一个双键上，产物在原来的位置上保留一个双键不变；1，4-加成是试剂加到共轭体系两端的碳原子上(即C1和C4上)，结果使得原来的两个双键消失成为单键，而在原来的单键C2-C3间生成一个新的双键。产物以1，4-加成产物为主，这与共轭体系的结构密切相关。

共轭二烯烃的亲电加成反应是分两步进行的。如1，3-丁二烯与HBr的加成，第一步是亲电试剂H^+的进攻，加成可能发生在C1或C2上，生成两种碳正离子(Ⅰ)或(Ⅱ)：

$$H_2C{=}CH{-}CH{=}CH_2 + H^+ \longrightarrow \begin{cases} H_2C{=}CH{-}\overset{+}{C}H{-}CH_3 & (\text{Ⅰ}) \\ H_2C{=}CH{-}CH_2{-}\overset{+}{C}H_2 & (\text{Ⅱ}) \end{cases}$$

在碳正离子(Ⅰ)中，带正电荷的碳原子的空p轨道可与相邻的组成π键的两个p轨道发生共轭，形成包含三个碳原子两个电子的大π键，π电子离域，使正电荷分散，体系能量降低。在碳正离子(Ⅱ)中，C1的空p轨道和π键之间相隔一个sp^3杂化的饱和碳原子，带正电荷的碳原子的空p轨道就不能与π键发生共轭，正电荷得不到分散，体系能量较高。因而碳正离子(Ⅰ)比碳正离子(Ⅱ)更稳定，反应的第一步主要生成碳正离子(Ⅰ)。

在加成反应的第二步中，带负电荷的 Br^- 就加在 C2 或 C4 上，分别生成 1，2 -加成产物或 1，4 -加成产物。

$$H_2C{=}CH{-}\overset{+}{C}H{-}CH_3 \equiv \overbrace{CH_2{\cdots}CH{\cdots}CH}^{\oplus}{-}CH_3 \equiv \overset{\delta^+}{C}H_2{\cdots}\overset{\delta^+}{C}H{\cdots}\overset{\delta^+}{C}H{-}CH_3$$

$$\overbrace{CH_2{\cdots}CH{\cdots}CH}^{\oplus}{-}CH_3 + Br^- \begin{cases} \xrightarrow{\text{C2 加成}} H_2C{=}CH{-}\underset{\mid\atop Br}{CH}{-}CH_3 & (\text{Ⅲ})\text{1，2 -加成产物} \\ \xrightarrow{\text{C4 加成}} \underset{\mid\atop Br}{CH_2}{-}CH{=}CH{-}CH_3 & (\text{Ⅳ})\text{1，4 -加成产物} \end{cases}$$

1，2 -加成和 1，4 -加成是同时发生的，哪一反应占优，取决于反应的温度、反应物的结构、产物的稳定性和溶剂的极性。

极性溶剂和较高温度有利于 1，4 -加成；非极性溶剂和较低温度有利于 1，2 -加成。

$$CH_2{=}CH{-}CH{=}CH_2 \begin{cases} \xrightarrow[-15℃]{Br_2,\ CHCl_3} \underset{\mid\atop Br}{CH_2}{-}\underset{\mid\atop Br}{CH}{-}CH{=}CH_2(37\%) + \underset{\mid\atop Br}{CH_2}{-}CH{=}CH{-}\underset{\mid\atop Br}{CH_2}(63\%) \\ \xrightarrow[-15℃]{Br_2,\text{正己烷}} \underset{\mid\atop Br}{CH_2}{-}\underset{\mid\atop Br}{CH}{-}CH{=}CH_2(54\%) + \underset{\mid\atop Br}{CH_2}{-}CH{=}CH{-}\underset{\mid\atop Br}{CH_2}(46\%) \end{cases}$$

$$CH_2{-}CH{-}CH{=}CH_2 \begin{cases} \xrightarrow{\text{醚}/-80℃} \underset{\mid\atop H}{CH_2}{-}\underset{\mid\atop Br}{CH}{-}CH{=}CH_2(80\%) + \underset{\mid\atop H}{CH_2}{-}CH{=}CH{-}\underset{\mid\atop Br}{CH_2}(20\%) \\ \xrightarrow{\text{醚}/40℃} \underset{\mid\atop H}{CH_2}{-}\underset{\mid\atop Br}{CH}{-}CH{=}CH_2(20\%) + \underset{\mid\atop H}{CH_2}{-}CH{=}CH{-}\underset{\mid\atop Br}{CH_2}(80\%) \end{cases}$$

3.8.3 狄尔斯(Diels)-阿尔德(Alder)反应(双烯合成反应)

共轭二烯烃和某些具有碳碳双键或三键的不饱和化合物进行 1，4 -加成，生成六元环状化合物的反应称为双烯合成反应。这一反应是由德国化学家狄尔斯(O. Diels)和阿尔德(K. Alder)于 1928 年发现的，因此双烯合成反应也称为狄尔斯-阿尔德反应。双烯合成中共轭二烯烃称为双烯体，另一不饱和化合物称为亲双烯体。当亲双烯体的重键碳上连有吸电子基团(如硝基、羧基、羰基)时，反应将更容易进行。这类反应在有机合成应用上比较重要，可用来合成许多环状化合物。为此，狄尔斯和阿尔德在 1950 年荣获诺贝尔化学奖。例如：

$$\text{(丁二烯)} + \begin{matrix} CH_2 \\ \| \\ CH_2 \end{matrix} \xrightarrow{200℃} \text{(环己烷)}$$

$$\text{(丁二烯)} + \begin{matrix} CH \\ \|\!| \\ CH \end{matrix} \xrightarrow{\triangle} \text{(1,4-环己二烯)}$$

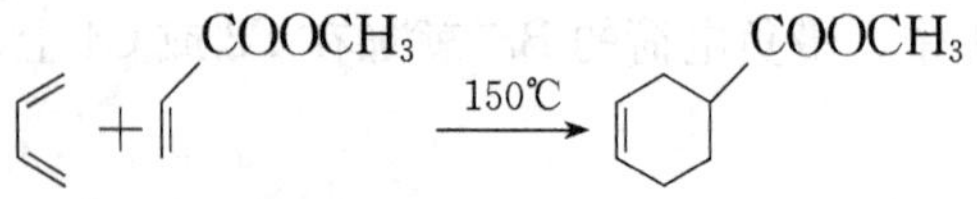

$$\text{双烯体} + \text{亲双烯体}\ (CH_2{=}CH{-}COOCH_3) \xrightarrow{150℃} \text{环己烯-}COOCH_3$$

双烯体　亲双烯体

针对双烯合成反应，作如下几点说明。

(1) 双烯合成反应是立体专一性的顺式加成反应，加成产物仍保持双烯体和亲双烯体原来的构型。双烯体是以顺式构象进行反应的，反应条件为光照或加热。例如：

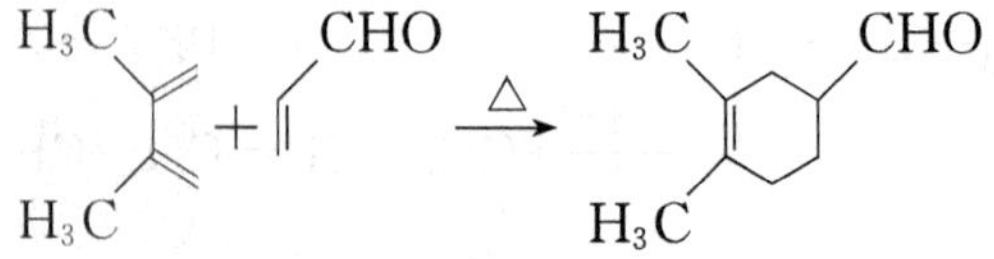

$$2,3\text{-二甲基-1,3-丁二烯}\ (H_3C, H_3C) + CH_2{=}CH{-}CHO \xrightarrow{\triangle} \text{3,4-二甲基环己烯-1-甲醛}\ (H_3C, H_3C, CHO)$$

(2) 双烯体(共轭二烯)可以是链状的，也可以是环状的。如环戊二烯、环己二烯等。

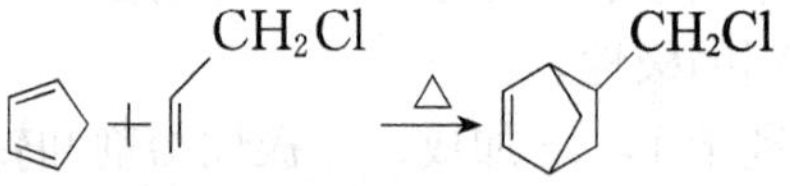

$$\text{环戊二烯} + CH_2{=}CH{-}CH_2Cl \xrightarrow{\triangle} \text{双环产物-}CH_2Cl$$

(3) 亲双烯体的双键碳原子上连有吸电子基团时，反应更容易进行。

常见的亲双烯体有：$H_2C{=}CH{-}CHO$　$H_2C{=}CH{-}COOH$　$H_2C{=}CH{-}COCH_3$

$H_2C{=}CH{-}CN$　$H_2C{=}CH{-}COOCH_3$　$H_2C{=}CH{-}CH_2Cl$

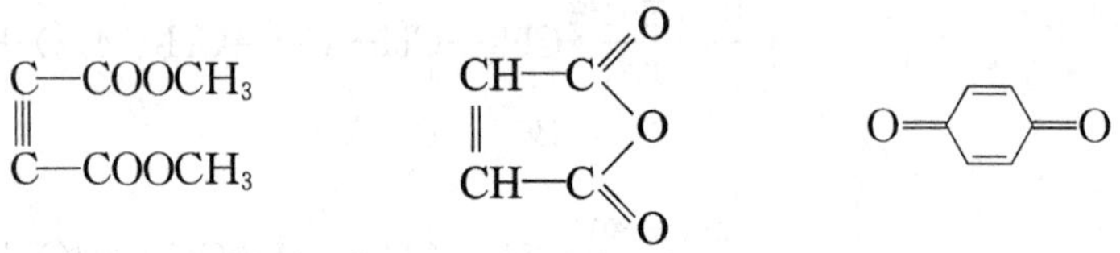

$$\begin{matrix} C{-}COOCH_3 \\ \| \\ C{-}COOCH_3 \end{matrix} \qquad \text{顺丁烯二酸酐}\ \begin{matrix} CH{-}C(=O) \\ \| \quad\quad O \\ CH{-}C(=O) \end{matrix} \qquad O{=}\text{C}_6\text{H}_4{=}O$$

(4) 双烯合成反应的产量高，应用范围广，是有机合成的重要方法之一，在理论研究上和生产应用上都占有重要的地位。

3.8.4 聚合反应

在催化剂存在下，共轭二烯烃可以聚合成高分子化合物。例如 1，3 -丁二烯在金属钠催化下聚合成聚丁二烯。这种聚合物具有橡胶的性质，即有伸缩性和弹性，是最早发明的合成橡胶，又称为丁钠橡胶。

$$nCH_2{=}CH{-}CH{=}CH_2 \xrightarrow[60℃]{Na} {+}CH_2CH{=}CHCH_2{+}_n$$

丁钠橡胶

3.9 共轭体系和共轭效应

3.9.1 共轭体系

在分子结构中，含有三个或三个以上相邻且共平面的原子时，这些原子中各含有一个相互平行的 p 轨道，p 轨道之间相互侧面重叠交盖连在一起，从而形成离域键(大 π 键)体系，称为共轭体系。

1，3 -丁二烯中有四个相邻的共平面的碳原子，在这四个碳原子中各有一个相互平行的p轨道，侧面重叠交盖能够形成一个共轭体系。常见的共轭体系有π－π共轭体系、p－π共轭体系和σ－π共轭体系和σ－p共轭体系等。

1. π－π共轭体系

π－π共轭体系是指由π键和π键相互交盖形成的共轭体系，其结构特征是单、双键相间隔。例如1，3-丁二烯、环戊二烯等。

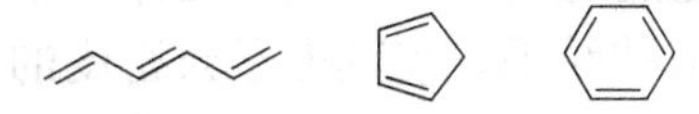

2. p－π共轭体系

p－π共轭体系是指由p轨道和π键相互交盖形成的共轭体系，其特点是单键的一侧是π键，另一侧有与之平行的p轨道。例如氯乙烯、烯丙基自由基和烯丙基碳正离子等。

$\ddot{C}l$ CH_2^+ $\dot{C}H_2$

氯乙烯分子中碳原子和氯原子共平面，氯原子上含有一对p电子，可以与π键发生共轭；烯丙基碳正离子中，碳正离子中含有空p轨道，即不含电子，该空p轨道可与π键发生共轭；烯丙基自由基中，自由基中p轨道含有一个电子，也可与π键发生共轭。

3. σ－π共轭体系

比较各种烯烃和二烯烃的氢化热(见表3.1)可以发现，双键碳原子上有取代基的烯烃和共轭二烯烃的氢化热都比未取代的氢化热要小些，说明有取代基的烯烃和二烯烃更为稳定。而这种稳定作用，一般认为是由于电子的离域而导致的一种效应，但这是双键的π电子云和相邻的α碳氢σ键电子云相互交盖而引起的离域效应。

例如丙烯，丙烯的π键与甲基的C—H σ键发生共轭，使原来基本上定域于两个原子周围的π电子云和σ电子云发生离域而扩展到更多原子的周围，因而分子能量降低，分子稳定性上升。从离域的意义上讲，这和共轭体系的效应一致，但涉及的是σ轨道和π轨道之间的相互作用，这比π轨道之间的作用要弱很多，称为σ－π共轭体系，也称超共轭体系(见图3.8和图3.9)。

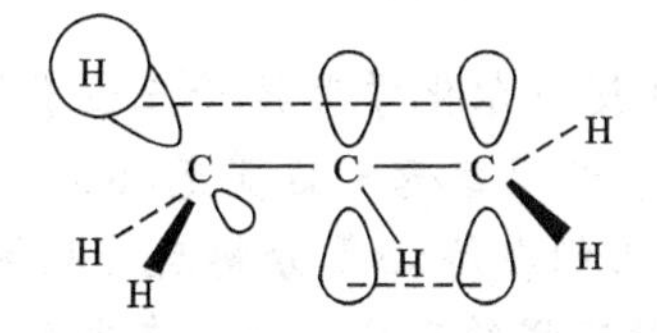

图3.8　丙烯分子中的超共轭效应

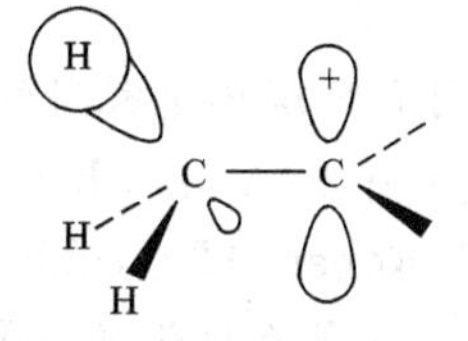

3.9　碳正离子的超共轭效应

4. σ－p共轭体系

σ－p共轭体系是指由σ轨道和p轨道之间相互交盖作用形成的超共轭体系，其特点是一侧是碳氢σ键，一侧是碳正离子的空p轨道。例如乙基碳正离子、叔丁基碳正离子等。

碳正离子的带正电的碳原子具有三个sp^2杂化轨道和一个空p轨道，与碳正原子相连烷基的碳氢σ键可与该空p轨道有一定程度的相互交盖，发生共轭。与碳正原子相连的σ碳氢键越多，越有利于碳正原子上的正电荷分散，可使碳正离子的能量更低，更稳定。如伯、仲、叔碳正离子，叔碳正离子的碳氢 σ 键最多，仲碳正离子次之，伯碳正离子更次，而甲基碳正离子则不存在碳氢 σ 键，因此不存在 σ－p 共轭效应。

所以碳正离子的稳定性顺序为：$3°R^+>2°R^+>1°R^+>CH_3^+$。

3.9.2 共轭效应

从 1，3－丁二烯的分子轨道理论发现，在其共轭体系中，四个 π 电子是在四个碳原子的分子轨道中运动的，这种离域的结果，使其电子云密度的分布有所改变，分布得更为均匀化，从而使其内能更小，分子更稳定，键长趋于平均化，这样由于共轭产生的效应称为共轭效应(Conjugative effect)。

产生共轭效应有其必要的条件，一是共平面性，共轭体系中各个 σ 键都在同一平面内；二是参加共轭的 p 轨道应互相平行，如果共平面性受到破坏，那么相互平行的 p 轨道就会发生偏离，减少了它们之间的轨道重叠，共轭效应就随之减弱，甚至消失。

在整个分子体系中，共轭效应有其具体的表现。

(1) 键长趋于平均化，由于电子云密度分布的改变，在链状共轭体系中，共轭链愈长，则双键及单键的键长愈接近，趋于相等。

(2) 折射率较高，光线穿过真空的速度与穿过透明物质的速度之比称为该物质的折光率。实际测定时以空气为相对标准，即光线在空气中的速度与在透明物质中的速度之比称为该物质的折光率。光在物质中减速是因受分子中电子，特别是结合得不太紧的价电子的干扰而引起的。而这种干扰是与分子的极化直接相联的。分子越极化，折光率越高。说明该分子易极化，由于共轭体系 π 电子云易极化，因此它的折光率也比相应的孤立二烯烃高。

(3) 共轭体系的能量低，由于共轭体系的分子中 p 电子处于离域的轨道中，共轭的结果，使共轭体系具有较低的内能，分子稳定。

阅读材料

绿色化学：烯烃复分解反应

2005 年 10 月 5 日瑞典皇家科学院宣布，将诺贝尔化学奖授予三位有机化学家，他们是法国学者伊夫·肖万(Yves Chauvin)和美国学者理查德·施罗克(Richard R. Schroch)、罗伯特·格拉布(Robert H. Grubbs)，以表彰他们在烯烃复分解反应研究方面作出的贡献。烯烃复分解反应是有机化学中最重要也是最有用的反应之一，在当今世界已被广泛应用于化学工业，尤其是制药业和塑料工业中。

肖万生于 1930 年，从事有机物合成转换方面的研究长达 30 年之久，目前在法国石油研究所担任名誉所长的职务。施罗克 1945 年出生于美国印第安纳州伯尔尼市，1967 年毕业于美国加利福尼亚大学河滨分校，1971 年取得哈佛大学博士学位，曾在英国剑桥大学从事博士后研究一年。1975 年起他在麻省理工学院任教，1980 年成为该学院化学系教授，迄今已发表 400 多篇学术论文。格拉布 1942 年出生于美国肯塔基州凯尔弗特市，1965 年在美国佛罗里达大学化学系获硕士学位，1968 年获哥伦比亚大学博士学位。1969—1978 年间，他在密歇根州立大学担任助理教授、副教授，1978 年起在加州理工学院担任化学系教授至今。格拉布自大学毕业起就在美国《全国科学院学报》和《美国化学学会杂志》等权威刊物上发表多篇论文。

1. 让原子“交换舞伴”

碳是地球生命的核心元素，地球上的所有有机物都含有它。碳元素通常以单质、化合物和晶体态即“富勒烯”(巴基球)三种形式存在。碳原子可以不同的方式与多种原子连接，形成小到几个原子、大到上百万个原子的分子。这种独特的多样性奠定了生命的基础，也是有机化学的核心。

地球上的所有生命都是以这些碳化合物为基础形成的。一个碳原子可以通过单键、双键或三键方式与碳原子或其他原子连接。碳原子可形成长的链状和链环，将氢和氧等原子缠绕固定在一起，形成双原子化学分子，又称为双重束缚。有着碳碳双键的链状有机分子称为烯烃。在烯烃分子里，两个碳原子就像双人舞的舞伴一样，拉着双手在跳舞。2005年诺贝尔化学奖的三位获得者，他们获奖的原因就是弄清了如何指挥烯烃分子“交换舞伴”，将分子部件重新组合成别的性能更优的物质。这个比喻在英文中即为“换位”(metathesis)。在换位反应中，双原子分子可以在碳原子的作用下断裂，从而使原子改变位置。然而，换位过程需要在某些特殊化学催化剂的帮助下才能完成。这种换位合成法就是烯烃复分解反应，被诺贝尔化学奖评委会主席佩尔·阿尔伯格幽默地比喻为“交换舞伴的舞蹈”。主席在奖获仪式上亲自走向讲台，邀请身边的皇家科学院的两位男教授和两位女工作人员一起，在会场中央为大家表演了烯烃复分解反应的含义。最初两位男士是一对舞伴，两位女士是一对舞伴，在“加催化剂”的喊声中，他们相互间交叉换位，转换为两对男女舞伴。这种对“有机合成中复分解方法”的形象解读，引起了在场人士的惬意笑声。

化学反应有四种基本类型：化合、分解、置换、复分解。复分解反应就是两种化合物互相交换成分而生成另外两种化合物的反应。从词义来看，“复分解”即指“易位”。复分解反应中，借助特殊的金属卡宾催化剂，碳原子形成的旧的束缚不断被打破，新的束缚不断形成，各种元素易位，重新组合，从而形成新的有机物。因此，复分解反应可被看作是一场交换舞伴的舞蹈。

化学键的断裂与形成是化学研究领域中最基本的问题，研究碳碳键断裂与形成的规律是有机化学中需要解决的核心问题之一，而这三位获奖者正是在这个最基本、最核心的方面作出了贡献。

20世纪50年代，人们首次发现，在金属化合物的催化作用下，烯烃里的碳碳双键会被拆散、重组，形成新的分子，这个过程被命名为烯烃复分解反应。然而，当时没有人知道这种金属催化剂的分子结构，也不知道它是如何起作用的。为了破译这个对人类生活有重大价值和用途的化学之谜，人们提出了许多假说，但大多没有被世界化学界所认同。

1970年，法国学者伊夫·肖万破译了这个“有机化学之谜”。当年，肖万和他的学生发表了一篇论文，阐明了复分解即换位反应的原理和反应中所需的金属复合物催化剂，提出烯烃复分解反应中催化剂应当是金属卡宾。卡宾为英文Carbon的译音，即“碳”的译文。肖万的论文还详细解释了催化剂的作用，即担当中间人、帮助烯烃分子“交换舞伴”的过程。并且，这位有机化学大师开出了换位合成法的“处方”，为开发实际应用的催化剂奠定了理论基础并指明了研究方向。

金属卡宾是指一类有机分子，其中一个碳原子与一个金属原子以双键相连，它们可以看作是一对拉着双手的舞伴。在与烯烃分子相遇后，两对舞伴会暂时组合起来，手拉手跳起四人舞蹈。随后它们“交换舞伴”，重新组合成两个新分子，其中一个是新的烯烃分子，另一个是金属原子和它的新舞伴。后者继续寻找下一个烯烃分子，再次“交换舞伴”，如图3.10所示。

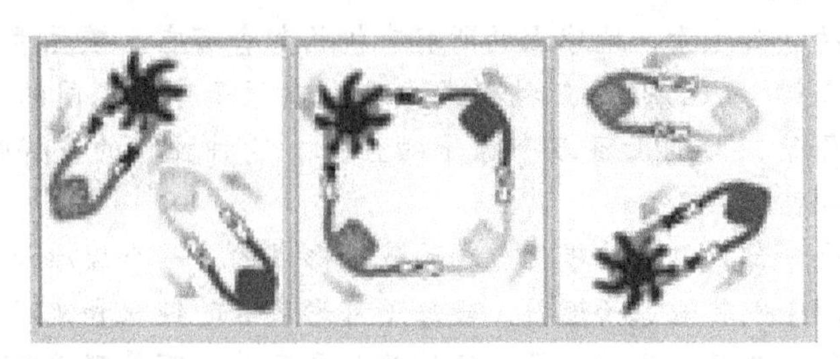

图3.10　让原子交换舞伴

这个理论提出后，越来越多的化学家意识到，烯烃复分解反应在有机合成方面有着巨大的应用前景，但对催化剂的要求很高，找寻及开发适当的高效催化剂绝非易事。到底含有什么金属元素的卡宾化合物最理想呢？在开发实用的催化剂方面，作出最大贡献的是2005年的另两位诺贝尔化学奖获得者。

1990年，理查德·施罗克成为世界上第一个生产出可有效用于换位合成法中的金属化合物催化剂的科学家。施罗克和他的合作者发现，金属钼的卡宾化合物可以作为非常有效的烯烃复分解催化剂。他们的成果显示，烯烃复分解法可以取代许多传统的有机合成方法，并用于合成新型的有机分子。

1992年，罗伯特·格拉布发现了金属钌的卡宾化合物也能作为换位合成法中的金属化合物催化剂，这种催化剂在空气中很稳定，因此在实际生活中有多种用途。后来，格拉布又对钌催化剂作了改进，使这种“格拉布催化剂”成为第一种化学工业普遍使用的烯烃复分解催化剂，并成为检验新型催化剂性能的标准。

诺贝尔化学奖评委会真切评价这三位科学家：烯烃复分解反应即换位合成法是用来研究碳原子之间的化学联系是如何建立和分解的，是一种产生化学反应的关键方法。简单概括，即是在有机合成复分解方面的发现，阐明化学键在碳原子间是如何形成的，使他们最终戴上了2005年诺贝尔化学奖的桂冠。

2. 绿色化学的开端

诺贝尔化学奖评委会文告中称：换位合成法的发现，将为化学工业制造出更多新型的化学分子提供千载难逢的机会，例如制造更多的新型药物。只要能够想到，没有哪一种新的化学分子是不可以制造出来的。

文告中又称：获奖者所发现的复分解方法已被广泛应用于化学工业，特别是生物制药和生化领域，对最终攻克艾滋病等疾病也会有很大帮助。瑞典皇家科学院认为：烯烃复分解反应是寻找治疗人类主要疾病药物的重要武器；获奖者的发现为研制治疗老年痴呆病、唐氏综合症、艾滋病和癌症的药品奠定了基础。

烯烃复分解反应是非常有用的化学反应，在天然反应的纯合成、高分子化学以及多肽蛋白质的合成等方面都有广泛的用途。以此为基础，近年来学术界和工业界掀起了研究烯烃复分解反应、设计合成新型有机物质的热潮。他们的研究成果在生产、生活领域有着极其广泛的实际应用，并推动了有机化学和高分子化学的发展，每天都在惠及人类。

诺贝尔化学奖评委会主席阿尔伯格赞颂道：科学理论只有同工业结合，创造出改变人类生活、提高生命质量的发明和创造后，才能成为有利于人类的科学理论。本次化学奖获得者对化学工业、制药工业、合成先进塑料材料以及未来“绿色医学”的发展都起着革命性的推动作用。

“绿色、高效”概括了2005年诺贝尔化学奖成就的特点。在化学工业中换位合成法每天都在应用，主要用于研制新型药物和合成先进的塑料材料。在三名获奖者的努力下，换位合成法变得更加有效，反应步骤比以前简化了，不仅大大提高了化工生产中的产量和效率，还使所需要的资源也大大减少，材料浪费也大幅减少，所产生的主要副产品乙烯还可以再利用；换位合成法使用起来更加简单，只需要在正常温度和压力下就可以完成；也可以用更加智能的方法清除潜在的有害废物，从而也大大降低了对环境的污染。因此，诺贝尔委员会赞言道：换位合成法使人们向着绿色化学迈出了重要的一步，大大减少了有害废物对人们的危害。瑞典皇家科学院称颂道：这是重要基础科学造福于人类、社会和环境的例证。

本章小结

1. 烯、炔烃的结构。碳原子的 sp^2 杂化和 sp 杂化特点，烯烃的平面型结构，炔烃的直线型结构，烯烃的顺反异构。

2. 烯、炔烃的命名。烯、炔烃的系统命名，Z、E 标记法，次序规则，烯炔的命名规则。

3. 烯、炔烃的制备。烯烃和炔烃的工业来源，醇脱水，卤代烃脱卤化氢。

4. 烯、炔烃的化学性质。亲电加成反应(与 HX、H_2O、H_2SO_4、X_2、HOX 等)，硼氢化-氧化反应，过氧化物效应，氧化反应(包括臭氧氧化、高锰酸钾氧化等)，还原反应(包括金属铂、钯、镍的催化还原和炔烃的林德拉催化剂还原)。

5. 二烯烃的分类和结构。累积二烯烃，共轭二烯烃，孤立二烯烃，π，π-共轭体系。

6. 共轭二烯烃的化学性质。1，4-加成，双烯合成。

习　题

1. 试写出分子式为 C_6H_{12} 的烯烃的所有可能的异构体，并用系统命名法命名。

2. 写出下列化合物的构造式。

(1) 2，3-二甲基-2-己烯　　(2) 反-3，4-二甲基-2-戊烯

(3) (E)-3-甲基-4-乙基-3-辛烯　　(4) (Z)-2-氯-3-碘-2-丁烯

(5) 异戊二烯　　(6) 乙基仲丁基乙炔

(7) 3-甲基-3-戊烯-1-炔　　(8) 2-氯-1，3-丁二烯

3. 用系统命名法命名下列化合物。

(1) $CH_3—CH═C(CH_3)CH_2CH(CH_2CH_3)CH_3$

```
CH3—CH═CCH2CHCH3
        |     |
       CH3   CH2CH3
```

(2) $CH_3CH_2C(CH_3)═C(CH(CH_3)_2)CH_2CH_2CH_3$

```
CH3CH2C═CCH2CH2CH3
       |  |
     CH3  CH(CH3)2
```

(3)

```
 Cl        CH2CH3
   \      /
    C═C
   /      \
 H3C       Cl
```

(4)

```
 H         CH2CH2CH3
   \      /
    C═C
   /      \
 H3C       CH(CH3)2
```

(5) 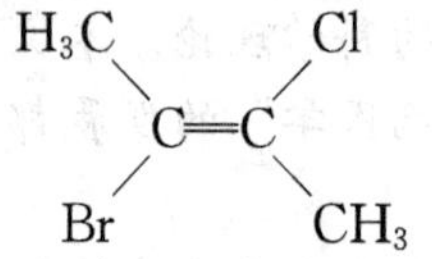
$$\begin{matrix} H_3C & & Cl \\ & C=C & \\ Br & & CH_3 \end{matrix}$$

(6) 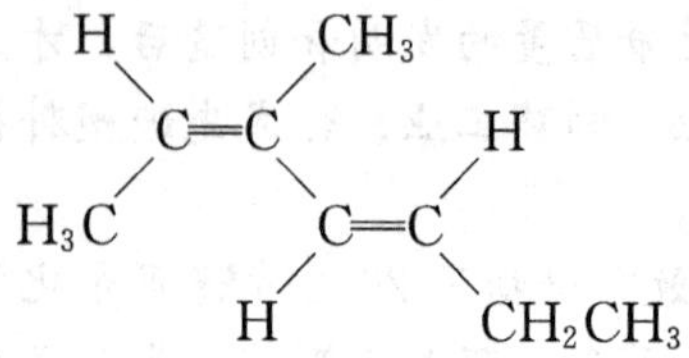
$$\begin{matrix} H & & CH_3 & & \\ & C=C & & H & \\ H_3C & & C=C & & \\ & H & & CH_2CH_3 & \end{matrix}$$

(7) 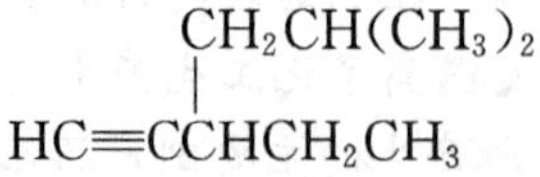 $HC \equiv CCH(CH_2CH(CH_3)_2)CH_2CH_3$

(8) 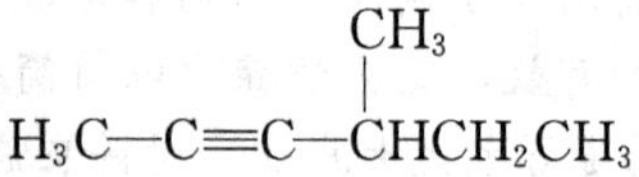 $H_3C-C \equiv C-CH(CH_3)CH_2CH_3$

4. 试写出异丁烯与下列各试剂反应的主要产物。

(1) H_2，Ni　　(2) Br_2

(3) HBr　　(4) HBr，过氧化物

(5) Br_2，H_2O　　(6) 稀冷的 $KMnO_4$

(7) $KMnO_4/H^+$　　(8) B_2H_6，$H_2O_2/NaOH$

(9) O_3，Zn/H_2O　　(10) RCO_3H；然后 H^+/H_2O

5. 试写出甲基环己烯与下列各试剂反应的主要产物。

(1) H_2，Ni　　(2) Br_2

(3) HBr　　(4) HBr，过氧化物

(5) Br_2，H_2O　　(6) 稀冷的 $KMnO_4$

(7) $KMnO_4/H^+$　　(8) B_2H_6，$H_2O_2/NaOH$

(9) O_3，Zn/H_2O　　(10) RCO_3H；然后 H^+/H_2O

6. 完成下列反应式。

(1) $CH_3C \equiv CCH_3 \xrightarrow{H_2/\text{林德拉催化剂}} ? \xrightarrow{Br_2/CCl_4} ? \xrightarrow{2KOH/C_2H_5OH} ?$

(2) $HC \equiv CCH_2CH_3 \xrightarrow{Ag(NH_3)_2NO_3} ?$

(3) $HC \equiv CCH_2CH_3 \xrightarrow{Cu(NH_3)_2Cl} ?$

(4) $HC \equiv CCH_2CH_3 + H_2O \xrightarrow[HgSO_4]{H_2SO_4} [\quad ? \quad] \longrightarrow ?$

(5) $H_2C=HC-CH=CH_2 + H_2C=CHCOOCH_3 \xrightarrow{\triangle} ?$

(6) 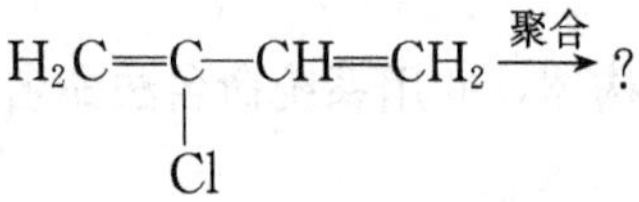 $H_2C=C(Cl)-CH=CH_2 \xrightarrow{\text{聚合}} ?$

(7) $H_2C=HC-CH=CH_2 + HBr(1mol) \longrightarrow ?$

(8)  环戊烯 $+ Br_2 \longrightarrow ? \xrightarrow{2KOH/C_2H_5OH} ? + H_2C=CHCOOCH_3 \longrightarrow ?$

7. 用化学方法区别下列各组化合物。

(1) 2-甲基丁烷，3-甲基-1-丁烯，3-甲基-1-丁炔

(2) 丁烷，1-丁炔，2-丁烯

(3) 丁烷，1-丁炔，1-丁烯，1，3-丁二烯

8. 合成题。

(1) $CH_3CHBrCH_3 \longrightarrow CH_3CH_2CH_2Br$

(2) 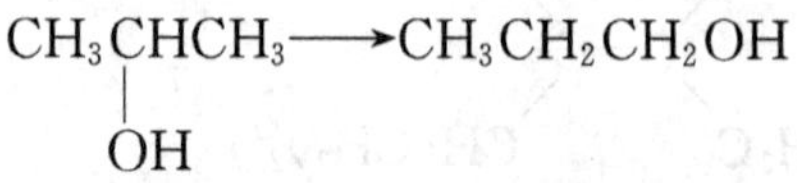 $CH_3CH(OH)CH_3 \longrightarrow CH_3CH_2CH_2OH$

(3) $CH_3CH_2CH_2OH \longrightarrow \underset{\mathrm{Cl}}{\underset{|}{CH_2}}\underset{\mathrm{Cl}}{\underset{|}{CH}}CH_3$

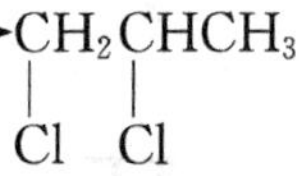

(4) $H_2C{=}CHCH_3 \longrightarrow \underset{\mathrm{Cl}}{\underset{|}{CH_2}}\underset{\mathrm{Br}}{\underset{|}{CH}}\underset{\mathrm{Br}}{\underset{|}{CH_2}}$

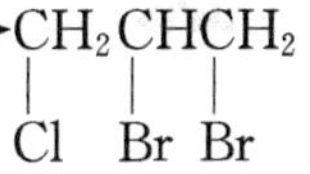

(5) $H_2C{=}CHCH_3 \longrightarrow \underset{\mathrm{Cl}}{\underset{|}{CH_2}}{-}CH{-}CH_2$ O

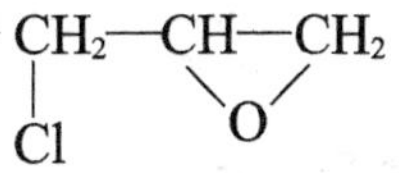

(6) $HC{\equiv}CCH_3 \longrightarrow CH_3CH_2CH_2CH_2CH_2CH_3$

(7) $HC{\equiv}CCH_3 \longrightarrow$ O

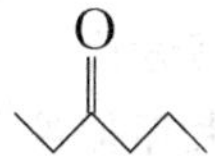

(8) $HC{\equiv}CH \longrightarrow CH_3CH_2CH_2CH_2OH$

9. 以四个碳原子及以下的烃为原料合成下列化合物。

(1) 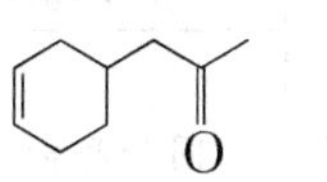 O　　(2) 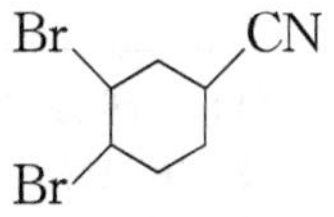 Br　CN　Br

(3) 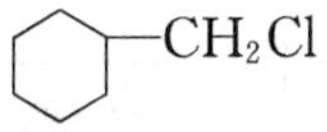 $-CH_2Cl$

10. 试分析，乙烯在溴的氯化钠水溶液中进行反应，会生成哪几种产物，为什么？

11. 烯烃A和B的分子式相同，都是C_6H_{12}，经酸性高锰酸钾氧化后，A只生成酮，B的产物中一个是酮，另一个是羧酸，试推测A和B的构造式。

12. 有A、B、C三个化合物，其分子式相同，都为C_5H_8，它们都能使溴的四氯化碳溶液褪色，A与硝酸银的氨溶液作用生成沉淀，而B、C不能，当用热的高锰酸钾氧化时，A可得到正丁酸和二氧化碳，B可得到乙酸和丙酸，C得到戊二酸。试推断A、B、C的构造式。

13. 分子式为C_8H_{12}的化合物A，在催化加氢作用下生成4-甲基庚烷，A经林德拉催化加氢得到B，B的分子式为C_8H_{14}，A在液氨中与金属钠作用得到C，C的分子式也为C_8H_{14}，试写出A、B、C的构造式。A的结构是否唯一？试写出所有可能的A的构造式。

14. 有三种分子式为C_5H_{10}的烯烃A、B、C，它们为同分异构体，催化加氢后均生成2-甲基丁烷。A和B经酸催化水合都生成同一种叔醇；B和C经硼氢化-氧化得到不同的伯醇。试推测A、B、C的构造式。

15. 某开链烃A，分子式为C_7H_{10}，A经催化加氢可生成3-乙基戊烷，A与硝酸银的氨溶液作用产生白色沉淀，A在$Pd/BaSO_4$作用下吸收1mol H_2生成化合物B，B可与顺丁烯二酸酐作用生成化合物C。试推测化合物A、B、C的构造式。

16. 有一分子式为C_6H_8的链烃A，无顺反异构体，与硝酸银的氨溶液作用产生白色沉淀，经林德拉催化加氢得B，B的分子式为C_6H_{10}，也无顺反异构体。A和B与高锰酸钾发生氧化反应都得到2mol CO_2和另一化合物C，C分子中有酮基，试写出A、B、C的构造式。

第4章 脂 环 烃

教学目标

了解环烷烃的异构现象，掌握环烷烃的命名方法。

了解单环烷烃的结构特点，特别是环丙烷和环己烷的结构特点。

理解构象概念的含义，掌握环己烷典型构象的书写方法。

掌握小环环烷烃的化学性质，理解“小环似烯，大环似烷”的含义。

教学要求

知识要点	能力要求	相关知识
脂环烃的分类和命名	(1) 了解脂环烃的分类和异构 (2) 掌握环烷烃、环烯烃、螺环烃和桥环烃的命名	同分异构
脂环烃的性质	(1) 了解脂环烃的物理性质 (2) 掌握环丙烷的化学性质 (3) 理解环烯烃和共轭环二烯烃的化学性质	化学反应
脂环烃的结构	(1) 了解 Baeyer 的张力学说 (2) 理解构象、环张力能、角张力等的概念 (3) 理解环烷烃的结构特点 (4) 掌握环己烷的典型构象的书写方法	

脂环烃是一类结构上具有环状的碳骨架而性质上与脂肪烃相类似的化合物的总称。分子中只有一个碳环的饱和脂肪烃称为环烷烃，其通式和烯烃一样，为 C_nH_{2n}。环上有双键的称为环烯烃，有两个双键的称为环二烯烃，有三键的称为环炔烃，统属于不饱和脂环烃。

4.1 脂环烃的分类、异构现象和命名

4.1.1 脂环烃的分类

脂环烃分为饱和脂环烃和不饱和脂环烃两大类。环烷烃即为饱和脂环烃，环烯烃和环炔烃即为不饱和脂环烃。

脂环烃根据成环的碳原子的数目，可分为小环(C_3～C_4)、常见环(C_5～C_6)、中环(C_8～C_{12})及大环(C_{12}以上)四类。

脂环烃根据所含环的个数，也可分为单环、双环和多环脂环烃。在双环和多环脂环烃中，根据环的结合方式不同，又可分为螺环烃和桥环烃两类。

4.1.2 脂环烃的异构现象

由于碳原子连成环，环上C—C单键不能自由旋转。因而，在环烷烃分子中，只要环上有两个碳原子各连有不同的子基团，就存在构型不同的顺反异构体。如1，4-二乙基环己烷就有顺式和反式两种异构体。两个乙基在环平面同一边的是顺式异构体，两个乙基分布在环平面两边的是反式异构体。因此，脂环烃的异构有构造异构和顺反异构两种。如C_5H_{10}的环烷烃的异构有：

4.1.3 脂环烃的命名

1. 环烷烃的命名

环烷烃的命名与烷烃相似。以碳环为母体，环上侧链作为取代基命名，根据分子中成环碳原子数目的多少，称为环某烷。若环上的侧链较为复杂，也可以环作为取代基，侧链按开链烃的命名方法命名。若环上有多个取代基时，编号要尽量使各取代基的位次最小，命名时需要标出取代基的位次，取代基位次按“最低系列”原则列出，基团顺序按“次序规则”小的优先列出。例如：

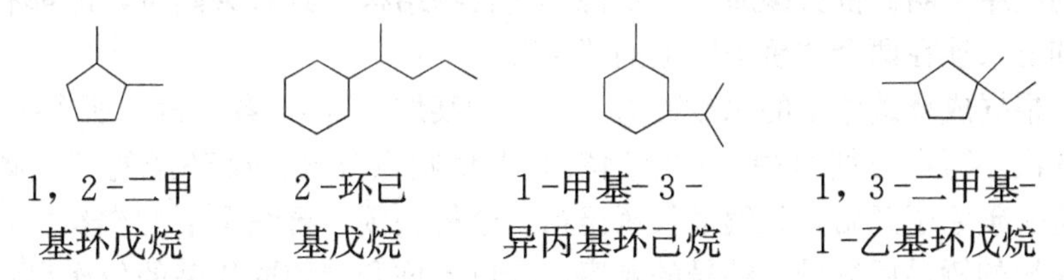

2. 不饱和脂环烃的命名

环烯烃、环二烯烃和环炔烃的命名与相应的开链烃相似。以不饱和碳环作为母体，侧链作为取代基。环碳原子的编号应使得不饱和键所在位次最小。若只有一个不饱和键(双键或三键)，该不饱和键的位次可以不标出来，因为它肯定在C1～C2之间。

命名带有侧链的环烯烃时，若只有一个不饱和碳原子上有侧链，则该不饱和碳原子编号为1；若两个不饱和碳原子上都有侧链或都没有侧链，则编号时除双键所在位次最小外，侧链的位次之和也应最小。例如：

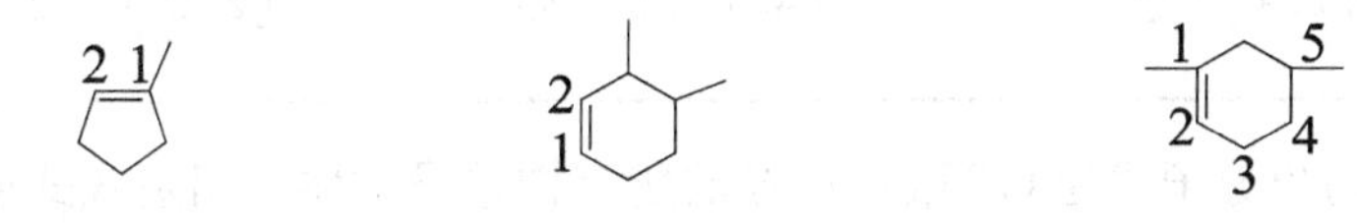

1-甲基环戊烯　　3，4-二甲基环己烯　　1，5-二甲基-1-环己烯

2 3
1 4
1 2
3
4

1，3-环戊二烯　　2-甲基-1，3-环己二烯

3. 螺环化合物的命名

若分子中含有两个碳环，且两个环共用一个碳原子的化合物称为螺环化合物。两个环共用的该碳原子称为螺原子。命名时，根据成环碳原子的总数称为“螺[]某烷”，再把各碳环中除螺原子以外的碳原子数目，按由小到大的次序写在方括号中，数字用实心下角圆点分开。

环上有取代基或不饱和键时，需表示出它们的位置。螺环烃的环上碳原子的编号，从较小环中与螺原子相邻的一个碳原子开始，徒经小环到螺原子，再沿大环致所有环碳原子。编号过程中如遇取代基或不饱和键时，应使它们的位次尽量最小。例如：

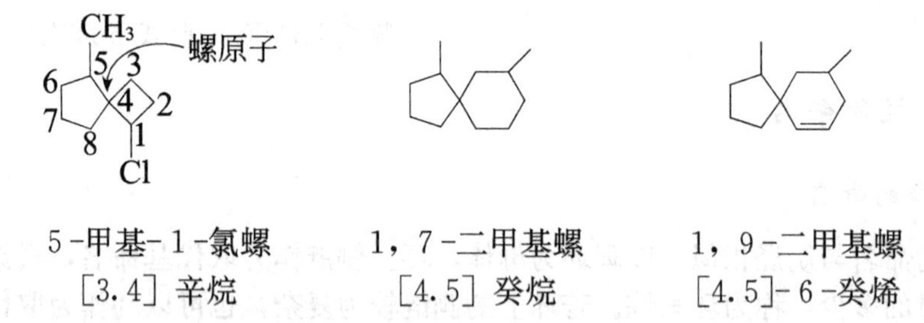

5-甲基-1-氯螺[3.4]辛烷　　1，7-二甲基螺[4.5]癸烷　　1，9-二甲基螺[4.5]-6-癸烯

4. 桥环化合物的命名

若分子中含有两个碳环，且两个环共用两个或多个碳原子的化合物称为桥环化合物。两个环共用的碳原子叫做桥头碳原子。双桥环化合物结构上具有共同点，即都有两个“桥头”碳原子和三条连在两个“桥头”上的“桥”。

命名时，根据成环碳原子的总数称为“双环[]某烷”，再把各“桥”所含碳原子数目，按由大到小的次序写在方括号中，数字用实心下角圆点分开。桥环烃的环上碳原子的编号，从一个桥头碳原子开始，先编最长桥至第二个桥头碳，再编余下的次长桥，回到第一个桥头碳，最短的桥最后编号。编号的顺序，应以不饱和键和取代基的位次尽量最小为原则。例如：

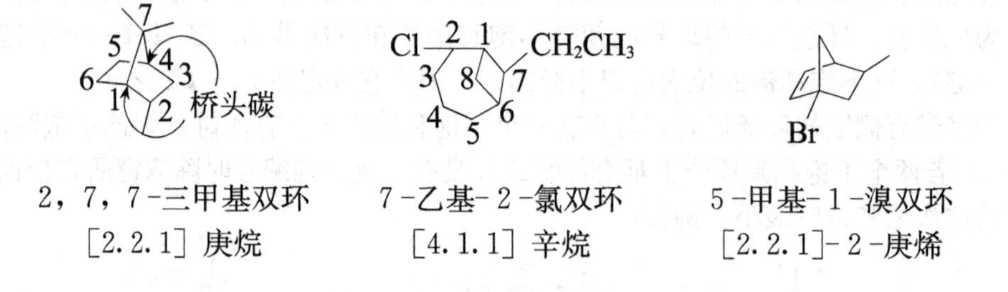

2，7，7-三甲基双环[2.2.1]庚烷　　7-乙基-2-氯双环[4.1.1]辛烷　　5-甲基-1-溴双环[2.2.1]-2-庚烯

练习4-1　写出分子式为C_6H_{12}环烷烃的所有构造异构体，用短线式或缩简式表示，并命名。

练习4-2　命名下列各化合物。

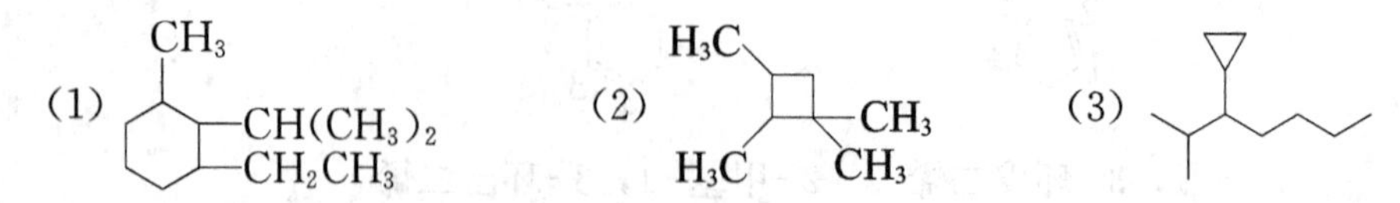

(4) 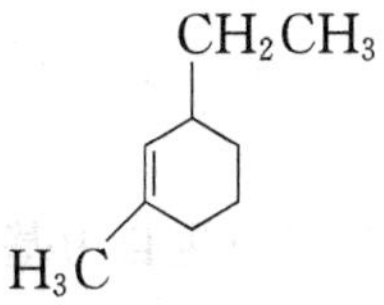 (5) 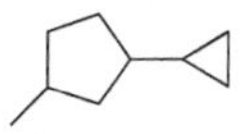 (6)

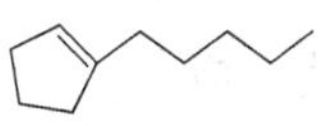

练习 4-3 命名下列化合物。

(1) 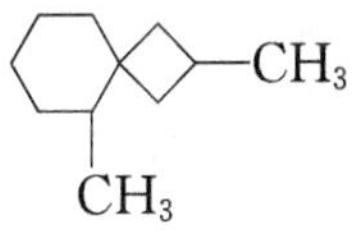 (2) 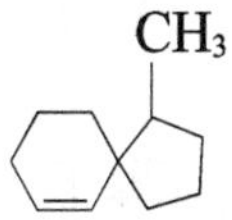 (3)

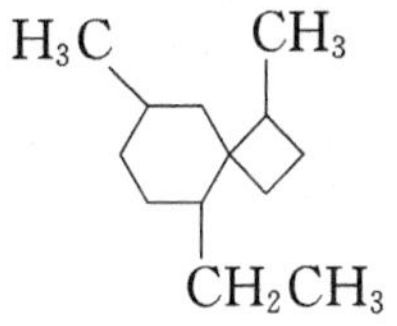

(4) 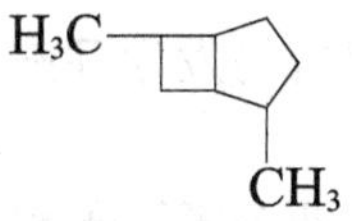 (5) 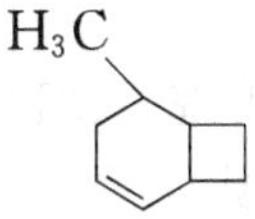 (6)

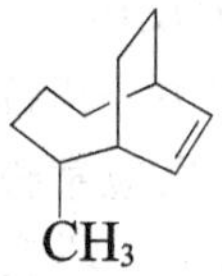

4.2 脂环烃的性质

4.2.1 脂环烃的物理性质

在常温常压下，脂环烃中小环为气态，常见环为液态，中环及大环为固态。环烷烃不溶于水，易溶于有机溶剂。环烷烃的熔点、沸点和相对密度都较含同数碳原子的开链烃高，如表 4-1 所示。这是由于环烷烃的结构较对称，排列较紧密，分子间的作用力较大的缘故。

表 4-1 几种环烷烃的熔点、沸点和相对密度

名　称	分子式	熔点/℃	沸点/℃	相对密度/d_4^{20}
环丙烷	$(CH_2)_3$	−127.4	−32.9	0.720(−79℃)
环丁烷	$(CH_2)_4$	−80	12	0.703(0℃)
环戊烷	$(CH_2)_5$	−93.8	49.3	0.745
环己烷	$(CH_2)_6$	6.5	80.7	0.779
环庚烷	$(CH_2)_7$	−12	118.5	0.810

注：相对密度：物质的密度与参考物质的密度在各自规定的条件下之比，符号为 d，此处以水作参考，水 4℃时的密度($1g/cm^3$)，其他物质是 20℃时的密度。

4.2.2 脂环烃的化学性质

脂环烃的化学性质与相应的脂肪烃相似，环烷烃性质类似烷烃，环烯烃性质类似烯烃。但小环的环烷烃即环丙烷和环丁烷因结构上存在角张力，不稳定，从而具有某些不同于烷烃的反应活泼性，容易发生开环加成反应。因而从结构上考虑，环烷烃的环越稳定，化学性质就越像烷烃。

1. 环烷烃的反应

1）取代反应

环烷烃与烷烃一样，都是饱和烃。在光照或热的引发下环烷烃可发生自由基型的卤代反应，生成相应的卤代物。例如：

$$\text{环戊烷} + Cl_2 \xrightarrow{\text{光}} \text{氯代环戊烷} + HCl$$

$$\text{甲基环己烷} + Br_2 \xrightarrow{\text{光}} \text{1-溴-1-甲基环己烷} + HBr$$

2）开环加成反应

环烷烃中的小环化合物，特别是环丙烷，在和一些试剂作用时容易发生环破裂而与试剂相结合，这些反应常称为开环加成反应。

(1) 催化加氢。环烷烃在催化剂作用下与氢作用，可以开环与两个氢原子相结合生成烷烃。但由于环的大小不同，催化加氢的难易不同。环丙烷很容易开环加氢，环丁烷需在高温下加氢，而环戊烷和环己烷则必须在更强烈的条件下才能加氢，如300℃以上用钯催化加氢。例如：

$$\text{环丙烷} + H_2 \xrightarrow[80℃]{Ni} CH_3CH_2CH_3$$

$$\text{环丁烷} + H_2 \xrightarrow[200℃]{Ni} CH_3CH_2CH_2CH_3$$

$$\text{环戊烷} + H_2 \xrightarrow[>300℃]{Pd} CH_3CH_2CH_2CH_2CH_3$$

从催化加氢的反应条件可以看出，环丙烷和环丁烷比较容易开环加成，它们由于存在环张力，都不太稳定，尤其是环丙烷。

(2) 加卤素。环丙烷在常温下、环丁烷在加热的条件下，可与卤素发生加成反应。环戊烷以上的环烷烃与卤素发生取代反应而不发生加成反应。例如：

$$\text{环丙烷} + Br_2/CCl_4 \longrightarrow BrCH_2CH_2CH_2Br$$

$$\text{环丁烷} + Br_2/CCl_4 \xrightarrow{\triangle} BrCH_2CH_2CH_2CH_2Br$$

$$\left.\begin{matrix}\text{环戊烷}\\ \text{环己烷}\end{matrix}\right\} + Br_2/CCl_4 \xrightarrow{\triangle} \text{发生取代反应，不发生加成反应}$$

(3) 加卤化氢或稀硫酸。环丙烷可与卤化氢常温下发生加成反应，环丁烷及以上的环烷烃常温下不与卤化氢起加成反应。例如：

$$\text{环丙烷} + HBr \longrightarrow CH_3CH_2CH_2Br$$

$$\text{环丁烷} + HBr \longrightarrow \text{不反应}$$

环丙烷的烷基衍生物与卤化氢加成时，遵从马氏规则，环的破裂发生在含氢最多和含氢最少的两个碳原子之间，且卤化氢中的氢原子加成在含氢多的断裂碳原子上，卤素原子加成在含氢少的断裂碳原子上。例如：

$$\text{甲基环丙烷}\;(\triangleright\!-CH_3) + HBr \longrightarrow CH_3\underset{\underset{Br}{|}}{C}HCH_2CH_3$$

$$H_3C\text{-}\underset{CH_3}{\triangle}\text{-}CH_3 + HBr \longrightarrow CH_3CH(CH_3)\text{—}C(CH_3)(Br)CH_3$$

环丙烷及其烷基衍生物也可与稀硫酸发生开环加成反应，环的破裂与加成规则同卤化氢的反应一样，其产物经水解生成醇。例如：

$$H_3C\text{-}\underset{CH_3}{\triangle}\text{-}CH_3 + H_2SO_4 \longrightarrow CH_3CH(CH_3)\text{—}C(CH_3)(OSO_3H)CH_3 \xrightarrow[\triangle]{H_2O} CH_3CH(CH_3)\text{—}C(CH_3)(OH)CH_3$$

3）氧化反应

在常温下，环烷烃与一般氧化剂(如高锰酸钾溶液、臭氧等)不起反应，即使环丙烷常温下也不能被高锰酸钾溶液氧化，因而可用高锰酸钾溶液来区别烯烃与环丙烷及其衍生物。例如：

$$\text{(2,2-二甲基环丙基)}\text{—}CH{=}C(CH_3)_2 \xrightarrow{KMnO_4} \text{(2,2-二甲基环丙基)}\text{—}COOH + (H_3C)_2C{=}O$$

但是在加热条件下，用强氧化剂氧化时，或在催化剂作用下用空气氧化时，环烷烃会发生破裂，生成各种氧化产物。例如，用热硝酸氧化环己烷生成己二酸。反应条件不同，氧化产物也会不同。

$$\text{环己烷} + O_2(\text{空气}) \xrightarrow[100℃，1MPa]{\text{环烷酸钴}} \begin{matrix} CH_2CH_2COOH \\ | \\ CH_2CH_2COOH \end{matrix}$$

$$\text{环己烷} \xrightarrow{HNO_3} \begin{matrix} CH_2CH_2COOH \\ | \\ CH_2CH_2COOH \end{matrix}$$

$$\text{环己烷} + 1/2O_2 \xrightarrow[1\sim4MPa]{185\sim200℃} \text{环己基}\text{—}OH$$

综上所述，环烷烃的性质存在以下规律：小环烷烃易加成，难氧化，似烯；常见环以上的环烷烃难加成，难氧化，易取代，似烷。

2. 环烯烃和环二烯烃的反应

环烯烃、共轭环二烯烃，各自具有其相应烯烃的通性。

1）环烯烃的加成反应

环烯烃同烯烃一样，双键容易与氢、卤化氢、卤素、硫酸等发生加成反应。例如：

$$\text{环己烯} + Br_2/CCl_4 \longrightarrow \text{1,2-二溴环己烷（H、Br；BrH）}$$

$$\text{1-甲基环己烯} + HBr \longrightarrow \text{1-溴-1-甲基环己烷（Br、}CH_3\text{）}$$

2）环烯烃的氧化反应

环烯烃中的双键容易被氧化剂如高锰酸钾、臭氧等氧化断裂生成开链状的酸、醛或酮。例如：

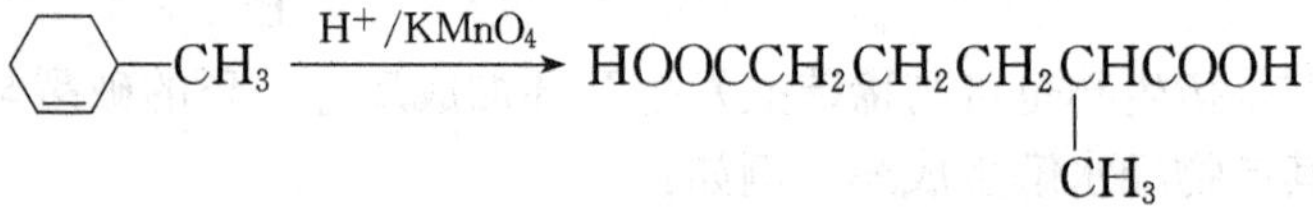

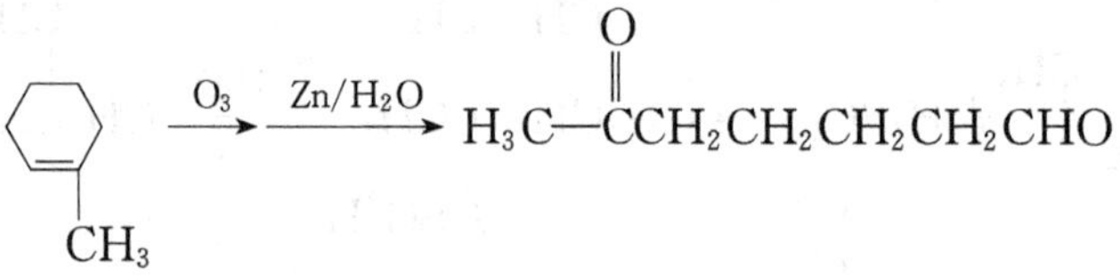

$$\text{(1-甲基环己烯)}-CH_3 \xrightarrow{H^+/KMnO_4} HOOCCH_2CH_2CH_2\underset{\displaystyle CH_3}{\underset{|}{C}}HCOOH$$

$$\text{(1-甲基环己烯)} \xrightarrow{O_3} \xrightarrow{Zn/H_2O} H_3C-\overset{\displaystyle O}{\overset{\|}{C}}CH_2CH_2CH_2CH_2CHO$$

3）共轭环二烯烃的双烯合成反应

具有共轭双键的共轭环二烯烃，其性质同共轭二烯烃一样，能与卤化氢、卤素等发生1，4-加成反应，也能与某些不饱和化合物发生双烯合成反应。例如：

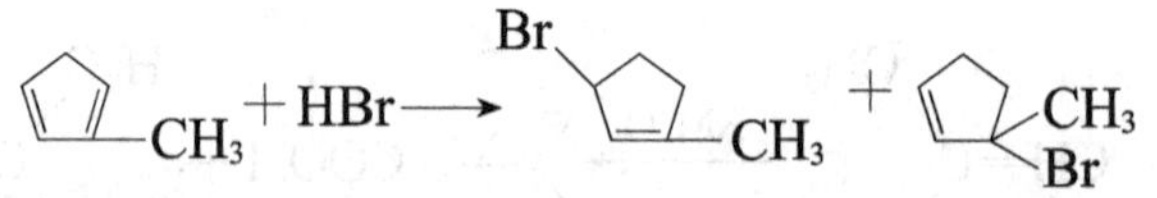

$$\text{(1-甲基环戊二烯)} + HBr \longrightarrow \text{(4-溴-1-甲基环戊烯)} + \text{(3-溴-3-甲基环戊烯)}$$

（主）1，4-加成　1，2-加成

$$\text{(环戊二烯)} + CH_2=CHCOOCH_2CH_3 \longrightarrow \text{(双环化合物)}$$

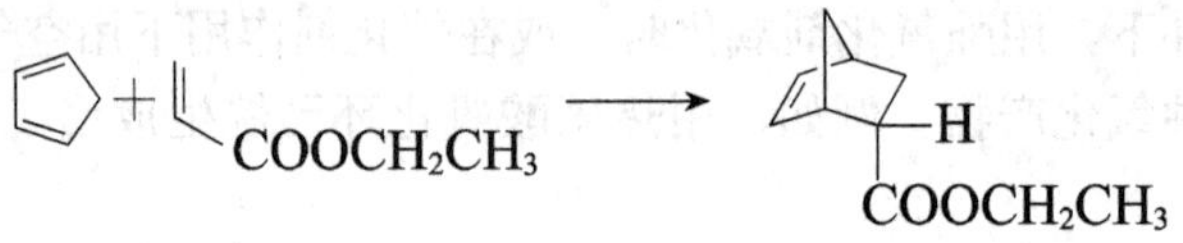

双环［2.2.1］-5-庚烯-2-羧酸乙酯

环戊二烯的双烯合成反应，是合成含有六元环的双环化合物的一个好方法。

练习 4-4　试比较下列各组化合物的熔点和沸点的高低，并说明理由。

（1）正戊烷和环戊烷　　　　（2）正辛烷和环辛烷

练习 4-5　甲基环己烷的一溴代产物有几种：试推测其中哪一种较多？哪一种较少？

练习 4-6　怎样用化学方法区别丙烷、丙烯和环丙烷？

4.3　脂环烃的结构

4.3.1　环的稳定性

脂环烃的稳定性与环的大小有关。小环不稳定，三元环的稳定性最差，四元环次之，五元环、六元环较稳定。随着环的增大，脂环烃的结构和性质逐渐接近于脂肪烃。这一事实既可从 Baeyer 的张力学说及价键理论来解释，也可从热化学实验数据的角度来考察环的稳定性。

1885 年 A. Von Baeyer 提出了张力学说，假定所有成环碳原子都在同一平面上，环烷烃分子中的碳原子为 sp^3 杂化，键角 109.5°。而在小环中，环丙烷的环是三角形，键角应为 60°，环丁烷是正方形，键角应为 90°，这样碳原子间的键角就不是 109.5°，而必须将 109.5°的键角压缩以适应环的几何形状。Baeyer 认为，环中碳原子间的键角“偏离” 109.5°时，将产生张力，这种张力是由于键角的偏差所引起的，因而称为角张力。这样的环称为“张力环”。“偏离”的程度越大，角张力越大，环的稳定性越小，就越容易发生开环反应。环丙烷键角的偏差比环丁烷的大，因此环丙烷比环丁烷更不稳定，更易开环加成。但张力学说主要适用于小环，而不适用于大环，因为大环中的碳原子不会共平面。故六元及更大的环，为非平面结构，无张力而稳定。

根据现代共价键概念，若以 sp^3 轨道成键，其夹角要求应是 109.5°，碳原子之间的轴和轨道的轴无法在同一条线上，环碳之间只得形成一个弯曲的键(香蕉键)，使整个分子像拉紧的弓一样，有张力。

根据量子力学计算，环丙烷分子中 C—C—C 键角为 105.5°，H—C—H 键角为 114°，碳原子间并不连成直线，C—C 键是弯曲的。

有机物的燃烧热(ΔH_c)是指 1mol 某化合物完全燃烧生成二氧化碳和水时所放出的热量，它的大小反映出分子内能的高低，这成为提供相对稳定性的依据。从热化学实验测得，含碳原子数不同的环烷烃中，每个—CH_2—结构单元的燃烧热是不同的，如表 4-2 所示。

表 4-2　环烷烃的燃烧热和张力能

环烷烃	ΔH_c/kJ·mol^{-1}	ΔH_c/n/kJ·mol^{-1}	每个—CH_2—的张力能 (ΔH_c/n−658.6)/kJ·mol^{-1}	总张力能 /kJ·mol^{-1}
环丙烷	2091.3	697.1	38.5	115.5
环丁烷	2744.1	686.2	27.6	110.4
环戊烷	3320.1	664.0	5.4	27.0
环己烷	3951.7	658.6	0	0
环庚烷	4636.7	662.3	3.7	25.9
环辛烷	5310.3	663.6	5.0	40.0
环壬烷	5981.0	664.4	5.8	52.2
环癸烷	6635.8	663.6	5.0	50.0
环十五烷	9884.7	658.6	0	0

注：烷烃分子中每个 CH_2 燃烧热为 658.6kJ·mol^{-1}。

根据燃烧热数据可看出，从环丙烷到环己烷，每个—CH_2—的燃烧热量逐渐降低，说明环越小内能越大，故越不稳定。内能高低与成键情况有关。六元环以上的中环和大环，每个—CH_2—的燃烧热差不多等于 661kJ/mol，说明大环是稳定的，即无张力。很多大环化合物都是稳定的。经 X 射线分析，分子是皱折形，碳原子不在同一平面内，碳原子之间的键角接近正常键角 109.5°。

4.3.2 环烷烃的结构

在烷烃分子中，碳原子是 sp^3 杂化的，成键时，sp^3 杂化轨道沿着轨道对称轴与其他原子的轨道交盖，形成109.5°的键角。环烷烃的碳原子也是sp^3杂化的，但为了形成环，碳原子的键角就不一定是109.5°，环的大小不同，键角也会不同。另外，从环烷烃的化学性质可以看出，环丙烷最不稳定，环丁烷次之，环戊烷比较稳定，环己烷以上的大环都稳定，这反映了环的稳定性与环的结构有着密切的联系。

1. 环丙烷的结构

在环丙烷分子中，三个碳原子形成一个正三角形。碳为sp^3杂化，其键角应为109.5°，而正三角形的内角为60°，因而，电子云的重叠不能沿着sp^3杂化轨道对称轴重叠，只能偏离键轴一定的角度以弯曲键侧面重叠，形成弯曲键(香蕉键)，其键角为105.5°，因为键角要从109.5°压缩到105.5°，故环有一定的张力(角张力)，如图4.1所示。

另外环丙烷分子中还存在着另一种张力——扭转张力(由于环中三个碳位于同一平面，相邻的C—H键互相处于重叠式构象，有旋转成交叉式的趋向，这样的张力称为扭转张力)。环丙烷的总张力能为114kJ/mol。

所以从结构上来讲，环丙烷分子中碳原子之间的sp^3杂化轨道是以弯曲键(香蕉键)相互交盖的，交盖程度较小，比一般的σ键弱，具有较大的角张力和扭转张力，分子能量较高，不稳定，化学性质活泼，很容易发生开环反应。

2. 环丁烷的结构

与环丙烷相似，环丁烷分子中存在着张力，但比环丙烷的小，因在环丁烷分子中四个碳原子不在同一平面上(见图4.2)。

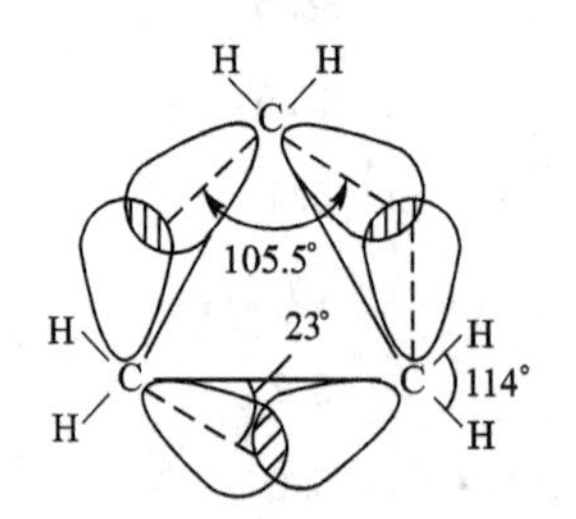

4.1 环丙烷的结构图

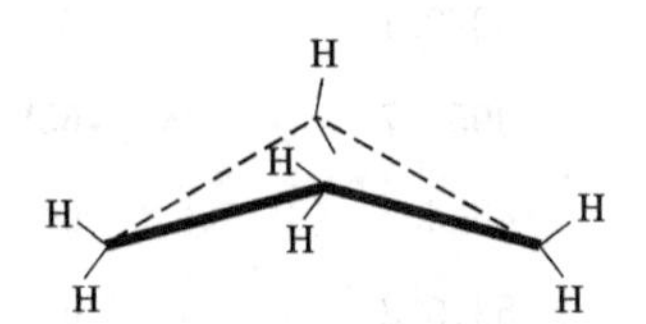

图4.2 环丁烷的构象

根据结晶学和光谱学的证明，环丁烷是以折叠状构象存在的，这种非平面型结构可以减少C—H的重叠，使扭转张力减小。环丁烷分子中C—C—C键角为111.5°，角张力也比环丙烷的小，所以环丁烷比环丙烷要稳定些。总张力能为108kJ/mol。

3. 环戊烷的结构

环戊烷分子中，C—C—C键角为108°，接近sp^3杂化轨道间夹角109.5°，环张力较小，属于比较稳定的环。但如果环为平面结构，则其C—H键都相互重叠，会存在较大的扭转张力，因此，环戊烷实际上是以折叠式构象存在的，为非平面结构，其中有四个碳原子在同一平面，另外一个碳原子在这个平面之外，成“信封式”构象，如图4.3所示。

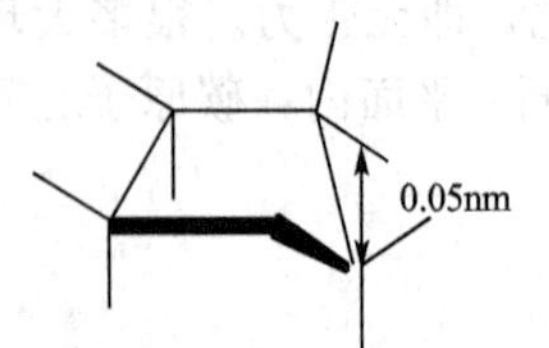

图4.3 环戊烷的构象

这种构象的张力很小，总张力能25kJ/mol，扭转张力在

2.5kJ/mol 以下，因此，环戊烷的化学性质比较稳定。

4. 环己烷的结构

在环己烷分子中，六个碳原子不在同一平面内，碳碳键之间的夹角基本保持 109.5°，因此环很稳定。

1）椅型构象与船型构象

环己烷有两种极限构象，是折叠的椅型构象和船型构象。这两种构象可以相互转变，不需要键的断裂，只要经过键的旋转，以及各种构象的过渡，即可达到二者的互变，并组成动态平衡体系。但椅型构象比船型构象的能量低 24kJ/mol，所以在温室时 99.9%的环己烷以较稳定的椅型构象存在，如图 4.4 所示。

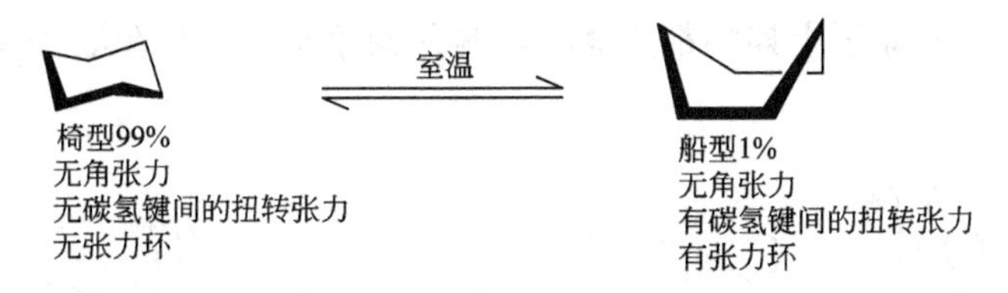

图 4.4　椅型构象和船型构象

为什么椅型构象比船型构象稳定呢？从椅型构象的 Newman 投影式可看出，椅型构象中任何两个相邻的碳原子上的氢原子都处在交叉式的位置上，它既没有角张力，也没有扭转张力，因而是环己烷所有构象中最稳定的构象(见图 4.5)。而船型构象中任何两个相邻的碳原子上的氢原子都处在重叠式的位置，并且船头船尾两个碳原子上的氢原子间距离较近，分子间作用力较大，因而能量高不稳定(见图 4.6)。

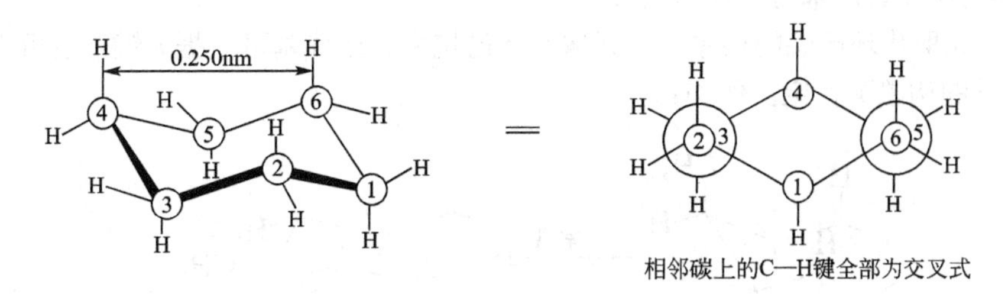

图 4.5　椅型构象稳定的原因

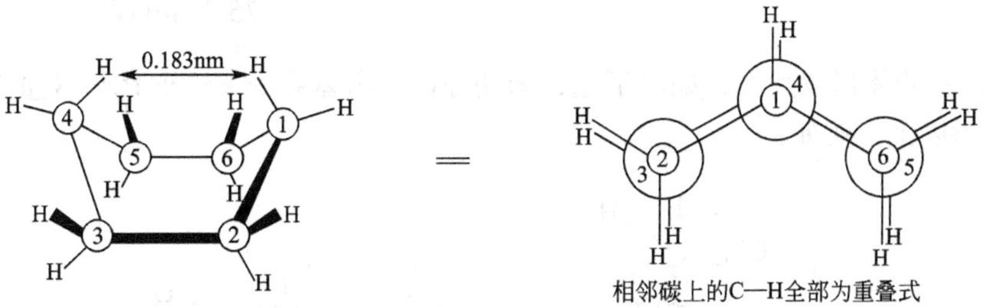

图 4.6　船型构象不稳定的原因

2）直立键(a 键)与平伏键(e 键)

椅型环己烷的六个碳原子在空间上分布在两个平行平面内，对称轴垂直于平面。在椅

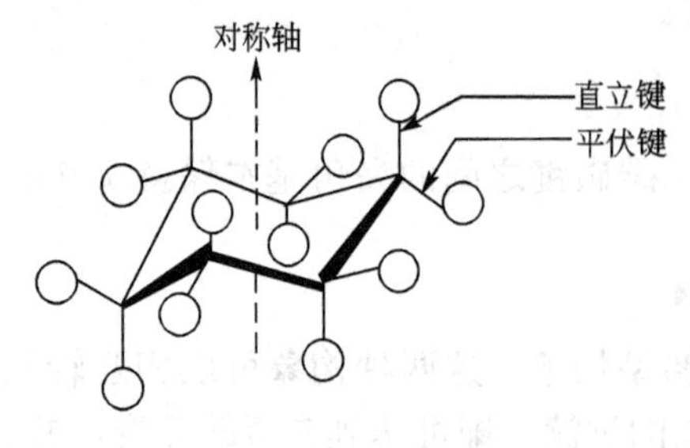

图 4.7　环己烷的直立键和平伏键

型构象中共有12个 C—H 键，分为两类，第一类 6 个 C—H 键与分子的对称轴平行，称为直立键或 a 键(其中三个向环平面上方伸展，另外三个向环平面下方伸展)；第二类 6 个 C—H 键与直立键形成接近 109.5°的夹角，平伏着向环外伸展，称为平伏键或 e 键。环己烷的直立键和平伏键如图 4.7 所示。

在室温时，环己烷的椅型构象可通过 C—C 键的转动(而不经过碳碳键的断裂)，由一种椅型构象变为另一种椅型构象，在互相转变中，原来的 a 键变成了 e 键，而原来的 e 键变成了 a 键(见图 4.8)。当六个碳原子上连的都是氢时，两种构象是同一构象。连有不同基团时，则构象不同。

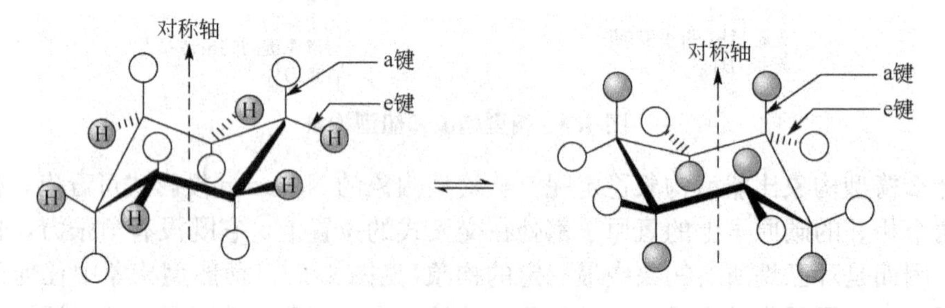

图 4.8　两个椅型构象的互相转变

3) 环己烷及其烷基衍生物的构象

(1) 一元取代环己烷的构象。一元取代环己烷中，取代基可占据 a 键，也可占据 e 键，但占据 e 键的构象更稳定。例如：

H　CH_3　H　H　室温　H　CH_3　H　H

7%　　　93% 内能占据a键型少 75.3kJ/mol

当取代基的体积较大时，如叔丁基、苯基等，平衡体系中 e 键取代物含量上升，甚至可达 99.9%以上。例如：

CH_3　CH_3　CH_3—C　H　H　室温　H　H　CH_3　C　CH_3　CH_3

<0.1%　　　>99.9%

(2) 多元取代环己烷的构象。当环己烷的环上有多个取代基时，一般是 e 键取代基最多的构象最稳定。如取代基不同，则体积大的取代基链在 e 键上的构象最稳定。

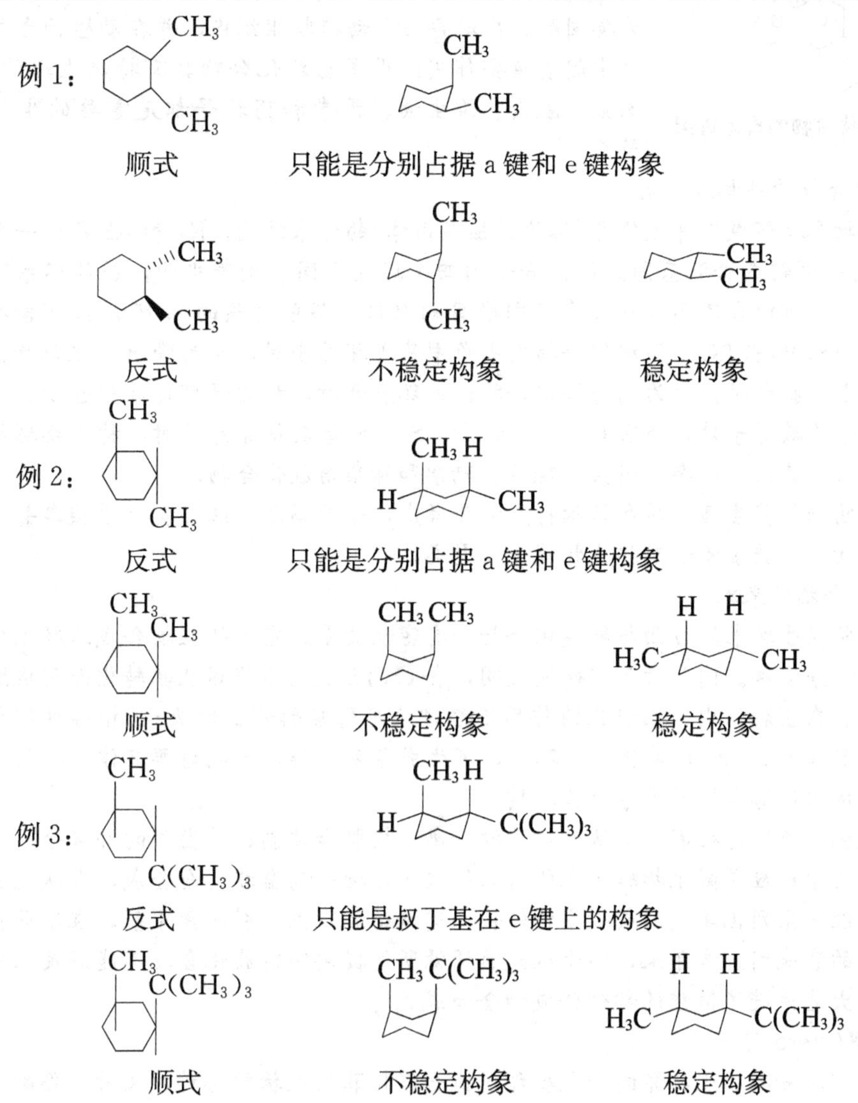

综上所述，环己烷有两种极限构象(椅型和船型)，椅型为优势构象；一元取代基主要以 e 键和环相连；多元取代环己烷最稳定的构象是 e 键上取代基最多的构象；环上有不同取代基时，大的取代基在 e 键上构象最稳定。

阅读材料

甾族化合物(steroid)

甾族化合物的名称来源于希腊文 stereos，意为固体。甾族化合物的母体骨架是环戊烷并多氢菲。中文名“甾”字是个化学造字，相形字，上面“<<<”表示三个支链 R1、R2 和 R3，其中 R1、R2 通常是甲基，叫做角甲基。“田”表示 A、B、C、D 四个环，且

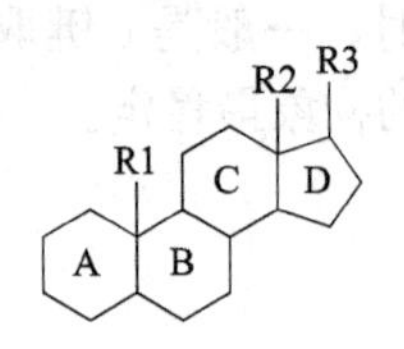

图 4.9　甾族化合物的母体骨架

四个环稠合在一起，如图4.9所示。

甾族化合物是环戊烷并全氢菲类化合物的总称，又称为类固醇，广泛存在于动植物组织内，并在动植物生命活动中起着重要作用。很多甾族化合物具有特殊生理效能，例如，激素、维生素、毒素和药物等都是重要的生物调节剂。

1. 甾族化合物的结构及分类

甾族化合物具有环戊烷并氢化菲(称为甾核或甾体)的环系结构。R1和R2各为一个角甲基，R3则为一侧链或含氧基团。甾族分子的四个环处于同一均等平面，甾族环系可以是完全饱和的，也可以在不同位置含有不同数目的双键。某些甾族的A环和B环含有一个、两个或三个双键(芳环)。甾族化合物失去角甲基或环缩小时，称为降甾族化合物；角甲基换为乙基或环扩大时，称为高甾族化合物；甾环裂开时，称为开环甾族化合物。构成甾族骨架的原子除碳原子外，还有O、N、S、P、Se、Si等其他杂原子时，称为杂环甾族化合物，如氧杂、氮杂、硫杂、磷杂、硅杂、硒杂和碲杂甾族化合物。

甾族化合物根据其生理性质和结构特点综合考虑，分为甾醇、胆酸类、甾族皂苷、强心苷元、蟾蜍素、甾族激素和甾族生物碱等几大类。

2. 甾族化合物的来源

甾族化合物在生物来源方面与萜类化合物等有密切关系。它们的生物合成途径不仅微妙，而且条件十分温和。同位素示踪研究表明，含C的乙酸可以通过生物转化而形成胆甾醇等甾族物质。在生物体内，乙酸在酶作用下经过法尼醇焦磷酸酯的头-头相接可形成角鲨烯，再经角鲨烯的2，3-环氧化物的环化，可生成羊毛甾醇。羊毛甾醇在体内再经过一系列转化即形成胆甾醇和性激素等甾族物质。

获得甾族化合物的途径有：①从天然资源分离、提取和纯制；②甾族的部分合成，即将甾族物质经化学反应或微生物转化成所需的甾族化合物；③甾族的全合成，即从元素或非甾族化合物经一系列化学反应或微生物转化，建造甾族环系，引入角甲基，在不同位置引入特定构型的官能团。多年来，由于从天然资源所能提供的甾族化合物不能满足人们的需要，因而极大地促进了甾族的部分合成和全合成。

3. 类固醇(steroid)

类固醇是广泛分布于生物界的一大类环戊稠全氢化菲衍生物的总称，又称类甾醇、甾族化合物。类固醇包括固醇(如胆固醇、羊毛固醇、谷甾醇、豆甾醇、麦角甾醇)、胆汁酸(胆汁醇)、类固醇激素(如肾上腺皮质激素、雄性激素、雌性激素)、昆虫的蜕皮激素、强心苷(如毛地黄毒苷)和皂角苷配基以及蟾蜍毒等。

此外还有人工合成的类固醇药物如抗炎剂(氢化泼尼松、地塞米松)、促进蛋白质合成的类固醇药物(苯丙酸诺龙)和口服避孕药等。

类固醇是由三个六碳环已烷(A、B、C)和一个五碳环(D)组成的稠合四环化合物。天然类固醇分子中的六碳环A、B、C都呈椅型构象(环已烷结构)，这是最稳定的构象(唯一的例外是雌性激素分子内的A环是芳香环，为平面构象)。

4. 胆甾醇(胆固醇)

胆甾醇存在于人及动物的血液中，且集中在脊髓及脑中，胆甾醇也存在于植物中。由于它是从胆结石病人体内的胆结石中发现的固体状醇，所以俗称胆固醇。

胆固醇在人体内是缺之不可，多之有害的。胆固醇在人体内可转化成一系列具有重要生理活性的固醇类化合物，包括以下几种：

(1) 人体内80%的胆固醇在肝脏内转化成胆酸。胆酸与甘氨酸或牛磺酸结合生成胆汁酸，胆汁酸是油脂的乳化剂，在肠道中帮助油脂的乳化和吸收。

(2) 胆醇在肝或肠黏膜细胞内可转化成7-脱氢胆固醇，后者经血液流到皮肤，经日光照射后转化成维生素D_3(钙化醇)，维生素D_3是从小肠中吸收Ca^{2+}离子过程中的关键物质。体内维生素D3的含量太低时会引起Ca^{2+}离子缺乏，不足以维持骨骼的正常生成而产生软骨病。

(3) 胆固醇在卵巢中可转化成孕甾酮和雌性激素，在睾丸中可转化成雄性激素，使人和高等动物维持正常的性特征。

(4) 胆固醇在肾上腺皮质细胞内可转化成肾上腺皮质激素。肾上腺皮质激素具有调节糖类代谢的功能，缺少时会引起机能失常。

本章小结

1. 环烷烃的命名：环烷烃、环烯烃的命名，螺环烃、桥环烃的命名。

2. 环烷烃的结构：环烷烃的稳定性，环张力，角张力，扭转张力，环己烷的典型构象。

3. 环烷烃的化学性质："小环似烯，大环似烷"。小环环烷烃易进行开环加成反应，大环环烷烃易进行自由基取代反应。

习　题

1. 写出下列化合物的构造式。

(1) 7，7-二甲基-1-溴二环[2.2.1]庚烷

(2) 3，9-二甲基双环[4.3.0]-7-壬烯

(3) 1-甲基螺[2.5]-4-辛烯

(4) 5-甲基螺[2.4]庚烷

(5) 1-甲基-3-异丙基环己烯

(6) 3-甲基-1，4-环己二烯

2. 写出下列化合物最稳定的构象的Newman投影式。

(1) 乙基环己烷

(2) 顺-1-甲基-3-异丙基环己烷

(3) 反-1-甲基-2-叔丁基环己烷

(4) 顺-1-乙基-4-叔丁基环己烷

3. 用化学方法区别下列各组化合物。

(1) 丁烷、甲基环丙烷、1-丁烯、1-丁炔

(2) 环己烷、甲基环丙烷、2-丁烯、1，3-丁二烯

4. 试写出甲基环己烯与下列各试剂反应的主要产物。

(1) H_2/Pd　　　　(2) Br_2/CCl_4

(3) 稀冷 $KMnO_4$
(4) $H^+/KMnO_4$
(5) O_3，Zn/H_2O
(6) B_2H_6，H_2O_2/OH^-
(7) HBr，过氧化物
(8) Br_2/H_2O

5. 完成下列反应式。

(1) ◁—CH_3 $+HBr \longrightarrow ?$

(2) □—CH_2CH_3 $+Br_2 \xrightarrow{\triangle} ?$

(3) 环戊烯 $+Cl_2 \xrightarrow{500℃}$? $+Cl_2 \longrightarrow ?$

(4) 环戊二烯 + $CH_2=CH-COOCH_3$ $\xrightarrow{\triangle} ?$

(5) 环戊二烯 $+2Br_2 \longrightarrow ?$

(6) H_3C—环戊烯 $+O_3 \longrightarrow$? $\xrightarrow{Zn/H_2O} ?$

6. 化合物 A 和 B 的分子式都为 C_6H_{10}，分别用酸性高锰酸钾溶液氧化，A 得到一分子乙酸和一分子丁酸，B 得到己二酸，且 A 和 B 都能使溴的四氯化碳溶液褪色，试写出化合物 A 和 B 的构造式及化合物 B 与溴反应的产物的最稳定构象式。

7. 分子式为 C_5H_8 的三个化合物 A、B、C 都能使溴的四氯化碳溶液褪色。A 与硝酸银的氨溶液作用能生成白色沉淀，B、C 则不能；经热的高锰酸钾溶液氧化，A 得到丁酸($CH_3CH_2CH_2COOH$)和二氧化碳，B 得到乙酸和丙酸，C 得到戊二酸($HOOCCH_2CH_2CH_2COOH$)，试写出 A、B、C 的构造式和相关反应式。

第5章 芳 香 烃

教学目标

掌握单环芳烃的同分异构和命名法。

掌握苯分子的结构，理解共振杂化理论、杂化轨道理论和分子轨道理论。

掌握单环芳烃的化学反应，包括亲电取代反应、加成反应、氧化反应及芳烃侧链反应。

掌握苯环亲电取代反应的定位规则，理解定位规则的理论解释，掌握定位规则的应用。

掌握稠环芳烃中萘、蒽、菲的结构和命名。

掌握多环芳烃的化学性质、萘的磺化反应、动力学控制和热力学控制。

理解芳香性概念、休克尔规则、芳香性的判别。

教学要求

知识要点	能力要求	相关知识
苯衍生物的构造异构和命名	(1) 掌握苯衍生物的构造异构 (2) 掌握苯衍生物的命名	同分异构概念 主次官能团的顺序
苯的结构	理解共振杂化理论、杂化轨道理论和分子轨道理论	分子结构理论
单环芳烃的物理性质	了解苯及其衍生物的一些物理常数	
单环芳烃的化学性质	(1) 掌握苯环亲电取代反应的一般历程，以及与常见亲电试剂的反应特征 (2) 掌握单环芳烃的加成反应、氧化反应及侧链的反应	
苯环上亲电取代反应的定位规则及应用	(1) 理解苯环上发生亲电取代反应的两类定位基 (2) 理解定位规则的理论解释 (3) 掌握定位规则的应用	诱导效应、共轭效应
稠环芳烃	(1) 掌握萘、蒽、菲的结构及其衍生物的命名 (2) 掌握萘及其衍生物的化学性质	定位规则
非苯芳烃	(1) 理解芳香性的概念、休克尔规则 (2) 掌握芳香性的判别	休克尔规则

1825年，英国科学家法拉第(Michael Faraday)从照明气冷凝下来的油状化合物中分离了一个沸点为80℃具有芳香气息的纯化合物，元素分析表明该化合物的氢碳比为1∶1。根据此氢碳比，该化合物的经验式为CH。当时法拉第称这个化合物为“氢的重碳化合物”。不久，德国科学家米希尔里希(Eilhard Mitscherlich)通过将安息香胶中分离出的苯甲酸和石灰共热，得到同法拉第所制相同的化合物。他用蒸气密度检测法测定该化合物的相对分子质量为78，对应的分子式则为C_6H_6。他命名该化合物为挥发油，现在称为苯。

19世纪以来，许多看起来与苯有关的其它化合物陆续被发现。这些化合物同样具有低的氢碳比和芳香的味道，并且能够转变成苯或相关的化合物。因为具有好闻的味道，这些含有苯环的化合物被称为芳香族化合物。但是，人们很快发现，许多无苯环的化合物也带有芳香味，而不少带苯环结构的化合物却并无所谓的芳香味。因此，“芳香”这词用于有机化学，已经失去了原先的意义。近代有机化学赋予“芳香”新的涵义，其化合物表现与苯相似的性质，如易于发生取代反应、不易发生加成反应、不易被氧化、其质子与苯的质子相似、在核磁共振谱中显示相似的化学位移。这些化合物表现的特性统称为芳香性。研究发现，具有芳香性的化合物在结构上都符合休克尔(Hückel)规则。因此近代有机化学把结构上符合休克尔规则，性质上具有芳香性的化合物称为芳香族化合物，即芳香烃，又称芳烃。

根据是否含有苯环以及所含苯环的数目和连接方式的不同，芳香烃分为如下三类。

(1) 单环芳烃。分子中只含有一个苯环的芳烃，称为单环芳烃。如苯、甲苯、间二甲苯。

苯　　甲苯　　间二甲苯

(2) 多环芳烃。分子中含有两个或两个以上苯环的芳烃，称为多环芳烃。多环芳烃中所连接的苯环是独立的化合物，有联苯、多苯代脂肪烃。

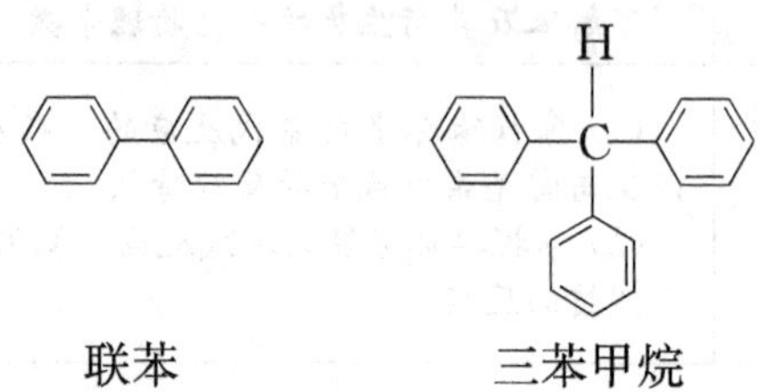

联苯　　三苯甲烷

多环芳烃中含有的由两个或两个以上苯环彼此间通过共用两个相邻碳原子稠合而成的芳烃，称为稠环芳烃。如萘、蒽、菲。

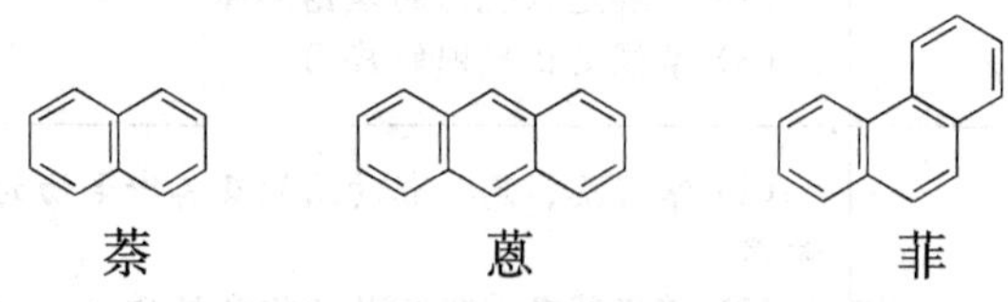

萘　　蒽　　菲

(3) 非苯芳烃。分子中不含苯环，但含有结构及性质与苯环相似特性的化合物称为非苯芳烃。如环戊二烯负离子、环庚三烯正离子、薁。

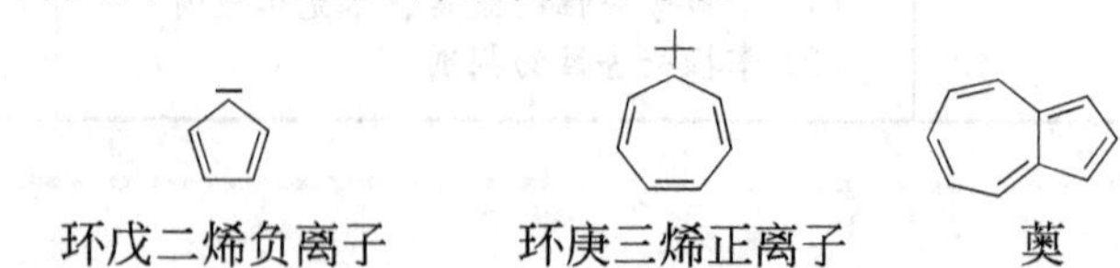

环戊二烯负离子　　环庚三烯正离子　　薁

5.1 苯衍生物的构造异构和命名

5.1.1 苯衍生物的构造异构

苯的一元取代物中，由于取代基的异构产生不同的苯衍生物。如正丙苯与异丙苯，苯甲醇与苯甲醚。

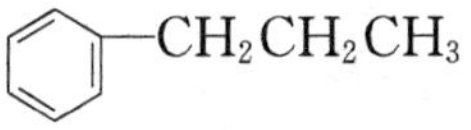

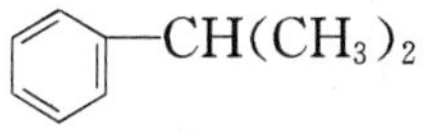

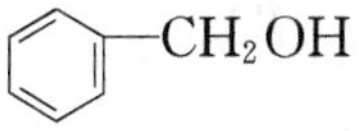

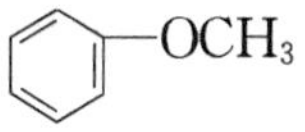

$C_6H_5-CH_2CH_2CH_3$ 正丙苯　$C_6H_5-CH(CH_3)_2$ 异丙苯　$C_6H_5-CH_2OH$ 苯甲醇　$C_6H_5-OCH_3$ 苯甲醚

苯的二元取代物有三种异构体，由于取代基位置不同，在命名时，应在名称前加邻、间、对表示，亦可用系统命名法中阿拉伯数字表示取代基位置不同来命名。邻、间、对有时也用相对应的英文缩写字母 o-、m-、p-表示。例如：

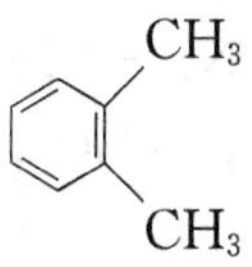

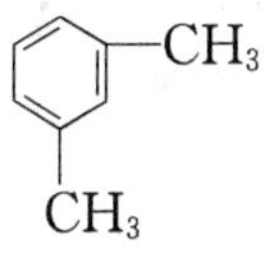

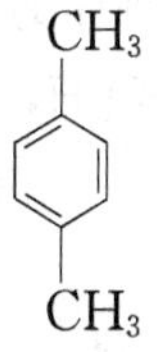

邻二甲苯（1，2-二甲苯）　间二甲苯（1，3-二甲苯）　对二甲苯（1，4-二甲苯）

取代基相同的三元取代物有三种异构体，命名时分别用阿拉伯数字表示取代基的位置，也可用连、偏、均来表示它们位置的不同。例如：

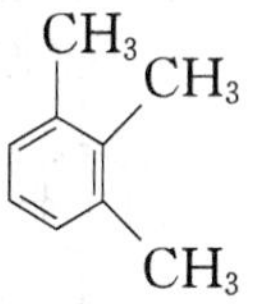

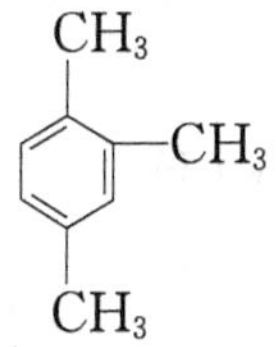

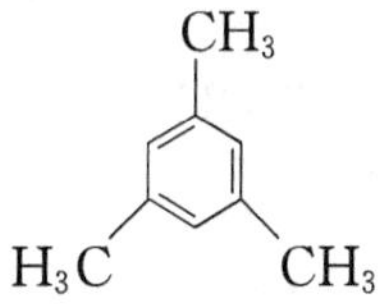

1，2，3-三甲苯（连三甲苯）　1，2，4-三甲苯（偏三甲苯）　1，3，5-三甲苯（均三甲苯）

三元和三元以上的取代苯，因取代基位置不同和取代基自身的异构而使异构现象较为复杂。

5.1.2 苯衍生物的命名

苯的一元衍生物只有一种，命名方法有两种，一种是以苯环为母体，称为某某苯；另一种是将苯环作为取代基，称为苯基某某。例如：

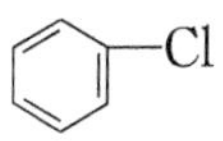

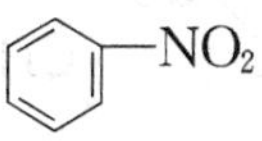

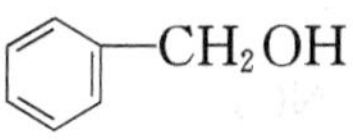

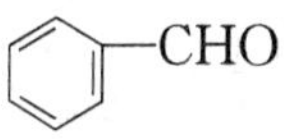

C_6H_5-Cl 氯苯　$C_6H_5-NO_2$ 硝基苯　$C_6H_5-CH_2OH$ 苯甲醇　C_6H_5-CHO 苯甲醛

在苯的一元取代物中，氨基（$-NH_2$）、羟基（—OH）、醛基（—CHO）、磺酸基（$-SO_3H$）、羧基（—COOH）等都作为母体官能团，与苯一起分别称为苯胺、苯酚、苯甲醛、苯磺酸、苯甲酸等。烷氧基（—OR）既可作为取代基，称为烷氧基苯，也可与苯一起作为母体，称为苯基烷基醚。

苯的二元取代物中如果两个取代基相同，由于它们在苯环上相对位置的不同会产生三种不同的同分异构体。命名时用邻、间、对或者阿拉伯数字来表示取代基位置。例如：

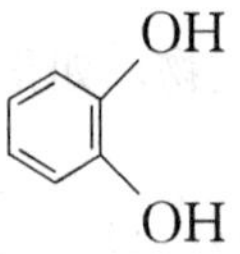

邻苯二酚（1，2-苯二酚） 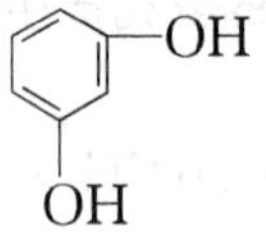　间苯二酚（1，3-苯二酚） 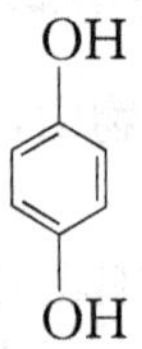　对苯二酚（1，4-苯二酚）

苯的二元取代物中，如果两个取代基不同，则首先要确定母体。按下面列出的从左到右的顺序，先出现的官能团为主官能团，与苯环一起作为母体，另一个作为取代基。苯环上作为主官能团的顺序为：

—COOH，$—SO_3H$，—COOR，—COX，$—CONH_2$，—CN，—CHO，>C=O，—OH（醇），—OH（酚），$—NH_2$，—OR，—X（X=F、Cl、Br、I），$—NO_2$，—NO。

例如：

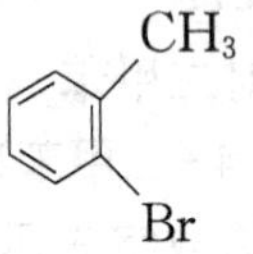

邻溴甲苯 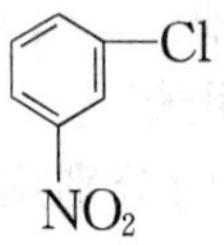　间硝基氯苯 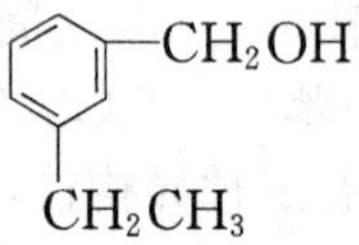　间乙基苯甲醇 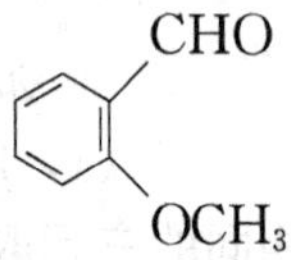　邻甲氧基苯甲醛

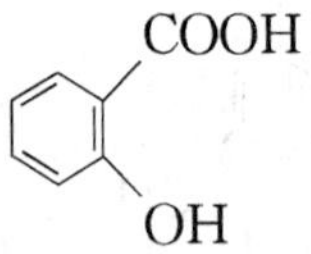

邻羟基苯甲酸 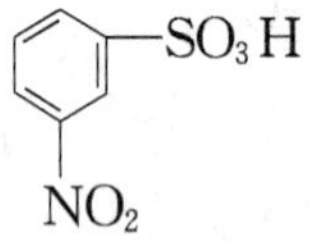　间硝基苯磺酸 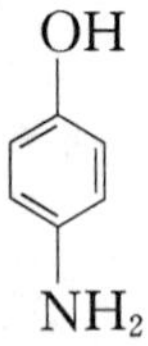　对氨基苯酚 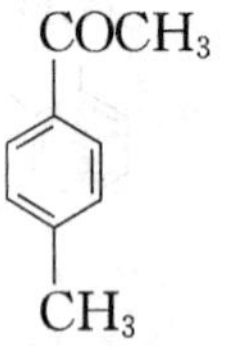　对甲基苯乙酮

当苯环上有三个或更多的取代基时，命名时同样按上述“苯环上作为主官能团的顺序”，先出现的官能团为主要官能团，与苯环一起作为母体，母体官能团的位置编号为1；其它基团作为取代基，取代基的编号以母体官能团为标准计数。编号时，取代基的位置尽可能小，写名称时，取代基列出顺序按顺序规则，小基团优先。例如：

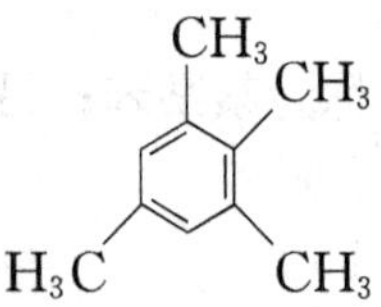

1，2，3，5-四甲苯 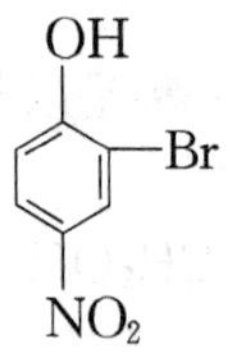　4-硝基-2-溴苯酚 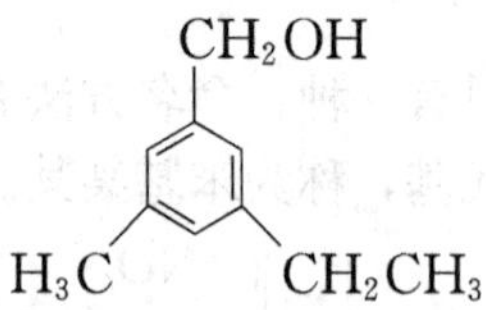　3-甲基-5-乙基苯甲醇 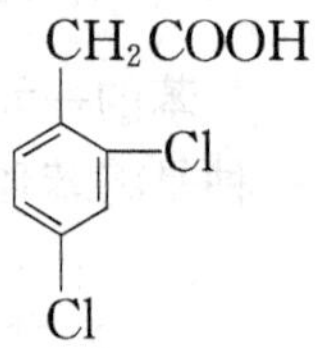　2，4-二氯苯乙酸

从芳香环上去掉一个氢原子后剩余的基团称为芳香烃基，简写为Ar-。从苯环上去掉一个氢原子后的基团称为苯基，简写为Ph-。从甲苯的甲基上去掉一个氢原子后的基团称为苄基。

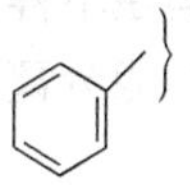 苯基(Ph－)	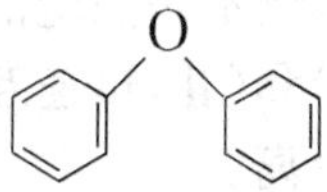 二苯基醚	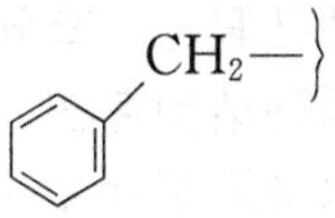 苄基	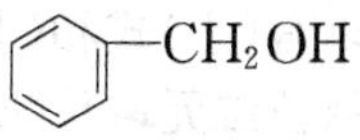 苄醇
Ph－MgBr	Ph－SO_3H	Ar－NH_2	Ar－O－Ar′
苯基溴化镁	苯磺酸	芳香胺	二芳基醚

练习 5－1 写出四甲基苯的构造异构体并命名。

练习 5－2 写出下列各化合物的构造式。

(1) 异丙苯　　(2) 2，4，6－三硝基甲苯

(3) 间甲苯基环己烷　　(4) (E)－1，2－二苯乙烯

(5) 3，5－二氨基苯磺酸　　(6) 3－羟基－5－碘苯乙酸

5.2 苯的结构

5.2.1 苯的凯库勒构造式

德国化学家凯库勒是一位富有想象力的学者，他曾提出了碳四价和碳原子之间可以连接成键这一重要学说。在分析了大量的实验事实之后，1865 年，他提出了苯分子的结构，即带有三个双键且单双键交替的环状结构，这就是著名的凯库勒构造式。

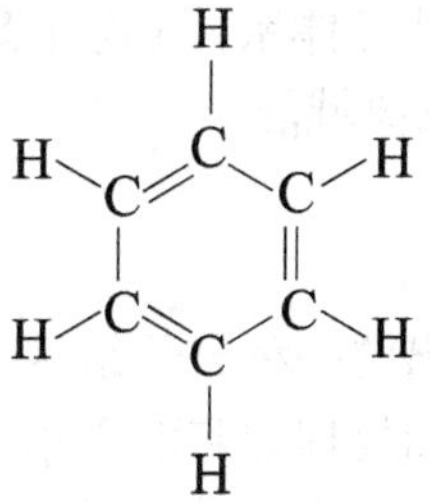

简写成

凯库勒提出的环状结构观点是正确的，在有机化学发展史上起了卓越的作用。它说明了苯为什么只存在一种取代产物。但凯库勒构造式也存在严重的缺点，它不能解释下列现象：

(1) 依据凯库勒构造式，苯分子内既然存在三个双键，应该同烯烃类似容易发生加成反应和氧化反应，但事实是苯不易发生加成反应和氧化反应，而容易发生取代反应，说明苯环具有异常的稳定性。

(2) 从凯库勒构造式来看，苯的邻位二元取代物应该有两种异构体，但实际上苯的邻位二元取代物只有一种。

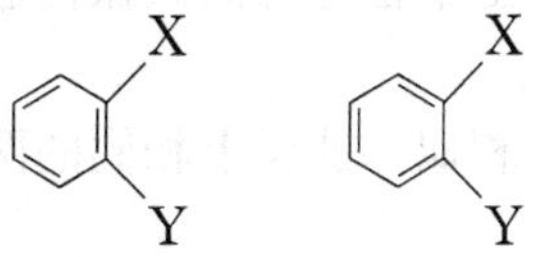

为了解释上述问题，凯库勒又假定，苯分子的双键不是固定的，而是在不停地迅速移动着，所以有(Ⅰ)式和(Ⅱ)式两种结构存在，但(Ⅰ)和(Ⅱ)迅速互变，不能分离出来。同样，苯的邻位二元取代物也因双键迅速互变而不能分离。

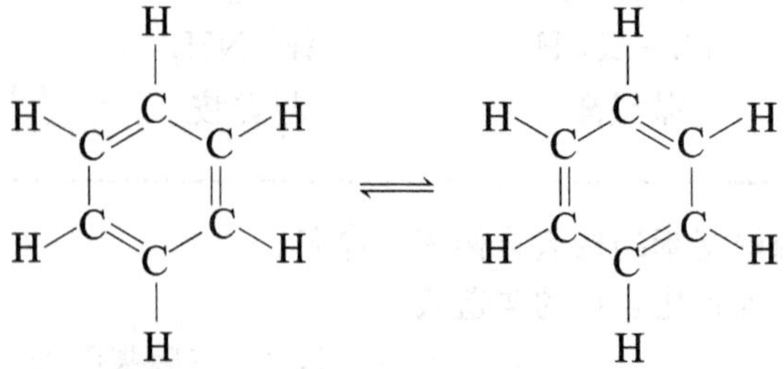

$$(\text{I}) \rightleftharpoons (\text{II})$$

(Ⅰ)　　　　(Ⅱ)

凯库勒不能解释的是苯环的异常稳定性。苯的稳定性可以从它具有较低的氢化热得到证明。氢化热是衡量分子内能大小的尺度，氢化热越大，分子内能越高，越不稳定；氢化热越低，分子内能越低，分子越稳定。已知环己烯催化加氢时，一个双键加上两个氢原子变为一个单键，放出 120kJ/mol 的热量。

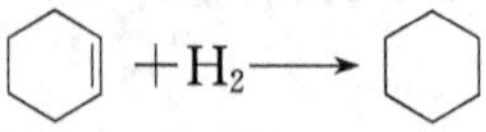

$$+H_2 \longrightarrow \quad \Delta H=-120\text{kJ/mol}$$

如果苯分子为假定的环己三烯，苯加氢变为环己烷时放出的热量应为 3×120kJ/mol=360kJ/mol。但实际情况并非如此，苯加氢变为环己烷所放出的热量只有 208kJ/mol。

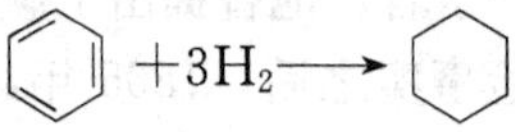

$$+3H_2 \longrightarrow \quad \Delta H=208\text{kJ/mol}$$

由上可知，按凯库勒构造式的计算值也与实测值相差 360－208＝152(kJ/mol)。这说明苯分子非常稳定。这是由于苯环分子中存在共轭体系，π 电子高度离域的结果。这其中的能量差，即 152kJ/mol，也称为苯的共轭能或离域能。

5.2.2 苯的共振杂化理论

共振论是化学家鲍林在 20 世纪 30 年代提出的一种分子结构理论。他从经典的价键构造式出发，应用量子力学的变分法近似的计算和处理像苯那样难于用价键构造式代表结构的分子能量，从而认为像苯那样，不能用经典构造式圆满表示其结构的分子，它的真实结构可以有多种假设，其中每一种假设各相当于某一价键构造式共振而形成的共振杂化体来代表。这些参与了结构组成的价键构造式称为共振构造式，也称参与构造式。

共振方法的基本原则：各共振构造式中原子核的相互位置必须相同，各式中成对或不成对的电子数必须相同，只是在电子的分布上可以有所变化。

共振构造式对真实结构的贡献用下列方法判断：共振构造式中共价键数目越多，共振构造式的稳定性越好，对真实结构的贡献越大。

在具有不同电荷分布的共振构造式中，电荷的分布要符合元素电负性的要求，分离成不同电荷的共振构造式，如碳原子上带正电荷的共振构造式更能表示羰基官能团的结构和性质。

在共振构造式中，具有结构上相似和能量上相同的两个或几个参与构造式组成的分子的真实结构一般都较稳定。

共振论在解释芳香化合物的结构和性质上非常重要。共振论认为，苯的结构是两个或多个经典结构的共振杂化体。

(Ⅰ)　　(Ⅱ)　　(Ⅲ)　　(Ⅳ)　　(Ⅴ)

苯的真实结构不是其中任何一个，而是它们的共振杂化体。各共振构造式之间的差异在于电子分配情况的不同，因而各共振构造式的能量是不同的。其中(Ⅲ)、(Ⅳ)、(Ⅴ)三个极限结构的键长和键角不等，贡献小，(Ⅰ)和(Ⅱ)是键长和键角完全相等的等价结构，贡献大，因此(Ⅰ)和(Ⅱ)共振构造式共振而得到的共振杂化体最接近苯的真实结构，所以苯的极限结构通常用(Ⅰ)和(Ⅱ)表示。

由于共振的结果，苯分子中的碳碳键，既不是单键也不是双键，而是介于单键与双键之间，六个碳碳键完全相等，因此，苯的邻位二取代物只有一种，这与实验完全相符。

5.2.3 杂化轨道理论

苯分子中，每个碳原子以 sp^2 杂化轨道与相邻碳原子的 sp^2 杂化轨道相互交盖，构成六个等同的碳碳 σ 键。同时，每个碳原子以 sp^2 杂化轨道，分别与一个氢原子的 1s 轨道相互交盖，构成六个相同的碳氢 σ 键。如图 5.1(a)所示。这六个碳原子与六个氢原子是共平面的。每一个碳原子剩下的一个 p 轨道，其对称轴垂直于这个平面，彼此相互平行，并于两侧相互交盖，形成一个闭合的 π 轨道，如图 5.1(b)所示。处于 π 轨道中的 π 电子高度离域，使 π 电子云完全平均化，构成两个圆形电子云，分别处于苯环平面的上下侧，如图 5.1(c)所示，从而使能量降低，苯环分子得到稳定。

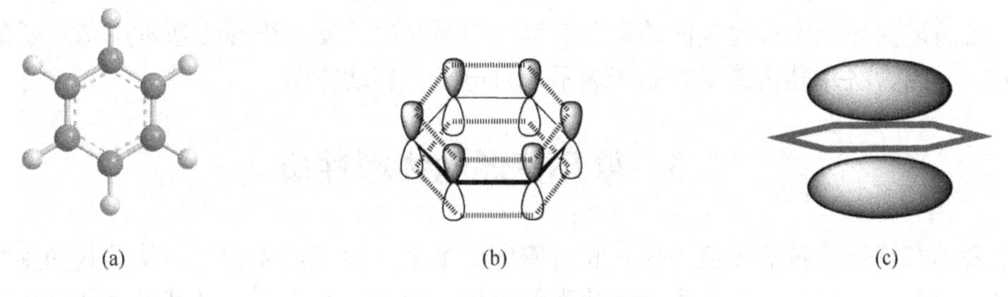

图 5.1　苯分子的轨道结构

苯分子是非常对称的，这种结构特点不能用经典的价键构造式的描绘方法表达出来。通常还是采用凯库勒构造式来表示。

5.2.4 分子轨道理论

分子轨道理论认为，苯分子形成 σ 键后，苯环中六个碳原子的六个 p 轨道将组合成六个分子轨道，分别用 ψ_1、ψ_2、ψ_3、ψ_4、ψ_5 和 ψ_6 表示。这些分子轨道都有一共同节面，即苯环的平面，除此之外，ψ_1 没有节面，能量最低，ψ_2 和 ψ_3 分别有一个节面，它们是简并的，能量相等，其能量比 ψ_1 高。ψ_1、ψ_2 和 ψ_3 都是成键轨道。与此相应，ψ_4 和 ψ_5 各有两个节面，也是简并的，其能量更高，ψ_6 有两个节面，能量最高。ψ_4、ψ_5 和 ψ_6 都是反键轨道。当苯分子处于基态时，六个 p 电子分成三对，分别填入成键轨道 ψ_1、ψ_2 和 ψ_3 中，反

键轨道 ψ_4、ψ_5 和 ψ_6 则是空的。苯的分子轨道能级如图 5.2 所示。

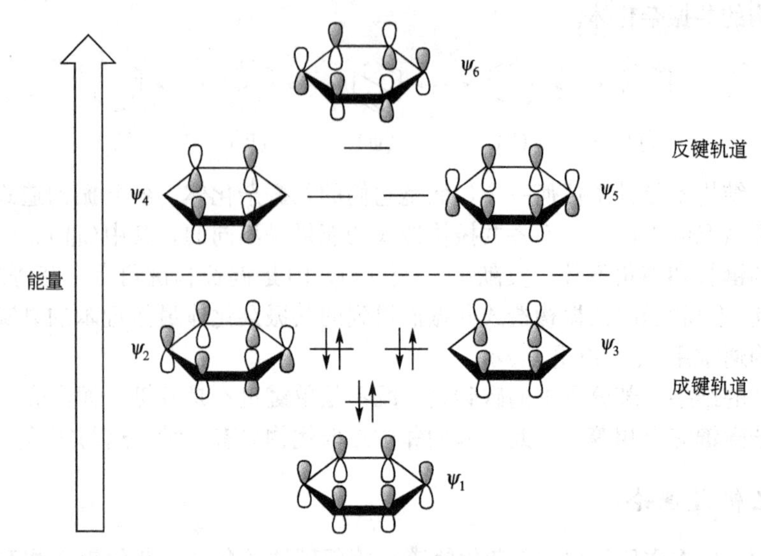

图 5.2　苯的 π 分子轨道和能级

5.2.5　苯分子结构的表示方法

迄今为止，没有一种构造式可以完美地表示苯分子的真实结构，沿用的仍是凯库勒构造式，但其含义已与当初的凯库勒构造式不同了。现在的凯库勒构造式只是苯分子共振杂化体的一种极限式，而实际苯分子的六个 π 电子不是固定的，而是形成了环状的由六个 p 轨道重叠的 π 键。因此，有时在六边形中画个圆圈代表三个位置固定的双键。这一构造式有助于人们记住环上没有固定的单键和双键。但是在讨论反应机理时通常用苯分子的凯库勒构造式，因为凯库勒构造式有利于表示成对电子的移动方向。

5.3　单环芳烃的物理性质

苯为具有特殊香味的无色液体，相对密度比水小。和其它烃相似，苯及其同系物不易溶于水，而易溶于汽油、乙醚和四氯化碳等有机溶剂。一般单环芳烃都具有特殊气味，有毒。苯是一个没有极性的分子，分子间的吸引力主要来自色散力。苯的沸点为 80℃，比烷烃中的己烷高。甲苯的沸点为 110℃，因其分子量较大，分子间作用力也较大。甲苯是一极性很弱的化合物，其极性主要是由于甲基是一给电子基团。

甲苯的熔点比苯要低的多，苯的熔点为 5.5℃，甲苯的熔点为－95℃。物质的熔点不仅和相对分子质量相关，也与分子的排列有关。苯是一排列紧密的对称分子，因此，苯分子之间的相互作用较大，熔点较高。甲苯由于甲基的存在，破坏了分子之间的紧密排布方式，分子之间的相互作用减弱，熔点也就降低。在二取代苯的三种异构体中，由于对位异构体的对称性最好，能更好地填入晶格之中，需要克服结晶中的分子间作用力也就越大，因此熔点比其它两个异构体高(见表 5－1)。由于熔点高的异构体容易结晶，利用这一性质，通过重结晶，可从邻、间位异构体中分离出对位异构体。

一些常见单环芳烃的物理性质如表 5－1 所示。

表 5-1 一些常见单环芳烃的物理常数

化合物	熔点/℃	沸点/℃	密度(g/L)
苯	5.5	80.1	0.879
甲苯	−95	110.6	0.867
邻二甲苯	−25.2	144.4	0.88
间二甲苯	−47	139.1	0.864
对二甲苯	13.2	138.4	0.861
乙苯	−95	136.1	0.867
正丙苯	−99.6	159.3	0.862
异丙苯	−96	152.4	0.862
苯乙烯	−33	145.8	0.906
苯乙炔	−45	142	0.93
连三甲苯	−25.5	176.1	0.894
偏三甲苯	−43.9	169.2	0.876
均三甲苯	−44.7	164.6	0.865

5.4 单环芳烃的化学性质

5.4.1 苯环上的亲电取代反应

从苯的结构可知，苯环平面的上下集中着负电荷，对碳原子有屏蔽作用，不利于亲核试剂的进攻，相反，有利于亲电试剂的进攻。由亲电试剂进攻引起的取代反应称为亲电取代反应，苯环上所发生的取代反应，多数是亲电取代反应。苯环上亲电取代反应历程可表示如下：

$$C_6H_6 + E^+ \overset{快}{\rightleftharpoons} C_6H_6\cdots E^+ \overset{慢}{\rightleftharpoons} [C_6H_6(H)(E)]^+ \xrightarrow[-H^+]{快} C_6H_5E$$

π 络合物　　σ 络合物

当亲电试剂进攻苯环时，首先与离域的 π 电子相互作用，很快生成 π 络合物，此时并没有生成新的化学键。紧接着亲电试剂从苯环的体系中获得两个电子，与苯环的一个碳原子形成 σ 键，生成 σ 络合物。在 σ 络合物中，与亲电试剂相连的碳原子，由原来的 sp^2 杂化变成了 sp^3 杂化。因此，苯环内六个碳原子形成的闭合共轭体系被破坏，环上剩下的四个 π 电子，只离域在五个碳原子上。由于 σ 络合物的能量较高，所以这个过程比较慢。生成的 σ 络合物已不再是原来苯环的结构，它是碳正离子中间体，可以用下面三个共振式表示。

$$[C_6H_6(H)(E)]^+ = \text{I} \longleftrightarrow \text{II} \longleftrightarrow \text{III}$$

σ络合物的三个共振构造式，不仅表示了余下的五个碳原子仍是共轭体系，而且还可以表示出在取代基的邻位和对位碳原子上带有较多的正电荷。这符合量子化学处理的结果，也易于说明苯及其衍生物的许多化学事实。

σ络合物不稳定，存在时间短。它很容易从 sp^3 杂化碳原子失去一个质子，使该碳原子恢复成 sp^2 杂化状态，结果又形成六个π电子离域的闭合体系——苯环，从而降低了体系的能量，产物比较稳定，最后生成了取代苯。

1. 卤化反应

在三卤化铁、三卤化铝等催化剂作用下，苯与卤素作用生成卤代苯，此反应称为卤化反应。不同卤素与苯环发生取代反应的活性次序是：氟＞氯＞溴＞碘。氟化反应很猛烈，难以控制。碘化反应不仅慢，同时生成的碘化氢是还原剂，使反应成为可逆反应，并且以逆反应为主。所以氟苯和碘苯通常不用此法制备。

$$C_6H_6 + X_2 \xrightarrow[X=Cl\text{ 或 }Br]{AlCl_3} C_6H_5X + HX$$

该反应的机理是：

$$AlCl_3 + Cl_2 \longrightarrow AlCl_4^- + Cl^+$$

$$C_6H_6 + Cl^+ \longrightarrow [C_6H_6Cl]^+ \xrightarrow{-H^+} C_6H_5Cl$$

$$AlCl_4^- + H^+ \longrightarrow AlCl_3 + HCl$$

在比较强烈条件下，卤苯可与卤素继续作用，生成二卤苯，其中主要是邻位和对位取代产物。如：

$$C_6H_5Cl + Cl_2 \xrightarrow{AlCl_3} \text{邻-}C_6H_4Cl_2 + \text{对-}C_6H_4Cl_2$$

39%　　55%

类似情况下，甲苯与氯气作用，也主要得到邻位和对位取代产物。

$$C_6H_5CH_3 + Cl_2 \xrightarrow{AlCl_3} \text{邻-}ClC_6H_4CH_3 + \text{对-}ClC_6H_4CH_3$$

2. 硝化反应

苯与浓硫酸和浓硝酸(通常称为混酸)，在50～60℃条件下反应，生成硝基苯。

$$C_6H_6 + HNO_3 \xrightarrow[50\sim60℃]{H_2SO_4} C_6H_5NO_2 + H_2O$$

该反应中，进攻苯环的亲电试剂是硝酰正离子 NO_2^+，同卤化反应中 X^+ 作为亲电试剂一样，硝酰正离子首先与苯环结合生成σ络合物，然后这个碳正离子失去一个质子生成硝基苯。

硝酰正离子的生成缘于浓硫酸的作用。

$$2H_2SO_4 + HONO_2 \rightleftharpoons NO_2^+ + H_3O^+ + 2HSO_4^-$$

硝基苯不容易继续硝化，但在更高温度下或发烟硫酸和发烟硝酸的作用下，也能引入第二个硝基，且主要生成间二硝基苯。

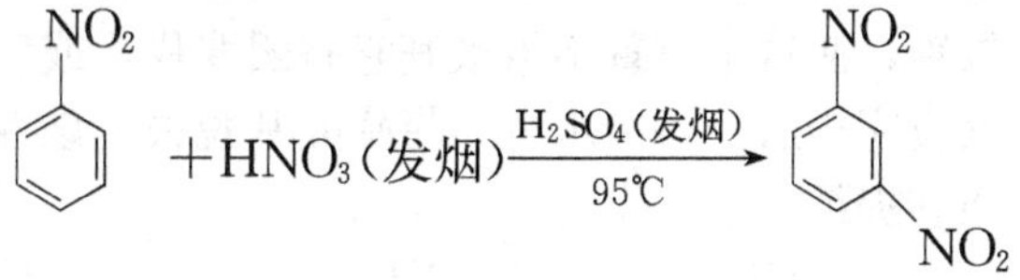

$$C_6H_5NO_2 + HNO_3(发烟) \xrightarrow[95℃]{H_2SO_4(发烟)} m\text{-}C_6H_4(NO_2)_2$$

烷基苯在混酸的作用下，发生环上的亲电取代反应，不仅比苯容易，而且主要生成邻位和对位的取代产物。

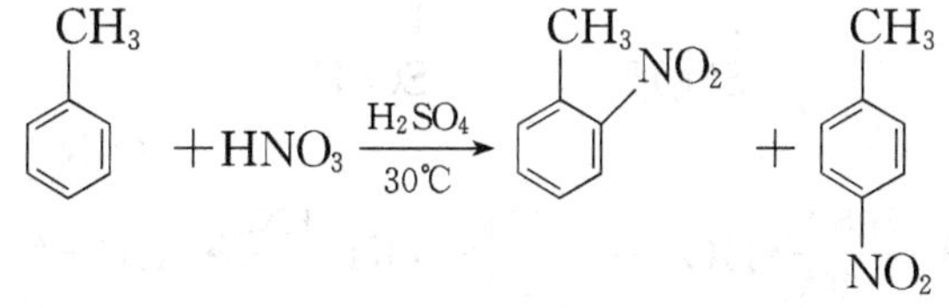

$$C_6H_5CH_3 + HNO_3 \xrightarrow[30℃]{H_2SO_4} o\text{-}CH_3C_6H_4NO_2 + p\text{-}CH_3C_6H_4NO_2$$

58%　　38%

3. 磺化反应

苯与浓硫酸或发烟硫酸作用，环上的一个氢原子被磺酸基(—SO_3H)取代，生成苯磺酸。若在较高温度下则继续反应，生成间苯二磺酸。这类反应称为磺化反应。常用的磺化试剂除了浓硫酸、发烟硫酸之外，还有三氧化硫和氯磺酸(HSO_3Cl)。磺化反应中，目前认为有效的亲电试剂是磺化试剂中离解出来的三氧化硫。

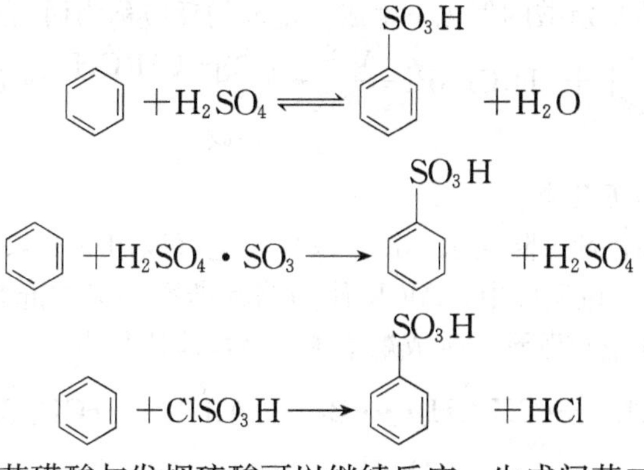

$$C_6H_6 + H_2SO_4 \rightleftharpoons C_6H_5SO_3H + H_2O$$

$$C_6H_6 + H_2SO_4 \cdot SO_3 \longrightarrow C_6H_5SO_3H + H_2SO_4$$

$$C_6H_6 + ClSO_3H \longrightarrow C_6H_5SO_3H + HCl$$

若在更高温度下，苯磺酸与发烟硫酸可以继续反应，生成间苯二磺酸。甲苯的磺化反应比苯容易进行，它与浓硫酸在常温下就可以进行反应，主要产物也是邻位和对位取代产物。

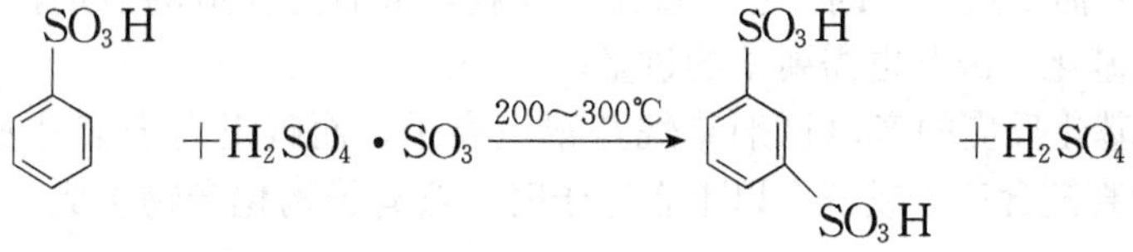

$$C_6H_5SO_3H + H_2SO_4 \cdot SO_3 \xrightarrow{200\sim300℃} m\text{-}C_6H_4(SO_3H)_2 + H_2SO_4$$

$$C_6H_5CH_3 + H_2SO_4 \longrightarrow o\text{-}CH_3C_6H_4SO_3H\ (32\%) + p\text{-}CH_3C_6H_4SO_3H\ (62\%)$$

苯的磺化反应是可逆反应。在有机合成上，由于磺酸基容易除去，所以可利用磺酸基暂时占据苯环上的某些位置，使这个位置不再被其它基团取代，或利用磺酸基的存在，影响其水溶性等，待其它反应完毕后，再经水解而将磺酸基脱去。该性质被广泛应用于有机合成及有机化合物的分离和提纯。

$$C_6H_5CH_3 \xrightarrow{H_2SO_4} p\text{-}CH_3C_6H_4SO_3H \xrightarrow{Cl_2/Fe} 2\text{-}Cl\text{-}4\text{-}(SO_3H)C_6H_3CH_3 \xrightarrow[150℃]{H^+,\ H_2O} o\text{-}ClC_6H_4CH_3$$

$$C_6H_5OH \xrightarrow[-10℃]{H_2SO_4} HO_3S\text{—}C_6H_3(SO_3H)\text{—}OH \xrightarrow{HNO_3} HO\text{—}C_6H_2(NO_2)_3$$

4. 傅-克反应

1877 年法国化学家傅列德尔(C. Friede)和美国化学家克拉夫茨(J. M. Crafts)发现了制备烷基苯和芳酮的反应，简称为傅-克(F－C)反应。前者称为傅-克烷基化反应，后者称为傅-克酰基化反应。

1) 傅-克烷基化反应

苯与烷基化剂在路易斯酸的催化下生成烷基苯的反应称为傅-克烷基化反应。

$$C_6H_6 + CH_3CH_2Br \xrightarrow[0\sim25℃]{AlCl_3} C_6H_5\text{—}CH_2CH_3\ (76\%) + HBr$$

此反应中应注意以下几点。

(1) 路易斯酸做催化剂。除无水 $AlCl_3$ 以外，也可以用 $FeCl_3$、BF_3、$ZnCl_2$ 以及无水 $AlBr_3$、$SnCl_4$、HF 等。该反应中，$AlCl_3$ 作为路易斯酸和卤烷起酸碱反应，生成有效的亲电试剂烷基碳正离子进攻苯环，生成烷基苯。其反应历程为：

$$CH_3CH_2Br + AlCl_3 \longrightarrow CH_3\overset{\delta+}{C}H_2\cdots\cdots Br\cdots\cdots Al\overset{\delta-}{C}l_3 \longrightarrow CH_3\overset{+}{C}H_2 + [AlCl_3Br]^-$$

$$C_6H_6 + CH_3\overset{+}{C}H_2 \longrightarrow [C_6H_6(H)(CH_2CH_3)]^+ \xrightarrow{-H^+} C_6H_5\text{—}CH_2CH_3 + HBr + AlCl_3$$

(2) 反应中苯需要过量，因为它不仅是反应物，而且是反应的溶剂，同时，由于烷基苯较苯更容易烷基化，因此也需要苯的过量。

(3) 由于烷基化反应的亲电试剂是烷基碳正离子，而碳正离子容易发生重排，因此，当所用的卤烷为直链含三个或三个以上碳原子时，会有异构化产物生成。如正氯丙烷和苯的反应。

$$\text{C}_6\text{H}_6 + CH_3CH_2CH_2Cl \xrightarrow[-18\sim80^\circ C]{AlCl_3} \text{C}_6\text{H}_5CH(CH_3)_2\ (65\%\sim69\%) + \text{C}_6\text{H}_5CH_2CH_2CH_3\ (35\%\sim31\%)$$

这是因为正氯丙烷与三氯化铝作用生成异丙基的缘故：

$$H_3C—CH_2—CH_2—Cl\cdots\cdots AlCl_3 \xrightarrow{-AlCl_4^-} CH_3\overset{+}{C}HCH_3$$

(4) 反应不易停在一取代阶段，会有多烷基化产物生成。原因是，烷基作为供电子基团，它增加了苯环上的电子云密度，活化了苯环，从而更有利于亲电试剂的进攻。

$$\text{C}_6\text{H}_6 \xrightarrow[AlCl_3]{CH_3Cl} \text{C}_6\text{H}_5CH_3 \xrightarrow[AlCl_3]{CH_3Cl} \left\{\begin{array}{l}\text{邻二甲苯}\\ \text{对二甲苯}\end{array}\right. \xrightarrow[AlCl_3]{CH_3Cl} \text{1,2,4-三甲苯}$$

(5) 当苯环上有强吸电子基团，如$—NO_2$、—COOH、—COR、$—CF_3$、$—SO_3H$时，傅-克烷基化反应不能进行。原因是，吸电子基使得苯环上的电子云密度降低，钝化了苯环，使苯环的反应活性降低。硝基苯不能发生烷基化反应，由于芳烃和三氯化铝都能溶于硝基苯中，因此，硝基苯常作为傅-克烷基化反应的溶剂。

(6) 烯烃和醇也可以作为烷基化试剂(注意：异构化产物)。

$$\text{C}_6\text{H}_6 + CH_3CH=CH_2 \xrightarrow{AlCl_3} \text{C}_6\text{H}_5CH(CH_3)_2$$

$$\text{C}_6\text{H}_6 + CH_3CH(OH)CH_3 \xrightarrow{H^+} \text{C}_6\text{H}_5CH(CH_3)_2$$

2) 傅-克酰基化反应

苯在无水三氯化铝的催化下与酰卤或酸酐作用，酰基取代苯环上的氢原子，生成芳酮的反应称为傅-克酰基化反应。

$$\text{C}_6\text{H}_6 + CH_3—\overset{O}{\overset{\|}{C}}—Cl \xrightarrow{AlCl_3} \text{C}_6\text{H}_5—\overset{O}{\overset{\|}{C}}—CH_3 + HCl$$

$$C_6H_6 + (CH_3CO)_2O \xrightarrow{AlCl_3} C_6H_5COCH_3 + CH_3COOH$$

傅-克酰基化反应与烷基化反应相似，也是芳环上的亲电取代反应。进攻的亲电试剂是酰基化剂与催化剂作用所生成的酰基正离子，其产生过程如下：

$$R-\overset{\overset{:\ddot{O}}{\|}}{C}-\ddot{\underset{..}{Cl}}: + AlCl_3 \rightleftharpoons R-\overset{\overset{:\ddot{O}}{\|}}{C}-\overset{+}{\ddot{\underset{..}{Cl}}}:\overset{-}{AlCl_3}$$

$$R-\overset{\overset{:\ddot{O}}{\|}}{C}-\overset{+}{\ddot{\underset{..}{Cl}}}:\overset{-}{AlCl_3} \rightleftharpoons [R-\overset{+}{C}=\ddot{O}: \longleftrightarrow R-C\equiv\overset{+}{O}:] + \overset{-}{AlCl_4}$$

酰基化反应的一些特点同烷基化反应一样，都需加入路易斯酸作为催化剂，苯环上有钝化基团时反应不能发生。但也有与烷基化反应不同的地方，主要表现在以下几点：

(1) 傅-克酰基化反应中 $AlCl_3$ 用量比傅-克烷基化反应多。原因是反应后生成的芳酮会继续与 $AlCl_3$ 络合，所以需再加稀酸处理，才能得到游离的芳酮。

(2) 傅-克酰基化反应无异构化产物，由于反应历程中不像烷基化反应有碳正离子形成，因此酰基化反应没有重排发生。酰基化反应是在芳环上引入正构烷基的一个重要方法。如：

$$C_6H_6 \xrightarrow[AlCl_3]{CH_3CH_2CH_2\overset{O}{\overset{\|}{C}}-Cl} C_6H_5\overset{O}{\overset{\|}{C}}CH_2CH_2CH_3 \xrightarrow{Zn(Hg),\ HCl} C_6H_5-CH_2CH_2CH_2CH_3$$

(3) 傅-克酰基化反应无多酰基化产物，因为酰基是钝化基团，它使苯环活性降低，当第一个酰基取代苯环后，反应即行停止，不会像傅-克烷基化反应那样，生成多元取代物的混合物。

5. 氯甲基化反应

在无水氯化锌存在下，芳烃与甲醛及氯化氢作用，环上的氢原子被氯甲基($-CH_2Cl$)取代，该反应称为氯甲基化反应。实际应用中，可用三聚甲醛代替甲醛。

$$C_6H_6 + (CH_2O)_3 + HCl \xrightarrow[70℃]{无水\ ZnCl_2} C_6H_5CH_2Cl + H_2O$$

氯甲基化反应对于苯、烷基苯和稠环芳烃等都是成功的，但当环上有钝化基团时，产率很低甚至不反应。氯甲基化反应的应用很广，氯甲基($-CH_2Cl$)可以顺利地转变为烷烃($-CH_3$)、醇($-CH_2OH$)、腈($-CH_2CN$)、羧酸($-CH_2COOH$)等。

5.4.2 加成反应

1. 加氢

在一定温度和压力下，苯与氢气在铂、镍等催化剂作用下，生成环己烷。

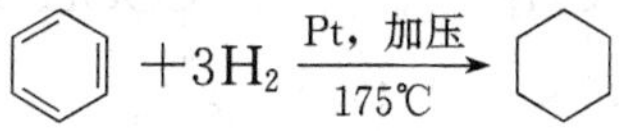

$$C_6H_6 + 3H_2 \xrightarrow[175℃]{Pt，加压} C_6H_{12}$$

2. 加氯

在紫外线照射下，苯与氯气作用生成六氯化苯，俗称六六六。该反应为自由基型反应。

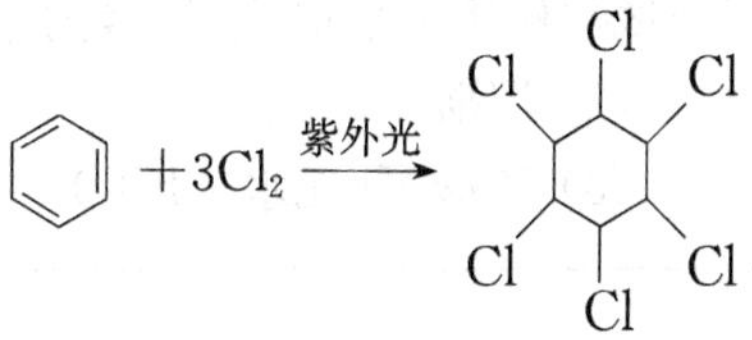

$$C_6H_6 + 3Cl_2 \xrightarrow{紫外光} C_6H_6Cl_6$$

5.4.3 氧化反应

苯在高温和催化剂作用下，氧化生成顺丁烯二酸酐。

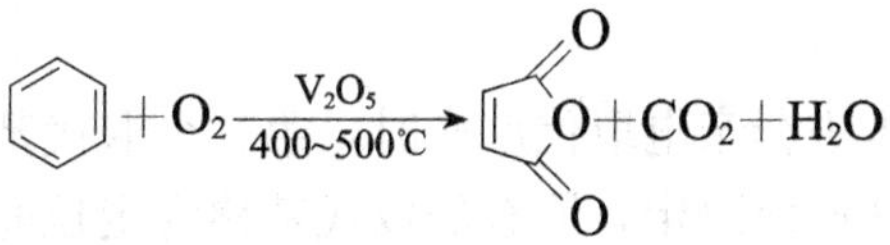

$$C_6H_6 + O_2 \xrightarrow[400\sim500℃]{V_2O_5} 顺丁烯二酸酐 + CO_2 + H_2O$$

5.4.4 芳环侧链的反应

芳环侧链的反应主要是指直接与芳环相连的碳上的氢，即 α-氢所表现出的取代反应和氧化反应。

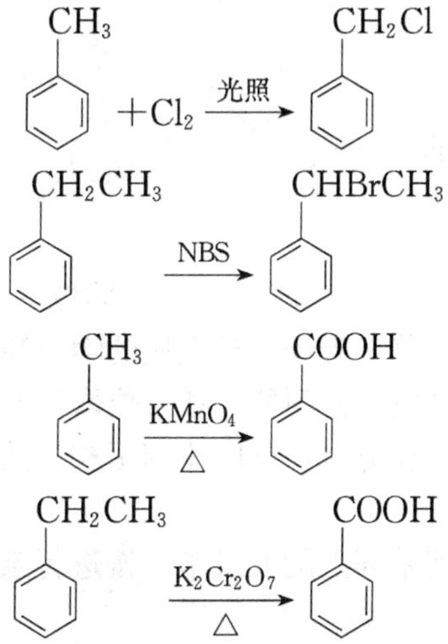

$$C_6H_5CH_3 + Cl_2 \xrightarrow{光照} C_6H_5CH_2Cl$$

$$C_6H_5CH_2CH_3 \xrightarrow{NBS} C_6H_5CHBrCH_3$$

$$C_6H_5CH_3 \xrightarrow[\triangle]{KMnO_4} C_6H_5COOH$$

$$C_6H_5CH_2CH_3 \xrightarrow[\triangle]{K_2Cr_2O_7} C_6H_5COOH$$

芳环侧链的氧化反应中，常用的氧化剂是高锰酸钾和重铬酸钾。在过量氧化剂存在下，无论环上烷基链的长短，只要跟芳环直接相连碳上含有氢，最后都被氧化成羧基，如果跟芳环直接相碳上的不含有氢，则不能被氧化。

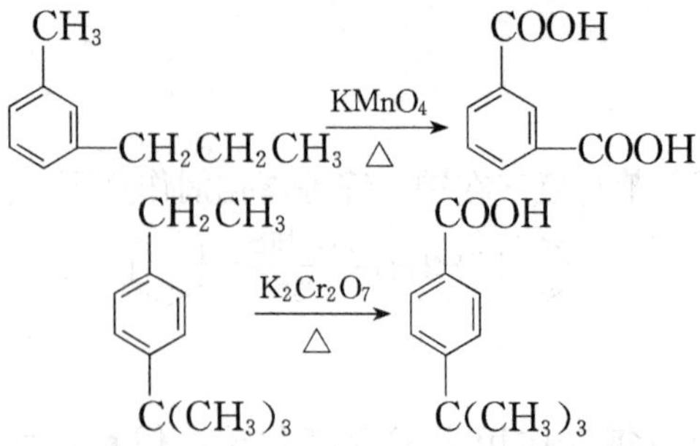

$$\text{3-甲基-1-丙基苯} \xrightarrow[\triangle]{KMnO_4} \text{间苯二甲酸}$$

$$\text{对叔丁基乙苯} \xrightarrow[\triangle]{K_2Cr_2O_7} \text{对叔丁基苯甲酸}$$

练习 5-3 写出乙苯与下列试剂作用的反应式(括号内是催化剂)。

(1) Br_2($FeBr_3$)　　(2) 混酸　　(3) 丙醇(BF_3)

(4) 丙烯(无水 $AlCl_3$)　　(5) 乙酸酐(无水 $AlCl_3$)　　(6) 丙酰氯(无水 $AlCl_3$)

5.5 苯环上亲电取代反应的定位规则及应用

5.5.1 两类定位基

与苯不同，一取代苯再进行亲电取代反应时，第二个取代基进入的位置和难易程度主要由苯环上原有取代基的性质所决定，原有的取代基称为定位基。因此，一取代苯再进行亲电取代反应时，必须考虑定位基对苯环电子云密度的影响，也就是活化和钝化作用。同时，考虑原取代基支配第二个取代基进入芳环位置的能力，也就是定位效应。

一取代苯发生亲电取代反应，新引入的取代基可能进入原取代基的邻位、间位和对位，而生成三种不同的异构体。按数学上的概率，邻位异构体应占40%，间位异构体应占40%，对位异构体应占20%。

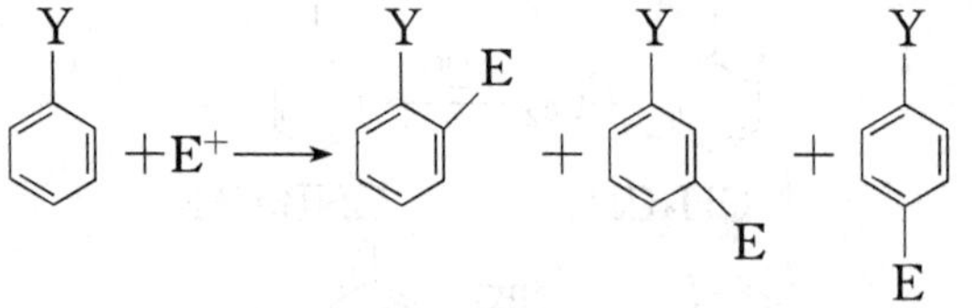

$$C_6H_5Y + E^+ \longrightarrow \text{邻位} + \text{间位} + \text{对位}$$

邻位　　间位　　对位

而实际情况并非如此，通过单环芳烃化学性质的学习知道，甲苯再次发生亲电取代反应时，反应比苯相对容易，而且主要得到邻位和对位取代产物，说明甲基是活化基团。硝基苯和苯磺酸再次发生亲电取代反应时，反应比苯困难，同时主要得到间位取代产物，说明硝基和磺酸基是钝化基团。

根据许多实验结果，可以把苯环上的取代基，按进行亲电取代时的定位效应，大致分为两类。

邻对位定位基——也称第一类定位基，使新引入的取代基主要进入它的邻位和对位，同时，一般使苯环活化(卤素除外)。这类定位基的特点是，与苯环直接相连的原子，一般只具有单键或带负电荷。这类定位基主要有：

$—O^-$，$—N(CH_3)_2$，$—NH_2$，—OH，—OR，$—NHCOCH_3$，—OCOR，—R，—Cl，—Br，—I

间位定位基——也称第二类定位基，使新引入的取代基主要进入它的间位，同时使苯环钝化。这类定位基的特点是，与苯环直接相连的原子，一般都具有重键或带正电荷。这类定位基主要有：

$—N^+(CH_3)_3$，$—NO_2$，—CN，$—SO_3H$，—CHO，—COR，—COOH，$—CONH_2$

上述两类定位基定位能力的强弱是不同的，其强弱次序大致即为上述次序。

5.5.2 定位规则的理论解释

1．电子效应

从一取代苯进行亲电取代反应，也就是σ络合物的稳定性进行分析。

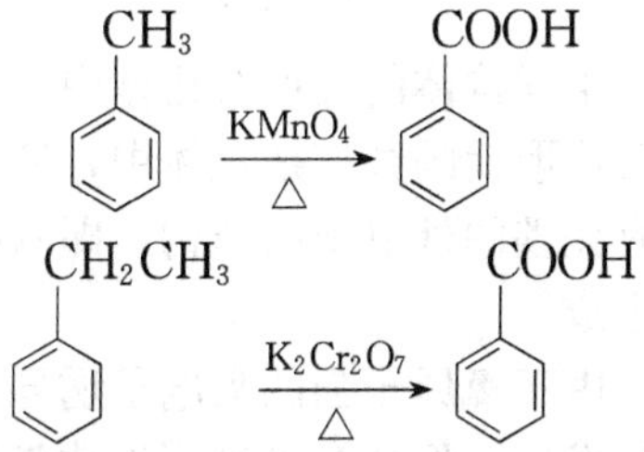

CH_3 $\xrightarrow[\triangle]{KMnO_4}$ COOH

CH_2CH_3 $\xrightarrow[\triangle]{K_2Cr_2O_7}$ COOH

当亲电试剂进攻一取代苯的邻位、间位和对位时，由于生成的碳正离子稳定性不同，所以各位置被取代的难易程度也不同。

1）邻、对位定位基的影响

以甲基、羟基和氯原子为例进行探讨，下面分别给出各自不同取代的σ络合物碳正离子的共振构造式。

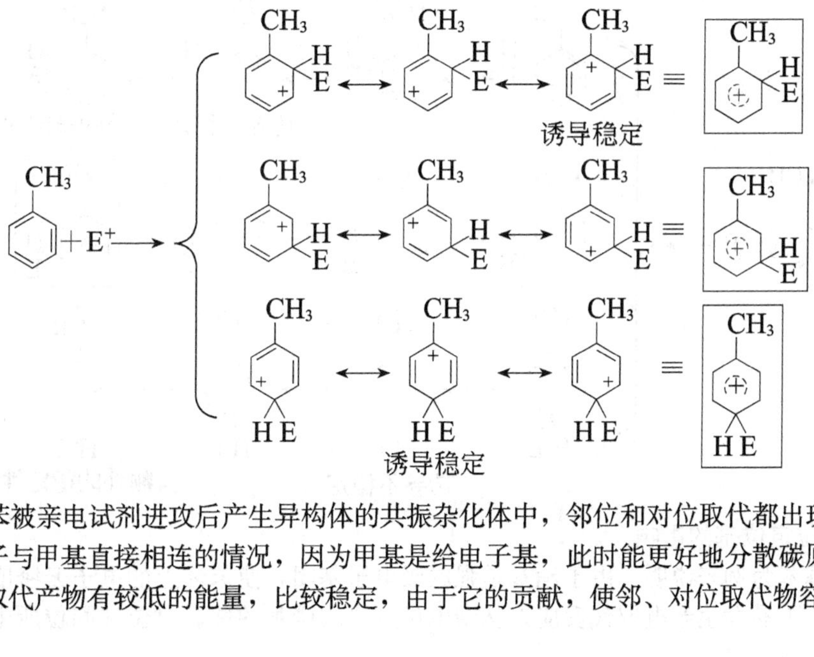

CH_3 + E^+ →

CH_3 H E ⟷ CH_3 H E ⟷ CH_3 H E ≡ CH_3 H E

诱导稳定

CH_3 H E ⟷ CH_3 H E ⟷ CH_3 H E ≡ CH_3 H E

CH_3 HE ⟷ CH_3 HE ⟷ CH_3 HE ≡ CH_3 HE

诱导稳定

在甲苯被亲电试剂进攻后产生异构体的共振杂化体中，邻位和对位取代都出现了带正电荷的碳原子与甲基直接相连的情况，因为甲基是给电子基，此时能更好地分散碳原子上的正电荷，使取代产物有较低的能量，比较稳定，由于它的贡献，使邻、对位取代物容易生成。

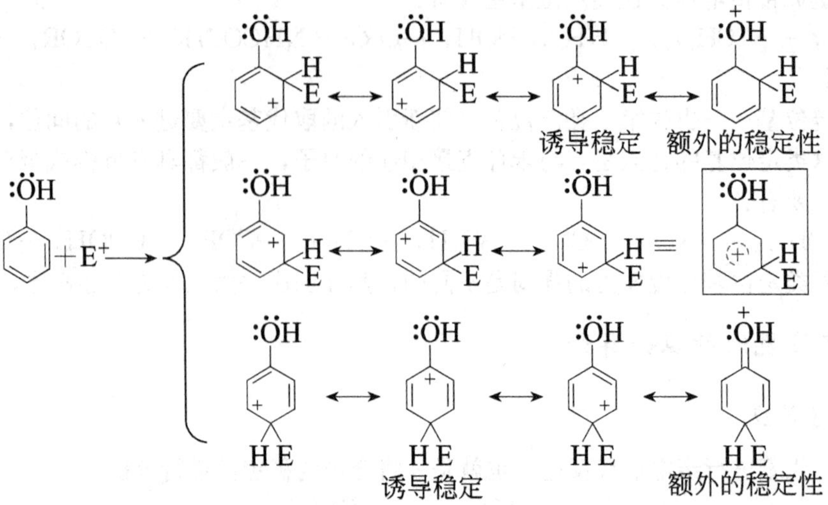

:ÖH　:ÖH　:ÖH　:ÖH（+）

H E ⟷ H E ⟷ H E ⟷ H E

诱导稳定　额外的稳定性

:ÖH + E⁺ ⟶

:ÖH　:ÖH　:ÖH　:ÖH

H E ⟷ H E ⟷ H E ≡ H E

:ÖH　:ÖH　:ÖH　:ÖH（+）

⟷ ⟷ ⟷

HE　HE　HE　HE

诱导稳定　额外的稳定性

在苯酚被亲电试剂进攻后产生异构体的共振杂化体中，也出现了类似于甲苯的诱导稳定的共振杂化体。同时，在邻对位取代的共振杂化体中，还出现了额外稳定的共振式，原因是此构造式中，每个原子都有完整的外电子层结构，即八隅体稳定结构。由于它们的贡献，使邻、对位取代物更容易生成。

氯原子与苯环直接相连时，由于氯原子强的吸电子诱导效应，使苯环上的电子云密度降低，而不利于亲电取代反应的发生。但从亲电试剂进攻氯原子的邻、对位和间位所生成的σ络合物来看，邻位和对位取代中也出现了类似苯酚取代中出现的具有完整外电子层的八隅体稳定结构，因此，邻对位取代产物容易生成。其它卤素原子的定位效应也同此类似。由于卤素原子不同前面的甲基、羟基对苯环的活化，它钝化了苯环。因此，有时也习惯把卤素原子称为第三类定位基。

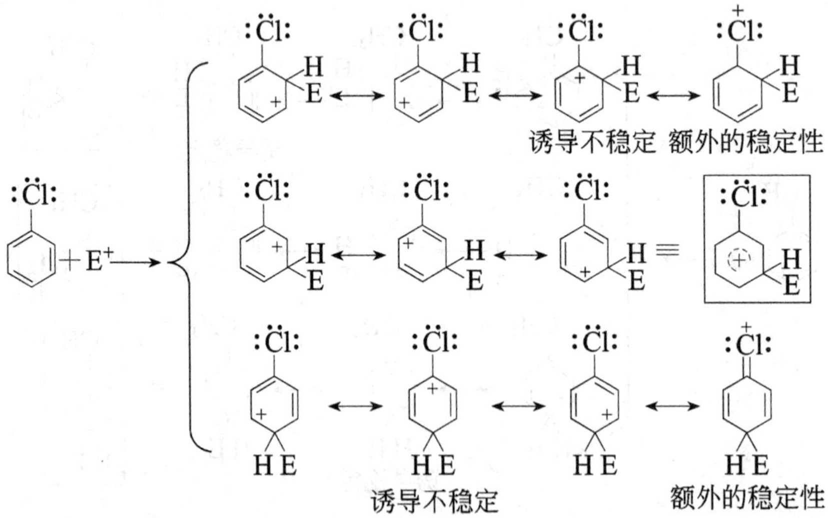

:C̈l:　:C̈l:　:C̈l:　:C̈l:（+）

H E ⟷ H E ⟷ H E ⟷ H E

诱导不稳定　额外的稳定性

:C̈l: + E⁺ ⟶

:C̈l:　:C̈l:　:C̈l:　:C̈l:

H E ⟷ H E ⟷ H E ≡ H E

:C̈l:　:C̈l:　:C̈l:　:C̈l:（+）

⟷ ⟷ ⟷

HE　HE　HE　HE

诱导不稳定　额外的稳定性

2）间位定位基的影响

以硝基苯为例来说明。由于硝基是强的吸电子基团，使苯环上的电子云密度降低，钝化了苯环，不易发生亲电取代反应。从亲电试剂进攻硝基的邻、对位和间位所生成的σ络合物来看，邻位和对位取代都出现了带正电荷的碳原子与硝基直接相连的情况，硝基的强吸电作用，使碳原子上的正电荷更加集中。对带电粒子而言，电荷越分散，能量越低，体系越稳定；电荷越集中，体系能量越高，也越不稳定。相对而言，硝基苯的邻、对位取代的共振杂化体是不稳定的，因此，硝基苯的亲电取代主要发生在间位。

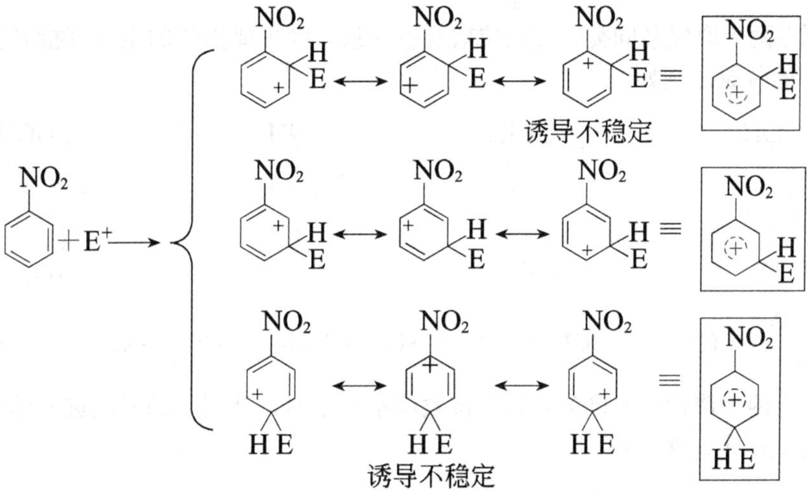

诱导不稳定

诱导不稳定

2. 空间效应

当苯环上有第一类定位基时，它可以指导后引入的基团进入它的邻对位，但邻、对位的比例将随原取代基空间效应的大小不同而变化。空间效应越大，其邻位异构体也就越少。如甲苯、乙苯、异丙苯和叔丁苯在同样条件下硝化会产生不同比例的异构体，如表 5 - 2 所示。另外，邻对位异构体的比例，也与新引入基团的空间效应有关。一般来讲，随着取代基体积的增大，空间效应增强，邻位产物的比例降低。

表 5 - 2　一烷基苯硝化时异构体的分布

化合物	环上原有取代基 (—R)	异构体比例(%)		
		邻位	对位	间位
甲苯	$—CH_3$	58.45	37.15	4.40
乙苯	$—CH_2CH_3$	45.0	48.5	6.5
异丙苯	$—CH(CH_3)_2$	30	62.3	7.7
叔丁苯	$—C(CH_3)_3$	15.8	72.7	11.5

5.5.3 定位规则的应用

1. 预测反应的主要产物

苯环上有两个或两个以上取代基时，第三个取代基进入苯环的位置由苯环上原有的定位基共同决定。主要有下列几种情况：

(1) 原有两个基团的定位效应一致时，第三个取代基进入位置由上述取代基的定位规则来决定。如下面三个化合物，式中箭头号表示第三个取代基进入的位置。

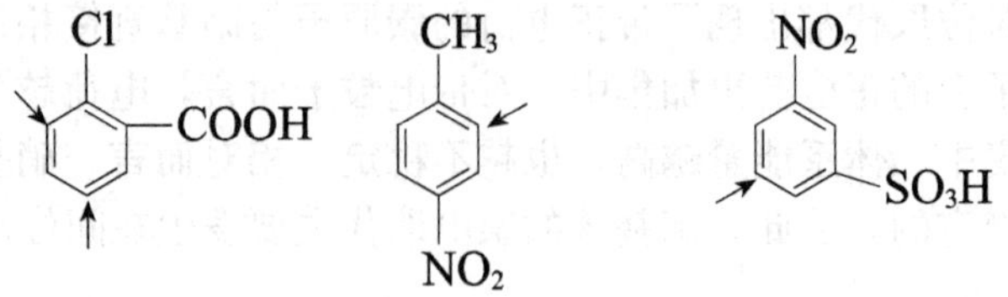

(2) 原有两个取代基同类，而定位效应不一致，则主要由强的定位基指导新引入的基团进入苯环的位置。例如：

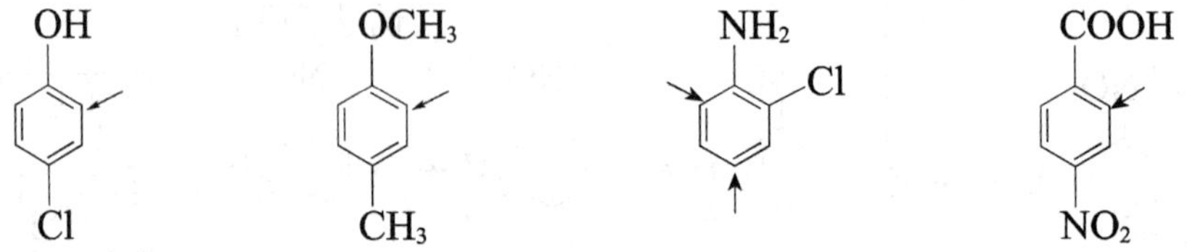

定位基强弱 —OH>—Cl　CH_3O—>—CH_3　—NH_2>—Cl　—NO_2>—COOH

(3) 原有两个取代基不同类，且定位效应不一致时，新引入的基团进入苯环的位置由邻对位定位基决定。例如：

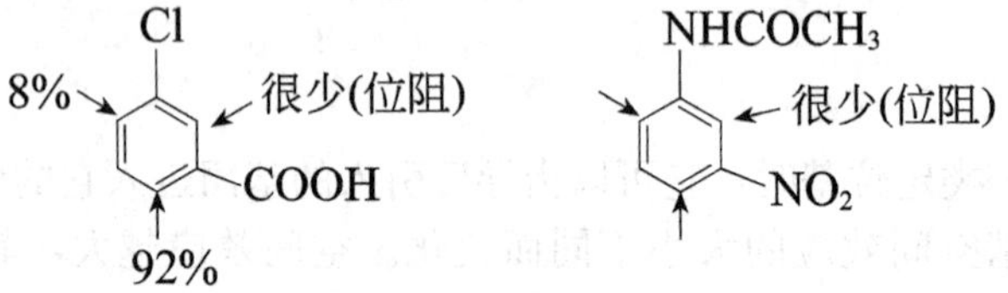

8%　很少(位阻)　92%　　很少(位阻)

2. 指导选择合成路线

苯环上亲电取代定位规则的意义，不仅可以用来解释某些现象，而且可通过它来指导多取代苯的合成。如实现下述的转变：

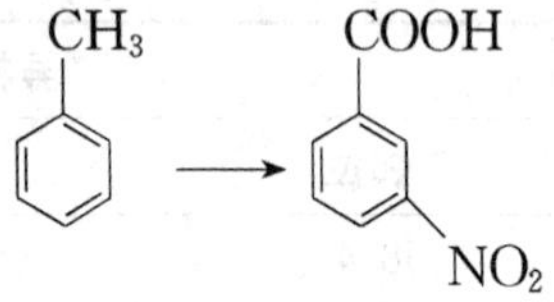

分析可知，该反应有两步，羧基为甲基所氧化，硝基为硝化反应。这两步反应的先后路线不同，导致结果不同。

路线①：先硝化，再氧化。由于甲基是邻对位定位基，所以硝基进入甲基的邻位和对位，再氧化甲基则不能得到目标产物。

路线②：先氧化，后硝化。甲基氧化形成羧基后，原来的邻对位定位基转变成间位定位基，此时，再硝化，则得到间位取代产物，即为目标产物。

再如：

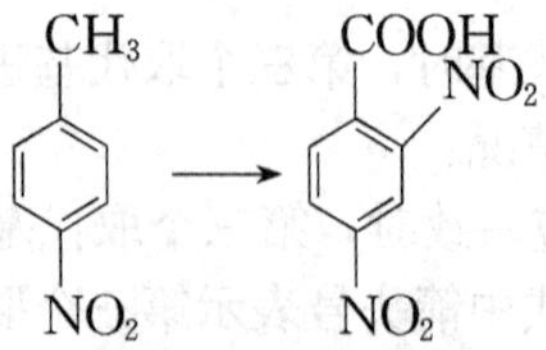

路线①：先硝化，后氧化。

CH_3, NO_2 $\xrightarrow{混酸}$ CH_3, NO_2, NO_2 $\xrightarrow[H^+]{KMnO_4}$ COOH, NO_2, NO_2

路线②：先氧化，后硝化。

CH_3, NO_2 $\xrightarrow[H^+]{KMnO_4}$ COOH, NO_2 $\xrightarrow[H_2SO_4，\triangle]{发烟\ HNO_3}$ COOH, NO_2, NO_2 （主） + COOH, NO_2, NO_2 （少）

路线②有两个缺点：一是反应条件高，原因是第二步反应中苯环原有的活化基团甲基变成钝化基团羧基，使硝化反应不易进行；二是有副产物生成。所以路线①为优选路线。

练习 5-4 由苯、氯乙烷及必要的无机试剂合成下列化合物。

(1) 对硝基苯甲酸　　(2) 邻硝基苯甲酸

(3) 4-硝基-1，2-二溴苯　　(4) 2-硝基-4-溴乙苯

5.6 稠环芳烃

5.6.1 萘

1. 萘的结构和命名

萘是最简单的稠环芳烃，分子式为 $C_{10}H_8$。萘的结构和苯相似，也是平面状分子。萘中碳碳键的键长既不等于碳碳单键的键长，也不等于碳碳双键的键长。与苯不同，萘环中碳碳键键长并不完全相等(见图 5.3)。萘分子中每个碳原子也以 sp^2 杂化轨道与相邻碳原子及氢原子的原子轨道相互交盖而形成 σ 键。十个碳原子都处在同一个平面上，连接成两

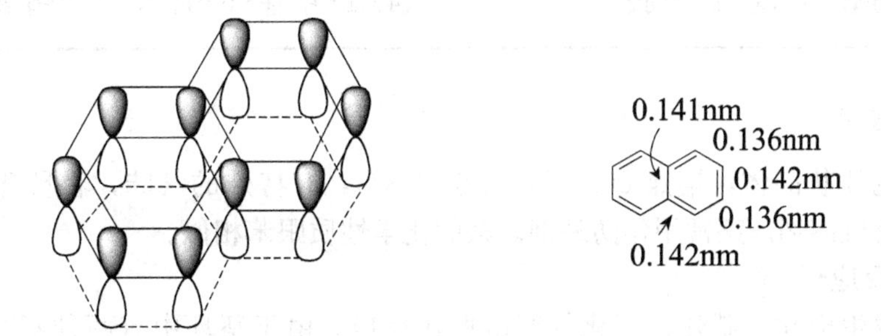

图 5.3 萘的 π 分子轨道和键长

个稠合的六元环，八个氢原子也在同一平面。每个碳原子还有一个 p 轨道，这些对称轴平行的 p 轨道侧面相互交盖，形成包含十个碳原子在内的 π 分子轨道。由于 π 电子的离域，萘具有 255kJ/mol 的离域能。

萘的结构可用如下的共振构造式表示：

萘分子中不仅各个键的键长不同，各碳原子的位置也不完全相同，其中 1、4、5、8 四个位置是等同的，为 α 位；2、3、6、7 四个位置是等同的，为 β 位。因此，萘的一元取代物可有两种，即 α 取代物和 β 取代物。

1、4、5、8 位又称为 α 位
2、3、6、7 位又称为 β 位
电荷密度 α>β

萘的二元取代物就更多。两个取代基相同的二元取代物就有 10 种，两个取代基不同时则有 14 种。

萘的取代物的命名可以参照下例：

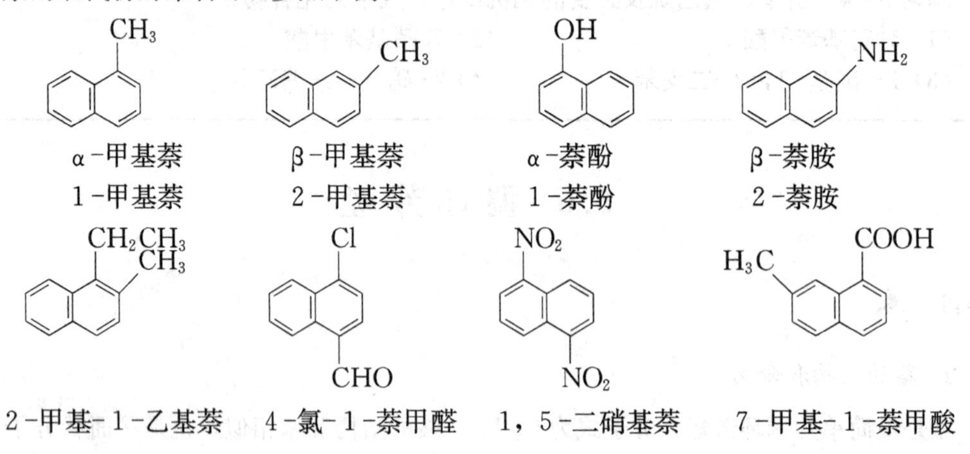

练习 5-5 写出下列化合物的构造式。

(1) 1，5-二甲基萘　　(2) α-萘甲酸

(3) 4-硝基-5-溴-1-萘胺　　(4) 1-甲基-5-羟基-2-萘磺酸

---

2. 萘的性质

萘是白色片状晶体，熔点 80.5℃，沸点 218℃，有特殊的气味，容易升华，不溶于水，易溶于有机溶剂。萘常用作防蛀剂。萘的化学性质跟苯相似。

1) 取代反应

萘可以发生卤化、硝化、磺化等亲电取代反应。由于萘环中有两种不同位置，即 α 位、β 位，亲电试剂既可进攻 α 位，又可进攻 β 位，因此一取代物有两种。

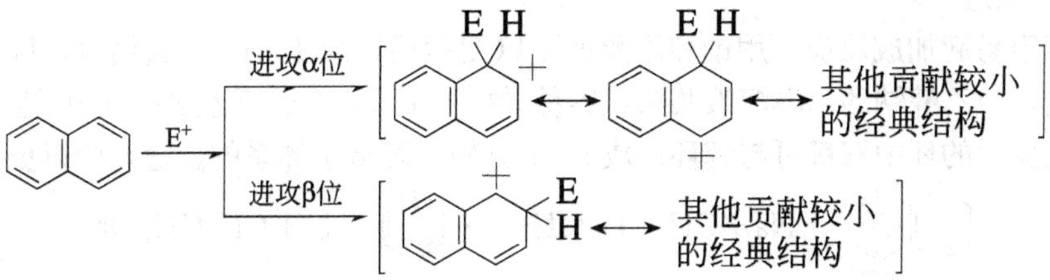

进攻α位 [其他贡献较小的经典结构]

E^+

进攻β位 [其他贡献较小的经典结构]

从共振式可看出：进攻α位形成的中间体较稳定，因为共振式中有两个保留苯环的较稳定的经典构造式。所以，萘环的亲电取代反应一般得到α取代产物。

卤化 萘 $+Br_2 \xrightarrow{CCl_4}$ α-溴萘 $+HBr$

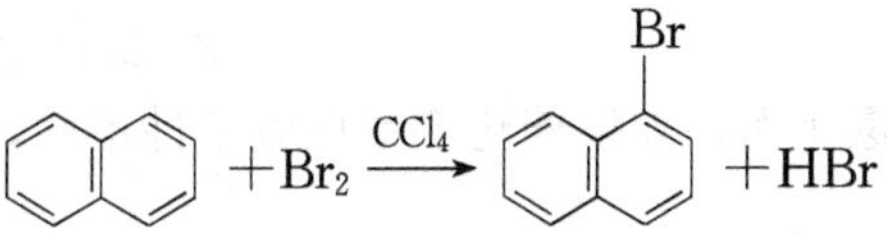

硝化 萘 $+HNO_3 \xrightarrow[30\sim60℃]{H_2SO_4}$ α-硝基萘 $+H_2O$

磺化 萘 $\xrightarrow{H_2SO_4}$ 约60℃：α-萘磺酸（SO_3H）84% 速度控制产物；>150℃：β-萘磺酸（SO_3H）85% 平衡控制产物

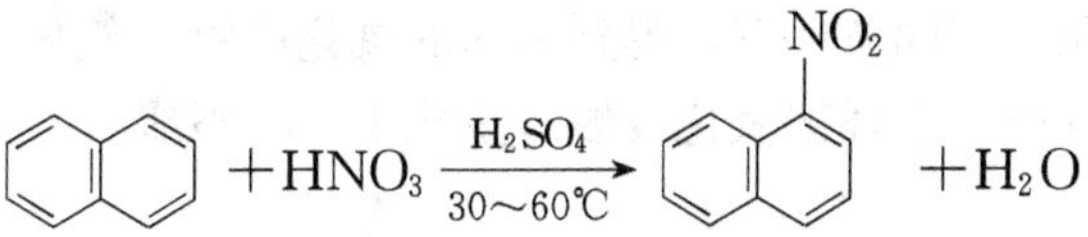

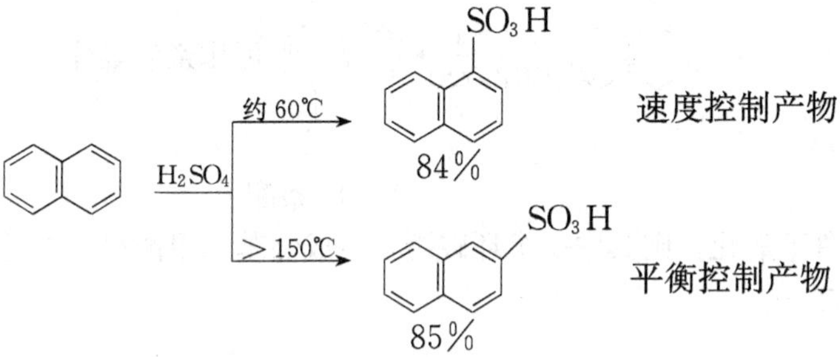

傅-克酰基化 萘 $+CH_3\overset{O}{\overset{\|}{C}}Cl \xrightarrow[CS_2]{AlCl_3}$ α-萘乙酮（$\overset{O}{\overset{\|}{C}}CH_3$）+ β-萘乙酮（$\overset{O}{\overset{\|}{C}}CH_3$）

萘 $+CH_3\overset{O}{\overset{\|}{C}}Cl \xrightarrow[C_6H_5NO_2]{AlCl_3}$ β-萘乙酮（$\overset{O}{\overset{\|}{C}}CH_3$）

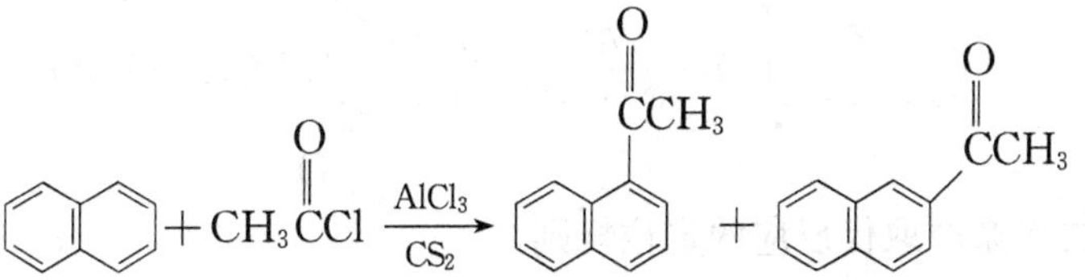

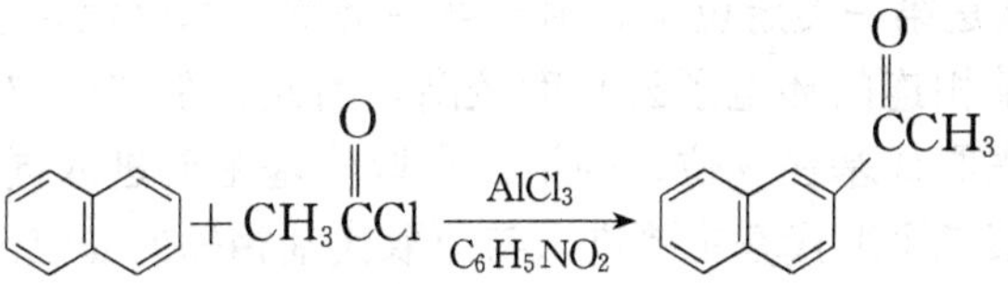

其中，磺化反应的产物与反应温度有关。低温时多为α-萘磺酸，较高温度时则主要是β-萘磺酸，α-萘磺酸在硫酸里加热到165℃时，大多数转化为β-异构体。高温生成β-异构体的原因：

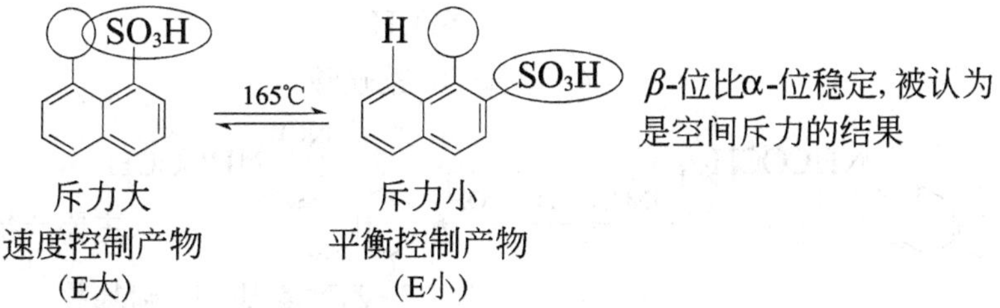

SO_3H $\underset{}{\overset{165℃}{\rightleftharpoons}}$ H SO_3H β-位比α-位稳定，被认为是空间斥力的结果

斥力大 速度控制产物 （E大）

斥力小 平衡控制产物 （E小）

2）加成反应

萘比苯容易起加成反应，用钠和乙醇就可以使萘还原成1，4-二氢化萘，1，4-二氢化萘并不稳定，与乙醇钠的乙醇溶液共热，容易异构变成1，2-二氢化萘，原因是1，2-二氢化萘中被加氢后的环中双键可与苯环构成π-π共轭，降低了体系的能量，所以更加稳定。

$$\text{萘} + Na + CH_3CH_2OH \longrightarrow \text{1,4-二氢化萘} + CH_3CH_2ONa$$

1，4-二氢化萘

$$\text{1,4-二氢化萘} \xrightarrow[\triangle]{CH_3CH_2ONa} \text{1,2-二氢化萘}$$

1，2-二氢化萘

萘催化加氢生成四氢化萘，如果催化剂或反应条件不同，也可以生成十氢化萘。

3）氧化反应

萘比苯容易氧化，不同条件下，得到不同的氧化产物。例如，萘在乙酸溶液中用三氧化铬进行氧化，则其中一个环被氧化成醌，生成1，4-萘醌。

$$\text{萘} \xrightarrow[CH_3COOH]{CrO_3} \text{1,4-萘醌}$$ 可作亲双烯体

1，4-萘醌

在强烈条件下氧化，则其中一个环破裂，生成邻苯二甲酸酐。这是工业上生产邻苯二甲酸酐的方法之一。

$$\text{萘} + O_2 \xrightarrow[400\sim500℃]{V_2O_5} \text{邻苯二甲酸酐} + CO_2 + H_2O$$

4）萘环上二元亲电取代反应的定位规则

（1）萘环上原有取代基是第一类定位基。由于第一类定位基是活化基团，它活化了与它相连的环，使得与取代基相连的环电子云密度较高，因此，第二个取代基就进入该环，即发生同环取代。如果原来取代基在α位，则第二个取代基主要进入同环的另一个α位。如果原取代基在β时，则第二个取代基主要进入与原取代基相邻的α位。

$$\text{1-萘酚 (OH)} \xrightarrow{H_2SO_4} \text{4-羟基-1-萘磺酸 (OH, } SO_3H\text{)}$$ （主要产物）

4-羟基-1-萘磺酸

$$\text{2-}NHCOCH_3\text{-萘} \xrightarrow{HNO_3,\ CH_3COOH} \text{1-}NO_2\text{-2-}NHCOCH_3\text{-萘}$$ （主要产物）

2-乙酰氨基-1-硝基萘

(2) 萘环上原有取代基是第二类定位基。由于第二类定位基是钝化基团，它钝化了与它相连的环，使得与取代基相连的环电子云密度降低，因此，第二个取代基便进入另一个环，即发生异环取代。不论原来取代基在α位还是在β时，第二个取代基一般是进入另一环上的α位，因此，一般有两种产物。

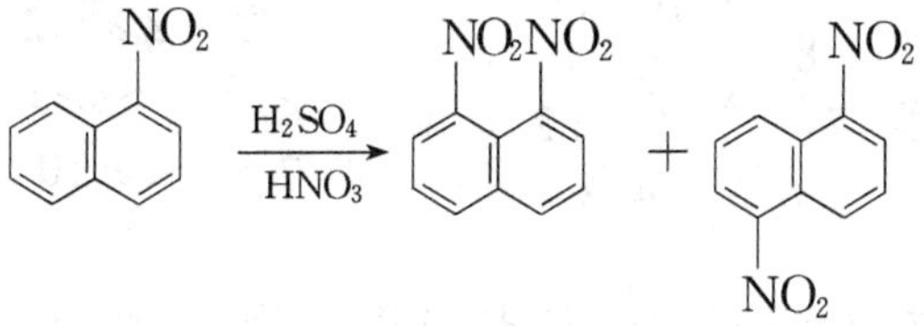

NO_2 $\xrightarrow[HNO_3]{H_2SO_4}$ NO_2 NO_2 + NO_2 NO_2

1，8-二硝基萘　1，5-二硝基萘

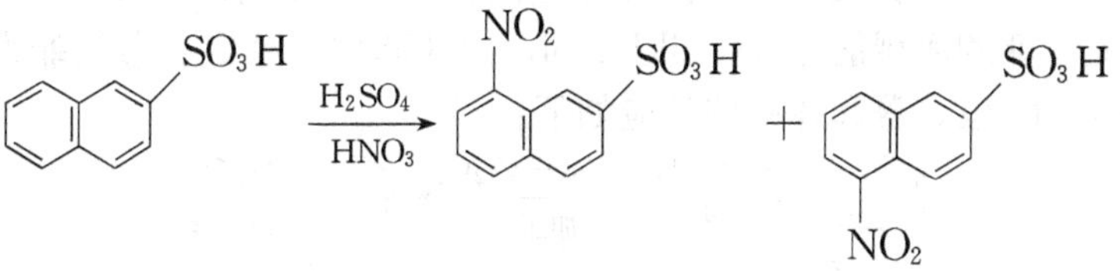

SO_3H $\xrightarrow[HNO_3]{H_2SO_4}$ NO_2 SO_3H + SO_3H NO_2

8-硝基-2-萘磺酸　5-硝基-2-萘磺酸

上述所讨论的仅仅是一般原则，实际上影响萘环取代的因素比较复杂，因此有许多萘的衍生物进行取代反应的定位并不完全符合上述规律。如：

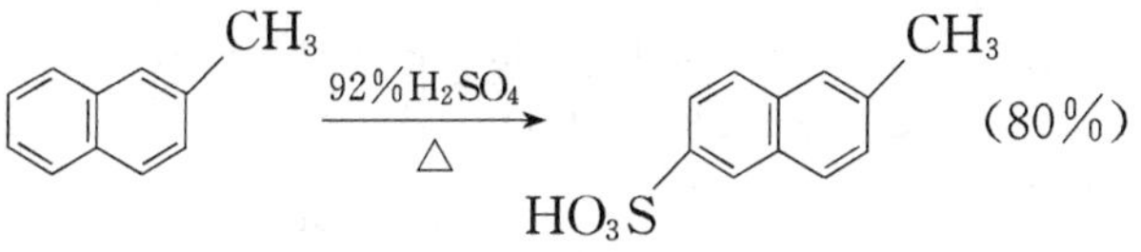

CH_3 $\xrightarrow[\triangle]{92\%H_2SO_4}$ CH_3 HO_3S (80%)

6-甲基-2-萘磺酸

练习5-6 完成下列反应方程式。

(1) 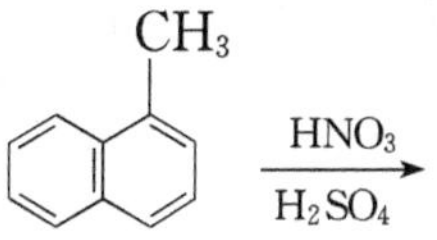 CH_3 $\xrightarrow[H_2SO_4]{HNO_3}$

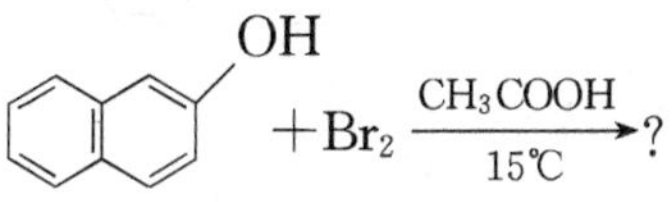

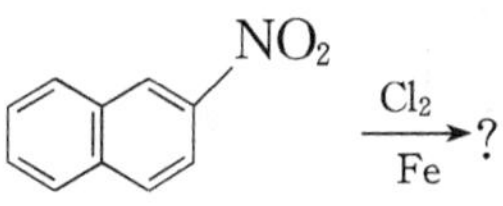

(2) OH $+Br_2 \xrightarrow[15℃]{CH_3COOH}$?

(3) NO_2 $\xrightarrow[Fe]{Cl_2}$?

(4) OCH_3 NO_2 $+CH_3Cl \xrightarrow{AlCl_3}$?

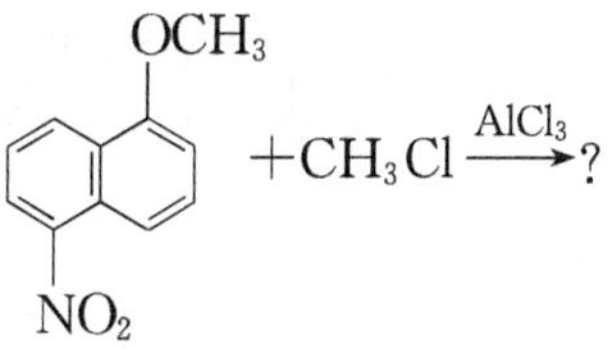

5.6.2 其他稠环芳烃

除了萘以外，其他比较重要的稠环芳烃有蒽、菲等。蒽和菲的分子式都是$C_{14}H_{10}$。他们互为构造异构体。它们都含有三个稠合的苯环，所有原子都在同一个平面上，形成包含14个碳原子的π分子轨道。与萘相似，蒽分子中各碳原子的位置也不完全相同，其中1、4、5、8四个位置是等同的，为α位；2、3、6、7四个位置是等同的，为β位；9、10位置等同，为γ位。蒽和菲中碳原子的编号如下：

蒽 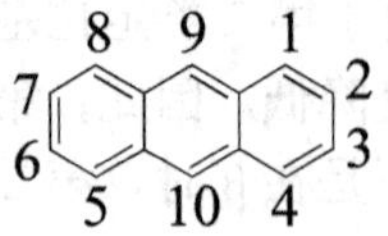 或

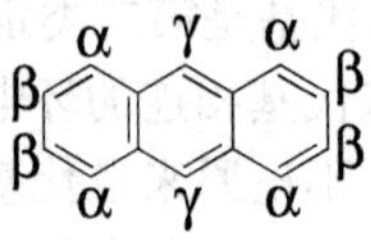

菲 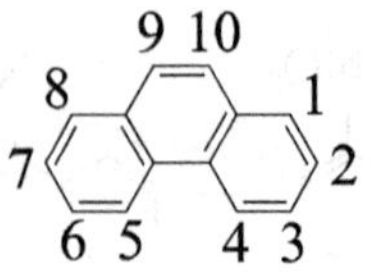 或

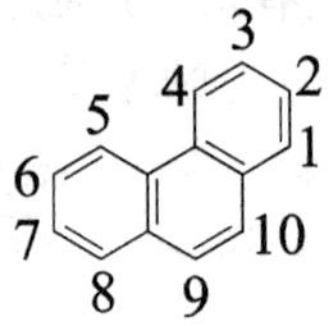

蒽为白色晶体，具有蓝色的荧光，熔点 216℃，沸点 340℃，不溶于水，难溶于乙醇和乙醚，而能溶于苯。菲是白色片状晶体，熔点 100℃，沸点 340℃，易溶于苯和乙醚，溶液呈蓝色荧光。菲的离域能是 381.6kJ/mol，因此菲比蒽稳定。蒽和菲发生化学反应的位置一般都是 9、10 位。蒽和菲一些反应如下：

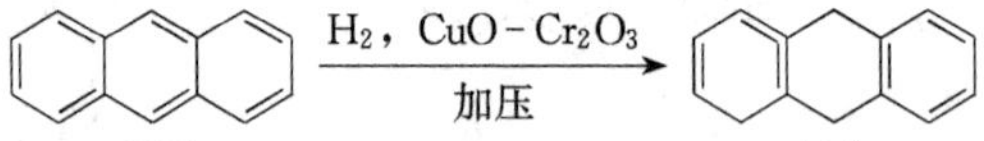

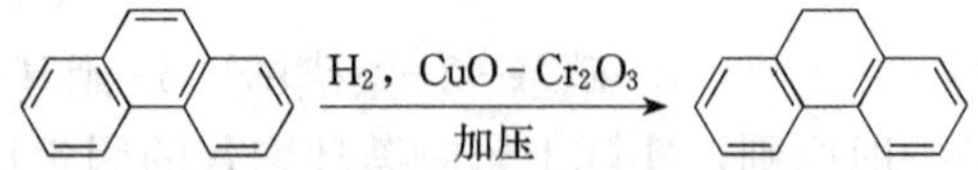

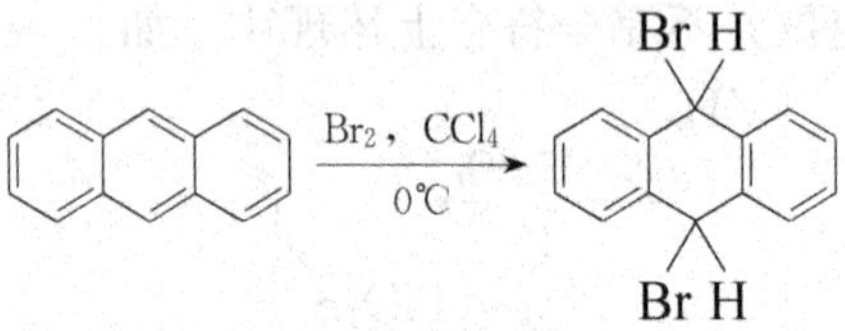

H_2，$CuO-Cr_2O_3$ 加压

H_2，$CuO-Cr_2O_3$ 加压

Br_2，CCl_4 0℃

9，10-二溴-9，10-二氢化蒽

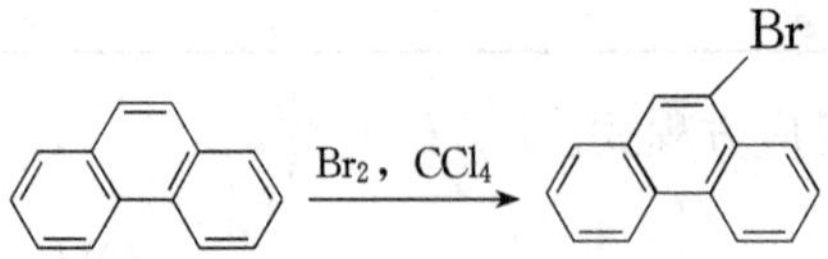

Br_2，CCl_4

9-溴菲

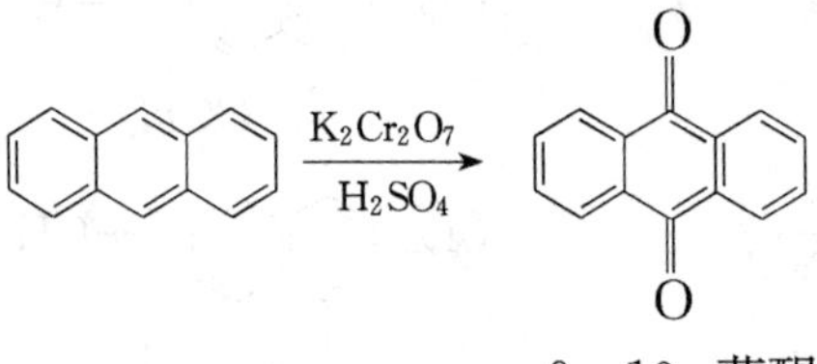

$K_2Cr_2O_7$ H_2SO_4

9，10-蒽醌

CrO_3 CH_3COOH

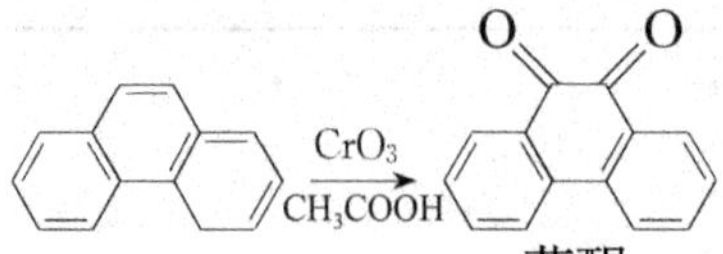

菲醌

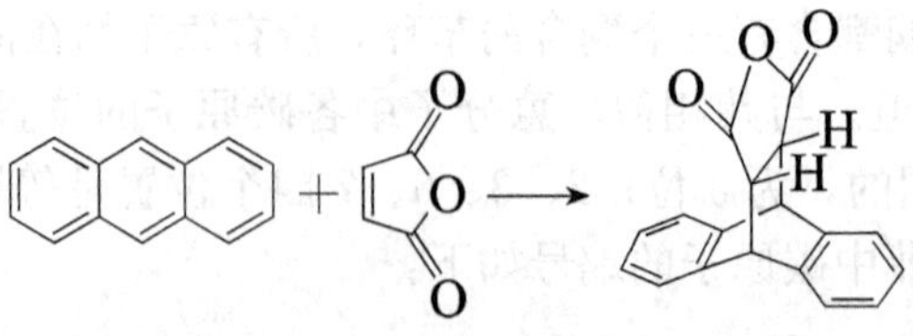

稠环芳烃中，有些具有致癌性，称为致癌烃。如：

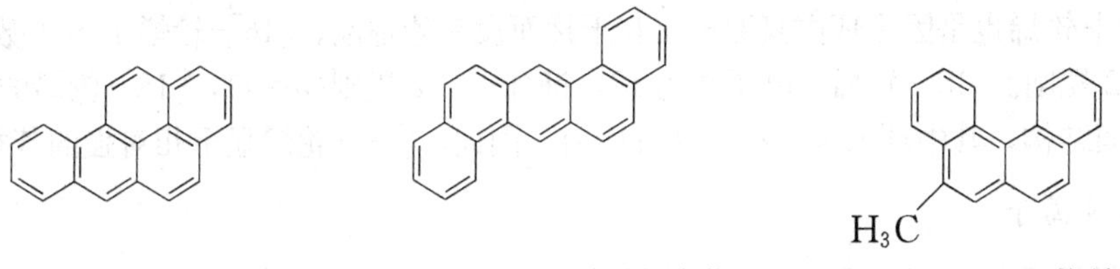

5.7 非苯芳烃

5.7.1 休克尔规则

一百多年前，凯库勒就预见到，除了苯外，可能存在其他具有芳香性的环状共轭多烯烃。1931 年，休克尔(E. Hückel)用简单的分子轨道计算了单环多烯烃的 π 电子能级，从而提出了一个判断芳香性体系的规则，称为休克尔规则。休克尔提出，单环多烯烃要有芳香性，必须满足以下三个条件：

(1) 成环原子共平面或接近于平面，平面扭转张力不大于 0.01nm。

(2) 环状闭合共轭体系。

(3) 环上 π 电子数为 $4n+2(n=0，1，2，3\cdots\cdots)$。

符合上述三个条件的环状化合物，就有芳香性，这就是著名的休克尔规则。例如：

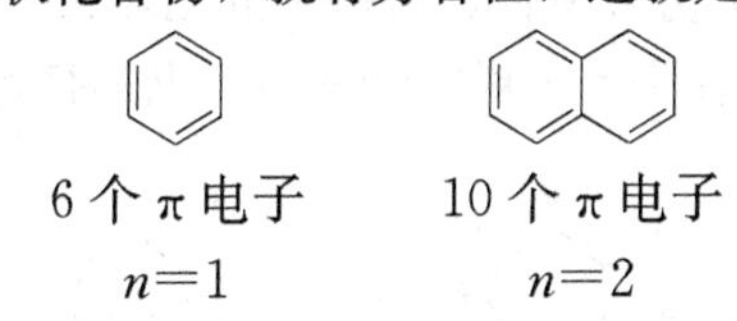

其它不含苯环，π 电子数为 $4n+2$ 的环状多烯烃，具有芳香性，称为非苯芳烃。

5.7.2 非苯芳烃

1. 轮烯

单环共轭多烯称为轮烯。如环丁二烯、环辛四烯、环癸五烯、环十四庚烯、环十六辛烯、环十八壬烯分别称为 [4]-轮烯、[8]-轮烯、[10]-轮烯、[14]-轮烯、[16]-轮烯、[18]-轮烯，方括号中的数字表示成环的碳原子数。

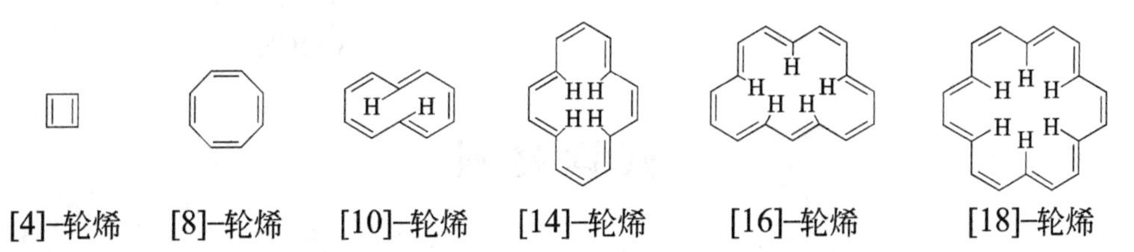

[4]-轮烯的四个碳原子虽然在同一平面上，但 π 电子数为不符合 $4n+2$，所以没有芳香性。[8]-轮烯中成环的八个碳原子不在同一平面上，而是盆型结构，π 电子数为 8，也不符合 $4n+2$ 规则，因此不具有芳香性。[10]-轮烯的 π 电子数为 10，符合 $4n+2$ 规则

(n=2)，但它环内两个氢原子相互排斥，彼此干扰，使环离开了平面，破坏了共轭，失去芳香性。[14]-轮烯也是因为环内氢原子相互干扰而没有芳香性。[16]-轮烯 π 电子数为 16，不符合 $4n+2$ 规则。[18]-轮烯 π 电子数为 18，符合 $4n+2$ 规则(n=4)，[18]-轮烯的环足够大，可以成平面结构，其中环内氢没有立体排斥力，因此，[18]-轮烯显示相对强的芳香性。

2. 芳香离子

某些烯烃虽然没有芳香性，但转变成离子后，则有可能具有芳香性。环丙烯正离子为环丙烯失去一个氢原子和一个电子后的产物。它的 π 电子数为 2，符合 $4n+2$ 规则(n=0)，因此具有芳香性。环丁二烯二正离子、环戊二烯负离子、环庚三烯正离子的 π 电子数分别为 2、6、6，符合 $4n+2$ 规则(n=0、1、1)，因此都具有芳香性。

环丙烯正离子　环丁二烯二正离子　环戊二烯负离子　环庚三烯正离子

3. 并联环系

与苯相似，萘、蒽、菲等稠环芳烃的成环碳原子都在同一平面上，且 π 电子数都符合休克尔 $4n+2$ 规则，具有芳香性。虽然萘、蒽、菲是稠环芳烃，但构成环的碳原子都处在最外层的环上，可以看成是单环共轭多烯，故可用休克尔规则来判断其芳香性。

对于非苯系的稠环化合物，也可考虑其成环原子外围 π 电子，运用休克尔规则判断其芳香性。蓝烃——薁，是萘的同分异构体，有一个五元环和一个七元环稠合而成，其成环原子的外围 π 电子数为 10，符合 $4n+2$ 规则(n=2)，也具有芳香性。

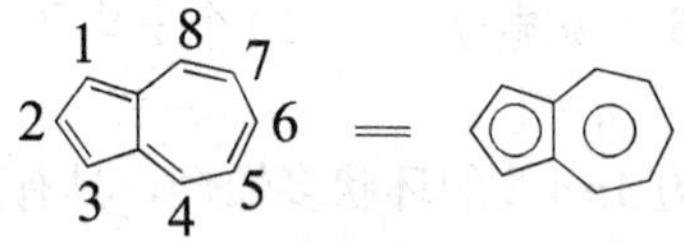

1 8 7 2 6 3 4 5 =

薁因为具有芳香性，也可以发生卤化、硝化等同苯类似的亲电取代反应。由于薁的五元环具有较高的电子云密度，因此它不仅比较活泼，而且亲电取代反应主要发生在五元环的 1 位和 3 位上。如：

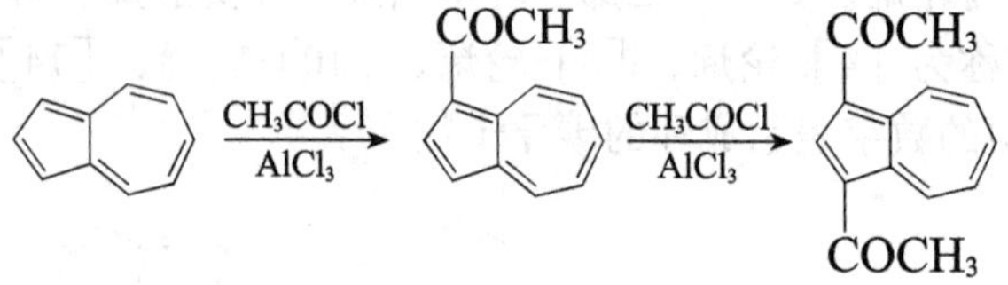

$\xrightarrow[AlCl_3]{CH_3COCl}$ ($COCH_3$) $\xrightarrow[AlCl_3]{CH_3COCl}$ ($COCH_3$, $COCH_3$)

阅读材料

神奇的富勒烯

众所周知，碳元素有两种同素异形体——金刚石、石墨。1970 年，日本科学家小泽预言，自然界中碳元素还应该有第三种同素异形体存在。1985 年，英国化学家哈罗德·

沃特尔·克罗托博士(Sir Harold Walter Kroto)和美国科学家理查德·埃里特·史沫莱(Sir Richard Errett Smalley)等人在氦气流中以激光气化蒸发石墨实验中首次制得由60个碳组成的碳原子簇结构分子 C_{60}(见图5.4)。经证实它属于碳的第三种同素异形体。为此，克罗托博士获得1996年度诺贝尔化学奖。

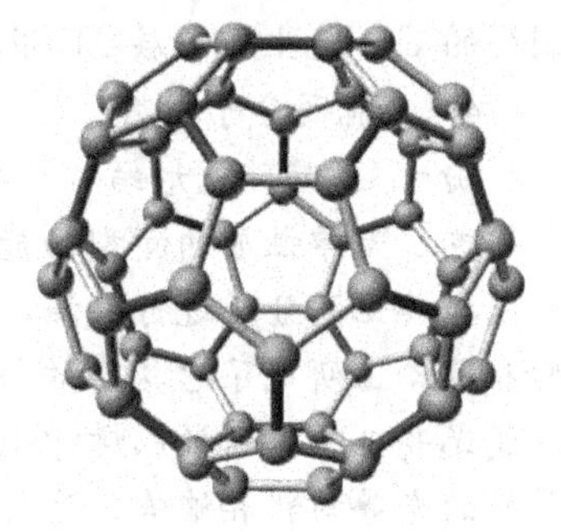

图5.4 C_{60}结构图

克罗托受建筑学家理查德·巴克明斯特·富勒(Richard Buckminster Fuller)设计的美国万国博览馆球形圆顶薄壳建筑的启发，认为 C_{60}可能具有类似球体的结构，因此将其命名为buckminster fullerene(巴克明斯特·富勒烯，简称富勒烯)。

富勒烯是一系列纯碳组成的原子簇的总称。它们是由非平面的五元环、六元环等构成的封闭式空心球形或椭球形结构的共轭烯。现已分离得到其中的几种，如 C_{60}和 C_{70}等。在若干可能的富勒烯结构中，C_{60}、C_{240}、C_{540}直径比为1∶2∶3。C_{60}的分子结构为球形32面体，它是由60个碳原子以20个六元环和12个五元环连接而成的，具有30个碳碳双键(C=C)的足球状空心对称分子，所以，富勒烯也被称为足球烯。

C_{60}分子具有芳香性，溶于苯呈酱红色。可用电阻加热石墨棒或电弧法使石墨蒸发等方法制得。以后又相继发现了 C_{44}、C_{50}、C_{76}、C_{80}、C_{84}、C_{90}、C_{94}、C_{120}、C_{180}、C_{540}等纯碳组成的分子，它们均属于富勒烯家族，其中 C_{60}的丰度约为50%，由于特殊的结构和性质，C_{60}在超导、磁性、光学、催化、材料及生物等方面表现出神奇的性能，得到广泛的应用。特别是1990年以来Kratschmer和Huffman等人制备出克量级的 C_{60}，使 C_{60}的应用研究更加全面、活跃。

1. 超导体

C_{60}分子本身是不导电的绝缘体，但当碱金属嵌入 C_{60}分子之间的空隙后，C_{60}与碱金属的系列化合物将转变为超导体，如 K_3C_{60}即为超导体，且具有很高的超导临界温度。与氧化物超导体比较，C_{60}系列超导体具有完美的三维超导性，电流密度大，稳定性高，易于展成线材等优点，是一类极具价值的新型超导材料。

2. 有机软铁磁体

与超导性一样，铁磁性是物质世界的另一种奇特性质。Allemand等人在 C_{60}的甲苯溶液中加入过量的强供电子有机物四(二甲氨基)乙烯(TDAE)，得到了 $C_{60}(TDAE)_{0.86}$的黑色微晶沉淀，经磁性研究后表明是一种不含金属的软铁磁性材料。居里温度为16.1K，高于迄今报道的其他有机分子铁磁体的居里温度。由于有机铁磁体在磁性记忆材料中有重要应用价值，因此研究和开发 C_{60}有机铁磁体，特别是以廉价的碳材料制成磁铁替代价格昂贵的金属磁铁具有非常重要的意义。

3. 光学材料

由于 C_{60}分子中存在的三维高度非定域(电子共轭结构使得它具有良好的光学及非线性光学性能。如它的光学限制性在实际应用中可作为光学限幅器。C_{60}还具有较大的非线性光学系数和高稳定性等特点，使其作为新型非线性光学材料具有重要的研究价值，有望在光计算、光记忆、光信号处理及控制等方面有所应用。还有人研究了 C_{60}化合物的倍频响应及荧光现象，基于 C_{60}光电导性能的光电开关和光学玻璃已研制成功。C_{60}与花生酸混合

制得的 C_{60}-花生酸多层LB膜具有光学累积和记录效应。

4. 功能高分子材料

由于 C_{60} 特殊笼形结构及功能，将 C_{60} 作为新型功能基团引入高分子体系，得到具有优异导电、光学性质的新型功能高分子材料。从原则上讲，C_{60} 可以引入高分子的主链、侧链或与其他高分子进行共混，Nagashima 等人报导了首例 C_{60} 的有机高分子 $C_{60}Pd_n$ 并从实验和理论上研究了它具有的催化二苯乙炔加氢的性能，Y. Wany 报道 C_{60}/C_{70} 的混和物渗入发光高分子材料聚乙烯咔唑(pvk)中，得到新型高分子光电导体，其光导性能可与某些最好的光导材料相媲美。这种光电导材料在静电复印、静电成像以及光探测等技术中有广泛应用。C_{60} 掺入聚甲基丙烯酸甲酯(PMMA)可成为很有前途的光学限幅材料。另外，C_{60} 掺杂的聚苯乙烯的光学双稳态行为也有报道。

5. 生物活性材料

Nelson 等人报道 C_{60} 对田鼠表皮具有潜在的肿瘤毒性。Baier 等人认为 C_{60} 与超氧阴离子之间存在相互作用。1993 年 Friedman 等人从理论上预测某些 C_{60} 衍生物将具有抑制人体免疫缺损蛋白酶 HIVP 活性的功效，而艾滋病研究的关键是有效抑制 HIVP 的活性。日本科学家报道一种水溶性 C_{60} 羧衍生物在可见光照射下具有抑制毒性细胞生长和使DNA开裂的性能，为 C_{60} 衍生物应用于光动力疗法开辟了广阔的前景。1994 年 Toniolo 等人报道一种水溶注 C_{60} 多肽衍生物，可能在人类单核白血球趋药性和抑制 HIV-1 蛋白酶两方面具有潜在的应用，黄文栋等人制得水溶性 C_{60} 脂质体，发现其对癌细胞具有很强的杀伤效应。中国台湾科学家报道多羟基 C_{60} 衍生物富勒醇具有吞噬黄嘌呤/黄嘌呤氧化酶产生的超氧阴离子自由基的功效，还对破坏能力很强的羟基自由基具有优良的清除作用。利用 C_{60} 分子的抗辐射性能，将放射性元素置于碳笼内注射到癌变部位能提高放射治疗的效力并减少副作用。

6. 其他应用

C_{60} 的衍生物 $C_{60}F_{60}$ 俗称“特氟隆”可作为“分子滚珠”和“分子润滑剂”在高技术发展中起重要作用。将锂原子嵌入碳笼内有望制成高效能锂电池。碳笼内嵌入稀土元素铕可望成为新型稀土发光材料。水溶性钆的 C_{60} 衍生物有望作为新型核磁造影剂。高压下 C_{60} 可转变为金刚石，开辟了金刚石的新来源。C_{60} 及其衍生物可能成为新型催化剂和新型纳米级的分子导体线、分子吸管和晶须增强复合材料。C_{60} 与环糊精、环芳烃形成的水溶性主客体复合物将在超分子化学、仿生化学领域发挥重要作用。

本章小结

1. 苯、萘、蒽、菲衍生物的构造异构和命名。

2. 苯、萘的结构：凯库勒构造式；用共振杂化理论、杂化轨道理论、分子轨道理论理解苯分子的结构。

3. 苯、萘、蒽的物理性质。

4. 单环芳烃的化学性质：

(1) 苯环上的亲电取代反应：卤化反应、硝化反应、磺化反应、傅-克反应。

(2) 加成反应：加氢、加氯。

(3) 氧化反应。

(4) 芳环侧链的反应：α-氢的取代反应和氧化反应。

5. 苯环上亲电取代反应的定位规则及应用：

(1) 两类定位基：邻、对位定位基和间位定位基。

(2) 定位规则的理论解释：电子效应和空间效应。

(3) 定位规则的应用：预测反应产物、指导选择合成路线。

6. 萘的化学性质：取代反应、加成反应、氧化反应、萘环上二元亲电取代反应的定位规则。

7. 休克尔规则判断非苯芳烃的芳香性。

习　　题

1. 写出分子式为 C_9H_{12} 的单环芳烃所有异构体，并命名。

2. 写出下列化合物的构造式。

(1) 邻溴苯酚　　(2) 间溴硝基苯　　(3) 对二硝基苯

(4) 9-溴菲　　(5) 4-硝基-1-萘酚　　(6) 3，5-二甲基苯乙烯

(7) β-蒽醌磺酸　　(8) α-萘磺酸　　(9) β-萘胺

(10) 邻硝基苯甲醛　　(11) 三苯甲烷　　(12) 1，7-二甲基萘

3. 命名下列化合物。

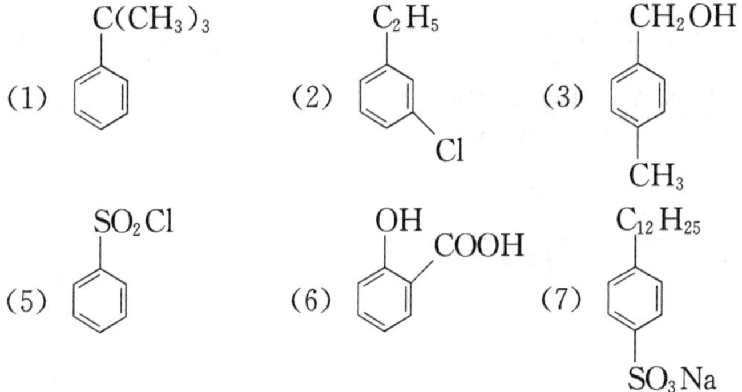

(3) CH_2OH / CH_3　　(4) $HC{=}CH_2$　　(7) $C_{12}H_{25}$ / SO_3Na

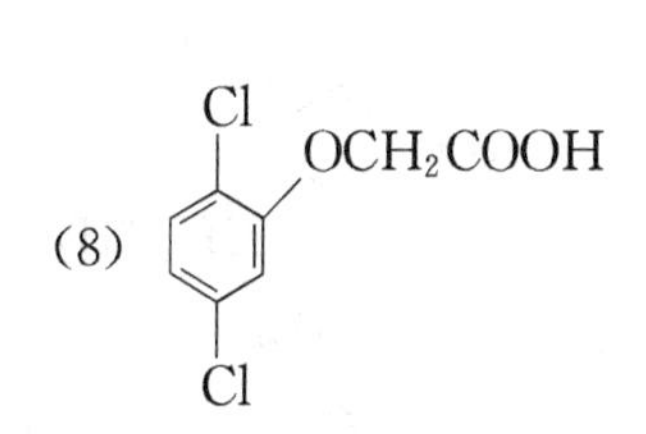

4. 用化学方法区别各组下列化合物。

(1) (A)　　(B)　　(C)　　(D)

(2) (A) $-CH_2CH_3$　　(B) $-CH{=}CH_2$　　(C) $-C{\equiv}CH$

5. 试将下列各组化合物按环上硝化反应的活泼性顺序排列。

(1) 苯，甲苯，间二甲苯，对二甲苯

(2) 苯，氯苯，硝基苯，甲苯

(3) 对苯二甲酸，甲苯，对甲苯甲酸，对二甲苯

(4) 氯苯，对氯硝基苯，2，4-二硝基氯苯

6. 用箭头号表示下列化合物发生硝化反应时硝基取代芳环上的位置。

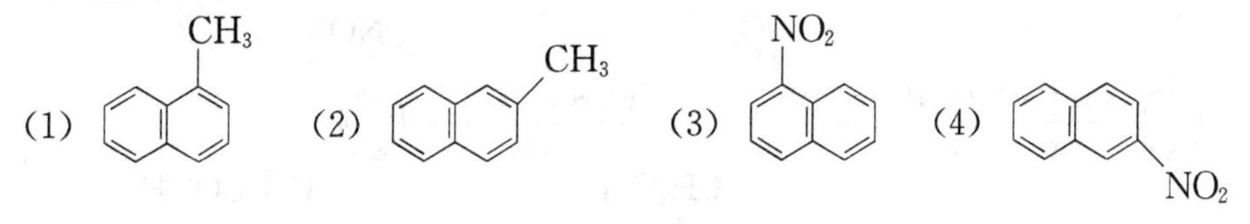

(5) 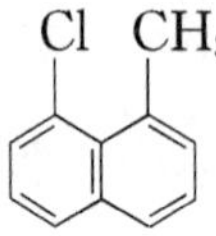 1-氯-8-甲基萘（Cl、CH_3） (6) 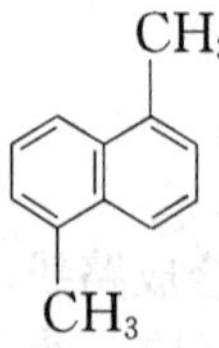 1,4-二甲基萘（CH_3、CH_3） (7) 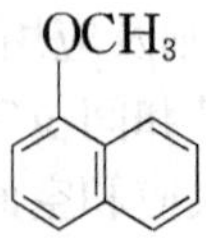 1-甲氧基萘（OCH_3） (8) H_3C、SO_3H 取代萘

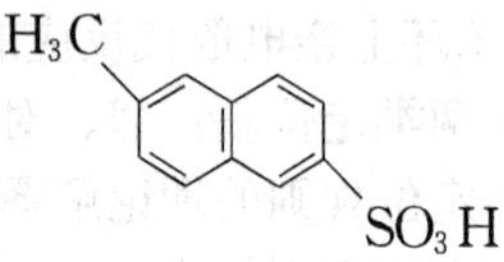

7. 试扼要写出下列合成步骤，所需要的脂肪族或无机试剂可任意选用。

(1) 甲苯→4-硝基-2-氯苯甲酸 (2) 苯→间溴苯甲酸

(3) 邻硝基乙苯→2-硝基-4-氯苯甲酸 (4) 对二乙苯→2-硝基-1，4-苯二甲酸

(5) 间二乙苯→5-硝基-1，3-苯二甲酸 (6) 苯甲醚→4-硝基-2，6-二氯苯甲醚

8. 完成下列各反应式。

(1) 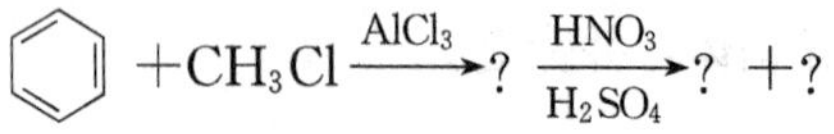 苯 $+CH_3Cl \xrightarrow{AlCl_3} ? \xrightarrow[H_2SO_4]{HNO_3} ? + ?$

(2) 苯 $+CH_3COCl \xrightarrow{AlCl_3} ? \xrightarrow[Fe]{Cl_2} ?$

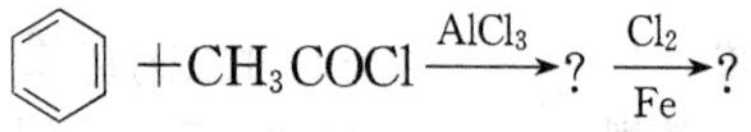

(3) 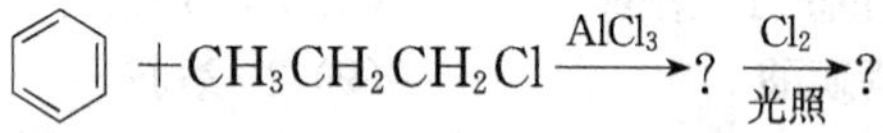 苯 $+CH_3CH_2CH_2Cl \xrightarrow{AlCl_3} ? \xrightarrow[光照]{Cl_2} ?$

(4) 苯$-C_2H_5 \xrightarrow[H_2SO_4]{(CH_3)_3COH} ? \xrightarrow[H_2SO_4]{KMnO_4} ?$

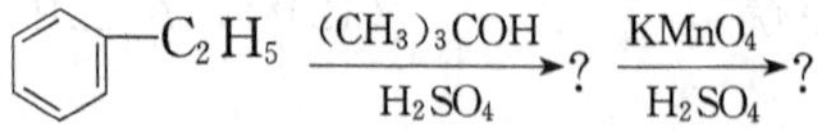

(5) 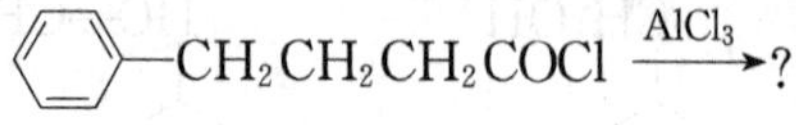 苯$-CH_2CH_2CH_2COCl \xrightarrow{AlCl_3} ?$

(6) 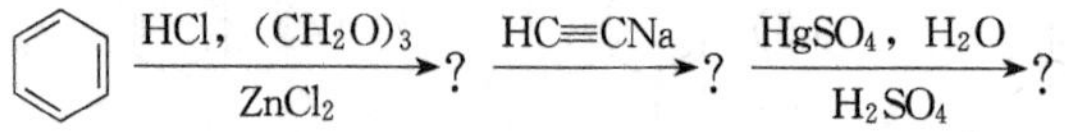 苯 $\xrightarrow[ZnCl_2]{HCl，(CH_2O)_3} ? \xrightarrow{HC\equiv CNa} ? \xrightarrow[H_2SO_4]{HgSO_4，H_2O} ?$

(7) 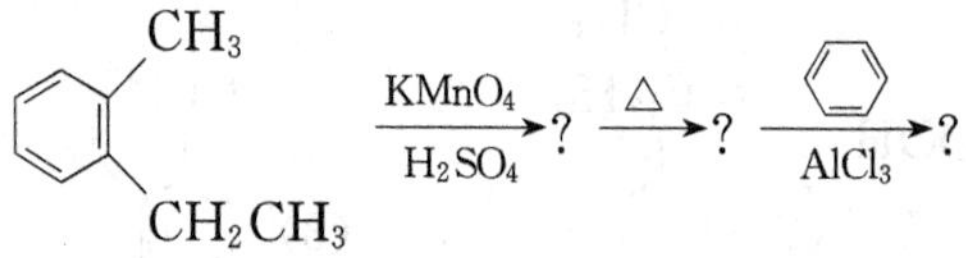 邻甲基乙苯（CH_3、CH_2CH_3） $\xrightarrow[H_2SO_4]{KMnO_4} ? \xrightarrow{\triangle} ? \xrightarrow[AlCl_3]{苯} ?$

(8) 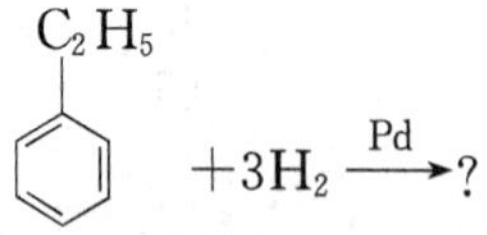 乙苯（C_2H_5） $+3H_2 \xrightarrow{Pd} ?$

9. 在浓硫酸的作用下，甲苯的两个主要磺化产物是什么？哪一个是动力学控制的产物？哪一个是热力学控制的产物？为什么？

10. 指出下列反应中的错误。

(1) 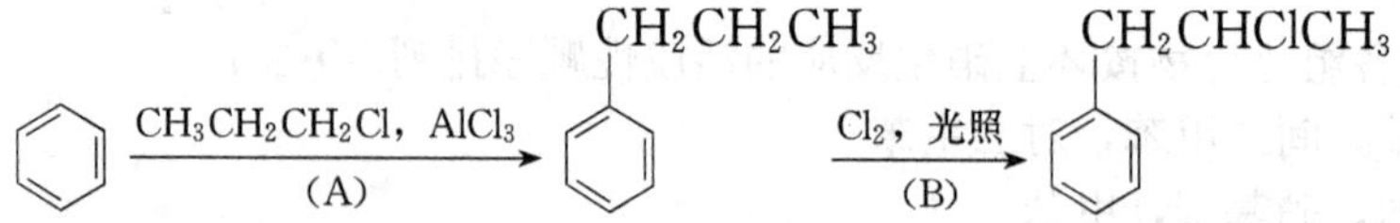 苯 $\xrightarrow[(A)]{CH_3CH_2CH_2Cl，AlCl_3}$ 苯$-CH_2CH_2CH_3$ $\xrightarrow[(B)]{Cl_2，光照}$ 苯$-CH_2CHClCH_3$

(2) 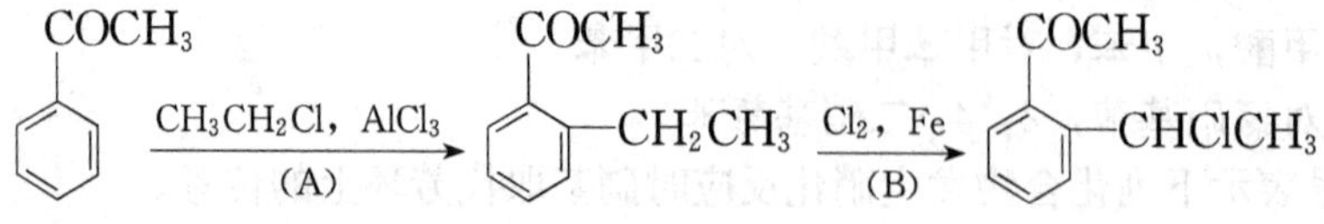 苯$-COCH_3$ $\xrightarrow[(A)]{CH_3CH_2Cl，AlCl_3}$ 邻位（$COCH_3$、$-CH_2CH_3$） $\xrightarrow[(B)]{Cl_2，Fe}$ 邻位（$COCH_3$、$-CHClCH_3$）

(3) 苯$-NO_2$ $\xrightarrow[(A)]{H_2C=CH_2，H_2SO_4}$ 间位（NO_2、CH_2CH_3） $\xrightarrow[(B)]{KMnO_4，H_2SO_4}$ 间位（NO_2、CH_2COOH）

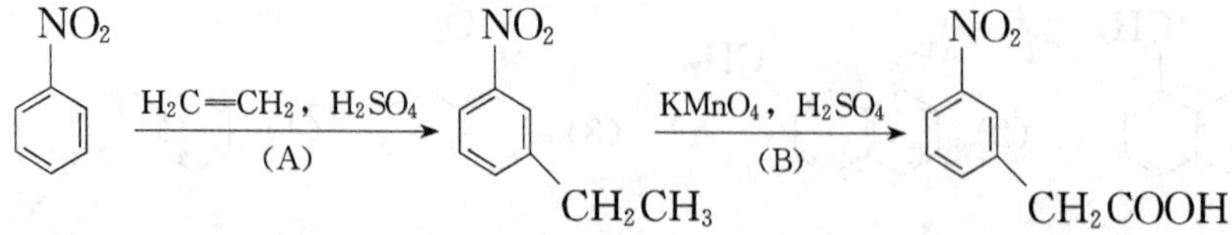

(4) 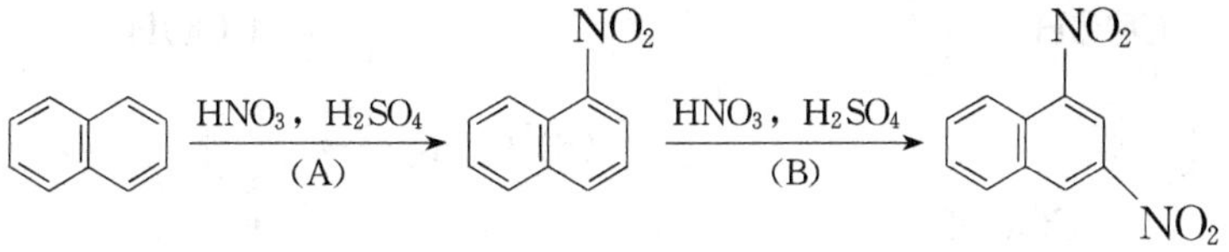 萘 $\xrightarrow[(A)]{HNO_3,\ H_2SO_4}$ 1-硝基萘（NO_2） $\xrightarrow[(B)]{HNO_3,\ H_2SO_4}$ 1,3-二硝基萘（NO_2，NO_2）

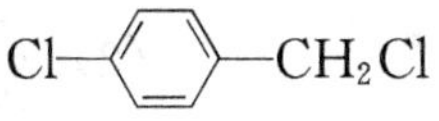

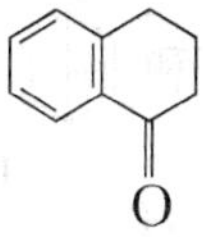

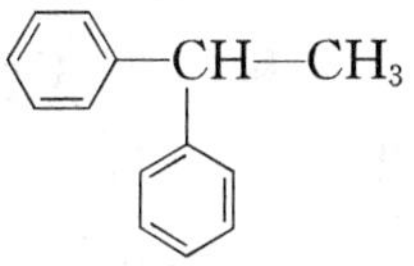

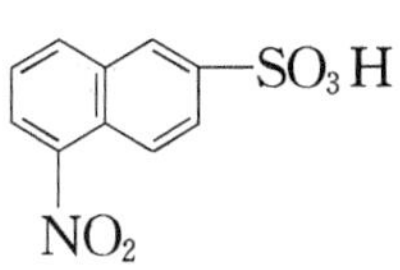

11. 以苯、甲苯、萘及其他必要的试剂合成下列化合物。

(1) 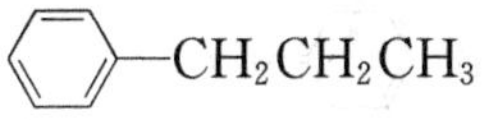 $C_6H_5-CH_2CH_2CH_3$　(2) $Cl-C_6H_4-CH_2Cl$（对位）　(3) α-四氢萘酮（C=O）

(4) $C_6H_5-CH(C_6H_5)-CH_3$　(5) 5-硝基-2-萘磺酸（$-SO_3H$，NO_2）　(6) 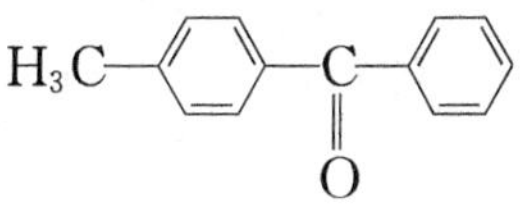 $H_3C-C_6H_4-C(=O)-C_6H_5$（对位）

(7) 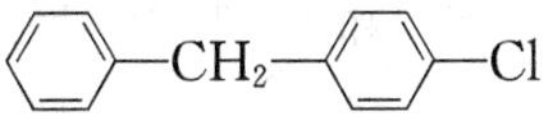 $C_6H_5-CH_2-C_6H_4-Cl$（对位）　(8) 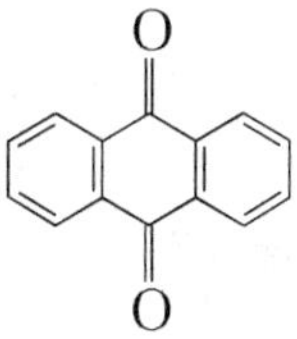 蒽醌（O，O）

12. 某烃的实验式为CH，相对分子质量为208，强氧化得苯甲酸，臭氧化分解产物得苯乙醛，试推测该烃的结构。

13. 四溴邻苯二甲酸酐是一种阻燃剂。它作为反应型阻燃剂，主要用于聚乙烯、聚丙烯、聚苯乙烯和ABS树脂等。试分别用萘、邻二甲苯及必要的试剂进行合成。

14. 甲苯中的甲基是邻、对位定位基，然而三氟甲苯中的三氟甲基是间位定位基。试解释此现象。

15. 在$AlCl_3$催化下苯与过量氯甲烷作用在0℃时产物为1，2，4-三甲苯，而在100℃时反应，产物却是1，3，5-三甲苯。为什么?

16. 某不饱和烃A的分子式为C_9H_8，它能和氯化亚铜氨溶液反应产生红色沉淀。化合物A催化加氢得到B(C_9H_{12})。将化合物B用酸性重铬酸钾氧化得到酸性化合物C($C_8H_6O_4$)。将化合物C加热得到D($C_8H_4O_3$)。若将化合物A和丁二烯作用则得到另一个不饱和化合物E。将化合物E催化脱氢得到2－甲基联苯。写出化合物A、B、C、D和E的构造式及各步反应方程式。

17. 苯甲酸硝化的主要产物是什么?写出该硝化反应过程中产生的活性中间体碳正离子的极限式和离域式。

18. 根据氧化得到的产物，试推测原料芳烃的结构。

(1) 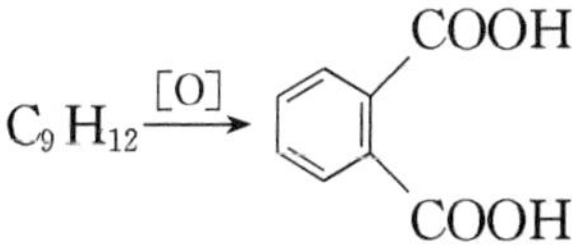 $C_9H_{12} \xrightarrow{[O]}$ 邻苯二甲酸（COOH，COOH）　(2) 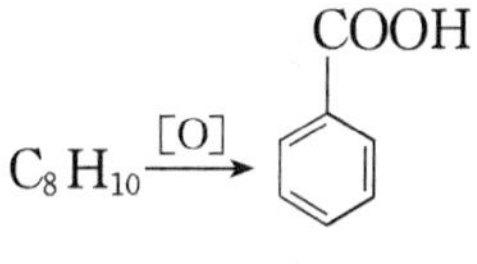 $C_8H_{10} \xrightarrow{[O]}$ 苯甲酸（COOH）

(3) 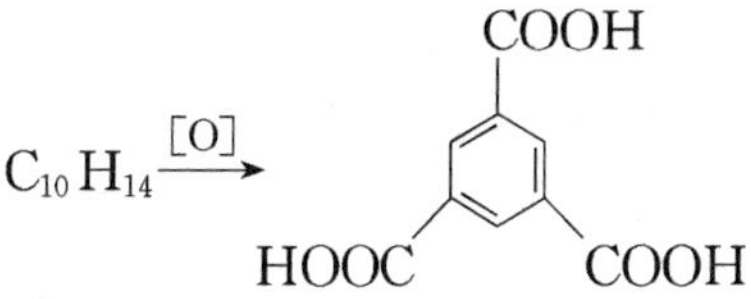 $C_{10}H_{14} \xrightarrow{[O]}$ 1,3,5-苯三甲酸（COOH，HOOC，COOH）　(4) 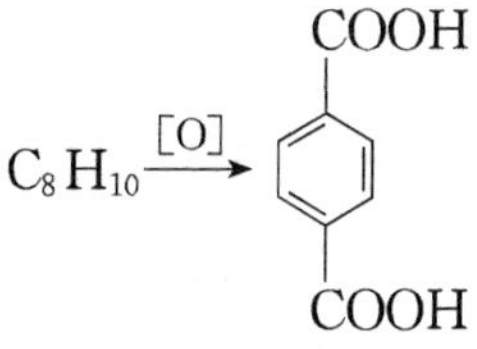 $C_8H_{10} \xrightarrow{[O]}$ 对苯二甲酸（COOH，COOH）

(5) $C_9H_{12} \xrightarrow{[O]}$ (间苯二甲酸，COOH、COOH)　　(6) $C_9H_{12} \xrightarrow{[O]}$ (苯甲酸，COOH)

19. 指出下列几对结构中，哪些是共振结构？

(1) 和　　(2) =O 和 =O

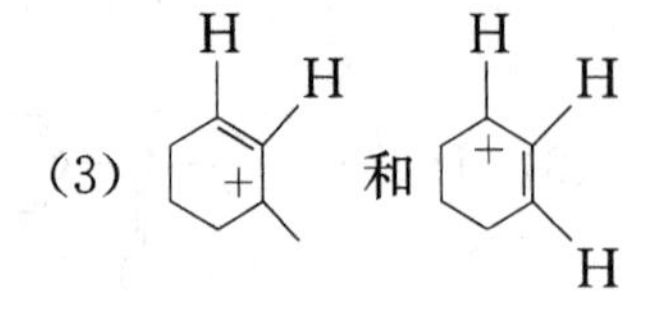

(3) 和　　(4) H_3C、CH_3、H、H，C=C 和 H_3C、H、H、CH_3，C=C

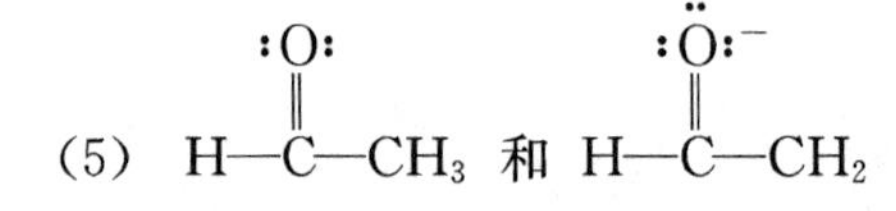

(5) H—C(=:Ö:)—CH_3 和 H—C(=:Ö:$^-$)—CH_2　　(6) C(=O)—O^- 和 C(—O^-)—O

20. 指出下列化合物中哪些具有芳香性？

(1)　　(2)　　(3)

(4)　　(5)　　(6)

(7)　　(8)　　(9)

(10)　　(11)　　(12)

第 6 章　对映异构

教学目标

了解研究有机化合物的一般步骤和方法。

掌握立体异构、光学异构、对称因素(主要指对称面、对称中心)、手性碳原子、手性分子、对映体、非对映体、外消旋体、内消旋体等基本概念。

掌握书写费歇尔投影式的方法。

掌握构型的D、L和R、S标记法。

掌握判断分子手性的方法。

了解外消旋体的拆分方法。

教学要求

知识要点	能力要求	相关知识
物质的旋光性	(1) 了解平面偏振光和旋光性的含义 (2) 掌握旋光仪的工作原理	旋光度、比旋光度
手性和对称因素	(1) 掌握手性和手性分子的判断 (2) 理解对称因素和手性关系	
含手性碳原子的化合物的对映异构	(1) 掌握书写费歇尔投影式的方法 (2) 掌握构型的D、L和R、S标记法 (3) 掌握判断分子手性的方法	费歇尔投影式 D、L和R、S标记法
不含手性碳原子的化合物的对映异构	(1) 了解丙二烯型化合物的对映异构 (2) 了解联苯型化合物的对映异构	
外消旋体的拆分	了解外消旋体的拆分方法	

早在19世纪人们就发现许多天然的有机化合物如樟脑、酒石酸等晶体有旋光性，而且即使溶解成溶液仍具有旋光性，这说明它们的旋光性不仅与晶体有关，而且与分子结构有关。

1848年巴斯德［L. Pasteur(1822—1895)］在研究酒石酸钠铵的晶体时，发现无旋光性的酒石酸钠铵是两种互为镜像不同的晶体的混合物。他用一只放大镜和一把镊子，细心地、辛苦地、把混合物分成两小堆：一小堆是右旋的晶体，另一小堆是左旋的晶体，很像是在柜台上分开乱堆在一起的右手套和左手套一样。虽然原先的混合物是没有旋光性的，现在各堆晶体溶于水以后都是有旋光性的！并且，两个溶液的比旋光度完全相等，但旋光方向相反。就是说，一个溶液使平面偏振光向右旋转，而另一个溶液以相同的度数使平面偏振光向左旋转。这两个物质的其他性质都是相同的。

6.1 物质的旋光性

分子结构一般包括三方面的内容：构造、构象和构型。构造是指分子中原子的连接顺序，分子式相同但各原子成键顺序不同的化合物称为构造异构体。构象和构型是指在构造式相同的分子中各原子在空间的排列，对于空间排布不同的异构体，凡是能经过单键旋转相互转化的属于构象异构，不能相互转化的属于构型异构。在构型异构中除了已经学过的顺反异构外，还有一种重要的异构现象称为对映异构。异构现象是有机化学中存在着的极为普遍的现象。其异构现象可归纳如下：

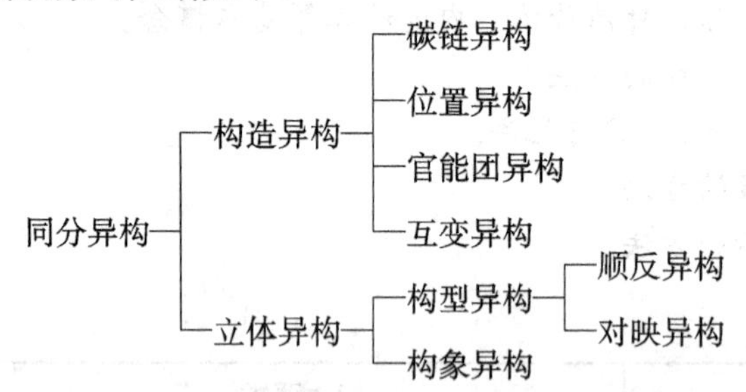

对映异构是指分子式、构造式相同，构型不同，互呈镜像对映关系的立体异构现象。

对映异构体之间的物理性质和化学性质基本相同，只是对平面偏振光的旋转方向(旋光性能)不同。

6.1.1 平面偏振光和旋光性

1. 平面偏振光

光波是一种电磁波，它的振动方向与前进方向垂直。普通光的光波可在垂直于它前进方向的任何可能的平面上振动，如图 6.1 所示。

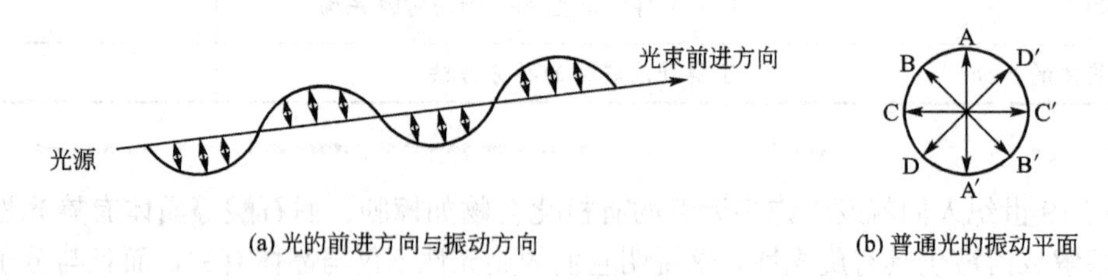

(a) 光的前进方向与振动方向　　(b) 普通光的振动平面

图 6.1 光的传播

如果在光前进的方向上放一个 Nicol(尼科耳)棱镜，那么只有振动方向与 Nicol 棱镜的晶轴互相平行的光线才能透过棱镜，而在其他平面上振动的光线则被挡住(见图 6.2)。这种只在一个平面上振动的光称为平面偏振光，简称偏振光。

如果把两个 Nicol 棱镜放在眼睛和一个光源之间，且两个棱镜的晶轴互相平行，则通过第一个棱镜的射线也可通过第二个棱镜，看到的是透明的；若两个棱镜的晶轴互相垂直，则通过第一个棱镜的射线就不能通过第二个棱镜，看到的是不透明的。

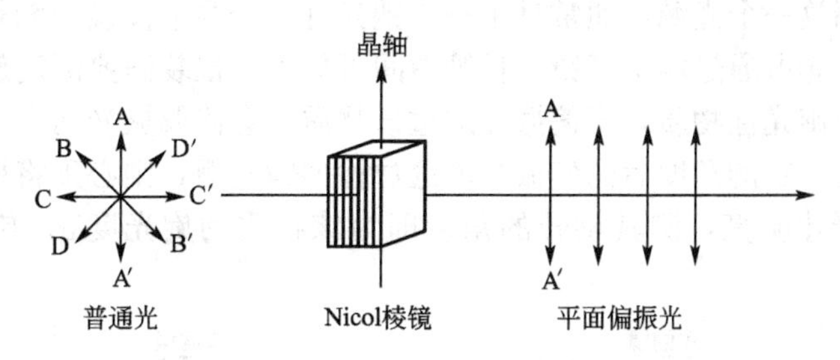

图 6.2 普通光与平面偏振光示意图

2. 物质的旋光性

当偏振光穿过某些液体或溶解态的有机化合物时，如葡萄糖溶液、酒石酸溶液等，偏振光的振动方向会发生改变，即能使偏振光的振动平面旋转一定角度，物质的这种性质称为旋光性或光学活性，具有旋光性的物质称为旋光性物质或光学活性物质，如图 6.3 所示。

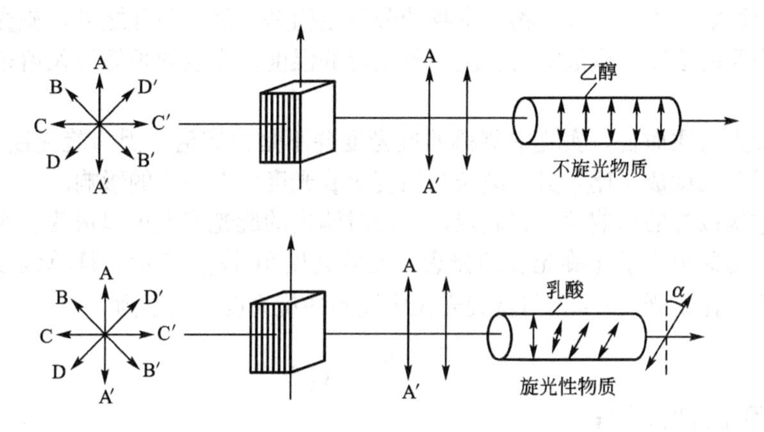

图 6.3 物质的旋光性

有些旋光性物质把偏振光的振动平面向右(顺时针方向)转动，如从自然界中得到的葡萄糖，是右旋物质，用(+)或 d 表示，(+)－葡萄糖表示右旋葡萄糖；有些旋光性物质把偏振光的振动平面向左(逆时针方向)转动，如从自然界中得到的果糖就是左旋物质，用(－)或 l 表示，(－)－果糖表示左旋果糖。(+)、(－)或 d、l 只表示旋光物质的旋光方向，没有其他意义。使偏振光振动平面旋转的角度称为旋光度，用 α 表示。

水、乙醇、乙酸等不能使偏振光的振动平面产生旋转的物质就不具有光学活性，称为非旋光物质或非光学活性物质。

6.1.2 旋光仪和比旋光度

1. 旋光仪

旋光物质的旋光能力可用旋光仪进行测定和比较。旋光仪主要部分是一个两端装有 Nicol 棱镜的长管子，一端的棱镜轴是固定的，这个棱镜称为起偏镜，另一端是一个可以旋转的棱镜，称为检偏镜。检偏镜和一个刻有 180°刻度的圆盘相连，零点在圆盘的右面中部。起偏镜的外端放一个光源，通常是用一个钠光灯。若两个棱镜的轴是平行的，即圆盘的刻度指向零点，光可通过两个棱镜。长管中间可放入一根装满要测定旋光性物质溶液的玻璃管。若管中为旋光性物质，当偏振光透过该物质时会使偏振光向左或右旋转一定的角度，如果要使旋转一定的角度后的偏振光能透过检偏镜光栅，则必须将检偏镜旋转一定的角度，目镜处视野才明亮，测其旋转的角度即为该物质的旋光度 α。旋光仪工作原理如图 6.4 所示。

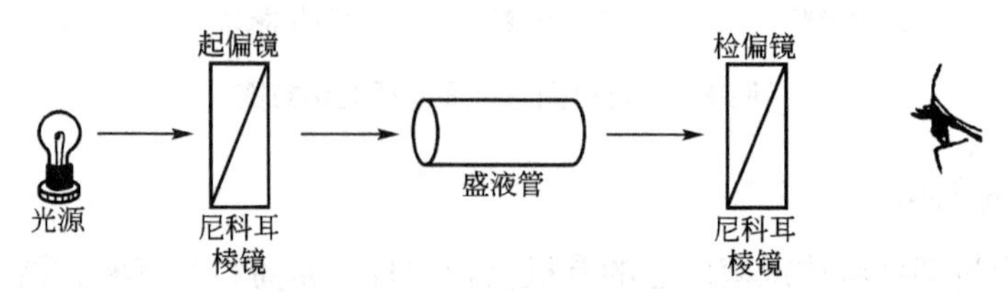

图 6.4 旋光仪工作原理

2. 比旋光度

旋光度的影响因素有很多，物质本身的分子结构是内因，除此之外，旋光度的大小还和管内所放物质的浓度、盛液管的长度、测定时的温度、光波的长短以及溶剂的性质等因素有关。

就某一旋光物质而言，实验中测得的旋光度并不是恒定值。因为旋光度与物质的量、光线通过的线路长度成正比，另外波长与温度对旋光度也有一定的影响。

若能把结构以外的影响因素都固定，则此时测出的旋光度就可以成为一个旋光物质所特有的常数。为此提出了比旋光度的概念。比旋光度用 $[\alpha]_\lambda^t$ 表示，是单位浓度和单位长度下的旋光度。比旋光度 $[\alpha]_\lambda^t$ 与从旋光仪中读到的旋光度 α 关系为

$$[\alpha]_\lambda^t=\frac{\alpha}{L\times C}$$

式中：t——测定温度(℃)；

λ——光源的波长(一般用钠光 D 线，波长为 589.3nm)；

L——盛液管的长度(dm)；

C——溶液的质量浓度(g/mL)，纯液体的质量浓度为该物质的密度。

当物质溶液的质量浓度为 1g/mL，盛液管的长度为 1dm 时，所测物质的旋光度即为比旋光度。若所测物质为纯液体，计算比旋光度时，只要把公式中的 C 换成液体的密度即可。

所用溶剂不同也会影响物质的旋光度。若不用水作溶剂，需注明溶剂的名称，例如，右旋的酒石酸在 5%的乙醇中其比旋光度为：$[\alpha]_\lambda^{20}=+3.79$(乙醇，5%)。

与熔点、沸点、相对密度和折光率等一样，比旋光度也是旋光性物质的一种物理常数，可以用来鉴定未知旋光化合物的旋光方向和旋光能力的大小，以及确定已知旋光性化合物的纯度。

练习 6－1 从粥样硬化动脉中分离出来的胆甾醇 0.5g 溶解于 20mL 氯仿，并放入 1dm 的测量管中，测得旋光度－0.76°。求其比旋光度。

6.2 手性和对称因素

6.2.1 手性与手性分子

人的左右手互为实物和镜像，相像但不能重合，这种性质称为手性(见图 6.5)。任何物体都有它的镜像，一个有机分子在镜子内也会出现相应的镜像。实物与镜像的相应部位到镜面具有相等的距离。实物与镜像的关系称为对映关系。

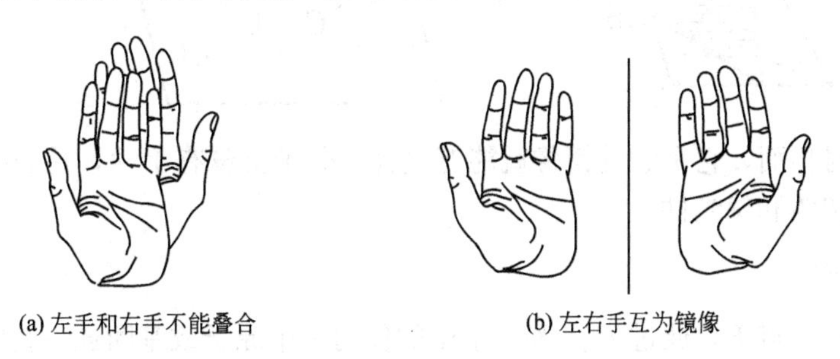

(a) 左手和右手不能叠合　　(b) 左右手互为镜像

图 6.5　手性

以乳酸 $CH_3C^*HOHCOOH$ 为例，该分子的立体形状是一个正四面体。在此分子中，C^* 连有四个不同的基团，分别为—H、—OH、—COOH 和—CH_3。沿碳氢键看过去，乳酸有两种不同构型，如图 6.6 所示，不能完全重叠，呈实物与镜像关系。

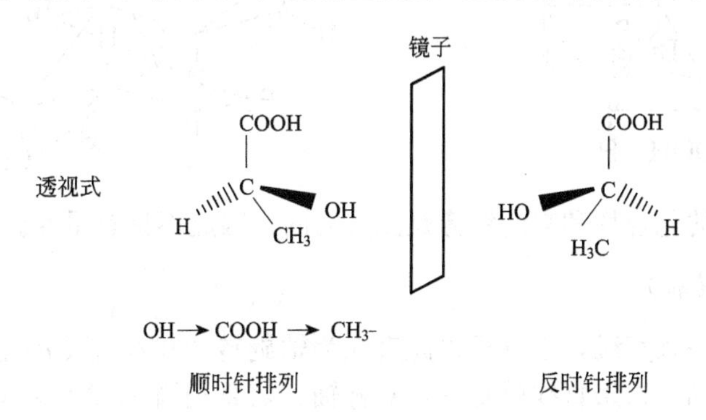

图 6.6　乳酸两个对映体的空间排列

物质分子互为实物和镜像关系(像左手和右手一样)，彼此不能完全重合的特征，称为分子的手性。

具有手性(不能与自身的镜像重合)的分子称为手性分子。

分子中连有四个各不相同基团的碳原子称为手性碳原子(或手性中心)，用 C^* 表示。

凡是含有一个手性碳原子的有机化合物分子都具有手性，是手性分子。

6.2.2 对称因素

物质具有手性就有旋光性和对映异构现象。但是含有手性碳原子的物质不一定具有旋光性。手性与分子结构的对称性有关，即分子是否具有手性取决于它的对称性。如果一个分子具有对称面、对称中心，那么该分子没有手性；反之，如果一个分子没有对称面、对称中心，那么该分子具有手性。

1. 对称面

假如有一个平面可以把分子分割成两部分，其中一部分正好是另一部分的镜像，那么这个平面就是分子的对称面。如：

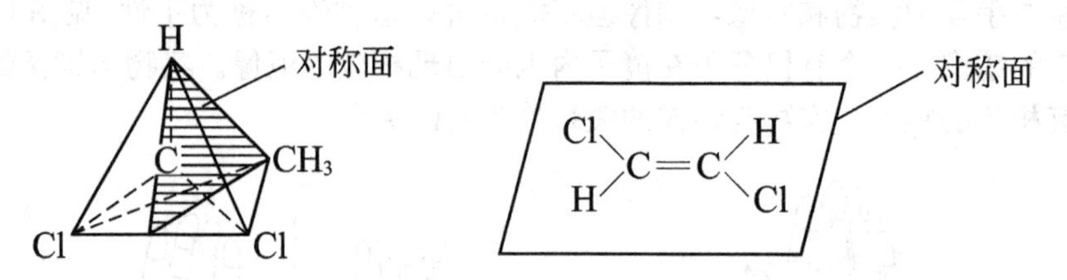

分子中有对称面，它和它的镜像就能够重合，分子就没有手性，是非手性分子，因而它没有对映异构体和旋光性。

2. 对称中心

若分子中有一点 P，通过 P 点和分子中的任何一个原子或基团连一直线，并将此直线向相反方向延长，在距 P 点等距离处均有相同的原子或基团，则 P 点称为该分子的对称中心。如：

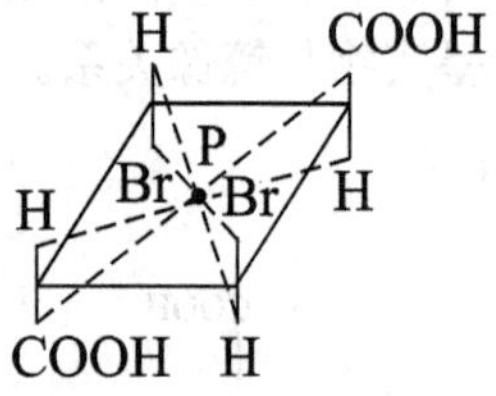

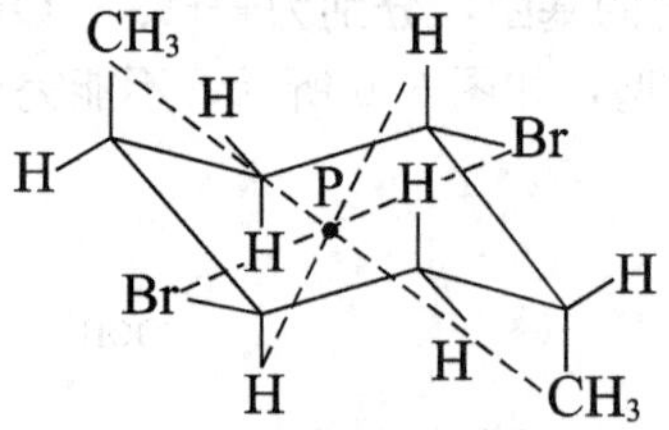

具有对称中心的化合物和它的镜像是能重合的，因此不具有手性。

3. 对称轴(旋转轴)

设想分子中有一条直线，当分子以此直线为轴旋转 360°/n 后(n=正整数)，得到的分子与原来的分子相同，这条直线就是 n 重对称轴。如 2-丁烯有 2 重对称轴。

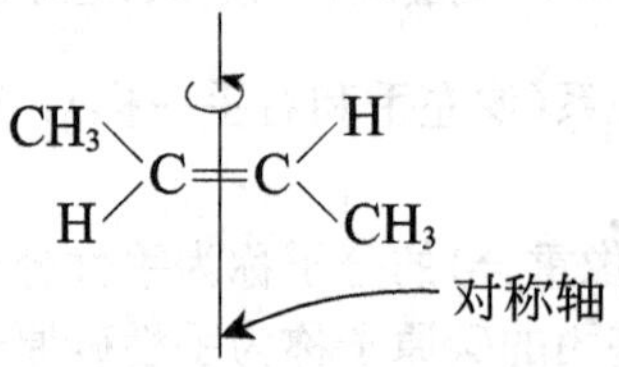

对称轴的有无对分子是否具有手性没有决定作用。

练习 6-2 环烷烃随着环上取代基的增加，顺反异构体的数目也相应增多。试写出 1，2，3，4-四甲基环丁烷的所有顺反异构体。

6.3 含有一个手性碳原子的化合物的对映异构

6.3.1 对映体

1. 对映体

凡是手性分子，必有互为镜像的构型。分子的手性是存在对映体的必要和充分条件。互为镜像的两种构型的异构体称为对映体。一对对映体的构造相同，只是立体结构不同，这种立体异构就称为对映异构。如乳酸是手性分子，故有对映体存在。

对映异构体都有旋光性，其中一个是左旋的，一个是右旋的。所以对映异构体又称为旋光异构体。

一对对映体之间物理性质和化学性质一般都相同，比旋光度的数值相等，仅旋光方向相反。在手性环境条件下，对映体会表现出某些不同的性质，如反应速度有差异、生理作用的不同等。

2. 外消旋体

等量的左旋体和右旋体的混合物称为外消旋体，一般用(±)来表示，外消旋体与对映体的比较如表 6－1 所示。

表 6－1 外消旋体与对映体的比较(以乳酸为例)

项目	旋光性	熔点/℃	化学性质	生理作用
外消旋体	不旋光	18	基本相同	各自发挥其作用
对映体	旋光	53	基本相同	旋体的生理功能

6.3.2 分子构型的表示方法

对映体的构型可用立体构造式(楔形式和透视式)和费歇尔(Fischer)投影式表示。

1. 立体构造式

立体构造式表示如下：

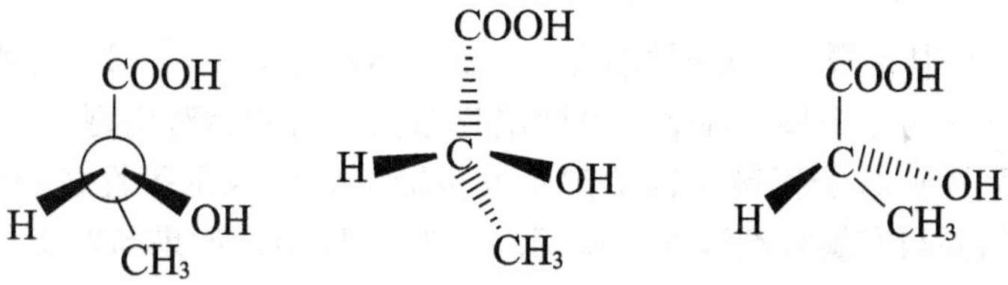

COOH　H　OH　CH_3　　COOH　H　C　OH　CH_3　　COOH　C　H　OH　CH_3

乳酸　　楔形式　　透视式

优点：形象生动，一目了然
缺点：书写不方便

2. Fischer 投影式

为了便于书写和进行比较，对映体的构型常用 Fischer 投影式表示。Fischer 投影式是用平面形式来表示具有手性碳原子的分子立体模型的式子，如图 6.7 所示。

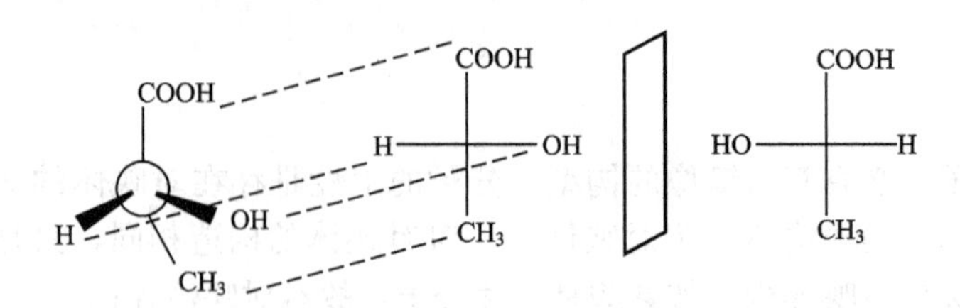

图 6.7　乳酸对映体的 Fischer 投影式

Fischer 投影的规定是把手性碳原子置于纸面，并以横线与竖线的交叉点表示这个手性碳原子；将含有碳原子的基团尽量写在竖线上，编号最小的碳原子写在竖线上端；横线表示与手性碳原子相连的两个键，指向纸面的上方，竖线表示指向纸面的下方。

Fischer 投影式的转换原则：不能离开纸平面翻转，若翻转 180°变成其对映体；也不能在纸平面上旋转 90°、270°，在纸面上转动 180°构型不变；任意两个基团调换偶数次，构型不变；任意两个基团调换奇数次，构型改变；保持 1 个基团固定，而把其它三个基团顺时针或逆时针地调换位置，构型不变。

6.3.3　分子构型的命名方法

旋光异构体的命名方法通常有两种：相对构型的表示方法(D、L 标记法)和绝对构型的表示方法(R、S 标记法)。

1. 相对构型——D、L 标记法

以甘油醛($CH_2OHCHOHCHO$)为对照标准进行标记。右旋甘油醛的构型被定为 D 型，左旋甘油醛的构型定为 L 型。

D-甘油醛	L-甘油醛	D-乳酸	L-乳酸
CHO	CHO	COOH	COOH
H—┼—OH	HO—┼—H	H—┼—OH	HO—┼—H
CH_2OH	CH_2OH	CH_3	CH_3

以甘油醛这种人为的构型为标准，再确定其他化合物的相对构型——关联比较法。利用反应过程中与手性碳原子直接相连的键不发生断裂，以保证手性碳原子构型不发生变化。其他化合物如果与右旋甘油醛的构型相同，则为 D 型；如果与左旋甘油醛构型相同，则为 L 型。

构型的标记只表示构型，不表示旋光方向。命名时，如果要将构型和旋光方向都表示的话，则应记为如下形式：D-(+)-甘油醛；L-(−)-甘油醛；D-(−)-乳酸；L-(+)-乳酸。

$$\begin{array}{c}CHO\\ H-\!\!\!+\!\!\!-OH\\ CH_2OH\end{array}\xrightarrow{HgO}\begin{array}{c}COOH\\ H-\!\!\!+\!\!\!-OH\\ CH_2OH\end{array}\xleftarrow{HNO_2}\begin{array}{c}COOH\\ H-\!\!\!+\!\!\!-OH\\ CH_2NH_2\end{array}\xrightarrow{NaNO_2+2HBr}\begin{array}{c}COOH\\ H-\!\!\!+\!\!\!-OH\\ CH_2Br\end{array}\xrightarrow{Na-Hg}\begin{array}{c}COOH\\ H-\!\!\!+\!\!\!-OH\\ CH_3\end{array}$$

D-(+)-甘油醛　　　　　　　　　　　　　　　　　D-(-)-乳酸

D-L标记法较方便，但只能标记一个手性碳原子。对含有多个手性碳原子的化合物，这种标记不合适，有时甚至会产生名称上的混乱。

2. 绝对构型——R、S标记法

绝对构型是根据手性碳原子所连接的四个基团在空间的排列来标记的。R、S标记法与Z、E标记法有相同之处，也是首先要确定与手性碳原子相连的四个原子或基团优先排列的次序。排列的次序也与Z、E标记法的规定相同。

把排序最小的基团放在离观察者眼睛最远的位置，观察其余三个基团由大→中→小的顺序，若是顺时针方向，则其构型为R(拉丁文Rectus的字头，右的意思)，若是逆时针方向，则构型为S（拉丁文Sinister，左的意思)。

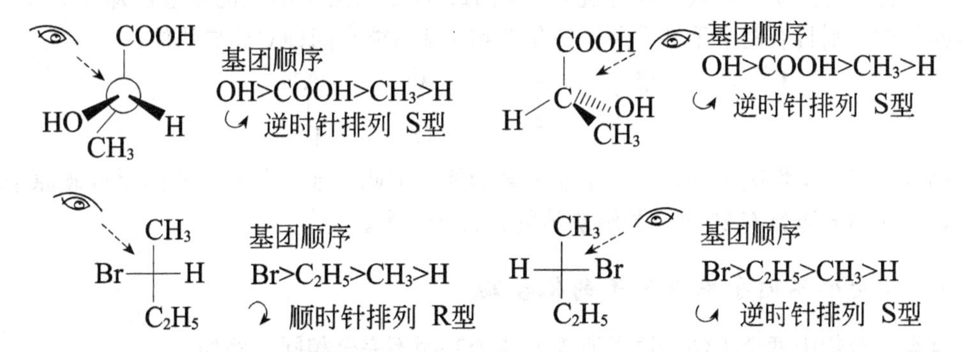

快速判断Fischer投影式构型的方法：

(1) 当最小基团位于横线时，若其余三个基团由大→中→小为顺时针方向，则此投影式的构型为S，反之为R。

(2) 当最小基团位于竖线时，若其余三个基团由大→中→小为逆时针方向，则此投影式的构型为R，反之为S。

命名时将手性碳原子的位次连同构型写在括号里。

实例：

$$\begin{array}{c}COOH\\ H-\!\!\!+\!\!\!-OH\\ CH_3\end{array}$$

优先顺序：$OH>COOH>CH_3>H$

命名为：(R)-2-羟基丙酸

$$\begin{array}{c}Cl\\ C_2H_5-\!\!\!+\!\!\!-CH_3\\ H\end{array}$$

优先顺序：$Cl>C_2H_5>CH_3>H$

命名为：(S)-2-氯丁烷

(3) 对于含两个或两个以上手性碳原子化合物的投影式，也可按同样方法，对每一个手性碳原子命名，然后注明各标记的是哪一个碳原子。

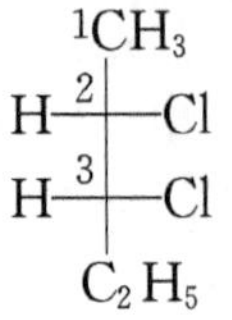

$^{1}CH_3$
H—C2—Cl　　对于 C2：$Cl>CHClC_2H_5>CH_3>H$　　S 构型
H—C3—Cl　　对于 C3：$Cl>CHClCH_3>C_2H_5>H$　　R 构型
C_2H_5　　命名为：(2S，3R)-2，3-二氯戊烷

练习 6-3　将下列化合物改写成 Fischer 投影式，并标出手性碳原子构型。

(1) 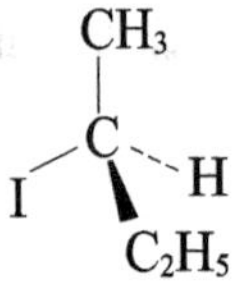 CH_3、I、H、C_2H_5 连于 C　　(2) 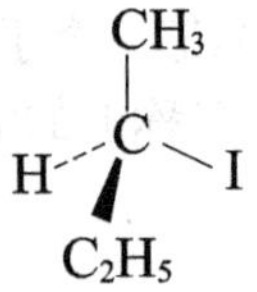 CH_3、H、I、C_2H_5 连于 C

6.4　含有两个手性碳原子的化合物的对映异构

从前面的讨论已知，含一个手性碳原子的化合物有一对对映体，那么含有两个手性碳原子的化合物有多少个对映异构体呢？如用 A、B 表示两个不同的手性碳原子，R、S 表示两种构型，则具有两个手性碳原子的化合物 AB 可能有四种立体异构体：

A^R—B^R　　A^S—B^S　　A^R—B^S　　A^S—B^R

那么有三个手性碳原子则有八个立体异构体。依此类推，含 n 个不同手性碳原子的化合物，对映体的数目有 2^n 个，外消旋体的数目 2^{n-1} 个。

6.4.1　含两个不同手性碳原子的化合物

这类化合物中两个手性碳原子所连的四个基团不完全相同。例如：

CH_3—CH(Br)—CH(Br)—CH_2CH_3	COOH—CH(OH)—CH(Cl)—COOH	CH_3—CH(OH)—CH(C_6H_5)—CH_3
2，3-二溴戊烷	2-羟基-3-氯丁二酸（氯代苹果酸）	3-苯基-2-丁醇

以氯代苹果酸为例来讨论，其 Fischer 投影式如下：

不呈实物与镜像关系的立体异构体称为非对映体。分子中有两个以上手性中心时，就有非对映异构现象。

非对映异构体的特征：①物理性质不同(熔点、沸点、溶解度等)；②比旋光度不同；③旋光方向可能相同也可能不同；④化学性质相似，但反应速度有差异。

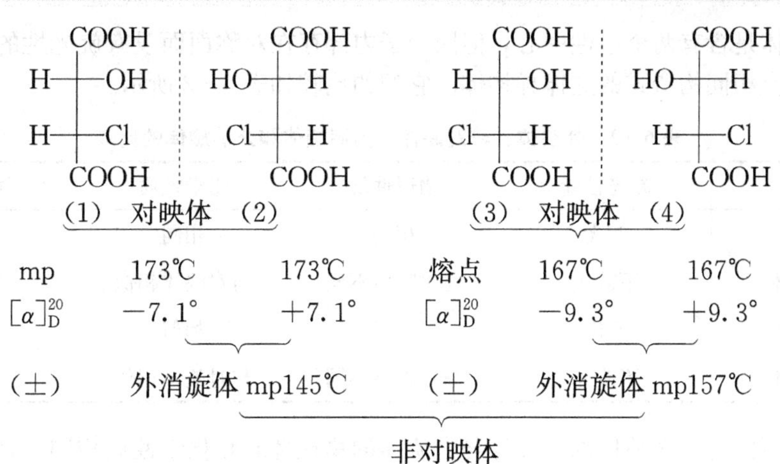

6.4.2 含两个相同手性碳原子的化合物

当两个手性碳原子相同时，情况不尽相同。如酒石酸、2，3-二氯丁烷等分子中含有两个相同的手性碳原子。

$$HOOC-\overset{*}{C}H(OH)-\overset{*}{C}H(OH)-COOH$$

酒石酸

$$CH_3-\overset{*}{C}H(Cl)-\overset{*}{C}H(Cl)-CH_3$$

2，3-二氯丁烷

同上讨论，酒石酸也可以写出四种对映异构体

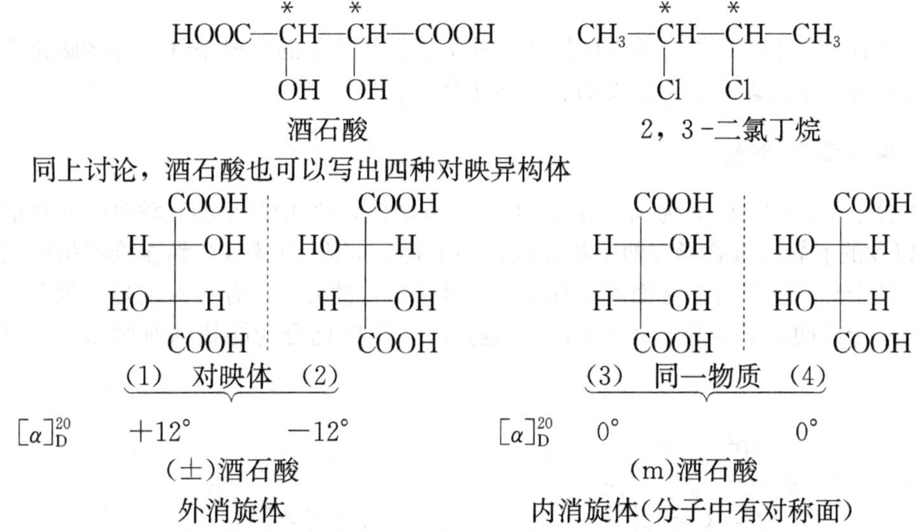

(3)、(4)为同一物质，若将(3)在纸面上旋转180°即可与(4)重合。(3)和(4)分子中都有对称面，两个手性碳原子的构型是相反的，故旋光能力相互抵消，分子无旋光性，这种分子称为内消旋体，用m表示，m是希腊字头meso的首字母。内消旋体是非手性分子，尽管分子中含有手性碳原子。内消旋体和旋光异构体是非对映体。内消旋体没有旋光性的原因是分子内手性碳的旋光能力相抵消，它不能拆分为两个具有旋光性的对映体，这与外消旋体不同。因此，含两个相同手性碳原子的化合物只有三个立体异构体，少于 2^n 个，外消旋体数目也少于 2^{n-1} 个。

从内消旋酒石酸可以看出，含两个手性碳原子的化合物，分子不一定是手性的。故不能说含手性碳原子的分子一定有手性。

6.4.3 对映体、非对映体、内消旋体和外消旋体的比较

对映体分为左旋体和右旋体。它们都是纯化合物。等量对映体的混合物称为外消旋

体；内消旋体是含有两个手性中心，但因分子内部存在对称面而没有旋光性的化合物；非对映体是具有相同构造式的立体异构体。它们的比较如表 6-2 所示。

表 6-2 外映体、非对映体、内消旋体和外消旋体的比较

项目	旋光性能	物理性质	化学性质	讨论对象
对映体	旋光	相同	相同	纯物质
外消旋体	不旋光	与对映体不同	与对映体相似	混合物
非对映体	不定	不同	相似	纯物质
内消旋体	不旋光	与对映体不同	与对映体相似	纯物质

应该注意的是，对映体的左旋体与右旋体的物理性质和化学性质相同，是对普通试剂而言，如果在手性溶剂中，左旋体与右旋体的物理性质和化学性质(如溶解度、相对密度、折光率等)是不相同的。如果与手性试剂反应，左旋体与右旋体的化学性质也不同。

6.5 不含手性碳原子的化合物的对映异构

实际上化合物分子中是否有手性碳原子，并不是手性分子的必要条件。有些旋光性物质的分子并不含有手性碳原子，常见的有下列几类。

6.5.1 丙二烯型化合物

丙二烯分子中，C1 及 C3 为 sp^2 杂化，C2 为 sp 杂化，C2 中两个相互垂直的 p 轨道分别与 C1 和 C3 的 p 轨道重叠形成两个相互垂直的 π 键。如果 C1 和 C3 都连接不相同的两个基团时，整个分子就没有对称面和对称中心，是一个手性分子，存在对映异构现象。但是如果任何一端或两端的碳原子连有相同的基团时，这些化合物能找到对称面，没有旋光性。

sp^2 sp

(a)(b)C=C=C(a)(b)　　(a)(b)C=C=C(b)(b)

有手性　　　　无手性

如 2，3-戊二烯就已分离出对映异构体。

CH_3 H C C C CH_3 H　|　CH_3 H C C C CH_3 H

6.5.2 联苯型化合物

在联苯分子中，两个苯环可以绕中间的单键旋转，但如果在苯环的邻位上引入体积较大的基团时，两个苯环绕单键的旋转就会受到阻碍，以致使两个苯环不能在同一个平面上

而呈现一定的角度。

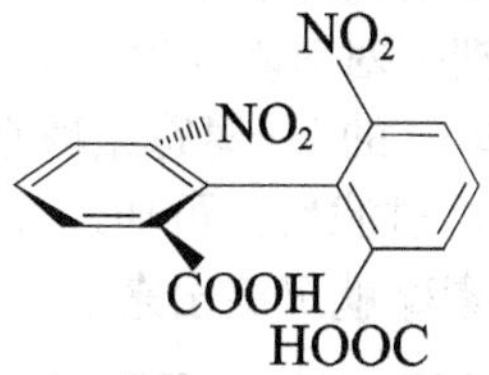

如果每个苯环邻位上连接的两个大体积取代基不相同时，整个分子找不到对称面和对称中心，存在对映异构体。假若一个苯环或两个苯环所连的两个取代基相同，这时分子就有对称面而没有旋光性。

6.6 外消旋体的拆分

多数旋光性物质是从自然界生物体中获得的。如果在实验室中用非旋光性物质合成旋光物质(除了用特殊方法——不对称合成以外)，得到的多数是外消旋体，即左旋体和右旋体各50%的混合物，因此，要获得纯的旋光异构体需要经过拆分。由于对映体的一般物理性质和化学性质都相同(除对旋光性试剂作用外)。外消旋体没有旋光活性。因为外消旋体中左旋体和右旋体旋光方向相反，但旋光能力(即旋光度)相等，所以，左旋体与右旋体等量混合时，总的效果是无旋光性。与其他任意两种物质的混合物不同，外消旋体有固定的物理常数，其物理性质与对映体不同，但是化学性质基本相同。例如左旋乳酸和右旋乳酸的熔点均为53℃，但外消旋乳酸的熔点为18℃。外消旋体中对映体的各种物理性质都相同。所以，用一般的物理方法，如分馏、重结晶等方法不能将它们分开。但是，用特殊的方法可以把外消旋体拆分为有旋光活性的左旋体和右旋体。

拆分的方法有很多，一般有下列几种。

1. 机械拆分法

利用外消旋体中对映体的结晶形态上的差异，借用肉眼直接辨认或通过放大镜进行辨认，而把两种结晶体挑捡分开。此法要求结晶形态有明显的不对称性，且结晶大小适宜。此法比较原始，目前极少应用，只有在实验室中少量制备时偶尔采用。

2. 微生物拆分法

某些微生物或它们所产生的酶，对于对映体中的一种异构体有选择性的分解作用。利用微生物或酶的这种性质可以从外消旋体中把一种旋光体拆分出来。此法缺点是在分离过程中，外消旋体至少有一半被消耗掉了。

3. 选择吸附拆分法

用某种旋光性物质作为吸附剂，使之选择性地吸附外消旋体中的一种异构体，这样就可以达到拆分的目的。

4. 诱导结晶拆分法

在外消旋体的过饱和溶液中，加入一定量的一种旋光体的纯晶体作为晶种，于是溶液中该种旋光体含量较多，且在晶种的诱导下优先结晶析出。将这种结晶滤出后，则另一种旋光体在滤液中相对较多。再加入外消旋体制成过饱和溶液，于是另一种旋光体优先结晶析出。如此反复进行结晶，就可以把一对对映体完全分开。

例如，100g 的 DL-氯霉素碱和 1g 的 D-氯霉素碱在 80℃时溶于 100mL 水中，冷却到 20℃，沉淀出 1.9g 的 D-氯霉素碱，过滤后，再加入 2g 的 DL-氯霉素碱到滤液中，加热到 80℃，冷却后，2.1g 的 L-氯霉素碱就沉淀出来了。

$$O_2N-C_6H_4-\underset{\large OH}{\underset{|}{CH}}-\underset{\large NH-\underset{\underset{\large O}{\|}}{C}-CHCl_2}{\underset{|}{CH}}-CH_2OH \qquad \text{氯霉素}$$

5. 化学拆分法

这种方法应用最广。其原理是将对映体转变成非对映体，然后用一般方法分离。外消旋体与无旋光性的物质作用并结合后，得到的仍是外消旋体。但若使外消旋体与旋光性物质作用，得到的就是非对映体的混合物。非对映体具有不同的物理性质，可以用一般的分离方法把它们分开。最后再把分离所得的两种衍生物分别变回原来的旋光化合物，即达到了拆分的目的。用来拆分对映体的旋光性物质，通常称为拆分剂。不少拆分剂是由天然产物中分离提取获得的。化学拆分法最适用于酸或碱的外消旋体的拆分。例如，对于外消旋碱，拆分的步骤可用通式表示如下：

$$2(+1)\text{-}RCOOH + \underset{\text{外消旋体}}{(\pm)\text{-}R'NH_2} \longrightarrow \underset{\text{非对映体混合物}}{\boxed{\begin{array}{l}(+)\text{-}RCOOH\cdot(+)\text{-}R'NH_2\\(+)\text{-}RCOOH\cdot(-)\text{-}R'NH_2\end{array}}}$$

重结晶：

$$(+)\text{-}RCOOH\cdot(+)\text{-}R'NH_2 \xrightarrow{NaOH} (+)\text{-}RCOONa + (+)\text{-}R'NH_2$$

$$(+)\text{-}RCOOH\cdot(-)\text{-}R'NH_2 \xrightarrow{NaOH} (+)\text{-}RCOONa + (-)\text{-}R'NH_2$$

拆分碱时，常用的旋光性酸是酒石酸、樟脑-β-磺酸等。拆分酸时，常用的旋光性碱主要是生物碱，如(−)-奎宁、(−)-马钱子碱、(−)-番木鳖碱等。

拆分既非酸又非碱的外消旋体时，可以设法在分子中引入酸性基团，然后按拆分酸的方法进行拆分。也可选用适当的旋光性物质与外消旋体作用形成非对映体的混合物，然后分离。例如拆分醇时，可使醇先与丁二酸酐或邻苯二甲酸酐作用生成酸性酯：

$$C_6H_4(CO)_2O + ROH \longrightarrow C_6H_4(COOR)(COOH)$$

再将这种含有羧基的酯与旋光性碱作用生成非对映体后分离。或者使醇与旋光性酰氯作用，形成非对映的酯的混合物，然后分离。

$$(-)\text{-薄荷基}-NHSO_2-C_6H_4-COCl$$

又如拆分醛酮时，可使醛酮与如下的旋光性的肼作用，然后分离。

$$(-)\text{-薄荷基肼：环己烷环上带甲基、异丙基及} NH-NH_2$$

还可以用生化的方法拆分外消旋体。有机体的酶对它的底物具有非常严格的空间专一反应性能。如：

$$DL-CH_3-\underset{NH_2}{\underset{|}{CH}}-COOH \longrightarrow CH_3-\underset{NHCOCH_3}{\underset{|}{CH}}-COOH \xrightarrow[\text{水解}]{\text{酶（由猪肾内取得）}} H_2N-\underset{CH_3}{\underset{|}{\overset{COOH}{\overset{|}{C}}}}-H + H-\underset{CH_3}{\underset{|}{\overset{COOH}{\overset{|}{C}}}}-NHCOCH_3$$

外消旋丙氨酸　　外消旋乙酰丙氨酸　　L-(+)-丙氯酸（溶于乙醇）　D-(−)-乙酰丙氨酸（不溶于乙醇）

合成的DL丙氨酸经乙酰化后，通过一个由猪肾内取得的一种酶，水解L型丙氨酸的乙酰化物的速度要比D型的快得多。因此就可以把DL乙酰化物变为L-(+)-丙氨酸和D-(−)-乙酰丙氨酸，由于二者在乙醇中的溶解度区别很大，可以很容易地分开。

阅读材料

对映异构与药物活性

作为有机物的药物分子，按结构可分为非特异性结构和特异性结构药物。前者的药效与化学结构无直接关系，一般认为是通过物理化学过程起作用，稍微改变其化学结构，对生物作用的影响不明显。而后者的药效主要与化学结构有关，这些药物通常需与机体内三维结构的受体相契合而产生药理效应。除了其他因素(药物吸收、分布、代谢和排泄机制)外，药物分子的立体结构(构型、构象等)往往会直接影响到药效。

在生物体中具有重要生理意义的有机化合物绝大多数都是旋光性质的，并仅以一个对映体存在。例如，在生物体中构成蛋白质的α-氨基酸都是L构型，天然存在的单糖则多为D构型。DNA都是右螺旋结构。因此，含手性中心药物的对映体的生物活性往往存在很大差异。在手性药物中，活性高的对映体称为优对映体(eutomer)，而活性低或无活性的对映体称为劣对映体(distomer)。在许多情况中，劣对映体不仅没有药效，而且还会部分抵消优对映体药效，有时甚至还会产生严重的毒、副反应。

对映异构体的生物活性强度存在差异是较普遍现象。例如氯苯吡胺(扑尔敏，chlorpheni-ramine)右旋体的抗组胺作用比左旋体强100倍。

有时两个对映体具有完全相反药理作用。各种巴比妥类药物的抗惊厥、镇静和惊厥作用在一定程度上互不相关，但对某些药物来说，这些作用的相对程度不同，主要取决于其中的一种或另一种对映体的药理性质。最明显的例子为4-(1，3-二甲丁基)-5-乙基巴比妥酸(DMBB)它的S-(−)-异构体是抗惊厥药，而R-(+)-异物体却是强效惊厥药。

1-甲基-5-苯基-5-丙基巴比妥酸(DPPB)两个对映体的生物活性也完全相反，R-

(—)-体有镇静作用，而S-(+)-体则有惊厥作用。

太胺哌啶酮(反应停，Thalidomide)在20世纪60年代初在欧洲用作治疗妊娠反应风行一时，但却带来了灾难性后果，妊娠早期妇女服用此药发生了数千例短肢畸胎。研究证明，致畸作用是由S-异构体所致。仅S-异构体能代谢成致畸的S-N-邻苯二甲酰谷氨酰胺和S-N-邻苯二甲酰谷氨酸，而R-异构体是安全的。

还有青霉胺(Penicillamine)的D-型体是代谢性疾病和铅、汞等重金属中毒的良好治疗剂，但它的L-型体会导致骨髓损伤、嗅觉和视觉衰退以及过敏反应等。临床上只能用D-青霉胺。

又如麻黄碱(Ephedrine)能收缩血管增高血压。临床用作血管收缩药和平喘药，而其对映体伪麻黄碱(Seudophedrine)的上述作用较弱，临床用作减轻鼻和支气管充血的支气管的扩张药。许多药物生物活性的发挥除与分子的构型有关外，也与它们的分子构象密切相关。

本章小结

1. 手性是指实物与其镜像不能重合的性质，只有手性分子才有旋光异构现象。

2. 物质旋光能力的大小用旋光度表示，旋光能力用比旋光度进行比较。

3. 判断分子是否具有手性，通常是只要分子中既没有对称面又没有对称中心，就可以断定是手性分子。

4. 分子有手性的最基本因素是含有手性碳原子，即含有和四个不同原子或基团相连的碳原子。分子构型常用D、L和R、S表示。

5. 旋光异构体常用费歇尔投影式书写：用十字线的交叉点表示手性碳原子，碳链放在竖线上，其他原子或基团放在水平线上。规定水平线所连基团表示伸出纸平面向上，竖直线水平线所连基团表示伸出纸平面向下。

习　题

1. 下列各化合物可能有几个旋光异构体？若有手性碳原子，用“*”号标出。

(1) $CH_3CH{=}CHCH_3$

(2) $CH_3CH(OH)CH_2CH_3$

(3) 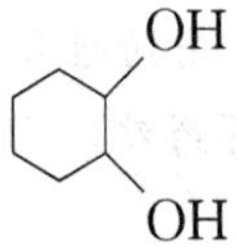 环己烷-1,2-二醇（OH, OH）

(4) 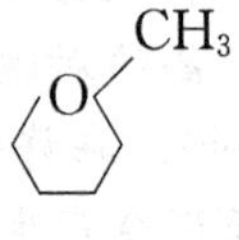 2-甲基四氢吡喃（O, CH_3）

(5)

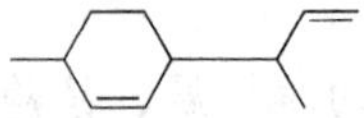

(6) 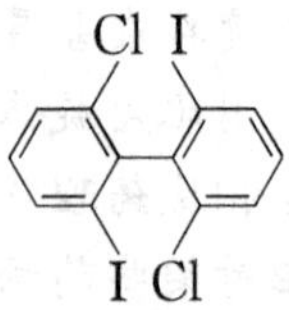 Cl I / I Cl（联苯）

2. 写出下列各化合物的费歇尔投影式。

(1) (S)-2-溴丁烷

(2) (R)-2-氯-1-丙醇

(3) (S)-2-氨基-3-羟基丙酸

(4) (3S)-2-甲基-3-苯基丁烷

(5) (2S，3R)-2，3，4-三羟基丁醛　(6) (2R，3R)-2，3-二羟基丁二酸

3. 写出下列各化合物的所有对映体的费歇尔投影式，指出哪些是对映体，哪些是非对映体，哪个是内消旋体，并用R、S标记法确定手性碳原子的构型。

(1) 2，3-二溴戊烷　(2) 2，3-二氯丁烷

(3) 3-甲基-2-戊醇　(4) 3-苯基-3-溴丙烯

4. 指出下列各组化合物是对映体，非对映体，还是相同分子？

(1) CH_3 / H—OH / C_2H_5　　OH / H_3C H / H CH_3 / H

(2) COOH / H—C—OH / H—C—CH_3 / OH　　H OH / OH C / H—C COOH / CH_3

(3) CH_3 / H—$NHCH_3$ / HO—H / C_6H_5　　H OH / CH_3 C / C_6H_5 / H C $NHCH_3$

(4) COOH / C / CH_3 C_2H_5 CH_2OH　　COOH / C / C_2H_5 CH_2OH CH_3

(5) CH_3 / CH_3 COOH / H C_2H_5 / H　　C_2H_5 / H CH_3 / H_3C H / COOH

(6) COOH / H_3C—H / C_2H_5　　H / H_3C—COOH / C_2H_5

(7) CH_3 / H—C—OH / HO—C—H / CH_3　　CH_3 / H OH / H OH / CH_3

(8) COOH / H_3C—C—C_2H_5 / Br　　CH_3 / H_3C Br / H H / COOH

5. D-(+)-甘油醛经氧化后得到(-)-甘油酸，后者的构型为D构型还是L构型？

6. 丙烷进行溴代反应时，生成四种二溴丙烷A、B、C和D，其中C具有旋光性。当进一步溴代生成三溴丙烷时，A得到一种产物，B得到二种产物，C和D各得到三种产物。写出A、B、C和D的构造式。

7. 写出分子量最低的手性烷烃的所有对映体的费歇尔投影式，用R、S标记法确定手性碳原子的构型。

8. 用适当的立体结造式表示下列化合物，指出其中哪些是内消旋体？

(1) (R)-α-溴代乙苯

(2) (S)-甲基异丙基醚

(3) (S)-2-戊醇

(4) (2R，3R，4S)-2，3-二氯-4-溴己烷

(5) (S)-$CH_2OH-CHOH-CH_2NH_2$

(6) (2S，3R)-1，2，3，4-四羟基丁烷

9. 某醇$C_5H_{10}O$(A)具有旋光性，催化加氢后得到的醇$C_5H_{12}O$(B)没有旋光性。试写

出 A、B 的构造式。

10. 某旋光性物质(A)，和 HBr 反应后，得到两种异构体(B)、(C)，分子式为 $C_7H_{12}Br_2$。(B)有旋光性，(C)无旋光性。(B)和一分子 $(CH_3)_3CONa$ 反应得到(A)，(C)和一分子 $(CH_3)_3CONa$ 反应得到是无旋光性的混合物，(A)和一分子 $(CH_3)_3CONa$ 反应得到 C_7H_{10} (D)。(D)进行臭氧化反应再在锌粉存在下水解，生成两分子甲醛和一分子 1，3 -环戊二酮。试推断 A、B、C、D 的立体构造式及各步反应方程式。

第7章 卤 代 烃

教学目标

掌握卤代烃的分类、同分异构和命名法。

掌握卤代烃的化学性质。

掌握卤代烃的亲核取代反应(S_N1、S_N2)机理和影响亲核取代反应的因素。

掌握卤代烃的消除反应(E_1、E_2)机理、影响消除反应的因素。

理解 S_N1 和 S_N2、E_1 与 E_2 历程的竞争。

理解不饱和卤代烃的三种类型及反应活性。

掌握卤代烃的常见制备方法。

教学要求

知识要点	能力要求	相关知识
卤代烃的分类和命名	(1) 掌握卤代烃的分类的分类方法 (2) 掌握卤代烃系统命名法的要点	烷烃的系统命名法
卤代烃的物理性质	(1) 了解卤代烃的物理性质 (2) 理解卤代烃偶极矩、沸点大小比较方法	电负性概念
卤代烃的化学性质	(1) 掌握卤代烃常见的亲核取代反应 (2) 掌握卤代烃的消除反应和查依采夫规则 (3) 掌握卤代烃与活泼金属的反应 (4) 掌握格氏试剂的反应和应用	查依采夫规则
亲核取代反应的机理	(1) 掌握卤代烃的亲核取代反应(S_N1、S_N2)机理 (2) 掌握 S_N1、S_N2 反应的特征 (3) 掌握 S_N1、S_N2 反应的影响因素	立体化学
消除反应的机理	(1) 掌握卤代烃的消除反应(E1、E2)机理 (2) 掌握 E1、E2 反应的特征 (3) 掌握 E1、E2 反应的影响因素	立体化学
卤代烯烃和卤代芳烃	理解不饱和卤代烃的三种类型及反应活性	共轭理论
卤代烃的制备	掌握卤代烃的常见制备方法	

烃分子中的一个或几个氢原子被卤素原子取代后的化合物，称为卤代烃，简称卤烃，可用 RX 或 ArX 表示，X 代表氟、氯、溴、碘四种元素。氟代烃在制备、性质和用途上均有别于其他三种卤代烃，因此，氟代烃通常单独讨论。本章重点讨论常见的氯代烃、溴代

烃和碘代烃。

卤代烃中因 C—X 键是极性键，性质较活泼，能发生多种化学反应，转化成各种其他类型的化合物，所以引入卤素原子，往往是改造分子性能的第一步加工，在有机合成中起着桥梁的作用。同时，卤代烃在工业、农业、医药和日常生活中都有广泛的应用。

7.1 卤代烃的分类和命名

7.1.1 卤代烃的分类

依据不同的分类方法，卤代烃的分类主要有四种。

(1) 根据卤素原子连接烃基的不同，卤代烃可分为卤代烷烃、卤代烯烃和卤代芳烃。

卤代烷烃 CH_3Cl CH_3CH_2Br $CH_3CH(CH_3)CH_2Cl$

卤代烯烃 $H_2C{=}CHCl$ $H_2C{=}CHCH_2Cl$ $CH_3CH{=}CHCH_2CH_2Br$

卤代芳烃 C_6H_5Br $C_6H_5CH_2Cl$ 2-碘萘

(2) 根据卤素原子连接碳原子级数的不同，卤代烃可分为一级卤代烃、二级卤代烃和三级卤代烃，也分别称为伯(1°)、仲(2°)、叔(3°)卤代烃，它们的化学活性不同，并呈现一定的规律。

$R—CH_2—X$	$R_2CH—X$	$R_3C—X$
一级卤代烃	二级卤代烃	三级卤代烃
伯(1°)卤代烃	仲(2°)卤代烃	叔(3°)卤代烃

(3) 根据卤代烃分子中卤素原子的种类不同分为氟代烃、氯代烃、溴代烃和碘代烃。

(4) 按分子中卤素原子数目多少的不同，可分一元卤代烃、二元卤代烃和三元卤代烃等。其中，二元和二元以上的卤代烃统称为多元卤代烃。

7.1.2 卤代烃的命名

简单的卤代烃，人们常用习惯命名法命名，即把卤代烃看成是烃基和卤素结合而成的化合物来命名，称为某烃基卤或卤代某烃。如：

CH_3Cl	CH_3CH_2Br	$(CH_3)_3CCl$	$CH_3CH_2CHBrCH_3$	C_6H_{11}—Br	C_6H_5—CH_2Cl
氯甲烷	溴乙烷	叔丁基氯	仲丁基溴	环己基溴	氯化苄(苄氯)

多元卤代烃大多有一些俗称，如三卤甲烷又叫卤仿。此外，对称、不对称、偏、均等词头也常见于卤代烃的命名之中。

$CHCl_3$ 氯仿　　$CHBr_3$ 溴仿　　CH_2ClCH_2Cl 对称二氯乙烷　　CH_3CHCl_2 不对称二氯乙烷　　$CHCl=CHCl$ 均二氯乙烯　　$CH_2=CCl_2$ 偏二氯乙烯

卤代烃的系统命名法是以烃为母体，卤素原子作为取代基。卤代烷烃的系统命名法要点如下：

(1) 选主链。选择含有卤素原子的最长碳链为主链，把支链和卤素看成取代基，按照主链中所含碳原子数称为“某烷”。

(2) 编号。主链碳原子的编号从靠近支链的一端开始，当主链连有两个取代基其一为卤素原子时，由于在立体化学次序规则中，卤素原子优于烷基，应给予卤素原子连接的碳原子以较大的编号。

(3) 写全名。将取代基的位置和名称写在主链烷烃名称之前，即为全名。取代基排列的先后次序应按立体化学中的次序规则列出，“较优”基团列在后面。取代基排列的次序是：烷基、氟、氯、溴、碘。

$CH_3-CH_2-CH(Br)-CH(Cl)-CH_2-CH_3$　3-氯-4-溴己烷

$CH_3-CH_2-CH(Cl)-CH_2-CH(CH_3)-CH_2-CH_3$　3-甲基-5-氯庚烷

$CH_3-CH_2-C(Cl)(CH_3)-CH(CH_2CH_3)-CH(Cl)-CH_2-CH_3$　3-甲基-4-乙基-3，5-二氯庚烷

$CH_3-CH_2-CH_2-CH_2-C(Cl)(CH_2CH_2CH_3)-CH(I)-CH(F)-CH_3$　4-丙基-2-氟-4-氯-3-碘辛烷

卤代烯烃和芳卤代烃的命名一般以烯烃和芳烃为母体，卤素原子作为取代基。

$CH_2=CHCH_2Br$　3-溴-1-丙烯

$CH_2=CHCH(CH_3)CH_2Cl$　3-甲基-4-氯-1-丁烯

（环己烯基—Cl）3—氯环己烯

（苯环邻位 —CH_3、—Br）2—溴甲苯

对于侧链卤代芳烃，常以烷烃为母体，将卤素原子和芳环都作为取代基。

$C_6H_5-CH_2CH_2Br$　1-苯基-2-溴乙烷

$C_6H_5-CH(CH_3)CH_2Cl$　2-苯基-1-氯丙烷

练习7-1　写出分子式为 $C_5H_{11}Cl$ 的所有同分异构体，指出其中1°、2°、3°卤代烃的类型，并指出哪些具有光学活性。

7.2　卤代烃的物理性质

常温常压下，卤代烃(氟代烃除外)中，除氯甲烷、氯乙烷、溴甲烷、氯乙烯和溴乙烯是气体外，其他常见的一元卤烷均为无色液体或固体。但溴代烷和碘代烷长期放置会分解产生游离的卤素单质而有颜色，尤其是碘代烷。

一卤代烷有令人不愉悦的气味，蒸气有毒，有的是致癌物。一卤代芳烃具有香味，但苄基卤则具有催泪性。

一元卤烷的相对密度大于同碳数原子的烷烃。一氯代烷的相对密度小于1，一溴代烷、一碘代烷及多氯代烷的相对密度大于1。同一烃基的卤烷中，氯烷的相对密度最小，碘烷的相对密度最大。如果卤素原子相同，其相对密度随烃基的相对分子质量增加而减小。

一元卤代烃的沸点随分子中碳原子数增加而升高。同一烃基的卤烷，碘烷的沸点最高，其次是溴烷、氯烷。卤代烷的异构体中，支链越多沸点越低。一些常见卤代烃的物理常数如表7-1所示。

表7-1　一些常见卤代烃的物理常数

烃基	氯代烃		溴代烃		碘代烃	
	沸点/℃	相对密度(20℃)	沸点/℃	相对密度(20℃)	沸点/℃	相对密度(20℃)
甲基	−24	0.92	3.5	1.732	42.5	2.279
乙基	12.2	0.91	38.4	1.43	72.3	1.933
正丙基	46.2	0.892	71	1.351	102.4	1.747
异丙基	35.7	0.862	59.4	1.314	89.5	1.703
正丁基	78.5	0.886	101.6	1.276	130.5	1.615
乙烯基	−14	0.911	16	1.493	56	2.037
烯丙基	45	0.938	71	1.398	103	—
苯基	132	1.106	156	1.495	188.5	1.832
苄基	179	1.102	201	1.438	—	1.734
环己基	143	1	166.2	1.336	180(分解)	1.624

卤代烃均不溶于水，而溶于醇、醚、烃等有机溶剂中。某些卤代烃自身就是很好的有机溶剂，如二氯甲烷、三氯甲烷和四氯甲烷等。

卤烷在铜丝上燃烧时能产生绿色火焰，这可作为定性鉴定卤素的简便方法。

偶极矩是衡量分子极性大小的物理量。偶极矩与原子的电负性和化学键的键长有关系。卤素的电负性比碳大，碳卤键有一定的极性。卤素的电负性次序为：

$$I<Br<Cl<F$$

电负性　2.7　3.0　3.2　4.0

碳卤键的键长顺序为：

$$C—F<C—Cl<C—Br<C—I$$

键长(1Å=10^{-10}m)　1.38Å　1.78Å　1.94Å　2.14Å

综合上面两个因素，卤代烷的偶极矩顺序为：

$$C—I<C—Br<C—Cl<C—F$$

偶极矩　1.29D　1.48D　1.51D　1.56D

练习7-2　预测下列化合物的沸点由低到高的次序。

(1) 1-氯戊烷　(2) 1-氯己烷　(3) 2-甲基-1-氯丁烷　(4) 2-甲基-2-氯丁烷

练习 7-3 指出下列各组化合物哪一个偶极矩较大。

(1) 氯乙烷、溴乙烷、碘乙烷　　(2) 丙烷、1-氯丙烷

(3) 氯乙烯、四氯乙烯　　(4) 氯甲烷、氯乙烷

7.3 卤代烃的化学性质

卤代烷的化学性质活泼，是由于官能团卤素原子引起的。卤代烷中 C—X 键是极性共价键，当极性试剂与它作用时，C—X 键在试剂电场的诱导下极化，此外，C—X 键的键能一般都比 C—H 键的键能小，如，C—Cl：339kJ/mol；C—H：414kJ/mol。因此，C—X 键比 C—H 键容易发生异裂而发生各种化学反应。卤代烷的反应可表示如下。

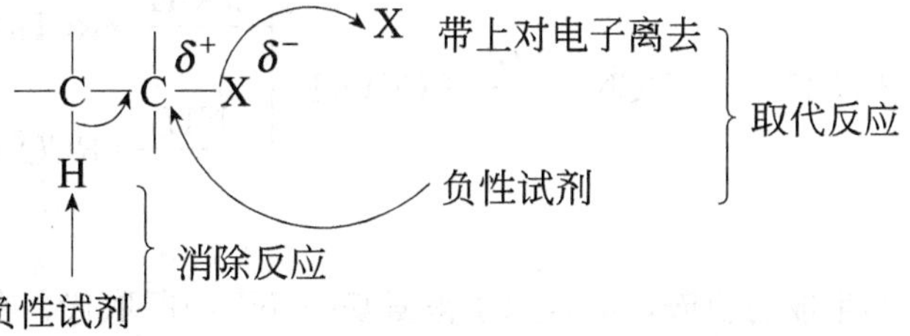

δ^+ δ^- X 带上对电子离去；负性试剂 → 取代反应

H ← 负性试剂 → 消除反应

7.3.1 亲核取代反应

卤烷分子中的 C—X 键是极性共价键，由于卤素原子的电负性比碳原子的大，使得 C—X 键中的碳原子带部分正电荷，卤素原子带部分负电荷。带有负电荷的试剂(如 HO^-、RO^-、CN^-)或具有未共用电子对的试剂(如 H_2O、NH_3)就容易进攻 C—X 键中的碳原子，C—X 键中的卤素原子带着一对键合电子离去。这种负电荷或具有未共用电子对的试剂，称为亲核试剂，常用 Nu：或 Nu^- 表示。反应中卤素原子以 X^- 形式离去，称为离去基团，常用 L 表示。由亲核试剂进攻而引起的取代反应，称为亲核取代反应，常用 S_N 表示。卤代烷发生的亲核取代反应可用通式表示如下：

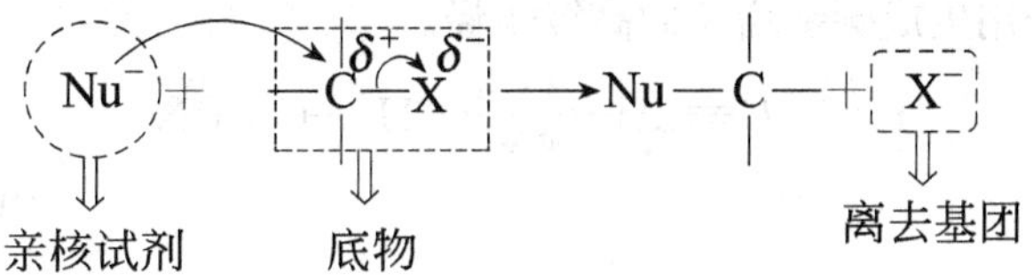

$$Nu^- + -\overset{|}{\underset{|}{C}}^{\delta^+}-X^{\delta^-} \longrightarrow Nu-\overset{|}{\underset{|}{C}}- + X^-$$

亲核试剂　底物　离去基团

1. 水解

卤代烷与水共热，卤素原子被羟基(—OH)所取代生成醇。这是可逆反应。

$$RX + H_2O \rightleftharpoons ROH + HX$$

卤代烷的水解很慢，为了加快反应速率和使反应进行完全，通常将卤代烷与氢氧化钠、氢氧化钾的水溶液共热来进行水解。从化学平衡的角度来看，碱降低了可逆反应中的卤化氢的浓度，促使反应速率加快并使平衡向右移动。工业上常利用此反应生产戊醇。

$$C_5H_{11}Cl + NaOH \xrightarrow[\triangle]{H_2O} C_5H_{11}OH + NaCl$$

2. 与醇钠作用

卤代烷与醇钠反应，卤素原子被烷氧基(—OR)所取代，而生成醚。

$$RX+NaOR \longrightarrow ROR+NaX$$

这是醚的重要制备方法，可以制混醚，此法称为威廉森(Williamson)合成法。反应中的卤代烷一般为伯卤代烷，若用叔卤代烷与醇钠作用，则往往发生消除反应得到烯烃。

3. 与氰化钠作用

卤代烷与氰化钠(或氰化钾)在醇溶液中反应，卤素原子被腈基(—CN)所取代，而生成腈。通过该反应，得到比反应物的碳架增加一个碳原子的产物，因此，该反应在有机合成中常被用于增长碳链。同时，腈基可以实现多种官能团的转变，如形成羧基(—COOH)、醇羟基(—OH)、酰胺基(—$CONH_2$)等。

$$RX+NaCN \longrightarrow RCN \xrightarrow{H_3O^+} RCOOH \begin{cases} \xrightarrow{LiAlH_4} RCH_2OH \\ \xrightarrow{NH_3} RCONH_2 \end{cases}$$

4. 与氨作用

卤代烷与氨作用生成有机胺，卤素原子被氨基(—NH_2)所取代，在氨解反应中，往往得到多种胺的混合物，氨气过量时得到伯胺。

$$RX+NH_3(\text{过量}) \longrightarrow RNH_2+NH_4X$$

5. 卤离子交换反应

在丙酮溶液中，卤代烷和溴代烷分别与碘化钠作用，则生成碘代烷。这是由于碘化钠溶于丙酮，而氯化钠和溴化钠都不溶于丙酮，从而有利于反应的进行。

$$\underset{(Cl、Br)}{RX}+NaI \xrightarrow{\text{丙酮}} RI+\underset{(Cl、Br)}{NaX}$$

6. 与炔钠反应

卤代烷与炔钠作用生成碳链增长的高级炔烃。

$$H_3C—C\equiv CH \xrightarrow[\text{液氨}]{NaNH_2} CH_3—C\equiv CNa$$

$$CH_3—C\equiv CNa+CH_3—\underset{|}{\overset{CH_3}{CH}}—CH_2I \longrightarrow CH_3—C\equiv C—CH_2—\overset{CH_3}{\underset{|}{CH}}—CH_3+NaI$$

7. 与硝酸银作用

卤代烷与硝酸银的乙醇溶液作用，生成硝酸酯和卤化银沉淀。

$$RX+AgNO_3 \xrightarrow{\text{乙醇}} \underset{\text{硝酸脂}}{RONO_2}+AgX\downarrow$$

不同卤素卤代烃的反应活性顺序：R-I>R-Br>R-Cl>R-F；当卤素原子相同，而烷基结构不同时，其活性顺序为：叔(3°)卤代烷>仲(2°)卤代烷>伯(1°)卤代烷。其中伯卤代烷需要加热才能使反应进行。该反应可用于卤代烷的分析鉴定。

$$\left.\begin{array}{l} CH_3CH_2CH_2CH_2Cl \\ CH_3CH_2\underset{}{\overset{Cl}{\overset{|}{C}}}HCH_3 \\ CH_3CH_2\overset{Cl}{\overset{|}{\underset{CH_3}{\underset{|}{C}}}}CH_3 \end{array}\right\} \xrightarrow[C_2H_5OH]{AgNO_3} \begin{array}{l} \text{加热才出现白色沉淀} \\ \text{片刻后出现白色沉淀} \\ \text{立即出现白色沉淀} \end{array}$$

练习 7-4 写出正丁基溴与下列化合物反应的主要产物。

(1) NaOH(水溶液)　(2) CH_3CH_2ONa(乙醇)　(3) NH_3(过量)

(4) NaCN(乙醇/水)　(5) $AgNO_3$(乙醇)　(6) NaI(丙酮溶液)

练习 7-5 将下列各组化合物按照对指定试剂的反映活性从大到小排列成序。

(1) 在 2%$AgNO_3$-乙醇溶液中反应：(A) 1-溴丁烷　(B) 1-氯丁烷　(C) 1-碘丁烷

(2) 在 NaI-丙酮溶液中反应：(A) 3-溴丙烯　(B) 溴乙烯　(C) 1-溴乙烷　(D) 2-溴丁烷

7.3.2 消除反应

卤代烷分子，由于受到卤素原子吸电子的影响，使 β-C 上的氢原子即 β-H 表现出一定的活泼性。亲核取代反应中，亲核试剂往往具有一定的碱性，当碱性强到一定程度时，亲核试剂就可以进攻 β-H，从而形成消除反应的产物，消除反应常用 E 表示。

1. 脱卤化氢

卤代烃与氢氧化钠或氢氧化钾的醇溶液共热时，脱去卤素原子与 β-碳原子上的氢原子而生成烯烃。

$$R-\underset{H}{\underset{|}{C}}H-\underset{X}{\underset{|}{C}}H_2+NaOH\xrightarrow[\triangle]{\text{醇}}R-CH{=}CH_2+NaX+H_2O$$

消除反应的活性：叔卤代烷>仲卤代烷>伯卤代烷。

若分子中有不同种类的 β-H 时，消除反应的产物可能是几种不同的烯烃。

$$CH_3CH_2\underset{Br}{\underset{|}{C}}HCH_3\xrightarrow[CH_3CH_2OH]{CH_3CH_2ONa}\underset{81\%}{CH_3CH{=}CHCH_3}+\underset{19\%}{CH_3CH_2CH{=}CH_2}$$

$$CH_3CH_2CH_2\underset{Br}{\underset{|}{C}}HCH_3\xrightarrow[\text{乙醇}]{KOH}\underset{69\%}{CH_3CH_2CH{=}CHCH_3}+\underset{31\%}{CH_3CH_2CH_2CH{=}CH_2}$$

$$CH_3CH_2-\underset{Br}{\overset{CH_3}{C}}-CH_3 \xrightarrow[\text{乙醇}]{KOH} CH_3CH{=}C(CH_3)_2 + CH_3CH_2\underset{CH_3}{C}{=}CH_2$$

71%　　　　29%

通过大量实验事实，俄国化学家查依采夫(Sayzeff)总结出以下规律：卤代烷脱卤化氢时，主要是从含氢较少的β-C上脱去氢原子，生成双键碳上连接烃基最多的烯烃。这个经验规律就是著名的查依采夫规则。原因是查依采夫产物中存在更多数目的σ，π-超共轭，产物比较稳定。

2. 脱卤素

邻二卤代物与锌粉在乙醇溶液中共热，脱去卤素原子生成烯烃。

$$-\underset{|}{\overset{|}{C}}-\underset{|}{\overset{|}{C}}- \xrightarrow[\text{乙醇}]{Zn，\triangle} \rangle C{=}C\langle + ZnX_2$$

1，3-二卤代物在与锌粉作用，可脱去卤素原子形成环，生成环丙烷的衍生物。同样方法也可以制备环丁烷、环戊烷和环己烷的衍生物。二卤代物脱卤素原子是制备脂环烃的基本方法之一。

$$BrCH_2CH_2CH_2Br \xrightarrow[\triangle]{Zn} \triangle$$

7.3.3 与活泼金属的反应

卤代烷与某些活泼金属反应，生成有金属原子与碳原子直接相连的化合物，这种化合物称为有机金属化合物，也称金属有机化合物。有机金属化合物性质活泼，在有机合成中具有重要用途。近年来有机金属化合物在有机化学和有机化工中日益发挥着重要作用，已发展成为有机化学的一个重要分支。

1. 与碱金属反应

卤代烷可与金属钠反应，生成的有机钠化合物进一步与卤代烷反应，生成碳原子数增加一倍的烷烃。

$$RX+Na \longrightarrow RNa+NaX$$
$$RNa+RX \longrightarrow R-R+NaX$$

该反应主要用来将伯卤代烷制备成含偶数碳原子、结构对称的烷烃，这个反应称为乎兹(Wurtz)反应。此反应也可用来制备芳烃，称为乎兹-菲蒂希反应。

$$C_6H_5Br + CH_3(CH_2)_3Br \xrightarrow[20℃]{\text{钠，醚}} C_6H_5CH_2CH_2CH_2CH_3 + 2NaBr$$

卤代烷与金属锂在非极性溶剂(无水乙醚、石油醚、苯)中作用生成有机锂化合物：

$$C_4H_9X+2Li \xrightarrow{\text{石油醚}} C_4H_9Li+LiX$$

有机锂化合物的性质很活泼，遇水、醇、酸等即分解，故制备和使用时都应注意避免这些物质。有机锂化合物可与金属卤化物作用生成各种有机金属化合物。有机锂化合物还可以与卤化亚铜反应生成二烷基铜锂。

$$2RLi + CuI \xrightarrow{\text{无水乙醚}} R_2CuLi + LiI$$

二烷基铜锂

二烷基铜锂在有机合成中是一种重要的烃基化试剂，称为有机铜锂试剂，它能制备复杂结构的烷烃，此反应称为科瑞(Corey)-豪斯(House)烷烃合成法。

$$R_2CuLi + R'X \longrightarrow R{-}R' + RCu + LiX$$

R 可是 1°、2°、3°　　R′X 是最好是 1°

也可是不活泼的卤代烃，如 RCH═CHX

例如：

$$(CH_3)_2CuLi + CH_3(CH_2)_3CH_2I \longrightarrow CH_3(CH_2)_4CH_3 + CH_3Cu + LiI$$

(CH₃)₂CuLi + 氯代环己烷 ⟶ 甲基环己烷 + CH₃Cu + LiCl

$$(CH_3)_2CuLi + C_6H_{11}Cl \longrightarrow C_6H_{11}CH_3 + CH_3Cu + LiCl$$

75%

$$(CH_3CH_2\underset{\underset{CH_3}{|}}{C}H)_2CuLi \xrightarrow{CH_3(CH_2)_3CH_2Br} CH_3CH_2\underset{\underset{CH_3}{|}}{C}HCH_2CH_2CH_2CH_2CH_3$$

84%

2. 与金属镁的反应

卤代烷与金属镁在无水乙醚(通常称为干醚或纯醚)中反应，生成烷基卤化镁。

$$R{-}X + Mg \xrightarrow{\text{无水乙醚}} RMgX$$

X═Cl、Br

R═烷基、烯基、炔基、芳基、环烃基

该反应由格利雅(Grignard)于 1900 年发现，时年 29 岁，并因此反应而获得 1912 年的诺贝尔化学奖。反应中得到的烷基卤化镁又称 Grignard 试剂，简称格氏试剂。制备格氏试剂时，卤代烷的活性次序是：碘代烷>溴代烷>氯代烷。格氏试剂的产率则是：伯卤代烷>仲卤代烷>叔卤代烷，因为随着空间效应的增强，副反应消除反应产率增加。反应中的溶剂除了乙醚之外，还有四氢呋喃(常缩写成 THF)、丁醚、苯和甲苯等。其中以乙醚和四氢呋喃最好。一般卤代烯烃和卤代芳烃以四氢呋喃作为溶剂。

$$CH_3CH_2Br \xrightarrow{\text{乙醚}} CH_3CH_2MgBr$$

$$CH_2{=}CHCl \xrightarrow{THF} CH_2{=}CHMgCl$$

$$C_6H_5{-}Cl \xrightarrow{THF} C_6H_5{-}MgCl$$

格氏试剂的结构目前还不完全清楚，一般认为是由 R_2Mg、MgX、$(RMgX)_n$ 多种成分形成的平衡体系混合物，一般用 RMgX 表示。乙醚或四氢呋喃的作用是与格氏试剂络合形成稳定的溶剂化物。

$$(C_2H_5)_2O{:}\underset{\underset{X}{|}}{\overset{\overset{R}{|}}{Mg}}{:}O(C_2H_5)_2 \qquad THF{:}\underset{\underset{X}{|}}{\overset{\overset{R}{|}}{Mg}}{:}THF$$

格氏试剂中的 $\overset{\delta^-}{C}—\overset{\delta^+}{Mg}$ 键是极性很强的键，C 电负性为 2.5，Mg 电负性为 1.2，所以格氏试剂非常活泼，能起多种化学反应。如果遇到含活泼氢的化合物(如水、醇、酸)，格氏试剂分解为烷烃。如：

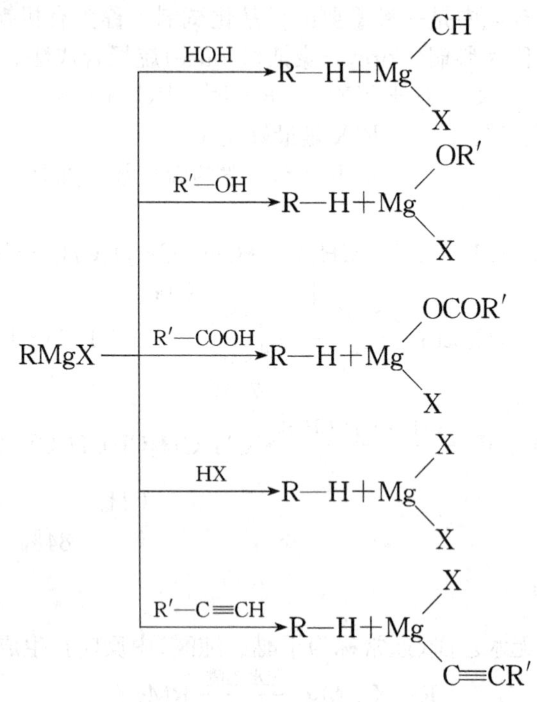

上述反应是定量进行的，可用于有机分析中测定化合物所含活泼氢的数目，称为活泼氢测定法。

$$CH_3MgI + A—H \longrightarrow CH_4 + AMgI$$

定量的　　测定甲烷的体积，可推算出所含活泼氢的数目

格氏试剂遇水就分解。所以，在制备和使用格氏试剂时都必须用无水溶剂和干燥的容器，操作要采取隔绝空气中水蒸气的措施。乙醚或 THF 的作用不仅是与格氏试剂形成配合物，而且由于它们沸点低、挥发性强，易形成蒸气而作为保护气体来隔绝空气。

格氏试剂能与二氧化碳、醛、酮、酯、环氧乙烷等反应，生成一系列化合物。因此，在有机合成上用途极广。这些内容将在以后章节中讨论。

格氏试剂还可用于合成其他有机金属化合物。

$$3RMgCl + AlCl_3 \longrightarrow R_3Al + 3MgCl_2$$

$$2RMgCl + AdCl_2 \longrightarrow R_2Cd + 2MgCl_2$$

$$4RMgCl + SnCl_4 \longrightarrow R_4Sn + 4MgCl_2$$

练习 7-6　分子式为 C_3H_7Br 的混合物 A，与氢氧化钾的乙醇溶液中加热得到分子式为 C_3H_6 化合物 B。使 B 与溴化氢作用，则得到 A 的异构体 C，推断 A、B、C 的结构。

练习 7-7　用下列化合物能否制备格氏试剂？为什么？

(1) $HOCH_2CH_2Cl$　　　　(2) $HC≡CCH_2CH_2Br$

(3) 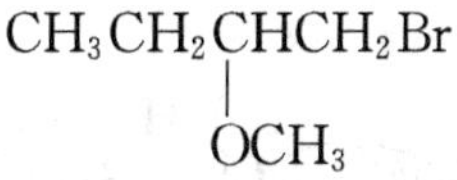 $CH_3CH_2CHCH_2Br$ (with OCH_3 on the CH)　　(4) 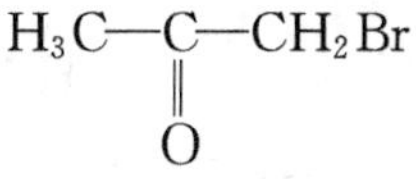 $H_3C—C(=O)—CH_2Br$

7.4 亲核取代反应的机理

用不同卤代烷进行碱性水解反应，发现它们在动力学上有不同的表现。如叔丁基溴水解速度只与叔丁基溴本身的浓度成正比，与碱(OH^-)的浓度无关，在动力学上称为一级反应；而溴甲烷碱性水解的速度不仅与自身浓度有关，而且还与碱(OH^-)的浓度有关，在动力学上称为二级反应。

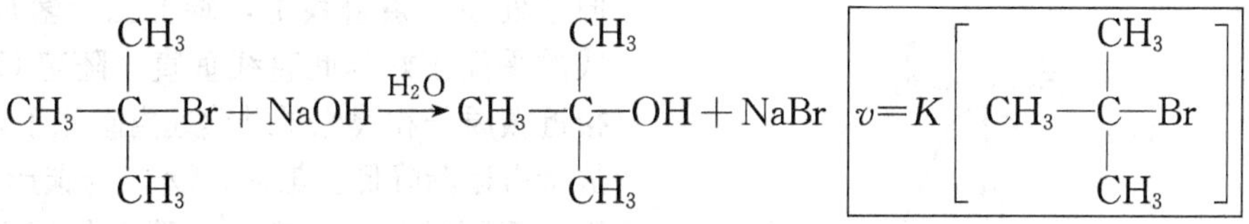

$$(CH_3)_3C—Br + NaOH \xrightarrow{H_2O} (CH_3)_3C—OH + NaBr \quad \boxed{v=K[(CH_3)_3C—Br]}$$

$$CH_3Br + NaOH \xrightarrow{H_2O} CH_3OH + NaBr \quad \boxed{v=K[CH_3Br][OH^-]}$$

为了解释这种现象，英国伦敦大学休斯(Hughes)和英果尔德(Ingold)教授通过研究在20世纪30年代指出，卤代烷的亲核取代反应是按两种历程进行的，即双分子亲核取代反应(简称S_N2反应)和单分子亲核取代反应(简称S_N1反应)。

7.4.1 双分子亲核取代反应(S_N2)

实验证明，伯卤代烷的水解反应为S_N2历程。因为RCH_2Br的水解速率与RCH_2Br和OH^-的浓度有关，所以称为双分子亲核取代反应(S_N2反应)。

$$RCH_2Br + OH^- \longrightarrow RCH_2OH + Br^-$$

$$v=K\ [RCH_2Br]\ [OH^-]$$

v 表水解速度　　K 表水解常数

下面以溴甲烷为例，说明双分子亲核取代反应的机理。溴甲烷的碱性水解反应历程可表示如下：

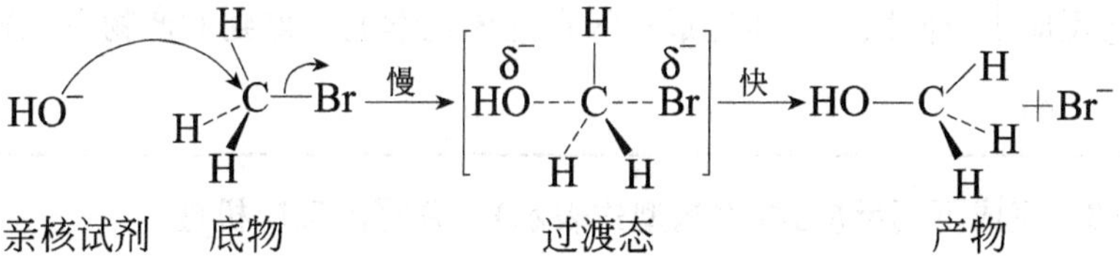

$$HO^- + H_3C—Br \xrightarrow{慢} \left[\overset{\delta^-}{HO}\cdots \underset{H\ H}{\overset{H}{C}} \cdots \overset{\delta^-}{Br}\right] \xrightarrow{快} HO—CH_3 + Br^-$$

亲核试剂　底物　　过渡态　　产物

当亲核试剂(OH^-)进攻溴甲烷中的碳原子时，由于溴原子带有部分负电荷，电荷的排斥作用使亲核试剂一般总是从溴原子的背面进攻碳原子，在接近碳原子的过程中，渐渐部分地形成碳氧键。同时，碳溴键由于亲核试剂进攻的影响而逐渐伸长和变弱，最终溴原子带着原来的成键电子对形成负离子离开碳原子。反应过程中的轨道重叠变化如下所示：

$$HO^- + H_3C-Br \longrightarrow [HO\cdots CH_3\cdots Br] \longrightarrow HO-CH_3 + Br^-$$

在亲核试剂进攻碳原子时，随着 OH^- 不断接近碳原子，碳原子逐渐共用氧原子上的电子对，OH^- 上的负电荷不断降低，而溴则带着一对电子逐渐离开碳原子并不断增加负电荷。同时，碳上的三个氢原子由于亲核试剂的进攻所排斥也向溴原子一方逐渐偏转，这样就形成了一个过渡态，此时体系的能量达到一个最大值，(见图 7.1)。在过渡态中，碳原子与 OH^- 还未完全成键，碳溴键也没有完全破裂，此时，亲核试剂、中心碳原子和溴原子处在一条直线上，碳上三个氢原子所组成的平面正好与此直线垂直。随着 OH^- 继续接近碳原子和溴原子继续远离碳原子，体系的能量有逐渐降低。最后，OH^- 与碳形成 C—O 键，溴则成为 Br^- 离去。碳上的三个氢原子也完全转向偏到溴原子的一边，整个过程好像雨伞被大风吹得向外翻转一样，得到产物的构型与底物的构型相反，这被称为瓦尔登(Walden)转化。注意：瓦尔登转化是指骨架构型转变，不是指 R 转为 S 或 S 转为 R。

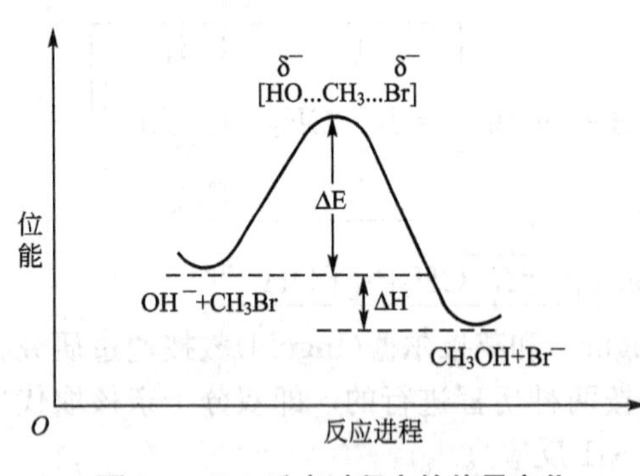

图 7.1 S_N2 反应过程中的能量变化

瓦尔登转化，即完全的构型翻转，这是双分子亲核取代历程 S_N2 的标志。如果手性碳上的卤素原子发生 S_N2 反应，则产物的构型与原反应物的构型相反。如：

$$HO^- + (C_6H_{13})(H)(CH_3)C-Br \xrightarrow{S_N2} HO-C(C_6H_{13})(H)(CH_3) + Br^-$$

(－)-2-溴辛烷　　(＋)-2-辛醇

[α]＝－34.2°　　[α]＝＋9.9°

综上所述，S_N2 反应的特点是：①反应速度既与反应物的浓度有关，也与亲核试剂的浓度有关；②反应不分阶段，一步完成；③在立体化学上，得到的产物发生构型反转，即瓦尔登转化。

练习 7-8 完成下列反应式(用构型式表示)，并写出反应机理。

(1) $n\text{-}C_6H_{13}(H)(CH_3)C-Br \xrightarrow{I^-} (A) \xrightarrow{HS^-} (B)$　(2) 1-溴-2-甲基环己烷(H, Br, H, CH_3) $\xrightarrow[\text{丙酮}]{NaI} (A)$

7.4.2 单分子亲核取代反应(S_N1)

实验证明，3°RX、$CH_2=CHCH_2X$、苄卤的水解是按 S_N1 历程进行的。因其水解反应速度仅与反应物——卤代烷的浓度有关，而与亲核试剂的浓度无关，所以称为单分子亲核取代反应(S_N1 反应)。

$$R_3C—Br + NaOH \xrightarrow{H_2O} R_3C—OH + NaBr$$

$$v = K[R_3C—Br]$$

下面以叔丁基溴为例，说明单分子亲核取代反应的机理。叔丁基溴在碱性条件下水解反应历程分为两步。第一步是叔丁基溴在溶剂中首先离解成叔丁基碳正离子和溴负离子。在离解过程中，C—Br 键逐渐伸长，C—Br 键之间的电子对也逐渐偏转向溴原子，使碳原子上的正电荷和溴原子上的负电荷逐渐增加，经过渡态(1)并继续离解，最后生成叔丁基碳正离子和溴负离子。这里生成的碳正离子是个中间体，性质活泼，所以又称活性中间体。

第一步 $$(CH_3)_3C—Br \xrightarrow{慢} [(CH_3)_2CH_2—C^{\delta+}\cdots\cdots Br^{\delta-}] \longrightarrow (CH_3)_3C^+ + Br^-$$

过滤态(1)

第二步是生成的叔丁基碳正离子很快与亲核试剂 OH^- 作用，生成产物叔丁醇。

第二步 $$(CH_3)_3C^+ + OH^- \xrightarrow{快} [(CH_3)_2CH_2—C^{\delta+}\cdots\cdots OH^{\delta-}] \longrightarrow (CH_3)_3C—OH$$

过滤态(2)

对于多步反应来说，最终产物的生成速度是反应中最慢的一步决定的。叔丁基溴的水解反应中，C—Br 键的离解速度是最慢的，而亲核试剂与碳正离子的结合就很迅速。因此上述第一步反应是决定整个反应速度的步骤。这从叔丁基溴水解反应的能量曲线图上也可以看出(见图 7.2)，过渡态(1)的能量较高，因此反应也较慢。第一步反应的速度与叔丁基溴的浓度成正比。

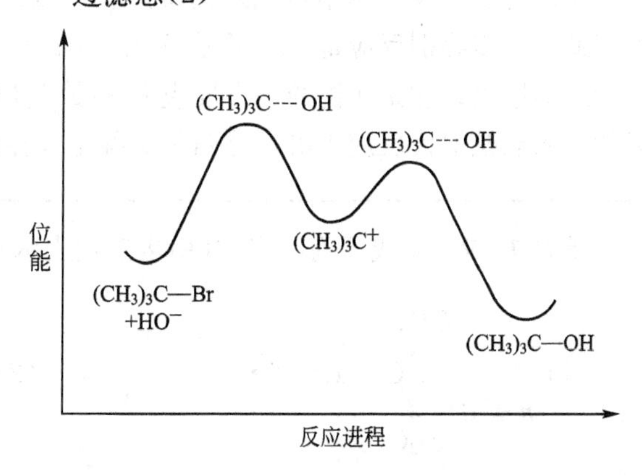

图 7.2 S_N1 反应过程中的能量变化

S_N1 反应中第一步生成的碳正离子为

sp^2杂化，所以此时碳正离子为平面构型，第二步反应中，亲核试剂从向平面任何一面进攻的概率相等。因此，立体化学上，得到外消旋化产物。

$R_1R_2R_3C—Br \longrightarrow R_1R_2R_3C^+$ (a, b; HO^-) $\longrightarrow HO—CR_1R_2R_3 + R_1R_2R_3C—OH$

a 构型转化　　b 构型保持

外消旋体

S_N1 反应的另一个特征是有重排产物生成。因 S_N1 反应在第一步中经过碳正离子中间体，碳正离子的稳定性次序为：

$$R_3\overset{+}{C} > R_2\overset{+}{C}H > R\overset{+}{C}H_2 > \overset{+}{C}H_3$$

（σ—p 超共轭效应解释）

所以碳正离子有可能发生分子重排生成一个更稳定的碳正离子。如：

$CH_3—C(CH_3)_2—CH_2Br \xrightarrow[S_N1]{C_2H_5O^-} CH_3—C(CH_3)_2—\overset{+}{C}H_2$ ($1°C^+$)

$\xrightarrow{C_2H_5OH} CH_3—C(CH_3)_2—CH_2OC_2H_5$

$\xrightarrow{重排} CH_3—\overset{+}{C}(CH_3)—CH_2—CH_3$ ($3°C^+$) $\xrightarrow{C_2H_5OH} CH_3—C(CH_3)(OC_2H_5)—CH_2—CH_3$

$3°C^+ \xrightarrow{-H} CH_3—C(CH_3)=CH—CH_3$

综上所述，S_N1 反应的特点是：①反应速度只与卤代烃的浓度有关；②反应分两步完成；③在立体化学上，得到外消旋化产物；④反应过程中有活性中间体——碳正离子生成；⑤反应过程中有可能发生重排。

典型的 S_N1 反应基本得到外消旋产物，因此，比较产物与反应物之间旋光性的变化，可有助于初步鉴别反应是 S_N1 还是 S_N2。S_N1 反应常伴随着部分构型转化，还有重排产物。最后还得指出，这是所讲的一个反应完全按 S_N1 或 S_N2 历程进行是比较少见的，对于一般卤代物的亲核取代反应来讲，这两种历程是并存的。

练习 7－9　完成下列反应式(用构型式表示)，并写出反应机理。

(1) $CH_3(n\text{-}C_3H_7)(H_3C)C—Br \xrightarrow{H_2O} ?$

(2) H_3C, CH_3, H, Br (环戊烷) $\xrightarrow{H_2O} ?$

7.4.3 影响亲核取代反应的因素

一个卤代烷的亲核取代反应究竟是 S_N1 历程还是 S_N2 历程，是由烃基的结构、离去基团的性质、亲核试剂的性质和溶剂的极性等因素的影响而决定的。

1. 烃基结构的影响

1）对 S_N2 反应的影响

甲基溴、乙基溴、异丙基溴和叔丁基溴在极性较小的无水丙酮中与碘化钾作用是按 S_N2 历程进行的，生成相应的碘烷。实验表明其反应的相对速度为：

$$R—Br + KI \xrightarrow{\text{丙酮}} R—I + HBr(S_N2\ \text{反应})$$

反应物	CH_3Br	CH_3CH_2Br	$(CH_3)_2CHBr$	$(CH_3)_3CBr$
相对速度	150	1	0.01	0.001

由此，推出在 S_N2 反应历程中，卤代烷的活性次序是：$CH_3X > 1°RX > 2°RX > 3°RX$。

S_N2 反应相对速度的大小决定于过渡态形成的难易。当反应中心碳原子(α－C)上连接的烃基多时，过渡态难于形成，S_N2 反应就难于进行。其原因为：

(1) 从空间立体效应看，当 α-碳原子周围取代基数目越多，空间拥挤程度也将越大，对反应所表现的立体障碍也将加大，进攻试剂必须克服空间阻力，才能接近中心碳原子而达到过渡态。所以，从空间效应来说，随着 α-碳原子上烷基的增加，S_N2 反应速率将依次下降。空间效应是影响 S_N2 反应速率的主要因素。

(2) 从电子效应来看，由于烷基是供电子基，随着 α-碳原子上烷基的增加，α-碳原子上的电子云密度将增加，这样不利于负电性的亲核试剂对反应中心的接近。但一般认为，电子效应的影响要小于空间效应的影响。

当伯卤代烷的 β 位上有侧链时，取代反应速率明显下降。主要原因也是 β-碳原子上连接的烃基越多或基团体积越大时，产生的空间阻碍越大，阻碍了亲核试剂从离去基团的背面进攻 α-碳原子。例如：

$$R—Br + C_2H_5O^- \xrightarrow[55℃]{\text{无水乙醇}} ROC_2H_5 + Br^-(S_N2\ \text{反应})$$

反应物	CH_3CH_2Br	$CH_3CH_2CH_2Br$	$CH_3CH(CH_3)CH_2Br$	$CH_3—C(CH_3)_2—CH_2Br$
相对速度	100	28	3	0.00042

2）对 S_N1 反应的影响

甲基溴、乙基溴、异丙基溴和叔丁基溴在极性较强的溶剂甲酸中的水解是按 S_N1 历程进行的，生成相应的醇。测得这些反应的相对速度有以下次序

$$R—Br + H_2O \xrightarrow{\text{甲酸}} RCH + HBr(S_N1\ \text{反应})$$

反应物	CH_3Br	CH_3CH_2Br	$(CH_3)_2CHBr$	$(CH_3)_3CBr$
相对速度	1	1.7	45	10^8

S_N1 反应历程分为两步，其中决定 S_N1 反应速度的是第一步，因此，第一步中产生的活性中间体碳正离子的形成及稳定性决定着反应速度。卤代烷发生 S_N1 反应的速率与碳正

离子稳定性的次序是一致的。中间体越稳定反应速率越大，电子效应是 S_N1 反应的主要影响因素。由于碳正离子的稳定性次序是

$$\left.\begin{matrix} R_3C^+ \\ CH_2{=}CH\overset{+}{C}H_2 \end{matrix}\right\} > R_2\overset{+}{C}H > R\overset{+}{C}H_2 > \overset{+}{C}H_3$$

因此，卤代烷发生 S_N1 反应的活性次序是

$$\left.\begin{matrix} R_3C{-}X \\ CH_2{=}CHCH_2{-}X \end{matrix}\right\} > R_2CH{-}X > RCH_2{-}X > CH_3{-}X$$

综上所述，伯卤代烃的亲核取代反应主要按 S_N2 历程进行，叔卤代烃的亲核取代反应主要按 S_N1 历程进行，仲卤代烃的亲核取代反应则根据其他具体反应条件而定。

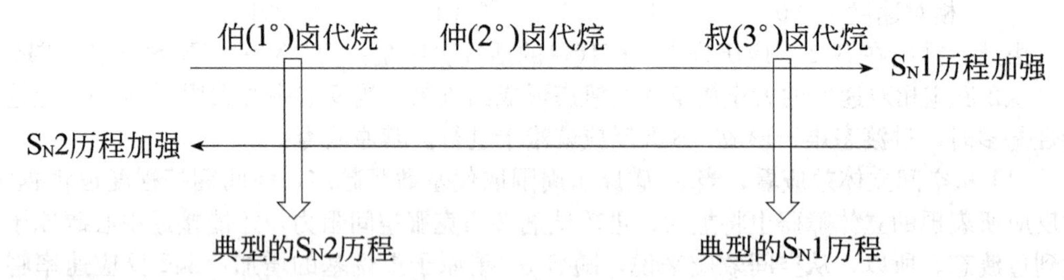

烯丙型和苄基型的卤代烃，由于其相应的碳正离子非常稳定，空间立体障碍也较小，所以 S_N1 和 S_N2 反应都容易进行。

空间阻力较大又不易形成碳正离子的卤代烃既不容易发生 S_N1 反应，也不容易发生 S_N2 反应。桥头卤代的桥环卤代烃既难进行 S_N1 反应，也难进行 S_N2 反应。例如：

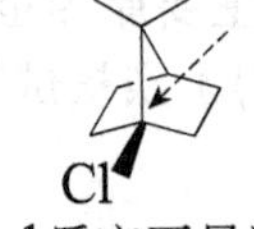

S_N1反应不易进行

亲核试剂背面进攻空间障碍大

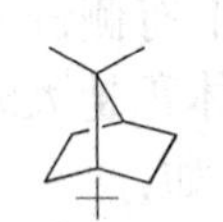

S_N2反应不易进行

碳正离子由于桥环刚性结构不能形成平面

2. 离去基团的性质

亲核取代反应无论按那种历程进行，离去基团总是带着电子对离开中心碳原子的。离去基团离去能力的大小与它们的共轭酸的强弱次序相同，碱性越弱，越易离去。因此，无论是 S_N1 或 S_N2 反应，离去基团的碱性越弱，在决定速率步骤中越容易带着电子对离开中心碳原子，即反应物愈容易被取代。假使离去基团特别容易离去，那么反应中有较多的碳正离子中间体生成，反应就按 S_N1 历程进行，假使离去基团不容易离去，反应就按 S_N2 历程进行。常见卤负离子的碱性次序为：$I^- < Br^- < Cl^-$，所以它们的离去能力次序是：$I^- > Br^- > Cl^-$。如：

$$(CH_3)_3C{-}X + H_2O \xrightarrow{C_2H_5OH} (CH_3)_3C{-}OH + HX$$

X：	Cl	Br	I
相对速度：	1.0	3.9	99

一些离去基团的离去能力的次序为

$$C_6H_5-SO_3^- > H_3C-C_6H_4-SO_3^- > I^- > \begin{matrix} Br^- \\ H_2O \end{matrix} > Cl^- > F^-$$

至于碱性很强的基团如：R_3C^-、R_2N^-、RO^-、HO^-等则不能作为离去基团进行亲核取代反应，它们只是在酸性(包括路易斯酸)条件下形成如：$R—OH_2^+$、$R—OH^+—R$，使离去基团的碱性相应减弱后，才有可能进行亲核取代反应。

3. 亲核试剂的影响

试剂的亲核性指试剂与碳原子的结合能力。在亲核取代反应中，亲核试剂的作用是提供一对电子与RX的中心碳原子成键，若试剂给电子的能力强，则成键快，亲核性就强。按S_N1进行时，反应速率只取决于RX的离解，而与亲核试剂无关，因此试剂亲核性的强弱，对反应速率不产生显著影响。

按S_N2进行时，亲核试剂参与过渡态的形成，其亲核能力的大小对反应速度将产生一定的影响。一般地说，进攻的试剂亲核能力越强，反应经过S_N2过渡态所需的活化能就越低，S_N2反应越易进行。

试剂的亲核性与以下因素有关。

(1) 一个带负电荷的亲核试剂要比相应呈中性的试剂更为活泼。例如：$HO^- > H_2O$，$RO^- > ROH$。

(2) 试剂的碱性。因为亲核试剂带有负电荷或未共用电子对，所以它们都是路易斯碱，一般来说，试剂的碱性越强，亲核能力也越强。必须指出的是，亲核性和碱性是两个不同的概念。亲核性是指试剂与碳原子结合的能力，碱性指的是试剂与质子的结合能力。当试剂的亲核原子相同时，它们的亲核性和碱性才是一致的。如：$EtO^- > HO^- > C_6H_5O^- > CH_3COO^-$。

当试剂的亲核原子是元素周期表中同一周期时，试剂的亲核性也和碱性的强弱次序呈对应关系。如：$R_3C^- > R_2N^- > RO^- > F^-$。

(3) 试剂的亲核性与可极化性有关。可极化性指的是原子外层电子受外界电场影响而变形的程度，可极化性大的原子更容易进攻带正电性的碳原子。一般来讲，半径(或体积)大的原子的可极化性大，亲核能力强。如：硫原子的半径比氧原子大，亲核能力$SH^- > OH^-$；I^-体积Br^-大，所以亲核能力$I^- > Br^-$。

4. 溶剂极性的影响

对S_N1反应，中间体碳正离子的极性比较大，增加溶剂的极性，溶剂化效应强。原因是溶剂极性增大，可以分散碳正离子的正电荷，使碳正离子稳定化，从而使亲核取代反应速率加快。因此，增加溶剂的极性能够加速卤代烷的离解，对S_N1历程有利。

对S_N2反应，亲核试剂的极性要高于电荷比较分散的过渡态，增加溶剂的极性，反而使极性大的亲核试剂溶剂化，而对S_N2过渡态的形成不利。因此，在S_N2历程中增加溶剂的极性一般对反应不利，极性小的溶剂对S_N2有利。如：$C_6H_5CH_2Cl$的水解反应，在极性较大的水中按S_N1历程，在极性较小的丙酮中则按S_N2历程进行。

$$C_6H_5CH_2Cl \xrightarrow{OH^-} \begin{cases} \xrightarrow{H_2O} C_6H_5CH_2OH + Cl^- & S_N1\text{ 历程} \\ \xrightarrow{\text{丙酮}} C_6H_5CH_2OH + Cl^- & S_N2\text{ 历程} \end{cases}$$

极性：H_2O>丙酮

练习 7-10 将下列各组化合物按反应速度大小顺序排列。

(1) 按 S_N1 反应：

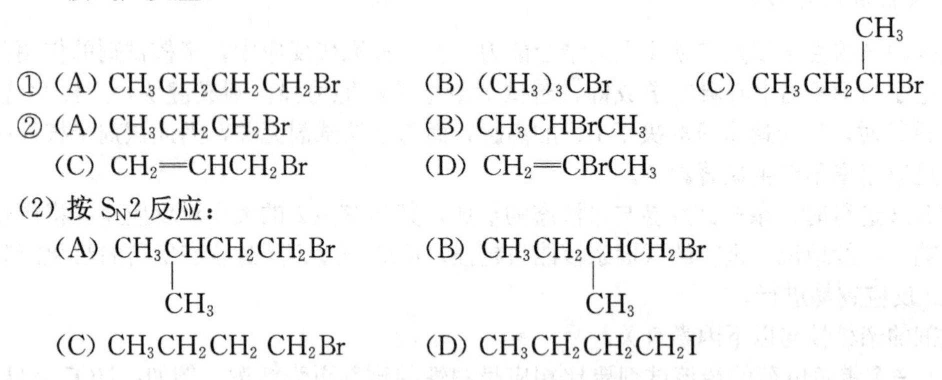

① (A) $CH_3CH_2CH_2CH_2Br$　(B) $(CH_3)_3CBr$　(C) $CH_3CH_2CH(CH_3)Br$

② (A) $CH_3CH_2CH_2Br$　(B) $CH_3CHBrCH_3$

(C) $CH_2{=}CHCH_2Br$　(D) $CH_2{=}CBrCH_3$

(2) 按 S_N2 反应：

(A) $CH_3CH(CH_3)CH_2CH_2Br$　(B) $CH_3CH_2CH(CH_3)CH_2Br$

(C) $CH_3CH_2CH_2CH_2Br$　(D) $CH_3CH_2CH_2CH_2I$

7.5 消除反应的机理

消除反应是指从反应物的碳原子上消除两个原子或基团，形成新化合物的过程。消除反应的类型主要有三种。

(1) 1，2-消降反应(β-消除反应)：

$$R_2C(H)\text{—}C(L)R_2 \longrightarrow R_2C{=}CR_2 + HL$$

$L{=}X$，$—\overset{+}{N}R_3$，$—\overset{+}{O}H_2$ 等

(2) 1，3-消降反应(γ-消除反应)：

$$R\text{—}CH_2\text{—}CH_2\text{—}CHX\text{—}R \longrightarrow \text{R—}\triangle\text{—R} + HX$$

(3) 1，1-消降反应(α-消除反应)：

$$R_2C(A)(B) \longrightarrow R_2C{:} + A + B$$

绝大部分消除反应为β-消除反应，卤代烷的消除反应也为β-消除反应。同亲核取代反应相似，卤代烷的β-消除反应机理也有两种：双分子消除反应，常用 E2 来表示；单分

子消除反应，常用 E1 表示。

7.5.1 双分子消除反应(E2)

当亲核试剂 B^- 与卤代烷反应时，它既可以进攻 α-碳原子发生亲核取代反应，又可进攻 β-氢原子发生消除反应，因此两者反应经常相伴而生。

$$H-\overset{\beta}{C}H(R)-\overset{\alpha}{C}H_2-X \xrightarrow[-X^-]{①S_N2} H-CH(R)-CH_2-B$$

$$H-\overset{\beta}{C}H(R)-\overset{\alpha}{C}H_2-X \xrightarrow[-HX]{②E2} H-C(R)=CH_2$$

② B^- ①

在发生 E2 反应时，亲核试剂 B^- 逐渐接近 β-H，逐渐与其结合，与此同时，X 带着一对电子逐渐离开中心碳原子，在此期间电子云也逐渐重新分配，经过一个过渡态，反应继续进行，最后旧键完全断裂，新键完全生成，形成双键的烯烃。

$$B^- \quad H-\underset{\beta}{C}H(R)-\overset{\alpha}{C}H_2-X \longrightarrow \left[B\cdots H\cdots CH(R) \cdots CH_2\cdots X\right]_{\text{过渡态}} \longrightarrow B-H+CH(R)=CH_2+X^-$$

此反应同 S_N2 反应一样，是一步完成的，其反应速度与反应物的浓度和亲核试剂的浓度成正比，所以称为双分子消除反应(E2)。

从立体化学角度考虑，β-消除反应可能导致两种不同的顺反异构体。将离去基团 L 与被脱去的 β-H 放在同一平面上，若 L 与 β-H 在键同侧被消除，称为顺式消除；若 L 与 β-H 在键异侧被消除，称为反式消除。许多实验事实说明，大多 E2 反应在立体化学上是反式消除。如：

H … L $\xrightarrow{OH^-}$ [H←··OH … L] $\xrightarrow[-L]{-H_2O}$

反式消除方式可用单键旋转受阻的卤代物的消除产物来证明。例如：

$(H_3C)_2CH$-环己烷(Cl, H, H, H, H, CH_3) $\xrightarrow[C_2H_5OH]{C_2H_5ONa}$

反式消除：$(H_3C)_2CH$-环己烯(H, CH_3, H) 100%

顺式消除：$(H_3C)_2CH$-环己烯(CH_3, H) 0%

反式消除易进行的原因：

(1) 碱(B^-)与离去基团的排斥力小，有利于B^-进攻β-H。

B⁻与L的斥力小
有利于过渡态的形成

B⁻与L的斥力大
不利于过渡态的形成

(2) 反式消除有利于形成π键时轨道有最大的电子云重叠。

B: H R₃ R₄ R₁ R₂ L $\xrightarrow{E2}$ R₁ R₂ R₃ R₄ + B—H + :L

π轨道

(3) 反式构象的范德华斥力小，有利于B^-进攻β-H。

7.5.2 单分子消除反应(E1)

E1反应和S_N1反应有相似的机理，反应也是分两步进行的。首先是卤代烷在碱性的水溶液中离解为碳正离子，随后OH^-进攻碳正离子，生成取代产物；若OH^-进攻β-氢原子则发生消除反应生成烯烃。以叔丁基溴为例，E1消除反应的机理可表示如下：

第一步

$$(CH_3)_3C—Br \xrightarrow{慢} (CH_3)_3C^+ + Br^-$$

第二步

$$CH_3—\overset{CH_3}{\underset{CH_2—H}{C^+}} + {}^{\ominus}OH \xrightarrow{快} \begin{cases} \xrightarrow{①\ S_N1} (CH_3)_3C—OH \\ \xrightarrow{②\ E1} CH_3—\underset{CH_3}{C}=CH_2 + H_2O \end{cases}$$

由此可以看出，E1和S_N1也是相伴而生。

跟S_N1反应相似，E1也常常发生重排反应。如：2，2-二甲基-3-溴丁烷发生E1反应时，由于碳正离子①没有碳正离子②稳定，越稳定的碳正离子越容易生成，因此发生了下面甲基迁移的重排反应。

由于碳正离子的形成与发生重排反应有密切的关系，所以通常把重排反应作为E1或S_N1反应历程的标志。

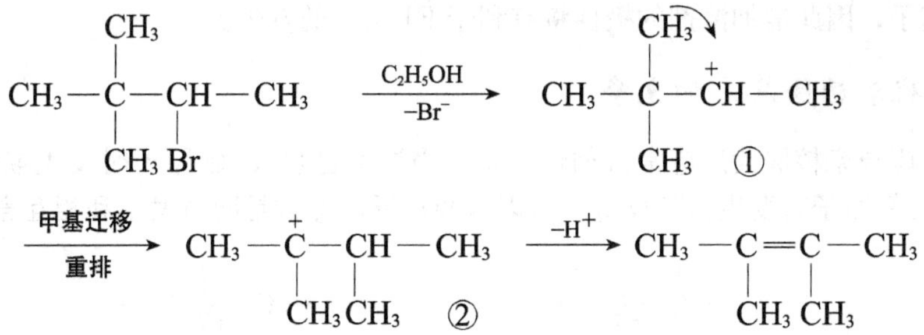

$$CH_3-\underset{CH_3}{\overset{CH_3}{\underset{|}{\overset{|}{C}}}}-\underset{Br}{\underset{|}{CH}}-CH_3 \xrightarrow[-Br^-]{C_2H_5OH} CH_3-\underset{CH_3}{\overset{CH_3}{\underset{|}{\overset{|}{C}}}}-\overset{+}{C}H-CH_3 \quad ①$$

$$\xrightarrow[\text{重排}]{\text{甲基迁移}} CH_3-\underset{CH_3}{\underset{|}{\overset{+}{C}}}-\underset{CH_3}{\underset{|}{CH}}-CH_3 \quad ② \xrightarrow{-H^+} CH_3-\underset{CH_3}{\underset{|}{C}}=\underset{CH_3}{\underset{|}{C}}-CH_3$$

练习 7－11 将下列化合物按 E1 机理消除 HBr 的难易次序排列，并写出主要产物的构造式。

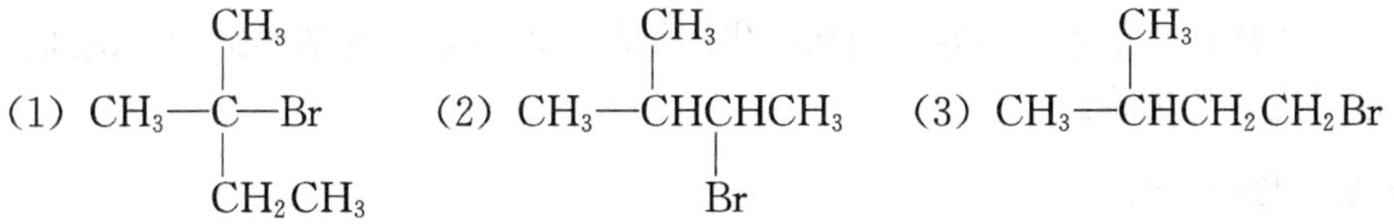

(1) $CH_3-\underset{CH_2CH_3}{\overset{CH_3}{\underset{|}{\overset{|}{C}}}}-Br$ (2) $CH_3-\overset{CH_3}{\overset{|}{C}}H\underset{Br}{\underset{|}{C}}HCH_3$ (3) $CH_3-\overset{CH_3}{\overset{|}{C}}HCH_2CH_2Br$

练习 7－12 写出下列反应的机理。

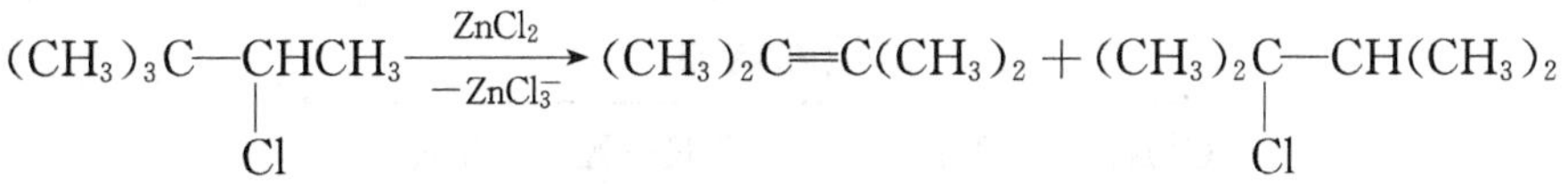

$$(CH_3)_3C-\underset{Cl}{\underset{|}{C}}HCH_3 \xrightarrow[-ZnCl_3^-]{ZnCl_2} (CH_3)_2C{=}C(CH_3)_2 + (CH_3)_2\underset{Cl}{\underset{|}{C}}-CH(CH_3)_2$$

7.5.3 影响消除反应的因素

1. 烷基结构的影响

在 E2 反应中，过渡态与烯烃类似，而烯烃的稳定性是由于 σ－π 超共轭的影响，双键碳原子上的烷基越多也就越稳定，因此，叔卤代烷形成的类似烯烃的过渡态最稳定，也最容易生成。

在 E1 反应中，反应分成两步，其中决定反应速度的是生成碳正离子的第一步，碳正离子稳定性的次序为：3°＞2°＞1°。因此，叔卤代烷最容易进行 E1 反应。

可以看出，卤代烷进行消除反应时，无论是按 E2 机理进行，还是按 E1 机理进行，卤代烷的活性次序都是：叔(3°)卤代烷＞仲(2°)卤代烷＞伯(1°)卤代烷。

2. 卤素原子的影响

E2 和 E1 反应的决速步骤都涉及碳卤键的断裂，因此，卤素原子离去的难易对两者均有影响。由于 E1 反应的决速步骤只涉及碳卤键的断裂，所以卤素原子离去的难易，对 E1 反应的影响比对 E2 反应的影响大。

3. 进攻试剂的影响

由于 E1 反应的决速步骤仅涉及碳卤键的断裂，因此，进攻试剂对 E1 反应速度影响不大。在 E2 反应中，进攻试剂的碱性(或浓度)越大，就越容易进攻 β-氢原子，也就越有利于 E2 反应的发生。当使用浓的强碱进行消除反应时候，通常按 E2 反应机理进行。

4. 溶剂极性的影响

溶剂的性质对 E2 和 E1 反应均有影响，但由于 E1 反应中生成电荷比较集中的碳正离子和卤负离子，因此增加溶剂的极性将有利于 E1 反应的发生。

7.5.4 取代和消除反应的竞争

消除反应与亲核取代反应常常相伴而生。当试剂进攻 α-碳原子时发生取代反应，当试剂进攻 β-氢原子时发生消除反应，所以这两种反应常常是同时发生和相互竞争的。

$$\underset{\underset{E2\curvearrowright B:}{H}}{-\overset{|}{C}}-\underset{\underset{S_N2}{|}}{\overset{|}{C}}-L \qquad \underset{\underset{E1\curvearrowright B:}{H}}{-\overset{|}{C}}-\underset{\underset{S_N1}{|}}{\overset{|}{C^+}}$$

研究影响消除反应与亲核取代反应相对优势的各种因素在有机合成上很有意义，它能提供有效的控制产物的依据。消除产物和取代产物的比例主要受烷基的结构、试剂、溶剂和反应温度等因素的影响。

1. 烷基结构的影响

烷基结构对消除反应和亲核取代反应的影响是：

$$\xrightarrow{\text{消除增加}}$$
$$CH_3X \quad 1^\circ R-X \quad 2^\circ R-X \quad 3^\circ R-X$$
$$\xleftarrow[\text{取代增加}]{}$$

由此可见，叔卤代烷很容易发生消除反应。原因是叔卤代烷的 α-碳原子上连有多的支链，支链越多，越有利于消除反应的发生，其原因是：

(1) 试剂进攻卤代烷的中心碳原子时，支链越多，试剂受到的空间障碍就越大，因而不利于亲核取代反应的发生。

(2) α-碳原子上连接支链越多，提供的 β—氢原子的数目也就越多，有利于试剂进攻 β-氢原子进行消除反应。

(3) α-碳原子上连接支链越多，增加了消除反应中过渡态的稳定性，因为烯烃双键碳原子上连接的烷基越多越稳定，因此，也有利于消除反应的发生。

因此，常用叔卤代烷制备烯烃，伯卤代烷制备醇等取代产物。如

$$CH_3CH_2CH_2CH_2Br \xrightarrow[C_2H_5OH]{C_2H_5ONa} \begin{cases} \xrightarrow[55^\circ C]{E2} CH_3CH_2CH{=}CH_2 & 9.8\% \\ \xrightarrow[55^\circ C]{S_N2} CH_3CH_2CH_2CH_2OC_2H_5 & 90.2\% \end{cases}$$

$$CH_3-\underset{CH_3}{\overset{CH_3}{\underset{|}{\overset{|}{C}}}}-Br \xrightarrow[C_2H_5OH]{C_2H_5ONa} \begin{cases} \xrightarrow[25^\circ C]{E2} CH_3-\overset{CH_3}{\overset{|}{C}}{=}CH_2 & 93\% \\ \xrightarrow[25^\circ C]{S_N2} CH_3-\underset{CH_3}{\overset{CH_3}{\underset{|}{\overset{|}{C}}}}-OC_2H_5 & 7\% \end{cases}$$

2. 试剂的影响

试剂的碱性越强，浓度越大，越有利于E2反应；试剂的碱性较弱，浓度较小，则有利于S_N2反应。如：

$$CH_3CH_2Br \begin{cases} \xrightarrow{NH_3} CH_3CH_2NH_2 & 取代 \\ \xrightarrow{NaNH_2} CH_2{=}CH_2 & 消除 \end{cases}$$

3. 溶剂的影响

溶剂的极性对反应也有很大的影响。一般而言，溶剂极性增大有利于取代反应，不利于消除反应。所以由卤代烃制备烯烃时要用NaOH的醇溶液，因为醇的极性小；而由卤代烃制备醇时则要用NaOH的水溶液，因为水的极性大。

4. 反应温度的影响

消除反应的过渡态中要拉长C—H键，而取代反应中无这种情况，所以消除反应的活化能比取代反应的大，因此升高温度往往可提高消除反应产物的比例。

练习7-13 预测下列各反应的主要产物，并简单说明理由。

(1) $(CH_3)_3CBr+CN^- \longrightarrow ?$

(2) $CH_3(CH_2)_4Br+CN^- \longrightarrow ?$

(3) $(CH_3)_3CBr+CN^+C_2H_5ONa \longrightarrow ?$

(4) $(CH_3)_3CONa+CH_3CH_2Cl \longrightarrow ?$

7.6 卤代烯烃和卤代芳烃

7.6.1 卤代烯烃和卤代芳烃的分类

卤代烯烃和卤代芳烃分子中含有卤素原子及双键(或芳环)。卤素原子和双键(或芳环)的相对位置不同时，相互影响也不同。从而使卤素原子的活泼性也有显著的差别。通常根据它们的相对位置把常见的一元卤代烯烃和卤代芳烃分为三类。

1. 乙烯(苯基)型卤代烃

卤素原子直接与双键碳原子(或芳环)相连的卤代烯烃(芳烃)。这类化合物的卤素原子很不活泼，在一般条件下不发生取代反应。

$$RCH{=}CH{-}X \quad 如：\ CH_2{=}CH{-}X \quad C_6H_5{-}Br$$

2. 烯丙基(苄基)型卤代烃

卤素原子与双键(或芳环)相隔一个饱和碳原子的卤代烯烃(芳烃)。这类化合物的卤素原子很活泼，很容易进行亲核取代反应。

$$RCH{=}CH{-}CH_2Cl \quad 如：\ CH_2{=}CH{-}CH_2Cl \quad C_6H_5{-}CH_2Cl$$

3. 孤立型卤代烯(芳)烃

卤素原子与双键(或芳环)相隔两个或两个以上饱和碳原子的卤代烯烃(芳烃)。这类化合物的卤素原子活泼性基本和卤烷中的卤素原子相同。

$$RCH{=}CH(CH_2)_nX \quad n \geqslant 2$$

7.6.2 乙烯(苯基)型卤代烃

现以氯乙烯和氯苯代表乙烯(苯基)型卤代烃进行讨论。

氯乙烯和氯苯在结构上很相似，其氯原子均与 sp^2 杂化碳原子相连，且氯原子的未共用电子对所在的 p 轨道与碳碳双键或苯环的 π 轨道构成共轭体系，分子中存在 p－π 共轭效应。氯乙烯和氯苯分子中电子云的转移及 p－π 共轭效应表示如下。

$CH_2{=}CH{-}\ddot{\underset{\cdot\cdot}{Cl}}:$

由于 p－π 共轭的结果，电子云趋向平均化，因此 C—Cl 键的偶极矩将减小，氯的一对未共用电子对已不再为氯原子所独占，它们因离域而为整个共轭体系所共有，这就使 C—Cl 键的电子云密度相应增加，键长缩短。此外，跟氯乙烷相比，氯原子跟相连的 sp^2 杂化碳原子由于含较多的 s 成分，也致使 C—Cl 键长缩短。键长缩短意味着 C—Cl 之间结合得更为紧密，C—Cl 键不容易发生断裂，使得氯原子的活泼性降低，不容易发生一般的取代反应，也不易进行消除反应。C—Cl 键的键长、离解能、偶极矩变化如表 7－2 所示。

表 7－2　C—Cl 键的键长、离解能、偶极矩

化合物	键长/nm	离解能/kJ. mol^{-1}	偶极矩/D
氯乙烷	0.178	799	2.05
氯乙烯	0.172	866	1.45
氯苯	0.169	916	1.69

乙烯(苯基)型卤代烃的性质不活泼，如溴乙烯和溴苯分别与硝酸银的醇溶液加热数日也不发生反应。乙烯(苯基)型卤代烃也能发生一些反应，如都可以制备格氏试剂，但氯代芳烃需要使用络合能力较强的溶剂(如四氢呋喃)在较强烈的条件下才能进行。

$$H_2C{=}CHCl + Mg \xrightarrow[\triangle]{纯醚} H_2C{=}CHMgCl$$

$$C_6H_5Cl + Mg \xrightarrow[\triangle]{THF} C_6H_5MgCl$$

$$m\text{-}ClC_6H_4Br + Mg \xrightarrow[\triangle]{纯醚} m\text{-}ClC_6H_4MgBr$$

苯基型卤代烃在亲核取代反应中活性很低，但当芳环的一定位置上连有强的吸电子基时，则反应活性明显提高。如氯苯很难发生水解，但当氯原子的邻位或对位连有硝基等强吸电子基时，水解变得相对容易，并且吸电子基越多反应越容易。

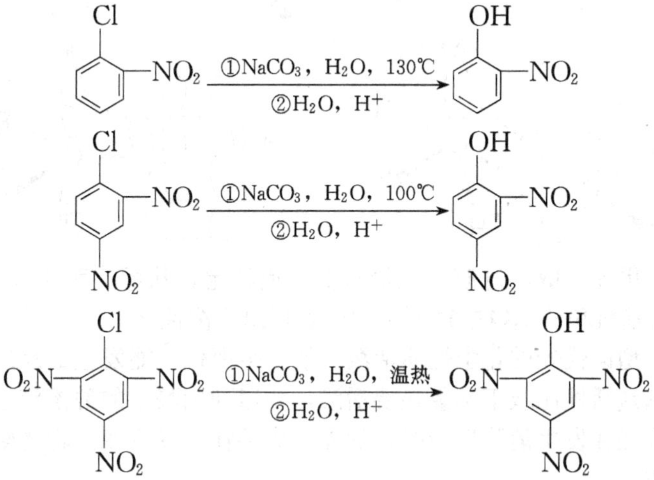

$$\text{邻硝基氯苯} \xrightarrow[\text{②}H_2O,\ H^+]{\text{①}NaCO_3,\ H_2O,\ 130℃} \text{邻硝基苯酚}$$

$$\text{2,4-二硝基氯苯} \xrightarrow[\text{②}H_2O,\ H^+]{\text{①}NaCO_3,\ H_2O,\ 100℃} \text{2,4-二硝基苯酚}$$

$$\text{2,4,6-三硝基氯苯} \xrightarrow[\text{②}H_2O,\ H^+]{\text{①}NaCO_3,\ H_2O,\ \text{温热}} \text{2,4,6-三硝基苯酚}$$

7.6.3 烯丙基(苄基)型卤代烃

与乙烯(苯基)型卤代烃形成鲜明对比的是，烯丙基(苄基)型卤代烃 C—X 键的离解能要低得多。如烯丙基氯和苄基氯的 C—Cl 键异裂离解能分别为 723.8kJ・mol^{-1} 和 694.5kJ・mol^{-1}，甚至比氯乙烷还要低。因此，乙烯(苯基)型卤代烃的 C—Cl 键容易断裂。它们无论进行 S_N1 反应还是 S_N2 反应，卤素原子均表现活泼性。下面以烯丙基氯和苄基氯为例进行说明。

烯丙基氯和苄基氯在碱性条件下水解发生 S_N1 反应时，首先失去氯负离子，分别生成如下的碳正离子

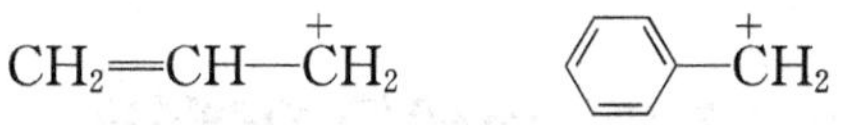

$$CH_2{=}CH{-}\overset{+}{C}H_2 \qquad C_6H_5{-}\overset{+}{C}H_2$$

上述碳正离子中，带正电荷碳原子的空 p 轨道与碳碳双键或苯环的 π 轨道构成 p－π 共轭体系，电子离域的结果，正电荷不再集中在原来带正电荷的碳原子上，而生分散在共轭体系的所有碳原子上，如下

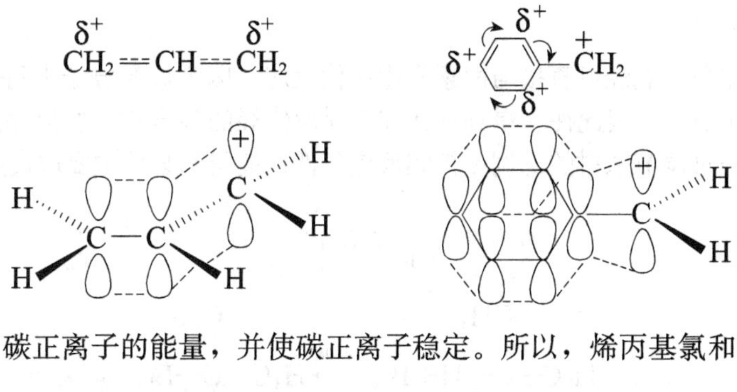

$$\overset{\delta^+}{C}H_2 \cdots CH \cdots \overset{\delta^+}{C}H_2$$

因此降低了碳正离子的能量，并使碳正离子稳定。所以，烯丙基氯和苄基氯中的氯原子比较活泼。

当烯丙基氯和苄基氯发生 S_N2 反应时，由于影响 S_N2 反应活性主要因素是空间立体效

应，烯丙基氯和苄基氯与没有支链的伯卤代烷相似，空间立体障碍较小，有利于亲核试剂的进攻而易于发生反应。此外，由于过渡态双键或苯环的 π 轨道与正在形成的和断裂的键轨道在侧面相互交盖，如下

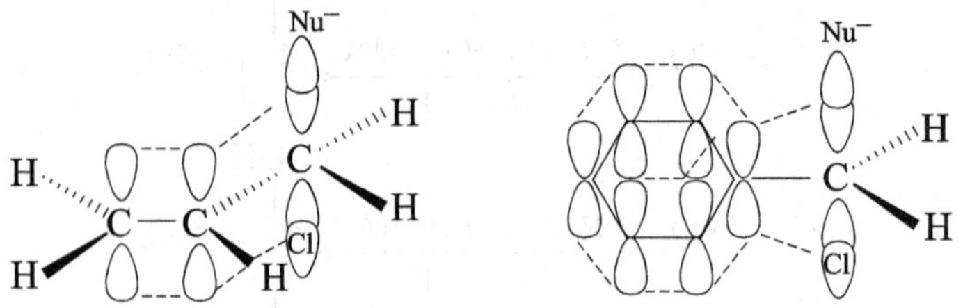

交盖使负电荷更加分散，过渡态能量降低，更稳定，从而有利于反应的进行。因此，S_N2 反应中，烯丙基氯和苄基氯中氯原子同样表现出活泼性。

烯丙基(苄基)型卤代烃的化学性质活泼，能发生卤代烷能发生的反应，其活性比卤代烷要高，如烯丙基氯活性比叔丁基氯还要活泼，一遇到硝酸银的醇溶液立即产生沉淀。烯丙基(苄基)型卤代烃在发生消除反应时，优先生成共轭二烯烃或共轭芳烃，因为它比较稳定，比较容易生成。

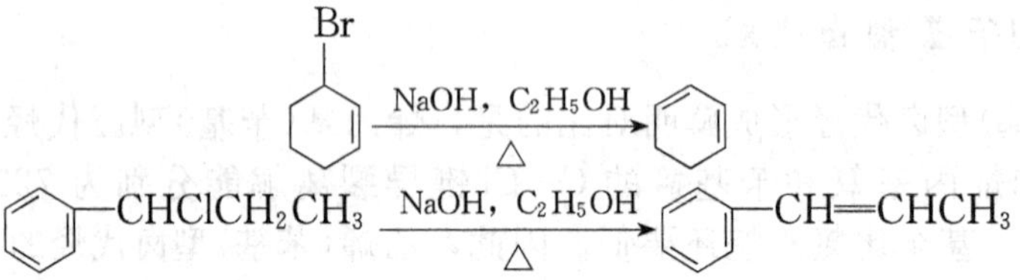

$$\text{3-溴环己烯} \xrightarrow[\triangle]{NaOH,\ C_2H_5OH} \text{1,3-环己二烯}$$

$$C_6H_5-CHClCH_2CH_3 \xrightarrow[\triangle]{NaOH,\ C_2H_5OH} C_6H_5-CH=CHCH_3$$

7.6.4 孤立型卤代烯(芳)烃

在孤立型卤代烯(芳)烃分子中，由于卤素原子与双键或芳环相距较远，相互间影响较小，卤素原子的活性与在卤代烷中相似，这里不再赘述。

7.7 卤代烃的制备

7.7.1 由烃来制备

1. 烃的卤代

在光照或高温下，烷烃可直接与卤素发生卤代反应。因为烷烃分子中每个碳原子上氢都有可能被卤素原子取代，因此往往得到一元或多元卤代烃的混合物，所以用途不是太大。一些特定结构的烃通过调节原料的比例和控制反应条件也能得到某种主要取代产物。例如：

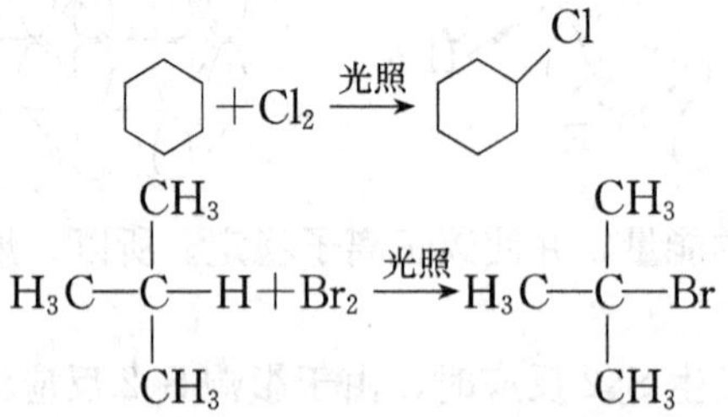

$$\text{环己烷} + Cl_2 \xrightarrow{光照} \text{氯代环己烷}$$

$$(CH_3)_3C-H + Br_2 \xrightarrow{光照} (CH_3)_3C-Br$$

N-溴代丁二酰亚胺，简称 NBS，是一种极好的溴代试剂，反应中常常得到应用。

$$\text{环己烯} + NBS \xrightarrow[\text{沸腾}]{CCl_4} \text{3-溴环己烯(Br)} \qquad \text{甲苯}(CH_3) + NBS \xrightarrow[\text{沸腾}]{CCl_4} \text{苄基溴}(CH_2Br)$$

2. 不饱和烃的加成

不饱和烃可以和卤化氢或卤素发生加成反应生成卤代烃(详见第 3 章)。

3. 氯甲基化反应

氯甲基化反应主要用来制备苄氯(详见第 5 章)。苯环上有第一类取代基时，反应易进行；有第二类取代基和卤素时则反应难进行。

$$3\,\text{C}_6\text{H}_6 + (CH_2O)_3 + 3HCl \xrightarrow[70℃]{\text{无水 }ZnCl_2} \text{C}_6\text{H}_5\text{—}CH_2Cl + 3H_2O$$

7.7.2 由醇制备

醇分子中的羟基可被卤素原子取代而生成相应的卤代烃。这是制备卤代烃最普遍的方法。最常用的试剂是氢卤酸、卤化磷和二氯亚砜。

1. 醇与氢卤酸的反应

$$ROH + HX \rightleftharpoons R\text{—}X + H_2O$$

醇与氢卤酸的反应是可逆反应，增加反应物的浓度和去除生成的水，可以提高卤代烷的的产率。氯代烷的制备一般是将浓盐酸和醇在无水氯化锌存在下制得的；溴代烷的制备需要将氢溴酸与浓硫酸共热来制得；碘代烷则可将醇与恒沸的氢碘酸一起回流来制得。例如：

$$CH_3CH_2CH_2CH_2OH + HBr \xrightarrow[\triangle]{\text{浓 }H_2SO_4} CH_3CH_2CH_2CH_2Br + H_2O$$

2. 醇与卤化磷的反应

醇与三卤化磷作用生成卤烷。这是制备溴烷和碘烷的常用方法。

$$3ROH + RX_3 \longrightarrow 3R\text{—}X + P(OH)_3$$

X=Br，I(Cl 的反应产率低于 50%)

通常用的三卤化磷不必事先制备，只要将卤素单质和赤磷加到醇中共热，卤素与赤磷作用生成三卤化磷，后者立即与醇作用，生成卤烷。这种方法又称一锅煮法。

$$3ROH + \underbrace{P + 3/2X_2}_{PX_3} \longrightarrow 3R\text{—}X + \underbrace{P(OH)_3}_{\text{亚磷酸酯}}$$

伯醇与三卤化磷作用，常因副反应而生成亚磷酸酯，因此卤烷的产率不高，一般低于 50%。所以伯醇制备卤烷时一般用五卤化磷。

$$ROH + PX_5 \longrightarrow R\text{—}X + POX_3 + HX$$

3. 醇与二氯亚砜的反应

醇与二氯亚砜的反应的优点是不仅反应速度快，而且产率高，一般在 90%左右，副产物二氧化硫和氯化氢都是气体，容易和产物分离。但也有缺点，二氯亚砜自身不稳定，易分解，生成的副产物造成环境污染。所以该法主要用于实验室制备一些少量的氯烷。

$$R—OH+SOCl_2 \xrightarrow{回流} R—Cl+SO_2\uparrow+HCl\uparrow$$

7.7.3 卤素原子的互换

$$RCl(Br)+NaI \xrightarrow{丙酮} RI+NaCl(Br)\downarrow$$

这是一个可逆反应，通常将氯代烷或溴代烷的丙酮溶液与碘化钠共热，由于碘化钠(碘化钾)溶于丙酮后反应生成的 NaCl、NaBr(KCl、KBr)的溶解度都很小，这样可使平衡向右移动促使反应继续进行。这是制备碘代烷比较方便而且产率较高的方法。但这一反应一般只适用于制备伯碘烷。

7.7.4 重氮盐法

重氮盐法通过反应主要在芳环上引入卤素原子(详见第 13 章)。

$$C_6H_5—N_2Cl \xrightarrow{CuCl+HCl} C_6H_5—Cl+N_2$$

$$C_6H_5—N_2Br \xrightarrow{CuBr+HBr} C_6H_5—Br+N_2$$

阅读材料

有机氟化物

有机氟化物中氟氯烃的研究是一个重大的发现和创造，它极大地改变了人类的生活质量，但同时也造成了很明显的环境污染问题。米奇利(Midgley T)于 1928 年承担了一个研制无毒不燃、化学性质稳定的冷冻剂用以代替传统的液氨和硫氧化物等制冷剂的任务。经过多年的研究，他在元素周期律的指导下，最早采用分子设计原理，经分析筛选成功地得到了 CCl_2F_2 这个化合物。这一成果在化学界引起了极大的反响，在氟化学发展过程中具有里程碑的意义。

氟氯烃的商品名称为氟利昂(Freon)。氟利昂实际上多指一个和两个碳原子的氟氯烷，如 $ClF_2C—CF_2Cl$ 称为 F-114，F 代表氟利昂，百位数代表碳原子数减 1，十位数代表氢原子数加 1，个位数代表氟原子数。又如，CCl_2F_2 称为 F-12。

氟利昂的制备多用取代反应，以 HF、SbF_5、CoF_3 等无机氟化剂将卤代烃中的卤素原子的氯、溴、碘取代成氟代烃。分子中含有多个氟原子或一个碳原子上连有多个氟原子的多氟代烃是非常稳定的。由于分子中的碳氟键特别牢固，很难断裂，因此多数多氟代烃能耐高温和腐蚀，又有优良的电绝缘性能，称为特别有用的氟塑料和氟橡胶。氟利昂类气体则是最常见的致冷剂，它们具备加压容易液化、气化热大、安全性高、不燃、不爆、无臭、无毒等优良性能。常见的致冷剂除了 F-12，主要还有 F-11(CCl_3F)、F-22($CHClF_2$)、F-113 和 F-114。利用它们不同的沸点用于不同的致冷设备，如家用冰箱用 F-12、F-13($CClF_3$)和 F-23(CHF_3)，空调器用 F-114。

氟利昂的另一大用途是用作气溶剂。将杀虫剂和除草剂与适当的氟利昂组成的混合物加压溶解罐装，使用时氟利昂溶媒在大气压下膨胀蒸发，将其中含有杀虫剂、除草剂等溶质形成极为分散的细小粒子，使用效果极佳。因此氟利昂被广泛用于农药、化妆品、头发喷雾剂、涂料等行业。此外，随着膨松聚氨基塑料的普及使用，作为成泡气体用的氟利昂发泡剂的使用也在不断增加，占成泡气体总量的25%左右，而利用氟利昂的溶解性和化学惰性用作干洗剂也占到干洗剂总量的20%左右。

氟利昂的优良性能使其生产和使用量自问世以来已超过1000万吨。由于氟利昂特别稳定的性质使其不易分解，使用后的氟利昂残留在大气中不断积累，引起人们对其最终去向的关注。1985年的一份研究报告指出，地球表面臭氧浓度正以1%以上的速度降低。1987年人们发现南极上空已出现了臭氧空洞。1999年9月南极上空臭氧的浓度只有往年常量的三分之二。人们发现，这些稳定的不易分解的氟利昂是臭氧层的主要破坏者。其作用的机理是通过自由基的连锁反应使臭氧形成氧气。

大气臭氧层的破坏，会使紫外线大量照射到地球的表面，使人类免疫系统失调，患白内障、皮肤癌的人增多，农作物减产，影响海洋浮游生物的生存等，危害极大。

消除氟利昂对臭氧层的破坏的研究刻不容缓，1995年的化学诺贝尔奖授予对氟利昂造成臭氧空洞而作出出色研究的三位科学家。20世纪80年代以来，国际上接连签署了多个关于限制使用生产氟利昂的协议，以更好地保护生态环境。

氟化学的发展中最明显的特点是它的化学基础研究工作与应用研究紧密结合。含氟生理活性的研究起始与20世纪40年代。人们发现某些毒性植物的剧毒性是由单氟代乙酸所致，这一发现大大推动了少氟化合物在生理毒性方面的研究。含氟药物中，有些是对有生理活性但不含氟的化合物进行改造而成，有些则是有意识合成的人工目标分子。在杀虫剂、除草剂、农药、昆虫信息素等方面都存在氟原子引入后明显改善了药物分子的疏水亲脂性、吸收、传输和转化等性能的要求。

氟化物在人造血液、麻醉剂和人造组织中都有应用。$C_2F_5C_6H_4R$、$CF_3CBrClF$等氟化物挥发性强、吸入容易、无毒、不燃、物化特性很好、其麻醉效果远高于一般的麻醉剂。新的麻醉剂正朝着含氟的氧醚发展，如$CHFClCF_2OCHF_2$、$CF_3CHClOCHF_2$等。氟碳烷的溶氧量是水的20倍，因此可用作生物体内氧气运载的载体。这与它们的表面张力低，分子间引力小，运动黏度低及分子疏松堆积而有足够的空间供氧气分子自由进出有关。它们能代替红细胞携氧，也没有血型之分，并且有适度挥发性，一段时期后即随呼吸排出。但它们没有白细胞，不能抵抗病菌病毒；不含血小板，无凝血功能和免疫能力，所以不能像血液那样长期使用。

氟化物作为表面活性剂，在防水防油的纤维处理剂、电镀工业上的集油剂、乳化剂、玻璃及其他材料表面的涂料、去水剂、除霜剂等工业和民用领域也得到广泛地应用。

$CHClF_2$受热后分解生成四氟乙烯，贮藏在钢瓶中的四氟乙烯也很容易自身聚合成聚四氟乙烯。聚四氟乙烯最大的特点是耐腐蚀，不受除了熔融的钠和钾以外的任何化学药品腐蚀，也不与强酸、强碱作用，甚至在王水中煮沸也无变化。其不溶于任何溶剂，不易燃烧，具有很好的耐磨性和良好的电绝缘性。既耐低温又耐高温，因此被称为“塑料王”。聚四氟乙烯被广泛应用于国防工业、航空工业、电器工业、尖端科学技术等部分。其缺点是成本高，成型加工比较困难。

氟代烃及其高分子聚合物还有很多用途。例如，氟蒸气与C_{60}反应，可生成一种白色粉末，称为特氟隆，可用作高温润滑剂或填充剂，是一种很好的耐热材料和防水材料。由四氟乙烯制成的多微孔薄膜，可制成登山服饰或野营用帐篷，具有既透气又不沾水、不沾油污等优点。二氟二溴甲烷和三氟一溴甲烷是两种常用的灭火剂，比四氯化碳安全，可用于处理火箭发射中的起火事故。

本章小结

1. 卤代烃的分类和命名。

2. 卤代烃的化学性质：

（1）亲核取代反应：水解、与醇钠作用、与氰化钠作用、与氨作用、卤离子交换反应、与炔钠反应、与硝酸银作用。

（2）消除反应：脱卤化氢、脱卤素。

（3）与活泼金属的反应：与碱金属反应、与金属镁的反应。

3. 亲核取代反应的机理：

（1）双分子亲核取代反应的历程、特点。

（2）单分子亲核取代反应的历程、特点。

（3）影响亲核取代反应的因素：烃基结构的影响、离去基团的性质、亲核试剂的影响、溶剂极性的影响。

4. 消除反应的机理：

（1）双分子消除反应的历程、特点。

（2）单分子消除反应的历程、特点。

（3）影响消除反应的因素：烃基结构的影响、卤素原子的影响、进攻试剂的影响、溶剂极性的影响。

（4）取代和消除反应的竞争：消除产物和取代产物的比例主要受烷基的结构、试剂、溶剂和反应温度等因素的影响。

5. 卤代烯烃和卤代芳烃的分类、结构、性质。

6. 卤代烃的制备：由烃来制备、由醇制备、卤素原子的互换及重氮盐法。

习　题

1. 写出分子式为 $C_5H_{11}Cl$ 所代表的所有同分异构体，并指出这些异构体伯、仲、叔卤代烷的类型。

2. 用系统命名法命名下列化合物。

（1）$CH_3CHClCH_2CH_2Br$

（2）（键线式结构，含 Cl）

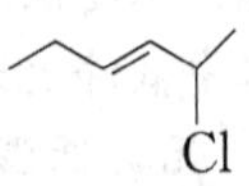

（3）$CH_2{=}C(CH_3)CHClCH{=}CHCH_2Cl$（CH₃ 与 Cl 标于 C 上下方）

（4）H_3C—（环己烯环）—Cl

（5）（苯环）—$CH(CH_3)CHClCH_3$

（6）Cl、H、H_3C 连于 C；H、Br、CH_3 连于另一 C（立体结构式）

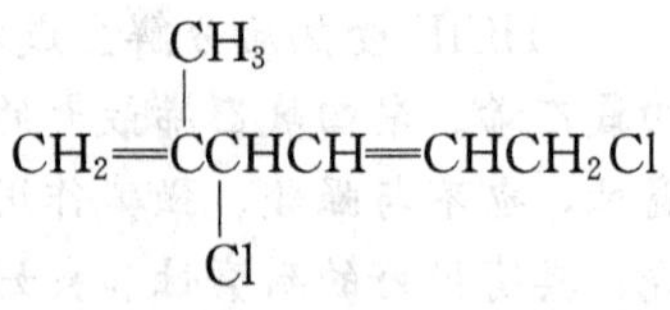

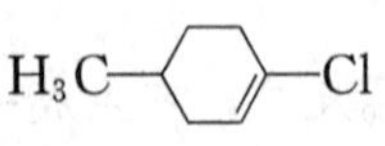

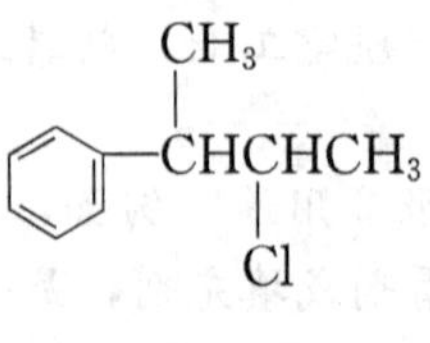

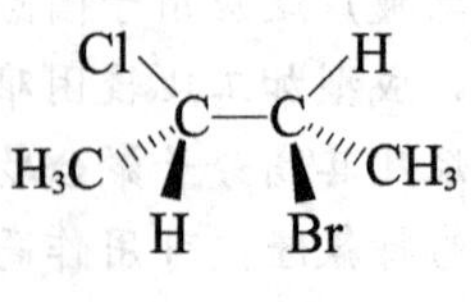

(7) 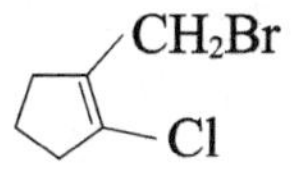 [1-(溴甲基)-2-氯环戊烯：环戊烯环上连 CH_2Br 和 Cl]　(8) 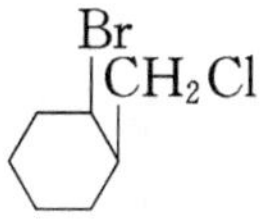 [环己烷同一碳上连 Br 和 CH_2Cl]　(9) $CF_2{=}CF_2$

3. 写出下列化合物的构造式。

(1) 烯丙基氯　(2) 苄溴　(3) 一溴环戊烷

(4) 4-甲基-5-溴-2-戊炔　(5) 偏二氯乙烯　(6) 1-苯基-2-氯乙烷

(7) 4-甲基-5-氯-2-戊烯　(8) 氯仿　(9) 对溴苯基溴甲烷

4. 比较下列各组化合物的偶极矩大小。

(1) (A) CH_3CH_2Cl　(B) $CH_2{=}CHCl$　(C) $CCl_2{=}CCl_2$　(D) $CH{\equiv}CCl$

(2) (A) 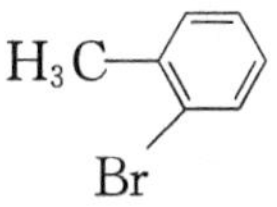 H_3C—[苯环，邻位 Br]　(B) 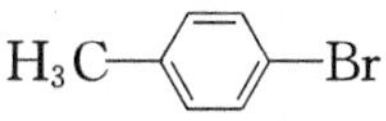 H_3C—[苯环]—Br（对位）　(C) 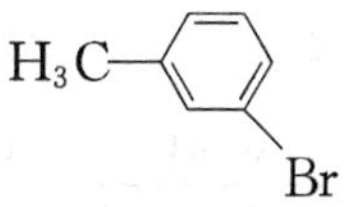 H_3C—[苯环，间位 Br]

5. 用方程式表示 $CH_3CH_2CH_2Br$ 与下列化合物反应的主要产物。

(1) NaOH(水溶液)　(2) NaOH(醇溶液)　(3) Mg(乙醚)

(4) NH_3　(5) NaCN　(6) NaI(丙酮溶液)

(7) $CH_3C{\equiv}CNa$　(8) $AgNO_3$(醇溶液)　(9) $(CH_3)_2CuLi$

6. 用化学方法区别下列各组化合物。

(1) (A) 1-氯丙烯　(B) 3-氯丙烯　(C) 1-氯丙烷

(2) (A) 1-氯丁烷　(B) 1-溴丁烷　(C) 1-碘丁烷

(3) (A) 苄氯　(B) 氯苯　(C) 2-苯基-1-氯乙烷

7. 完成下列反应方程式。

(1) $CH_2{=}CHCH_3 + HBr \longrightarrow ? \xrightarrow{NaCN} ?$

(2) $CH_2{=}CHCH_3 + HBr \xrightarrow{ROOR'} ? \xrightarrow[H_2O]{NaCN} ?$

(3) $CH_3CH(CH_3)—CH(OH)CH_3 \xrightarrow{PCl_5} ? \xrightarrow{NH_3} ?$

(4) 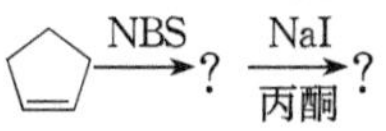 [环戊烯] $\xrightarrow{NBS} ? \xrightarrow[丙酮]{NaI} ?$

(5) 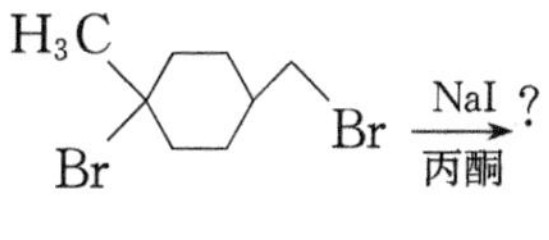 [1-甲基-1-溴-4-(溴甲基)环己烷：环己烷上连 H_3C、Br 和 CH_2Br] $\xrightarrow[丙酮]{NaI} ?$

(6) (R)—$CH_3CHClCH_2CH_3 \xrightarrow{CH_3ONa} ?$

(7)  (S)—[Fischer 投影式：上 CH_3，左 Br，右 $COOCH_2CH_3$，下 H] $\xrightarrow{NaCN} ?$

(8) $(CH_3)_3CCl + KCN \xrightarrow{乙醇} ?$

(9) 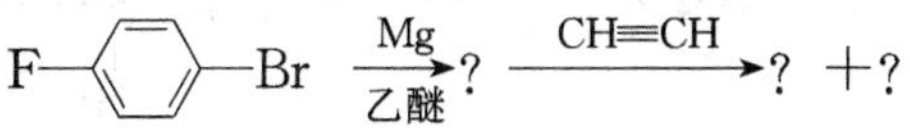 F—[苯环]—Br $\xrightarrow[乙醚]{Mg} ? \xrightarrow{CH{\equiv}CH} ? + ?$

(10) CH_3CHCH_3（2位连 OH）$\xrightarrow{SOCl_2}$? $\xrightarrow[乙醚]{AgNO_3}$?

(11) I—（苯环，2位 Br）—CH_3 $\xrightarrow[光照]{Cl_2}$? $\xrightarrow{CH\equiv CNa}$? $\xrightarrow[H_2SO_4，H_2O]{HgSO_4}$?

(12) Cl—C_6H_4—CH_2CH_3 $\xrightarrow[光照]{Br_2}$? $\xrightarrow[C_2H_5OH]{NaOH}$? $\xrightarrow[ROOR']{HBr}$? $\xrightarrow{NaCN}$?

(13) Cl—$C_6H_3(NO_2)$—Cl $\xrightarrow[Br_2]{Fe}$? $\xrightarrow[CH_3ONa]{CH_3OH}$?

(14) 环己基—Cl $\xrightarrow[C_2H_5OH]{NaOH}$? $\xrightarrow[500℃]{Cl_2}$? $\xrightarrow[H_2O]{NaOH}$?

(15) $C_6H_5CH_2Cl$ $\xrightarrow{NaCN}$?；$\xrightarrow{NH_3}$?；$\xrightarrow{C_2H_5ONa}$?；$\xrightarrow{NaI，丙酮}$?；$\xrightarrow[H_2O]{NaOH}$?

8. 在下列每一对反应中，预测哪一个更快，说明为什么？

(1) (A) $CH_3CH_2CH(CH_3)CH_2Cl + CN^- \longrightarrow CH_3CH_2CH(CH_3)CH_2CN + Cl^-$

(B) $CH_3CH_2CHCH_2Cl + CN^- \longrightarrow CH_3CH_2CH_2CH_2CN + Cl^-$

(2) (A) $CH_3I + NaOH \longrightarrow CH_3OH + NaI$

(B) $CH_3I + NaSH \longrightarrow CH_3SH + NaI$

(3) (A) $(CH_3)_2CHBr \xrightarrow[\triangle]{H_2O} (CH_3)_2CHOH + HBr$

(B) $(CH_3)_3CBr \xrightarrow[\triangle]{H_2O} (CH_3)_3COH + HBr$

(4) (A) $(CH_3)_2CHCH_2Cl \xrightarrow{H_2O} (CH_3)_2CHCH_2OH + HCl$

(B) $(CH_3)_2CHCH_2I \xrightarrow{H_2O} (CH_3)_2CHCH_2OH + HI$

9. 将下列各组化合物按反应速度大小顺序排列。

(1) 按 S_N1 反应：

① (A) $CH_3CH_2CH_2CH_2Cl$　(B) $(CH_3)_3CCl$　(C) $CH_3CH_2CH(CH_3)Cl$

② (A) C_6H_5—CH_2CH_2Br　(B) C_6H_5—CH_2Br　(C) C_6H_5—$CH(Br)CH_3$

(2) 按 S_N2 反应：

① (A) $CH_3CH_2CH_2Br$　(B) $(CH_3)_3CCH_2Br$　(C) $(CH_3)_2CHCH_2Br$

② (A) $CH_3CH_2CH(CH_3)Br$　(B) $(CH_3)_3CBr$　(C) $CH_3CH_2CH_2CH_2Br$

10. 将下列各组化合物按消去溴化氢难易次序排列，并写出产物的构造式。

(1) (A) $CH_3CH(CH_3)CH(Br)CH_3$　(B) $CH_3CH(CH_3)CH_2CH_2Br$　(C) $CH_3C(CH_3)(Br)CH_2CH_3$

(2) E1 反应：(A) 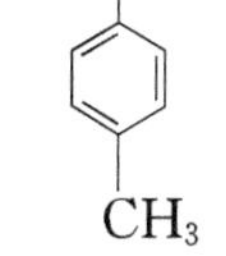 CH_3CHBr—C_6H_4—CH_3　(B) CH_3CHBr—C_6H_5　(C) CH_3CHBr—C_6H_4—NO_2　(D) 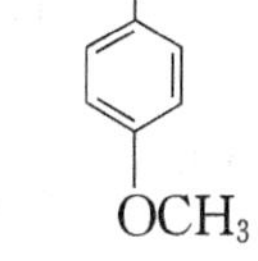 CH_3CHBr—C_6H_4—OCH_3

11. 卤代烷与 NaOH 在水与乙醇混合物中进行反应，指出哪些属于 S_N1 历程，哪些属于 S_N2 历程。

(1) 产物的构型完全转化　(2) 有重排产物

(3) 碱浓度增加反应速度加快　(4) 叔卤代烷反应速度大于仲卤代烷

(5) 反应不分阶段，一步完成　(6) 增加溶剂的含水量反应速度明显加快

(7) 试剂的亲核性越强反应速度越快

12. 下列各步反应中有无错误(孤立地看)？如有的话，试指出其错误的地方。

(1) $CH_3CH=CH_2 \xrightarrow[(A)]{HOBr} CH_3CHBrCH_2OH \xrightarrow[(B)]{Mg，Et_2O(乙醚)} CH_3CH(MgBr)CH_2OH$

(2) $CH_2=C(CH_3)_2 + HCl \xrightarrow[(A)]{ROOR'} (CH_3)_3CCl \xrightarrow[(B)]{NaCN} (CH_3)_3CCN$

(3) p-$CH_3C_6H_4Br \xrightarrow[(A)]{NBS} p$-$BrCH_2C_6H_4Br \xrightarrow[(B)]{NaOH，H_2O} p$-$HOCH_2C_6H_4OH$

(4) (环戊二烯基)$CH_2CHBrCH_2CH_3 \xrightarrow[(A)]{KOH, C_2H_5OH}$ (环戊二烯基)$CH_2CH=CHCH_3$

13. 合成下列化合物。

(1) $CH_3CH(Br)CH_3 \longrightarrow CH_3CH_2CH_2Br$

(2) $CH_3CH(Cl)CH_3 \longrightarrow CH_3CH_2CH_2Cl$

(3) $CH_3CH(Cl)CH_3 \longrightarrow CH_3C(Cl)_2CH_3$

(4) $CH_3\underset{\displaystyle Br}{\underset{|}{C}H}CH_3 \longrightarrow CH_2Cl\underset{\displaystyle Cl}{\underset{|}{C}H}CH_2Cl$

(5) $CH_2BrCH_2Br \longrightarrow CHBr_2CH_2Br$

(6) $CH_3CH_2CH_2Br \longrightarrow$

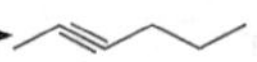

(7) 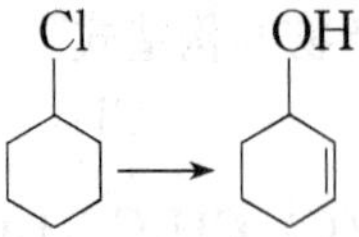 Cl $\longrightarrow$ OH

(8) 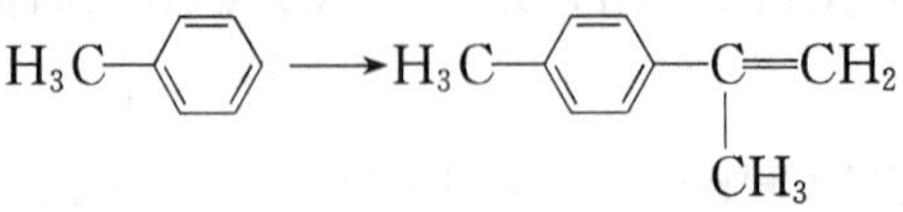 $H_3C-C_6H_5 \longrightarrow H_3C-C_6H_4-\underset{\displaystyle CH_3}{\underset{|}{C}}=CH_2$

(9) 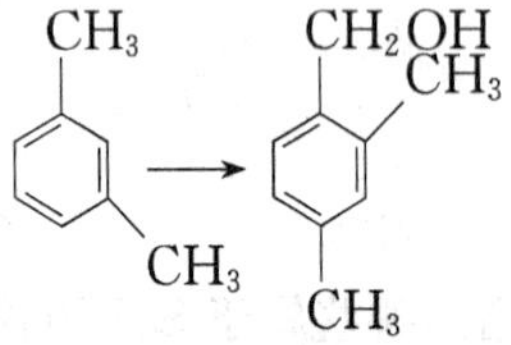 CH_3, CH_3 $\longrightarrow$ CH_2OH, CH_3, CH_3

14. 化合物 A 与 Br_2-CCl_4溶液作用生成一个三溴化合物 B，A 很容易与 NaOH 水溶液作用，生成两种同分异构的醇 C 和 D，A 与 KOH－C_2H_5OH 溶液作用，生成一种共轭二烯烃 E。将 E 臭氧化、锌粉水解后生成乙二醛(OHC—CHO)和 4-氧代戊醛($OHCCH_2CH_2COCH_3$)。试推导 A～E 的构造式。

15. 某开链烃 A，分子式为 C_6H_{12}，具有旋光性，加氢后生成饱和烃 B，A 与 HBr 反应生成 C($C_6H_{13}Br$)。写出化合物 A、B、C 可能的构造式及各步反应式，并指出 B 有无旋光性。

16. 某烃 A，分子式为 C_5H_{10}，它与溴水不发生反应，在紫外光照射下与溴作用只得到一种产物 B(C_5H_9Br)。将化合物 B 与 KOH 的醇溶液作用得到 C(C_5H_8)，化合物 C 经臭氧化并在锌粉存在下水解得到戊二醛。写出化合物 A、B、C 的构造式及各步反应式。

17. 某化合物 A 与溴作用生成含有三个卤素原子的化合物 B。A 能使冷的稀 $KMnO_4$ 溶液褪色，生成含有一个溴原子的 1，2-二醇。A 很容易与 NaOH 作用，生成 C 和 D；C 和 D 氢化后分别得到两种互为异构体的饱和一元醇 E 和 F；E 比 F 更容易脱水，E 脱水后产生两个异构化合物；F 脱水后仅产生一个化合物，这些脱水产物都能被还原为正丁烷。写出化合物 A～F 的构造式及各步反应式。

第8章 醇、酚、醚

教学目标

掌握醇、酚、醚的分类及其命名法。

掌握氢键对熔点、沸点、水溶性等物理性质的影响。

理解醇、酚、醚的结构特点。

掌握醇、酚、醚的主要化学性质。

掌握各类醇、酚、醚的化学鉴别方法。

掌握酚及取代酚酸性强弱的比较，比较醇和酚的酸性。

掌握醇、酚、醚的主要制备方法。

了解硫醇、硫醚的命名和性质。

了解醇、酚、醚的代表物和用途。

教学要求

知识要点	能力要求	相关知识
醇	(1) 掌握醇的分类和命名 (2) 理解醇的结构，掌握氢键对醇物理性质的影响 (3) 掌握醇的主要制备方法 (4) 掌握醇的化学性质 (5) 掌握伯、仲、叔醇的鉴别方法	伯、仲、叔碳的分类 取代反应 消除反应
酚	(1) 掌握酚的分类和命名 (2) 理解酚的结构和物理性质 (3) 掌握酚的主要制备方法，如碱熔法制酚 (4) 掌握酚的主要化学性质 (5) 掌握酚及取代酚酸性强弱的比较	电子效应 苯环的亲电取代反应
醚	(1) 掌握醚的分类和命名 (2) 理解醚的结构和物理性质 (3) 掌握醚的主要制备方法，如威廉逊合成法 (4) 掌握醚的主要化学性质	脂环烃的性质
硫醇、硫酚和硫醚	了解硫醇、硫醚的命名和性质	
醇、酚、醚的代表物与用途	了解醇、酚、醚的代表物和用途	

醇、酚、醚都可看成是水分子中的氢原子被烃基取代的化合物，它们都是烃的含氧衍生物。水分子中的一个氢原子被脂肪烃基所取代为醇；水分子中的一个氢原子被芳香烃基所取代为酚；水分子中的两个氢原子都被脂肪烃基或芳香烃基所取代为醚。

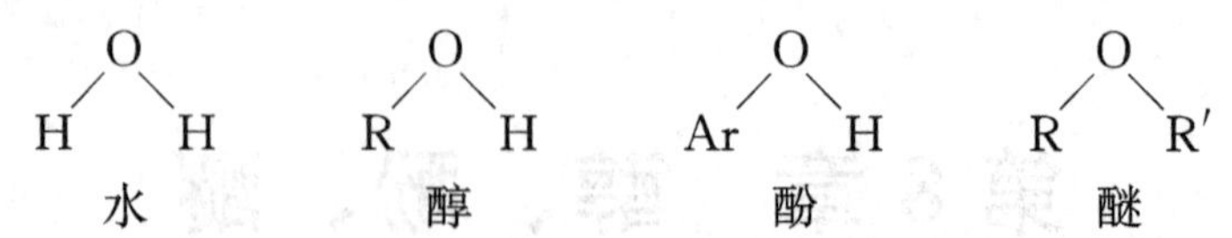

在醇、酚、醚中，由于羟基或氧所连位置不同，它们的性质和制备方法有明显不同，甚至完全不同，因此将醇、酚、醚作为三个独立部分予以学习。

8.1 醇

8.1.1 醇的分类和命名

依据不同的分类方法，醇的分类主要有三种。

(1) 根据羟基连接烃基的不同，脂肪醇、脂环醇和芳香醇(简称芳醇，芳环侧链有羟基的化合物，羟基直接连在芳环上的不是醇而是酚)。

CH_3CH_2OH 脂肪醇　　环己醇(OH) 脂环醇　　苯甲醇($C_6H_5CH_2OH$) 芳香醇

(2) 根据分子中所含羟基的数目分为：一元醇、二元醇和多元醇。二元和二元以上的醇统称为多元醇。

$CH_3CH_2CH_2OH$ 一元醇　　$H_2C(OH)—CH_2(OH)$ 二元醇　　$H_2C(OH)—CH(OH)—CH_2(OH)$ 三元醇

(3) 根据羟基连接碳原子级数的不同，常见的一元饱和醇可分为一级醇、二级醇和三级醇，也分别称为伯(1°)、仲(2°)、叔(3°)醇，它们的化学活性不同，并呈现一定的规律。

$R—CH_2—OH$ 一级醇 伯(1°)　　$R_2CH—OH$ 二级醇 仲(2°)醇　　$R_3C—OH$ 三级醇 叔(3°)醇

醇的异构包含碳架异构和官能团(—OH)位置异构。

碳架异构：$CH_3CH_2CH_2OH$　　$CH_3CH(CH_3)OH$

官能团位置异构：$CH_3CH_2CH_2CH_2OH$　　$CH_3CH(OH)CH_2CH_3$

有些醇存在于自然界，由于存在和来源等不同，有些醇有俗名。如：

CH_3OH 木精　　CH_3CH_2OH 酒精　　$H_3CH_2C(H)C=C(H)CH_2CH_2OH$（顺式）叶醇　　$C_6H_5—CH=CHCH_2OH$ 肉桂醇

构造比较简单的醇，常用普通命名法命名，即在醇的名称之前加上烃基名来命名，称为某(基)醇。如丁醇四种异构体的命名。

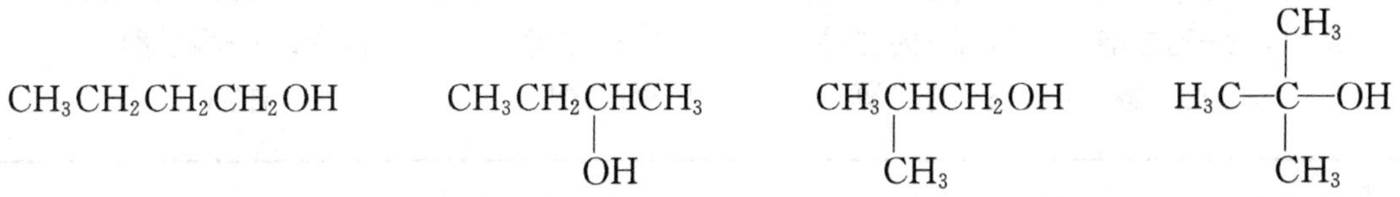

$CH_3CH_2CH_2CH_2OH$ 伯丁醇

$CH_3CH_2CH(OH)CH_3$ 仲丁醇

$CH_3CH(CH_3)CH_2OH$ 异丁醇

$(CH_3)_3C-OH$ 叔丁醇

构造比较复杂的醇，通常采用系统命名法来命名。其命名要点如下：

(1) 选择含有羟基(—OH)的最长碳链为主链，支链作为取代基。

(2) 主链碳原子位次从靠近羟基(—OH)的一端开始编号(链上含不饱和键也一样)。

(3) 根据主链碳原子数称为“某醇”，醇名之前按次序规则中规定的顺序冠以取代基的位次、数目和名称，即得全名。

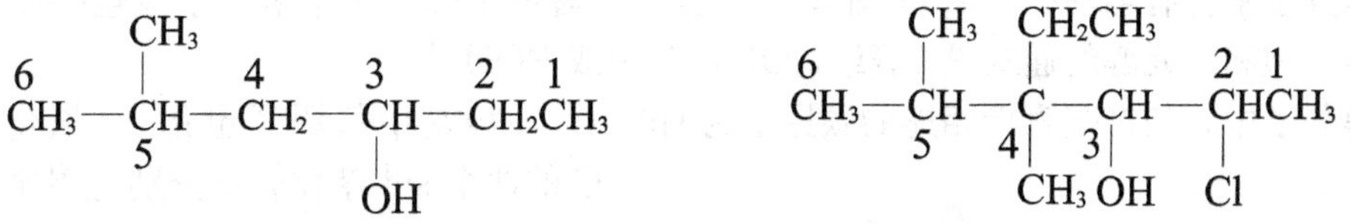

$\overset{6}{C}H_3-\overset{5}{C}H(CH_3)-\overset{4}{C}H_2-\overset{3}{C}H(OH)-\overset{2}{C}H_2\overset{1}{C}H_3$

5-甲基-3-己醇

$\overset{6}{C}H_3-\overset{5}{C}H(CH_3)-\overset{4}{C}(CH_2CH_3)(CH_3)-\overset{3}{C}H(OH)-\overset{2}{C}HCl\overset{1}{C}H_3$

4，5-二甲基-4-乙基-2-氯-3-己醇

不饱和醇的命名，应选择连有羟基同时含有不饱和键的最长碳链为主链，编号时仍是使羟基的位次尽量小。脂环醇的命名，当羟基与脂环上碳原子直接相连时，以脂环为母体，从羟基所连接的碳原子开始编号；当羟基与脂环上支链相连时，选择含有羟基的最长碳链为主链，脂环作为取代基。其他原则与饱和醇相同。如：

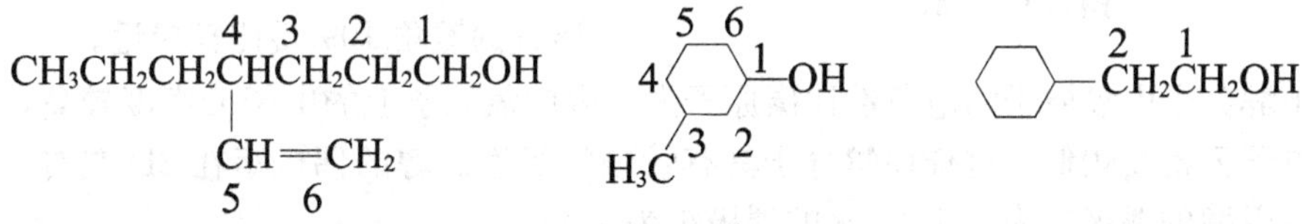

$CH_3CH_2CH_2\overset{4}{C}H(\overset{5}{C}H=\overset{6}{C}H_2)\overset{3}{C}H_2\overset{2}{C}H_2\overset{1}{C}H_2OH$

4-丙基-5-己烯-1-醇

3-甲基环己醇

2-环己基乙醇

芳醇的命名，可把芳基作为取代基，然后按脂肪醇来命名。芳基的位次与羟基所连碳原子的相对位置有时用α、β等来表示。如：

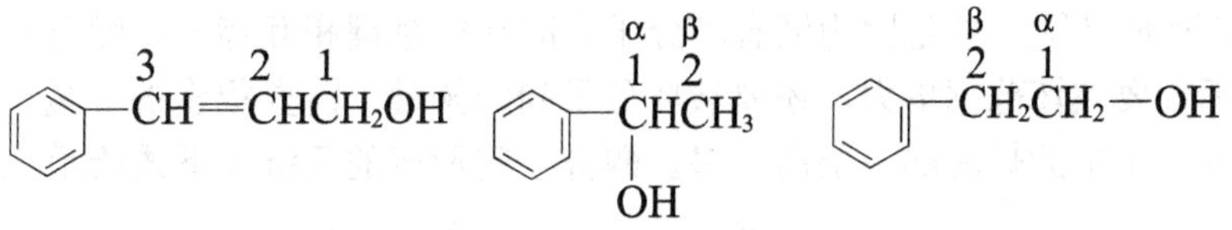

$C_6H_5-\overset{3}{C}H=\overset{2}{C}H\overset{1}{C}H_2OH$

3-苯基-2-丙烯醇

肉桂醇

$C_6H_5-\overset{1}{C}H(OH)\overset{2}{C}H_3$

1-苯乙醇

α-苯乙醇

$C_6H_5-\overset{2}{C}H_2\overset{1}{C}H_2-OH$

2-苯乙醇

β-苯乙醇

含有两个羟基以上的多元醇，结构简单的常以俗名命名。结构比较复杂的，用系统命名法，尽可能选择含多个羟基在内的碳链为主链，并把羟基的数目和位次放在醇名之前表示出来。二元醇中根据两个羟基的相对位置有时也称α-二醇和β-二醇等。

$H_2C—CH_2$ (两个C上各连OH)	$H_3C—CH—CH_2$ (CH、CH_2上各连OH)	$H_2C—CH_2—CH_2$ (两端C上各连OH)	$H_2C—CH—CH_2$ (三个C上各连OH)
1，2-乙二醇	1，2-丙二醇	1，3-丙二醇	1，2，3-丙三醇
α-乙二醇	α-丙二醇	β-丙二醇	甘油

练习 8-1 写出下列醇的构造式，并按1°、2°、3°醇分类。

(1) 2-戊醇　(2) 2-甲基-2-丙醇　(3) 3，5-二甲基-3-己醇

(4) 4-甲基-2-己醇　(5) 1-丁醇　(6) (E)-2-壬烯-5-醇

8.1.2 醇的结构和物理性质

醇分子中含有羟基(—OH)官能团。醇也可以看成是烃分子中氢原子被羟基取代后的衍生物。饱和一元醇的通式是 $C_nH_{2n+1}OH$，简写成 ROH。

醇分子中，与羟基直接相连的碳原子为 sp^3 杂化，羟基中氧原子也是 sp^3 杂化，氧原子的两个 sp^3 杂化轨道分别与碳原子及氢原子形成 C—Oσ 键和 O—Hσ 键，其余两个 sp^3 杂化轨道分别被一对未共用电子对占据。图 8.1 所示为最简单的醇——甲醇的结构示意图和球棍模型，测得甲醇中 C—O 键和 O—H 键之间的夹角为 108.9°，与甲烷分子中四个 sp^3 杂化轨道形成的键角 109.5°比较接近。

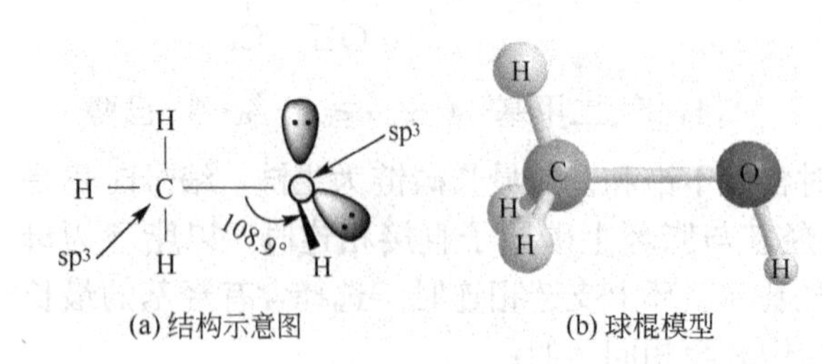

图 8.1　甲醇

由于醇分子中氧原子的电负性比碳原子强，因此氧原子上的电子云密度较高，而碳原子上的电子云密度较低，这样使醇分子具有较强的极性。醇的偶极矩在 2D 左右，与水相似，如：甲醇的偶极矩为 1.7D，水的偶极矩为 1.8D。

直链饱和一元醇中，C_4 以下的低级醇为具有酒味的无色流动液体，C_5～C_{11} 的醇为具有不愉快气味的油状液体，C_{12} 以上的醇为蜡状固体。低级直链饱和一元醇的沸点比相对分子质量相近的烷烃的沸点高得多。如乙烷(分子量为 30)的沸点为－88.6℃，甲醇(分子量 32)的沸点为 64.9℃。这是因为液态醇分子之间能以氢键相互缔合，醇分子从液态到气态的转变，不仅要破坏范德华力，还要破坏分子间的氢键，需要很多的能量。因此醇分子的沸点比相近分子量的烃的沸点要高的多。醇分子间形成的氢键如下式所示：

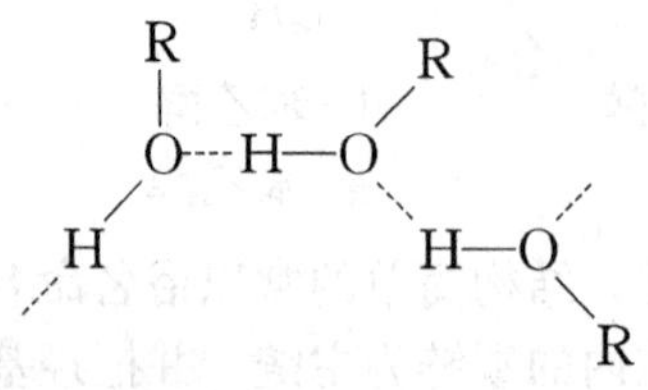

但随着碳原子数的增加，醇分子中烃基体积的逐渐增大，逐渐阻碍了分子之间形成氢键，氢键的作用逐渐降至次要地位，范德华力逐渐上升为主要影响因素，因此随着碳链的增长，醇与分子量相近的烷烃的沸点差值逐渐缩小。

在醇的异构体中，直链伯醇的沸点最高，带支链的沸点要低些，支链越多，沸点越低。因为支链越多，分子之间不易靠近，范德华力相对越弱。如丁醇的四种异构体的沸点如下：

正丁醇＞异丁醇＞仲丁醇＞叔丁醇

沸点：117.7℃　108℃　99.5℃　82.5℃

甲醇、乙醇、丙醇都能与水混溶，也是因为醇羟基能与水形成氢键。C_4 以上的醇则随着碳链的增长在水中溶解度减小，原因是随着碳数增加，烃基增大，其遮蔽作用也增大，阻碍了醇羟基与水形成氢键。因此，高级醇在水中的溶解性与烃类相似，它们不溶于水而易溶于有机溶剂。一些醇的物理常数如表 8-1 所示。

表 8-1　一些醇的物理常数

名称	构造式	熔点/℃	沸点/℃	相对密度(20℃)	溶解度/(g/100g 水)
甲醇	CH_3OH	−97.8	64.7	0.792	∞
乙醇	CH_3CH_2OH	−114	78.3	0.789	∞
正丙醇	$CH_3CH_2CH_2OH$	−126.3	97.2	0.804	∞
异丙醇	$CH_3CH(CH_3)OH$	−89.5	82.4	0.786	∞
正丁醇	$CH_3CH_2CH_2CH_2OH$	−80.5	117.7	0.810	7.9
仲丁醇	$CH_3CH_2CH(OH)CH_3$	−114.7	99.5	0.806	12.5
异丁醇	$(CH_3)_2CHCH_2OH$	−108	108	0.802	11.1
叔丁醇	$(CH_3)_3COH$	25.5	82.5	0.734	∞
正戊醇	$CH_3(CH_2)_3CH_2OH$	−79	138	0.811	2.2
新戊醇	$(CH_3)_3CCH_2OH$	53	114	0.812	∞
正己醇	$CH_3(CH_2)_4CH_2OH$	−46.4	158	0.814	0.7
正庚醇	$CH_3(CH_2)_5CH_2OH$	−34	176	0.822	0.2
烯丙醇	$CH_2{=}CHCH_2OH$	−129	97.1	0.855	∞
苄醇	$ph-CH_2OH$	−15	205	1.046	4
乙二醇	CH_2OHCH_2OH	−11.5	197	1.109	∞
丙三醇	$CH_2OHCHOHCH_2OH$	18	290	1.261	∞

分子中羟基越多，沸点越高，在水中的溶解度越大。如乙二醇沸点 197℃，丙三醇沸点 290℃，它们都能与水混溶。

低级醇可以与 $MgCl_2$、$CaCl_2$ 等发生络合，形成类似结晶水的化合物，例如：$MgCl_2 \cdot CH_3OH$、$CaCl_2 \cdot 4CH_3CH_2OH$ 等。这种络合物称为结晶醇。因此不能用无水 $CaCl_2$ 作为干燥剂来除去醇中的水。

练习 8-2　不用查表，将下列化合物的沸点由低到高排列成序。

(1) 正己醇　(2) 3-己醇　(3) 正己烷　(4) 二甲基正丙基甲醇　(5) 正辛醇

练习 8-3　乙醇与氯甲烷具有相近的相对分子质量，它们之中哪个沸点高，为什么？

8.1.3 醇的制法

1. 由烯烃制备

1）烯烃的水合

$$\gt C{=}C\lt + H_2O \xrightarrow{H^+} -\overset{|}{\underset{H}{C}}-\overset{|}{\underset{OH}{C}}-$$

烯烃的水合有两种方式：直接水合和间接水合。间接水合是用浓硫酸和烯烃先生成烷基硫酸氢酯，再经水解得到醇。不对称烯烃的水合加成符合马氏规则，除乙醇外，得到的为仲醇和叔醇。如：

$$CH_2{=}CH_2 + H_2O \xrightarrow[280\sim300^\circ C，8MPa]{H_3PO_4\text{-硅藻土}} CH_3{-}CH_2{-}OH$$

$$H_3C-\overset{CH_3}{\overset{|}{C}}{=}CH_2 \xrightarrow{H_2SO_4} H_3C-\overset{CH_3}{\overset{|}{\underset{OSO_3H}{\underset{|}{C}}}}-CH_3 \xrightarrow{H_2O} H_3C-\overset{CH_3}{\overset{|}{\underset{OH}{\underset{|}{C}}}}-CH_3$$

不对称烯烃在酸催化下有时由于生成的碳正离子重排而生成叔醇。如：

$$(CH_3)_3CCH{=}CH_2 \underset{}{\overset{H^+}{\rightleftharpoons}} H_3C-\overset{CH_3}{\overset{|}{\underset{CH_3}{\underset{|}{C}}}}-\overset{+}{C}H-CH_3 \overset{\text{重排}}{\rightleftharpoons} H_3C-\overset{+}{\underset{CH_3}{\underset{|}{C}}}-\overset{CH_3}{\overset{|}{C}H}-CH_3$$

$$\xrightarrow{H_2O} H_3C-\overset{\overset{+}{O}H_2}{\overset{|}{\underset{CH_3}{\underset{|}{C}}}}-\overset{CH_3}{\overset{|}{C}H}-CH_3 \xrightarrow{-H^+} H_3C-\overset{OH}{\overset{|}{\underset{CH_3}{\underset{|}{C}}}}-\overset{CH_3}{\overset{|}{C}H}-CH_3$$

2）羟汞-脱汞化反应

羟汞-脱汞化反应是两步反应，烯烃和醋酸汞首先生成羟基汞化合物，而后羟基汞化合物用硼氢化钠还原成醇。羟汞-脱汞化反应特点是既快又方便，几分钟内就可完成，条件缓和，产率高，生成的醇符合马氏规则。如：

$$(H_3C)(H)C{=}C(CH_3)_2 \xrightarrow[H_2O]{Hg(OAc)_2} H-\overset{CH_3}{\overset{|}{\underset{HgOAc}{\underset{|}{C}}}}-\overset{CH_3}{\overset{|}{\underset{OH}{\underset{|}{C}}}}-CH_3 \xrightarrow{NaBH_4} H-\overset{CH_3}{\overset{|}{\underset{H}{\underset{|}{C}}}}-\overset{CH_3}{\overset{|}{\underset{OH}{\underset{|}{C}}}}-CH_3$$

3）硼氢化-氧化反应

硼氢化-氧化反应可制得伯醇、仲醇和叔醇。其反应特点是，具有反马氏规则的加成取向，立体化学上为立体专一性的顺式加成，无重排产物生成，并且操作简单，产率高。是末端烯烃制备伯醇的好方法。所以该反应在有机合成上应用很广，用它可以从烯烃制备用其它方法所不易得到的醇。

$$3RCH{=}CH_2 \xrightarrow{(BH_3)_2} (RCH_2{-}CH_2)_3B \xrightarrow{H_2O_2，OH^-} 3RCH_2CH_2OH$$

$$CH_3CH_2\overset{CH_3}{\overset{|}{C}}{=}CH_2 \xrightarrow{(BH_3)_2} \xrightarrow{H_2O_2,\ OH^-} CH_3CH_2\overset{CH_3}{\overset{|}{C}}HCH_2OH$$

$$\text{环己亚基}{=}CH_2 \xrightarrow{(BH_3)_2} \xrightarrow{H_2O_2,\ OH^-} \text{环己基}{-}CH_2OH$$

$$\text{1-甲基环戊烯} \xrightarrow{(BH_3)_2} \xrightarrow{H_2O_2,OH^-} \text{反-2-甲基环戊醇}\ (85\%)$$

2. 由格氏试剂制备

格氏试剂与不同的醛或酮作用，可分别制得伯、仲、叔醇。反应分两步进行，第一步由格氏试剂进攻羰基化合物形成盐；第二步，生成的盐用水或稀酸水解得到醇。

$$\rangle C{=}O + R-MgX \xrightarrow[\text{或 THF}]{\text{无水乙醚}} -\underset{R}{\underset{|}{\overset{|}{C}}}-OMgX \xrightarrow[H^+]{H_2O} -\underset{R}{\underset{|}{\overset{|}{C}}}-OH + XMgOH$$

格氏试剂与甲醛反应得伯醇，与其他醛反应得仲醇，与酮反应得叔醇。反应必须在无水醚或四氢呋喃的溶剂中进行。

$$RMgX + \underset{\text{甲醛}}{H_2C{=}O} \xrightarrow{\text{无水乙醚}} R-\underset{H}{\underset{|}{\overset{H}{\overset{|}{C}}}}-OMgX \xrightarrow[H^+]{H_2O} \underset{\text{伯醇}}{R-\underset{H}{\underset{|}{\overset{H}{\overset{|}{C}}}}-OH}$$

$$RMgX + \underset{\text{醛}}{R'HC{=}O} \xrightarrow{\text{无水乙醚}} R-\underset{H}{\underset{|}{\overset{R'}{\overset{|}{C}}}}-OMgX \xrightarrow[H^+]{H_2O} \underset{\text{仲醇}}{R-\underset{H}{\underset{|}{\overset{R'}{\overset{|}{C}}}}-OH}$$

$$RMgX + \underset{\text{酮}}{R'R''C{=}O} \xrightarrow{\text{无水乙醚}} R-\underset{R''}{\underset{|}{\overset{R'}{\overset{|}{C}}}}-OMgX \xrightarrow[H^+]{H_2O} \underset{\text{叔醇}}{R-\underset{R''}{\underset{|}{\overset{R'}{\overset{|}{C}}}}-OH}$$

用格氏试剂合成醇，可以从简单的原料来制备比较复杂的醇。分析要合成的目标产物中，选用哪一种格氏试剂和哪一种羰基化合物来制备所需要的醇，可以从连接醇羟基碳上三个基团或原子的结构来考虑，即其中一个必须来自格氏试剂，另两个基团(包含氢原子)必须来自羰基化合物，然后研究其中哪些原料容易获得。如：

① $$\underset{\text{2-甲基-2-己醇}}{CH_3CH_2CH_2CH_2 -\!\!\mid\!\!- \underset{OH}{\underset{|}{\overset{CH_3}{\overset{|}{C}}}}-CH_3} \longleftarrow \underset{\text{正丁基溴化镁}}{CH_3CH_2CH_2CH_2MgBr} + \underset{\text{丙酮}}{H_3C-\overset{CH_3}{\overset{|}{C}}{=}O}$$

$$② \ CH_3CH_2CH_2CH_2-\overset{\overset{CH_3}{|}}{\underset{\underset{OH}{|}}{C}}-\vdots-CH_3 \longleftarrow CH_3CH_2CH_2CH_2-\overset{\overset{CH_3}{|}}{C}=O+CH_3MgBr$$

2-甲基-2-己醇　　　　　　　　2-己酮　　　　　甲基溴化镁

比较①式和②式可以看出，丙酮和正丁基溴化镁更容易得到，因此可用正丁基溴化镁和丙酮加成，然后水解制得2-甲基-2-己醇。

格氏试剂还能与环氧乙烷作用生成比格氏试剂多两个碳原子的伯醇，这是增长碳链的方法之一。

$$R-MgX+\underset{O}{\triangledown}\xrightarrow{\text{无水乙醚}}R-CH_2CH_2-OMgX\xrightarrow{H_3O^+}R-CH_2CH_2-OH$$

3. 由醛、酮、羧酸和酯还原

醛、酮、羧酸和酯的分子中都含有羰基，它们能催化加氢(催化剂一般为镍、铂或钯)或用还原剂($NaBH_4$ 或 $LiAlH_4$)还原生成醇。除酮生成仲醇外，醛、羧酸和酯还原都生成伯醇。

$$R-\overset{\overset{O}{\|}}{C}-H\xrightarrow{NaBH_4\text{ 或 }LiAlH_4\text{ 或催化氢化}}RCH_2OH \qquad \text{伯醇}$$

$$R-\overset{\overset{O}{\|}}{C}-OH\xrightarrow{LiAlH_4}RCH_2OH \qquad \text{伯醇}$$

$$R-\overset{\overset{O}{\|}}{C}-OR'\xrightarrow{LiAlH_4\text{ 或 Na，乙醇}}RCH_2OH \qquad \text{伯醇}$$

$$R-\overset{\overset{O}{\|}}{C}-R'\xrightarrow{NaBH_4\text{ 或 }LiAlH_4\text{ 或催化氢化}}R-\overset{\overset{OH}{|}}{C}H-R' \qquad \text{仲醇}$$

例如：

$$CH_3CH_2CH_2CHO\xrightarrow[H_2O]{NaBH_4}CH_3CH_2CH_2CH_2OH \quad 85\%$$

$$CH_3CH_2\overset{\overset{O}{\|}}{C}CH_3\xrightarrow[H_2O]{NaBH_4}CH_3CH_2\underset{\underset{OH}{|}}{C}HCH_3 \quad 87\%$$

$$CH_3-\overset{\overset{O}{\|}}{C}-OH+LiAlH_4\xrightarrow[\text{②}H_2O]{\text{①无水乙醚}}CH_3-CH_2-OH$$

常用来还原醛、酮、羧酸和酯的还原剂是 $NaBH_4$ 或 $LiAlH_4$。这两者的还原性有一定差异，$LiAlH_4$ 的还原性要强于 $NaBH_4$。易于被还原的醛和酮一般用 $NaBH_4$ 还原；难于被还原的羧酸和酯一般用 $LiAlH_4$ 还原。跟催化加氢不同的是，对于不饱和的羰基化合物，它们只还原碳氧双键，不还原碳碳不饱和键。

$$C_6H_5-CH=CH-CHO + NaBH_4 \xrightarrow{H^+} C_6H_5-CH=CH-CH_2OH$$

肉桂醛　　　　　　　　　　肉桂醇

$NaBH_4$ 还原醛酮的机理以还原酮为例，表示如下：

$$R-\overset{O}{\overset{\|}{C}}-R' + \overset{+}{Na}\,\overset{-}{B}H_3(H) \longrightarrow R-\underset{H}{\overset{\overset{-}{O}BH_3\overset{+}{Na}}{C}}-R' \xrightarrow{R-\overset{O}{\overset{\|}{C}}-R'} R-\underset{H}{\overset{\overset{-}{O}BH_2-O-\underset{R'}{\overset{R}{C}}-H\overset{+}{Na}}{C}}-R'$$

$$\xrightarrow{R-\overset{O}{\overset{\|}{C}}-R'} \xrightarrow{R-\overset{O}{\overset{\|}{C}}-R'} RHC(R')O-\underset{OCH(R')R}{\overset{OCH(R')R}{B}}-OCH(R')RNa^+ \xrightarrow[H^+]{H_2O} 4R-\underset{H}{\overset{OH}{C}}-R' + B(OH)_3 + NaOH$$

简单表示为：

$$R-\overset{O}{\overset{\|}{C}}-R' + \overset{+}{Na}\,\overset{-}{B}H_3(H) \longrightarrow R-\underset{H}{\overset{O^-}{C}}-R' \xrightarrow[H^+]{H_2O} R-\underset{H}{\overset{OH}{C}}-R'$$

4. 由卤代烃水解

低级伯卤代烷与氢氧化钠的水溶液一起回流，水解生成伯醇。β位有烷基伯卤代烷和仲卤代烷在强碱作用下主要生成消除产物。叔卤代烷与碳酸钠的水溶液混合后即可水解生成醇，碳酸钠的作用是用来中和反应中生成的酸，由于反应的活性中间体是碳正离子，它有时会发生重排。

一般情况下，醇比卤代烃容易得到，通常由醇制备卤代烃，所以卤代烃制备醇只是在特殊情况下使用，如烯丙基氯和苄溴容易由相应的烃得到，可以由它们制备烯丙基醇和苄醇。

$$CH_2=CHCH_2Cl \xrightarrow[H_2O]{Na_2CO_3} CH_2=CHCH_2OH + HCl$$

$$C_6H_5-CH_2Br \xrightarrow[H_2O]{NaOH} C_6H_5-CH_2OH$$

练习 8-4　用适当的格利雅试剂和有关醛酮合成下列醇(各写出两种不同的组合)。

(1) 2-戊醇　　　　(2) 2-甲基-2-丁醇

(3) 2-苯基-1-丙醇　　(4) 2-苯基-2-丙醇

练习 8-5　以指定的有机原料出发，无机试剂可任用，合成下列化合物。

(1) C_6H_6, $CH_3\overset{O}{\overset{\|}{C}}CH_3 \Longrightarrow C_6H_5-\underset{CH_3}{CH}CH_2OH$

(2) $\bigcirc$—OH, $CH_3CH_2OH \Longrightarrow$ $\bigcirc$—C(OH)(CH_3)(CH_2CH_3)

8.1.4 醇的化学性质

醇的化学性质主要由羟基(—OH)官能团所决定，同时也受到烃基的一定影响。从化学键来看，醇分子中的C—O键和O—H键都是极性键，因而醇分子中有两个反应中心，对醇的性质起着决定性的作用。另外，由于受C—O键极性的影响，使得α—H具有一定的活性。醇在不同条件下主要在下面三个部位上反应。

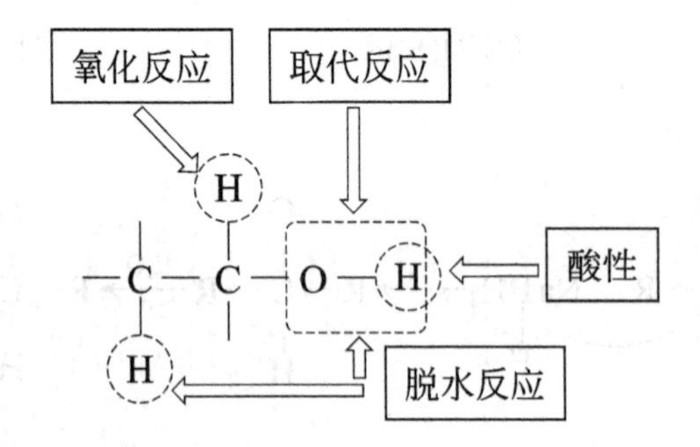

1. 醇的酸性——与活泼金属的反应

醇与水具有相似的结构，醇分子中的羟基氢使其具有一定的弱酸性。醇的酸性变化很大，表8-2列出了一些醇的离解常数。

表8-2 一些醇的离解常数

化合物	构造式	pK_a	酸性
2-甲基-2-丙醇	$(CH_3)_3COH$	18	弱酸
2-丙醇	$(CH_3)_2CHOH$	17	↓
乙醇	CH_3CH_2OH	15.9	
水	H_2O	15.7	
甲醇	CH_3OH	15.5	
2-氯乙醇	CH_2ClCH_2OH	14.3	
乙酸	CH_3COOH	4.8	
氯化氢	HCl	−2.2	强酸

由表8.2可以看出，随着α-碳上烃基的增多，醇的酸性减弱。这是因为体积较大的烃基阻碍了烷氧基离子的溶剂化，降低了它的稳定性。当醇分子中连有吸电子基时，醇的酸性增强。因为吸电子基的存在，使得烷氧基负离子更加稳定。

大多数醇的酸性比水弱，同水一样，醇也能与活泼金属(钠、钾、镁、铝等)作用，生成醇金属和氢气。

$$RCH_2OH \begin{cases} \xrightarrow{Na} RCH_2ONa + 1/2H_2 \\ \xrightarrow{K} RCH_2OK + 1/2H_2 \end{cases}$$

$$3(CH_3)_2CHOH \xrightarrow{Al} [(CH_3)_2CHO]_3Al + 3/2H_2$$

这个反应随着醇的相对分子质量的增大而反应速度减慢。醇的反应活性为：甲醇＞伯醇＞仲醇＞叔醇。

根据酸碱定义，醇可以看成是一个比水更弱的酸，其共轭碱是强碱。如醇钠的碱性比氢氧化钠的碱性还要强。醇钠是白色固体，可溶于醇中，其水解是一个可逆反应，平衡偏向于生成醇的一边。醇钠是具有烷氧基的强亲核试剂，在有机合成上有重要用途。

$$\underset{\text{较强的碱}}{RONa} + \underset{\text{较强的酸}}{H_2O} \rightleftharpoons \underset{\text{较弱的碱}}{NaOH} + \underset{\text{较弱的酸}}{ROH}$$

练习 8-6 预测下列各组化合物中谁的酸性更强。

(1) 甲醇和异丙醇 (2) 2-氯乙醇和 2，2-二氯乙醇

练习 8-7 比较下列各化合物的酸性，并说明理由。

(1) 水 (2) 乙醇 (3) 2-氯乙醇 (4) 异丙醇 (5) 硫酸 (6) 氨

练习 8-8 列出 1-丁醇、2-丁醇和 2-甲基-2-丙醇与金属钠反应的活性次序。

练习 8-9 列出 CH_3CH_2ONa、$(CH_3)_3CCH_2ONa$、CF_3CH_2ONa 三种醇钠碱性的大小次序。

---

2. 卤代烃的生成

1) 醇与 HX 反应

醇与氢卤酸作用，羟基被卤素原子所取代生成卤代烃和水。这是制备卤代烃的方法之一。

$$R{-}OH + HX \rightleftharpoons R{-}X + H_2O$$

这个反应是可逆的，可通过移去生成物或增加反应物使反应向有利于生成卤代烃的方向进行，以提高产量。

$$RCH_2OH + HCl \xrightarrow{\triangle} RCH_2Cl + H_2O$$

$$RCH_2OH + HBr \xrightarrow[\triangle]{H_2SO_4} RCH_2Br + H_2O$$

$$RCH_2OH + HI \xrightarrow[\triangle]{ZnCl_2} RCH_2I + H_2O$$

醇和氢卤酸的反应速率与氢卤酸的类型和醇的结构有关。反应中氢卤酸的反应活性次序是：HI＞HBr＞HCl。不同醇与卤化氢反应的活性次序是：苄醇和烯丙醇＞叔醇＞仲醇＞伯醇＞甲醇。

无水氯化锌和浓盐酸所配制的溶液称为卢卡斯(Lucas)试剂。卢卡斯试剂分别与伯、仲、叔醇在常温下反应速率不同：叔醇最快，仲醇稍快，伯醇最慢(需加热才反应)。

$$CH_3CH_2CH_2CH_2OH + HCl \xrightarrow[\triangle]{ZnCl_2} CH_3CH_2CH_2CH_2Cl + H_2O \quad \text{(加热才出现混浊)}$$

$$CH_3CH_2{-}\underset{\displaystyle OH}{\underset{|}{CH}}{-}CH_3 + HCl \xrightarrow[\text{室温}]{ZnCl_2} CH_3CH_2{-}\underset{\displaystyle Cl}{\underset{|}{CH}}{-}CH_3 + H_2O \quad \text{(几分钟后出现混浊)}$$

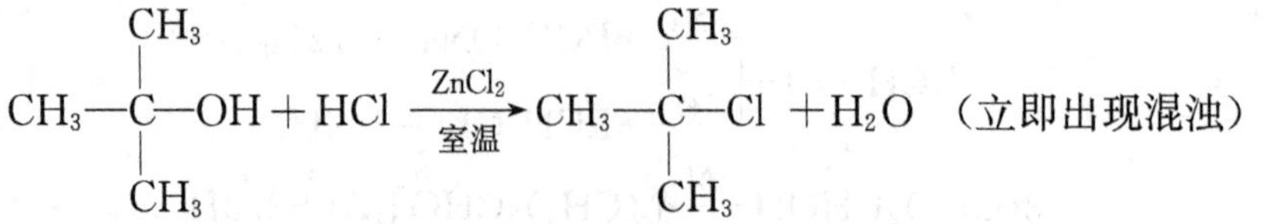

$$CH_3-\underset{CH_3}{\overset{CH_3}{C}}-OH + HCl \xrightarrow[\text{室温}]{ZnCl_2} CH_3-\underset{CH_3}{\overset{CH_3}{C}}-Cl + H_2O \quad \text{（立即出现混浊）}$$

反应中生成的氯代烷不溶于水，因此呈现混浊或分层现象，观察反应中出现混浊或分层在时间上的快慢，就可以区别伯、仲、叔醇，但一般仅适用于 $C_3 \sim C_6$ 的醇。这是因为，含一到两个碳的产物沸点低，易挥发；六个碳以上的高级醇(苄醇除外)本身就不溶于卢卡斯试剂，将它们加到卢卡斯试剂中，不管是否发生反应，都会出现混浊，从而无法鉴别。

一般情况下，醇与氢卤酸的反应中，烯丙醇、叔醇、仲醇可能是按 S_N1 机理进行，因为其相应的碳正离子比较稳定。伯醇与氢卤酸的反应，一般按 S_N2 机理进行，由于伯碳正离子的稳定性较低，质子化的伯醇也不容易解离，因此需要在亲核试剂，即卤负离子向中心碳原子进攻的推动下，H_2O 才慢慢离开，反应按 S_N2 机理进行。

除大多数伯醇外，一些醇与氢卤酸反应，反应的中间体碳正离子易重排生成更稳定的碳正离子，因此时常有重排产物生成。如：

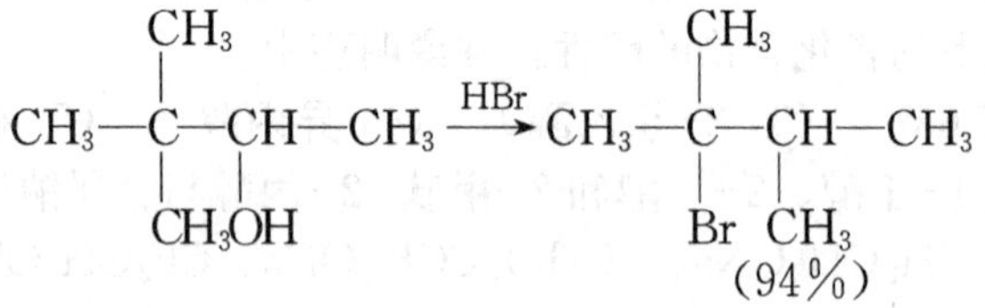

$$CH_3-\underset{CH_3}{\overset{CH_3}{C}}-\underset{OH}{CH}-CH_3 \xrightarrow{HBr} CH_3-\underset{Br}{\overset{CH_3}{C}}-\underset{CH_3}{CH}-CH_3 \quad (94\%)$$

其反应的机理是：

$$CH_3-\underset{CH_3}{\overset{CH_3}{C}}-\underset{OH}{CH}-CH_3 \overset{H^+}{\rightleftharpoons} CH_3-\underset{CH_3}{\overset{CH_3}{C}}-\underset{\overset{+}{O}H_3}{CH}-CH_3 \overset{-H_2O}{\rightleftharpoons} CH_3-\underset{CH_3}{\overset{CH_3}{C}}-\overset{+}{C}H-CH_3$$

$$CH_3-\underset{CH_3}{\overset{+}{C}}-\underset{}{\overset{CH_3}{CH}}-CH_3 \overset{Br^-}{\rightleftharpoons} CH_3-\underset{CH_3}{\overset{Br}{C}}-\overset{CH_3}{CH}-CH_3$$

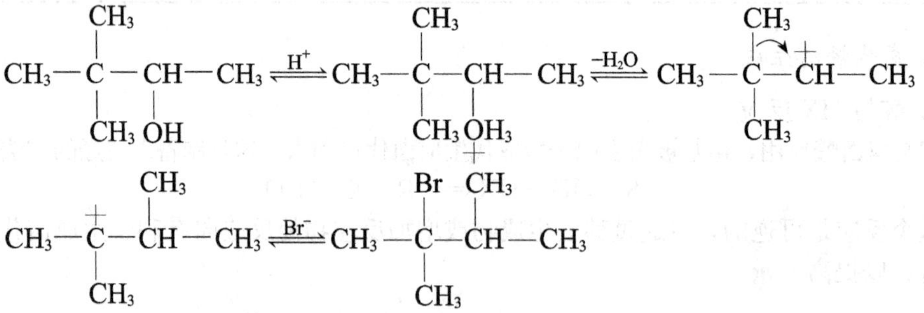

2）醇与卤化磷、二氯亚砜反应

醇与卤化磷、二氯亚砜的反应(见第 7.7.2 节)。

练习 8－10 用化学方法区别列各组化合物。

(1) 正丁醇、2－甲基－2－丙醇、2－丁醇　(2) 2－戊醇、叔戊醇、异戊醇

练习 8－11 比较下列各化合物的酸性，并说明理由。

(1) 水　(2) 乙醇　(3) 2－氯乙醇　(4) 异丙醇　(5) 硫酸　(6) 氨

练习 8－12 为什么顺－2－甲基环乙醇与卢卡斯试剂作用生成的主要产物是 1－甲基－1－氯环己烷？写出反应的可能机理。

练习 8－13 为什么由 2－戊醇与 HBr 反应制得 2－溴戊烷中总含有 3－溴戊烷？

---

3. 与无机酸的反应

醇不仅可以和乙酸等有机酸反应，还可以与含氧无机酸(如硫酸、硝酸、磷酸)作用，

分子间脱水，生成无机酸酯。如与硫酸的反应：

$$HOSO_2\text{-}OH + H\text{-}OCH_3 \rightleftharpoons CH_3OSO_2OH + H_2O$$

硫酸氢甲酯(酸性酯)

上述反应是个可逆反应，生成的酸性硫酸酯用碱中和后，得到烷基硫酸钠，常用作洗涤剂、乳化剂。酸性硫酸酯经减压蒸馏，可得中性硫酸酯。

$$CH_3OSO_2\text{-}OH + HOSO_2\text{-}OCH_3 \xrightarrow{\text{减压蒸馏}} CH_3OSO_2OCH_3 + H_2SO_4$$

硫酸二甲酯(中性酯)

反应中得到的硫酸二甲酯有剧毒，对呼吸器官和皮肤有强烈的刺激作用。硫酸二甲酯和硫酸二乙酯都是常用的烷基化剂。

醇与硝酸作用生成硝酸酯，如三硝酸甘油酯。三硝酸甘油酯是一种烈性炸药，受热或受震动后易发生爆炸，其微溶于水，与乙醇、苯等混溶。它有扩张动脉的作用，在医药上可用来治疗心绞痛。

$$\begin{array}{l} CH_2\text{—}OH \\ | \\ CH\text{—}OH \\ | \\ CH_2\text{—}OH \end{array} + 3HNO_3 \longrightarrow \begin{array}{l} CH_2ONO_2 \\ | \\ CHONO_2 \\ | \\ CH_2ONO_2 \end{array} + H_2O$$

三硝酸甘油酯

醇与磷酸亦可反应，如磷酸三丁酯的合成：

$$3C_4H_9OH + (HO)_3P{=}O \longrightarrow (C_4H_9O)_3P{=}O$$

磷酸三丁酯

磷酸三丁酯常用作萃取剂、塑料增塑剂、阻燃剂。

4. 脱水反应

醇在质子酸(硫酸和磷酸)或三氧化二铝的催化作用下，加热可发生分子内脱水反应或分子间脱水反应，分别生成烯烃或醚。反应温度对脱水方式或产物有很大的影响，低温有利于分子间脱水形成醚，高温有利于分子内脱水形成烯烃。如乙醇在浓硫酸的催化下，不同温度条件有不同的产物。

$$CH_3CH_2OH \xrightarrow{\text{浓} H_2SO_4,\ 170℃} CH_2{=}CH_2$$

$$CH_3CH_2OH \xrightarrow{\text{浓} H_2SO_4,\ 140℃} CH_3CH_2\text{—}O\text{—}CH_2CH_3$$

含有两种或两种以上β-氢的醇在质子酸催化下脱水，其消除反应取向同前面学习的卤代烃相似，生成双键碳原子上含有较多烃基取代的烯烃为主要产物，即醇脱水符合查依采夫规则。

$$CH_3CH_2\underset{}{\overset{OH}{\overset{|}{C}}}HCH_3 \xrightarrow[\triangle]{85\%H_3PO_4} \underset{(80\%)}{CH_3CH{=}CHCH_3} + \underset{(20\%)}{CH_3CH_2CH{=}CH_2}$$

$$CH_3CH_2\underset{CH_3}{\overset{OH}{C}}CH_3 \xrightarrow[80℃]{H_2SO_4} \underset{(90\%)}{CH_3CH{=}\overset{CH_3}{C}CH_3} + \underset{(10\%)}{CH_3CH_2\overset{CH_3}{C}{=}CH_2}$$

在质子酸催化作用下，大多数醇分子内脱水生成烯烃的反应，是按 E1 机理进行的，尤其是仲醇和叔醇。反应中由于有中间体碳正离子生成，有可能重排形成更稳定的碳正离子，然后再按查依采夫规则脱去一个 β-氢原子而形成烯烃。如：

$$H_3C-\underset{CH_3}{\overset{CH_3}{C}}-\overset{OH}{CH}CH_3 \xrightarrow{H^+} H_3C-\underset{CH_3}{\overset{CH_3}{C}}-\overset{\overset{+}{O}H_2}{CH}CH_3 \xrightarrow{-H_2O} H_3C-\underset{CH_3}{\overset{CH_3}{C}}-\overset{+}{C}HCH_3 \xrightarrow{-H^+} \underset{(3\%)}{H_3C-\underset{CH_3}{\overset{CH_3}{C}}-CH{=}CH_2}$$

$$H_3C-\underset{CH_3}{\overset{CH_3}{C}}-\overset{+}{C}HCH_3 \xrightarrow{重排} H_3C-\underset{CH_3}{\overset{+}{C}}-\overset{CH_3}{C}HCH_3$$

$$\underset{(61\%)}{H_3C-\underset{CH_3}{C}{=}\overset{CH_3}{C}CH_3} \xleftarrow{-H^+} H_3C-\underset{CH_3}{\overset{+}{C}}-\overset{CH_3}{C}HCH_3 \xrightarrow{-H^+} \underset{(31\%)}{H_2C{=}\underset{CH_3}{C}-\overset{CH_3}{C}HCH_3}$$

常用的脱水剂除质子酸外，还有三氧化二铝。用三氧化二铝作脱水剂时反应温度要求较高，它的优点是脱水剂经再生后可重复使用，且反应过程中很少有重排现象发生。例如：

$$CH_3CH_2CH_2CH_2OH \xrightarrow{75\%H_2SO_4,\ 140℃} \underset{重排}{CH_3CH{=}CHCH_3}$$

$$CH_3CH_2CH_2CH_2OH \xrightarrow{Al_2O_3,\ 350\sim400℃} \underset{无重排}{CH_3CH_2CH{=}CH_2}$$

邻二叔醇俗称频哪醇(Pinacol)，在酸催化下重排生成频哪酮，此反应称为频哪醇重排。

$$CH_3-\underset{OH}{\overset{CH_3}{C}}-\underset{OH}{\overset{CH_3}{C}}-CH_3 \xrightarrow{H^+} CH_3-\underset{CH_3}{\overset{CH_3}{C}}-\overset{O}{\overset{\|}{C}}-CH_3$$

其反应的机理是：

$$CH_3-\underset{OH}{\overset{CH_3}{C}}-\underset{OH}{\overset{CH_3}{C}}-CH_3 \xrightarrow{H^+} CH_3-\underset{OH}{\overset{CH_3}{C}}-\underset{\overset{+}{O}H_2}{\overset{CH_3}{C}}-CH_3 \xrightarrow{-H_2O} CH_3-\underset{:OH}{\overset{CH_3}{C}}-\overset{CH_3}{\overset{+}{C}}-CH_3$$

$$\longrightarrow CH_3-\underset{\overset{+}{O}H}{\overset{\|}{C}}-\underset{CH_3}{\overset{CH_3}{C}}-CH_3 \xrightarrow{-H^+} CH_3-\underset{CH_3}{\overset{CH_3}{C}}-\overset{O}{\overset{\|}{C}}-CH_3$$

5．醇的氧化和脱氢

伯醇、仲醇分子中的 α－H 原子受羟基的影响易被氧化生成羰基化合物。生成的羰基化合物究竟是醛、酮还是羧酸，则取决于与醇的不同结构或氧化剂类型。

伯醇首先被氧化成醛，醛比醇更容易被氧化，最后生成羧酸。

$$\underset{\text{伯醇}}{R-\overset{OH}{\overset{|}{C}H}-H} \xrightarrow{\text{氧化}} \underset{\text{醛}}{R-\overset{O}{\overset{\|}{C}}-H} \xrightarrow{\text{氧化}} \underset{\text{羧酸}}{R-\overset{O}{\overset{\|}{C}}-OH}$$

醇氧化常用的试剂是高氧化态的过渡金属，如 $KMnO_4$、H_2CrO_4（$Na_2Cr_2O_7+H_2SO_4$、$CrO_3+H_2SO_4$）。从伯醇制备醛往往很困难，大多数氧化剂既能氧化醇，又能氧化醛。因此使用这些氧化剂从伯醇制备醛时，必须将生成的醛立即从反应体系中蒸出来，以防继续被氧化。这仅限于产物醛的沸点比原料醇的沸点低的情况，而且产率较低。

$$CH_3CH_2CH_2OH \xrightarrow[75℃]{Na_2Cr_2O_7,\ H_2SO_4,\ H_2O} CH_3CH_2CHO$$

沸点：97℃　　　　沸点：49℃（50%）

近年来研究伯醇的氧化能够以良好的产率、较容易地分离出醛的反应条件已取得成果，其中以氧化剂 PCC 应用比较广泛。PCC 是三氧化铬与吡啶、盐酸的络合物，PCC 可把伯醇的氧化控制在生成醛的阶段，对分子结构中的碳碳双键无影响。PCC 也可氧化仲醇生成酮，不同于其他氧化剂，PCC 可溶于二氯甲烷等有机溶剂中。

$$CH_3(CH_2)_5CH_2OH \xrightarrow[CH_2Cl_2,\ 25℃]{PCC} CH_3(CH_2)_5CHO$$

$$CH_3CH=CHCH_2OH \xrightarrow[CH_2Cl_2,\ 25℃]{PCC} CH_3CH=CHCHO$$

$$CH_3CH=CHCHOHCH_3 \xrightarrow[CH_2Cl_2,\ 25℃]{PCC} CH_3CH=CH\overset{O}{\overset{\|}{C}}CH_3$$

仲醇氧化生成酮，酮一般不易继续氧化下去，故从仲醇氧化制酮是个好方法。其所用的氧化剂也是 $KMnO_4$、H_2CrO_4 等。叔醇分子中没有 α－H 原子，因此叔醇不易被氧化。在强氧化剂存在下，叔醇的氧化会导致碳碳键的断裂，产生一系列复杂的混合物，在有机合成上意义不大。

$$\underset{\text{仲醇}}{R-\underset{R'}{\underset{|}{\overset{OH}{\overset{|}{C}}}}-H} \xrightarrow[\text{或 } KMnO_4,\ H_2SO_4]{Na_2Cr_2O_7,\ H_2SO_4} \underset{\text{酮}}{R-\overset{O}{\overset{\|}{C}}-R'}$$

$$\underset{\text{叔醇}}{R-\underset{R'}{\underset{|}{\overset{OH}{\overset{|}{C}}}}-R''} \xrightarrow{\text{一般氧化剂}} \text{不能氧化}$$

伯醇和仲醇也可以通过脱氢分别生成醛和酮。将伯醇或仲醇的蒸气在高温下通过活性铜(或银、镍)等催化剂即可发生脱氢反应。

$$R-\overset{OH}{\overset{|}{C}}H-H \overset{Cu，325℃}{\rightleftharpoons} R-\overset{O}{\overset{\|}{C}}-H$$

$$R-\overset{OH}{\overset{|}{\underset{R'}{\underset{|}{C}}}}-H \overset{Cu，325℃}{\rightleftharpoons} R-\overset{O}{\overset{\|}{C}}-R'$$

脱氢反应的优点是产品较纯，但脱氢反应是一个吸热的可逆反应，反应过程中要消耗大量的热，一般在325℃的高温下进行，许多有机化合物不能耐受此高温。

叔醇分子中没有α-H原子，不能脱氢，只能脱水生成烯烃。

练习8-14 选择适当的醇脱水生成下列烯烃。

(1) $(CH_3)_2C=CHCH_3$　　(2) $(CH_3)_2C=C(CH_3)_2$

(3) $(CH_3)_2C=CH_2$　　(4) $CH_3CH_2CH_2CH=CH_2$

练习8-15 用戊醇制备1-戊烯应选择1-戊醇还是2-戊醇？应选择浓硫酸还是三氧化二铝作为催化剂？

练习8-16 写出下列反应的反应机理。

(1) CH_2OH $\xrightarrow[175℃]{H_2SO_4}$　　(2) OH OH $\xrightarrow{H^+}$ O

练习8-17 分别用 $Na_2Cr_2O_7+H_2SO_4$、PCC作为氧化剂，预测下列化合物的反应产物。

(1) 环乙醇　(2) 2-甲基环己醇　(3) 1-甲基环己醇　(4) 丙烯醇　(5) 1-丁醇

8.2 酚

8.2.1 酚的分类和命名

酚指的是羟基直接连接在芳环上的化合物。它的性质与醇羟基所表现的性质有所不同。

依据酚类化合物中所含羟基的数目，酚可分为一元酚、二元酚及多元酚。依据羟基所连芳环的不同，又可分为苯酚、萘酚、蒽酚等。酚类的命名，一般是在“酚”字前面加上芳环的名称，以此作为母体，而后加上取代基的位置和名称。含有两个或两个以上羟基的多元酚的排列次序的先后来选择母体。

一元酚：

OH　OH CH_3　OH NO_2　OH Br

苯酚　邻甲苯酚　间硝基苯酚　对溴苯酚

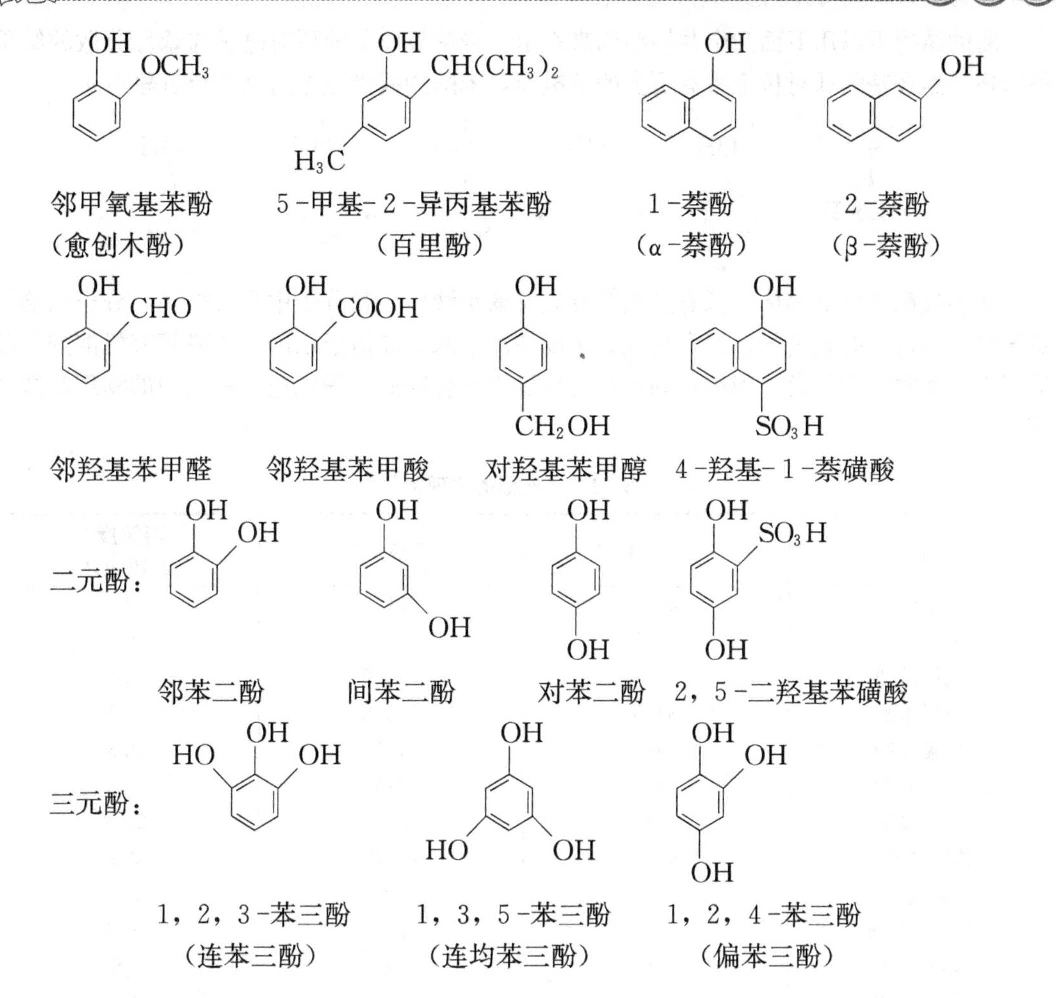

练习 8-18 写出下列化合物的构造式。

(1) 3-甲基-2-硝基苯酚　(2) 9-蒽酚　(3) 4-甲氧基-1-萘酚

(4) 4，4′-联苯二酚　(5) 4-苯基-2-羟基苯甲醛　(6) 2，4-二氯萘酚

8.2.2 酚的结构和物理性质

在酚的结构中，羟基直接和苯的 sp^2 杂化碳原子相连，酚羟基氧原子上的孤对电子与苯环的 π 电子可以发生 p-π-共轭，苯酚的结构示意图及球棍模型如图 8.2 所示。

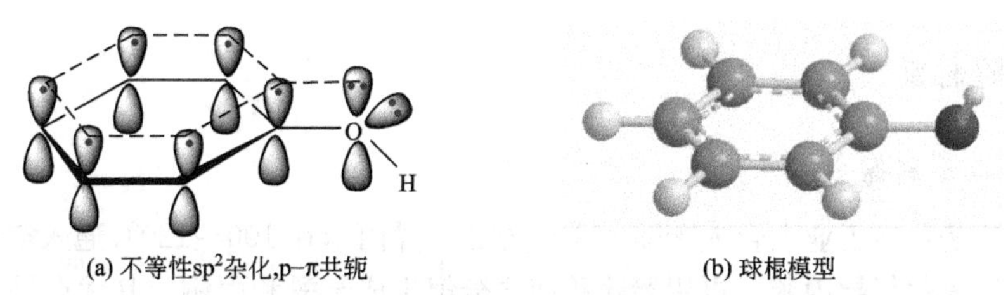

(a) 不等性 sp^2 杂化，p-π共轭　(b) 球棍模型

图 8.2 苯酚

酚的结构可以用下面几个共振结构来表示，羟基氧原子的孤对电子向苯环分散的结果使苯环在酚羟基的邻对位上带有更多的负电荷，苯酚的偶极矩方向也与脂肪醇相反。

μ=1.60D

OH　OH　$\overset{+}{O}H$　$\overset{+}{O}H$　$\overset{+}{O}H$

大多数酚为结晶固体，只有少数几种烷基酚是液体。酚分子中含有羟基，分子间能形成氢键，因此酚有较高的沸点和熔点。苯酚微溶于水，能溶于乙醇、乙醚等有机溶剂。酚有毒性，酚类本身无色，但很容易被氧化成醌类化合物而呈粉红色。一些酚的物理常数如表 8－3 所示。

表 8－3　一些酚的物理常数

名称	熔点/℃	沸点/℃	溶解度/(g/100g 水)
苯酚	40.8	181.8	8
邻甲苯酚	30.5	191	2.5
间甲苯酚	11.9	202.2	2.6
对甲苯酚	34.5	201.8	2.3
邻氯苯酚	8	176	2.8
间氯苯酚	33	214	2.6
对氯苯酚	43	220	2.7
邻硝基苯酚	44.5	214.5	0.2
间硝基苯酚	96	194	2.2
对硝基苯酚	114	295	1.3
邻苯二酚	105	245	45
间苯二酚	110	281	123
对苯二酚	170	285.2	8
1，2，3－苯三酚	133	309	62
1－萘酚	94	279	难
2－萘酚	123	286	0.1

练习 8－19　苯酚与甲苯相比有以下两点不同的物理性质：(1)苯酚沸点比甲苯高；(2)苯酚在水中的溶解度较甲苯大。试解释其原因。

8.2.3　酚的制法

1. 由异丙苯制备

异丙苯法是目前工业上合成苯酚的重要方法。异丙苯在 100～120℃通入空气，经过催化氧化生成过氧化氢异丙苯。再用稀硫酸使之分解生成苯酚和丙酮。其优点是原料廉价易得，且可连续化生产，所得产物除苯酚外，同时还可获得 1∶0.6(比例)的丙酮。

$$C_6H_6 + CH_3CH{=}CH_2 \longrightarrow C_6H_5CH(CH_3)_2 \xrightarrow[\text{过氧化物(或 }h\nu)]{O_2，110\sim120℃} C_6H_5C(CH_3)_2{-}O{-}O{-}H$$

$$\xrightarrow{\text{稀 }H_2SO_4} C_6H_5OH + H_3C{-}CO{-}CH_3$$

2. 从芳卤衍生物水解制备

连接在芳环上的卤素原子很不活泼，难于水解，在高温、高压及催化剂作用下，才能反应。如氯苯的水解反应。

$$C_6H_5{-}Cl + NaOH \xrightarrow[Cu，20MPa]{350\sim370℃} C_6H_5{-}ONa \xrightarrow{H^+} C_6H_5{-}OH$$

卤素原子的邻位或对位有强的吸电子基时，水解反应比较容易，不需要高温高压。原因是吸电子基降低了卤代芳烃在亲核取代反应过程中形成的中间体(即迈森海默络合物)能量。

$$\text{邻硝基氯苯} \xrightarrow[130℃]{Na_2CO_3} \text{邻硝基苯酚钠}(ONa, NO_2) \xrightarrow{H^+} \text{邻硝基苯酚}(OH, NO_2)$$

$$\text{2,4-二硝基氯苯}(Cl, NO_2, NO_2) \xrightarrow[100℃]{Na_2CO_3} (ONa, NO_2, NO_2) \xrightarrow{H^+} (OH, NO_2, NO_2)$$

$$\text{2,4,6-三硝基氯苯}(Cl, O_2N, NO_2, NO_2) \xrightarrow[35℃]{Na_2CO_3} (ONa, O_2N, NO_2, NO_2) \xrightarrow{H^+} (OH, O_2N, NO_2, NO_2)$$

3. 从芳磺酸制备

将芳磺酸钠与氢氧化钠共熔(称为碱熔)，生成酚钠，经酸化水解得到相应的酚。例如：

$$C_6H_5{-}SO_3Na + NaOH \xrightarrow[\text{(融熔)}]{300℃} C_6H_5{-}ONa + Na_2SO_3 + H_2O$$

$$C_6H_5{-}ONa \xrightarrow{H_3O^+} C_6H_5{-}OH$$

碱熔法

$$\text{萘} \xrightarrow[60℃]{H_2SO_4} \text{萘}{-}SO_3H \xrightarrow{Na_2CO_3} \text{萘}{-}SO_3Na \xrightarrow[\text{(熔融)}]{300℃} \text{萘}{-}ONa \xrightarrow{H_3O^+} \text{萘}{-}OH$$

$$\text{(萘)} \xrightarrow[165^\circ C]{H_2SO_4} \text{(萘)}-SO_3H \xrightarrow{Na_2CO_3} \text{(萘)}-SO_3Na \xrightarrow[\text{(熔融)}]{300^\circ C}$$

$$\text{(萘)}-ONa \xrightarrow{H_3O^+} \text{(萘)}-OH$$

碱熔法所要求的设备简单，产率高，产品纯度好，但操作麻烦，生产不能连续化；同时要消耗大量的硫酸和烧碱；反应温度高，当环上有—COOH、—Cl、$—NO_2$ 等基团时，则发生副反应。因此该法应用范围较小。

4. 由重氮盐来制备

由重氮盐来制备酚。(具体见第 13.3.2 节重氮盐的性质及其在合成上的应用)

练习 8-20 由苯及必要的无机或有机试剂合成下列化合物。

(1) 2，6-二氯苯酚　　　(2) 2，4-二氯苯氧乙酸

8.2.4 酚的化学性质

羟基是醇的官能团也是酚的官能团，因此酚与醇具有共性。但由于酚羟基连在芳环上，芳环与羟基的互相影响又赋予酚一些特有性质，所以酚与醇在性质上又存在着较大的差别。

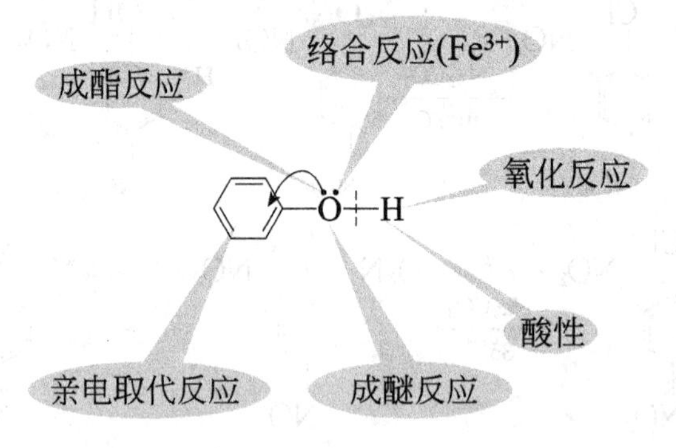

1. 酚羟基的反应

1) 酚的酸性

苯酚的酸性比乙醇强得多，其 pK_a 值为 10.00，比醋酸弱。苯酚的结构中，酚羟基氧原子上的孤对电子与苯环的 π 电子发生 p-π 共轭，使氧原子上的电荷密度降低，有利于质子的离去。同时，生成的苯氧负离子也由于共轭效应，氧原子上的负电荷能够分散到整个共轭体系中而更稳定。而醇中，烷基作为给电子基使醇羟基氧上电荷密度增大，不利于质子离去；另外，烷氧基负离子氧上的负电荷得不到分散，不如苯氧负离子稳定，因此苯酚的酸性比醇强。

酚能与氢氧化钠的水溶液作用生成易溶于水的酚钠。但苯酚的酸性比碳酸弱，苯酚不能溶于 $NaHCO_3$ 的水溶液。向苯酚钠的水溶液中通入 CO_2 气体，可使苯酚游离出来。绝大多数酚类化合物能溶于氢氧化钠溶液，又能被酸从其碱溶液中析出来。酚的这一性质，

在分离提纯上很有用。

$$C_6H_5OH + NaOH \longrightarrow C_6H_5ONa \xrightarrow[H_2O]{CO_2} C_6H_5OH + NaHCO_3$$

含有取代基的苯酚，其酸性的强弱与取代基的性质有关。当苯环上连有给电子基时，可使取代苯氧负离子不稳定；当苯环上连有吸电子基时，可使取代苯氧负离子更稳定。

$$R-C_6H_4-OH$$

R：	CH_3O	NH_2	CH_3	H	Cl	Br	I	NO_2
pK_a：	20.21	10.46	10.26	10.0	9.38	9.35	9.30	7.16

给电子基（CH_3O、NH_2、CH_3）　　吸电子基（Cl、Br、I、NO_2）

酸性增强 ⟹

间位取代基对酸性的影响不及邻、对位影响大。取代基的数目越多影响越大。如一些硝基取代苯酚的酸性如下：

	苯酚	间硝基苯酚	邻硝基苯酚	对硝基苯酚	2,4-二硝基苯酚	2,4,6-三硝基苯酚
pK_a：	10.0	8.40	7.23	7.15	4.00	0.71

2）成醚反应

酚与醇相似，也能生成醚。但酚羟基的碳氧键比较牢固，酚不能通过两分子间脱水生成醚。它是通过芳氧基负离子与卤代烷或硫酸酯等烷基化剂发生 S_N2 反应完成。

$$C_6H_5OH \xrightarrow{NaOH} C_6H_5ONa \xrightarrow{RCH_2Br} C_6H_5-OCH_2R + NaBr$$

$$C_6H_5ONa \xrightarrow{(CH_3)_2SO_4} C_6H_5-OCH_3 + NaOSO_3CH_3$$

苯甲醚(茴香醚)

$$C_6H_5ONa \xrightarrow{CH_2=CHCH_2Br} C_6H_5-OCH_2CH=CH_2 + NaBr$$

苯基烯丙基醚

酚醚的化学性质比酚稳定，不易被氧化，而且酚醚与氢碘酸作用，又能分解得到原来的酚。在有机合成上，常利用转变成醚的方法来保护酚羟基，以免酚羟基在反应中被破坏，待反应终了后再将醚分解，恢复成原来的酚羟基。

$$C_6H_5OCH_3 + HI \longrightarrow C_6H_5OH + CH_3I$$

3）成酯反应

醇可与羧酸生成酯，酚与羧酸直接酯化比较困难。通常用酸酐或酰氯与酚或酚盐作用制备酚酯。

$$C_6H_5-OH \xrightarrow[\text{或 } R-\overset{O}{\overset{\|}{C}}-Cl]{R-\overset{O}{\overset{\|}{C}}-O-\overset{O}{\overset{\|}{C}}-R} C_6H_5-O-\overset{O}{\overset{\|}{C}}-R$$

$$o\text{-}HOC_6H_4COOH + (CH_3CO)_2O \xrightarrow{\text{浓 } H_2SO_4} o\text{-}CH_3\overset{O}{\overset{\|}{C}}-O-C_6H_4COOH$$

乙酰水杨酸

水杨酸与乙酸酐在浓硫酸催化下可生成乙酰水杨酸，其为白色针状晶体，熔点 143℃，微溶于水，为常见的解热镇痛药阿司匹林的主要成分。

4）与 $FeCl_3$ 的显色反应

大多数酚能与 $FeCl_3$ 溶液发生显色反应，不同的酚显现不同的颜色，如苯酚遇 $FeCl_3$ 呈蓝紫色，邻苯二酚呈现深绿色，对苯二酚呈现暗绿色结晶。这种特殊的显色反应，可用来鉴定酚类物质。与 $FeCl_3$ 的显色反应并不限于酚，具有烯醇式结构的化合物一般都能与 $FeCl_3$ 发生显色反应。酚与 $FeCl_3$ 的显色反应，一般认为是生成络合物。

$$6ArOH + FeCl_3 \rightleftharpoons [Fe(OAr)_6]^{3-} + 6H^+ + 3Cl^-$$

2. 芳环上的亲电取代反应

羟基是强的邻对位定位基，由于羟基与苯环的 p－π 共轭效应，使苯环上的电子云密度增加，羟基活化了苯环，使苯环上亲电取代反应容更易进行。

1）卤代反应

酚很容易进行卤代反应，酚卤代时不需加催化剂。苯酚与溴水在常温下可立即反应生成 2，4，6－三溴苯酚白色沉淀。

$$C_6H_5OH + Br_2 \xrightarrow{H_2O} 2,4,6\text{-}Br_3C_6H_2OH \downarrow + HBr$$

此反应很灵敏，很稀的苯酚溶液(10μg/g)就能与溴水生成沉淀。故此反应可用作苯酚的鉴别和定量测定。

如需要制取一溴代苯酚，则要在非极性溶剂(CS_2、CCl_4)和低温下进行。

$$C_6H_5OH + Br_2 \xrightarrow[0℃]{CS_2} p\text{-}BrC_6H_4OH + o\text{-}BrC_6H_4OH + HBr$$

（67％）（33％）

二卤代产物需要在强酸性条件下进行，强酸作用是抑制苯酚离解为苯氧负离子。

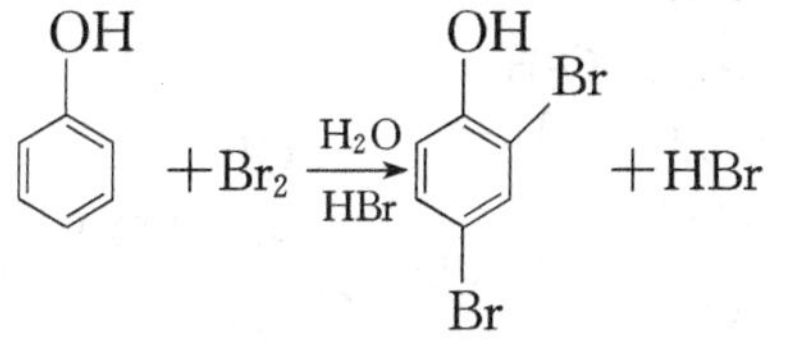

$$C_6H_5OH + Br_2 \xrightarrow[HBr]{H_2O} \text{2,4-二溴苯酚} + HBr$$

2）硝化反应

苯酚比苯易硝化，在室温下即可与稀硝酸反应，生成邻硝基苯酚和对硝基苯酚，酚易被硝酸氧化，所以产率不高。

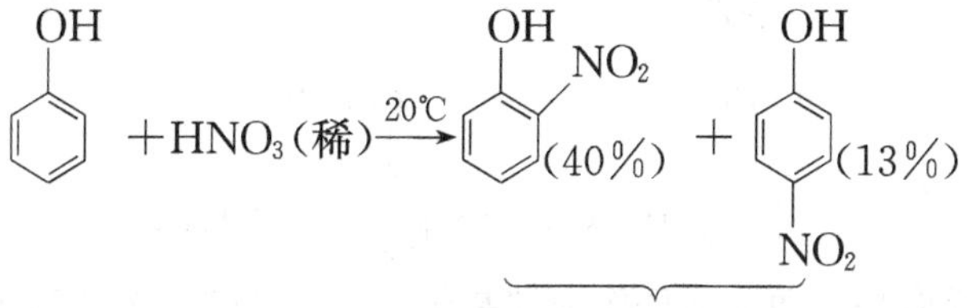

$$C_6H_5OH + HNO_3(稀) \xrightarrow{20℃} \text{邻硝基苯酚}(40\%) + \text{对硝基苯酚}(13\%)$$

可用水蒸气蒸馏分开

邻硝基苯酚易形成分子内氢键而成螯环，这样就削弱了分子间的引力；而对硝基苯酚不能形成分子内氢键，但能形成分子间氢键而缔合。因此邻硝基苯酚的沸点和在水中的溶解度比其异构体低得多，故可随水蒸气蒸馏出来。

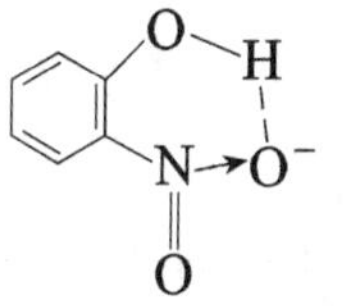

分子内氢键 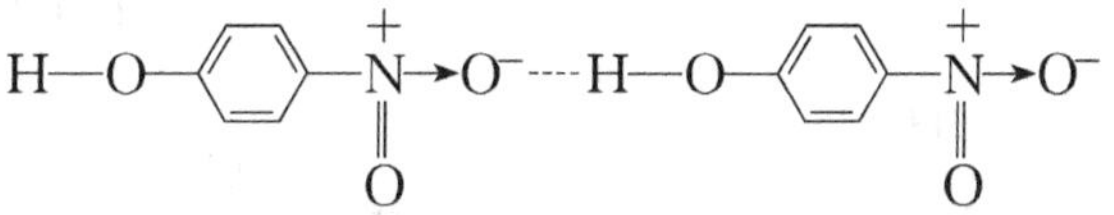　　　　分子间氢键

3）亚硝化反应

苯酚和亚硝酸作用生成对亚硝基苯酚，该反应是制备不含邻位异构体的对硝基苯酚的方法。

$$C_6H_5OH \xrightarrow[7\sim8℃]{NaNO_2,\ H_2SO_4} \text{对亚硝基苯酚} \xrightarrow{称\ HNO_3} \text{对硝基苯酚}$$

对亚硝基苯酚(80%)

4）磺化反应

苯酚的磺化反应所生成的产物跟温度有密切的关系，随着磺化温度的升高，热力学控制的稳定产物对位异构体增多。继续磺化或用浓硫酸在加热下直接与酚作用，可得4-羟基1，3-苯二磺酸，两个磺酸基的引入，使苯环被钝化，不易被氧化，再与浓硝酸作用，可制得苦味酸。

5）傅-克烷基化和酰基化反应

由于酚羟基的活化，酚比芳烃容易进行傅-克反应。但一般不用 $AlCl_3$ 作催化剂，因为酚羟基与 $AlCl_3$ 形成络合物($C_6H_5OAlCl_2$)使 $AlCl_3$ 失去催化能力而影响产率。

$$\text{苯酚} \xrightarrow{\text{浓}H_2SO_4} \begin{cases} \xrightarrow{20℃} \text{邻羟基苯磺酸 } (49\%) \\ \xrightarrow{100℃} \text{对羟基苯磺酸 } (90\%) \end{cases} \xrightarrow[\triangle]{\text{浓}H_2SO_4} \text{2-羟基-1,5-苯二磺酸} \xrightarrow{\text{浓}HNO_3} \text{2,4,6-三硝基苯酚}$$

$$C_6H_5OH + AlCl_3 \longrightarrow C_6H_5OAlCl_2 + HCl$$

一般的烷基化反应是用醇或烯烃作为烷基化剂，以磷酸、浓硫酸等为催化剂。所得产物一般以对位异构体为主，若对位有取代基，则进入邻位。

$$\text{邻甲苯酚} + (CH_3)_3COH \xrightarrow[80℃]{H_3PO_4} \text{4-}C(CH_3)_3\text{-2-甲基苯酚} \quad (63\%)$$

$$\text{对甲苯酚} + (CH_3)_2C{=}CH_2 \xrightarrow{H_2SO_4} \text{2,6-}[C(CH_3)_3]_2\text{-4-}CH_3\text{-苯酚}$$

二六四抗氧剂

4-甲基-2，6-二叔丁基苯酚，也称264抗氧剂，简称BHT，是白色晶体，熔点70℃，可用作有机物的抗氧剂和食品防腐剂。

苯酚的酰基化反应也比较容易进行，当用BF_3、$ZnCl_2$等作催化剂时，酰基化试剂可以直接使用羧酸，不必用酸酐或酰氯。

$$C_6H_5OH + CH_3COOH \xrightarrow{BF_3} p\text{-}HOC_6H_4COCH_3 \quad (95\%)$$

$$\text{间苯二酚} + CH_3COOH \xrightarrow{ZnCl_2} \text{2,4-二羟基苯乙酮 } (COCH_3)$$

6）科尔柏-施密特(Kolbe - Schmitt)反应

干燥的苯酚钠和二氧化碳在125℃，100个大气压下反应，生成羧酸盐，产物经酸化得到邻羟基苯甲酸(水杨酸)，它是合成阿司匹林的重要中间体。反应中，羧基主要进入羟基的邻位。

$$C_6H_5ONa + CO_2 \xrightarrow[\text{高压}]{125℃} o\text{-}HOC_6H_4COONa \xrightarrow{H^+} o\text{-}HOC_6H_4COOH\ (\text{水杨酸})$$

7）瑞穆尔-蒂曼(Reimer - Tiemann)反应

在氢氧化钠或氢氧化钾存在下，酚与氯仿加热生成邻、对位酚醛，其中以邻位异构产物为主。

$$C_6H_5OH + CHCl_3 \xrightarrow[H_2O]{10\%NaOH} o\text{-}HOC_6H_4CHO\ (\text{水杨醛},\ 20\%\sim35\%) + p\text{-}HOC_6H_4CHO\ (8\%\sim12\%)$$

该反应产率较低，但由于操作简单，因此是一个在碱性溶液中在芳环上引入醛基的重要方法。工业上就是利用该法生成水杨醛。其他一些酚类也可以发生类似的反应，如：

$$2\text{-萘酚} + CHCl_3 \xrightarrow[70\sim80℃]{NaOH，CH_3OH} 2\text{-羟基-1-萘甲醛}\ (48\%)$$

8）与羰基化合物的反应

苯酚邻、对位碳原子上的电子云密度比较高，可与羰基化合物发生缩合反应。苯酚与甲醛在一定条件下作用，在酚的邻位或对位引入羟甲基，所得产物能与酚进行烷基化反应。

$$C_6H_5OH \xrightarrow[\text{催化剂}]{HCHO} o\text{-}HOC_6H_4CH_2OH + p\text{-}HOC_6H_4CH_2OH \xrightarrow[-H_2O]{C_6H_5OH} o\text{-}HOC_6H_4\text{-}CH_2\text{-}C_6H_4OH\text{-}o + HO\text{-}C_6H_4\text{-}CH_2\text{-}C_6H_4\text{-}OH\ (p,p')$$

这些产物分子之间可以脱水发生缩合反应。当所用原料的种类、酚和醛的比例及催化剂种类不同时，缩合产物不同，生成不同的酚醛树脂。酚醛树脂的用途广泛，可用来做涂料、粘合剂、塑料等。酚醛塑料又称电木，广泛应用于电绝缘器材及日用品的制造。

苯酚类化合物与甲醛或其他醛的缩合，在一定条件下，还能生成环状寡聚物。例如，对叔丁基苯酚与甲醛的水溶液在氢氧化钠存在的条件下反应，生成环状四聚体化合物。通过改变反应物、溶剂、温度、催化剂种类等，可分别得到由不同数目酚分子单元组成的环状寡聚物。这类化合物具有类似于希腊圣杯的结构，因此被称为杯芳烃。

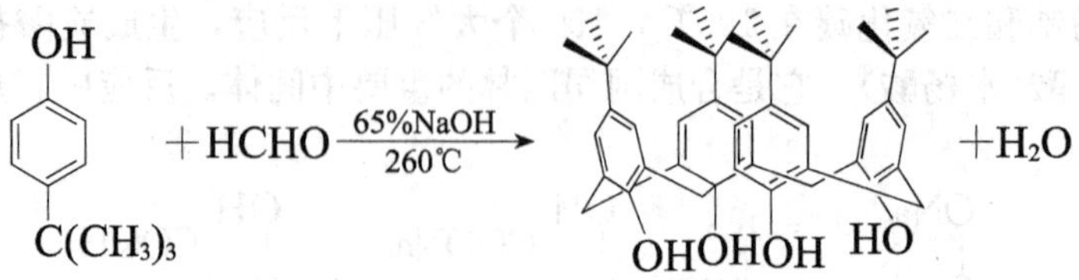

$$\text{对叔丁基苯酚} + HCHO \xrightarrow[260℃]{65\%NaOH} \text{对叔丁基杯[4]芳烃} + H_2O$$

对叔丁基杯[4]芳烃

苯酚与丙酮在酸的催化下，两分子的苯酚可在羟基的对位与丙酮缩合，生成 2，2-二(对羟苯基)丙烷，俗称双酚 A。双酚 A 是制造环氧树脂、聚碳树脂、聚砜和阻燃剂等的重要原料。

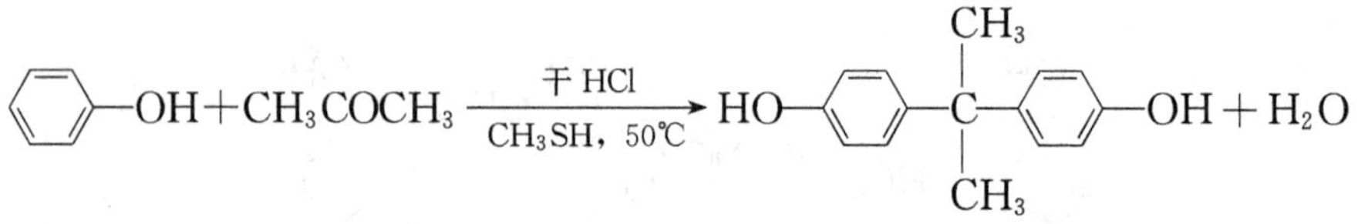

$$C_6H_5-OH + CH_3COCH_3 \xrightarrow[CH_3SH,\ 50℃]{干HCl} HO-C_6H_4-C(CH_3)_2-C_6H_4-OH + H_2O$$

双酚 A

3. 还原反应

苯酚通过催化加氢，苯环被还原成脂环，是工业上合成环己醇的重要方法之一。

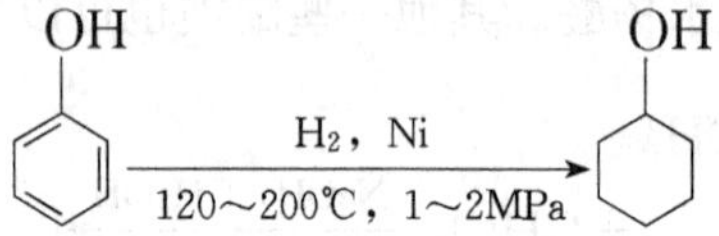

$$C_6H_5OH \xrightarrow[120\sim200℃,\ 1\sim2MPa]{H_2,\ Ni} C_6H_{11}OH$$

4. 氧化反应

酚类化合物很容易被一些氧化剂所氧化，空气中的氧气就能将酚氧化，如苯酚或对苯二酚氧化都生成对苯醌，邻苯二酚被氧化成邻苯醌。

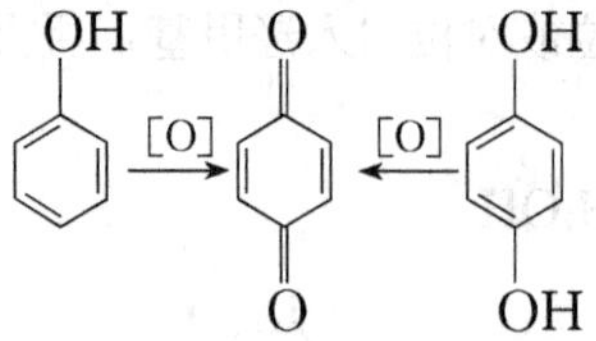

$$C_6H_5OH \xrightarrow{[O]} \text{对苯醌} \xleftarrow{[O]} \text{对苯二酚}$$

对苯醌

$$\text{邻苯二酚} \xrightarrow{[O]} \text{邻苯醌}$$

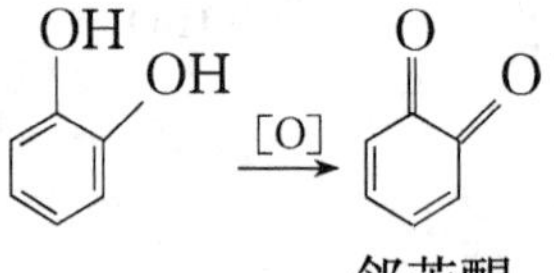

邻苯醌

练习 8-21 试比较邻甲氧基苯酚、对甲氧基苯酚、苯酚的酸性大小，并解释。

练习 8-22 比较苯酚、邻硝基苯酚、间硝基苯酚、对硝基苯酚、2，4-二硝基苯酚、2，4，6-三硝基苯酚酸性的大小。

练习 8-23 用化学方法分离 2，4，6-三甲基苯酚和 2，4，6-三硝基苯酚。

练习 8-24 如何分离苯酚和苯甲醇的混合物？

练习 8-25 在下列化合物中，哪些形成分子内氢键，哪些形成分子间氢键？

(1) 对硝基苯酚　　(2) 邻硝基苯酚

(3) 邻甲苯酚　　(4) 邻氟苯酚

练习 8-26 如何能够证明邻羟基苯甲醇中含有一个酚羟基和一个醇羟基？

练习 8-27 苯酚为无色固体，但实验室中使用的苯酚常具有粉红色，为什么？

练习 8-28 2，4，6-三硝基苯酚不能用苯酚直接硝化制得，为什么？一般用什么方法制得。

8.3 醚

8.3.1 醚的分类和命名

醚可以看作是醇或酚羟基上的氢原子被烃基取代后的化合物。其通式为 R—O—R′，醚中的烃基可以是脂肪烃基，也可以是芳香烃基。根据醚分子中两个烃基的情况，醚可以分为单醚(对称醚)、混醚(不对称醚)、环醚三种。单醚指的是与氧原子相连的两个烃基相同；混醚指的是与氧原子相连的两个烃基不相同；环醚指的是氧原子是环的一部分，其中三元环醚又称为环氧化合物。如：

$H_3C—O—CH_3$ 单醚　　$H_3C—O—CH_2CH_3$ 混醚　　(五元环，含O) 环醚　　(三元环，含O) 环氧化合物

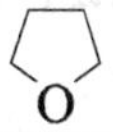

简单的醚一般用习惯命名法，在“醚”字前冠以两个烃基的名称。单醚在烃基名称前加“二”，一般“二”字可以省略，但芳醚和一些不饱和醚除外；混醚则将次序规则中那个较优的烃基放在后面；芳醚是将芳基放在前面。如：

$H_3C—O—CH_3$ 二甲醚(简称甲醚)　　$H_3C—O—CH_2CH_3$ 甲乙醚　　$CH_3CH_2—O—CH_2CH_3$ 二乙醚(简称乙醚)　　$C_6H_5—O—CH_3$ 苯甲醚(茴香醚)

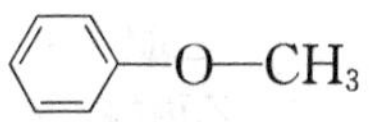

结构比较复杂的醚，可用系统命名法命名：取碳链最长的烃基作为母体，烷氧基(—OR)作为取代基，称为某烷氧基某烷。如：

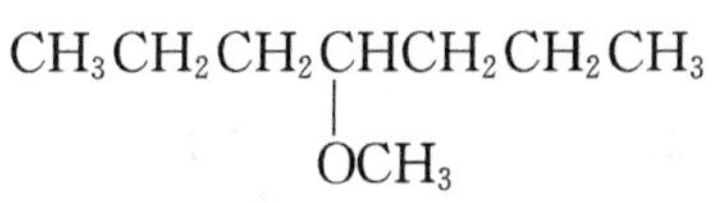

$CH_3CH_2CH_2CH(OCH_3)CH_2CH_2CH_3$ 4-甲氧基庚烷　　$CH_3OCH_2CH_2CH_2OCH_3$ 1，3-二甲氧基丙烷　　$C_6H_5—O—CH_2CH_3$ 乙氧基苯

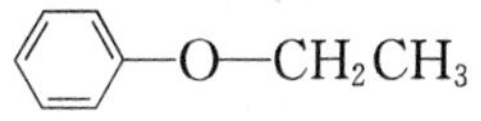

环醚一般称为环氧某烷，如：

环氧乙烷 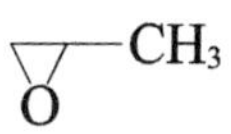　　1,2-环氧丙烷(CH_3)　　1,4-环氧丁烷(四氢呋喃) 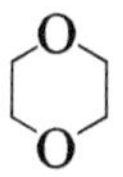　　1,4-二氧六环

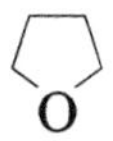

练习 8-29 写出分子式为 $C_5H_{12}O$ 醚的同分异构体，并按习惯命名法和系统命名法命名。

8.3.2 醚的结构和物理性质

醚中的C—O—C键俗称醚键，是醚的官能团。醚分子中的氧原子为 sp^3 杂化，两对孤对电子分别处于两个 sp^3 杂化轨道中，两个碳氧键的夹角与水分子中的两个氢氧键的夹角相似，其键角接近110°。以甲醚为例，其碳氧键的键角为112°，碳氧键的键长约为0.142nm。甲醚的结构示意图和球棍模型如图8.3所示。

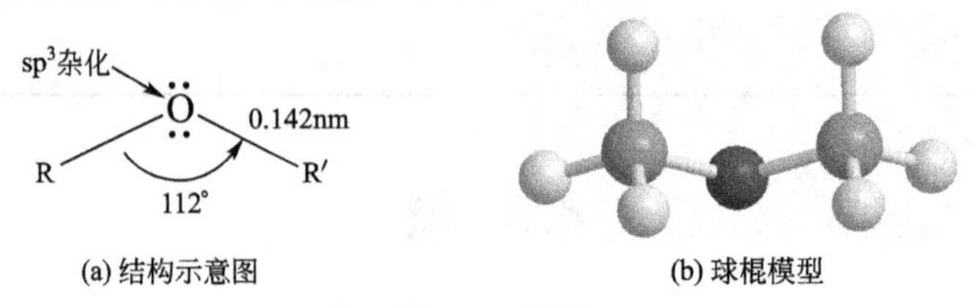

(a) 结构示意图　　(b) 球棍模型

图8.3　甲醚

除甲醚和甲乙醚为气体外，其余的醚在常温下为无色易流动的液体，有特殊的气味，相对密度小于水。低级醚的沸点与同碳数的醇相比，其沸点要低，原因是醚分子间不能以氢键缔合。如乙醚的沸点34.5℃，而正丁醇的沸点117.7℃。大多数醚难溶于水，原因是醚中氧原子被包围在分子之中，难以与水形成氢键。但四氢呋喃能与水互溶，原因是碳架形成环使氧原子突出在外，容易与水形成氢键。醚的化学性质不活泼，因此它是良好的有机溶剂。常有做溶剂的醚有乙醚、四氢呋喃和1，4-二氧六环等。一些醚的物理常数如表8-4所示。

表8-4　一些醚的结构及物理常数

名称	构造式	熔点/℃	沸点/℃
甲醚	CH_3OCH_3	−138.5	−23
甲乙醚	$CH_3OCH_2CH_3$	—	10.8
乙醚	$CH_3CH_2OCH_2CH_3$	−116.6	34.5
乙丙醚	$CH_3CH_2OCH_2CH_2CH_3$	−79	63.6
正丙醚	$(CH_3CH_2CH_2)_2O$	−122	91
异丙醚	$\left(\begin{matrix}H_3C \\ CH \\ H_3C\end{matrix}\right)_2 O$	−86	68
正丁醚	$(CH_3CH_2CH_2CH_2)_2O$	−65	142
环氧乙烷	O	−111	13.5
四氢呋喃	O	−65	67
1，4-二氧六环	O O	12	101
苯甲醚	—O—CH_3	−37	154
二苯醚	—O—	27	258

练习 8-30 乙二醇及其甲醚的沸点随相对分子量的增加而降低，试解释。

CH_2OH–CH_2OH	CH_2OH–CH_2OCH_3	CH_2OCH_3–CH_2OCH_3
沸点 197℃	沸点 125℃	沸点 84℃

8.3.3 醚的制法

1. 由醇分子间脱水

醇与浓硫酸或三氧化二铝共热，醇分子间能脱水而生成醚。如工业上乙醚的制备就是将乙醇与浓硫酸等摩尔混合，升温至 140℃而生成。

$$C_2H_5{-}OH + HO{-}C_2H_5 \xrightarrow[140℃]{浓 H_2SO_4} C_2H_5{-}O{-}C_2H_5 + H_2O$$

但该法仅适合制备单醚，不适合制备混醚，如使用不同醇进行脱水，副产物太多而且不易分离。在控制一定条件下，利用此法制醚，伯醇产率最高，仲醇次之，叔醇发生分子内脱水得到烯烃。

2. 威廉森(Williamson)合成法

威廉森合成法是制备混合醚的一种好方法，由卤代烃与醇钠或酚钠作用而得。

$$RX + NaOR' \longrightarrow ROR' + NaX$$
$$RX + NaOC_6H_5 \longrightarrow ROC_6H_5 + NaX$$

威廉森合成法中只能选用伯卤代烷与醇钠为原料。因为醇钠既是亲核试剂，又是强碱，仲、叔卤代烷(特别是叔卤代烷)在强碱条件下主要发生消除反应而生成烯烃。

$$CH_3CH_2O{-}Na + H{-}CH_2{-}C(CH_3)(Cl){-}CH_3 \xrightarrow{E2} CH_2{=}C(CH_3)CH_3 + CH_3CH_2OH + NaCl$$

$$H_3C{-}C(CH_3)_2{-}O{-}Na + CH_3{-}CH_2Cl \xrightarrow{S_N2} CH_3CH_2{-}O{-}C(CH_3)_2{-}CH_3 + NaCl$$

制备具有苯基的混醚时，应采用酚钠。如茴香醚的制备：

$$C_6H_5{-}ONa + CH_3{-}Cl \xrightarrow{S_N2} C_6H_5{-}OCH_3 + NaCl$$

3. 烯烃的烷氧汞化——脱汞法

烯烃与醋酸汞或三氟醋酸汞在醇中反应生成烷氧基有机汞化合物，随后用硼氢化钠还原生成醚。

$$H_3C-\underset{CH_3}{\overset{CH_3}{C}}-CH=CH_2+Hg(O\overset{O}{\overset{\|}{C}}CF_3)_2+CH_3CH_2OH \longrightarrow$$

三氟醋酸汞

$$H_3C-\underset{CH_3}{\overset{CH_3}{C}}-\underset{OCH_2CH_3}{\overset{H}{C}}-CH_2-Hg(OCOCF_3)_2 \xrightarrow{NaBH_4} H_3C-\underset{CH_3}{\overset{CH_3}{C}}-\underset{OCH_2CH_3}{\overset{H}{C}}-CH_3$$

2-乙氧基-3，3-二甲基丁烷

$$\text{环己烯}+Hg(O\overset{O}{\overset{\|}{C}}CH_3)_2+H_3C-\underset{CH_3}{\overset{CH_3}{C}}-OH \longrightarrow \text{2-[}Hg(OCOCH_3)_2\text{]-1-}OC(CH_3)_3\text{环己烷} \xrightarrow{NaBH_4} \text{环己基}-OC(CH_3)_3$$

环己基叔丁基醚

上述反应与羟汞化制醇相似，只是用醇代替水，引入烷氧基制得醚，也相当于醇与碳碳双键的马氏加成，与合成法相比，其优点是没有消除反应的副产物。因此它也可以用来合成各种烷基醚，但二叔烷基醚除外，其原因可能是叔烷基有较大的体积，因此空间位阻较大。

4. 环氧乙烷的制备

乙烯在催化剂的作用下，与空气中的氧气反应，是工业上制备环氧乙烷的重要方法，该法只适用与由乙烯氧化制备环氧乙烷。

$$CH_2=CH_2+O_2 \xrightarrow[280\sim300℃，1\sim2MPa]{Ag} H_2C\underset{O}{—}CH_2$$

练习 8-31 叔丁基醚 $[(CH_3)_3C]_2O$ 既不能用威廉森合成法也不能用 H_2SO_4 脱水法制得，为什么？

练习 8-32 选择最好的方法，合成下列化合物(原料任选)。

(1) $(CH_3)_3C-\underset{CH_3}{CH}-OCH(CH_3)_2$　　(2) 环己基—O—环己基

8.3.4 醚的化学性质

醚是一类不活泼的化合物，对碱、氧化剂、还原剂都十分稳定。醚在常温下与金属钠不起反应，可以用金属钠来干燥。醚的稳定性仅次于烷烃。但其稳定性是相对的，由于醚键(C—O—C)具有极性，它也可以发生一些特有的反应，主要体现在分子中碳氧键及氧的未共用电子对上。小分子环醚由于存在较大的分子内张力，其性质与一般醚差别较大，易发生开环反应。

1. 锌盐的生成

醚分子中的氧原子上有未共用电子对，能接受强酸中的 H^+ 而生成锌盐。如：醚与浓盐酸、浓硫酸的作用。

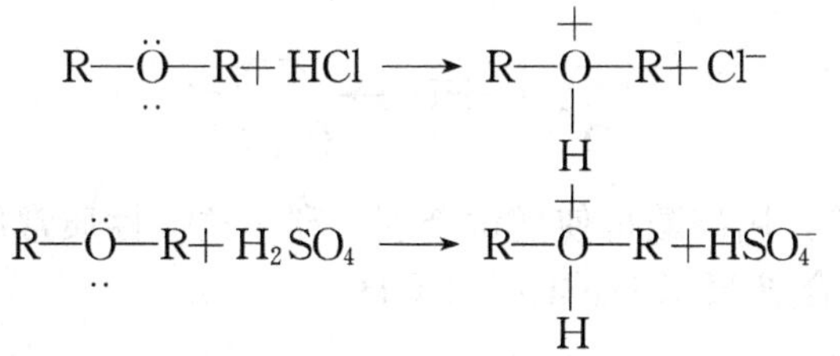

$$R-\ddot{O}-R + HCl \longrightarrow R-\overset{+}{O}(H)-R + Cl^-$$

$$R-\ddot{O}-R + H_2SO_4 \longrightarrow R-\overset{+}{O}(H)-R + HSO_4^-$$

鉮盐是一种弱碱强酸盐，仅在浓酸中才稳定。利用此性质可以区别醚与烷烃或卤代烃，因为醚或卤代烃不溶于强酸。烊盐遇水很快分解为原来的醚，利用这一性质可以分离提纯醚。

醚还可以和一些缺电子的路易斯酸(如 BF_3、$AlCl_3$、RMgX)等形成络合物。

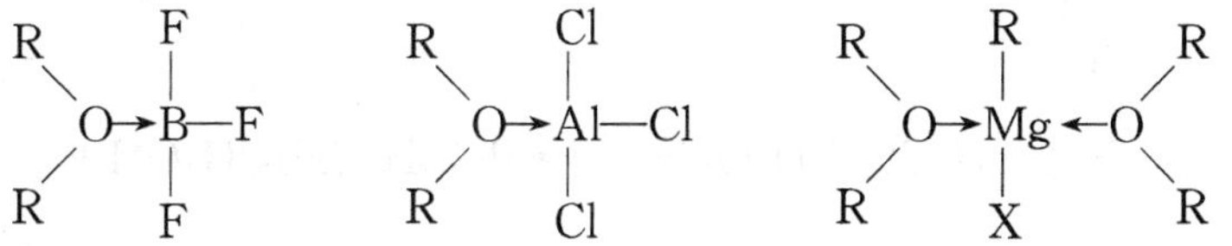

$$R_2O\rightarrow BF_3 \qquad R_2O\rightarrow AlCl_3 \qquad R_2O\rightarrow Mg(R)(X)\leftarrow OR_2$$

2. 醚键的断裂

醚键相当稳定，一般不发生化学反应。在高温和亲核试剂氢卤酸的作用下，醚能发生C—O 键的断裂(二苯醚例外)，烃氧基被卤素原子取代，生成卤代烃和醇(或酚)。盐酸、氢溴酸与醚的反应需要较高的反应温度和浓度，氢碘酸的反应活性最高，常温下就可使醚键断裂。醚和氢卤酸的反应属于亲核取代反应，机理与醇的亲核取代一样。首先是醚遇强酸形成离子，然后再按 S_N1 或 S_N2 反应生成卤代烃和醇(或酚)。如果氢卤酸过量，则生成的醇继续反应生成相应的卤代烃。碳氧键断裂的顺序：叔烷基＞仲烷基＞伯烷基＞芳香烃基。

若醚中跟氧相连的是两个伯烷基，则发生 S_N2 反应，小烃基生成碘代烷，大烃基生成醇，若氢碘酸过量，大烃基继续反应生成生成碘代烷。

$$CH_3OCH_2CH_2CH_3 \xrightarrow{HI} CH_3I + CH_3CH_2CH_2OH \xrightarrow{HI} CH_3CH_2CH_2I$$

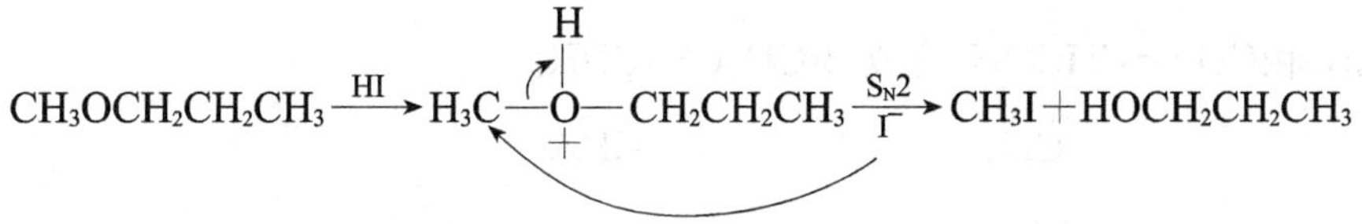

$$CH_3OCH_2CH_2CH_3 \xrightarrow{HI} H_3C-\overset{+}{O}(H)-CH_2CH_2CH_3 \xrightarrow[I^-]{S_N2} CH_3I + HOCH_2CH_2CH_3$$

若醚中跟氧相连的一个伯烷基，另一个是叔烷基，则发生 S_N1，叔烷基生成碘代烷，伯烷基生成醇。

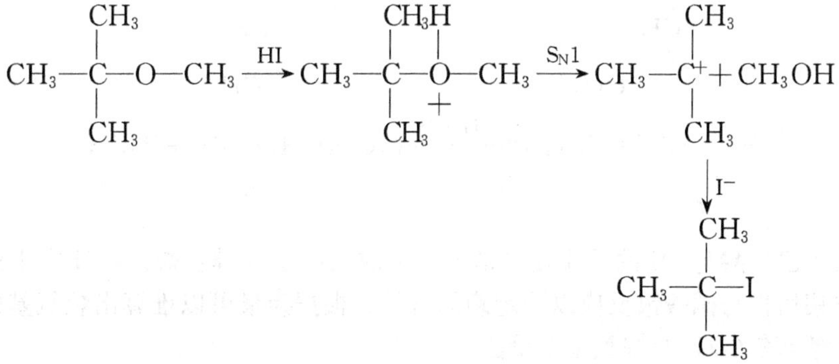

$$(CH_3)_3C-O-CH_3 \xrightarrow{HI} (CH_3)_3C-\overset{+}{O}(H)-CH_3 \xrightarrow{S_N1} (CH_3)_3C^+ + CH_3OH$$

$$(CH_3)_3C^+ \xrightarrow{I^-} (CH_3)_3C-I$$

如：

$$\text{(2,2-二甲基四氢呋喃)} + HI \longrightarrow HOCH_2CH_2CH_2C(CH_3)_2I$$

叔丁基醚比较活泼，用硫酸可使醚键断裂，利用这一性质常用来保护羟基。如：以 $HOCH_2CH_2Br$ 为原料合成 $HOCH_2CH_2CH_2OH$。

$$HOCH_2CH_2Br \xrightarrow[H_2SO_4]{(CH_3)_2C=CH_2} (CH_3)_3C-OCH_2CH_2Br \xrightarrow{Mg} (CH_3)_3C-OCH_2CH_2MgBr$$

$$\xrightarrow[\text{② } H_3O^+]{\text{① } HCHO} (CH_3)_3C-OCH_2CH_2CH_2OH \xrightarrow{H_2SO_4} HOCH_2CH_2CH_2OH + (H_3C)_2C=CH_2$$

若是芳醚，总是生成酚和碘代烷。

$$C_6H_5OCH_2CH_3 \xrightarrow{HI} C_6H_5OH + ICH_2CH_3$$

对于苄基醚，催化加氢后生成甲苯。

$$C_6H_5CH_2OCH_2CH_3 \xrightarrow{H_2,\ Pd} C_6H_5CH_3 + CH_3CH_2OH$$

此反应可以应用于醇羟基的保护。

$$ROH \xrightarrow{NaOH,\ C_6H_5CH_2Br} C_6H_5CH_2OR \longrightarrow C_6H_5CH_3 + ROH$$

例如，由 $CH_2=CHC(CH_3)_2OH$ 合成 $BrCH_2CH_2C(CH_3)_2OH$。

$$CH_2=CHC(CH_3)_2OH + PhCH_2Br \xrightarrow{Ag_2O} CH_2=CHC(CH_3)_2OCH_2Ph \xrightarrow[\text{过氧化物}]{HBr}$$

$$H_2C(Br)-CH_2C(CH_3)_2OCH_2Ph \xrightarrow{H_2/Pd} BrCH_2CH_2C(CH_3)_2OH + PhCH_3$$

甲基醚和乙基醚与 HI 的反应几乎是定量生成碘甲烷或碘乙烷。将反应生成的碘甲烷或碘乙烷收集后再与硝酸银反应以测定碘的含量，根据碘量可以推算出烷氧基的数量，这个方法称为蔡塞尔(Zeisel)烷氧基定量法。

3. 过氧化物的生成

醚对氧化剂较为稳定，但与空气长期接触，可被空气氧化成过氧化物。一般认为氧化发生在α碳的氢键上。

$$R—O—CH_2—R' \xrightarrow{O_2} R—O—\overset{OOH}{\overset{|}{C}}H—R' + R—O—O—CH_2—R'$$

例如，乙醚长期与空气接触，生成如下过氧化物：

$$CH_3CH_2OCH_2CH_3 \xrightarrow{O_2} CH_3\overset{OOH}{\overset{|}{C}}H—OCH_2CH_3 + CH_3CH_2—O—O—CH_2CH_3$$

有机过氧化物受热分解容易引起爆炸。因此在蒸馏醚时，不要完全蒸完，以免过氧化物过度受热发生爆炸。醚类化合物在保存时，尽量避免暴露在空气中，一般应放在深色瓶内保存。在蒸馏醚之前，一定要检查是否含有过氧化物，检查方法：用淀粉碘化钾试纸，如有过氧化物存在，则碘化钾被氧化成碘而使淀粉变为蓝色。除去醚中过氧化物的方法：可以向醚中加入还原剂，如硫酸亚铁、亚硫酸钠等，在贮藏醚类化合物时，可在醚中加入少许金属钠或铁屑，以避免过氧化物形成。

4. 环氧化合物的反应

由于三元环存在很大的张力，所以环氧化合物同其他醚相比，是极为活泼的化合物。在酸或碱的催化下，环氧化合物可与许多含活泼氢的化合物或亲核试剂作用发生开环反应。

环氧化合物在酸催化下，可与 H_2O、ROH、HX 等进行开环反应。酸催化时，环氧化合物首先发生质子化形成鎓盐，增强了碳氧键的极性，使碳氧键容易断裂。然后亲核试剂从氧的背面进攻与之相连的碳原子，进行碳氧键断裂的开环反应，发生反式取代，产物取决于所用亲核试剂。

$$\underset{\text{O}}{H_2C—CH_2} \xrightarrow{H^+} \underset{\overset{+}{O}H}{H_2C—CH_2} \begin{cases} \xrightarrow{H_2O} HO—CH_2—CH_2—OH \\ \xrightarrow{CH_3OH} HO—CH_2—CH_2—OCH_3 \\ \xrightarrow{HX} HO—CH_2—CH_2—X \end{cases}$$

不对称环氧化合物在酸的催化下进行亲核取代反应时，易于按 S_N1 机理进行，优先在取代基多的碳原子上进行取代。例如：

$$CH_3-\underset{\diagdown O \diagup}{CH-CH_2} + CH_3OH \xrightarrow{H^+} CH_3\underset{OCH_3}{CH}-\underset{OH}{CH_2}$$

环氧化合物在碱性条件下能发生亲核取代反应。碱催化下的开环反应，首先是亲核试剂进攻环碳原子，进行 S_N2 反应，发生碳氧键断裂，然后与质子结合得到产物（不对称环氧化合物优先在取代基少的碳原子上进行取代）。例如：

$$CH_3-\underset{\diagdown O \diagup}{CH-CH_2} + CH_3OH \xrightarrow{CH_3ONa} CH_3\underset{OH}{CH}-\underset{OCH_3}{CH_2}$$

格氏试剂作为亲核试剂，易于与环氧乙烷发生亲核取代反应，生成增加两个碳原子的伯醇，这是有机合成上增长碳链的方法之一。

$$\underset{\diagdown O \diagup}{H_2C-CH_2} + RMgX \longrightarrow H_2\underset{OMgX}{C}-\underset{R}{CH_2} \xrightarrow{H_2O} R-CH_2CH_2OH$$

不对称环氧化合物与格氏试剂作用时，易按 S_N2 机理进行反应，优先在取代基少的碳原子上发生反应。例如：

$$C_6H_5-MgBr + \underset{\diagdown O \diagup}{H_2C-CH}-CH_3 \xrightarrow[\text{②}H_3O^+]{\text{①纯醚}} C_6H_5-CH_2\underset{OH}{CH}CH_3$$

5. 克来森重排反应

苯基烯丙基醚及其类似物在加热的条件下，发生分子内重排生成邻烯丙基苯酚(或其他取代苯酚)的反应，称为克来森(Claisen)重排。如苯基烯丙基醚的两个邻位已经有取代基，则重排发生在对位。

$$C_6H_5-OCH_2CH=CH_2 \xrightarrow{\triangle} o\text{-}(CH_2CH=CH_2)C_6H_4OH$$

$$2,6\text{-}(CH_3)_2C_6H_3-OCH_2CH=CH_2 \xrightarrow{\triangle} 2,6\text{-}(CH_3)_2\text{-}4\text{-}(CH_2CH=CH_2)C_6H_2OH$$

该反应是一个周环反应，即旧键的断裂和新键的生成是同时进行的。反应过程中不形成活性中间体，而是通过电子迁移形成环状过渡态。如苯基烯丙基醚的邻位重排反应机理如下：

$$C_6H_5-O-CH_2-CH=CH_2 \xrightarrow{\triangle} [\text{环状过渡态}] \longrightarrow \text{6-H-6-}(CH_2CH=CH_2)\text{环己二烯酮} \rightleftharpoons o\text{-}(CH_2CH=CH_2)C_6H_4OH$$

练习 8-33 下列各醚和过量的浓氢碘酸反应，可生成何种产物？

(1) 甲丁醚　　(2) 2-甲氧基己烷　　(3) 2-甲基-1-甲氧基戊烷

练习 8-34 写出环氧乙烷与下列试剂反应的方程式。

(1) 有少量硫酸存在下的甲醇　　(2) 有少量甲醇钠存在下的甲醇

练习 8-35 有一化合物分子式为 $C_{20}H_{21}O_4N$，与热的浓氢碘酸作用可生成碘代甲烷，表明有甲氧基存在。当此化合物 4.24mg 用 HI 处理，并将所生成的碘代甲烷通入硝酸银的醇溶液，得到 11.62mgAgI，问此化合物含有几个甲氧基？

8.4 硫醇、硫酚和硫醚

8.4.1 硫醇和硫酚

醇(酚)分子中的氧原子被硫原子所代替而形成的化合物，称为硫醇(酚)。硫醇(R—SH)或硫酚(Ar—SH)也可看作是烃分子中的氢原子被氢硫基(—SH)所取代的化合物。硫醇和硫酚的命名与醇及酚相似，把“醇”字改为“硫醇”，“酚”字改为“硫酚”即可。例如：

CH_3SH　　CH_3CH_2SH　　$CH_3CH(SH)CH_3$　　$C_6H_5CH_2SH$　　C_6H_5SH

甲硫醇　　乙硫醇　　异丙硫醇　　苯甲硫醇　　苯硫酚

如果以取代基命名时，命名规则与其他官能团的命名规则相同。例如：

$CH_2{=}CHCH_2CH_2SCH_3$　　$H_3C{-}CH(SH){-}COOH$

4-甲硫基-1-丁烯　　2-巯基丙酸

硫醇一般用卤代烃与硫氢化钠在乙醇溶液中共热来制备。

$$RX + NaSH \xrightarrow[\triangle]{\text{乙醇}} RSH + NaX$$

在酸的作用下，用锌还原苯磺酰氯制备硫酚。

$$C_6H_5{-}SO_2Cl + H_2SO_4 + Zn \xrightarrow{\triangle} C_6H_5{-}SH + ZnSO_4 + ZnCl_2 + H_2O$$

由于硫原子的电负性比氧原子小，硫醇和硫酚形成分子间氢键的能力较弱，因此它们与相应的醇和酚相比沸点较低，在水中的溶解度也较小。例如，乙硫醇的沸点 37℃，乙醇的沸点 78.3℃ 。相对分子质量较低的硫醇具有恶臭味，因此低级硫醇可以作为臭味剂。如将痕量的乙硫醇加到天然气中，用以检测管道是否漏气。相对分子质量较低的硫酚也具有难闻的气味。

硫醇、硫酚的化学性质与醇、酚既有相似之处，也有所区别。

1. 弱酸性

硫的原子半径比氧大，硫氢键比氢氧键长，易被极化，使氢离子容易离解出来。硫醇和硫酚能够溶于稀的氢氧化钠溶液中，生成较稳定的硫醇盐或硫酚盐。

$$RSH + NaOH \longrightarrow RS^- Na^+ + H_2O$$

硫醇和硫酚还能和重金属盐 Hg^{2+}、Pb^{2+}、Cu^{2+} 等生成不溶于水的重金属盐。临床上利用这一性质，把硫醇用作某些重金属中毒的解毒剂，如二巯基丙醇(简称 BAL)可以和金、汞等离子生成稳定的环硫化合物从而在人体内达到解毒作用。

$$\begin{array}{l} CH_2OH \\ | \\ CH-SH \\ | \\ CH_2-SH \end{array} \xrightarrow{Hg^{2+}} \begin{array}{l} CH_2OH \\ | \\ CH-S \\ | \qquad\quad \rangle Hg \\ CH_2-S \end{array}$$

2. 氧化反应

硫醇易被温和的氧化剂(如 H_2O_2、$NaIO_4$、O_2、I_2)氧化为二硫化物。例如：

$$2RSH + H_2O_2 \longrightarrow RS-SR + 2H_2O$$

利用硫醇这一性质，在石油工业上采取催化氧化法，使之生成二硫化物以避免硫醇的酸性腐蚀，同时脱去硫醇的恶臭味。

$$2RSH + O_2 \xrightarrow{\text{磺化酞菁钴}} RS-SR + H_2O$$

硫醇和硫酚在强氧化剂(如 HNO_3、$KMnO_4$)作用下，被氧化生成磺酸。例如：

$$CH_3CH_2SH \xrightarrow{KMnO_4,\ H^+} CH_3CH_2SO_3H$$

$$C_6H_5-SH \xrightarrow{\text{浓}\ HNO_3} C_6H_5-SO_3H$$

3. 亲核反应

硫醇和硫酚在碱的极性溶剂中，与卤代烷容易发生 S_N2 反应，生成硫醚。例如：

$$CH_3CH_2S^-Na^+ + (CH_3)_2CHCH_2-Br \xrightarrow{H_2O} (CH_3)_2CHCH_2-S-CH_2CH_3 + NaBr$$

硫醇与酰氯或酸酐反应，生成硫代羧酸酯；在酸催化下，与醛、酮反应，生成硫代缩醛或缩酮。

$$RCOCl + R'SH \longrightarrow RCOSR' + HCl$$

$$(H_3C)_2C=O + 2C_2H_5SH \xrightarrow[ZnCl_2]{H^+} (H_3C)_2C(SC_2H_5)_2$$

8.4.2 硫醚

醚分子中的氧原子被硫原子所代替而形成的化合物，称为硫醚(R—S—R′)。硫醚的命名与醚相似，在“醚”字前加一“硫”字即可。例如：

CH_3SCH_3	$CH_3SCH_2CH_3$	$C_6H_5-S-C_6H_5$
二甲硫醚	甲乙硫醚	二苯硫醚

单硫醚可由硫化钾或硫化钠与卤代烷进行亲核取代反应制备。

$$RX + Na_2S \longrightarrow RSR + 2NaX$$

混硫醚制备与醚的威廉森合成法相似，由硫醇盐与卤代烷反应制得。例如：

$$RX + R'SNa \longrightarrow RSR' + NaX$$

低级硫醚为无色液体，不能与水形成氢键，不溶于水，可溶于醇和醚。硫醚的沸点比相应的醚高。硫醚的化学性质相对稳定，但硫原子易形成高价化合物。

1. 氧化反应

硫醚易进行氧化反应，在常温下与过氧化氢等弱氧化剂作用，生成亚砜，用强氧化剂继续氧化生成砜。例如：

$$H_3C—S—CH_3 \xrightarrow{H_2O_2} \underset{\text{二甲亚砜}}{H_3C—\overset{\overset{\displaystyle O}{\|}}{S}—CH_3} \xrightarrow{\text{浓 } HNO_3} \underset{\text{二甲砜}}{H_3C—\overset{\overset{\displaystyle O}{\|}}{\underset{\underset{\displaystyle O}{\|}}{S}}—CH_3}$$

二甲亚砜为无色具有强极性的液体，沸点188℃，与水混溶，吸湿性很强。二甲亚砜作为一种非质子极性溶剂常应用于石油和高分子工业上。

2. 锍盐的生成

硫醚比醚的亲核性强得多，与卤代烷容易发生亲核取代反应生成锍盐，锍盐较为稳定，易溶于水。例如：

$$R—S—R' + R''X \longrightarrow \left[R—\underset{\underset{\displaystyle R''}{|}}{\ddot{S}}—R' \right]^+ X^-$$

8.5 醇、酚、醚的代表物与用途

8.5.1 醇的代表物与用途

1. 甲醇

甲醇是最简单的一元醇，最早由木材干馏得到，因此又称木精或木醇。近代工业上甲醇可用CO和H_2在一定条件下经高温高压催化制得。

$$CO + 2H_2 \xrightarrow[CuO-ZnO,\ Al_2O_3]{300\sim400℃,\ 20\sim30MPa} CH_3OH$$

甲醇为无色液体，易燃，有毒性，甲醇蒸气与眼睛接触可引起失明，饮用亦可致盲。

甲醇是常用的工业溶剂，在工业上用作原料来合成甲醛及其它化合物，可用作甲基化试剂，还可以加入汽油或单独使用做汽车或飞机的燃料。

2. 乙醇

乙醇俗称酒精。我国古代就知道谷类发酵酿酒。至今发酵法仍然是制备乙醇的重要方法之一，其具体步骤如下：

$$(C_6H_{10}O_4)_n \xrightarrow[\text{糖化酶}]{H_2O} C_{12}H_{22}O_{11} \xrightarrow[\text{麦芽糖酶}]{H_2O} C_6H_{12}O_6 \xrightarrow{\text{酒化酶}} CH_3CH_2OH + CO_2$$

工业上主要是通过乙烯的催化水合来制备乙醇。

乙醇是无色透明液体，沸点为78.3℃，易燃，蒸气的爆炸极限是3.28%～18.95%，闪点为14℃，能与水及大多数有机溶剂互溶。

95.57%乙醇溶液与4.43%的水组成恒沸物，沸点为78.15℃，直接分馏不能得到无水乙醇。实验室制备无水乙醇通常加生石灰加热回流，然后再蒸馏，所得乙醇溶液中仍然含有0.5%的水。此时，可用金属钠或金属镁处理，生成的乙醇钠或乙醇镁与水作用，生成乙醇，再经蒸馏可得到无水乙醇。工业上无水乙醇的制法是在95.57%乙醇中加入一定量的苯，而后进行蒸馏。先蒸出的乙醇、苯和水的三元共沸物，沸点64.85℃；然后蒸出的是乙醇和苯的二元共沸物，沸点68.25℃，最后可得完全无水乙醇，沸点78.3℃。完全无水乙醇常称为无水乙醇或绝对乙醇。检验无水乙醇中是否含水，可加入少量无水硫酸铜，如呈现蓝色，表明有水存在。实验室中常用的干燥剂氯化钙不能用来干燥乙醇，因为乙醇能与氯化镁、氯化钙形成结晶络合物。

乙醇的用途极广，是各种有机合成工业的重要原料，也是常用的有机溶剂。

3. 乙二醇

乙二醇是最简单的多元醇，俗名甘醇，沸点197℃，具有甜味的黏稠液体，能与水、低级醇及丙酮等有机溶剂互溶，不溶于石油醚、苯。

工业上乙二醇主要由环氧乙烷在高温高压下水合而制得。

$$\underset{\text{(环氧乙烷, O 桥连)}}{H_2C\!-\!CH_2} \xrightarrow[190\sim220℃,\ 2.2MPa]{H_2O,\ H^+} \underset{OH\quad\ OH}{CH_2\!-\!CH_2}$$

乙二醇是工业上最重要的多元醇，是重要的有机化工原料，可用于合成树脂、增塑剂、合成纤维、防冻剂等。

4. 丙三醇

丙三醇俗称甘油，沸点290℃，为无色具有甜味的黏稠液体，与水互溶，不溶于乙醚、氯仿等有机溶剂。丙三醇的用途很广，由于强吸湿性，常应用于化妆品工业，其水溶液可作皮肤润滑剂；也应用于炸药工业或医药的原料。丙三醇可以通过油脂水解得到。工业上主要以石油裂解气中的丙烯为原料，通过高温氯化法来制备。

$$CH_3CH{=}CH_2 \xrightarrow[500℃]{Cl_2} \underset{Cl}{CH_2}CH{=}CH_2 \xrightarrow[H_2O]{Cl_2} \underset{Cl\quad\ OH\quad\ Cl}{H_2C\!-\!CH\!-\!CH_2} \text{ 或 } \underset{Cl\quad\ Cl\quad\ OH}{H_2C\!-\!CH\!-\!CH_2}$$

$$\xrightarrow[60℃]{Ca(OH)_2} \underset{Cl}{H_2C}\!-\!\overset{H}{C}\!-\!CH_2\ (\text{C—CH}_2\text{ 间 O 桥连}) \xrightarrow[150℃]{10\%NaOH} \underset{OH\ \ OH\quad OH}{H_2C\!-\!CH\!-\!CH_2}$$

5. 苯甲醇

苯甲醇俗又称苄醇，沸点205℃，为无色液体，是最简单、最重要的芳香醇，存在于植物精油中，具有芳香气味，微溶于水，溶于甲醇、乙醇等有机溶剂。苯甲醇具有微弱的麻醉作用和防腐性能，用于配制注射剂可减轻疼痛。在香料工业上也有广泛的应用。工业上以苄氯为原料在碳酸钠或碳酸钾存在的条件下水解而得。

$$C_6H_5-CH_2Cl + H_2O \xrightarrow[105℃]{12\%Na_2CO_3} C_6H_5-CH_2OH$$

8.5.2 酚的代表物与用途

1. 苯酚

苯酚俗名石炭酸，为具有特殊气味的无色晶体，熔点40.8℃，沸点181.8℃，暴露于光和空气中被氧化为粉红色。苯酚微溶于水，易溶于乙醇、乙醚等有机溶剂，65℃以上可与水混溶。苯酚具有毒性，可作为防腐剂和消毒剂。工业上苯酚是一种重要的化工原料，用于制造酚醛树脂、药物、染料、农药、炸药、合成纤维(如尼龙-66)等。

2. 甲酚

甲酚是邻、间、对三种甲酚的混合物，来源于煤焦油，又称煤酚。甲酚的杀菌能力比苯酚强，可作木材、铁路枕木的防腐剂。医药上用作消毒剂，商品名“来苏尔”(Lysol)消毒药水就是甲酚的肥皂溶液。

3. 苯二酚

苯二酚有三种异构体。邻苯二酚俗称儿茶酚，存在于自然界的许多植物中，为无色晶体，熔点105℃，易溶于水、醇及醚中。许多药物结构中都含有邻苯二酚的单元，如药用肾上腺素制剂。间苯二酚又称树脂酚或雷锁酚，由人工制得，为无色结晶，熔点110℃。易溶于水、醇及醚中，具有一定的杀菌作用。对苯二酚又称鸡纳酚或氢醌，存在于植物中。为无色晶体，熔点170℃，易溶于醇和乙醚中，常用作显影剂、抗氧剂、阻聚剂等。

8.5.3 醚的代表物与用途

乙醚是最常见和最重要的醚，乙醚为无色液体，沸点34.5℃，密度比水小，易燃，爆炸极限为1.85%～36.5%，使用时应远离火源，注意安全。乙醚微溶于水，易溶于许多有机溶剂，醚化学性质稳定，其自身就是一种良好的溶剂。乙醚有麻醉作用，在医药上可作麻醉剂。

工业上乙醚的制备是用浓硫酸或氧化铝作催化剂，将乙醇进行分子间脱水。

普通实验用的乙醚常含有微量的水和乙醇，在有机合成中所用的无水乙醚，须由普通乙醚用无水氯化钙处理后，再用金属钠处理以除去所含微量的水和醇。

阅读材料

有机超分子化学

美国的佩特森(Pedersen)和法国的莱恩(Lehn)及美国的克拉姆(Cram)三位科学家，因为在研究大环化合物及其对金属离子、生物小分子的作用方面的杰出贡献，共同分享了1987年的诺贝尔化学奖。他们提出了超分子化学和主客体化学概念。超分子化学可以定义为超越“分子化学”以外的化学。超分子作用涉及一个给定的实体分子对底物的选择作用，其特征是反应的高度选择性(专一性)和产物的稳定性。超分子化学是一门高度交叉的学科，它涵盖了比分子本身复杂得多的化学物种的化学、物理和生物学特征，并通过分子间(非共价)键合作用聚集、组织在一起，可以说是共价键分子化学的一次升华、一次质的超越，因此被称为“超越分子概念的化学”。超分子化学是研究两种以上的化学物种通过分子间力相互作用缔结而成为具有特定结构和功能的超分子体系的科学。简言之，超分子化学是研究多个分子通过非共价键作用而形成的功能体系的科学。

超分子的结合都是建立在分子识别基础之上的，所谓分子识别就是主体(或受体)对客体(或底物)选择性结合并产生某种特定功能的过程。互补性及预组织是决定分子识别过程的两个关键原则，前者决定识别过程的键合能力。底物与受体的互补性包括空间结构及空间电学特性的互补性。分子识别主要可分为对离子客体的识别和对分子客体的识别，而以人工合成受体的分子识别主要包括冠醚、环糊精、杯芳烃等大环主体化合物的选择性键合客体形成超分子体系的过程。

1. 冠醚

1967年佩特森合成出冠醚，此后这方面的研究才逐渐发展起来。冠醚一般是具有$(CH_2CH_2X)_n$重复结构单元的大环化合物，其中X代表杂原子。从环上所含杂原子来看，冠醚化学已从最初的全氧冠醚(见图8.4)发展到硫杂、硒杂、氮杂、磷杂、砷杂、硅杂、锗杂和锡杂冠醚。冠醚化合物是一类新型配体，它与自然界中所发现的大环抗菌素在结构上有相似之处，它们既具有疏水的外部骨架，又具有亲水的可以和金属离子成键的内腔。与通常的配体相比，冠醚具有较多的给体原子。冠醚环中的杂原子可以部分甚至全部地参加配位。由于冠醚的大环效应，它和金属离子可以形成较稳定的配合物。根据环的空腔大小不同以及环上取代基的不同，可以选择性地络合不同大小的金属离子。

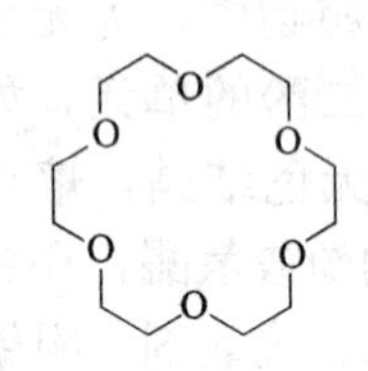

图8.4　18-冠-6

金属冠醚和手性冠醚是近年来研究的热点。以金属冠醚为主体分子，比对应的其它有机分子识别试剂具有更多的优点，它能够更有效地捕获客体分子或离子。金属冠醚可以夹心构型键合或缔合阳离子或阴离子，从而达到分子识别目的。金属冠醚不仅可作为阴离子或阳离子识别试剂、选择性地捕获离子型配合物，也可同时识别阴、阳离子。对金属冠醚进行修饰改造，使之在分子识别和分离、液晶材料前驱物、化学修饰电极和磁性材料方面有广阔的应用前景。手性冠醚能与离子生成稳定的配合物。在配位时，主体为冠醚，客体可以是离子，也可以是中性分子。通过手性冠醚与不同离子之间配位能力的差异，可以达到离子选择性萃取及分离的目的。手性冠醚的研究，特别是在不对称催化反应及手性识别等方面的研究是一个非常有意义且具有应用前景的课题，进一步改良其结构，合成特殊功能化手性冠醚将有长足发展。

2. 环糊精

环糊精也称作环聚葡萄糖，简称CD，是由若干D-吡喃葡萄糖单元环状排列而成的一组低聚糖的总称。它具有圆筒状疏水性内腔和亲水性外沿(见图8.5)，与柔性的开链类似物相比具有特别的物理和化学性质。

人们发现环糊精对超分子化学十分重要。它们及相应的衍生物构成一大类水溶性不同的手性主体分子，这些主体分子可用来与客体分子结合成超分子体系，从而作为研究弱相互作用的模型化合物。作为一种简单的有机大分子，环糊精具有范围极其广泛的各类客体，比如有机分子、无机离子、配合物甚至惰性气体，通过分子间相互作用形成超分子体

(a) 环糊精的结构

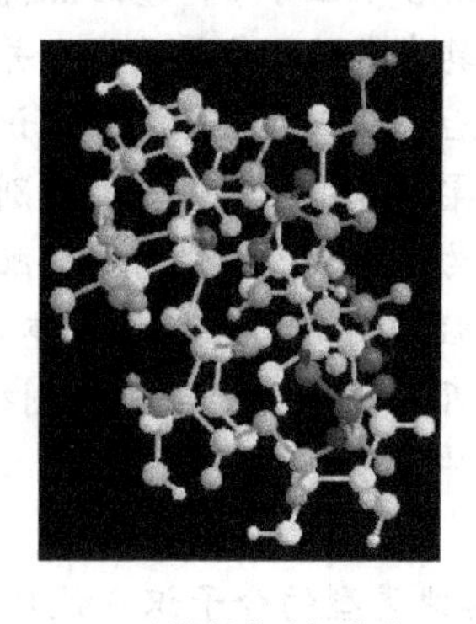

(b) 环糊精的球棍模型

图 8.5 环糊精

系。环糊精及其衍生物是超分子化学的重要研究对象，作为主体的环糊精与作为客体的过渡金属配合物作用形成包合物，也称为第二配位层化合物。

环糊精包合物的制备、结构、性质和应用研究是环糊精化学的一个重要内容。除此之外，有关环糊精的修饰、聚合和多重识别研究也方兴未艾。以环糊精为主体的超分子体系的理化性能主要有：

(1) 分子识别。环糊精可以不同程度地加合疏水性不同、链长短不同、几何厚薄不同、宽窄不同的客体分子，并可区分某些旋光异构体，从而在多组体系中有选择地和某些分子形成加合物，这便是分子识别作用。

(2) 输运作用。亲水性环糊精可以通过与客体分子形成超分子结构，把亲油性客体物质通过水相从一个非水溶剂输运到另一个非水溶剂。反之，憎水性环糊精衍生物可以把离子或亲水性客体分子穿过非极性溶剂传递。

(3) 催化作用。环糊精选择性结合客体分子后在一定条件下洞口羟基可起亲核试剂的作用，使客体分子的某些键活化或介入反应，从而起到催化作用。

3. 杯芳烃

杯芳烃是由苯酚单元通过亚甲基在酚羟基邻位连接而构成的一类杯状低聚物，形状酷似一个希腊圣杯，故称杯芳烃，如图 8.6 所示。

图 8.6 希腊圣杯

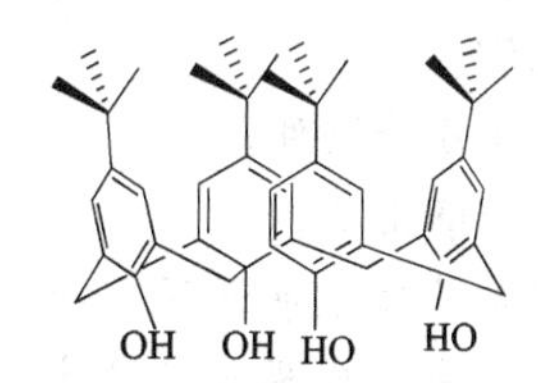

图 8.7 杯 [4] 芳烃

在杯芳烃的杯状结构底部紧密而有规律地排列着 n 个酚羟基，而杯状结构的上部具有疏水性的空穴。前者螯合和输送阳离子，后者则能与中性分子形成配合物。由于杯芳烃的这种独特的结构，离子和中性分子均可作为其形成配合物的客体。同时由于杯芳烃具有许多特殊的性质：①易于合成；②上缘和下缘均易于选择性修饰；③具有由苯环单元组成的疏水空穴；④既能配合识别离子型客体，又能包合中性分子，而冠醚一般只与阳离子络合，环糊精一般只络合中性分子；⑤熔点高，热稳定和化学稳定性好，不溶于许多溶剂，空腔大小可调节；⑥具有多种构象异构体，并且它们具有不同的物化特性。所以杯芳烃被誉为继冠醚和环糊精之后的第三代主体分子。识别作用取决于杯环大小、构象及环上取代基的性质，且由于杯环的柔韧性，杯芳烃具有特别良好的诱导适应能力。尤其是功能化杯芳烃作为金属离子的配体可为过渡金属提供特殊的配位环境，从而可开拓一些新的仿酶模型化合物。

杯芳烃作为新型的环状受体，其识别能力具有许多独到之处，从而具有多种特殊功能。近十几年来有四十多项专利报道杯芳烃在铀和铯的提取、镧系元素和金属离子的选择性萃取、中性有机分子的分离、水污染控制、相转移试剂、酶模型催化反应等领域中的应用。

4. 其他类型的分子识别试剂

近年来，通过所谓配体设计而达到给定体系的金属离子分离研究引人注目。大环多胺集给体原子选择性、环穴选择及结构选择性于一身，用于金属离子的分离具独特的优越性。大环多胺与金属离子配合具有特异的催化活性，其催化功效主要依靠于初始阶段对底物分子的选择性识别，是一类十分重要的主体分子。它是一个应用十分广泛的螯合剂，能依靠其氨基的质子化态形成很多配合物，在这些质子化组分中，带正电荷的大环多胺可以通过氢键和静电作用识别阴离子。大环多胺还能对生命过程中的重要物质如核苷酸、DNA、RNA进行识别分析，对于寻找治疗威胁人类生命的一些疾病的药物，阐明生命活动的基本过程等都具有重要的理论和实践意义。

超分子化学的应用主要包含以下几个方面。

(1) 相转移催化剂。冠醚在非极性溶剂中可以溶解盐，这使它们在许多有机反应中可用作相转移催化剂。如缬氨酶素的抗菌素作用，是通过选择性相转移钾阳离子穿过细胞膜而进行的。

(2) 混合物的分离。如杯芳烃对 C_{60} 的纯化。

(3) 分子传感器 。生物传感器是在生命活动中进行信息检测和信息传输的器件，通常要借助计算机进行工作。现在正向智能、微型化方向发展，以便能植入人体。如安放于体内静脉或动脉中的葡萄糖传感器，能连续监测血糖等含量，并将指令传给一个植入的胰岛素泵；英国科学家研制成一种钢笔大小的酶传感器，它可在瞬间测出汽车驾驶员血液中的酒精含量，不需要将化验样品送到医院去化验分析，大大方便了警察执法；日本科学家制成一种人工细胞生物传感器，具有很高的灵敏度，检查癌症仅需要20s，还可用于工业和环境的快速检测。

(4) 开关和分子器件。

(5) 超分子催化剂。

超分子化学为我们展示了一个丰富多彩的世界，它的出现对传统的化学提出了新的挑战。它在催化、分子或离子的分离、环境科学、生命科学等方面的应用研究对人类的发展具有极其深远的意义。

本章小结

1. 醇、酚、醚的分类和命名。

2. 醇、酚、醚的结构和物理性质，氢键对水溶性、沸点等物理性质的影响。

3. 醇的制法：由烯烃制备、由格氏试剂制备、由羰基化合物还原、由卤代烃水解。

4. 醇的化学性质。

(1) 醇的酸性：与活泼金属钠、钾的反应。

(2) 卤代烃的生成：醇与 HX 反应、醇与卤化磷反应、醇与二氯亚砜反应。

(3) 与无机酸的反应：醇与硫酸、硝酸、磷酸的反应。

(4) 脱水反应：常用质子酸(硫酸和磷酸)或三氧化二铝作为催化剂。

(5) 醇的氧化和脱氢。

5. 酚的制法：由异丙苯制备、从芳卤衍生物水解制备、从芳磺酸制备、由重氮盐来制备。

6. 酚的化学性质。

(1) 酚羟基的反应：酚的酸性、成醚反应、成酯反应、与 $FeCl_3$ 的显色反应。

(2) 芳环上的亲电取代反应：卤代反应、硝化反应、亚硝化反应、磺化反应、傅-克烷基化和酰基化反应、科尔柏-施密特反应、瑞穆尔-蒂曼反应、与羰基化合物的反应。

(3) 还原反应。

(4) 氧化反应。

7. 醚的制法：由醇分子间脱水、威廉森合成法、烯烃的烷氧汞化——脱汞法、环氧乙烷的制备。

8. 醚的化学性质。

(1) 𬭩盐的生成，醚与强酸生成𬭩盐，醚能与缺电子的路易斯酸形成络合物。

(2) 醚键的断裂。

(3) 过氧化物的生成。

(4) 环氧化合物的反应。

(5) 克来森重排反应。

9. 简单硫醇、硫酚和硫醚的命名、制备、性质。

10. 醇、酚、醚的代表物与用途。

习　题

1. 写出分子式为 $C_5H_{12}O$ 醇的所有同分异构体，并指出其中的伯、仲、叔醇。

2. 用系统命名法命名下列化合物。

(1) 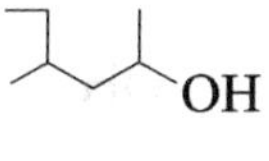 OH　(2) 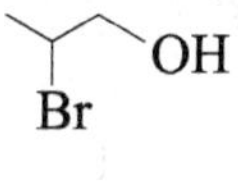 Br OH　(3) 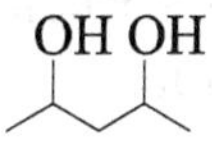 OH OH

(4) 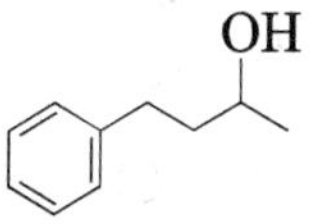 OH　(5) 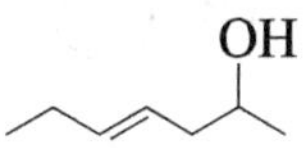 OH　(6) 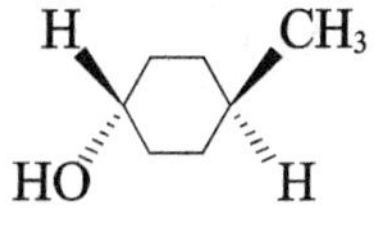 H CH_3 HO H

(7) 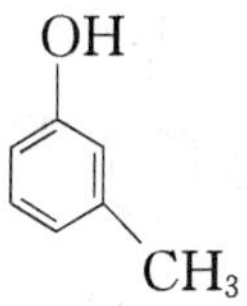 OH CH_3　(8) OH NO_2 CH_3　(9) OH CH_3 OH

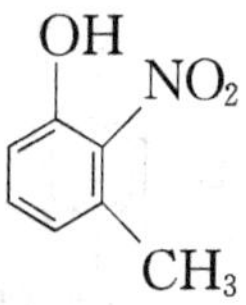

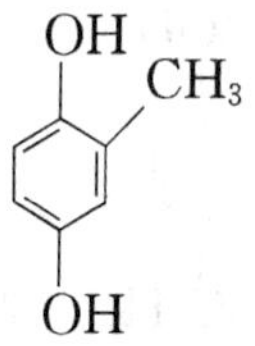

(10)　　(11)　　(12)

(13)　　(14)　　(15)

3. 写出下列化合物的构造式。

(1) 3，3-二甲基-1-丁醇　　(2) 甘油

(3) β-苯乙醇　　(4) 2-乙基-2-丁烯-1-醇

(5) 偏二氯乙烯　　(6) 1，5-己二烯-3，4-二醇

(7) 2，4-二氯萘酚　　(8) 对氨基萘酚

(9) 苦味酸　　(10) 2，5-二苯基苯酚

(11) 1，2，3-苯三酚　　(12) 4-甲基-2，6-二叔丁基苯酚

(13) 乙基乙烯基醚　　(14) 茴香醚

(15) 乙二醇二甲醚

4. 比较下列各组化合物与卢卡斯试剂反应的相对速度。

(1) (A)正戊醇　(B) 2-甲基-2-戊醇　(C) 二乙基甲醇

(2) (A)苄醇　(B) α-苯基乙醇　(C) β-苯基乙醇

(3) (A)苄醇　(B) 对甲基苄醇　(C) 对硝基苄醇

5. 用化学方法区别下列各组化合物。

(1) (A)2-丁醇　(B) 1-丁醇　(C) 2-甲基-2-丙醇

(2) (A)$CH_2=CHCH_2OH$　(B) $CH_3CH_2CH_2OH$　(C) $CH_3CH_2CH_2Br$

(D) $(CH_3)_2CHI$

(3) (A)α-苯基乙醇　(B) β-苯基乙醇　(C) 对乙基苯酚

(D) 对甲氧基甲苯

(4) (A) $CH_3CH(OH)CH_3$　(B) $CH_3CH_2CH_2OH$　(C) C_6H_5OH

(D) $(CH_3)_3COH$　(E) $C_6H_5OCH_3$

(5) (A) 己烷　(B) 1-丁醇　(C) 正丁醚

(D) 苯酚

6. 给下列苯酚的衍生物按酸性由强到弱进行排序。

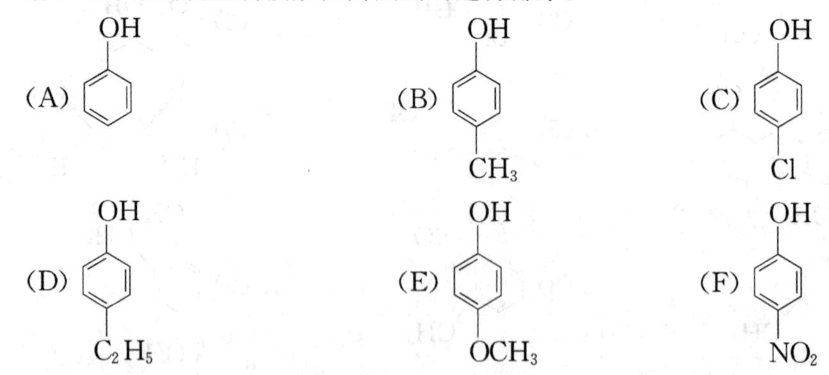

7. 写出2-丁醇与下列试剂作用的产物。

(1) 浓 H_2SO_4，加热　　(2) HBr　　(3) $SOCl_2$

(4) 苯，BF_3　　(5) Na　　(6) Cu，加热

(7) CH_3COOH，H_2SO_4　　(8) $K_2Cr_2O_7$，H_2SO_4　　(9) Al_2O_3，加热

8. 写出邻甲基苯酚与下列试剂作用的反应式。

(1) $FeCl_3$　　(2) Br_2(水溶液)　　(3) NaOH 溶液

(4) Cl_2　　(5) 乙酸酐　　(6) 稀硝酸

(7) 硫酸　　(8) 乙酰氯　　(9) $(CH_3)_2SO_4$(NaOH)

9. 根据醚的性质及制备方法完成下列反应式。

(1) $CH_3I + CH_3CH_2CH_2ONa \longrightarrow ?$

(2) $CH_3CH_2Br + CH_3CH_2CH(CH_3)ONa \longrightarrow ?$

(3) $CH_3CH_2CH_2Cl + CH_3CH_2C(CH_3)_2ONa \longrightarrow ?$

(4) $CH_3C(CH_3)(Cl)CH_3 + CH_3CH_2CH_2ONa \longrightarrow ?$

(5) 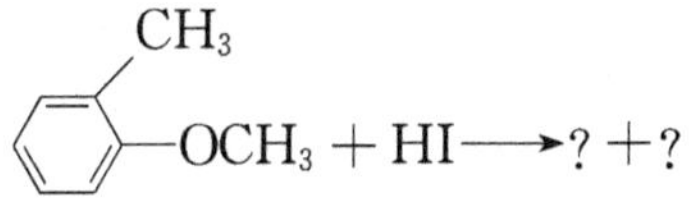 邻甲基苯甲醚 $(o\text{-}CH_3C_6H_4OCH_3) + HI \longrightarrow ? + ?$

(6) 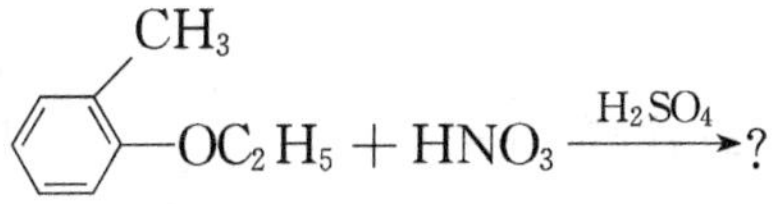 邻甲基苯乙醚 $(o\text{-}CH_3C_6H_4OC_2H_5) + HNO_3 \xrightarrow{H_2SO_4} ?$

(7) 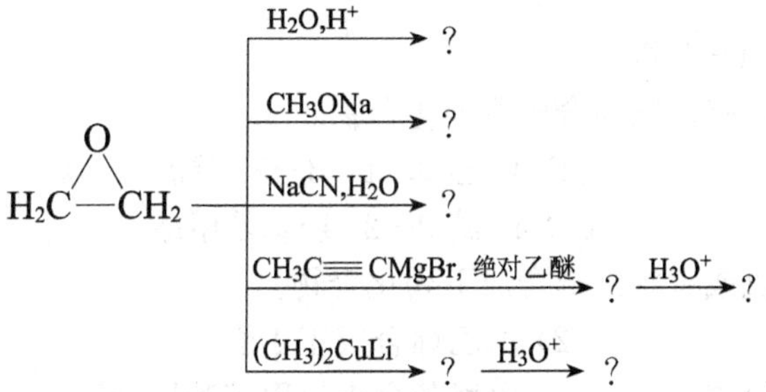 环氧乙烷 $(H_2C\text{—}CH_2$，O 桥连$)$

$\xrightarrow{H_2O,H^+} ?$

$\xrightarrow{CH_3ONa} ?$

$\xrightarrow{NaCN,H_2O} ?$

$\xrightarrow{CH_3C\equiv CMgBr,\ 绝对乙醚} ? \xrightarrow{H_3O^+} ?$

$\xrightarrow{(CH_3)_2CuLi} ? \xrightarrow{H_3O^+} ?$

10. 写出下列反应式的主要产物。

(1) $CH_3CH_2C(OH)(CH_3)_2 \xrightarrow[\triangle]{Al_2O_3} ?$

(2) 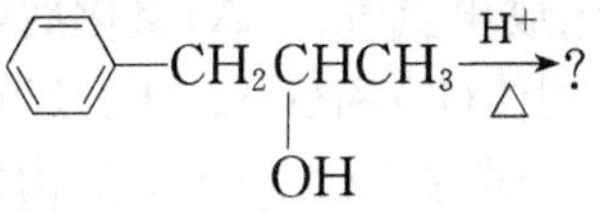 $C_6H_5\text{—}CH_2CH(OH)CH_3 \xrightarrow[\triangle]{H^+} ?$

(3) 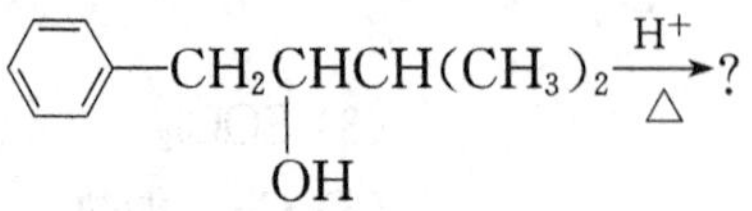 $C_6H_5-CH_2CH(OH)CH(CH_3)_2 \xrightarrow[\triangle]{H^+}$?

(4) $CH_3CH(OH)-CH(OH)CH_3 \xrightarrow[\triangle]{Al_2O_3}$?

(5) 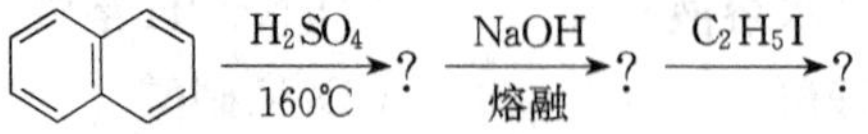 萘 $\xrightarrow[160℃]{H_2SO_4}$? $\xrightarrow[熔融]{NaOH}$? $\xrightarrow{C_2H_5I}$?

(6) 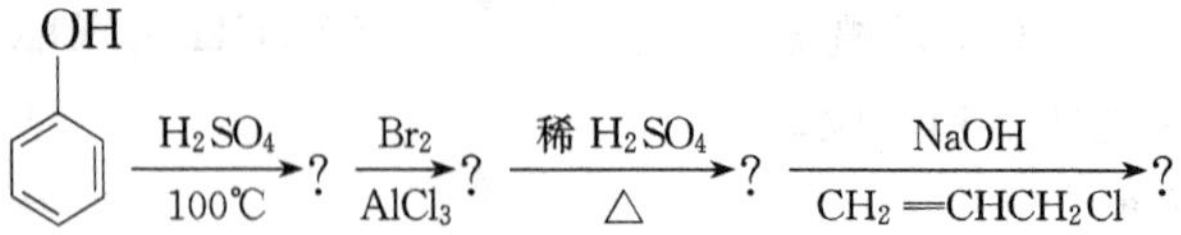 苯酚 $\xrightarrow[100℃]{H_2SO_4}$? $\xrightarrow[AlCl_3]{Br_2}$? $\xrightarrow[\triangle]{稀 H_2SO_4}$? $\xrightarrow[CH_2=CHCH_2Cl]{NaOH}$?

(7) 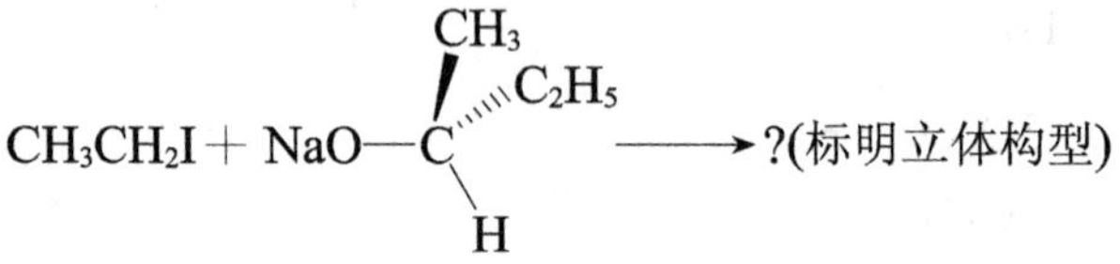 $CH_3CH_2I + NaO-C(CH_3)(C_2H_5)H \longrightarrow$?(标明立体构型)

(8) 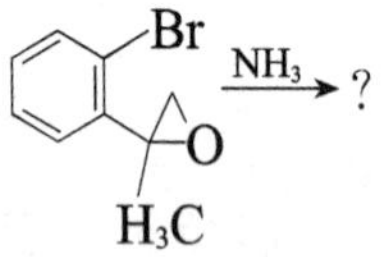 邻溴苯基-2-甲基环氧乙烷（H_3C，O，Br）$\xrightarrow{NH_3}$?

(9) $CH_3CH_2CH(OH)CH_2Br \xrightarrow{NaOH}$?

11. 用指定的原料合成下述的醇或烯。

(1) 甲醇，2-丁醇合成2-甲基丁醇

(2) 正丙醇，异丙醇合成2-甲基-2-戊醇

(3) 甲醇，乙醇合成正丙醇，异丙醇

(4) 2-甲基丙醇，异丙醇合成2，4-二甲基-2-戊烯

(5) 乙醇合成2-丁醇

(6) 叔丁醇合成3，3-二甲基-1-丁醇

12. 由苯、甲苯及必要的无机或有机试剂合成下列化合物。

(1) 间苯三酚　　(2) 4-乙基-1-3-苯二酚

(3) 4-乙基-2-溴苯酚　　(4) 4-硝基-2-羟基苯甲酸

13. 由指定的试剂及必要的无机或有机试剂合成下列化合物。

(1) 由丙烯合成异丙醚　　(2) 由乙烯合成正丁醚

(3) 由苯合成2，4-二硝基苯甲醚　　(4) 由甲苯合成邻甲基苯甲醚

14. 有一化合物(A)的分子式为 $C_5H_{11}Br$，和氢氧化钠水溶液共热后生成 $C_5H_{12}O$(B)，(B)具有旋光性，能与钠作用放出氢气，和硫酸共热生成 C_5H_{10}(C)，(C)经臭氧化和还原剂存在下水解则生成丙酮和乙醛，是推测(A)、(B)、(C)的结构，并写出各步反应式。

15. 化合物(A)的分子式为 $C_6H_{14}O$，能与金属钠作用放出氢气；(A)氧化后生成一种酮(B)；(A)在酸性条件下加热，生成分子式为的两种异构体(C)和(D)。(C)经臭氧化再还原水解可得到两种醛，而(D)经同样反应只得到一种醛。试写出(A)～(D)的构造式。

16. 由化合物(A)$C_6H_{13}Br$ 所制得格利雅试剂与丙酮作用可生成 2，4-二甲基-3-乙基-2-戊醇。(A)可发生消除反应生成两种异构体(B)和(C)，将(B)臭氧化后再在还原剂存在下水解，则得到相同碳原子数的醛(D)酮(E)，试写出各步反应式以及(A)到(E)的构造式。

17. 新戊醇在浓硫酸存在下加热可得到不饱和烃，将这个不饱和烃臭氧化后，在锌粉存在下水解就可以得一个醛和一个酮，试写出这个反应历程及各步反应产物的构造式。

18. 有一芳香性族化合物(A)，分子式为 C_7H_8O，不与钠反应，但是能与浓氢碘酸作用，生成(B)和(C)，两个化合物，(B)能溶于氢氧化钠水溶液，并与三氯化铁作用呈现紫色，(C)能与硝酸银作用生成黄色碘化银沉淀，写出(A)、(B)、(C)的构造式。

19. 化合物(A)的分子式为 C_8H_9OBr，能溶于冷的浓硫酸中。不与稀、冷的高锰酸钾溶液反应，也不能使溴的四氯化碳溶液褪色。(A)与硝酸银的乙醇溶液反应有淡黄色沉淀生成。(A)与热碱性高锰酸钾反应得到化合物(B)，(B)的分子式为 $C_8H_8O_3$。(B)与浓溴化氢共热得(C)。(C)容易由水蒸气蒸馏蒸出。试写出(A)、(B)、(C)的构造式和反应式。

第 9 章　有机化合物的波谱方法简介

教学目标

了解紫外光谱(UV)中，有机化合物分子中共轭结构及其取代基情况。

了解红外光谱(IR)中，有机化合物的官能团及其周围的情况。

了解核磁共振氢谱(^{1}H NMR)中，有机化合物分子中质子的数目、类型和它们之间的连接。

了解质谱(MS)中，有机化合物的分子量和分子式及结构分析。

教学要求

知识要点	能力要求	相关知识
紫外光谱(UV)	(1) 了解紫外光谱的基本原理 (2) 掌握有机化合物分子中共轭结构及其取代基情况	波长、频率、波数、电磁辐射等概念的含义
红外光谱(IR)	(1) 了解红外光谱的基本原理 (2) 理解影响振动频率的因素 (3) 掌握官能团的特征吸收频率与指纹区	
核磁共振氢谱(^{1}H NMR)	(1) 了解核磁共振氢谱的简单原理 (2) 理解化学位移、相对吸收峰面积及峰的裂分的含义	
质谱(MS)	(1) 了解质谱的基本原理 (2) 理解质谱的简单应用	

有机化学是用构造式来描述的一门科学，构造式可以推断该化合物的性质，也可描述化学反应及合成方法。因此，构造式的测定成为有机化学的一项重要的研究内容。近年来，波谱方法以其微量、快速、准确等特点，被广泛应用于有机、高分子、药物、环境、生物等众多化学领域，已成为测定有机化合物结构的主要手段。

本章将简要地介绍有机化合物结构测定中最为常用的紫外光谱(UV)、红外光谱(IR)、核磁共振谱(NMR)及质谱(MS)的基本原理及如何利用这些波谱方法来阐明有机物的某些结构特征。

光是一种电磁波，常用波长或频率来描述，从短波长的宇宙射线到长波长的无线电波，波长越长，频率越低，能量也越低(见图 9.1)。物质分子能级包括转动能级、振动能级和电子能级，吸收光谱的产生主要是因为物质分子的能级具有量子化的特征，分子吸收电磁辐射获得能量，从而引起分子的能级变化，不同量子化的能量对应不同的能级变化。电磁波谱区域与相应波谱方法的对应关系为：

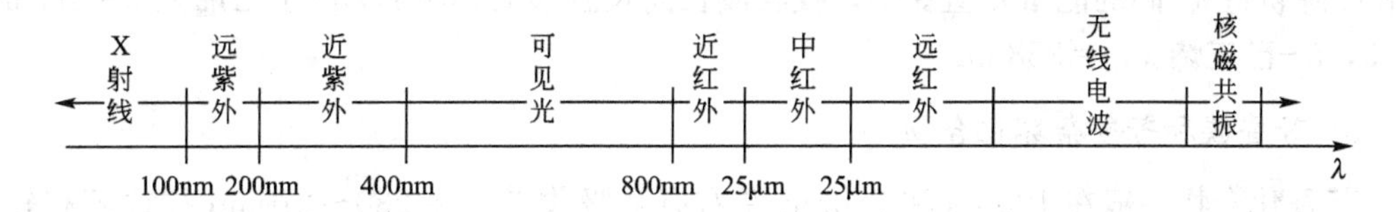

图 9.1 电磁波分布示意图

200～800nm：引起电子运动能级跃迁，得到紫外及可见光谱。

2.5～25μm：引起分子振动、转动能级跃迁，得到红外光谱。

60～900 MHz：在外加磁场中原子核自旋能级跃迁，得到核磁共振谱。

所谓光谱就是记录分子对不同波长(或频率)的电磁波的吸收或透射情况的图。需要说明的是，质谱不属于吸收光谱，它不是描述一个分子吸收不同波长电磁波的能力，而是记录化合物蒸气在高真空系统中，受到能量很小的电子束轰击后生成碎片正离子的情况。

9.1 紫外光谱(UV)

紫外光谱(ultraviolet spectroscopy，UV)是分子吸收了紫外光和可见光引起分子中电子运动能量的改变而形成的一种电子光谱，又称紫外吸收光谱。紫外吸收光谱可用紫外分光光度计进行测量。

9.1.1 基本原理

按照分子轨道理论，分子中有三种价电子：σ 电子，π 电子和 O、S、N、X(卤素)等含有未成键的孤对电子 n 电子。分子吸收紫外光后，引起电子能级的跃迁，价电子由基态跃迁至激发态，即进入反键轨道。可能发生的各种跃迁及所需能量大小顺序为：$\sigma\rightarrow\sigma^* > n\rightarrow\sigma^* > \pi\rightarrow\pi^* > n\rightarrow\pi^*$。

目前紫外光谱中对阐明有机物结构有意义的波长范围是 200～400nm，主要跃迁类型为 $\pi\rightarrow\pi^*$ 和 $n\rightarrow\pi^*$ 跃迁，通常只适用于含有不饱和键及孤对电子的有机化合物，如共轭烯烃、醛、酮及芳香化合物等。

练习 9-1 电子有哪些跃迁形式？在紫外光谱中，一般观察到的跃迁是哪几种？

由于紫外光谱是由分子中价电子的跃迁而产生，不同的价电子跃迁所需的能量，在紫外光谱中表现出不同的吸收波长。

1. 含杂原子双键的化合物

含有 $\rangle$C=O、$\rangle$C=S、$\rangle$C=N—、—N=O、—N=N— 等基团的化合物在近紫外区或可见光区有吸收带，主要有 $\pi\rightarrow\pi^*$ 跃迁的强吸收和 $n\rightarrow\pi^*$ 跃迁的弱吸收。

2. 含共轭双键的化合物

含共轭双键的化合物是紫外光谱研究的重点。随着共轭体系的存在和增长，成键轨道

π 和反键轨道 π^* 间的能量差值变小，吸收波长向长波移动。如 1，3-丁二烯 $\lambda_{max}=217nm$，1，3，5-己三烯 $\lambda_{max}=258nm$。

3. 芳香族和芳香杂环化合物

芳香化合物一般在 180nm 和 200nm 左右有强吸收带，在 230～270nm 往往还有较弱的吸收带。这种弱吸收带称为精细结构吸收带，它是由于 $\pi\rightarrow\pi^*$ 跃迁和振动效应的重叠引起的，在极性溶剂中表现不明显甚至消失。

芳香杂环化合物可看成是苯环的—CH═ 被—N═ 取代或环戊烷的 >CH_2 被 >NH、—S— 或—O—所取代后形成的化合物。杂原子使得紫外吸收强度增加，但吸收波长变化不大，只有含氮化合物向长波长移动，如表 9-1 所示。

表 9-1　电子跃迁类型、吸收能量波长范围与有机物关系

跃迁类型	吸收能量的波长范围/nm	有机物
$\sigma\rightarrow\sigma^*$	～150	烷烃
$n\rightarrow\sigma^*$	＜200	醇，醚
$\pi\rightarrow\pi^*$（孤立）	＜200	乙烯(162nm)、丙酮(188nm)
$\pi\rightarrow\pi^*$（共轭）	200～400	丁二烯(217nm)、苯(255nm)
$n\rightarrow\pi^*$	200～400	丙酮(275nm)(295nm)、乙醛(292nm)

练习 9-2　指出苯、苯甲醛和 β-苯基丙烯醛的 λ_{max} 大小顺序。

9.1.2　紫外光谱图

紫外光谱图是以波长为横坐标，吸光度或吸光系数为纵坐标所记录光谱数据曲线，如图 9.2 所示为呋喃的紫外光谱图。吸光度与吸光系数的关系遵循朗伯-比尔(Lambert-Beer)定律。

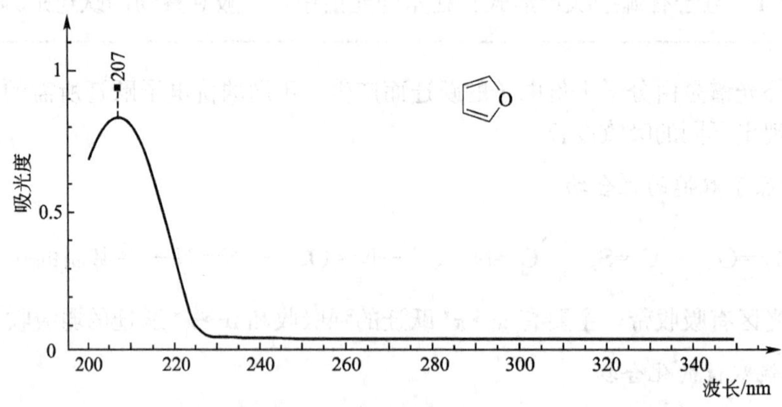

图 9.2　呋喃的紫外光谱图

$$A=\lg(I_0/I)=\varepsilon bc$$

式中：A 为吸光度，I_0 为入射光强度；I 为透射光强度，ε 为摩尔吸光系数($L\cdot mol^{-1}\cdot cm^{-1}$)；$b$ 为光线通过的溶液厚度(cm)；c 为物质的量浓度($mol\cdot L^{-1}$)。

紫外光谱一般用最大吸收峰的波长及其吸收强度(ε，又称摩尔吸光系数)来描述，最大吸收峰和摩尔吸光系数都是有机化合物的特征参数。从图 9.2 可见，呋喃最大吸收峰波长为 207nm，其摩尔吸光系数为 10500。在文献中常写成 λ_{max}(甲醇)＝207nm，ε＝10500。紫外数据必须注明溶剂，因为溶剂对紫外吸收有影响，采用不同溶剂测试的紫外光谱并不完全相同，一个特定化合物在指定的溶剂中，最大吸收峰波长和摩尔吸光系数是相同的。

9.1.3 紫外光谱的应用

1. 杂质的检验

紫外光谱灵敏度很高，容易检验出化合物中所含的微量杂质。例如，检查无醛乙醇中醛的限量，可在 270～290nm 范围内测其吸光度，如无醛存在，则没有吸收。

2. 结构分析

根据化合物在近紫外区吸收带的位置，大致估计可能存在的官能团结构。

(1) 如小于 200nm 无吸收，则可能为饱和化合物。

(2) 在 200～400nm 无吸收峰，大致可判定分子中无共轭双键。

(3) 在 200～400nm 有吸收，则可能有苯环、共轭双键、 >C=O等。

(4) 在 250～300nm 有中强吸收是苯环的特征。

(5) 在 260～300nm 有强吸收，表示有 3～5 个共轭双键，如果化合物有颜色，则含 5 个以上的双键。

3. 分析确定或鉴定可能的结构

1) 鉴别单烯烃与共轭烯烃

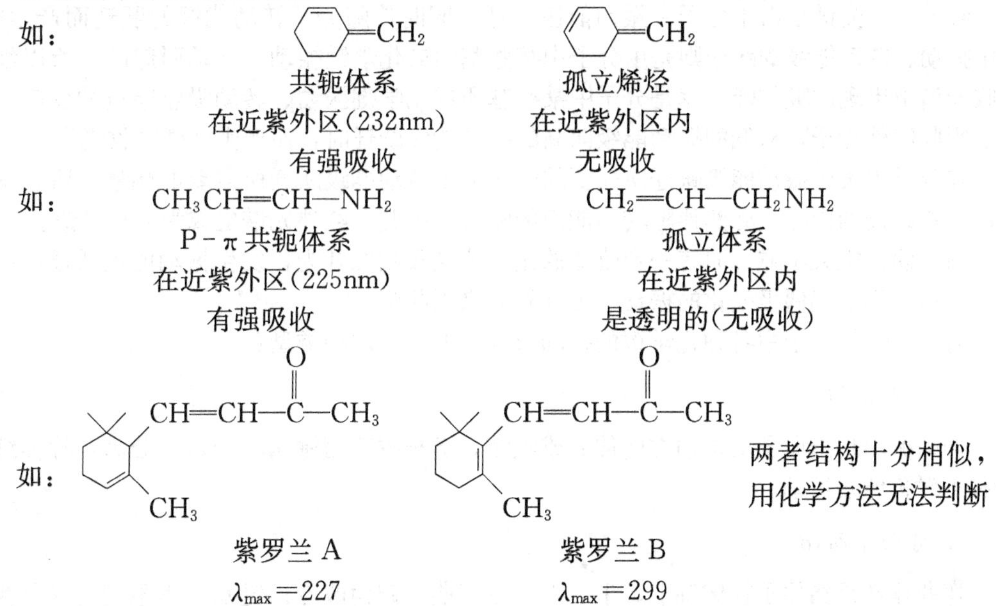

2）测定化合物的结构（辅助）

有一化合物的分子式为 C_4H_6O，其构造式可能有三十多种，如测得紫外光谱数据 $\lambda_{max}=230nm(\varepsilon_{max}>5000)$，则可推测其结构必含有共轭体系，可把异构体范围缩小到共轭醛或共轭酮：

$$CH_2{=}CH{-}\overset{\overset{\large O}{\|}}{C}{-}CH_2{-}CH_3 \qquad CH_3{-}CH{=}CH{-}CHO \qquad CH_2{=}C(CH_3){-}CHO$$

至于究竟是哪一种，需要进一步用红外光谱和核磁共振谱来测定。

9.2 红外光谱(IR)

紫外光谱是由于分子中电子跃迁而产生的，而红外光谱(infrared spectroscopy，IR)则是由于分子中振动能级跃迁，同时伴随着分子转动能级的跃迁而产生的，所以红外光谱又被称为振动光谱。用于有机化合物结构分析的红外光谱主要介于中红外区（$\lambda=2.5\sim25\mu m$），以波长 λ(单位为 μm)或波数 σ(单位为 cm^{-1})为横坐标，表示吸收峰的位置；以透射比 T 为纵坐标，表示吸收峰的强度，一般用 s、m、w 和 v 来分别表示强、中、弱和不定峰。

在有机化合物的结构鉴定中，红外光谱法是一种重要的手段。常被用来鉴别所含官能团、检测化合物纯度以及化学反应等情况，在定性鉴定方面的灵敏度和准确性较高。用它可以确定两个化合物是否相同，若两个化合物的红外光谱完全相同，则一般认为它们是同一化合物(旋光对映体除外)。也可以确定一个新化合物中某些特殊键或官能团是否存在。

9.2.1 基本原理

红外吸收光谱是由于分子中振动能级跃迁，同时伴随分子转动能级的跃迁而产生的，其中振动、转动能级的跃迁则是由分子中某些基团或化学键振动、转动引起的，所以红外吸收光谱中出现的吸收峰，就是分子中某些基团或化学键振动、转动吸收能量的反应。当分子吸收红外光子，从低的振动能级向高的振动能级跃迁时，而产生红外吸收光谱。

在分子中发生振动能级跃迁所需要的能量大于转动能级跃迁所需要的能量，所以发生振动能级跃迁的同时，必然伴随转动能级的跃迁。因此，红外光谱也成为振转光谱。

只有偶极矩大小或方向有一定改变的振动才能吸收红外光，发生振动能级跃迁，产生红外光谱。不引起偶极变化的振动，无红外光谱吸收带。

有机化合物分子中各种化学键的振动形式一般分为两种类型：

1. 伸缩振动(ν)

伸缩振动是指原子沿键轴方向伸展或收缩，键长改变而键角不变，又分为对称伸缩振动和不对称伸缩振动。

2. 弯曲振动(δ)

弯曲振动是指原子在键轴上、下、左、右弯曲，键角改变而键长基本不变，又分为面

内弯曲振动和面外弯曲振动。

分子振动类型如图 9.3 所示。

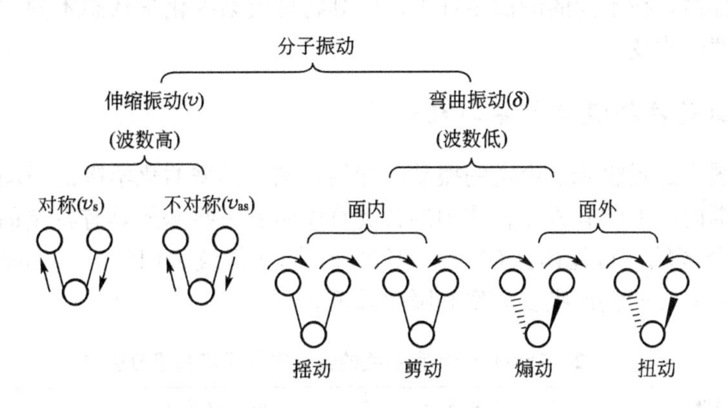

图 9.3　分子振动类型示意图

9.2.2　影响振动频率的因素

影响振动吸收频率的因素有两大类：一是内因，即分子自身结构；二是外因，即不同的测试条件。

1. 分子结构的影响

由于有机分子的化学键可以近似地看作是双原子分子，因此其振动可以近似地按谐振动来处理，得到振动频率、振动原子的质量及键的力常数之间的关系为

$$\nu=\frac{1}{2\pi}\sqrt{\frac{k}{\mu}}$$

因为波数 $\sigma=\nu/c$，所以 $\sigma=\frac{1}{2\pi c}\sqrt{\frac{k}{\mu}}$，其中 $\mu=m_1\cdot m_2/(m_1+m_2)$，$m_1$、$m_2$ 是组成化学键的两个原子的相对原子质量；k 为键的力常数。由此可知：

(1) 原子质量越小，振动频率或波数越高。如 O—H、N—H、C—H 的振动吸收峰较 C—O、C—N、C—C 在红外的高波数区出现。

(2) 键的力常数越大，振动频率或波数越高。如 C≡C、 C═C、C—C 的力常数 k 值逐渐降低，所以其伸缩振动吸收峰出现的波数也降低。

(3) 弯曲振动不改变键长，它的力常数较小，所以其吸收峰常出现在低波数区。

分子中的电子效应也是振动频率的影响因素，主要有诱导效应和共轭效应，它们会引起分子中电子云分布的变化。当两者同时存在时，效应强者对吸收频率的影响更为明显，主要表现在C═O伸缩振动中。

诱导效应(induction effect，I)：和电负性取代基相连的极性共价键，如—CO—X，随着 X 电负性增大，诱导效应增强，C═O 伸缩振动向高波数方向移动。

共轭效应(conjugation effect，C)：和供电子基团相连的极性共价键，如—CO—S—R，由于 p-π 共轭，引起C═O 双键的极性增强，双键性降低，伸缩振动频率向低波数位移。

此外，还有场效应、空间效应、氢键等亦是红外频率的影响因素。

2. 不同的测试条件

同一种化合物，在不同的测试条件下，因其物理或某些化学状态不同，吸收频率和强度也有不同程度的改变。

9.2.3 官能团的特征吸收频率与指纹区

红外光谱图中的吸收峰是由键的振动引起的，同一类型的化学键的振动频率总是出现在某一固定范围内，因此有机化合物中的各类官能团和一些基团具有特定的吸收峰。红外光谱可分为两个区域：官能团区（4000～1500cm^{-1}）和指纹区（1500～400cm^{-1}）。表 9－2 为常见化合物官能团的特征吸收频率和吸收强度。

表 9－2　常见化合物官能团的特征吸收频率和吸收强度

官能团	振动类型	吸收频率/cm^{-1}	吸收强度
烷烃 C—H	伸缩	2800～3000	s
C—H	面内弯曲	1370～1470	s
烯烃═C—H	伸缩	3000～3100	m
═C—H	面内弯曲	1820	w
═C—H	面外弯曲	800～1000	v
C═C	伸缩	1640～1680	v
炔烃≡C—H	伸缩	～3300	s(尖锐)
≡C—H	面外弯曲	600～700	s
C≡C	伸缩	2100～2260	v
芳烃═C—H	伸缩	3000～3100	v
═C—H	面内弯曲	1000～1100	v
═C—H	面外弯曲	675～870	s
C═C	伸缩	1500～1600	s
醇 O—H(无氢键缔合)	伸缩	3610～3640	v(尖锐)
O—H(氢键缔合)	伸缩	3200～3450	s(宽)
C—O	伸缩	1050～1200	s(宽)
酚 O—H(无氢键缔合)	伸缩	3610～3640	s(尖锐)
O—H(氢键缔合)	伸缩	3200～3450	s(宽)
C—O	伸缩	1230	s(宽)
醚 C—O	伸缩	1060～1300	s(宽)
醛,酮 C═O	伸缩	～1700	s
醛 C(O)—H	伸缩	2720～2820	m
羧酸 C═O	伸缩	1680～1725	s
C—O	伸缩	1250	s
O—H	伸缩	2500～3000	s(宽)

（续）

官能团	振动类型	吸收频率/cm^{-1}	吸收强度
胺 N—H	伸缩	3200～3500	s
N—H	面内弯曲	1560～1650	s(宽)
N—H	面外弯曲	650～900	s
C—N	伸缩	1030～1230(脂肪族)	w
		1180～1360(芳胺)	s
腈 C≡N	伸缩	2210～2260	m
硝基化合物—NO_2	伸缩	1515～1560	s
		1345～1385	s

练习 9-3 指出下列红外光谱数据(单位为 cm^{-1})可能存在的官能团。

(1) 3010，～965(s) (2) 3300，2150，630 (3) 3350(宽)，1050

(4) 1720(s)，但无 2720，2820 (5) 1720(s)，2720，2820

练习 9-4 根据下列化合物的 IR 谱吸收带的分布，写出它们的构造式。

(1) C_5H_8：3300，2900，2100，1470，1375cm^{-1}

(2) C_7H_6O：2720，1760，1580，740，690cm^{-1}

有机化合物中主要官能团的伸缩振动吸收峰都在官能团区域出现，并且彼此之间极少重叠。指纹区的吸收峰比较复杂，不仅含有伸缩振动吸收峰，还有弯曲振动吸收峰，不易分辨。但不同有机化合物在这段区域里都有自己特定的吸收峰，如同指纹一样，因此，指纹区吸收峰有助于验证有机化合物分子结构。

从表 9.2 中可大致了解各类有机化合物主要基团吸收峰区域。如果在官能团区有特征吸收峰，指纹区里也出现了相应的吸收峰，则可以断定该官能团的存在。如未知物的红外光谱中的指纹区与光谱集中某一标准样品的图谱完全一致，就可以断定它和标准样品是同一化合物。

目前使用的红外光谱仪一般都采用了傅里叶变换(FT-IR)，仪器灵敏度大大提高。将被测样品的光谱和计算机内存储的标准样品光谱做差谱，即将两谱相减，若所得近于直线，即表明被测样品和标准化合物是同一种化合物。

9.2.4 红外光谱解析举例

不饱和度(Ω)：所谓不饱和度是指该化合物在组成上与饱和化合物所相差一价元素(H)成对的数目。设化合物 $C_nH_mN_aO_bS_cX_d$ 其不饱和度为

$$\Omega=[(2n+2)-(m-a+d)]/2$$

式中：n 为碳原子数；m 为氢原子数；a 为氮原子数；d 为卤素原子数。

二价的氧、硫等原子数一般不必考虑。一个双键，一个脂肪环的不饱和度等于 1；一个三键的不饱和度等于 2；一个苯环的不饱和度等于 4。

例 9.1：某化合物分子式为 $C_{11}H_{24}$，红外光谱如图 9.4 所示，确定其结构。

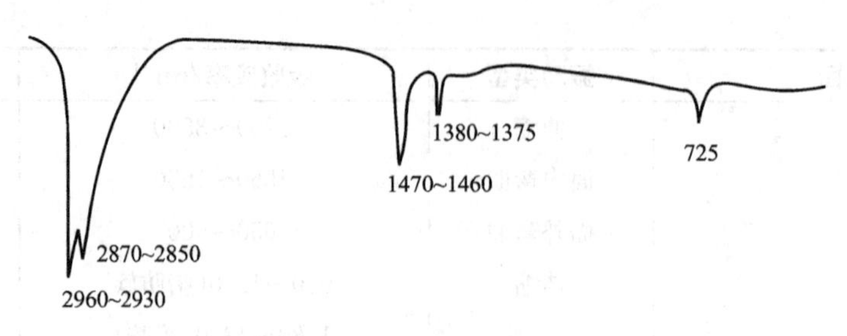

图 9.4　例 9.1 图

解：计算不饱和度 $\Omega=(2\times11+2-24)/2=0$，说明为开链饱和烃。

2960～2850cm^{-1}处两个强峰为甲基和亚甲基的 νC—H。

1370～1380cm^{-1}处一个峰为—CH_3，δC—H。

1470～1460cm^{-1}处一个峰为—CH_2—，δC—H。

725cm^{-1}处吸收峰为—$(CH_2)_n$—，≥4 的 δC—H 说明为直链烷烃。

无异丙基、叔丁基的吸收峰，因此为正烷烃，为正十一烷。

例 9.2：分子式为 C_7H_8，红外光谱如图 9.5 所示，确定其结构。

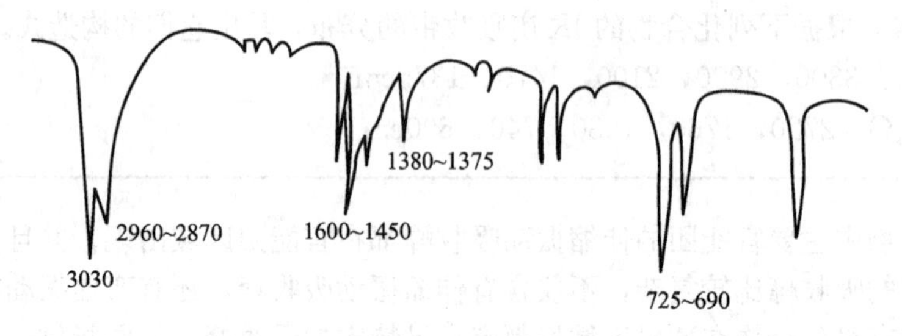

图 9.5　例 9.2 图

解：不饱和度为 $\Omega=[(2\times7+2)-8]/2=4$ 可能含苯环。

1600～1450cm^{-1}三组吸收峰，为苯环的 νC═C，3030cm^{-1}为苯环的 νC—H。

$C_7H_8-C_6H_5=-CH_3$

2960～2870cm^{-1}有一吸收峰为—CH_3的 νC—H，1375～1380cm^{-1}有一吸收峰甲基 δC—H。

725～690cm^{-1}有两个强吸收峰，说明为单取代芳烃，推测结构为甲苯。

9.3　核磁共振谱(NMR)

核磁共振谱是有机化合物结构测定最为常用的方法之一。处于外加磁场条件下的磁性原子核，用波长为 1～1000m、频率为兆赫级的电磁波照射，磁性原子核吸收电磁辐射发生从较低自旋能级到较高自旋能级的能级跃迁，所得到的吸收波谱称为核磁共振谱(nuclear magnetic resonance Spectroscopy，NMR)。目前最为常用的是^{1}H 和^{13}C 核磁共振谱，本章仅介绍^{1}H NMR 谱的基本原理和概念。

9.3.1　基本原理

所有的原子核都带有电荷，有些原子核能绕核轴自旋，核电荷的旋转产生了磁场，这

就是磁性原子核。那么哪些原子核具有磁性呢？通常质量数为奇数的原子核（如^{1}H、^{13}C、^{17}O、^{19}F、^{31}P）及质量数为偶数、电荷数为奇数的原子核（如^{1}H、^{14}N）为磁性核；质量数与电荷数同为偶数的原子核无磁性（如^{16}O、^{12}C）。由于绝大多数有机化合物中都带有氢原子，且磁性较强，容易测定，因此^{1}H NMR谱应用最为广泛。

核磁共振谱仪基本原理如图9.6所示。

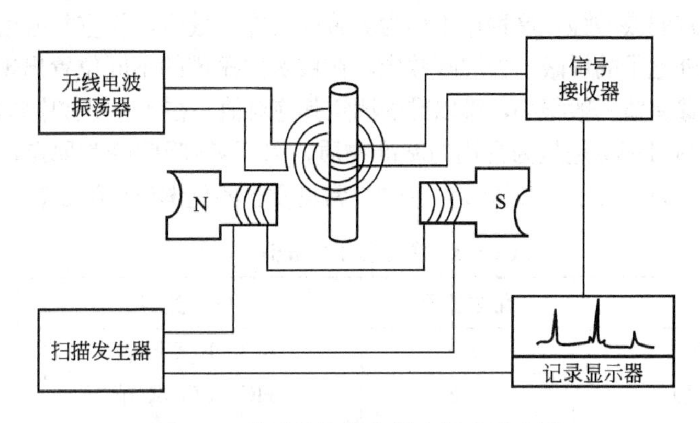

图9.6 核磁共振谱仪基本原理示意图

由于氢原子是带电体，当其自旋时，可产生一个磁场，因此，可以把一个自旋的原子核看作一块小磁铁。原子的磁矩在无外磁场影响下，取向是紊乱的，在外磁场中，它的取向是量子化的，只有两种可能的取向。氢核（^{1}H）有两种自旋态，在外加磁场（H_0）条件下，两种自旋态能量出现能量差（ΔE）。如果以一定频率电磁波（ν_0）作用氢核，其能量（$h\nu_0$）等于能量差（ΔE）时，氢核就能够吸收能量，从低能态跃迁至高能态，即发生核磁共振。频率与磁场之间满足如下关系式：

$$\Delta E = h\nu_0 = \gamma \frac{h}{2\pi} H_0$$

式中：h为普朗克常数；γ为磁旋比；H_0为外加磁场强度；ν_0为电磁波频率。

由上式可知，通过改变频率（ν_0）或外加磁场强度（H_0）可以实现核磁共振：固定外加磁场强度改变电磁波频率的方法称为扫频；固定电磁波频率改变外加磁场强度的方法称为扫场。通常所用的核磁共振谱一般都是采用扫场的方法所得，如图9.7所示。

例如，对乙醇进行扫场则出现三种吸收信号，在谱图上就是三个吸收峰，如图9.8所示。

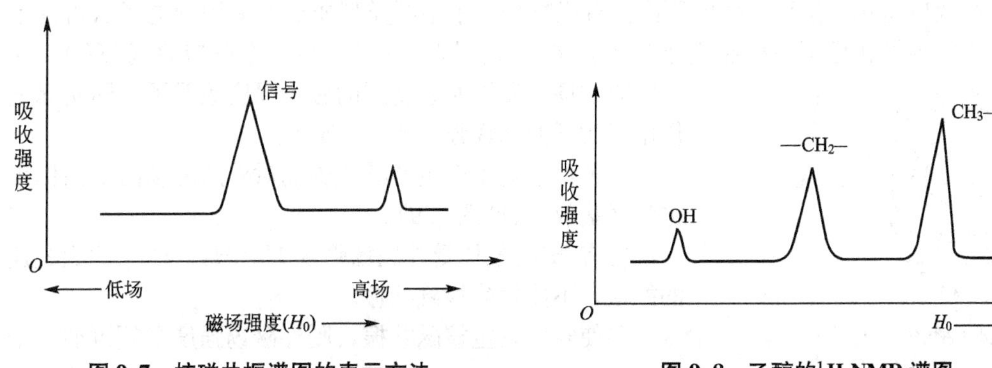

图9.7 核磁共振谱图的表示方法　　**图9.8 乙醇的^{1}H NMR谱图**

如何利用核磁共振谱获取有关有机物分子结构方面的信息呢？主要通过三个参数：化学位移；相对吸收峰面积；峰的裂分。

9.3.2 化学位移

原子核周围的核外电子在外界磁场作用下会产生新的感应磁场，使得原子核所感受到的磁场强度较外加磁场减弱或增强，这种作用称为屏蔽或去屏蔽效应，相应共振信号分别出现在高场和低场。由于核外电子的屏蔽与去屏蔽效应，在核磁共振谱的不同位置出现吸收峰，被称为化学位移。化学位移差值一般很小，难以准确测定其绝对值，在实际操作中常以相对值来表示。四甲基硅烷$(CH_3)_4Si$(TMS)是最为常用的基准物质，以 TMS 吸收峰为原点，各吸收峰与其距离即为化学位移值，以δ表示，数量级为10^{-6}。常见质子的化学位移值如表 9－3 所示。

表 9－3　常见质子的δ值(10^{-6})

质子类型	化学位移	质子类型	化学位移
RCH_3(伯氢)	0.9	RCOO—CH(酯)	3.7～4.1
R_2CH_2(仲氢)	1.3	HC—COOR(酯)	2～2.2
R_3CH(叔氢)	1.5	HC—COOH(酸，与碳相连)	2～2.6
C═C—H(乙烯型)	4.5～5.9	RCOOH(羧基)	10.5～12
C≡C—H(乙炔型)	2～3	H—C—C═O(羰基化合物)	2～2.7
Ar—C—H(苄基)	2.3～3	RNH_2(氨基)	1～5
Ar—H(芳环型)	6～8.5	H—C—F(氟代烃)	4～4.5
HC—OH(醇，与碳相连)	3.4～4	H—C—Cl(氯代烃)	3～4
R—OH(羰基)	1～5.5	H—C—Br(溴代烃)	2.5～4
Ar—OH(酚羟基)	4～12	H—C—I(碘代烃)	2～4
HC—OR(醚)	3.3～4		

练习 9－5　用 NMR 法鉴别：

(1) 1，1-二溴乙烷和 1，2-二溴乙烷

(2) 2，2-二甲基丙醇和 2-甲基-2-丁醇

屏蔽效应是化学位移产生的原因。有机物分子中不同类型质子的周围的电子云密度不一样，在加磁场作用下，引起电子环流，电子环流围绕质子产生一个感应磁场(H')，这个感应磁场使质子所感受到的磁场强度减弱了，即实际上作用于质子的磁场强度比 H_0 要小。

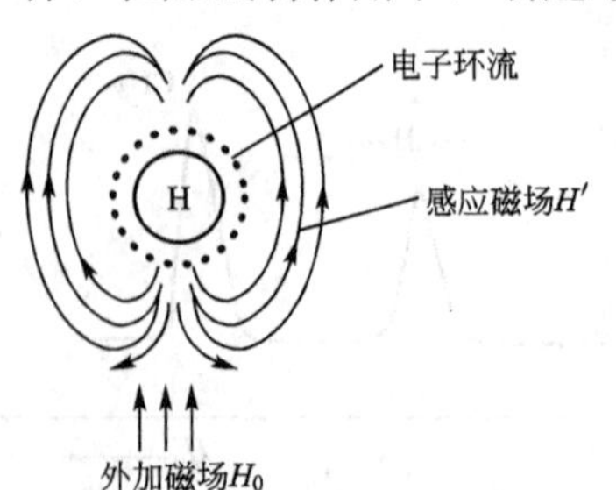

图 9.9　电子对质子的屏蔽作用

这种由于电子产生的感应磁场对外加磁场的抵消作用称为屏蔽效应(见图 9.9)。

在有 H' 时氢核受外磁场强度 $H=H_0-H'$ 未达到跃迁的能量，不能发生核磁共振。

要使氢核发生核磁共振，则外磁场强度必须再加一个 H'，即

$$H_{共振}=H_0+H'$$

也就是说，氢核要在较高磁场强度中才能发生核磁共振，故吸收峰发生位移，在高场出现，氢核周围的电子云密度越大，屏蔽效应也越大，要在更高的磁场强度中才能发生核磁共振，出现吸收峰。

9.3.3 相对吸收峰面积

在核磁共振谱中，每组峰的面积与产生这组信号的质子数成正比。用仪器作出吸收峰的积分曲线，其面积比与氢原子数相对应。所以从核磁共振谱中既能获取氢原子的种类，又能得到氢原子的数目。

共振峰的面积大小一般是用积分曲线高度法测出，核磁共振仪中自动分析仪对各峰的面积进行自动积分，得到的数值用阶梯积分高度表示出来。积分曲线的画法是由低场到高场(从左到右)，从积分曲线起点到终点的总高度与分子中全部氢原子数目成比例。每一阶梯的高度表示引起该共振峰的氢原子数之比。

例如：$(CH_3)_4C$ 中 12 H 是相同的，因而只有一个峰。

$CH_3CH_2OCH_2CH_3$ 有两种 H，就有两个共振峰，其面积比为 3∶2。

CH_3CH_2OH 有三种 H，就有三个共振峰，其面积比为 3∶2∶1，如图 9.10 所示。

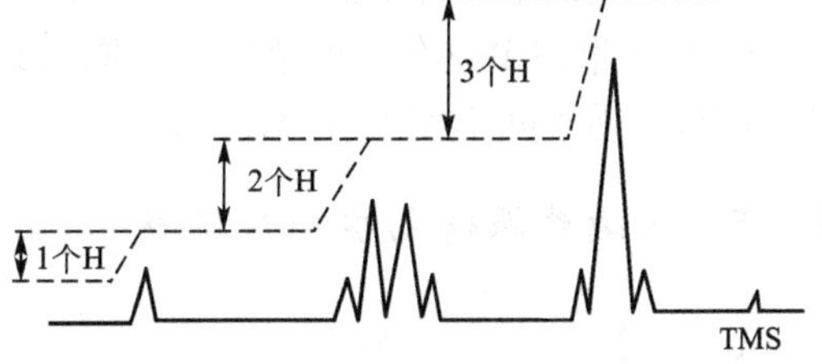

图 9.10　乙醇的积分曲线

9.3.4 峰的裂分

由图 9.10 可见，乙醇的^{1}H NMR 谱图中有三组峰，其中包括一个单峰、一个 3 重峰和一个 4 重峰，分别对应的是—OH、—CH_3和—CH_2—中的质子。出现这种多重吸收峰的现象称为峰的裂分，引起裂分的相邻质子间的干扰称为自旋偶合。峰的裂分数满足“$n+1$”规则，即在一组氢的相邻碳原子上有 n 个与之不等价的质子，则该组氢应为 $n+1$ 个峰。这与图 9.10 的结果完全相符。

裂分峰数的计算。

裂分峰数用 $n+1$ 规则来计算(n 为邻近等性质子个数；$n+1$ 为裂分峰数)。

例如：

```
Hc    Hb  O      Ha
|     |   ‖      |
CH2—C—C—C—CH2
      |
      CH3
```

H_a　单峰

H_b　6+1=7 重峰

H_c　1+1=2 重峰

当邻近氢原子有几种磁不等性氢时，裂分峰数为$(n+1)(n'+1)(n''+1)$。

例如：

$$\overset{c}{Br—CH_2}—\overset{b}{CH_2}—\overset{a}{CH_2}—Cl$$

H_a　2+1=3 重峰

H_b　(2+1)×(2+1)=9 重峰

H_c　2+1=3 重峰

在仪器分辨率不高的情况下，只用 $n+1$ 来计算，则上述 H_b 只有 $n+1=5$ 重峰。

邻近质子数与裂分峰数和峰强度的关系：

$n+1$ 的情况	邻近氢数	裂分峰数	裂分峰强度
	0	1	1
	1	2	1∶1
	2	3	1∶2∶1
	3	4	1∶3∶3∶1
	4	5	1∶4∶6∶4∶1
	5	6	1∶5∶10∶10∶5∶1

$(1+1)\times(1+1)$ 的情况：4 重峰，具有同样的强度。

$(2+1)\times(2+1)$ 的情况：强度比为 1∶2∶1∶2∶4∶2∶1∶2∶1，特征不明显，通常不易分辨出来。

需要强调的是，并不是所有情况下质子的裂分都符合 $n+1$ 规则，如乙烷 $CH_3—CH_3$ 的 ^1H NMR 谱图中只有一个单峰，其原因是乙烷分子中的氢质子所处的化学环境完全一样，即等价质子间不发生裂分作用。

9.3.5 核磁共振谱的应用及解析

1. 应用

核磁共振谱图主要可以得到如下信息。

(1) 由吸收峰数可知分子中氢原子的种类。

(2) 由化学位移可了解各类氢的化学环境。

(3) 由裂分峰数目大致可知各种氢的数目。

(4) 由各种峰的面积比即知各种氢的数目。

2. 谱图解析

例 9.3：某分子式为 $C_5H_{12}O$ 的化合物，含有五组不等性质子，从 NMR 谱图中见到：

a 在 $\delta=0.9$ 处有一个 2 重峰(6H)。

b 在 $\delta=1.6$ 处有一个多重峰(1H)，$(6+1)\times(1+1)=14$ 重峰。

c 在 $\delta=2.6$ 处有一个 8 重峰(1H)，$(3+1)\times(1+1)=8$ 重峰。

d 在 $\delta=3.6$ 处有一个单峰(1H)。

e 在 $\delta=1.1$ 处有一个 3 重峰(3H)。

解析得其结构为：

$$\overset{a}{(CH_3)_2}\overset{b}{CH}—\overset{c}{CH}(\overset{d}{OH})—\overset{e}{CH_3}$$

例 9.4：化合物 $C_9H_{11}O$ 在 UV 中 260、285nm 有吸收；IR 谱中于 $1720cm^{-1}$ 有吸收；NMR 谱在 δ7.2 处(5H)单峰，δ3.6 处(2H)单峰，δ2.1 处(3H)单峰。试由上述光谱资料

推测化合物的结构。

解：化合物的不饱和度为5，可能含有苯环。

UV 谱中：260nm 为苯环中碳碳双键的 $\pi \to \pi^*$；285nm 为 $\rangle$C=O 中的 $n \to \pi^*$。

IR 谱中：1720cm^{-1}的吸收峰为 $\rangle$C=O 伸缩振动吸收峰。

NMR 谱中：δ7.2(5H)单峰，为苯环上的 H；δ2.1(3H)单峰，为与 $\rangle$C=O 相连的甲基氢；δ3.6(2H)单峰，为与苯环和 $\rangle$C=O 相连的—CH_2—上的氢，都为单峰，说明未发生偶合。

故该化合物的构造式为：C_6H_5—CH_2—C(=O)—CH_3

9.4 质谱(MS)

质谱与紫外光谱、红外光谱及核磁共振谱不同，它不属于吸收光谱。通过质谱分析可以得到有机化合物的相对分子量、分子式和其他相关信息。

9.4.1 质谱的基本原理

质谱仪是由离子源、磁分析器、离子收集检测器三部分组成的，如图 9.11 所示。

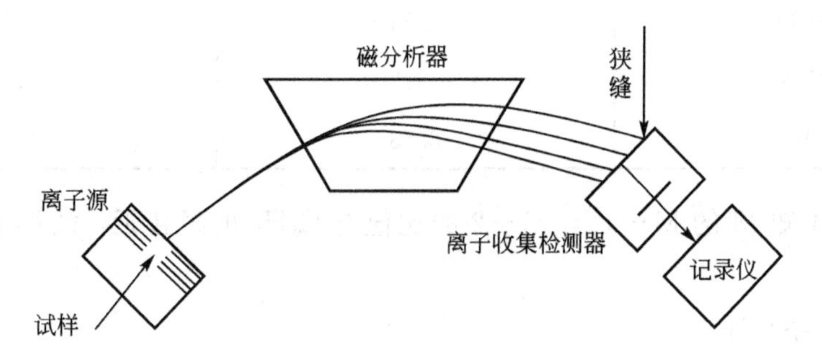

图 9.11 质谱仪结构示意图

在质谱仪中，有机化合物受高能电子束的冲击而电离成分子离子($[M]^+$)，进而断裂成一系列碎片——各种正离子、中性分子、自由基和自由基离子。形成的正电荷离子——分子离子和碎片离子(包括各种正离子和自由基离子)可通过质谱仪进行检测。

有机化合物一般由 C、H、O、N、S、Cl、Br 等元素组成，这些元素都有稳定的同位素，从而在质谱图中会出现由不同质量的同位素形成的离子峰。同位素离子峰对推断分子的组成具有重要作用，如氯的同位素^{35}Cl和^{37}Cl天然丰度比为 3∶1，溴的同位素^{79}Br和^{81}Br天然丰度比为 1∶1。

9.4.2 质谱的应用

质谱的优点是可以测定未知有机物的相对分子量，并可以确定化合物的分子式。解析的一般步骤为：

1. 确定相对分子质量

分子失去一个电子而生成带正电荷的分子离子，它的质量与化合物的相对分子质量相同，所以只要确定了分子离子峰在谱图中的位置，即可确定有机化合物的相对分子质量。

氮规则对于确定分子离子峰是很有帮助的，所谓氮规则是指含偶数氮或不含氮的化合物，$[M]^+$峰的质荷比(m/z)一定是偶数；凡含有奇数氮的化合物，其 $[M]^+$峰的 m/z 一定是的奇数。

2. 推导分子式

当有机物分子质量小于 250 时，可利用同位素丰度和 Beynon 表(见表 9-4)推出分子式。如苯的 M+1 和 M+2 峰的强度分别为 M^+峰的 6.75%和 0.18%，从 Beynon 表查得 M 为 78。

表 9-4 **Beynon 表**

M	M+1	M+2
CH_2O_4	1.27	0.80
CH_4NO_3	1.64	0.60
$C_2H_6O_2$	2.38	0.52
$C_4H_2N_2$	5.12	0.11
C_6H_6	6.58	0.18

由表 9-4 知 M 的 M+1 与 M+2 的比值与 C_6H_6 的最接近，故得知 M 的分子式为C_6H_6。

3. 碎片离子分析

当谱图中含有 m/z=39、51、65、77 系列弱峰时，表明化合物可能含有苯基；含有 m/z=23、43、57、71 系列峰时，表明化合物可能是烷烃；当 m/z=91 或 105 为基峰或强峰时，表明化合物含有苄基或苯甲酰基。

4. 推断分子结构

综合分析以上信息，推断分子结构，最后结合各种裂解机理，能够对推断分子结构作出合理解析的，则说明所推断的结构是正确的。

练习 9-6 某化合物的分子式为 C_7H_6O，IR 在 $1705cm^{-1}$具有强吸收，其质谱图如图 9.12 所示，试推出它的结构。

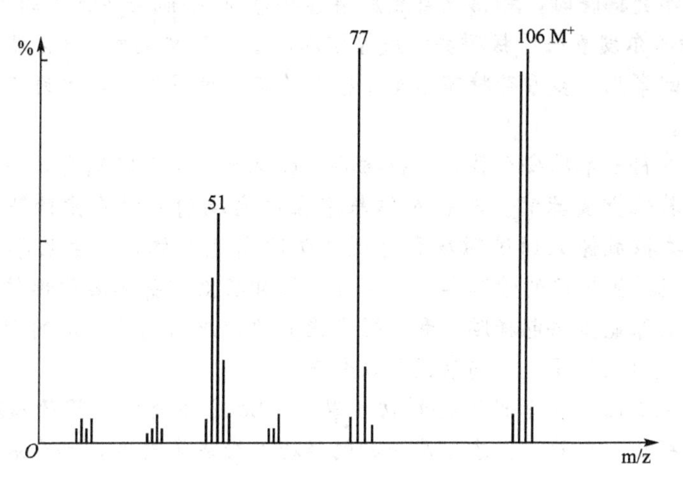

图 9.12 C_7H_6O 的质谱图

阅读材料

诺贝尔奖与核磁共振的不解之缘

2002年，世界各地的医生进行了超过6000万次的核磁共振成像检测。这使得劳特布尔和曼斯菲尔德的获奖成为自然而然的事情。

2003年10月6日，瑞典卡罗林斯卡医学院宣布74岁的美国科学家保罗·劳特布尔和70岁的英国科学家彼得·曼斯菲尔德为本届诺贝尔医学奖的得主，这两位科学家的研究成果终于得到了认可。

诺贝尔奖对这二人的垂青绝非一时兴起。自从20世纪70年代起，劳特布尔和曼斯菲尔德就各自独立地工作，为将一项初生的、仍然很麻烦的关于高能磁场和电磁波的研究技术，最终转换成实际应用的无痛诊断仪器——核磁共振成像仪奠定了基础。

而在接受《纽约时报》采访时，劳特布尔坦言，尽管自己也是众多接受过核磁共振成像检测的患者中的一员，但他并没有对技师说过他是这项技术的发明者。

核磁共振在生物学领域特别有用，因为它能非常精确地记录水分子中氢原子的原子核的行动。水占了人体体重的2/3，而不同组织中水的百分比组成各有不同。核磁共振成像可以探测器官与器官之间、甚至是一个器官的不同部分之间的分界。哪怕是疾病造成的水量的1%的变动，都能轻易被核磁共振成像检测到。

但是核磁共振本身不能展示样体的内部结构。要得到内部的图像，就要将不同梯度的磁场加以结合，即改变穿过样本的磁场强度。这样就有无数二维的图像，彼此重叠后就得到样本内部空间的三维图像。

这正是劳特布尔和曼斯菲尔德的研究成果：把物体放置在一个稳定的磁场中，再加上一个不均匀的磁场(即有梯度的磁场)，用适当的电磁波照射物体，这样根据物体释放出的电磁波就可以绘制出内部图像了。

当诺贝尔医学奖揭晓时，相信《自然》杂志要为30年前险些犯下的大错而捏一把汗。1973年，在劳特布尔发表关于核磁共振成像技术的重要论文之初，《自然》杂志完全没有将这一成果当一回事儿，多亏劳特布尔花了很大的工夫说服编者，才好不容易使他们同意将这一成果发表。

作为对探测外科手术的安全替代，核磁共振成像仪在今天特别受欢迎，已经被用于扫描关节、脑部和其他重要器官。与将人体暴露在电离辐射的潜在危险下的X光检测(即CT)不同，核磁共振成像只通过磁场和电磁波脉冲研究人体，在生物学上是无害的。此外，X射线虽然能提供极好的骨骼和牙齿图片，但却在检测身体其他部位遇到麻烦，相比之下，核磁共振成像能提供包括脑部和脊髓在内的软组织的高清晰度的图像，这些组织均藏在头骨和脊椎骨以及位于关节内表面的软骨下。

目前核磁共振成像仪在全世界得到初步普及。2002年全球使用的核磁共振成像仪共有2.2万台。曾经让《自然》杂志不屑一顾的核磁共振成像技术，如今展现出了不容小觑的发展潜力。

在越来越多的人受益于核磁共振成像检测的同时，潜在的问题也逐渐表现出来，即核磁共振成像仪的造价过高。全球各大公司所生产的医用核磁共振成像仪中，价格最高的要达到1900万元，最便宜的也要360万元。

而核磁共振成像仪的产量也相当有限。据统计，1996年的产量为1450台，1999年，全球新装核磁共振成像仪产量也仅为2170台，所增长的数量相当有限。

而目前在我国，共有500多台核磁共振成像仪，局限于省级三甲以上级别的医院，这远远无法满足目前国内的实际需要。

对于相当一部分人来说，接受一次核磁共振成像检测，仍然是一件颇为奢侈的事情。目前按照统一的医药标准，患者接受一次核磁共振成像检查，从拍片、上药到出片子，最少要花费1400元。而相比之下，做一次CT检查，平均花费不过几百元而已。

本章小结

本章对有机化合物的波谱方法作了简要介绍，主要内容包括紫外、红外、核磁共振谱及质谱的基本原理及应用。

1. 紫外光谱的基本原理及紫外光谱图的作用。
2. 红外光谱的基本原理，影响振动频率的因素，官能团的特征吸收频率与指纹区。
3. 核磁共振谱的简单原理，化学位移，相对吸收峰面积，峰的裂分。
4. 质谱的基本原理，质谱在分析中的应用。

习　题

1. 写出下列分子可能发生的电子跃迁：(1)CH_4；(2)CH_3Cl；(3)$H_2C=O$。

2. 从下列最大吸收吸收波长λ_{max}(nm)数据总结吸光分子的结构与λ_{max}之间的关系：乙烯(170nm)，1，3-丁二烯(217nm)，2，3-二甲基-1，3-丁二烯(226nm)，1，3-环己二烯(256nm)和1，3，5-己三烯(274nm)。

3. 指出CH_3COOH的IR谱图(见图9.13)中用数字标出的吸收峰是由何种化学键或

基团产生的。

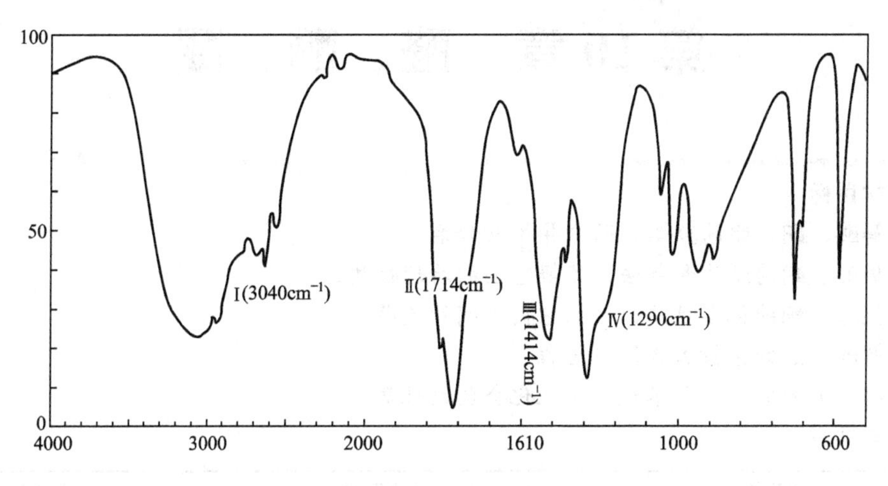

图 9.13 习题 3 图

4. 下列哪种振动模式无红外吸收？(1)CO_2的对称伸缩振动；(2)CO_2的不对称伸缩振动；(3)O═C═S 的对称伸缩振动；(4)邻二甲苯中的C═C伸缩振动；(5)p-二甲苯中的C═C伸缩振动；(6)p-溴甲苯中的C═C伸缩振动。

5. 请确定下列化合物中 H 的化学位移值：(1)$(CH_3)_2C═C(CH_3)_2$；(2)$(CH_3)_2C═O$；(3)苯；(4)O═CH—CH═O。

6. 分子式为C_7H_8O的哪种化合物，其 NMR 信号为δ=7.3、4.4、3.7×10^{-6}，相对峰面积为7∶2.9∶1.4？

7. 写出化合物$C_{10}H_{12}O$的结构，其质谱图中给出如下 m/z 值：15、43、57、91、105和148。

8. 如何利用质谱区别三种不同的氘代甲乙酮？

(1) $DCH_2CH_2COCH_3$；　　(2) $CH_3CH_2COCH_2D$；

(3) $CH_3CHDCOCH_3$。

第 10 章　醛、酮、醌

教学目标

了解醛、酮、醌的分类、同分异构及命名。

掌握醛、酮的结构和制法，了解它们的物理性质。

掌握醛、酮的化学性质，注意它们之间的差异。

理解醛、酮的亲核加成反应历程。

了解重要的醛、酮和不饱和羰基化合物的性质。

教学要求

知识要点	能力要求	相关知识
醛、酮的结构和命名	掌握醛、酮的结构和命名	
醛、酮的制备和物理性质	(1) 掌握醛、酮的制备 (2) 了解醛、酮的物理性质	
醛酮的化学性质	(1) 掌握醛、酮的化学性质 (2) 理解醛、酮的亲核加成反应历程	亲核加成
a，β-不饱和醛、酮	掌握 a，β-不饱和醛、酮的化学性质	
醌	了解醌的结构和命名、制备、化学性质	

碳原子与氧原子用双键相连的基团称为羰基。醛和酮都是分子中含有羰基的化合物，羰基与一个烃基相连的化合物称为醛，$-\overset{\overset{\displaystyle O}{\|}}{C}-H$ 称为醛基，简写为—CHO。羰基与两个烃基相连的化合物称为酮，酮分子中的羰基也称酮基。

$$\underbrace{\begin{matrix} R \\ \quad\diagdown \\ \quad\quad C{=}O \quad (RCHO) \\ \quad\diagup \\ H \end{matrix}}_{\text{醛}} \qquad \underbrace{\begin{matrix} R \\ \quad\diagdown \\ \quad\quad C{=}O \quad (R-\overset{\overset{\displaystyle O}{\|}}{C}-R') \\ \quad\diagup \\ R' \end{matrix}}_{\text{酮}}$$

由于羰基是醛和酮的官能团，所以在化学性质上醛和酮有许多共同之处。但由于醛的羰基上连有一个氢原子，又使醛和酮在化学性质上有所不同。

10.1　醛、酮的结构、分类和命名

10.1.1　醛、酮的结构

在醛、酮分子中羰基碳原子以 sp^2 杂化状态与其他三个原子构成 σ 键的，羰基碳原子的 p 轨道与氧原子上的 p 轨道相互平行侧面重叠形成 π 键。羰基碳原子及其相连的三个原

子处在同一平面内，相互间的键角约为 120°，而 π 键是垂直于这个平面的。

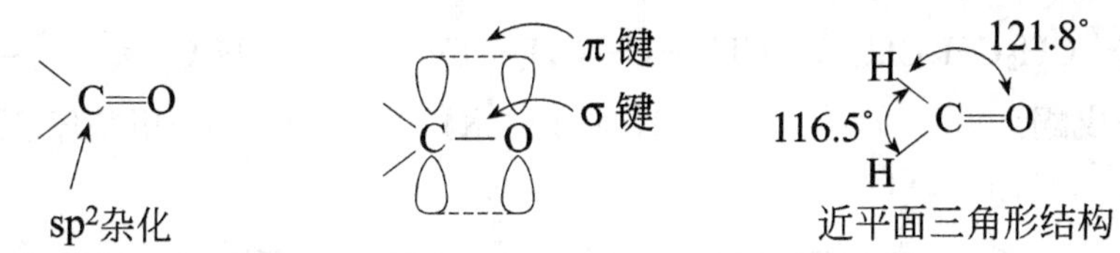

碳氧双键与碳碳双键相似，都是由一个 σ 键和一个 π 键组成。但在羰基中氧原子的电负性比碳原子大，所以 π 电子云的分布偏向氧原子，使羰基具有极性，其中碳原子上带部分正电荷，即羰基的碳原子有一定的亲电性；氧原子上带部分负电荷，有一定的碱性。

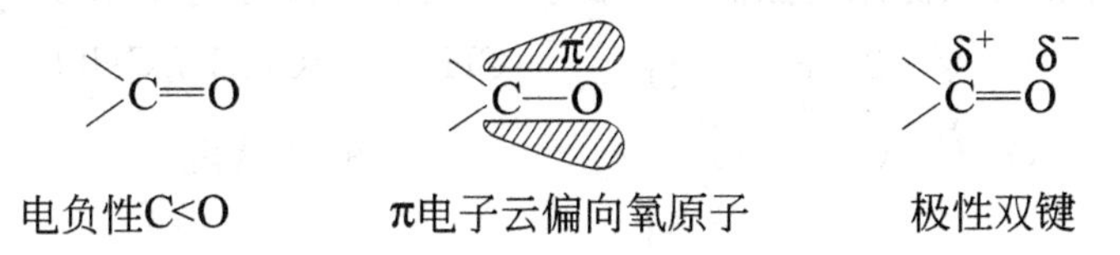

10.1.2 醛、酮的分类

根据分子中所含羰基的数目，醛、酮可分为一元醛、酮和二元醛、酮；根据分子中与羰基碳相连的烃基不同，醛、酮可分为脂肪族醛、酮和芳香族醛、酮；根据分子中烃基的饱和程度不同，醛、酮可分为饱和醛、酮和不饱和醛、酮。一元酮中羰基连接的两个烃基相同的称为单酮，不同的称为混酮。

$CH_3CH_2CH_2CHO$ 脂肪醛 $CH_3CH_2-\overset{O}{\overset{\|}{C}}-CH_3$ 脂肪酮

环己基—CHO 脂环醛 环己酮（环己烷=O） 脂环酮

苯基—CHO 芳香醛 苯基$-\overset{O}{\overset{\|}{C}}-CH_3$ 芳香酮

$CH_3CH{=}CHCHO$ 不饱和醛

$CH_3CH{=}CH-\overset{O}{\overset{\|}{C}}-CH_3$、环己烯酮（=O） 不饱和酮

$\begin{array}{l}CH_2CHO\\ |\\ CH_2CHO\end{array}$ 二元醛 $CH_3-\overset{O}{\overset{\|}{C}}-CH_2-\overset{O}{\overset{\|}{C}}-CH_3$ 二元酮

10.1.3 醛、酮的命名

简单的醛、酮可采用普通命名法，结构较复杂的醛、酮的则采用系统命名法。选择含有羰基的最长碳链为主链，从醛基一端或靠近羰基的一端开始编号，确定羰基和取代基的位置。由于醛基总是在第一位，故其位次可以不表示；但酮羰基的位次必须标明。

例如：

$CH_3-\underset{CH_3}{\underset{|}{CH}}-CH_2CHO$ 3-甲基丁醛

$C_6H_5-\underset{CH_3}{\underset{|}{CH}}-CHO$ 2-苯基丙醛

$CH_3-\underset{CH_3}{\underset{|}{C}}{=}CHCH_2CH_2-\underset{CH_3}{\underset{|}{CH}}-CH_2CHO$ 3，7-二甲基-6-辛烯醛

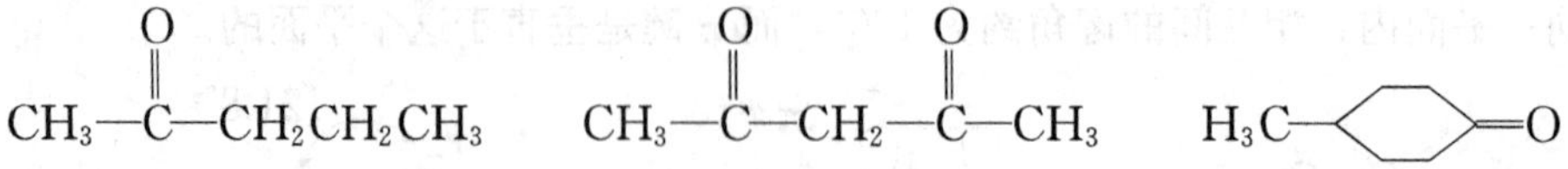

$CH_3-\overset{O}{\overset{\|}{C}}-CH_2CH_2CH_3$ 2-戊酮　　$CH_3-\overset{O}{\overset{\|}{C}}-CH_2-\overset{O}{\overset{\|}{C}}-CH_3$ 2，4-戊二酮　　4-甲基环己酮

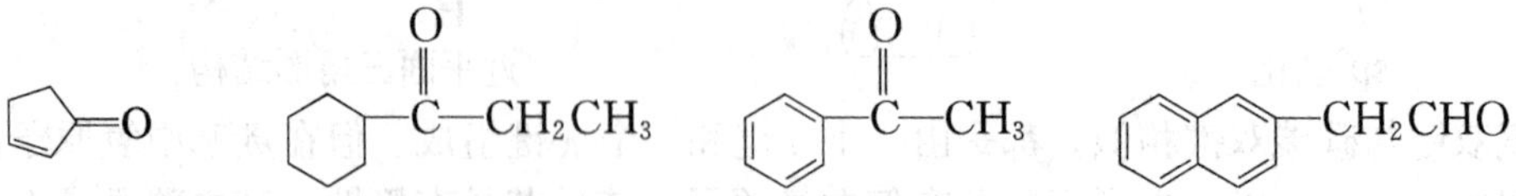

2-环戊烯酮　1-环己基-1-丙酮　苯乙酮　β-萘乙醛

主链中碳原子的位次除用阿拉伯数字表示外，也可用希腊字母表示。例如：

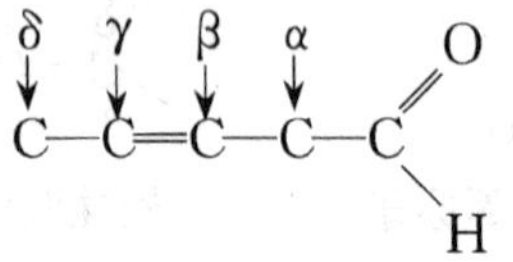

$$\overset{\delta}{C}-\overset{\gamma}{C}=\overset{\beta}{C}-\overset{\alpha}{C}-CHO \qquad CH_3CH=CHCH_2CHO$$

β-戊烯醛

练习 10-1　命名下列化合物

(1) $CH_3CH=CHCHO$　(2) 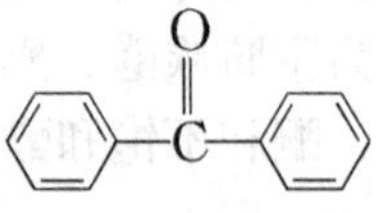 $C_6H_5COC_6H_5$　(3) 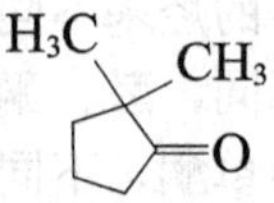 2,2-二甲基环戊酮结构

(4) $CH_3CHBrCHO$　(5) 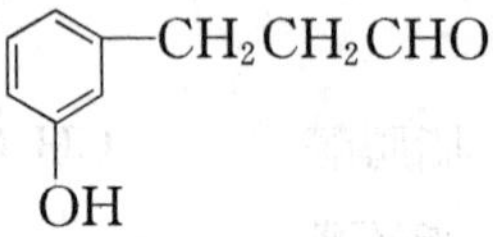 间羟基苯丙醛结构（$-CH_2CH_2CHO$，$-OH$）　(6) 邻羟基苯甲醛结构（$-OH$，$-CHO$）

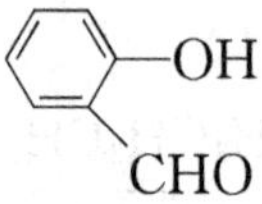

10.2　醛、酮的制备

醛、酮广泛存在于自然界，如巴豆醛、柠檬醛、樟脑、麝香酮等，可以通过一些物理方法提取。由于受原料来源的限制，很多已经改用人工合成品。醛、酮的制备方法很多，前面已学了不少，现介绍一些常用的制备方法。

10.2.1　炔烃的水合和胞二卤代物的水解

1. 炔烃水合

除乙炔水合生成乙醛，其他炔烃水合均生成酮，末端炔烃水合生成甲基酮。

$$CH\equiv CH + H_2O \xrightarrow[H_2SO_4]{HgSO_4} CH_3CHO$$

$$CH_3C\equiv CCH_3 + H_2O \xrightarrow[H_2SO_4]{HgSO_4} CH_3COCH_2CH_3$$

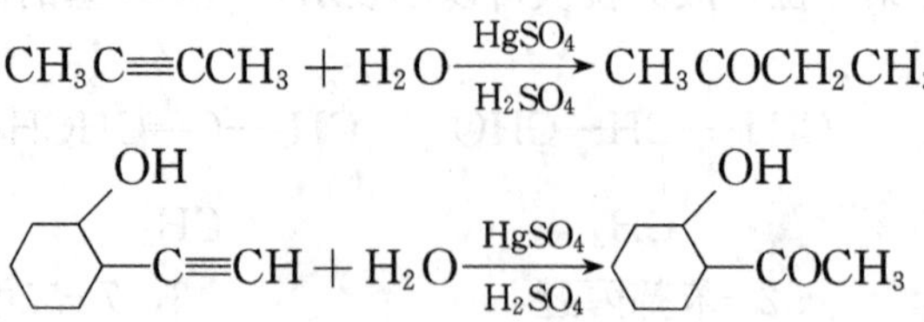

$$\text{(2-羟基环己基)}-C\equiv CH + H_2O \xrightarrow[H_2SO_4]{HgSO_4} \text{(2-羟基环己基)}-COCH_3$$

若要由末端炔烃得到醛，可以用硼氢化—氧化法进行水合。

$$CH_3CH_2C\equiv CH \xrightarrow{B_2H_6} \xrightarrow[NaOH]{H_2O_2} CH_3CH_2CH_2CHO$$

2. 胞二卤代物水解

胞二卤代物水解制醛、酮过程如下：

$$C_6H_5-CH_3 \xrightarrow[\text{光照}]{Cl_2} C_6H_5-CHCl_2 \xrightarrow[H^+]{H_2O} C_6H_5-CHO + 2HCl$$

$$C_6H_5-CH_2-C_6H_5 \xrightarrow[\text{光照}]{Cl_2} C_6H_5-CCl_2-C_6H_5 \xrightarrow[H^+]{H_2O} C_6H_5-CO-C_6H_5$$

10.2.2 由烯烃制备

1. 烯烃的氧化

乙醛是一种重要的工业原料，用于生产乙酸、乙酸乙酯、乙酸酐。长期以来是用乙炔制备。但随着石油工业的发展，乙烯已成为一种主要的原料，新的生产方法是将乙烯和氧气以及催化剂氯化铜、氯化钯的盐酸水溶液混合，直接氧化。

$$H_2C=CH_2 + O_2 \xrightarrow[PdCl_2]{CuCl_2} CH_3CHO$$

烯烃进行臭氧化，再还原水解可得到醛酮。

$$(CH_3)_2CH(CH_2)_3CH=CH_2 \xrightarrow[CH_2Cl_2]{O_3} \xrightarrow{Zn/CH_3COOH} (CH_3)_2CH(CH_2)_3CHO + CH_2O$$

2. 羰基合成

烯烃与一氧化碳和氢气在某些金属的羰基化合物(如八羰基二钴 $[Co(CO)_4]_2$)的催化下，可以发生反应，生成多一个碳原子的醛。不对称烯烃羰基合成的主要产物是直链烃基醛，对称烯烃可得单一产物。

$$\text{环戊烯} + CO + H_2 \xrightarrow[T,P]{[Co(CO)_4]_2} \text{环戊基}-CHO$$

10.2.3 由芳烃制备

1. 傅-克酰基化

芳烃在无水三氯化铝的催化下，与酰卤或酸酐作用，芳环上的氢原子可以被酰基(RCO—)取代，反应后生成的酮与三氯化铝形成络合物，加稀酸处理，可得到游离的酮。故三氯化铝必须过量。

$$C_6H_6 + CH_3CH_2COCl \xrightarrow{AlCl_3} C_6H_5-COCH_2CH_3 + HCl$$

可通过分子内酰基化制备环酮：

$$C_6H_6 + \text{丁二酸酐} \xrightarrow{AlCl_3} C_6H_5COCH_2CH_2COOH \xrightarrow[\text{浓}HCl]{Zn\text{-}Hg} C_6H_5CH_2CH_2CH_2COOH \xrightarrow{H_2SO_4} \alpha\text{-四氢萘酮} \quad 91\%$$

2. 由芳烃侧链 α－H 的氧化

芳环侧链上的 α－H 原子受到芳环的影响，容易被氧化。控制反应条件，可以由芳烃氧化生成相应的芳醛或芳酮。芳环上的甲基可以被氧化成醛基，生成芳醛。但醛能继续氧化生成芳酸，所以由芳烃直接氧化制备芳醛时，必须选用适当的氧化剂。如用三氧化铬-乙酸酐等为氧化剂，可使反应停留在生成芳醛的阶段。反应过程中生成的二乙酸酯不易被氧化，把它分离出来，再水解即可得到芳醛。

$$m\text{-}BrC_6H_4CH_3 \xrightarrow[(CH_3CO)_2O]{CrO_3} m\text{-}BrC_6H_4CH(OCOCH_3)_2 \xrightarrow{H_2O} m\text{-}BrC_6H_4CHO$$

10.2.4 由醇氧化或脱氢

伯醇和仲醇通过氧化或脱氢反应，可以分别生成醛和酮。叔醇分子中没有 α－H，在相同条件下不被氧化。常用的氧化剂有重铬酸钠加硫酸和高锰酸钾加硫酸。由仲醇氧化制备酮，产率相当高。如：

$$CH_3CH_2\text{—}C_6H_{10}\text{—}OH \xrightarrow[H_2SO_4]{Na_2Cr_2O_7} CH_3CH_2\text{—}C_6H_{10}\text{=}O \quad 90\%$$

但是在这种情况下，伯醇氧化制备醛的产率很低，因为生成的醛还会继续被氧化成羧酸，只能用以制备低级的挥发性较大的醛。在制备时可设法使生成的醛及时蒸出，以提高醛的收率。可采用三氧化铬和吡啶的络合物作氧化剂，则生成的醛不会继续被氧化，产率很好。

$$CH_3CH_2CH_2CH_2OH \xrightarrow[H_2SO_4]{Na_2Cr_2O_7} \underset{\text{及时蒸出}}{CH_3CH_2CH_2CHO} \quad 52\%$$

$$CH_3(CH_2)_6CH_2OH \xrightarrow[CH_2Cl_2,\ 25℃]{CrO_3(C_5H_5N)_2} CH_3(CH_2)_6CHO \quad 95\%$$

不饱和醇中有C═C双键，若要制备不饱和醛或酮，需用三氧化铬和吡啶的络合物作氧化剂，异丙醇铝-丙酮作氧化剂有同样的效果。

$$RCH_2CH\text{═}CH\underset{\substack{|\\OH}}{C}HR' \xrightarrow[CH_3COCH_3]{[(CH_3)_2CHO]_3Al} RCH_2CH\text{═}CH\underset{\substack{\|\\O}}{C}R'$$

该反应是可逆反应。使用过量的丙酮，可以使反应向右进行。这种选择性氧化醇羟基的方法称欧芬脑尔氧化法。虽然伯醇可以通过该方法氧化生成醛，但因醛在碱性条件下容易发生羟醛缩合反应，故该方法更适合制备酮。

醇在适当的催化剂存在下可以进行脱氢反应。将伯醇或仲醇的蒸气通过 250～300℃的铜催化剂，则伯醇脱氢生成醛，仲醇脱氢生成酮。

$$CH_3CH_2CH_2OH \xrightarrow[250\sim300℃]{Cu} CH_3CH_2CHO + H_2$$

$$\text{环戊醇} \xrightarrow[250\sim300℃]{CuO} \text{环戊酮} + H_2 \quad 92\%$$

由醇脱氢反应得到的产品纯度高，但反应是吸热的，需要供给大量的热，所以工业上常在进行脱氢的同时通入空气，使生成的氢与氧结合成水。氢与氧结合时放出的热量直接供给脱氢反应，此方法称氧化脱氢法，主要用于工业生产。

练习 10－2 选择合适的原料及条件合成下列羰基化合物。

(1) 2-己酮 (2) 丁醛 (3) 环己-2-烯酮 (4) 2,6-二氯苯甲醛（$C_6H_3Cl_2$—CHO）

(5) 3,5-二硝基二苯甲酮（$(O_2N)_2C_6H_3$—CO—C_6H_5） (6) C_6H_5—$\overset{O}{\overset{\|}{C}}CH_2CH_2COOH$

(7) CH_3O—C_6H_4—CHO

10.3 醛、酮的物理性质

除甲醛是气体外，C_{12}以下的醛、酮都是液体，高级的醛、酮是固体。低级醛常带有刺鼻的气味，中级醛则有花果香，所以$C_8\sim C_{13}$的醛常用于香料工业。低级酮有清爽味，中级酮也有香味。

由于羰基的偶极矩增加了分子间的吸引力，所以它们的沸点比分子量相近的烷烃要高，但因为醛酮分子间不能形成氢键，故其沸点低于相应的醇。

羰基氧能和水分子形成氢键，故低级醛、酮溶于水。随着相对分子质量的增加，在水中溶解度减小。脂肪族醛、酮相对密度小于1，芳香族醛、酮大于1，表10－1所示为一些常见醛、酮的物理常数。

表 10－1 一些常见醛、酮的名称及物理常数

化合物	熔点/℃	沸点/℃	相对密度(20℃)	溶解度(g/100gH_2O)
甲醛 HCHO	−92	−21	0.815	易溶
乙醛 CH_3CHO	−121	21	0.7834	16
丙醛 CH_3CH_2CHO	−81	49	0.8085	7
丁醛 $CH_3(CH_2)_2CHO$	−99	76	0.8170	微溶

（续）

化合物	熔点/℃	沸点/℃	相对密度(20℃)	溶解度(g/100gH_2O)
戊醛 $CH_3(CH_2)_3CHO$	−92	103	0.8095	微溶
苯甲醛 C_6H_5—CHO	−26	178	1.0415	0.3
丙酮 CH_3COCH_3	−95	56	0.7899	∞
丁酮 $CH_3COCH_2CH_3$	−86	80	0.8054	26
2-戊酮 $CH_3CO(CH_2)_2CH_3$	−78	102	0.8089	6.3
3-戊酮 $CH_3CH_2COCH_2CH_3$	−40	102	0.8138	5
环己酮 (环己基)=O	−45	155	0.9478	2.4
苯乙酮 C_6H_5—$COCH_3$	21	202	1.0281	不溶

10.4 醛、酮的化学性质

醛、酮中的羰基由于π键的极化，使得氧原子上带部分负电荷，碳原子上带部分正电荷。氧原子可以形成比较稳定的氧负离子，它较带正电荷的碳原子要稳定得多，因此反应中心是羰基中带正电荷的碳。所以羰基易与亲核试剂进行加成反应——亲核加成反应。

因为羰基是一个具有极性的官能团，与羰基直接相连的α-碳原子上的氢原子(α-H)受其影响，能发生一系列反应。

亲核加成反应和α-H的反应是醛、酮的两类主要化学反应。

醛、酮的反应与结构关系一般描述如下：

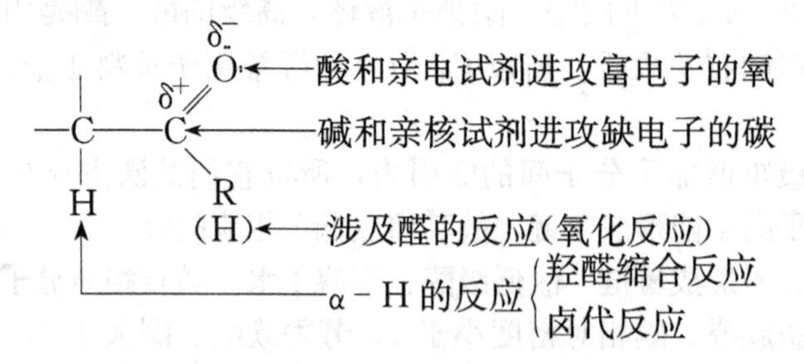

10.4.1 亲核加成反应

在亲核加成反应中，由于电子效应和空间位阻的原因，醛比酮反应活泼。反应可选用的亲核试剂有多种，可以是极性很强的带负电的碳原子、氮原子和氧原子等。

1. 与HCN的加成

醛、酮与HCN反应生成α-羟基腈，进一步水解生成α-羟基酸。由于HCN挥发性大，有剧毒，所以实验室一般是将醛、酮与NaCN的水溶液混合，再慢慢滴加无机酸进行反应。

$$\begin{matrix}R \\ C{=}O \\ H\end{matrix} + HCN \rightleftharpoons \begin{matrix}R\quad OH \\ C \\ H\quad CN\end{matrix} \xrightarrow{H_3^+O} \begin{matrix}R\quad OH \\ C \\ H\quad COOH\end{matrix}$$

α-羟基腈　　α-羟基酸

醛、酮与 HCN 反应的有效试剂是 CN^-，加碱有利于提高亲核试剂 CN^- 的浓度，使平衡向右移动，该可逆反应的平衡常数大小取决于醛酮反应活性的高低。

当羰基碳原子上连有供电子基时，羰基碳原子的正电性减弱，亲核加成活性降低；当连有吸电子基时，正电性增强，亲核加成活性增强。另外连接的基团体积越大，空间位阻越大，加成反应活性越低，即 RCHO＞RCOR′＞ArCOR，ArCOR 和 ArCOAr 难反应。

所以只有醛、脂肪族甲基酮以及少于八个碳的环酮才能和 HCN 发生加成反应。

α-羟基腈是一类很有用的有机合成的中间体，"有机玻璃"（聚 α-甲基丙烯酸甲酯）的单体 α-甲基丙烯酸甲酯就是以丙酮为原料，通过 α-羟基腈制得。反应如下：

$$CH_3-\overset{O}{\overset{\|}{C}}-CH_3 + NaCN \xrightarrow[10\sim20℃]{H_2SO_4} CH_3-\overset{OH}{\overset{|}{\underset{CH_3}{\underset{|}{C}}}}-CN \xrightarrow[H_2SO_4]{CH_3OH} CH_2{=}\underset{CH_3}{\underset{|}{C}}COOCH_3$$

2. 与饱和亚硫酸氢钠(40%)的加成

醛、脂肪族甲基酮以及少于八个碳的环酮可以与饱和 $NaHSO_3$ 的水溶液加成生成 α-羟基磺酸钠。产物 α-羟基磺酸盐为白色结晶，不溶于饱和的亚硫酸氢钠溶液中，容易分离出来；与酸或碱共热，又可得原来的醛、酮。故此反应可用以提纯醛、酮。

$$\begin{matrix}R \\ C{=}O \\ H\end{matrix} + NaO-\overset{O}{\overset{\|}{S}}-OH \rightleftharpoons \begin{matrix}R\quad ONa \\ C \\ H\quad SO_3H\end{matrix} \rightleftharpoons \begin{matrix}R\quad OH \\ C \\ H\quad SO_3Na\end{matrix}$$

α-羟基磺酸钠(白色沉淀)

这个加成反应是可逆反应。如果在加成产物的水溶液中加入酸或碱，使反应体系中的亚硫酸氢钠不断分解而除去，则加成产物也不断分解而再变成醛或酮。

醛、酮与 $NaHSO_3$ 加成反应生成 α-羟基磺酸钠，再用等量的 NaCN 处理制备 α-羟基腈，从而避免使用挥发性的剧毒物 HCN 合成 α-羟基腈。

例如：

$$PhCHO \xrightarrow[H_2O]{NaHSO_3} Ph\overset{OH}{\overset{|}{C}}HSO_3Na \xrightarrow{NaCN} Ph\overset{OH}{\overset{|}{C}}HCN \xrightarrow[\text{回流}]{HCl} Ph\overset{OH}{\overset{|}{C}}HCOOH\ (67\%)$$

$$\begin{matrix}R \\ C{=}O \\ H \\ (R')\end{matrix} \xrightarrow{NaHSO_3} \begin{matrix}R\quad OH \\ C \\ H\quad SO_3Na \\ (R')\end{matrix} \begin{cases}\xrightarrow{\text{稀 }NaHCO_3} RCHO + Na_2SO_3 + CO_2 + H_2O \\ \xrightarrow{\text{稀 }HCl} RCHO + NaCl + SO_2 + H_2O\end{cases}$$

3. 与格氏试剂的加成

格氏试剂的亲核性非常强，它与醛、酮发生的亲核加成反应是不可逆的，加成产物不经分离直接进行水解就可得到相应的醇类。这是有机合成中增加碳链的方法之一。

$$\overset{\delta^+}{>C}=\overset{\delta^-}{O}+\overset{\delta^-}{R}\overset{\delta^+}{Mg}X \xrightarrow{\text{无水乙醚}} >C(OMgX)(R) \xrightarrow{H_2O} R-\underset{|}{\overset{|}{C}}-OH + HOMgX$$

式中 R 也可以是 Ar，故此反应是制备结构复杂的醇的重要方法。

$$m\text{-}CH_3C_6H_4Br \xrightarrow[\text{无水乙醚}]{Mg} m\text{-}CH_3C_6H_4MgBr \xrightarrow{(CH_3)_2CO} m\text{-}CH_3C_6H_4C(CH_3)_2OMgBr \xrightarrow{H_2O/H^+} m\text{-}CH_3C_6H_4C(CH_3)_2OH$$

这类加成反应还可在分子内进行。例如：

$$BrCH_2CH_2CH_2COCH_3 \xrightarrow[THF]{Mg，\text{微量 } HgCl_2} \text{1-甲基环丁醇（}C(OH)(CH_3)\text{）} \quad 60\%$$

4. 与醇的加成——半缩醛和缩醛的形成

醇也是一种亲核试剂，可以与醛、酮进行亲核加成反应。但由于醇分子的亲核性较弱，反应是可逆的，只有在催化剂存在的条件下才有利于反应的进行。羰基与一分子醇的加成产物是半缩醛或半缩酮。

$$RCHO + R'OH \underset{}{\overset{HCl}{\rightleftharpoons}} R-\underset{OH}{\overset{H}{C}}-OR' \quad \text{半缩醛}$$

$$R-\overset{O}{\overset{\|}{C}}-R' + R''OH \overset{HCl}{\rightleftharpoons} R-\underset{OH}{\overset{R'}{C}}-OR'' \quad \text{半缩酮}$$

半缩醛或半缩酮是不稳定的化合物，在酸性条件下与另一分子的醇发生分子间脱水，生成稳定的产物——缩醛或缩酮。

$$R-\underset{OH}{\overset{H}{C}}-OR' + R'OH \overset{HCl}{\rightleftharpoons} R-\underset{H}{\overset{OR'}{C}}-OR' \quad \text{缩醛}$$

$$R-\underset{OH}{\overset{R'}{C}}-OR'' + R''OH \overset{HCl}{\rightleftharpoons} R-\underset{OR''}{\overset{R'}{C}}-OR'' \quad \text{缩酮}$$

当分子内既有羰基又有羟基，且空间位置适当时，也可以在分子内形成缩醛，并稳定存在。

$$HO(CH_2)_4CHO \xrightarrow{\text{干}HCl} \text{2-羟基四氢吡喃} \quad \text{环状半缩醛（稳定）在糖类化合物中多见}$$

醛较易形成缩醛，酮在一般条件下形成缩酮较困难，用1，2-二醇或1，3-二醇则易生成缩酮。

$$R_2C{=}O + HO{-}CH_2{-}CH_2{-}OH \xrightarrow{H^+} R_2C(O{-}CH_2)_2 + H_2O$$

缩醛具有胞二醚的结构，对碱、氧化剂稳定。但在酸性水溶液中，室温下就可以水解成原来的醛和醇，所以在有机合成中用来保护羰基。例如：

$$HOCH_2{-}C_6H_{10}{-}CHO \xrightarrow{[O]} HOOC{-}C_6H_{10}{-}CHO$$

必须把醛基保护起来后再氧化。

$$HOCH_2{-}C_6H_{10}{-}CHO \xrightarrow[HCl]{CH_3OH} HOCH_2{-}C_6H_{10}{-}CH(OCH_3)_2 \xrightarrow[{}^-OH,\ \triangle]{KMnO_4}$$

$$HOOC{-}C_6H_{10}{-}CH(OCH_3)_2 \xrightarrow[H_2O,\ \triangle]{H^+} HOOC{-}C_6H_{10}{-}CHO + 2CH_3OH$$

又如用$BrCH_2CH_2CHO$合成$HOCH_2CH_2CH_2CH_2CHO$，合成路线如下：

$$BrCH_2CH_2CHO + HOCH_2CH_2OH \xrightarrow{H^+} BrCH_2CH_2\ CH\langle{}^{O-CH_2}_{O-CH_2} \xrightarrow[\text{无水乙醚}]{Mg}$$

$$BrMgCH_2CH_2\ CH\langle{}^{O-CH_2}_{O-CH_2} \xrightarrow{\text{环氧乙烷}} BrMgOCH_2CH_2CH_2CH_2\ CH\langle{}^{O-CH_2}_{O-CH_2}$$

$$\xrightarrow{H_3O^+} BrMg(OH) + HOCH_2CH_2OH + HOCH_2CH_2CH_2CH_2CHO$$

练习10-3 写出下列转化的步骤。

$$CH_2{=}CH{-}CHO \xrightarrow{\text{转化}} CH_2(OH){-}CH(OH){-}CHO$$

---

5. 与氨及其衍生物的加成-消除反应

醛、酮的羰基能与氨及其衍生物的进行加成，再脱去一分子水，生成缩合产物。氨的衍生物有伯胺、羟胺、肼(及取代肼)、氨基脲等。

1) 与氨、伯胺的反应

醛、酮与氨或伯胺反应生成亚胺，也称为西佛碱。

$$RR'C{=}O + H{-}NHR'' \rightleftharpoons \left[R{-}\underset{OH}{\overset{R'}{C}}{-}\underset{H}{N}{-}R''\right] \xrightarrow[\triangle]{-H_2O} {>}C{=}N{-}R''$$

生成的亚胺中含有 C═N 键不稳定，它易于发生聚合反应。芳香族的醛、酮与伯胺反应生成的亚胺则比较稳定。

$$C_6H_5CHO + H_2NC_6H_5 \xrightarrow{\triangle} C_6H_5CH{=}NC_6H_5 + H_2O$$

仲胺与有 α-H 的醛、酮反应生成烯胺，烯胺在有机合成上是个重要的中间体。

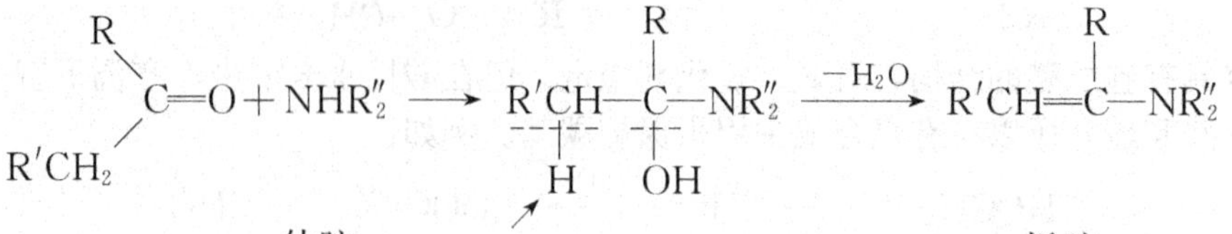

$$\underset{R'CH_2}{\overset{R}{>}}C{=}O + NHR''_2 \longrightarrow R'\underset{\underset{H}{|}}{C}H - \underset{\underset{OH}{|}}{\overset{\overset{R}{|}}{C}} - NR''_2 \xrightarrow{-H_2O} R'CH{=}\overset{\overset{R}{|}}{C} - NR''_2$$

仲胺　　α　　烯胺

甲醛与氨水反应可生成六亚甲基四胺(商品名为乌洛托品)，该物质热稳定性好，加热至 263℃不熔化，但升华，且部分分解；它具有杀菌作用，用于膀胱炎、尿道炎、肾盂肾炎等疾病的治疗。

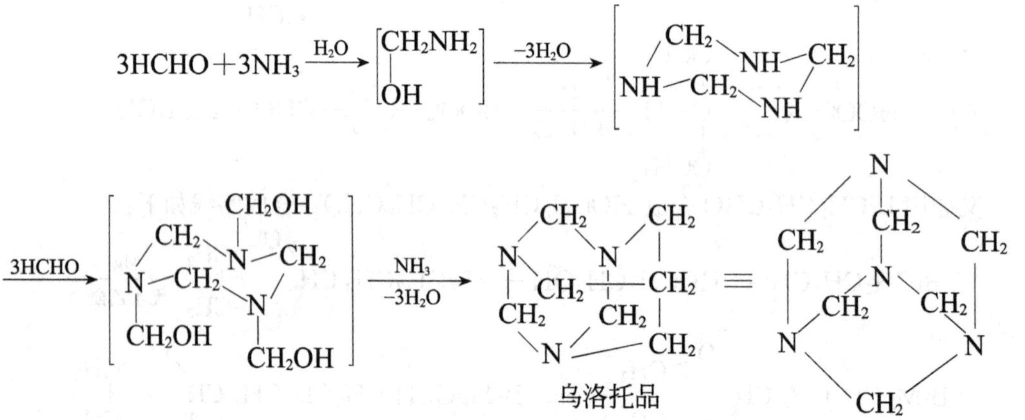

$$3HCHO + 3NH_3 \xrightarrow{H_2O} \left[\begin{array}{l} CH_2NH_2 \\ | \\ OH \end{array}\right] \xrightarrow{-3H_2O} \left[\text{(CH}_2\text{NH)}_3\text{ 环}\right]$$

$$\xrightarrow{3HCHO} \left[\text{1,3,5-三(羟甲基)-六氢-1,3,5-三嗪}\right] \xrightarrow[-3H_2O]{NH_3} \text{乌洛托品} \equiv (CH_2)_6N_4$$

乌洛托品

甲醛与尿素进行缩合反应得到脲醛树脂。在不同的反应条件下，产物可以是液态的线型高聚物，用作粘合剂，也可以是固态的体型高聚物，用来生产压塑粉。

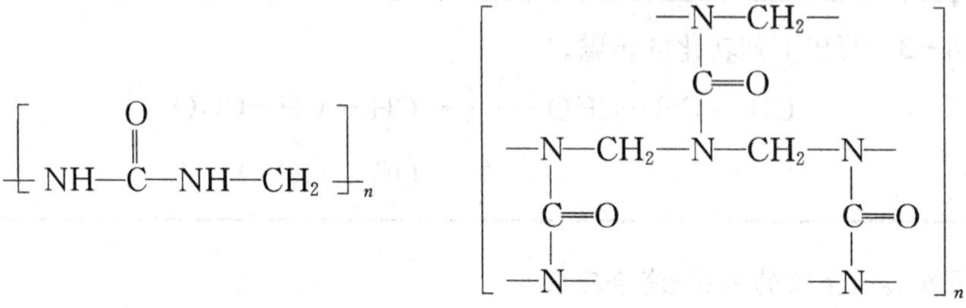

$$\left[NH - \overset{\overset{O}{\|}}{C} - NH - CH_2 \right]_n$$

线型脲醛树脂

体型脲醛树脂

2）与羟胺的反应——肟的生成和贝克曼重排

醛、酮与羟胺反应，分别生成醛肟和酮肟，它们均为固体。

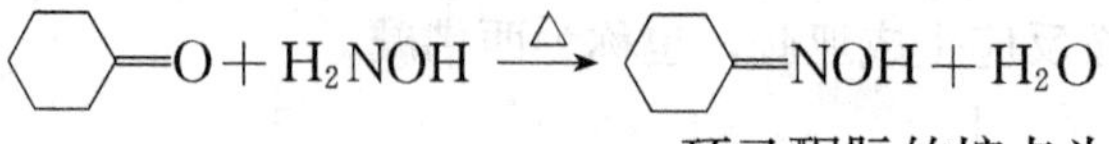

$$C_6H_{10}{=}O + H_2NOH \xrightarrow{\triangle} C_6H_{10}{=}NOH + H_2O$$

环己酮肟的熔点为 90℃

$$CH_3CH{=}O + H_2NOH \xrightarrow{\triangle} CH_3CH{=}NOH + H_2O$$

乙醛肟的熔点为 47℃

$$>C=O + NH_2-OH \longrightarrow -\underset{OH}{\overset{|}{C}}-\underset{H}{N}-OH \xrightarrow{-H_2O} >C=N-OH$$

肟，白色沉淀，有固定熔点

醛肟的生成速度大于酮肟，在肟分子中，如果双键碳原子所连的基团不同时，存在构型异构。例如：

(Z)-乙醛肟　　(E)-乙醛肟

芳香族酮肟用浓 H_2SO_4 或 PCl_5 处理，可发生分子内的重排反应，结果是氮原子上的羟基与处于双键碳原子异侧的基团互换位置，生成一个烯醇式结构的中间体，然后再重排为酰胺。这种酮肟的反位重排称为贝克曼(Beckmann)重排。

$$(C_6H_5)(R)C=N-OH \xrightarrow{H^+} \left[(HO)(R)C=N-C_6H_5\right] \longrightarrow R-\overset{O}{\overset{\|}{C}}-NHC_6H_5$$

$$(R)(C_6H_5)C=N-OH \xrightarrow{H^+} \left[(HO)(C_6H_5)C=N-R\right] \longrightarrow C_6H_5-\overset{O}{\overset{\|}{C}}-NHR$$

醛肟不易发生这种重排，而脂肪族酮肟重排时，产物不完全是反位重排。环己酮肟在硫酸作用下重排生成 ε-己内酰胺。

$$\text{环己酮肟}=NOH \xrightarrow{H_2SO_4} \text{ε-己内酰胺}(C=O, NH)$$

3）与肼、苯肼、氨基脲的反应

肼、苯肼、氨基脲(称为羰基试剂)在 pH 为 3～5 的条件下，与醛、酮反应分别生成腙、苯腙、缩氨脲等缩合产物。弱酸性条件有利于羰基试剂对羰基碳原子进行亲核加成。

$$>C=O + NH_2-NH_2 \longrightarrow -\underset{OH}{\overset{|}{C}}-\underset{H}{N}-NH_2 \xrightarrow{-H_2O} >C=N-NH_2$$

肼　　腙，白色沉淀，有固定熔点

$$>C=O + NH_2-NH-C_6H_5 \longrightarrow -\underset{OH}{\overset{|}{C}}-\underset{H}{N}-NH-C_6H_5 \xrightarrow{-H_2O} >C=N-NH-C_6H_5$$

苯肼　　苯腙，黄色沉淀，有固定熔点

$$>C=O + NH_2-NH-C_6H_3(NO_2)_2 \xrightarrow{-H_2O} >C=N-NH-C_6H_3(NO_2)_2$$

2，4-二硝基苯肼　　2，4-二硝基苯腙(黄色沉淀)

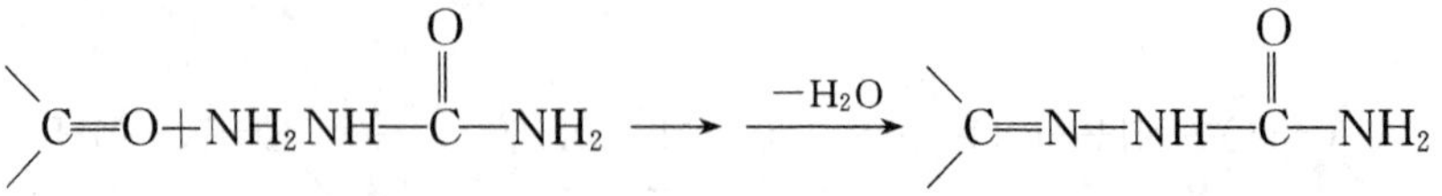

$$\gt C=O + NH_2NH-\overset{\overset{O}{\|}}{C}-NH_2 \longrightarrow \xrightarrow{-H_2O} \gt C=N-NH-\overset{\overset{O}{\|}}{C}-NH_2$$

氨基脲　　　　　　缩氨脲(白色沉淀)

上述反应现象明显，产物为固体，具有固定的晶形和熔点。这些产物不仅易于从反应体系中分离出来，而且容易进行重结晶提纯，此外产物还可以在酸性水溶液中加热分解生成原来的醛和酮。故常用此反类应分离、提纯和鉴别醛、酮，通常在分离、提纯上用苯肼，在定性分析上用 2，4 -二硝基苯肼或氨基脲。

醛、酮的加成反应都是亲核加成。亲核加成的难易不仅与试剂的亲核性大小有关，也与羰基化合物的结构有关。在加成反应过程中，羰基碳原子由原来的 sp^2 杂化的三角形结构变成了 sp^3 杂化的四面体结构。因此当碳原子所连基团体积比较大时，加成后基团之间就比原来拥挤，使加成可能产生立体障碍，所以醛和甲基酮能与 $NaHSO_3$ 加成，而非甲基酮就难于加成。醛、酮的加成反应活性如下：

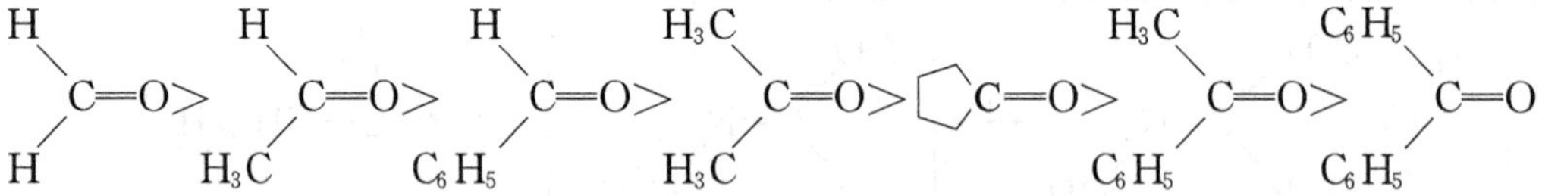

$$(H)(H)C=O > (H)(H_3C)C=O > (H)(C_6H_5)C=O > (H_3C)(H_3C)C=O > \text{环戊酮}\;C=O > (H_3C)(C_6H_5)C=O > (C_6H_5)(C_6H_5)C=O$$

10.4.2　α-H 的反应

1. 酸性及互变异构

醛、酮分子中的 α - H 受羰基吸电子的影响，具有一定的酸性。由于氧的电负性强，羰基 π 键与 α - H 的 σ 键之间的超共轭作用较强，因而醛、酮的 α - H 酸性比乙炔的酸性还要强。

	CH_3CHO	CH_3COCH_3	$HC\equiv CH$
pK_a	～17	～20	～25

在碱性条件下，醛、酮的 α - H 可以离解出来，生成的相应碳负离子与羰基共轭，将负电荷分散到羰基上，因而稳定性增强，而一般的碳负离子不具有这种稳定性质。在溶液中有 α - H 的醛、酮是以酮式和烯醇式互变平衡而存在的，并互相转化，酮式和烯醇式互为异构体。这种异构体之间以一定比例平衡共存并相互转化的现象称为互变异构。

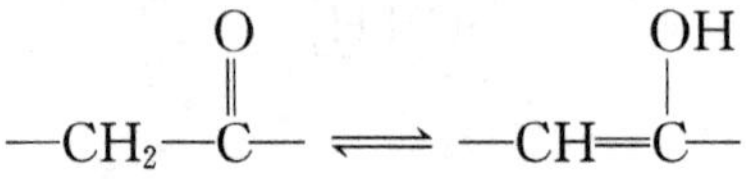

$$-CH_2-\overset{\overset{O}{\|}}{C}- \rightleftharpoons -CH=\overset{\overset{OH}{|}}{C}-$$

酮式　　　　烯醇式

对于简单的脂肪醛、酮来说，酮式比烯醇式的能量低，所以在平衡体系中的烯醇式含量极少，如丙酮中的烯醇式含量仅有 0.01%。

对于两个羰基之间只间隔一个饱和碳原子的 β -二羰基类化合物来说，由于共轭效应，烯醇式的能量降低，因而稳定性增加，所以烯醇式含量会增多。

酮式		烯醇式	烯醇式含量
$CH_3-\overset{\overset{O}{\|}}{C}-CH_3$	$\rightleftharpoons$	$CH_2=\overset{\overset{OH}{|}}{C}-CH_3$	2.4×10^{-4}

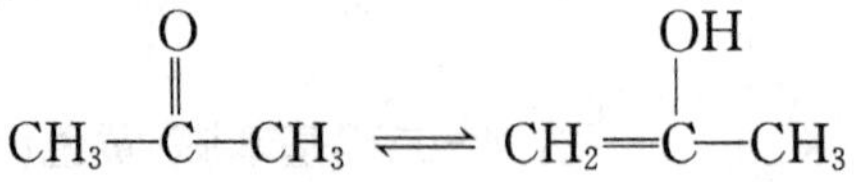

$$\text{环己酮}{=}O \rightleftharpoons \text{环己烯}{-}OH \qquad 2.0\times10^{-2}$$

$$CH_3-\overset{O}{\overset{\|}{C}}-CH_2COOC_2H_5 \rightleftharpoons CH_3-C(OH)=CH-C(=O)OC_2H_5\ (\text{分子内氢键}) \qquad 7.5$$

$$CH_3-\overset{O}{\overset{\|}{C}}-CH_2-\overset{O}{\overset{\|}{C}}-CH_3 \rightleftharpoons CH_3-\overset{OH}{\overset{|}{C}}{=}CH-\overset{O}{\overset{\|}{C}}-CH_3 \qquad 80$$

$$C_6H_5-\overset{O}{\overset{\|}{C}}-CH_2-\overset{O}{\overset{\|}{C}}-CH_3 \rightleftharpoons C_6H_5-\overset{OH}{\overset{|}{C}}{=}CH-\overset{O}{\overset{\|}{C}}-CH_3 \qquad 99$$

2. α-H的卤代反应

醛、酮的α-H易被卤素取代生成α-卤代醛、酮，特别是在碱溶液中，反应能很顺利地进行。例如：

$$C_6H_5-\overset{O}{\overset{\|}{C}}-CH_3 + Br_2 \longrightarrow C_6H_5-\overset{O}{\overset{\|}{C}}-CH_2Br$$

生成的一卤代醛、酮可以继续反应生成二卤代、三卤代产物。

$$CH_3CHO \xrightarrow[H_2O]{X_2} XCH_2CHO \xrightarrow[H_2O]{X_2} X_2CHCHO \xrightarrow[H_2O]{X_2} X_3CCHO$$

含有α-甲基的醛、酮($CH_3CO—$)在碱溶液中与卤素反应，生成卤仿，此反应称为卤仿反应。

$$\underset{(H)}{R}-\overset{O}{\overset{\|}{C}}-CH_3 + NaOH + \underset{(NaOX)}{X_2} \longrightarrow \underset{(H)}{R}-\overset{O}{\overset{\|}{C}}-CX_3 \xrightarrow{NaOH} \underset{\text{卤仿}}{CHX_3} + RCOONa$$

若X_2为Cl_2则得到$CHCl_3$(氯仿)液体；若X_2为Br_2则得到$CHBr_3$(溴仿)液体；若X_2为I_2则得到CHI_3(碘仿)黄色固体。

氯仿和溴仿反应也是制备羧酸的一种方法，主要用于制备其他方法难于制备的羧酸。例如：

$$\triangleright\!-COCH_3 + Br_2 \xrightarrow[H_2O]{NaOH} \xrightarrow{H_3O^+} CHBr_3 + \triangleright\!-COOH$$

碘仿反应常用于结构鉴定。因为碘仿是不溶于水的亮黄色固体，且具有特殊气味，因而可以很容易识别是否发生碘仿反应。NaOX本身是氧化剂，能将α-甲基醇氧化为α-甲基酮，所以碘仿反应可用以鉴别乙醛、甲基酮以及含有$CH_3CHOH—$的醇。

3. 羟醛缩合反应

含有α-H的醛(酮)在稀碱(10%NaOH)溶液中能和另一分子醛(酮)作用，生成β-羟基醛，称为羟醛缩合反应。

凡α-碳上有氢原子的β-羟基醛都容易失去一分子水，生成α，β-不饱和醛。

$$CH_3-\overset{O}{\overset{\|}{C}}-H + \overset{H}{\overset{|}{C}}H_2CHO \xrightleftharpoons{\text{稀}\ OH^-} \underset{\beta\text{-羟基丁醛}}{CH_3-\overset{OH}{\overset{|}{C}}H-CH_2CHO} \xrightleftharpoons[-H_2O]{\triangle} \underset{2\text{-丁烯醛}}{CH_3CH{=}CHCHO}$$

$$2CH_3CH_2CHO \underset{}{\overset{稀\ OH^-}{\rightleftharpoons}} CH_3CH_2\underset{\underset{OH}{|}}{CH}-\overset{\overset{CH_3}{|}}{CH}-CHO \underset{-H_2O}{\overset{\triangle}{\rightleftharpoons}} CH_3CH_2CH=\overset{\overset{CH_3}{|}}{C}-CHO$$

$$2CH_3\overset{\overset{CH_3}{|}}{CH}CHO \overset{稀\ OH^-}{\rightleftharpoons} CH_3-\overset{\overset{CH_3}{|}}{CH}-\underset{\underset{OH}{|}}{CH}-\overset{\overset{CH_3}{|}}{\underset{\underset{CH_3}{|}}{C}}-CHO \xrightarrow{\triangle} \times$$

无 α - H 不脱水

两种不同的含有 α - H 的羰基化合物也能进行羟醛缩合反应，称为交叉羟醛缩合反应。但反应会生成四种产物，所以这种交叉缩合没有实用价值。例如：

$$CH_3CHO + CH_3CH_2CHO \xrightarrow{稀\ OH^-} \left\{\begin{array}{l} CH_3\underset{\underset{OH}{|}}{CH}CH_2CHO \\ CH_3CH_2\underset{\underset{OH}{|}}{CH}\underset{\underset{CH_3}{|}}{CH}CHO \\ CH_3\underset{\underset{OH}{|}}{CH}-\underset{\underset{CH_3}{|}}{CH}CHO \\ CH_3CH_2\underset{\underset{OH}{|}}{CH}CH_2CHO \end{array}\right\} \text{产物复杂无合成价值}$$

若参与反应的羰基化合物之一为不含 α - H 的醛(如甲醛、三甲基乙醛、苯甲醛)和一种 α - H 的醛进行交错羟醛缩合，则产物种类减少，因为不含 α - H 的醛、酮不能失去质子成为亲核试剂，故此类反应有合成价值。

$$C_6H_5CHO + CH_3CHO \xrightarrow[\triangle]{OH^-} C_6H_5CH=CHCHO$$

$$C_6H_5CHO + CH_3CH_2CHO \xrightarrow[\triangle]{OH^-} C_6H_5CH=\underset{\underset{CH_3}{|}}{C}CHO \quad 68\%$$

酮的羟醛缩合困难，一般较难进行。酮与醛的交错缩合可用于合成。例如：

$$C_6H_5-CHO + CH_3-\overset{\overset{O}{\|}}{C}-CH_3 \xrightarrow[100℃]{稀\ OH^-} C_6H_5-CH=CH-\overset{\overset{O}{\|}}{C}-CH_3$$

4 -苯基- 3 -丁烯- 2 -酮　70%

$$C_6H_5-CHO + CH_3-\overset{\overset{O}{\|}}{C}-C_6H_5 \xrightarrow[20℃]{稀\ OH^-} C_6H_5-CH=CH-\overset{\overset{O}{\|}}{C}-C_6H_5$$

85%

$$\text{柠檬醛 A} + CH_3-\overset{\overset{O}{\|}}{C}-CH_3 \xrightarrow[C_2H_5OH,\ -5℃]{C_2H_5ONa} \text{假紫罗兰酮}\quad 49\%$$

二酮化合物可进行分子内羟酮缩合，是目前合成环状化合物的一种方法。例如：

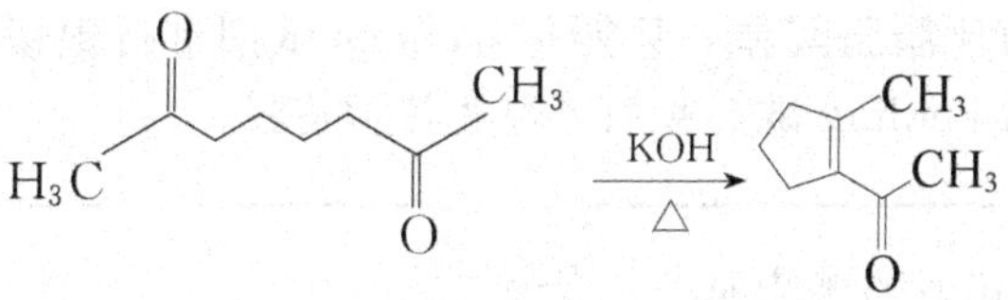

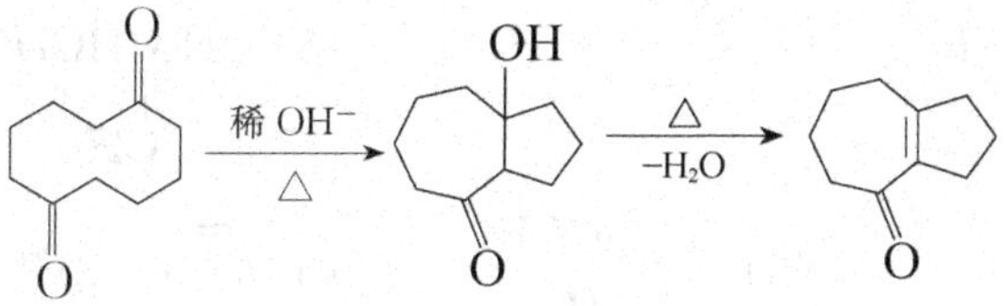

$$H_3C-CO-CH_2CH_2CH_2CH_2-CO-CH_3 \xrightarrow[\triangle]{KOH} \text{1-乙酰基-2-甲基环戊烯}$$

$$\text{环癸-1,6-二酮} \xrightarrow[\triangle]{\text{稀 }OH^-} \text{羟基双环酮} \xrightarrow[-H_2O]{\triangle} \text{双环烯酮}$$

芳醛与含有 α - H 的酸酐反应生成 α，β -不饱和羧酸，称为柏琴(Perkin)反应。此反应所用的碱是与所用的酸酐相应的羧酸盐。例如：

$$C_6H_5CHO+(CH_3CO)_2O \xrightarrow[170\sim180℃]{CH_3COOK} C_6H_5CH{=}CHCOOK+CH_3COOH$$

$$\downarrow H^+$$

$$C_6H_5CH{=}CHCOOH$$

练习 10－4 指出下列化合物中，哪个可以进行自身的羟醛缩合？

(1) 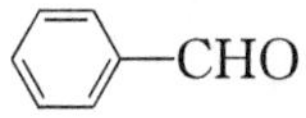 C_6H_5-CHO　　(2) HCHO

(3) $(CH_3CH_2)_2CHCHO$　　(4) $(CH_3)_3CCHO$

练习 10－5 指出下列化合物中，哪个能发生碘仿反应？

(1) ICH_2CHO　　(2) CH_3CH_2CHO　　(3) $CH_3CH_2CH_2OH$

(4) CH_3CHO　　(5) $CH_3CH_2CH(OH)CH_3$　　(6) 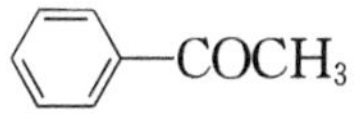 $C_6H_5-COCH_3$

10.4.3 氧化与还原反应

1. 氧化反应

1) 与 Tellens 试剂、Fehling 试剂作用

醛、酮对氧化剂的活性不同。醛很容易被一些弱氧化剂氧化，如 Tellens 试剂(硝酸银的氨溶液)、Fehling 试剂(硫酸铜、氢氧化钠、酒石酸钾钠溶液)，且现象明显，故可用于鉴别醛、酮。

$$RCHO+2[Ag(NH_3)_2]^+ +2OH^- \longrightarrow 2Ag\downarrow +RCOONH_4+3NH_3+H_2O$$

Tellens 试剂　　　　银镜

$$RCHO+2Cu(OH)_2+NaOH \longrightarrow Cu_2O\downarrow +RCOONa+3H_2O$$

Fehling 试剂　　　　砖红色

Tellens 试剂、Fehling 试剂是弱氧化剂，都只能氧化醛，不能氧化酮和碳碳双键，因而在合成上可以使 α，β -不饱和醛氧化成 α，β -不饱和酸。

$$CH_3CH{=}CHCHO \xrightarrow{[Ag(NH_3)_2]OH} \xrightarrow{H^+} CH_3CH{=}CHCOOH$$

芳香醛的还原能力比脂肪醛差，只能与 Tellens 试剂进行银镜反应，不能与 Fehling 试剂反应，因此可以用 Fehling 试剂鉴别芳香醛和脂肪醛。

练习 10-6 下列化合物哪些能进行银镜反应？

(1) $CH_3COCH_2CH_3$　　(2) 环己基—CHO　　(3) $CH_3CH(CH_3)CHO$

(4) 2-羟基四氢呋喃（环上 O，C 上连 OH 和 H）　　(5) 2-甲氧基四氢呋喃（环上 O，C 上连 OCH_3 和 H）　　(6) 苯基—CHO

---

2) 与强氧化剂作用

醛很容易被氧化生成羧酸，酮难被氧化，使用强氧化剂(如重铬酸钾和浓硫酸)氧化酮，则发生碳链的断裂而生成复杂的氧化产物。只有个别实例，如环己酮氧化成己二酸等具有合成意义。

$$\text{环己酮}\xrightarrow{\text{浓 }HNO_3} HOOC(CH_2)_4COOH$$

3) 过氧酸氧化反应——Baeyer - Villiger 反应

酮被过氧酸氧化则生成酯：

$$RCOR' + R''C(=O)O{-}OH \longrightarrow R{-}C(=O){-}O{-}R' + R''COOH$$

$$\text{环戊基}{-}COCH_3 \xrightarrow{C_6H_5CO_3H} \text{环戊基}{-}OCOCH_3$$

常用的过氧酸有 CH_3CO_3H、CF_3CO_3H、$PhCO_3H$、BF_3/H_2O_2 等。酮类物质在过氧酸作用下，与羰基直接相连的碳链断裂，插入一个氧形成酯的反应，称为 Baeyer - Villiger 反应。

2. 歧化反应——康尼查罗(Cannizzaro)反应

不含 α - H 的醛在浓碱的作用下发生自身氧化还原(歧化)反应——分子间的氧化还原反应，生成等摩尔的醇和酸，此反应称为康尼查罗反应。

$$2HCHO \xrightarrow{\text{浓 NaOH}} CH_3OH + HCOONa$$

$$2\ C_6H_5{-}CHO \xrightarrow{\text{浓 NaOH}} C_6H_5{-}CH_2OH + C_6H_5{-}COONa$$

两种不同的不含 α - H 的醛在浓碱的作用下也能进行歧化反应，但产物复杂为两种酸和两种醇。若用甲醛与另一种无 α - H 的醛在强的浓碱催化下加热，主要反应是甲醛被氧化而另一种醛被还原，例如：

$$C_6H_5{-}CHO + HCHO \xrightarrow[\triangle]{\text{浓 NaOH}} C_6H_5{-}CH_2OH + HCOONa$$

这类反应称为“交叉”康尼查罗反应，是制备 $ArCH_2OH$ 型醇的有效手段。

又如，季戊四醇的制备：

$$3HCHO + CH_3CHO \xrightarrow[\triangle]{Ca(OH)_2} HOCH_2-\underset{CH_2OH}{\overset{CH_2OH}{|}}C-CHO \quad \text{交叉羟醛缩合反应}$$

$$HOCH_2-\underset{CH_2OH}{\overset{CH_2OH}{|}}C-CHO + HCHO \xrightarrow{Ca(OH)_2} HOCH_2-\underset{CH_2OH}{\overset{CH_2OH}{|}}C-CH_2OH \quad \text{交叉歧化反应}$$

季戊四醇

3. 还原反应

醛、酮在不同的条件下进行还原反应，羰基被还原为醇羟基或亚甲基。

1）催化加氢

醛、酮在过渡金属 Ni、Pt、Pd 等催化下，加氢还原成伯醇、仲醇。催化加氢产率高，后处理简单。但金属催化剂较贵，且分子中有其他不饱和基团（C═C、C≡C、$-NO_2$、C≡N 等）将同时被还原。

$$\underset{H\ (R')}{\overset{R}{}}\!\!>C=O + H_2 \xrightarrow[\text{热，加压}]{Ni} \underset{H\ (R')}{\overset{R}{}}\!\!>CH-OH$$

例如：

$$\text{环己酮}=O + H_2 \xrightarrow[50℃,\ 6.5MPa]{Ni} \text{环己基}-OH$$

$$CH_3CH=CHCH_2CHO + 2H_2 \xrightarrow[250℃,\ \text{加压}]{Ni} CH_3CH_2CH_2CH_2CH_2OH$$

（C═C，C═O 均被还原）

2）用 $NaBH_4$、$LiAlH_4$ 选择还原

醛、酮也可以被金属氢化物还原成相应的醇。常用的还原剂有四氢硼钠 $NaBH_4$、四氢铝锂 $LiAlH_4$ 等。

$NaBH_4$ 还原的特点：选择性强（只还原醛、酮、酰卤中的羰基，不还原其他基团）；稳定（不受水、醇的影响，可在水或醇中使用）。

$$CH_3CH=CHCH_2CHO \xrightarrow[\text{②}\ H_3O^+]{\text{①}\ NaBH_4} CH_3CH=CHCH_2CH_2OH$$

（只还原 C═O）

$LiAlH_4$ 是强还原剂，但选择性差，除不还原 C═C、C≡C 外，其他不饱和键（$-COOR$、$-COOH$、$-CN$、$-NO_2$ 等）都可被其还原，且 $LiAlH_4$ 不稳定，遇水剧烈反应，通常只能在无水醚或 THF 中使用。

$$CH_3CH=CHCH_2CHO \xrightarrow[\text{②}H_3O^+]{\text{①}LiAlH_4\ \text{无水乙醚}} CH_3CH=CHCH_2CH_2OH$$

（只还原 C═O）

3）MeerWein - Ponndorf 还原

异丙醇铝是一个选择性很高的醛、酮还原剂。该反应通常在苯或甲苯溶液中进行。异

丙醇铝把氢负离子转移给醛、酮，而自身氧化成丙酮，此反应称为 MeerWein - Ponndorf 还原反应，随着反应的进行，把丙酮蒸出来，使反应向生成物方向进行。

若反应中加入过量的异丙醇，新生成的醇铝可以和异丙醇交换，再生成异丙醇铝，进行还原。所以只要使用催化量的异丙醇铝就可以完成反应。一些其他的醇铝也可进行同样的反应，但用异丙醇铝的优点是生成的丙酮容易蒸出，同时也比较稳定，不容易发生其他的副反应。此还原剂的另一优点是还原不饱和羰基化合物时，只还原羰基，反应非常容易进行。其逆反应称为欧芬脑尔(Oppenauer)氧化反应。

$$\mathrm{RC(=O)H(R')} + [(CH_3)_2CHO]_3Al \rightleftharpoons \mathrm{RCH(R')\cdot OAl_{1/3}} + CH_3-\underset{\|}{\overset{}{C}}(=O)-CH_3$$

$$\mathrm{RCH(R')\cdot OAl_{1/3}} \xrightarrow{H_2O} \mathrm{RCH(R')-OH}$$

4）克莱门森(Clemmensen)还原

醛、酮与锌汞齐及浓盐酸一起回流反应，羰基被还原为亚甲基，此反应称为 Clemmensen 还原法。

$$\mathrm{RC(=O)H(R')} \xrightarrow[\triangle]{\text{Zn - Hg，浓 HCl}} \mathrm{RCH_2H(R')}$$

此法适用于还原芳香酮，是间接在芳环上引入直链烃基的方法。

$$C_6H_6 + CH_3CH_2CH_2C(=O)Cl \xrightarrow{AlCl_3} C_6H_5-C(=O)-CH_2CH_2CH_3 \xrightarrow[\triangle]{\text{Zn - Hg/HCl}} C_6H_5-CH_2CH_2CH_2CH_3 \quad 80\%$$

若反应物含有对酸敏感的基团(如醇羟基、C═C 等)，不能使用此法还原，可以用碱性条件下的还原剂。

5）沃尔夫-凯惜纳-黄鸣龙(Wolff - Kishner - Huang minlong)还原法

对酸不稳定而对碱稳定的羰基化合物可以用 Wolff - Kishner - Huang minlong 方法还原。将醛或酮与肼在高沸点溶剂(如一缩乙二醇)中与碱一起加热，羰基与肼先生成腙，腙在碱性条件下加热失去氮，结果羰基变成了亚甲基。此反应称为沃尔夫-凯惜纳-黄鸣龙反应。

$$\mathrm{RC(=O)H(R')} + H_2NNH_2 \xrightarrow[(HOCH_2CH_2)_2O]{\text{KOH，200℃}} \left[\mathrm{RC(=N-NH_2)H(R')}\right] \xrightarrow[OH^-]{\triangle} \mathrm{RCH_2H(R')} + N_2\uparrow$$

腙

10.5 α,β-不饱和醛、酮

α，β-不饱和醛、酮分子中的碳碳双键和碳氧双键是一个π-π共轭体系，两个双键之间相互影响使各自的化学性质有不同程度的改变，表现出原有官能团所没有的一些特性。

10.5.1 亲电加成

亲电试剂对α，β-不饱和醛、酮的加成反应，由于共轭效应碳碳双键的π电子密度降低，反应活性减小。加成有1，2-加成和1，4-加成两种方式，但最终产物是一样的。

$$H^+ + \gt C{=}C{-}C{=}O \longrightarrow \gt \overset{+}{C}{-}\underset{H}{C}{-}C{=}O + \gt \overset{+}{C}{-}C{=}C{-}OH$$

1，2-加成 $\xrightarrow{X^-}$ $\gt \overset{X}{C}{-}\underset{H}{C}{-}C$

1，4-加成 $\xrightarrow{X^-}$ $\gt \overset{X}{C}{-}C{=}C{-}OH \longrightarrow \gt \overset{X}{C}{-}\underset{H}{C}{-}C$

例如：

$$C_6H_5{-}CH{=}CHCHO + HBr \longrightarrow C_6H_5{-}\underset{Br}{CH}{-}\underset{H}{C}HCHO$$

$$(CH_3)_2C{=}CH{-}\overset{O}{\overset{\|}{C}}{-}CH_3 + CH_3OH \xrightarrow{H_2SO_4} (CH_3)_2\overset{OCH_3}{C}{-}CH_2{-}\overset{O}{\overset{\|}{C}}{-}CH_3$$

作为亲双烯体，α，β-不饱和醛、酮可以和1，3-丁二烯类化合物发生狄尔斯-阿尔德反应。

10.5.2 亲核加成

由于共轭体系的存在，α，β-不饱和醛、酮分子中羰基碳原子的缺电子性有所下降，而β-碳原子却显示出缺电子性。亲核试剂与α，β-不饱和醛、酮的加成反应随着时间、性质及反应物结构的不同也有1，2-加成和1，4-加成两种方式。

格氏试剂对α，β-不饱和醛、酮的亲核加成可顺利进行，对于α，β-不饱和醛的加成主要是1，2-加成方式；对于α，β-不饱和酮的加成，则由于取代基的空间位阻的存在，两种加成方式均可，但加入CuI有利于1，4-加成进行。

$$CH_3CH_2CH{=}CHCHO + CH_3MgBr \longrightarrow \xrightarrow{H_3O^+} CH_3CH_2CH{=}CH\overset{OH}{C}HCH_3$$

$$CH_3\overset{O}{\overset{\|}{C}}{-}CH{=}CHCH_3 + CH_3MgBr \longrightarrow \xrightarrow{H_3O^+} CH_3COCH_2CH(CH_3)_2 + CH_3CH{=}CH{-}\overset{OH}{C}(CH_3)_2$$

$$CH_3COCH=CHCH_3+CH_3MgBr \xrightarrow{CuI} \xrightarrow{H_3O^+} CH_3COCH_2CH(CH_3)_2$$

10.5.3 乙烯酮

乙烯酮($CH_2=C=O$)是碳原子数最少的不饱和酮。在乙烯酮分子中，碳碳双键和碳氧双键共用一个碳原子，该碳原子为 sp 杂化，分子中的两个双键是累积型，故乙烯酮具有非常高的化学活性，它的沸点很低(−56℃)，不易储存，极易与空气中的氧作用形成具有爆炸性的过氧化物；乙烯酮的毒性很大，又有特殊的臭味；它在丙酮中有较好的溶解性。

由于乙烯酮分子的不饱和程度高，它可与很多的极性分子发生加成反应，结果是在极性分子中引入了乙酰基。乙烯酮也是一个很好的乙酰化试剂。

$$CH_2=C=O \begin{cases} H_2O \longrightarrow CH_3COOH \\ CH_3OH \longrightarrow CH_3COOCH_3 \\ CH_3COOH \longrightarrow (CH_3CO)_2O \\ HX \longrightarrow CH_3COX \\ NH_3 \longrightarrow CH_3CONH_2 \end{cases}$$

乙烯酮极易发生聚合反应生成二聚体。

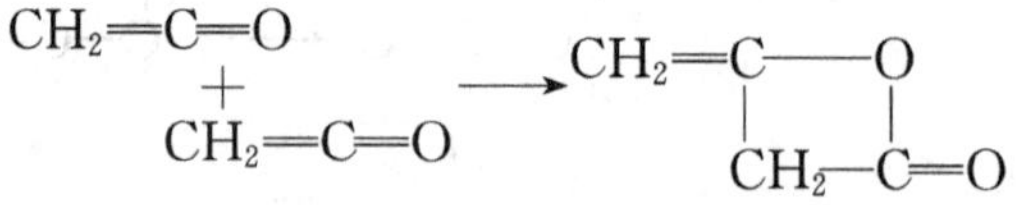

$$CH_2=C=O + CH_2=C=O \longrightarrow \begin{matrix} CH_2=C - O \\ | \quad\quad | \\ CH_2 - C=O \end{matrix}$$

二乙烯酮(沸点 127℃)

10.6 醌

含有 α，β-不饱和双羰基环状结构单元的化合物称为醌。醌已不具有芳环的构造，因而不具有芳香性。有机化合物分子 =⟨⟩= 和 (邻位醌型结构) 中的构造单元称为醌型构造，它们常与颜色有关。当其分子中连有—OH、—OCH_3等助色团时，多显示黄、红、紫等颜色。

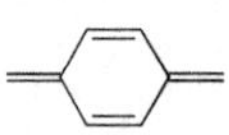

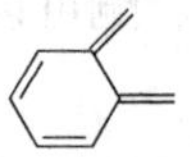

10.6.1 分类、结构与命名

从结构上可分为苯醌、萘醌、菲醌、蒽醌等四类。醌型结构有邻位和对位两种异构体，不存在间位异构体。例如：

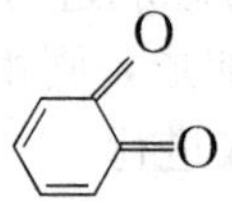

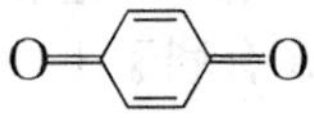

(邻苯醌结构式)　　O=⟨⟩=O

醌是根据相应芳烃来命名的，由苯得到的醌称为苯醌，由萘得到的醌称为萘醌等。例如：

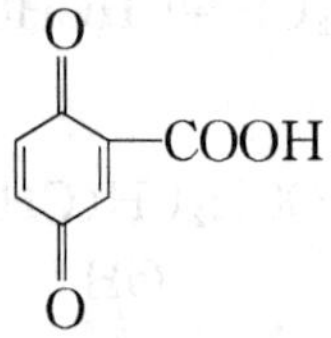

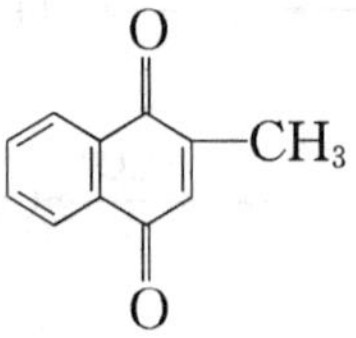

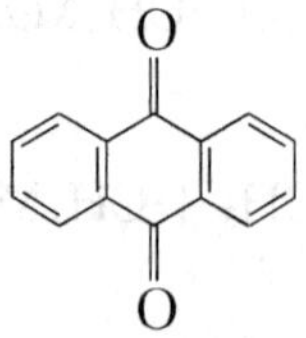

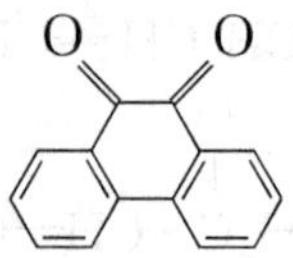

1，4-苯醌-2-甲酸　2-甲基-1，4-萘醌　9，10-蒽醌　9，10-菲醌

练习 10-7 命名下列化合物。

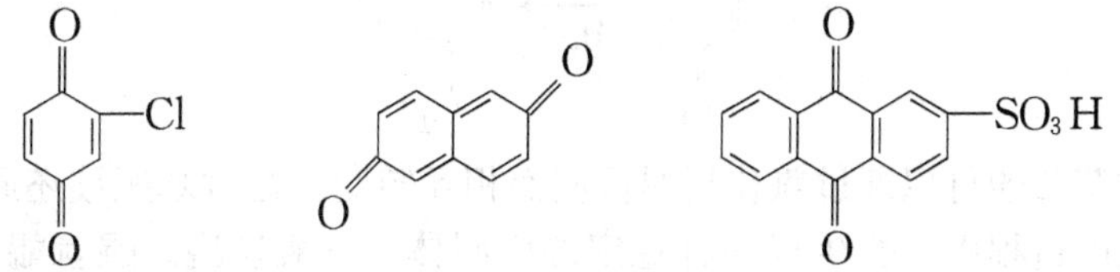

10.6.2 醌的制备

1. 酚或芳胺氧化

酚或芳胺易被氧化成醌，其中对苯醌最容易得到。例如：

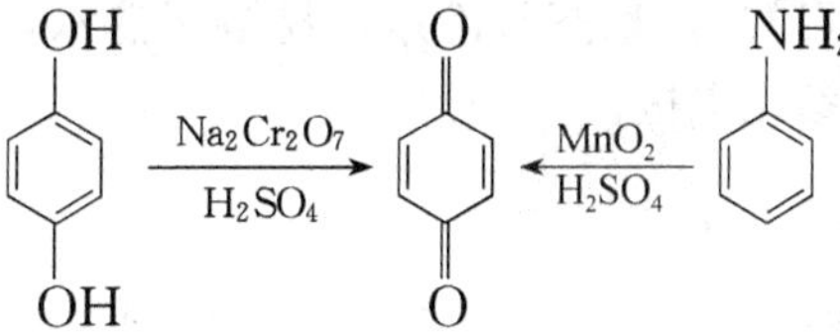

$Na_2Cr_2O_7$ / H_2SO_4 ；MnO_2 / H_2SO_4

2. 芳烃氧化

芳烃可以直接氧化为醌，例如：

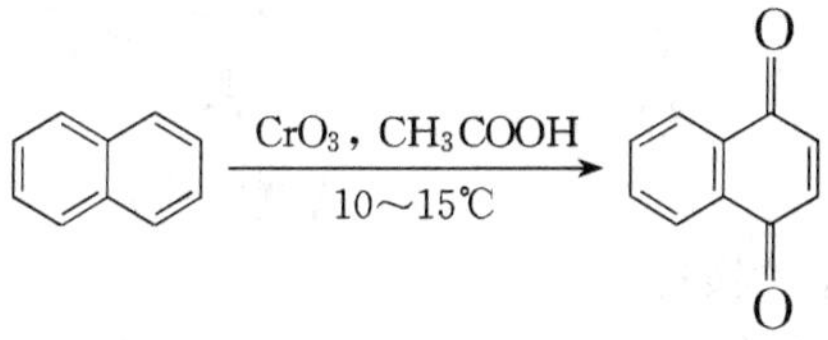

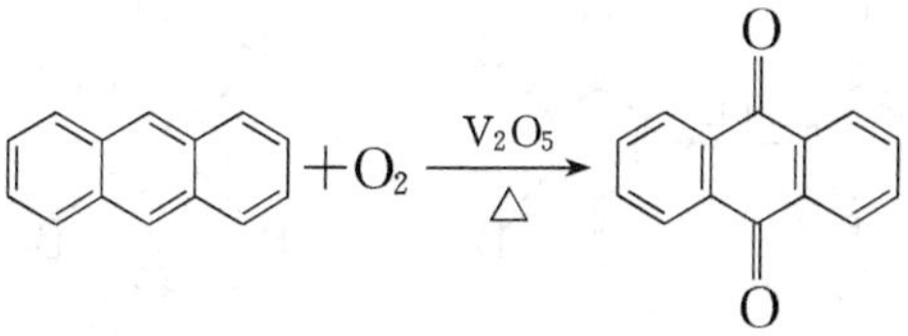

CrO_3, CH_3COOH / 10～15℃

$+O_2$ V_2O_5 / △

3. 傅-克酰基化反应

蒽醌可由苯和邻苯二甲酸酐在三氯化铝存在下经傅-克酰基化反应制备。

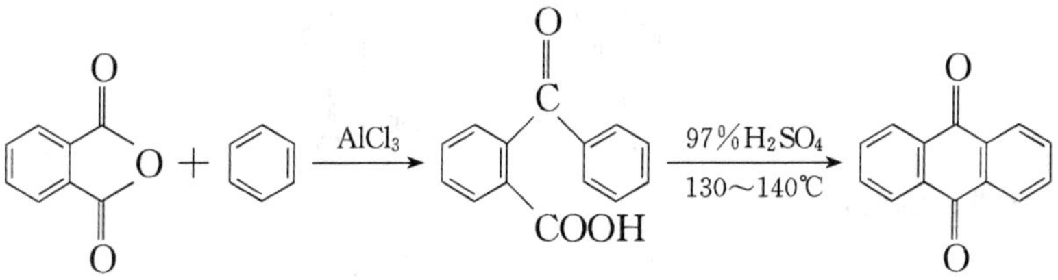

$AlCl_3$ ；COOH ；97%H_2SO_4 / 130～140℃

10.6.3 醌的化学性质

1. 还原反应

对苯醌容易被还原，还原产物是对苯二酚，也称为氢醌。

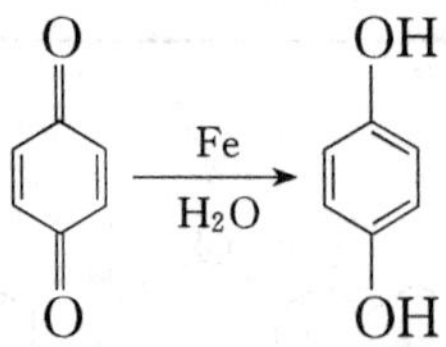

O　　　　OH

$\xrightarrow[H_2O]{Fe}$

O　　　　OH

对苯醌和对苯二酚可以通过氧化还原反应而相互转变。在对苯醌被还原成氢醌或氢醌被氧化成对苯醌的过程中，会生成一种稳定的中间体——醌氢醌。醌氢醌为深绿色晶体，是对苯醌和对苯二酚的分子络合物。

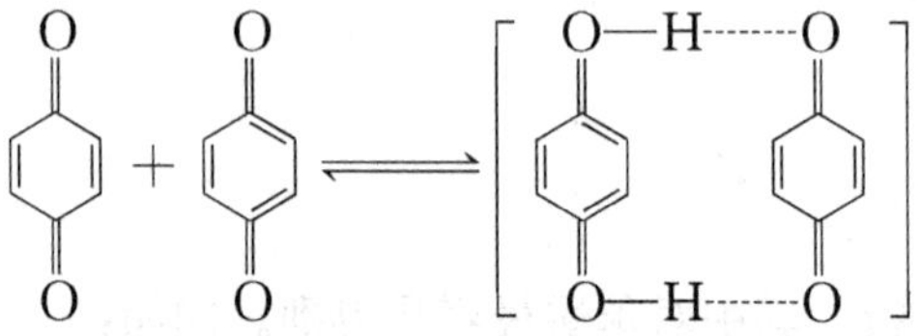

O　+　O　⇌　[O—H┈┈O]

O　　O　　　[O—H┈┈O]

醌氢醌有固定的熔点(171℃)，难溶于冷水，易溶于热水，同时解离成醌和氢醌。醌氢醌的缓冲溶液可用作标准参比电极。

2. 加成反应

(1) 羰基上的加成，例如：

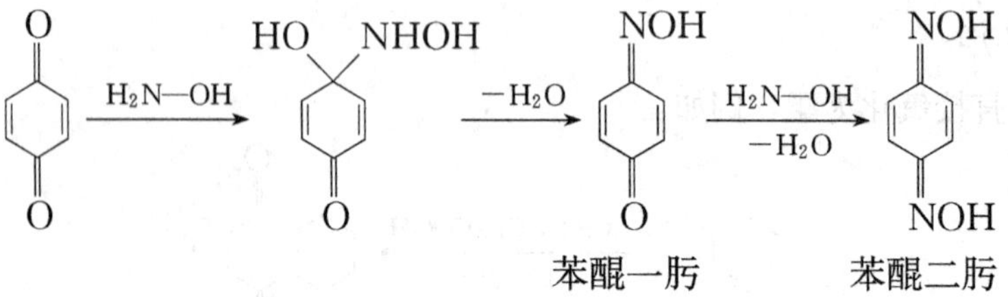

O　$\xrightarrow{H_2N—OH}$　HO　NHOH　$\xrightarrow{-H_2O}$　NOH　$\xrightarrow[-H_2O]{H_2N—OH}$　NOH

O　　　　O　　　　O　　　　NOH

苯醌一肟　　苯醌二肟

(2) 碳碳双键上的加成，例如：

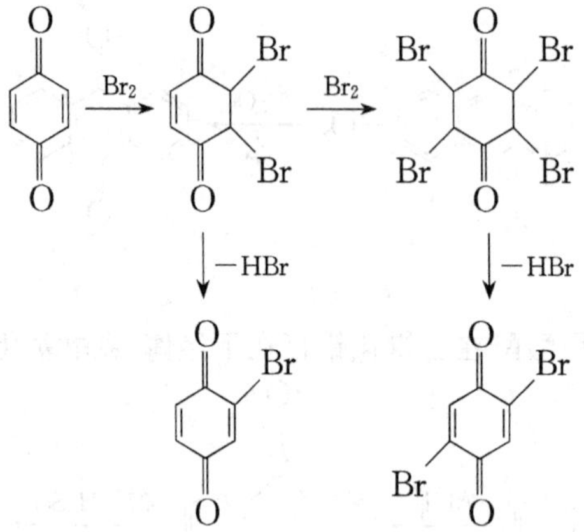

O　$\xrightarrow{Br_2}$　O　Br　$\xrightarrow{Br_2}$　Br　O　Br

O　　　　O　Br　　　Br　O　Br

$\downarrow -HBr$　　$\downarrow -HBr$

O　Br　　　O　Br

O　　　　Br　O

(3) 双烯合成，例如：

+　O　⟶　O

O　　　O

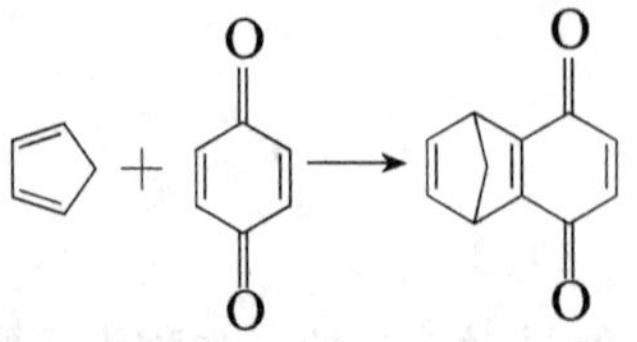

(4) 1，4-加成，例如：

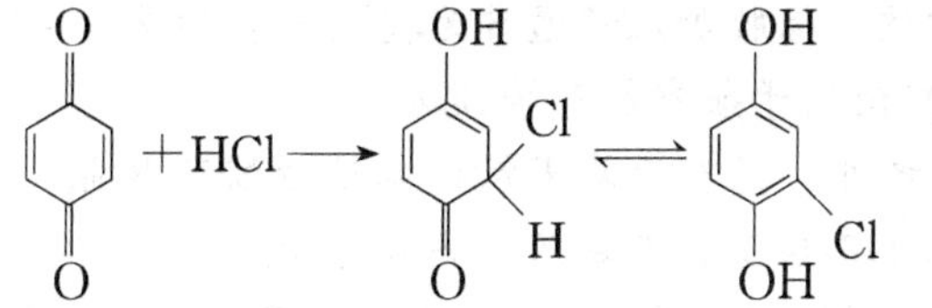

$$ \text{(O=, =O)} + HCl \longrightarrow \text{(OH, Cl, H, O)} \rightleftharpoons \text{(OH, Cl, OH)} $$

阅读材料

涂料用酚醛树脂及其改性研究现状

随着社会的发展人们越来越重视安全和环保，新型酚醛树脂品种和酚醛树脂新的成型工艺得到了发展。酚醛树脂是最早工业化的合成树脂，已经有100年的历史，由于它原料易得、合成方便及树脂固化后性能满足很多使用要求，因此在模塑料、绝缘材料、涂料、木材粘接等方面得到广泛应用。近年来随着人们对安全等要求的提高，具有阻燃、低烟、低毒等特性的酚醛树脂重新引起了人们重视。与不饱和聚酯树脂相比，酚醛树脂的反应活性低、固化反应放出缩合水，使得固化必须在高温高压条件下进行，长期以来一般只能先浸渍增强材料制作预浸料。

近年来国内相继开发出一系列新型酚醛树脂，如硼改性酚醛树脂、烯炔基改性酚醛树脂、氰酸酯化酚醛树脂和开环聚合型酚醛树脂等。可以用于SMC/BMC、RTM、拉挤、喷射、手糊等复合材料成型工艺。酚醛树脂的改性研究目前主要分布在以下几个领域：

(1) 聚乙烯醇缩醛改性酚醛树脂。工业上应用得最多的酚醛树脂是聚乙烯醇缩醛改性酚醛树脂，它可提高树脂对玻璃纤维的黏结力，改善酚醛树脂的脆性，增加复合材料的力学强度，降低固化速率从而有利于降低成型压力，利用缩醛和酚醛羟甲基反应合成的树脂是优良的特种油墨载体树脂。

(2) 聚酰胺改性酚醛树脂。经聚酰胺改性的酚醛树脂提高了酚醛树脂的冲击韧性和粘结性，用作改性的聚酰胺是一类羟甲基化聚酰胺，利用羟甲基或活泼氢在合成树脂过程中或在树脂固化过程中发生反应形成化学键而达到改性的目的，用该树脂制成的渔竿等薄壁管具有优良的力学性能。

(3) 环氧改性酚醛树脂。用热固性酚醛树脂和双酚A型环氧树脂混合物制成的复合材料可以兼具两种树脂的优点，改善它们各自的缺点。这种混合物具有环氧树脂优良的黏结性，改进了酚醛树脂的脆性，同时具有酚醛树脂优良的耐热性，改进了环氧树脂耐热性较差的缺点。这种改性是通过酚醛树脂中的羟甲基与环氧树脂中的羟基及环氧基进行化学反应，以及酚醛树脂中的酚羟基与环氧树脂中的环氧基进行化学反应，最后交联成复杂的体型结构来达到目的，是应用最广的酚醛增韧方法。

(4) 有机硅改性酚醛树脂。有机硅树脂具有优良的耐热性和耐潮性，采用不同的有机硅单体或其混合单体与酚醛树脂改性，可得不同性能的改性酚醛树脂，具有广泛的选择性，可作为瞬时耐高温材料，用作火箭、导弹等烧蚀材料；硼也可改性酚醛树脂，由于在酚醛树脂的分子结构中引入了无机的硼元素，使得硼改性酚醛树脂的耐热性、瞬时耐高温性、耐烧蚀性和力学性能比普通酚醛树脂好得多，多用于火箭、导弹和空间飞行器等空间技术领域作为优良的耐烧蚀材料；橡胶改性酚醛树脂采用共混方式将丁腈橡胶加到酚醛树脂中，是有效的增韧方法，橡胶加入量通常为树脂质量的2%～10%，冲击韧性可以提高100%以上，该树脂可广泛用于航空航天等领域。

(5) 应用领域除此之外，还有炔基或烯丙基改性酚醛树脂，一般以线型酚醛为母体，在酚氧位或苯环上引入苯乙炔基、乙炔基、炔丙基等。

(6) 加成聚合固化酚醛树脂的固化主要是通过不同官能团的聚合来实现的，这改变了传统的酚醛缩合固化方式，使其与传统的热固性树脂相比有更好的热稳定性和更高的残碳率。

(7) 酚醛氰酸酯树脂一般是指以线型酚醛树脂为骨架，酚羟基被氰酸酯官能团所替代而形成的酚醛树脂衍生物，在热和催化剂作用下发生三环化反应，生成含有三嗪环的高交联密度网络结构大分子，是制备高速数字及高频用印刷电路板及大功率电机绝缘配件的极佳材料，也是制造高性能透波结构材料和航空航天用高性能结构复合材料最理想的基体材料。

改性还有几种领域：①苯恶嗪树脂，以酚类化合物、胺类化合物和甲醛为原料，合成一类含杂环结构的中间体苯并恶嗪，这种苯并恶嗪树脂在成型固化过程中没有小分子释放，开环聚合过程中无低分子物释放，改善了酚醛树脂的成型加工性，制品孔隙率低、性能大大提高；②二甲苯改性酚醛树脂，是在酚醛树脂的分子结构中引入疏水性结构的二甲苯环，由此改性后的酚醛树脂的耐水性、耐碱性、耐热性及电绝缘性能得到改善；③二苯醚甲醛树脂是用二苯醚代替苯酚和甲醛缩聚而成的，二苯醚甲醛树脂的玻璃纤维增强复合材料具有优良的耐热性能，可用作H级绝缘材料还具有良好的耐辐射性能，吸湿性也很低；④在酚醛树脂中引入耐热性优良的双马来酰亚胺，因两者之间发生氢离子移位加成反应，所以对部分酚羟基具有隔离或封锁作用，使改性树脂的热分解温度显著提高，对于改善摩阻材料的耐高温性能有很大作用。

本章小结

1. 醛、酮分子中都含羰基，羰基是具有极性的不饱和基团，它与碳碳双键不同，容易进行亲核加成。

2. 醛的普通命名法和醇相似，酮的普通命名法和醚相似；它们的系统命名法则根据IUPAC规则进行。

3. 醛、酮的主要制法：

$$R-\underset{\underset{OH}{|}}{CH}-H(R') \underset{H_2}{\overset{[O]}{\rightleftharpoons}} R-\underset{\underset{O}{\|}}{C}-H(R')$$

$$RCH=CH_2+CO+H_2 \xrightarrow{[Co(CO)_4]} R-\underset{\underset{O}{\|}}{C}-H(R') \xleftarrow[H_2SO_4]{HgSO_4} RC\equiv CH+H_2O$$

$$ArH \xrightarrow[AlCl_3]{R'COCl} R-\underset{\underset{O}{\|}}{C}-H(R')$$

4. 醛、酮的主要化学性质：

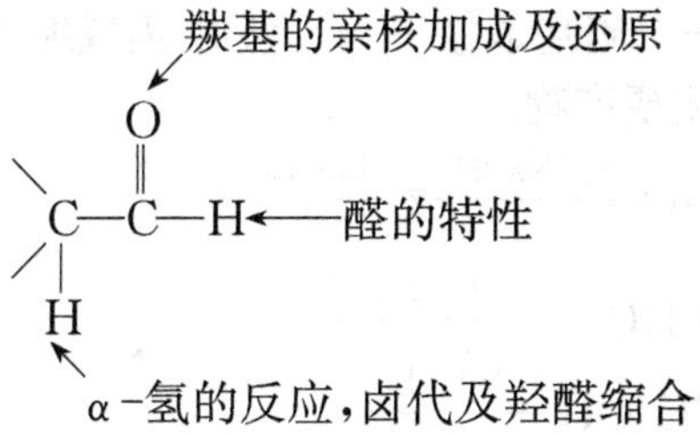

羰基的亲核加成及还原；醛的特性（醛基上的 H）；α-氢的反应，卤代及羟醛缩合

亲核加成的规律：

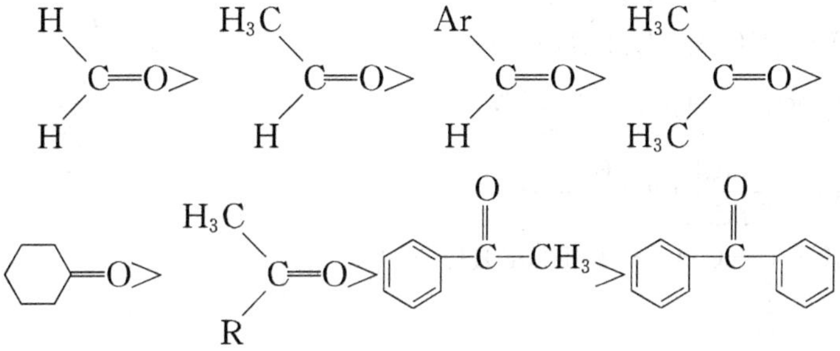

$HCHO > CH_3CHO > ArCHO > CH_3COCH_3 >$ 环己酮 $> CH_3COR > C_6H_5COCH_3 > C_6H_5COC_6H_5$

5. 醛、酮的鉴别：

（1）醛、酮类的鉴别常用羰基试剂，如用 2，4-二硝基苯肼生成不溶于水的固体，有固定的熔点。

（2）醛与酮的鉴别常用氧化反应，如 Tollens 试剂（银镜反应）或 Fehling 试剂。

（3）甲基酮类和乙醛可以用碘仿反应来鉴别。

（4）醛、脂肪族的甲基酮和亚硫酸氢钠的饱和溶液生成无色结晶。

习 题

1. 命名下列化合物。

（1）$(CH_3)_2CHCHO$

（2）$H_3C-C_6H_4-CHO$（对位）

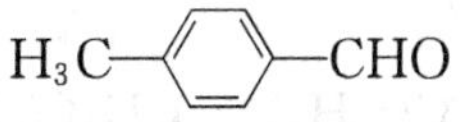

（3）$(CH_3)_2CHCOCH(CH_3)_2$

（4）$CH_3O-C_6H_4-CHO$（对位）

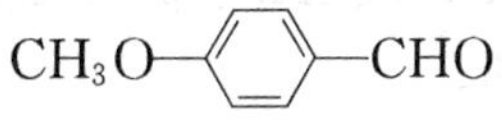

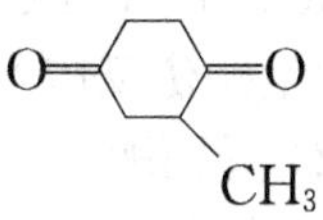

（5）2-甲基环己烷-1,4-二酮结构（O=环己烷=O，带 CH_3）

（6）$C_6H_5COC_6H_5$

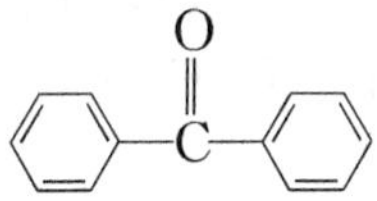

（7）$CH_3CH_2-CO-CH=CH_2$

（8）环己酮肟（环己烷=NOH）

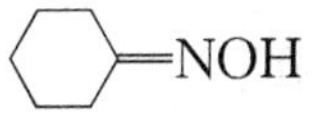

（9）$CH_3COCH_2COCH_3$

2. 写出下列化合物的构造式。

（1）3-甲基戊醛

（2）2-甲基-3-戊酮

（3）甲基环戊基甲酮

（4）间甲氧基苯甲醛

（5）3，7-二甲基-6-辛烯醛

（6）α-溴代苯乙酮

（7）乙基乙烯基甲酮

（8）三甲基乙醛

(9) 邻羟基苯甲醛　　　　　　　　　(10) 肉桂醛

(11) 丙酮-2，4-二硝基苯腙　　　　(12) 丙醛缩乙二醇

3. 写出下列反应的主要产物。

(1) $CH_3CH_2CH_2CHO \xrightarrow{5\%NaOH} ? \xrightarrow[H_2O]{LiAlH_4} ?$

(2) $(CH_3)_3CCHO + HCHO \xrightarrow{40\%NaOH} ?$

(3) C_6H_5—CHO + CH_2OH—CH_2OH $\xrightarrow{干\ HCl} ?$

(4) $CH_3CH_2COCH_3 + H_2NOH \longrightarrow ?$

(5) C_6H_5—$COCH_2CH_2CH_3 \xrightarrow[HCl]{Zn-Hg} ?$

(6) 环己酮 $\xrightarrow[无水乙醚]{CH_3MgBr} ? \xrightarrow[\triangle]{H_3O^+} ?$

(7) $(CH_3)_3C$—C(=O)—$CH_3 + I_2 + NaOH \longrightarrow ?$

(8) 环己酮 + $NaHSO_3$(饱和溶液)$\longrightarrow ?$

(9) $HOCH_2CH_2CH_2CHO \xrightarrow{干\ HCl} ? \xrightarrow[CH_3OH]{干\ HCl} ?$

(10) $(CH_3)_2CHCHO \xrightarrow[乙酸]{Br_2} ?$

4. 用简单的化学方法区别下列各组化合物。

(1) 甲醛、乙醛、丙烯醛　　　　　(2) 乙醇、乙醚、乙醛

(3) 丙醛、丙酮、丙醇、异丙醇　　(4) 1-丁醇、2-丁醇、丁醛、2-丁酮

(5) 戊醛、2-戊酮、环戊酮、苯甲醛　(6) 苯甲醇、苯酚、苯甲醛、苯乙酮

5. 将下列化合物按羰基的亲核加成反应活性大小排列。

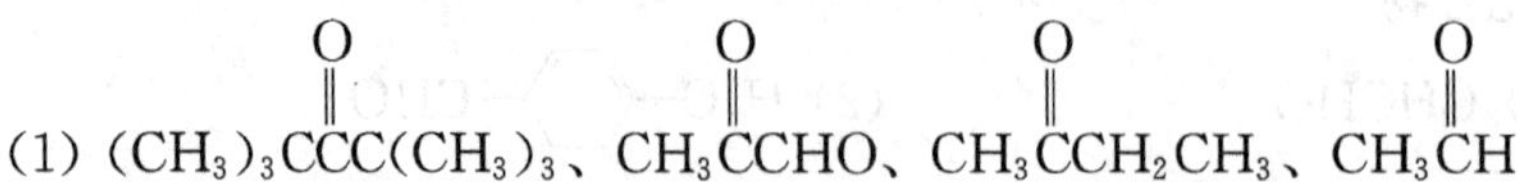

(1) $(CH_3)_3CC(O)C(CH_3)_3$、$CH_3C(O)CHO$、$CH_3C(O)CH_2CH_3$、$CH_3C(O)H$

(2) HCHO、C_6H_5CHO、m-$CH_3C_6H_4CHO$、p-$O_2NC_6H_4CHO$、p-$CH_3OC_6H_4CHO$

6. 下列化合物哪些能发生碘仿反应？写出其反应产物。

(1) 丁酮　　(2) 异丙醇　　(3) 正丁醇　　(4) 3-戊酮

(5) 苄醇　　(6) 2-丁醇　　(7) 2-甲基丁醛　　(8) 叔丁醇

(9) 苯甲醛　　(10) 苯乙酮　　(11) 2，4-戊二酮　　(12) 2-甲基环戊酮

7. 以醛酮为原料合成下列化合物。

(1) 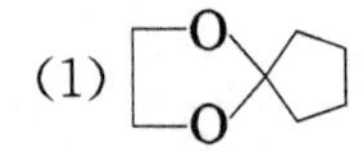

(2) 环己基=$NNHCONH_2$

(3) $CH_3CH{=}CHCH_2CH(OH)CH_3$

(4) $CH_3CH_2CH_2CH(OH)CN$

(5) CH_3CH_2—C(OH)(CH_3)—SO_3Na

(6) 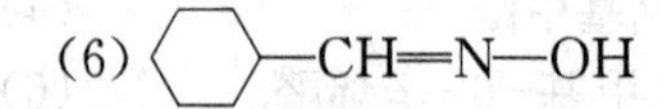

8. 完成下列转化，并写出反应式。

(1) $CH_3CH_2CHO \longrightarrow CH_3CH_2CH(OH)CH_3$

(2) $CH_3CH_2OH \longrightarrow CH_3COCH_3$

(3) $ClCH_2CH_2CHO \longrightarrow HOCH_2CHOHCHO$

(4) $CH_3COCH_3 \longrightarrow CH_2{=}C(CH_3){-}COOCH_3$

(5) $CH_3CHO \longrightarrow CH_3CH_2CH_2CHO$

(6) $CH_3CH_2CHO \longrightarrow CH_3CH_2COOCH_2CH_2CH_3$

9. 下列化合物中，哪个是半缩醛(或半缩酮)，哪个是缩醛(或缩酮)？并写出由相应的醇及醛或酮制备它们的反应式。

(1) 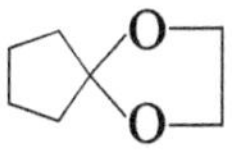 环戊烷螺接1,3-二氧戊环（环戊酮乙二醇缩酮）

(2) 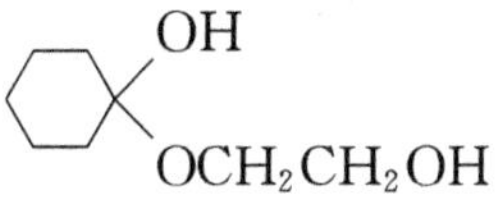 环己烷C上连 OH 和 OCH_2CH_2OH

(3) 环己基$-OCH(OH)CH_3$

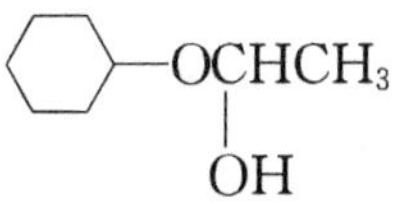

(4) 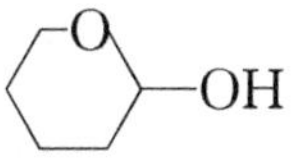 四氢吡喃环（环上含O）$-OH$

10. 某化合物分子式为 $C_5H_{12}O$(A)，氧化后得分子式为 $C_5H_{10}O$ 的化合物(B)。B 能和 2，4-二硝基苯肼反应得黄色结晶，并能发生碘仿反应。(A)和浓硫酸共热后经酸性高锰酸钾氧化得到丙酮和乙酸。试推出 A 的构造式，并用反应式表明推导过程。

11. 某化合物 $C_8H_{14}O$(A)，可以很快地使溴水褪色，可以和苯肼发生反应，氧化后得到一分子丙酮及另一化合物(B)。B 具有酸性，和次碘酸钠反应生产碘仿和一分子羧酸，其结构是 $HOOCCH_2CH_2COOH$。写出(A)、(B)的构造式。

12. 某化合物分子式为 $C_6H_{12}O$，能与羟胺作用生成肟，但不起银镜反应，在铂催化下加氢得到一种醇。此醇经过脱水、臭氧化还原水解等反应后得到两种液体，其中之一能起银镜反应但不起碘仿反应，另一种能起碘仿反应但不能使 Fehling 试剂还原。试写出该化合物的构造式。

13. 某化合物 A 分子式为 $C_{10}H_{12}O_2$，不溶于氢氧化钠溶液，能与羟氨作用生成白色沉淀，但不与 Tollens 试剂反应。A 经 $LiAlH_4$ 还原得到 B，分子式为 $C_{10}H_{14}O_2$。A 与 B 都能发生碘仿反应。A 与浓 HI 酸共热生成 C，分子式为 $C_9H_{10}O_2$。C 能溶于氢氧化钠，经克莱门森还原生成化合物 D，分子式为 $C_9H_{12}O$。A 经高锰酸钾氧化生成对甲氧基苯甲酸。试写出 A、B、C、D 的构造式和有关反应式。

14. 某不饱和酮 C_5H_8O(A)，与 CH_3MgI 反应，经酸化水解后生成饱和酮 $C_6H_{12}O$(B)和不饱和醇 $C_6H_{12}O$(C)的混合物。B 用溴的氢氧化钠溶液处理生成 3-甲基丁酸钠。C 与 $KHSO_4$ 共热则脱水生成 C_6H_{10}(D)，D 与丁炔二酸反应得到 $C_{10}H_{12}O_4$(E)。E 用钯催化脱氢生成 3，5-二甲基邻苯二甲酸。试写出 A、B、C、D 和 E 的构造式和有关反应式。

15. 灵猫酮 A 是由香猫的臭腺中分离出的香气成分，是一种珍贵的香精原料，其分子式为 $C_{17}H_{30}O$。A 能与羟胺等氨的衍生物作用，但不发生银镜反应。A 能使溴的四氯化碳溶液褪色生成分子式为 $C_{17}H_{30}Br_2O$ 的 B。将 A 与高锰酸钾水溶液一起加热得到氧化产物C，分子式为 $C_{17}H_{30}O_5$。但如以硝酸与A一起加热，则得到如下的两个二元羧酸：$HOOC(CH_2)_7COOH$ 和 $HOOC(CH_2)_6COOH$，将A于室温催化氢化得分子式为 $C_{17}H_{32}O$ 的D，D与硝酸加热得到 $HOOC(CH_2)_{15}COOH$。写出灵猫酮A以及B，C，D的构造式，并写出各步的反应式。

16. 麝香酮($C_{16}H_{30}O$)是由雄麝鹿臭腺中分离出来的一种活性物质，可用于医药及配制高档香精。麝香酮与硝酸一起加热氧化，可得以下两种二元羧酸：$HOOC(CH_2)_{12}CH(CH_3)COOH$ 和 $HOOC(CH_2)_{11}CH(CH_3)CH_2COOH$，将麝香酮以锌-汞齐及盐酸还原，得到甲基环十五烷（环十五烷环上带一个 CH_3），写出麝香酮的构造式。

第 11 章 羧酸及其衍生物

教学目标

掌握羧酸的命名、结构、制备和化学性质。

掌握羟基酸的制法与性质。

理解酸碱理论在有机化学中的应用。

掌握酰卤、酸酐、酯、酰胺的化学性质及相互间的转化关系。

掌握酰胺的个性、霍夫曼降级反应。

理解酯的水解反应历程。

教学要求

知识要点	能力要求	相关知识
羧酸	(1) 掌握羧酸的结构和命名 (2) 掌握羧酸的制备 (3) 掌握羧酸的化学性质	
羟基酸	(1) 掌握羟基酸的制法 (2) 掌握羟基酸的性质	
羧酸衍生物	(1) 掌握羧酸衍生物结构和命名 (2) 理解酰基碳上的亲核取代反应 (3) 掌握羧酸衍生物与格氏试剂的反应，掌握酰胺的个性	亲核取代 霍夫曼降级反应
碳酸衍生物	掌握碳酰胺和碳酰氯的性质	

羧酸及其衍生物都是烃的含氧衍生物。它们在自然界分布广泛，是重要的有机化合物。羧酸分子中含有羧基(—COOH)，羧酸衍生物可用通式(RCOX)表示，其中 RCO—称为酰基，酰基是羧酸衍生物的官能团。羧酸衍生物包括酰卤、酸酐、酯和酰胺。

11.1 羧　　酸

11.1.1 羧酸的分类和命名

1. 分类

根据分子中所含羧基的数目，羧酸可分为一元羧酸和多元羧酸；根据分子中与羧基碳相连的烃基不同，羧酸可分为脂肪族羧酸和芳香族羧酸；根据分子中烃基的饱和程度不同，羧酸可分为饱和羧酸和不饱和羧酸。

2. 命名

羧酸的命名有普通命名法和系统命名法。很多高级开链一元羧酸以酯或盐的形式存在于自然界，它们的名称常根据其天然来源命名，即俗名。甲酸最初是由蚂蚁蒸馏得到的，称为蚁酸；乙酸最初是由食用的醋中得到，称为醋酸；还有草酸、琥珀酸、苹果酸、柠檬酸等。

COOH—COOH	CH_2COOH—CH_2COOH	$HO—CH(COOH)—CH_2COOH$	$HO—C(COOH)(CH_2COOH)_2$
草酸	琥珀酸	苹果酸	柠檬酸

羧酸的系统命名法，选择含有羧基的最长碳链作为主链，根据主链上碳原子数目称为某酸。从羧基碳原子开始编号，取代基的位次可以用阿拉伯数字标明，也可以用希腊字母来标明，即与羧基直接相连的碳原子为α，其余位次为β，γ…，距羧基最远的为ω位。芳香族羧酸可以作为脂肪酸的芳基取代物命名。

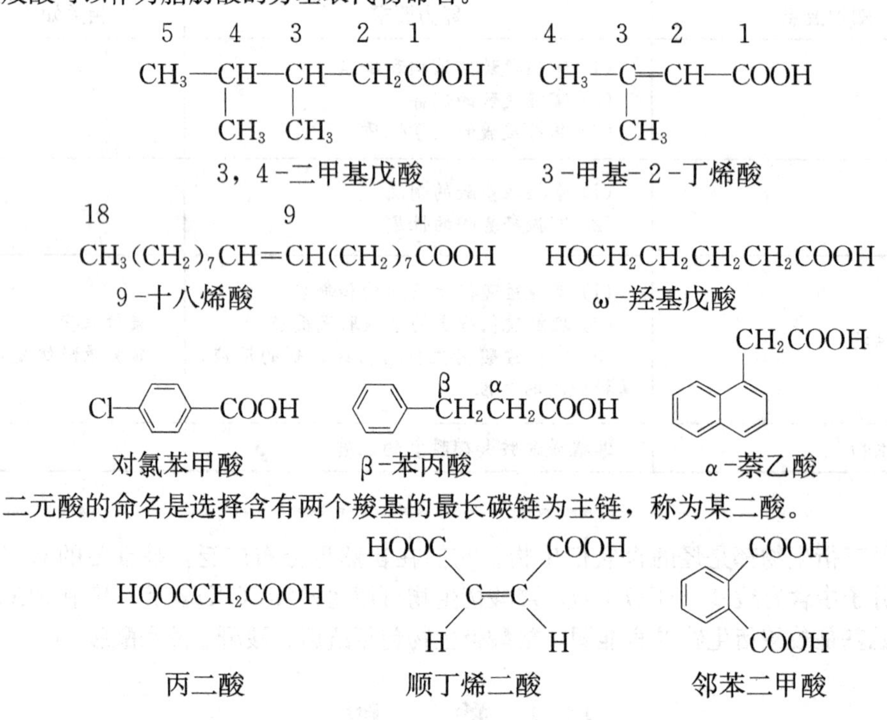

二元酸的命名是选择含有两个羧基的最长碳链为主链，称为某二酸。

$HOOCCH_2COOH$	HOOC(H)C=C(H)COOH	$C_6H_4(COOH)_2$
丙二酸	顺丁烯二酸	邻苯二甲酸

练习 11-1 命名下列化合物或写出构造式。

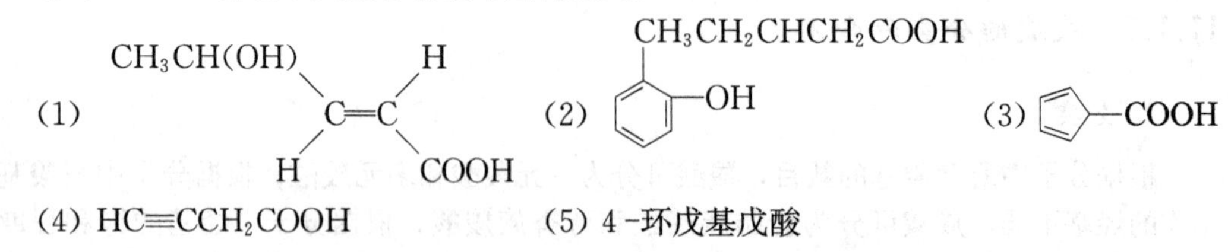

(4) $HC\equiv CCH_2COOH$　(5) 4-环戊基戊酸

11.1.2 羧酸的结构

羧酸是含氧有机弱酸，分子中具有羧基$-\overset{O}{\overset{\|}{C}}-OH$，它的通式为RCOOH。

在羧基中，羰基和羟基连在同一个sp^2杂化的碳原子上，羧基是一个平面构型，其中羰基和羟基之间存在p-π共轭作用，且羧酸烃基上的α-碳氢键与羧基的碳氧双键之间还存在σ-π共轭作用。羧基中的这种电子效应，使羧基中C═O键与C═O键的键长和醛及醇的相应的键长有所不同。

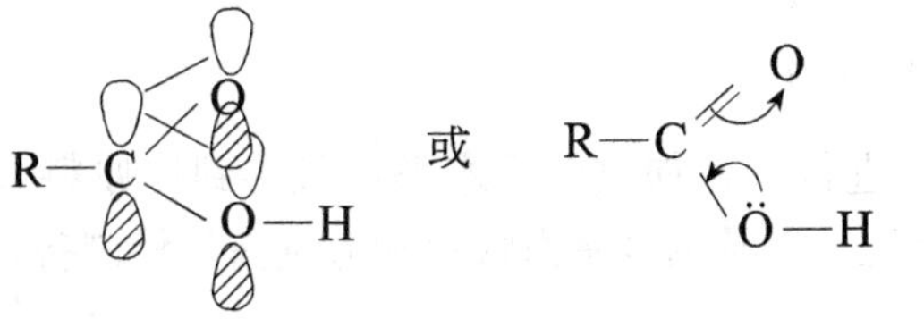

R—C(O)—O—H 或 R—C(=O)—Ö—H

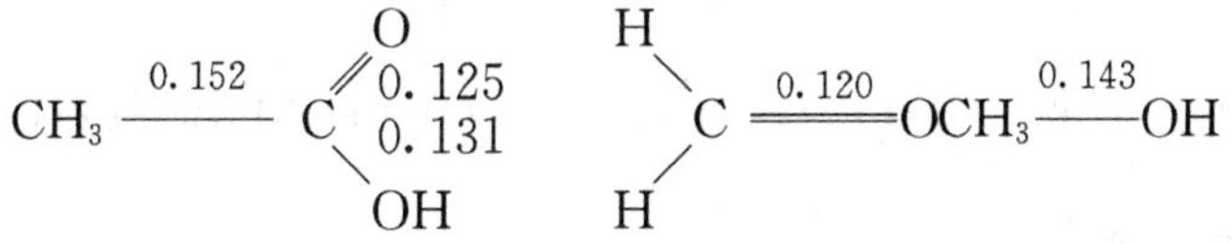

$CH_3\overset{0.152}{—}C(\overset{0.125}{=}O)(\overset{0.131}{—}OH)$　　$H_2C\overset{0.120}{=}O$　　$CH_3\overset{0.143}{—}OH$

（单位：nm）

羧基是吸电子的，由于共轭效应，羧基中羰基碳原子的亲核加成反应活性远小于醛、酮；而羟基的被取代的反应活性也不如醇；羧酸α-H的活性不如醛、酮中的α-H。但羧基中O—H键的极性有所增加，使羧酸具有明显的酸性，其水溶液可使蓝色石蕊试纸变红。

11.1.3 羧酸的制法

1. 由醛、伯醇的氧化

醛和伯醇很容易被氧化成羧酸，常用的氧化剂有$K_2Cr_2O_7/H_2SO_4$，$CrO_3/HOAc$，CrO_3/吡啶，$KMnO_4/H_2SO_4$等。

$$(CH_3)_3C—CH(CH_2OH)—C(CH_3)_3 \xrightarrow[82\%]{K_2Cr_2O_7/H_2SO_4} (CH_3)_3C—CH(COOH)—C(CH_3)_3$$

2. 烯烃的氧化

用烯烃的氧化法制羧酸适用于对称烯烃和末端烯烃。

$$CH_3(CH_2)_4CH═CH(CH_2)_4CH_3 \xrightarrow{KMnO_4/H_2SO_4} 2CH_3(CH_2)_4COOH$$

$$CH_3(CH_2)_6CH═CH_2 \xrightarrow{KMnO_4/H_2SO_4} CH_3(CH_2)_6COOH$$

3. 芳烃的氧化

用芳烃的氧化法制羧酸通常指芳烃侧链(烃基)的氧化，含有α-H的烃基被氧化为羧基，而且不论烃基的碳链长短，一般都生成苯甲酸。

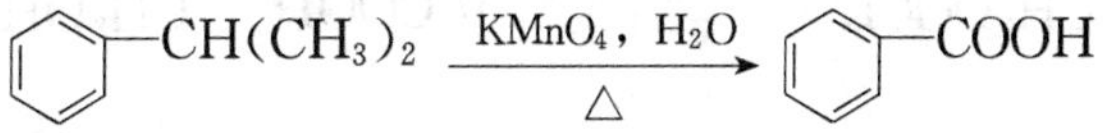

$$C_6H_5—CH(CH_3)_2 \xrightarrow[\triangle]{KMnO_4,\ H_2O} C_6H_5—COOH$$

4. 卤仿反应

凡具有 CH_3CO—结构的醛、酮(乙醛和甲基酮)以及 $CH_3CH(OH)$—结构的醇，与次卤酸钠溶液或卤素的碱溶液作用，甲基上的三个 α－H 都会被取代，若取代后的产物在碱性溶液中不稳定，易分解成三卤甲烷和羧酸盐。此法可用于制备一些其他方法不易得到的羧酸。例如：

$$(CH_3)_3C-\underset{\underset{O}{\|}}{C}-CH_3 \xrightarrow[\triangle]{I_2/NaOH} (CH_3)_3CCOONa+CHI_3$$

5. 格氏试剂与 CO_2 作用

用格氏试剂与 CO_2 进行亲核加成然后水解，可得到比原料多一个碳原子的羧酸。常用于由伯、仲、叔卤代烷，以及烯丙基卤代烃和芳基卤代烃制备相应的羧酸。

$$(CH_3)_3C-MgBr+O=C=O \longrightarrow (CH_3)_3C-\overset{\overset{O}{\|}}{C}-\overset{-}{O}-\overset{+}{Mg}Br \xrightarrow{H_3^+O} (CH_3)_3CCOOH$$

6. 烯烃羰基化反应

在烯烃分子中引进羰基的反应称为羰基化反应，又称羰基合成反应。使用不同的原料，产物不同，但都是羰基衍生物。例如：

$$RCH=CH_2+CO+H_2O \xrightarrow{Ni(CO)_4} RCH_2CH_2COOH+\underset{\underset{CH_3}{|}}{RCHCOOH}$$

$$3 \quad : \quad 1$$

7. 腈的水解

腈水解可得到比原料多一个碳的羧酸，但在中性溶液中水解很慢，通常加酸或碱催化以加速水解反应的进行，产率一般均较高。

$$CH_3CH_2CH_2CH_2CN+H_2O \xrightarrow{NaOH} CH_3CH_2CH_2CH_2COOH(90\%)$$

$$C_6H_5-CH_2CN+H_2O \xrightarrow{NaOH} C_6H_5-CH_2COOH(78\%)$$

腈可用卤代烃与 NaCN 或 KCN 制备。此法仅适用于伯卤代烃，仲卤代烃和叔卤代烃与 NaCN 作用易发生消除反应。

8. 羧酸衍生物的水解

油脂是高级脂肪酸的甘油酯。油脂和羧酸衍生物都可得到羧酸，及副产物(甘油和醇)。油脂碱性水解生成的高级脂肪酸盐即为肥皂的主要成分。

$$\begin{array}{l}CH_2OOCR\\|\\CHOOCR'\\|\\CH_2OOCR''\end{array}+3H_2O \longrightarrow \begin{array}{l}RCOOH\\ \\R'COOH\\ \\R''COOH\end{array}+\begin{array}{l}CH_2OH\\|\\CHOH\\|\\CH_2OH\end{array}$$

练习 11-2 用格氏试剂合成法，如何制备下列羧酸？

(1) α-甲基丙酸 (2)3-丁烯酸 (3) 正己酸 (4) 2，2-二甲基丙酸

练习 11-3 从 $HOCH_2CH_2CH_2CH_2Br$ 转变为 $HOCH_2CH_2CH_2CH_2COOH$ 应采用格氏试剂合成法还是腈水解法？为什么？

11.1.4 羧酸的物理性质

常温下，甲酸至壬酸的直链羧酸是液体，癸酸以上的羧酸是固体。脂肪族饱和一元羧酸中，甲酸、乙酸、丙酸是具有刺激性酸味的液体，直链的正丁酸至正壬酸是具有酸腐臭味的油状液体。脂肪族二元羧酸和芳香族羧酸都是结晶固体，固体羧酸基本上无味。

羧酸是极性分子，能与水形成氢键。甲酸至丁酸可与水互溶。随着羧酸相对分子质量的增加，在水中的溶解度减小，癸酸以上的羧酸不溶于水。但脂肪族一元羧酸一般都能溶解于乙醇、乙醚、氯仿等有机溶剂。低级的饱和二元羧酸也可溶于水，并随碳链的增长而溶解度降低。芳香族羧酸的水溶性较差。一些常见羧酸的名称及物理常数如表 11-1 所示。

表 11-1 一些常见羧酸的名称及物理常数

化合物	熔点/℃	沸点/℃	相对密度(20℃)	溶解度($g/100gH_2O$)
甲酸 HCOOH	8.4	100.7	1.220	∞
乙酸 CH_3COOH	16.6	117.9	1.0492	∞
丙酸 CH_3CH_2COOH	−20.8	141.1	0.9934	∞
正丁酸 $CH_3(CH_2)_2COOH$	−4.5	165.6	0.9577	∞
正戊酸 $CH_3(CH_2)_3COOH$	−34.5	186～187	0.9391	4.97
正已酸 $CH_3(CH_2)_4COOH$	−2～−1.5	205	0.9274	0.968
十二酸 $CH_3(CH_2)_{10}COOH$	44	225	0.8679	0.0055
十四酸 $CH_3(CH_2)_{12}COOH$	58.5	326.2	0.8439	0.0020
丙烯酸	13.5	141.6	1.0511	溶
乙二酸	189.5	157	1.65	9
丙二酸	135.6	140	1.619	74
丁二酸	187～189	235	1.572	5.8
顺丁烯二酸	138～140	160	1.590	78.8
反丁烯二酸	287	165	1.635	0.7
苯甲酸	122.4	249	1.2659	0.34

羧酸熔点的变化规律是随着羧酸碳原子数增加，呈锯齿形上升。偶数碳原子的羧酸比相邻的两个同系物的熔点要高。

乙酸熔点 16.6℃，当室温低于此温度时，立即凝成冰状结晶，故纯乙酸又称为冰

醋酸。

羧酸的沸点比相对分子质量相同的醇的沸点高。如甲酸的沸点是100.7℃，而相对分子质量相同的乙醇的沸点只有78.5℃。乙酸的沸点117.9℃，而正丙醇的沸点是97.4℃。因为羧酸分子间能形成两个氢键，形成稳定的二聚体。低级羧酸甚至在蒸气状态下还可保持双分子缔合。

11.1.5 羧酸的化学性质

羧基是羧酸的官能团，是由羟基和羰基组成的，它们相互影响使羧酸分子具有独特的化学性质，而不是这两个基团性质的简单加和。羧基中羟基的性质和醇羟基的性质不全相同；羧基中虽然有羰基，但不具有醛、酮中羰基的一般特性。

根据反应中化学键的断裂方式不同，羧酸的化学反应可表示如下：

α-H的取代反应；碳氧双键亲核加成；氧氢键断裂而呈酸性；脱羧反应；羟基被取代反应

1. 酸性

羧酸具有明显的酸性，在水溶液中存在着如下平衡：

$$RCOOH \rightleftharpoons RCOO^- + H^+$$

一般羧酸的pK_a为3～5，是比碳酸(pK_a=6.38)强的有机弱酸。羧酸能与氢氧化钠、碳酸钠及碳酸氢钠作用生成羧酸钠。因羧酸是弱酸，故向羧酸盐溶液中加入无机酸后，羧酸又可游离出来。

$$RCOOH + NaOH \longrightarrow RCOONa + H_2O$$

$$RCOOH + Na_2CO_3\ (NaHCO_3) \longrightarrow RCOONa + CO_2\uparrow + H_2O$$

$$RCOONa \xrightarrow{H^+} RCOOH$$

用于区别酸和其他化合物

此性质可用于醇、酚、酸的鉴别和分离，不溶于水的羧酸既溶于NaOH也溶于$NaHCO_3$，不溶于水的酚能溶于NaOH不溶于$NaHCO_3$，不溶于水的醇既不溶于NaOH也不溶于$NaHCO_3$。

$$RCOOH + NH_4OH \longrightarrow RCOONH_4 + H_2O$$

羧基中的氢原子能呈现酸性，羧酸离解后得到的羧酸根负离子带有一个负电荷，但这个负电荷不是集中在一个氧原子上，而是平均分散在它的两个氧原子上。实验表明羧酸根负离子的结构和原来羧酸中羧基的结构有所不同，两个碳氧键是等同的。

$$R-C(=O)-OH \longrightarrow R-C(=O)-O^- \longleftrightarrow R-C(\cdots O)(\cdots O)^{\ominus}$$

各种电子效应都将对羧酸的酸性产生影响。例如，当乙酸甲基上的氢被氯取代后，由于诱导效应，电子将沿着碳链向氯原子方向偏移，结果使羧酸负离子的负电荷分散而稳定，使氢离子更容易解离而增强酸性。归纳如下：

(1) 吸电子诱导效应使酸性增强。

$$FCH_2COOH > ClCH_2COOH > BrCH_2COOH > ICH_2COOH > CH_3COOH$$

pK_a　　2.66　　2.86　　2.89　　3.16　　4.76

(2) 供电子诱导效应使酸性减弱。

$$CH_3COOH > CH_3CH_2COOH > (CH_3)_3CCOOH$$

pK_a　　4.76　　4.87　　5.05

(3) 吸电子基增多酸性增强。

$$ClCH_2COOH < Cl_2CHCOOH < Cl_3CCOOH$$

pK_a　　2.86　　1.29　　0.65

(4) 取代基的位置距羧基越远，酸性越小。

$$CH_3CH_2\underset{\underset{Cl}{|}}{C}HCO_2H > CH_3\underset{\underset{Cl}{|}}{C}HCH_2CO_2H > \underset{\underset{Cl}{|}}{C}H_2CH_2CH_2CO_2H > \underset{\underset{H}{|}}{C}H_2CH_2CH_2CO_2H$$

pK_a　2.86　　4.41　　4.70　　4.82

芳环上的取代基对于羧基的影响和在饱和碳链中传递的情形是不同的，因为苯环可以看做是一个连续不断的共轭体系，分子一端所受的作用可以沿着共轭体系交替地传到另一端。故取代苯甲酸的酸性与取代基的位置、共轭效应与诱导效应的同时存在和影响有关，情况比较复杂，如表 11-2 所示。归纳如下：

(1) 邻位取代基(氨基除外)都使苯甲酸的酸性增强(位阻作用破坏了羧基与苯环的共轭)。

(2) 间位取代基使其酸性增强。

(3) 对位上是第一类定位基时，酸性减弱；是第二类定位基时，酸性增强。

表 11-2　一些取代苯甲酸的 pK_a 值

取代基	o	m	p
H	4.2	4.2	4.2
CH_3	3.91	4.27	4.38
F	3.27	3.86	4.14
Cl	2.92	3.83	3.97
Br	2.85	3.81	3.97
I	2.86	3.85	4.02
OH	2.98	4.08	4.57
OCH_3	4.09	4.09	4.47
NO_2	2.21	3.49	3.42

练习 11-4　比较下列各组化合物的酸性强弱：

(1) $CH_3CH_2CHBrCO_2H$　$CH_3CHBrCH_2CO_2H$　$CH_3CH_2CH_2CO_2H$　Br_3CCO_2H

(2) $CH_3CH_2CH_2CH_2OH$　C_6H_5OH　H_2CO_3　H_2O

练习 11-5 在由石蜡制备高级脂肪酸时，除产生羧酸外，还有副产物醇、醛、酮等中性含氧化合物及未反应的石蜡。如何从混合物中分离出高级脂肪酸？

---

2. 羧酸衍生物的生成

羧基中的羟基被卤素原子、酰氧基、烷氧基、氨基(或取代氨基)取代后生成的化合物分别是酰卤、酸酐、酯和酰胺，它们统称为羧酸衍生物。

$$\underset{\text{酰卤}}{R-\overset{O}{\overset{\|}{C}}-X}\qquad \underset{\text{酸酐}}{R-\overset{O}{\overset{\|}{C}}-O-\overset{O}{\overset{\|}{C}}-R'}\qquad \underset{\text{酯}}{R-\overset{O}{\overset{\|}{C}}-OR'}\qquad \underset{\text{酰胺}}{R-\overset{O}{\overset{\|}{C}}-NH_2}$$

1) 酰卤的生成

羧酸与 PX_3、PX_5、$SOCl_2$ 作用，羧基中的羟基被卤素原子取代，生成酰卤。通常用 PCl_3 制备沸点较低的酰氯，而用 PCl_5 制备沸点较高的酰氯。

$$3CH_3COOH + PCl_3 \longrightarrow CH_3COCl + H_3PO_3$$

沸点： 118℃ 75℃ 52℃ 200℃

$$CH_3(CH_2)_4COOH + SOCl_2 \longrightarrow CH_3(CH_2)_4COCl + SO_2\uparrow + HCl\uparrow$$

沸点： 205℃ 79℃ 153℃

亚硫酰氯常用于实验室制备酰氯(也可用于制备氯代烃)，由于生成的副产物都是气体，容易分离提纯，但所生成的酰氯沸点不宜与亚硫酰氯的沸点相近(丙酰氯的沸点 80℃)，以免难与反应中残留的亚硫酰氯分离。该反应的转化率很高，酰氯的产率也在 90%以上。

芳香族酰氯一般是由五氯化磷或亚硫酰氯与芳酸作用制备的。芳香族酰氯的稳定性较好，在水中发生水解反应缓慢。苯甲酰氯是常用的苯甲酰化试剂。

$$m\text{-}NO_2C_6H_4COOH + SOCl_2 \longrightarrow \underset{90\%}{m\text{-}NO_2C_6H_4COCl} + SO_2\uparrow + HCl\uparrow$$

$$C_6H_5COOH + PCl_5 \longrightarrow C_6H_5COCl + POCl_3 + HCl$$

2) 酸酐的生成

除甲酸在脱水时生成一氧化碳外，其他一元羧酸在脱水剂(如 P_2O_5)作用下加热，都可在两分子间脱去一分子水生成酸酐。

$$R-C(=O)OH + R-C(=O)OH \xrightarrow[\triangle]{P_2O_5} R-\overset{O}{\overset{\|}{C}}-O-\overset{O}{\overset{\|}{C}}-R + H_2O$$

$$C_6H_5-COOH + \underset{\text{乙酐(脱水剂)}}{(CH_3CO)_2O} \xrightarrow{\triangle} (C_6H_5-CO)_2O + CH_3COOH$$

因乙酐能较迅速地与水反应，生成的乙酸容易除去，所以常用乙酐作为脱水剂制备较高级的羧酸酐。

某些二元羧酸，如丁二酸、戊二酸、邻苯二甲酸，不需要任何脱水剂，加热就能脱水生成环状(五元或六元)酸酐。

例如：

$$\text{HOOC-CH=CH-COOH} \xrightarrow{150℃} \text{顺丁烯二酸酐} + H_2O$$

顺丁烯二酸酐 95%

$$\text{H}_2\text{C}(\text{CH}_2\text{—COOH})_2 \xrightarrow{300℃} \text{H}_2\text{C}(\text{CH}_2\text{—CO})_2\text{O} + H_2O$$

戊二酸酐

$$C_6H_4(COOH)_2 \xrightarrow{230℃} C_6H_4(CO)_2O + H_2O$$

邻苯二甲酸酐～100%

酸酐还可以用酰卤和无水羧酸盐共热来制备，该法主要用于制备混合酸酐。

$$CH_3CH_2COCl + CH_3COONa \xrightarrow{\triangle} CH_3CH_2\overset{O}{\overset{\|}{C}}—O—\overset{O}{\overset{\|}{C}}CH_3 + NaCl$$

3）酯的生成

羧酸与醇在酸催化下作用生成羧酸酯和水，称为酯化反应。酯化反应是可逆反应(逆反应为酯的水解)，为了提高酯的产率，可采取使一种原料过量(应从易得、价廉、易回收等方面考虑)，或反应过程中除去一种产物。工业上生产乙酸乙酯采用乙酸过量，不断蒸出生成的乙酸乙酯和水的恒沸混合物，使平衡向右移动。同时不断加入乙酸和乙醇，实现连续化生产。

$$RCOOH + R'OH \overset{H^+}{\rightleftharpoons} RCOOR' + H_2O$$

也可用羧酸盐与卤代烃反应制备酯。例如：

$$CH_3COONa + C_6H_5—CH_2Cl \longrightarrow C_6H_5—CH_2O\overset{O}{\overset{\|}{C}}CH_3 + NaCl$$

95%

羧酸的酯化反应随着羧酸和醇的结构以及反应条件的不同，可以按照不同的机理进行。酯化时，羧酸和醇之间脱水可以有两种不同的方式：

$$(\text{I})\quad R—\overset{O}{\overset{\|}{C}}\boxed{—O—H + H}—O—R' \overset{H^+}{\rightleftharpoons} R—\overset{O}{\overset{\|}{C}}—O—R' + H_2O$$

酰氧键断裂

$$(\text{II})\quad R—\overset{O}{\overset{\|}{C}}—O\boxed{—H + H—O—}R' \overset{H^+}{\rightleftharpoons} R—\overset{O}{\overset{\|}{C}}—O—R' + H_2O$$

烷氧键断裂

(Ⅰ)是由羧酸中的羟基和醇中的氢结合成水分子，羧酸分子去掉羟基后剩余的是酰基，故方式(Ⅰ)称为酰氧键断裂。(Ⅱ)是由羧酸中的氢和醇中的羟基结合成水分子，醇分子去掉羟基后剩余的是烷氧基，故方式(Ⅱ)称为烷氧键断裂。

用同位素跟踪实验可以验证酯化反应的历程。用含有标记氧原子的醇($R'^{18}OH$)在酸催化下与羧酸进行酯化反应时，如果生成的水分子中不含^{18}O，则标记氧原子保留在酯中，说明酸催化酯化反应是按方式(Ⅰ)进行的。

$$R-\overset{\overset{\displaystyle O}{\|}}{C}-O-H + H-\overset{18}{O}-R' \xrightleftharpoons{H^+} R-\overset{\overset{\displaystyle O}{\|}}{C}-\overset{18}{O}-R' + H_2O$$

实验表明伯醇、仲醇的酯化反应是按方式(Ⅰ)进行的，为酰氧键断裂历程。而叔醇的酯化反应是按方式(Ⅱ)进行的，为烷氧键断裂历程。

$$R-\overset{\overset{\displaystyle O}{\|}}{C}-O-H + H-\overset{18}{O}-R' \xrightleftharpoons{H^+} R-\overset{\overset{\displaystyle O}{\|}}{C}-O-R' + H_2\overset{18}{O}$$

不同羧酸与醇的结构对酯化速度的影响：

酸相同时　$CH_3OH > RCH_2OH > R_2CHOH > R_3COH$

醇相同时　$HCOOH > CH_3COOH > RCH_2COOH > R_2CHCOOH > R_3CCOOH$

4）酰胺的生成

羧酸与氨或胺(伯胺、仲胺)作用得到羧酸铵盐，然后加热脱水而生成酰胺或N－取代酰胺。

$$CH_3COOH + NH_3 \longrightarrow CH_3COONH_4 \xrightarrow{\triangle} CH_3CONH_2 + H_2O$$

$$C_6H_5COOH + H_2NC_6H_5 \longrightarrow C_6H_5COO^-\,\overset{+}{N}H_3C_6H_5 \xrightarrow{190℃} \underset{\text{N-苯基苯甲酰胺}}{C_6H_5CONHC_6H_5} + H_2O$$

二元羧酸的二胺盐在受热时发生分子内的脱水、脱氨反应，生成五元或六元环状酰亚胺。例如：

$$C_6H_4(COONH_4)_2 \xrightarrow{\triangle} C_6H_4(CO)_2NH + NH_3 + H_2O$$

3. *脱羧反应*

羧酸盐在碱存在下受热，失去二氧化碳生成烃的反应，称为脱羧反应。

无水醋酸钠和碱石灰混合后加热生成甲烷，是实验室制取甲烷的方法。

$$CH_3COONa + NaOH(CaO) \xrightarrow{\text{热熔}} \underset{99\%}{CH_4} + Na_2CO_3$$

其他直链羧酸盐与碱石灰热熔的产物复杂，无制备意义。

$$CH_3CH_2COONa + NaOH(CaO) \xrightarrow{\text{热熔}} \underset{17\%}{CH_3CH_2CH_3} + \underset{20\%}{CH_4} + \text{烯及混合物}$$

一元羧酸的α-碳原子上连有强吸电子集团时，易发生脱羧。

例如：

$$CCl_3COOH \xrightarrow{\triangle} CHCl_3 + CO_2\uparrow$$

$$CH_3\overset{\overset{O}{\|}}{C}CH_2COOH \xrightarrow{\triangle} CH_3\overset{\overset{O}{\|}}{C}CH_3 + CO_2\uparrow$$

$$\text{2-氧代环己烷甲酸（环己酮-2-COOH）} \xrightarrow{\triangle} \text{环己酮} + CO_2\uparrow$$

羧酸的银盐在溴或氯存在下脱羧生成卤代烷的反应称为洪塞迪克尔(Hunsdiecker)反应。

$$RCOOAg + Br_2 \xrightarrow[\triangle]{CCl_4} R—Br + CO_2\uparrow + AgBr\downarrow$$

$$CH_3CH_2CH_2COOAg + Br_2 \xrightarrow[\triangle]{CCl_4} CH_3CH_2CH_2—Br + CO_2\uparrow + AgBr\downarrow$$

此反应可用来合成比羧酸少一个碳的卤代烃。

4. α－H 的卤代反应

羧酸的 α－H 可在少量红磷存在下被卤素(氯或溴)取代生成 α-卤代酸。这个制备 α-卤代酸的反应称为赫尔-乌尔哈-泽林斯基(Hell－Volhard－Zelinsky)反应。

$$RCH_2COOH \xrightarrow[P,\ \triangle]{Br_2} R\underset{\underset{Br}{|}}{C}HCOOH \xrightarrow[P,\ \triangle]{Br_2} R—\overset{\overset{Br}{|}}{\underset{\underset{Br}{|}}{C}}—COOH$$

控制条件，反应可停留在一取代阶段。例如：

$$CH_3CH_2CH_2CH_2COOH + Br_2 \xrightarrow[70℃]{P,\ Br_2} CH_3CH_2CH_2\underset{\underset{Br}{|}}{C}HCOOH + HBr$$

80％

α-卤代酸中的卤素和卤代烷中的一样，可发生亲核取代反应，转变为—CN、—NH_2、—OH 等，常用来制备 α-羟基酸和 α-氨基酸。由此得到的各种 α-取代酸，也可发生消除反应得到 α，β-不饱和酸。

5. 羧酸的还原

羧酸很难被还原，只能用强还原剂 $LiAlH_4$ 才能将其还原为相应的伯醇。H_2/Ni、$NaBH_4$ 等都不能使羧酸还原。

$$(CH_3)_3CCOOH \xrightarrow[②H_2O,\ H^+,\ 92\%]{①LiAlH_4，无水乙醚} (CH_3)_3CCH_2OH$$

用 $LiAlH_4$ 还原羧酸不仅产率较高，而且还原不饱和酸时不会影响碳碳不饱和键。

练习 11－6 下列各组化合物中，哪个酸性强？为什么？

(1) RCH_2OH 和 RCOOH　　(2) $ClCH_2COOH$ 和 CH_3COOH

(3) FCH_2COOH 和 $ClCH_2COOH$　　(4) $HOCH_2CH_2COOH$ 和 $CH_3CH(OH)COOH$

练习 11－7 用反应式表示怎样从所给原料制备 2-羟基戊酸？

(1) 正戊酸　　(2) 正丁醛

---

6. 二元羧酸的受热反应

二元羧酸受热反应的产物，与两个羧基的相对位置有关。乙二酸、丙二酸受热脱羧生成一元酸；丁二酸、戊二酸受热脱水(不脱羧)生成环状酸酐；己二酸、庚二酸受热既脱水又脱羧生成环酮。

$$HOOC—COOH \xrightarrow{\triangle} HCOOH + CO_2\uparrow$$

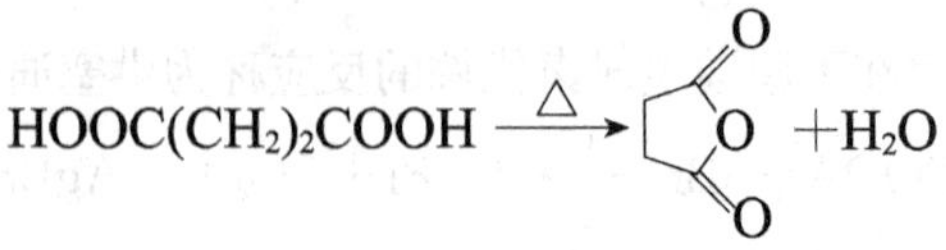

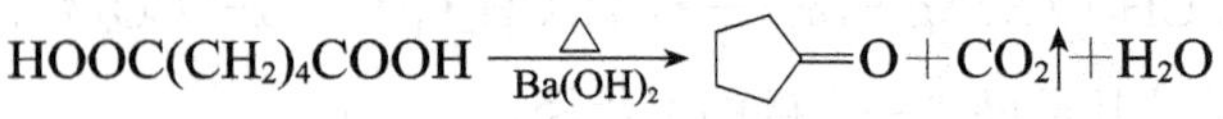

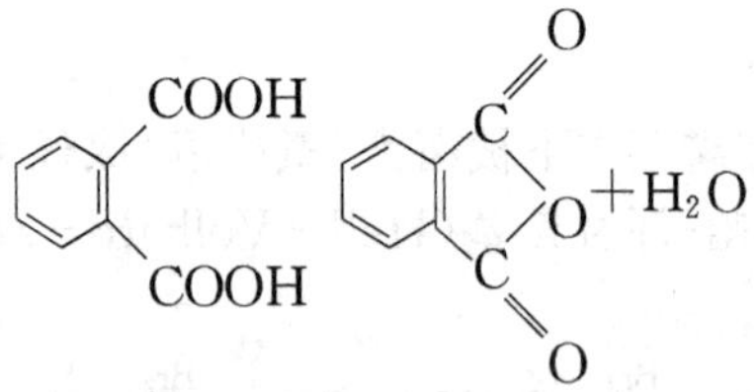

$$HOOC(CH_2)_2COOH \xrightarrow{\triangle} \text{(丁二酸酐)} + H_2O$$

$$HOOC(CH_2)_4COOH \xrightarrow[Ba(OH)_2]{\triangle} \text{(环戊酮)}=O + CO_2\uparrow + H_2O$$

$$\text{(邻苯二甲酸)} \longrightarrow \text{(邻苯二甲酸酐)} + H_2O$$

练习 11-8 写出下列羧酸受热分解的反应式。

(1) 丙二酸　(2) 邻苯二甲酸　(3) 邻苯二乙酸

11.2 羟基酸

羧酸分子中烃基上的氢原子被羟基取代后形成的化合物称为羟基酸。羟基连在饱和碳原子上的羟基酸称为醇酸，羟基直接连在芳环上的羟基酸称为酚酸。由于羟基在烃基上的位置不同，可分为α，β，γ，…-羟基酸。通常把羟基连在碳链末端的称为ω-羟基酸。许多羟基酸都存在于自然界，故常根据其天然来源采用俗名。

11.2.1 羟基酸的制法

羟基酸的制备，可在含有羟基的分子中引入羧基；也可在羧酸分子中引入羟基。

1. 卤代酸水解

用碱或氢氧化银处理α-、β-、γ-等卤代酸时可生成对应的羟基酸。

例如：

$$\underset{\displaystyle X}{R—\overset{}{C}HCOOH} + OH^- \longrightarrow \underset{\displaystyle OH}{R—CHCOOH} + X^-$$

2. 氰醇水解

α-氰醇可从羰基化合物与氰化氢加成制得，氰醇水解制α-羟基酸。

$$R(R')C=O + HCN \longrightarrow R(R')C(OH)CN \xrightarrow{水解} R(R')C(OH)COOH$$

3. 雷福尔马斯基(Reformatsky)反应

α-卤代酸酯在锌粉作用下与醛、酮反应，生成β-羟基酸酯，β-羟基酸酯水解生成β-羟基酸。此反应称为雷福尔马斯基(Reformatsky)反应，是制备β-羟基酸的方法。

$$XCH_2COOC_2H_5 + Zn \xrightarrow{无水乙醚} XZnCH_2COOC_2H_5 \xrightarrow{R_2C=O} R_2C(OZnX)-CH_2COOC_2H_5$$

$$R_2C(OZnX)-CH_2COOC_2H_5 \xrightarrow{H_2O/H^+} R_2C(OH)-CH_2COOC_2H_5 \xrightarrow[\triangle]{H_2O/H^+} R_2C(OH)-CH_2COOH$$

11.2.2 羟基酸的性质

羟基酸具有醇和酸的共性，也有因羟基和羧基的相对位置的互相影响的特性反应，主要表现在受热反应规律上。

α-羟基酸受热时，两分子间相互酯化，生成交酯。

$$2\ R-CH(OH)-COOH \xrightarrow{\triangle} R-CH\langle{}^{C(=O)-O}_{O-C(=O)}\rangle CH-R + 2H_2O$$

交酯

β-羟基酸受热发生分子内脱水，主要生成α，β-不饱和羧酸。

$$R-CH(OH)-CH_2COOH \xrightarrow[\triangle]{H^+} R-CH=CHCOOH + H_2O$$

γ-和δ-羟基酸受热，生成五元和六元环内酯。

$$H_3C-CH(OH)-CH_2-CH_2-COOH \xrightarrow{\triangle} H_3C-\text{(γ-丁内酯环)} + H_2O$$

4-甲基-γ-丁内酯

$$CH_2(OH)-CH_2-CH(CH_3)-CH_2-COOH \xrightarrow{\triangle} CH_3-CH\langle{}^{CH_2-C(=O)}_{CH_2-CH_2}\rangle O + H_2O$$

3-甲基-δ-戊内酯

羟基与羧基间的距离大于四个碳原子时，受热则生成长链的高分子聚酯。α-和β-羟基酸还有羟基被氧化后在脱羧的性质。

练习 11-9　写出下列反应的产物。

(1) $$\underset{\displaystyle H_3C—CH—CH_2COOH}{\overset{\displaystyle CH_2—CH_2COOH}{|}} \xrightarrow{300℃} ? \xrightarrow{HCN} ? \xrightarrow{H_2O/H^+} ? \xrightarrow[\triangle]{H^+} ?$$

(2) $$C_6H_5—CH_2COOH \xrightarrow[\triangle]{P,\ Br_2} ? \xrightarrow{OH^-/H_2O} ? \xrightarrow[\triangle]{} ?$$

练习 11-10　下列反应的产物是什么？

$$HOCH_2—C(CH_3)_2—COOH \xrightarrow[\triangle]{H^+} ?$$

11.3　羧酸衍生物

11.3.1　羧酸衍生物的结构和命名

羧酸衍生物是指羧基中的羟基被其他原子或基团取代后所生成的化合物。羧酸分子中的羟基(—OH)被卤素(—X)、酰氧基(RCOO—)、烷氧基(—OR′)或氨基($—NH_2$)所取代的化合物，分别称为酰卤、酸酐、酯和酰胺。

$$\underset{\text{酰卤}}{R—\overset{\overset{\displaystyle O}{\|}}{C}—X} \qquad \underset{\text{酸酐}}{R—\overset{\overset{\displaystyle O}{\|}}{C}—O—\overset{\overset{\displaystyle O}{\|}}{C}—R} \qquad \underset{\text{酯}}{R—\overset{\overset{\displaystyle O}{\|}}{C}—OR'} \qquad \underset{\text{酰胺}}{R—\overset{\overset{\displaystyle O}{\|}}{C}—NH_2}$$

羧酸和羧酸衍生物在结构上的共同特点是都含有酰基$\left(R—\overset{\overset{\displaystyle O}{\|}}{C}—\right)$，酰基与其所连的基团都能形成 p-π 共轭体系。因此把它们统称为酰基化合物，它们之间具有一些共性，存在一定的联系。

羧酸衍生物的命名：酰卤和酰胺根据酰基称为某酰某。

$$\underset{\text{乙酰氯}}{CH_3COCl} \qquad \underset{\text{丙烯酰溴}}{CH_2{=}CH—COBr} \qquad \underset{\text{N，N-二甲基苯甲酰胺}}{C_6H_5CON(CH_3)_2} \qquad \underset{\text{戊内酰胺}}{\text{(六元环内酰胺，C=O 与 NH 相邻)}}$$

酸酐的命名是在相应羧酸的名称之后加一“酐”字。例如：

$$\underset{\text{乙酸酐}}{CH_3—\overset{\overset{\displaystyle O}{\|}}{C}—O—\overset{\overset{\displaystyle O}{\|}}{C}—CH_3} \qquad \underset{\text{乙酸丙酸酐}}{CH_3—\overset{\overset{\displaystyle O}{\|}}{C}—O—\overset{\overset{\displaystyle O}{\|}}{C}—CH_2—CH_3}$$

1，2-环己烯二甲酸酐

酯的命名是根据形成它的酸和醇称为某酸某酯。例如：

$$CH_3-\overset{\overset{O}{\|}}{C}-O-CH_2CH=CH_2$$
乙酸烯丙酯

$$CH_3-O-\overset{\overset{O}{\|}}{C}-H$$
甲酸甲酯

$$CH_2=CH-\overset{\overset{O}{\|}}{C}-OCH_3$$
丙烯酸甲酯

$$\begin{matrix} CH_3-CHCOOC_2H_5 \\ | \\ CH_2COOC_2H_5 \end{matrix}$$
甲基丁二酸二乙酯

环戊基甲酸环己酯

苯甲酸苄酯

11.3.2 羧酸衍生物的物理性质

由于没有分子间的氢键缔合作用，酰氯、酸酐和酯的沸点比相对分子质量相近的羧酸低。十四个碳以下羧酸的甲酯和乙酯以及酰氯在室温时均为液体。壬酸酐以上的简单酸酐(两个烷基相同的酸酐)在室温时是固体。例如，乙酸甲酯的沸点为57.5℃(相对分子质量74)，乙酰氯的沸点为51℃(相对分子质量78.5)，而丙酸的沸点为141.1℃(相对分子质量74)。

由于分子间氢键缔合作用，除甲酰胺外，其他酰胺均为固体，当氮原子上的氢原子被取代后，分子间氢键缔合作用减少或消失，酰胺的熔点和沸点显著降低，例如：

	CH_3CONH_2	$CH_3CONHCH_3$	$CH_3CON(CH_3)_2$
熔点/℃	82	28	−20
沸点/℃	221	204	165
相对分子质量	59	73	87

酰氯、酸酐、酯和酰胺一般都溶于有机溶剂。酰氯和酸酐不溶于水，低级的遇水分解。酯在水中溶解度很小。低级酰胺溶于水，N，N-二甲基甲酰胺和N，N-二甲基乙酰胺可与水混溶，它们是很好的非质子溶剂。

低级的酰氯和酸酐都有刺激性臭味，具有挥发性的酯有香味，如乙酸异戊酯有香蕉香味，丁酸乙酯有菠萝-玫瑰香味。高级酯是蜡状固体。

一些羧酸衍生物的物理常数如表11-3所示。

表11-3 一些羧酸衍生物的物理常数

化合物	熔点/℃	沸点/℃	化合物	熔点/℃	沸点/℃
乙酰氯	−112	51	丁二酸酐	119.6	261
丙酰氯	−94	80	顺丁烯二酸酐	60	202
正丁酰氯	−89	102	苯甲酸酐	42	360
苯甲酰氯	−1	197	邻苯二甲酸酐	131	284
乙酸酐	−73	140	甲酸甲酯	−100	30
丙酸酐	−45	169	乙酸甲酯	−98	57.5

（续）

化合物	熔点/℃	沸点/℃	化合物	熔点/℃	沸点/℃
甲酸乙酯	−80	54	甲酰胺	3	200(分解)
乙酸乙酯	−83	77	乙酰胺	82	221
乙酸丁酯	−77	126	丙酰胺	79	213
乙酸异戊酯	−78	142	正丁酰胺	116	216
苯甲酸乙酯	−32.7	213	苯甲酰胺	130	290
丙二酸二乙酯	−50	199	N，N-二甲基甲酰胺	−61	153
乙酰乙酸乙酯	−45	180.4	邻苯二甲酰亚胺	238	升华

11.3.3 酰基碳上的亲核取代反应

羧酸衍生物酰基碳原子的亲核取代反应是其最典型的化学反应之一，这些反应的结果是分子中的—Cl、—OOCR、$—NH_2$、—OR′被亲核基团羟基、烷氧基或氨基取代，分别称为水解、醇解、氨解。反应实际分两步进行。首先是酰基碳上发生亲核加成，形成一个带负电的中间体；接着中间体消除一个离去基团，形成的产物是另一种羧酸衍生物或羧酸。故该反应又称亲核加成-消除反应，其反应历程可用下式表示：

$$R—\overset{O}{\overset{\|}{C}}—L + Nu^- \longrightarrow R—\underset{L}{\overset{O^-}{C}}—Nu \longrightarrow R—\overset{O}{\overset{\|}{C}}—Nu + L^-$$

$$L = —Cl、—O—\overset{O}{\overset{\|}{C}}—R、—OR'、—NH_2$$

$$Nu = OH^-、H_2O、NH_3 \text{ 等}$$

总的反应速度和两步的反应速度都有关系，但加成反应更为重要。酰基中羰基碳原子原来是 sp^2 杂化的，它的三个键以三角形结构分布在同一平面上。羰基碳上连接的烃基或取代烃基，如果有吸电子作用，将增强羰基碳的正电性，有利于亲核试剂的进攻；反之，则不利于亲核试剂的进攻。

消除反应取决于 L 的碱性和稳定性。L 碱性越弱，越容易离去；L 越稳定，越容易离去。L 的碱性为 $Cl^- < R—COO^- < R'O^- < NH_2^-$；L 的稳定性为 $Cl^- > R—COO^- > R'O^- > NH_2^-$。

所以羧酸衍生物的活性为：

$$R—\overset{O}{\overset{\|}{C}}—Cl > R—\overset{O}{\overset{\|}{C}}—O—\overset{O}{\overset{\|}{C}}—R > R—\overset{O}{\overset{\|}{C}}—OR' > R—\overset{O}{\overset{\|}{C}}—NH_2$$

1. 羧酸衍生物的水解

羧酸衍生物在酸或碱的催化下与水发生加成-消除反应生成相应的羧酸。

$$\left.\begin{array}{l} R-\overset{O}{\overset{\|}{C}}-Cl \\ (RCO)_2O \\ R-\overset{O}{\overset{\|}{C}}-OR' \\ R-\overset{O}{\overset{\|}{C}}-NH_2 \end{array}\right\} \xrightarrow[\text{水解}]{H_2O} \begin{cases} \xrightarrow{\text{立即反应}} R-\overset{O}{\overset{\|}{C}}-OH + HCl \\ \xrightarrow{\triangle} 2R-\overset{O}{\overset{\|}{C}}-OH \\ \xrightarrow[\triangle]{H^+\text{或}OH^-} R-\overset{O}{\overset{\|}{C}}-OH + R'OH \\ \xrightarrow[\text{长时间回流}]{H^+\text{或}OH^-} R-\overset{O}{\overset{\|}{C}}-OH + NH_3\uparrow \end{cases}$$

（反应活性递减）

低分子酰卤水解很猛烈，乙酰氯在湿空气中会发烟，这是因为水解乙酰氯产生盐酸之故。相对分子质量较大的酰卤，在水中溶解度较小，反应速率很慢。酸酐与水在加热条件下容易反应。酯的水解需要在酸或碱的催化下进行。酰胺的水解需要在酸或碱的催化下，长时间回流才能完成。

水解反应的难易次序为：酰氯＞酸酐＞酯＞酰胺。

2. *羧酸衍生物的醇解*

羧酸衍生物与醇反应的主要产物是相应的酯。

$$\left.\begin{array}{l} RCOCl \\ (RCO)_2O \\ RCOOR'' \\ RCONH_2 \end{array}\right\} \xrightarrow[\text{醇解}]{R'OH} \begin{cases} \longrightarrow RCOOR' + HCl \\ \longrightarrow RCOOR' + RCOOH \\ \xrightarrow{\text{酯交换}} RCOOR' + R''OH \\ \longrightarrow RCOOR' + NH_3\uparrow \end{cases}$$

酰氯和酸酐容易与醇或酚作用，生成相应的酯。酯的醇解称为酯交换反应，此反应在有机合成中可用于从低级醇酯制取高级醇酯(反应后蒸出低级醇)。

$$CH_3OOC-C_6H_4-COOCH_3 + 2HOCH_2CH_2OH \xrightarrow[\triangle]{H^+} HOCH_2CH_2OOC-C_6H_4-COOCH_2CH_2OH + 2CH_3OH$$

$$\xrightarrow{\text{缩聚}} \left[\overset{O}{\overset{\|}{C}}-C_6H_4-\overset{O}{\overset{\|}{C}}-OCH_2CH_2O \right]_n + HOCH_2CH_2OH$$

3. *羧酸衍生物的氨解*

除酰胺外，羧酸衍生物与氨反应均生成酰胺。

N-未取代的酰胺与胺反应，得到N-烷基酰胺。

以上反应对羧酸衍生物是发生了水解、醇解或氨解；但对水、醇或氨则是发生了酰基化反应。酰氯、酸酐、酯都是酰基化试剂，酰胺的酰化能力极弱，一般不用作酰基化试剂。

反应活性递减（自上而下）：

$$\left.\begin{array}{l}RCOCl\\(RCO)_2O\\RCOOR'\end{array}\right\}\xrightarrow{NH_3}\begin{array}{l}RCONH_2+NH_4Cl\\RCONH_2+RCOONH_4\\RCONH_2+R'OH\end{array}$$

$$RCONH_2\xrightarrow[\text{过量}]{R'NH_2}RCONHR'+NH_3\uparrow$$

11.3.4 羧酸衍生物的还原反应

1. 用氢化铝锂还原

$LiAlH_4$ 是还原能力极强的化学还原试剂。酰氯、酸酐和酯均被还原成相应的伯醇。酰胺被还原为胺。

$$C_6H_5-\overset{O}{\overset{\|}{C}}-Cl\xrightarrow[\text{②}H_2O]{\text{①}LiAlH_4}C_6H_5-CH_2OH$$

$$\text{戊二酸酐}\xrightarrow[\text{②}H_2O]{\text{①}LiAlH_4}\text{HOCH}_2CH_2CH_2CH_2CH_2OH$$

$$CH_3CH_2CH_2COOC_2H_5\xrightarrow[\text{②}H_2O]{\text{①}LiAlH_4}CH_3CH_2CH_2CH_2OH+C_2H_5OH$$

$$CH_3CH_2CH_2CONH_2\xrightarrow[\text{回流}]{LiAlH_4}CH_3CH_2CH_2CH_2NH_2$$

2. 用金属钠-醇还原

酯与金属钠在醇(常用乙醇、丁醇或戊醇等)溶液中加热回流，可被还原成相应的伯醇，此反应称为 Bouveault - Blanc 反应。

$$CH_3CH{=}CHCH_2COOCH_3\xrightarrow{Na,\ C_2H_5OH}CH_3CH{=}CHCH_2CH_2OH+CH_3OH$$

此方法是还原酯的最常用方法之一，也是工业上生产不饱和醇的唯一途径。

3. 罗森门德(Rosenmund)还原法

将 Pd 沉积在 $BaSO_4$ 上作催化剂，常压加氢使酰氯还原成相应醛的反应，称为罗森门德还原法。可在反应体系中加入适量喹啉-硫，降低催化剂的活性，以便反应停留在生成醛的阶段。

$$CH_3CH_2CH_2COCl\xrightarrow[\text{喹啉-硫}]{H_2,\ Pd-BaSO_4}CH_3CH_2CH_2CHO$$

练习 11 - 11 如何完成下列转变？

(1) $C_6H_5-COCl\longrightarrow C_6H_5-CHO$

(2) 邻苯二甲酸酐 ⟶ 1,2-苯二甲醇（$C_6H_4(CH_2OH)_2$）

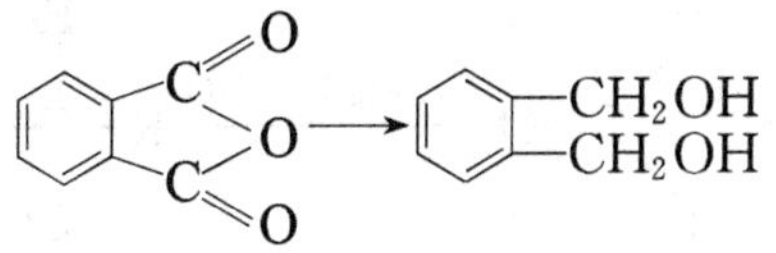

(3)  环戊基$-COOCH_3$ ⟶ 环戊基$-CH_2OH$

(4) 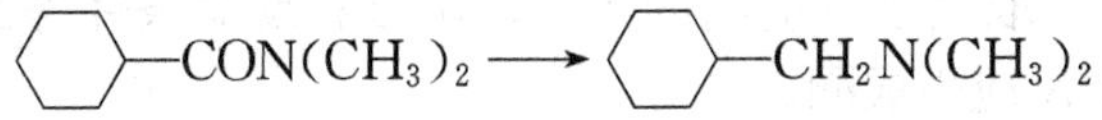 环己基$-CON(CH_3)_2$ ⟶ 环己基$-CH_2N(CH_3)_2$

11.3.5 酰胺氮原子上的反应——酰胺的个性

1. 酰胺的酸碱性

酰胺的碱性很弱，接近于中性(因氮原子上的未共用电子对与碳氧双键形成 p－π 共轭)。如把氯化氢气体通入乙酰胺的乙醚溶液中，则生成不溶于乙醚的盐。

$$CH_3CONH_2 + HCl \xrightarrow{\text{乙醚}} CH_3CONH_2 \cdot HCl\downarrow$$

形成的盐不稳定，遇水即分解为乙酰胺和盐酸。说明酰胺有弱碱性。

另一方面，乙酰胺的水溶液能与氧化汞作用生成稳定的汞盐。酰胺与金属钠在乙醚溶液中反应生成钠盐，但遇水即分解。说明酰胺有弱酸性。

$$2CH_3CONH_2 + HgO \longrightarrow (CH_3CONH)_2Hg + H_2O$$

酰亚胺的酸性比酰胺强，形成的盐也稳定。邻苯二甲酰亚胺可与强碱作用形成盐。

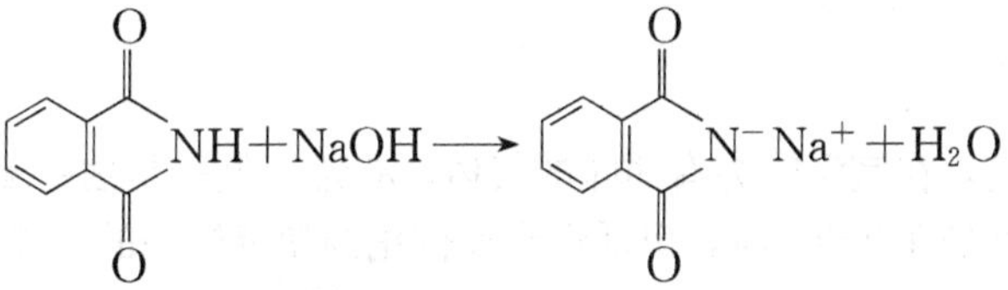

$$\text{邻苯二甲酰亚胺(NH)} + NaOH \longrightarrow \text{邻苯二甲酰亚胺}N^-Na^+ + H_2O$$

2. 霍夫曼(Hofmann)降级反应

酰胺与次卤酸钠的碱溶液(X_2＋NaOH)作用，脱去羰基生成比原料少一个碳的胺的反应，称为霍夫曼降级反应。霍夫曼降级反应是制备纯伯胺的好方法。

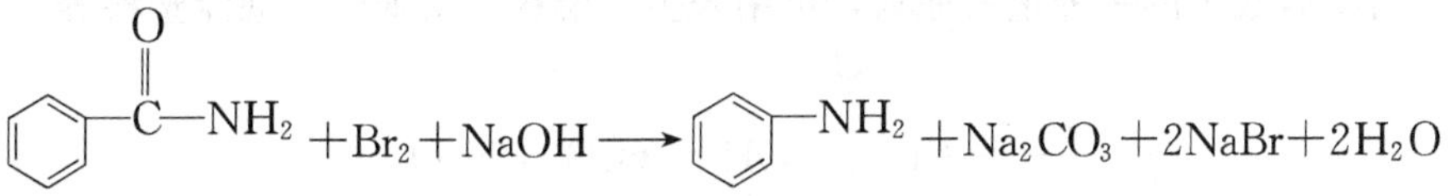

$$C_6H_5-\overset{O}{\overset{\|}{C}}-NH_2 + Br_2 + NaOH \longrightarrow C_6H_5-NH_2 + Na_2CO_3 + 2NaBr + 2H_2O$$

这个反应可由羧酸制备少一个碳原子的伯胺，产率较高，产品较纯。

3. 酰胺脱水

酰胺在脱水剂的存在下加热，则分子内脱水生成腈，常用的脱水剂有五氧化二磷和亚硫酰氯等。

$$(CH_3)_3CCH_2CONH_2 \xrightarrow[\triangle]{P_2O_5} (CH_3)_3CCH_2CN$$

11.3.6 羧酸衍生物与格氏试剂反应

酰氯、酸酐、酯、酰胺都可与格氏试剂反应生成酮，继续与格氏试剂反应可生成叔醇。例如：

$$R-\overset{\overset{O}{\|}}{C}-OC_2H_5 \xrightarrow{R'MgX} R-\underset{R'}{\overset{O-MgX}{|}}{C}-OC_2H_5 \longrightarrow \overset{R}{\underset{R'}{>}}C=O \xrightarrow{R'MgX} \xrightarrow{H_2O} R-\underset{R'}{\overset{R'}{|}}{C}-OH$$

这是由酯合成叔醇(甲酸酯得到仲醇)的常用方法之一。

反应能否停留在生成酮的阶段，取决于反应物的活性、用量和反应条件等因素。例如，酰氯与1mol格氏试剂在低温下反应生成酮。

$$C_6H_5-\overset{\overset{O}{\|}}{C}-Cl + CH_3CH_2CH_2MgCl \xrightarrow{纯醚} C_6H_5-\overset{\overset{O}{\|}}{C}-CH_2CH_2CH_3$$

空间位阻较大的反应物也主要生成酮。例如：

$$(CH_3)_3CCOOCH_3 + C_3H_7MgCl \longrightarrow (CH_3)_3C\overset{\overset{O}{\|}}{C}CH_3$$

11.4 碳酸衍生物

碳酸可看作是羟基甲酸或两个羟基共用一个羰基的二元羧酸。碳酸分子中的一个或二个羟基被其他基团取代后的生成物叫碳酸衍生物。酸性的碳酸衍生物（Y—COOH，Y═—X、—OR、—NH_2)都不稳定，它的二元衍生物是稳定的，如光气(Cl—CO—Cl)和尿素(H_2N—CO—NH_2)。由于碳酸不稳定，不游离存在，所以碳酸衍生物不能由碳酸直接制备。

11.4.1 碳酰氯

碳酰氯俗称光气，在室温时为有甜味的气体，有毒。最初是由一氧化碳和氯气在日光照射下得到的。工业上是在200℃时，以活性炭作催化剂使等体积的一氧化碳和氯气作用而得。

$$CO + Cl_2 \xrightarrow[200℃]{活性炭} Cl-\overset{\overset{O}{\|}}{C}-Cl$$

光气具有酰氯的典型性质，可水解生成 CO_2 和 HCl，醇解生成碳酸酯，氨解生成尿素。它是有机合成上的一种重要原料，可用来生产染料、安眠药、泡沫塑料等。

$$Cl-\overset{\overset{O}{\|}}{C}-Cl \xrightarrow{H_2O} Cl-\overset{\overset{O}{\|}}{C}-OH \longrightarrow CO_2 + H_2O$$

$$Cl-\overset{\overset{O}{\|}}{C}-Cl \xrightarrow{NH_3} H_2N-\overset{\overset{O}{\|}}{C}-NH_2 \text{ 脲(尿素)}$$

$$Cl-\overset{\overset{O}{\|}}{C}-Cl \xrightarrow{C_2H_5OH} \underset{\text{氯甲酸乙酯}}{Cl-\overset{\overset{O}{\|}}{C}-OC_2H_5} \xrightarrow{C_2H_5OH} C_2H_5O-\overset{\overset{O}{\|}}{C}-OC_2H_5$$

$$Cl-\overset{\overset{O}{\|}}{C}-OC_2H_5 \xrightarrow{NH_3} H_2N-\underset{\underset{O}{\|}}{C}-OC_2H_5 \text{ 氨基甲酸乙酯}$$

11.4.2 碳酰胺

碳酰胺俗称尿素或脲，存在于人和哺乳动物的尿中。工业上以二氧化碳和过量氨气在加压加热条件下直接作用来制备的。

$$2NH_3+CO_2 \xrightarrow[180℃]{20MPa} NH_2COONH_4 \xrightarrow[180℃]{20MPa} NH_2CONH_2+H_2O$$

氨基甲酸铵　　　　尿素

脲是结晶固体，熔点135℃，易溶于水及乙醇，不溶于乙醚。脲具有酰胺的结构，故具有酰胺的一般化学性质，但由于两个氨基连在同一个羰基上，因此它还有一些特性。

1. 成盐

脲具有很弱的碱性，其水溶液不能使石蕊变色，与强酸作用形成盐。

$$CO(NH_2)_2+HNO_3 \longrightarrow CO(NH_2)_2 \cdot HNO_3$$

生成的硝酸脲不溶于水，利用此性质可以尿中分离出脲。脲与草酸作用生成难溶的草酸脲。

$$2CO(NH_2)_2+(COOH)_2 \longrightarrow [CO(NH_2)_2]_2 \cdot (COOH)_2$$

2. 水解

脲与酸或碱共热或在尿素酶作用下都能进行水解，常用来作为氮肥。

$$CO(NH_2)_2 \xrightarrow[\triangle]{HCl,\ H_2O} NH_4Cl+CO_2$$

$$CO(NH_2)_2 \xrightarrow[\triangle]{NaOH,\ H_2O} NH_3+Na_2CO_3$$

$$CO(NH_2)_2 \xrightarrow[尿素酶]{H_2O} NH_3+CO_2$$

3. 与亚硝酸作用

因为脲分子中有氨基，与亚硝酸反应放出氮气，故常用此反应除去亚硝酸。

$$CO(NH_2)_2+HNO_2 \longrightarrow CO_2+N_2+H_2O$$

4. 加热反应

将固体脲慢慢加热到190℃左右，两分子脲就脱去一分子氨，生成缩二脲。

$$H_2NCO\boxed{NH_2+H}NHCONH_2 \xrightarrow{190℃} H_2N—CO—NH—CO—NH_2+NH_3$$

缩二脲为无色针状结晶，难溶于水。缩二脲以及分子中含有两个以上酰胺基(—CO—NH—)的有机物，都能与碱及少量硫酸铜溶液变成紫红色，这个颜色反应称为双缩脲反应，常用于有机物的分析鉴定。

5. 酰基化

脲能与酰氯、酸酐、酯作用生成相应的酰脲。在乙醇钠的存在下，脲与丙二酸酯反应，生成环状的丙二酰脲。

$$H_2C(COOC_2H_5)_2 + (H_2N)_2C{=}O \xrightarrow{C_2H_5ONa} H_2C\begin{matrix}CONH\\CONH\end{matrix}C{=}O$$

丙二酰脲

丙二酰脲具有酸性，又称巴比妥酸(barbituric acid)。它的亚甲基上两个氢原子被烃基取代的衍生物是一类镇静安眠药物。

脲的用途很广，它是高效固体氮肥，含氮量达46.6%，适用于各种土壤和作物。在化学工业上是重要的有机合成原料。脲与甲醛作用生成脲甲醛树脂(简称脲醛树脂)。脲的饱和甲醇溶液与六个碳以上的直链化合物(烷烃、醇、酸、酯等)混合时，可形成固体结晶。脲分子把这些(C_6)直链化合物包围在脲的六角形桶状结晶晶格中，这种结晶的分子化合物称为包含化合物。少于六个碳的不能形成结晶，含有支链或环状的化合物，由于体积较大，也不能形成结晶。将包含化合物结晶加热到脲熔融或用水处理，则晶格破坏，不溶于水的直链分子就可分离出来，利用这一性质，可从汽油中分离直链烃以提高汽油的质量。

阅读材料

油脂和合成洗涤剂

1. 油脂

油脂普遍存在于动物脂肪组织和植物的种子中，习惯上把室温下成固态的称为酯，成液态的称为油。油脂是高级脂肪酸甘油酯的通称。

组成甘油酯的脂肪酸绝大多数是含偶数碳原子的直链羧酸，其中有饱和的，也有不饱和的。液态油比固态脂肪含有更多的不饱和脂肪酸甘油酯。

(1) 干性：某些油涂成薄层，在空气中就逐渐变成有韧性的固态薄膜。油的这种结膜特性称做干性(或称干化)。

油的干性强弱(即干结成膜的快慢)是和油分子中所含双键数目和双键结构有关系的，含双键数目多，结膜快；数目少；结膜慢。有共轭双键结构体系的比孤立双键体系的结膜快。成膜是由于双键聚合形成高分子聚合物的结果。桐油结膜快是由于三个双键形成共轭体系。

(2) 碘值：不饱和脂肪酸甘油酯的碳碳双键也可以和碘发生加成反应。100g 油脂所能吸收的碘的克数称为碘值(又称碘价)。

2. 肥皂和合成洗涤剂

1) 肥皂

$$\begin{array}{l} CH_2—OCOR \\ | \\ CH—OCOR \\ | \\ CH_2—OCOR \end{array} \xrightarrow[H_2O]{HO^-} \begin{array}{ccc} CH_2 & CH & CH_2 \\ | & | & | \\ OH & OH & OH \end{array} + 3RCOO^-$$

高级脂肪酸甘油酯

2) 合成洗涤剂

(1) 阴离子洗涤剂，即溶于水时其有效部分是阴离子。例如：

$$R—C_6H_4—SO_3H + NaOH \xrightarrow{40\sim50℃} R—C_6H_4—SO_3Na + H_2O$$

现在国内最广泛使用的阴离子洗涤剂是烷基苯磺酸钠盐，R表示$C_{12}\sim C_{18}$的烷基。烷基最好是直链的，称为线形烷基。过去曾用过支链的，但发现不能为微生物所降解(大分子变为较小分子称为降解)，容易聚集在水中或河流中，引起环境的污染，因为微生物对有机物的生物氧化降解有选择性，对直链的有机物可以作用，每次氧化降解两个碳，而有支链存在时不能起作用，故现在国际上是用线型的 C_{12} 以上的烷基制洗涤剂。它可以从石油中分出正烷烃进行一元氯化，或石油、蜡裂解分出直链的 1-烯烃，与苯进行傅氏反应得烷基苯，磺化、碱化处理得到。

(2) 阳离子洗涤剂，即溶于水时其有效部分是阳离子。例如：

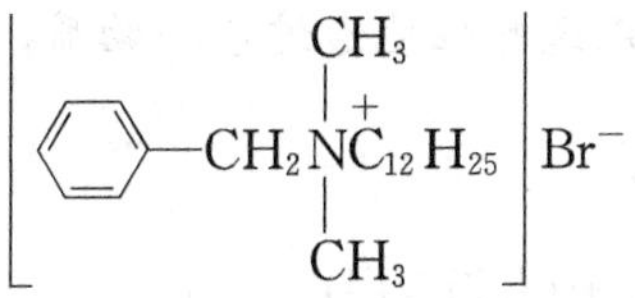

$$\left[C_6H_5-CH_2\overset{+}{N}(CH_3)_2C_{12}H_{25}\right]Br^- \qquad C_8H_{17}-C_6H_4-(O-CH_2CH_2)_n-OH$$

溴化十二烷基二甲基苄基铵(新洁而灭) 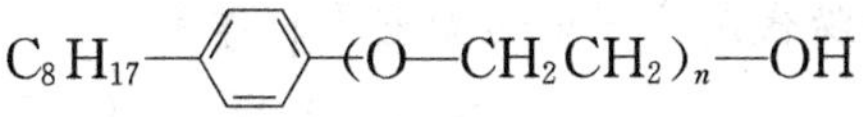　　　　(磷辛 10 号)

(3) 非离子型洗涤剂，即在水溶液中不离解，是中性化合物。其中羟基和聚醚 $(OCH_2CH_2)_n$ 部分是亲水基团，家用液态洗涤剂的主要成分也是非离子洗涤剂。

3. 磷脂

磷脂多为甘油脂，以脑磷脂及卵磷脂为最重要，其结构为：α-脑磷脂(磷脂酰乙醇胺) α-卵磷脂(磷脂酰胆碱)。

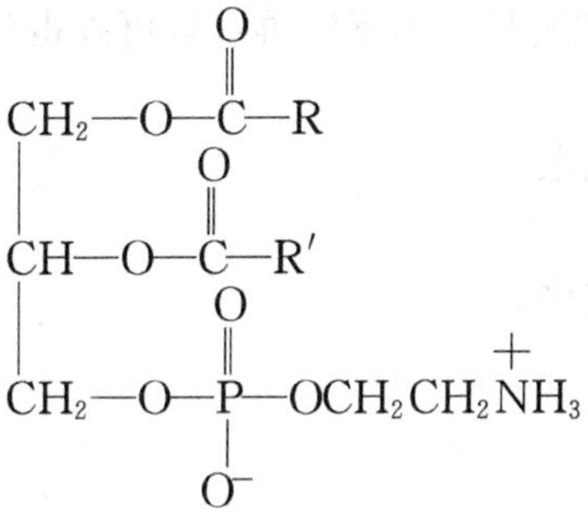

$$\begin{array}{l} CH_2-O-\overset{O}{\overset{\|}{C}}-R \\ | \\ CH-O-\overset{O}{\overset{\|}{C}}-R' \\ | \\ CH_2-O-\overset{O}{\overset{\|}{P}}(O^-)-OCH_2CH_2\overset{+}{N}H_3 \end{array} \qquad \begin{array}{l} CH_2-O-\overset{O}{\overset{\|}{C}}-R \\ | \\ CH-O-\overset{O}{\overset{\|}{C}}-R' \\ | \\ CH_2-O-\overset{O}{\overset{\|}{P}}(O^-)-OCH_2CH_2\overset{+}{N}(CH_3)_3 \end{array}$$

α-脑磷脂 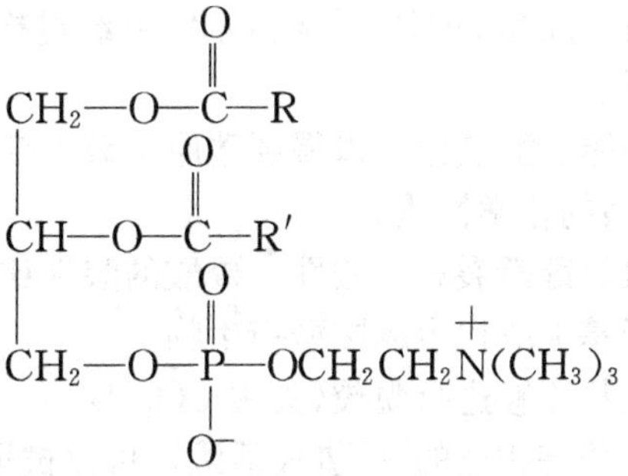　　　　α-卵磷脂

磷脂中的酰基都是相应的 16 个碳以上的高级脂肪酸，如硬脂酸、软脂酸、油酸、亚油酸(顺，顺-9，12-十八二烯酸)等；磷酸中尚有一个羟基具有强的酸性，可以与具有碱性的胺形成离子偶极键；这样在分子中就分为两个部分，一部分是长链的非极性的烃基，是疏水部分，另一部分是偶极离子，是亲水部分，因此磷脂的结构与前面所讲的肥皂结构类似，如果将磷脂放在水中，可以排成二列，它的极性基团指向水，而疏水性基团，因对水的排斥而聚集在一起，尾尾相连，与水隔开，形成脂双分子层。

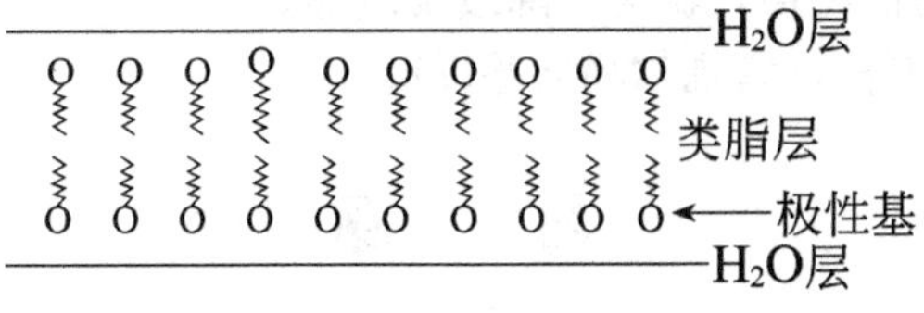

H_2O层
类脂层
极性基
H_2O层

磷脂在植物的种子中，以及蛋黄和动物的脑中含量较多。由家畜屠宰后的新鲜脑或由大豆榨油后的副产物中提取而得。往往卵磷脂和脑磷脂不加分离而作为卵磷脂粗制品。

磷脂可以作为乳化剂、抗氧剂、食品添加剂，医疗上用于治疗神经系统疾病，脑磷脂用于肝功能检验。

在各种食品里添加磷脂，可以保持水分和盐分，使外形美观。由于磷脂有乳化性，在制面包、蛋糕、炸面饼、油酥糕的面粉中添加磷脂，能增加这些食品的强韧性，延缓变硬过程。保持盐分，还能使面包、蛋糕体积增加5%以上。

生物细胞膜是由蛋白质和脂类(主要是磷脂)构成的。磷脂的疏水部分相接而亲水端朝向膜的内外两面构成脂双层。所有的膜都有不同成分的脂双层和相连的蛋白质组成。一些蛋白质松散地连接在脂双层的亲水表面，而另一些蛋白质剂埋入脂双层的疏水基质中，或穿过脂双层。细胞膜对各类物质的渗透性不一样，可以选择性地透过各种物质，在细胞内的吸收和分泌代谢过程中起着重要的作用。

50Å　脂双分子层(脂双层)

本章小结

1. 羧酸的制备方法。

(1) 烯烃、炔烃的氧化；卤仿反应可以得到少一个碳原子的羧酸。

(2) 卤代烃与 NaCN 反应再水解或经过格氏试剂与 CO_2 反应再水解可以得到多一个碳原子的羧酸。

(3) 伯醇、醛氧化可以得到碳原子数不变的羧酸。

2. 羧酸的化学性质。

(1) 氧氢键断裂——酸性：羧酸的酸性比碳酸强。

(2) 羟基被取代生成羧酸衍生物。

(3) 受热能够进行脱羧(失去 CO_2)反应。

(4) 与羧基相连的 α-氢较活泼，可以被取代。

3. 诱导效应对羧酸酸性的影响。

(1) 羧酸烃基上有吸电子基团时酸性增强，有给电子基团时酸性减弱。

(2) 羧酸烃基上取代基越多，对酸性影响越大。

(3) 羧酸烃基上取代基离羧基越近，对羧酸的酸性影响越大。

4. 羧酸衍生物的反应。

(1) 羧酸衍生物进行亲核取代反应的活性大小为：酰卤＞酸酐＞酯＞酰胺。

(2) 羧酸衍生物之间的相互转化。

(3) 羧酸衍生物各自的特性，霍夫曼降级反应等。

5. 羟基酸的性质与制法，雷福尔马斯基反应。

习　　题

1. 命名下列化合物或写出构造式。

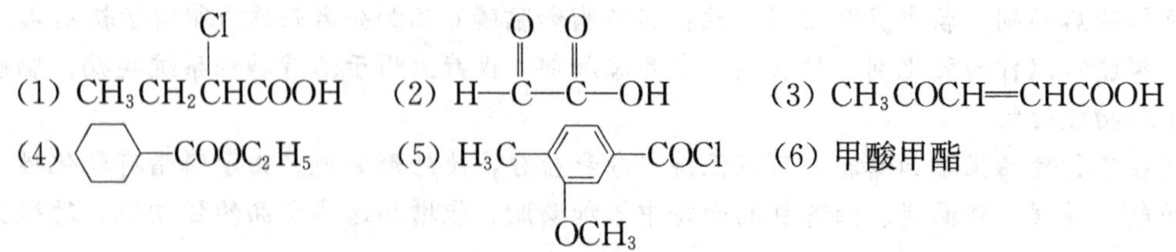

(7) 乙酰乙酸丙酯 (8) 甲基丁二酸酐 (9) E-2-甲基-2-丁烯酸

(10) 2-氯丁酰溴

2. 比较下列各组化合物的酸性大小。

(1) 苯酚、乙酸、丙二酸、乙二酸

(2) $HCOOH$、NH_3、H_2O、H_2CO_3、C_6H_5OH、CH_3OH、CH_3COOH

3. 完成下列反应。

(1) 1,2-二氢萘 $\xrightarrow{Na_2Cr_2O_7,\ H_2SO_4}$?

(2) $(CH_3)_2CHOH + H_3C-C_6H_4-COCl \longrightarrow$?

(3) $HOCH_2CH_2COOH \xrightarrow{LiAlH_4}$?

(4) $NCCH_2CH_2CN + H_2O \xrightarrow{NaOH}$? $\xrightarrow{H^+}$?

(5) 邻-$C_6H_4(CH_2COOH)_2$ $\xrightarrow[Ba(OH)_2]{\triangle}$?

(6) $CH_3COCl +$ 甲苯（$C_6H_5CH_3$）$\xrightarrow{无水\ AlCl_3}$?

(7) $(CH_3CO)_2O + C_6H_5-OH \longrightarrow$?

4. 完成下列合成(无机试剂任选)。

(1) 由乙烯合成丙酮酸和丁二酸二乙酯 (2) 由乙炔合成丙烯酸乙酯

(3) 由环己酮合成 α-羟基环己基甲酸 (4) 由苯合成 p-硝基苯甲酰氯

5. 下列化合物中，哪些能产生互变异构，写出其异构体的构造式。

CH_3CH_2CHO $CH_3CH(OH)CH_2COC_2H_5$（$C=O$） $CH_3C(OH)=CHCOC_2H_5$（$C=O$）

$CH_3COCH_2COCH_3$ 1,3-环己二酮

6. 用简便的化学方法鉴别下列各组化合物。

(1) $HOOC-COOH$ 与 $HOOCCH_2-CH_2COOH$

(2) $(CH_3)_2CHCH=CHCOOH$ 与 环戊基-$COOH$

(3) 邻-$CH_3O-C_6H_4-COOH$ 与 邻-$HO-C_6H_4-COOCH_3$

(4) COOH、CH_3（苯环对位） 与 OH、$COCH_3$（苯环对位） 与 OH、$-CH=CH_2$、OH（苯环）

7. 完成下列转化。

(1) $CH_3CH_2CH_2Br \longrightarrow CH_3CH_2CH_2COOH$

(2) $(CH_3)_2CHOH \longrightarrow (CH_3)_2C(OH)-COOH$

(3) 苯 $\longrightarrow$ 间溴苯甲酸（COOH、Br）

(4) 环己酮（O） $\longrightarrow$ 环戊酮（=O）

(5) $CH_3CH_2COOH \longrightarrow CH_3CH_2CH_2CH_2COOH$

(6) $CH_3COOH \longrightarrow CH_2(COOC_2H_5)_2$

(7) 丁二酸酐（O、O、O） $\longrightarrow$ CH_2COONH_4—CH_2CONH_2

(8) $CH_3CH_2COOH \longrightarrow CH_3CH_2COO-C_6H_5$

8. 分子式为$C_3H_6O_2$的化合物，有三个异构体A、B、C，其中A可和$NaHCO_3$反应放出CO_2，而B和C不可，B和C可在NaOH的水溶液中水解，B的水解产物的馏出液可发生碘仿反应。推测A、B、C的构造式，并写出有关反应式。

9. 化合物A，分子式为$C_4H_6O_4$，加热后得到分子式为$C_4H_4O_3$的B，将A与过量甲醇及少量硫酸一起加热得分子式为$C_6H_{10}O_4$的C。B与过量甲醇作用也得到C。A与$LiAlH_4$作用后得分子式为$C_4H_{10}O_2$的D。写出A、B、C、D的构造式以及它们相互转化的反应式。

10. 某化合物A，分子式为$C_5H_6O_3$，可与乙醇作用得到互为异构体的化合物B和C，B和C分别与亚硫酰氯($SOCl_2$)作用后，再与乙醇反应，得到相同的化合物，推测A、B、C的构造式，并写出有关反应式。

11. 某化合物A，分子式为$C_6H_8O_2$，能和2，4-硝基苯肼反应，能使溴的四氯化碳溶液褪色，但A不能和$NaHCO_3$反应。A与碘的NaOH溶液反应后生成B，B的分子式为$C_4H_4O_4$，B受热后可分子内失水生成分子式为$C_4H_2O_3$的酸酐C。推测A、B和C的构造式，并写出有关反应式。

12. 某化合物A，分子式为$C_7H_6O_3$，能溶于NaOH和$NaHCO_3$，A与$FeCl_3$作用有颜色反应，与$(CH_3CO)_2O$作用后生成分子式为$C_9H_8O_4$的化合物B。A与甲醇作用生成香料化合物C，C的分子式为$C_8H_8O_3$，C经硝化主要得到一种一元硝基化合物，推测A、B、C的构造式，并写出有关反应式。

第12章　β-二羰基化合物

教学目标

掌握β-二羰基化合物的含义及其结构特征。

掌握乙酰乙酸乙酯和丙二酸二乙酯分子中活泼亚甲基的性质。

掌握乙酰乙酸乙酯等产生互变异构现象的原因。

掌握乙酰乙酸乙酯和丙二酸二乙酯在有机合成上的应用。

教学要求

知识要点	能力要求	相关知识
酮式-烯醇式的互变异构	(1) 了解酮式-烯醇式的互变异构的含义 (2) 掌握乙酰乙酸乙酯等产生互变异构现象的原因	
β-二羰基化合物碳负离子的反应	(1) 了解碳负离子的反应的基本原理 (2) 掌握常见二羰基化合物碳负离子的反应种类	碳负离子的形成
β-二羰基化合物在有机合成中的应用	(1) 掌握乙酰乙酸乙酯在有机合成上的应用 (2) 掌握丙二酸二乙酯在有机合成上的应用	缩合反应的应用
碳负离子的亲核加成反应及在有机合成上的作用	(1) 了解迈克尔(Michael)反应 (2) 了解诺文葛尔(Knoevenagel)反应	亲核加成反应的基本原理

分子中含有两个羰基官能团的化合物，统称为二羰基化合物。其中两个羰基被一个亚甲基隔开的化合物，称为β-二羰基化合物。一般有以下三种形式：

$$\underset{\beta\text{-二酮}}{R-\overset{\overset{\displaystyle O}{\|}}{C}-CH_2-\overset{\overset{\displaystyle O}{\|}}{C}-R'} \qquad \underset{\beta\text{-酮酸酯}}{R-\overset{\overset{\displaystyle O}{\|}}{C}-CH_2-\overset{\overset{\displaystyle O}{\|}}{C}-OR'} \qquad \underset{\text{丙二酸酯}}{R-O-\overset{\overset{\displaystyle O}{\|}}{C}-CH_2-\overset{\overset{\displaystyle O}{\|}}{C}-OR'}$$

由于它们的亚甲基对于两个羰基来说，都是α位置，在两个羰基的共同影响下，这个碳上的α氢原子显得特别活泼，因此β-二羰基化合物也常称作含有活泼亚甲基的化合物。β-二羰基化合物因具有自己独特的反应，而在有机合成上有着多方面的应用。

12.1　酮式-烯醇式的互变异构

羰基化合物中活泼的α-氢原子可以在α-碳和羰基氧之间转移，与所形成的烯醇构成酮式-烯醇式互变异构，酮式和烯醇式共处一个平衡体系中。

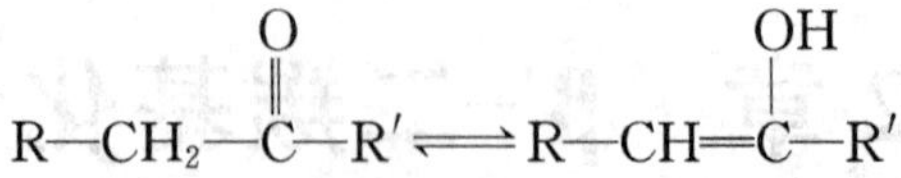

$$R-CH_2-\overset{\overset{\large O}{\|}}{C}-R' \rightleftharpoons R-CH=\overset{\overset{\large OH}{|}}{C}-R'$$

以乙酰乙酸乙酯为例，乙酰乙酸乙酯能与羟氨、苯肼等反应生成肟、苯腙等，也能与亚硫酸氢钠等发生加成反应，这说明乙酰乙酸乙酯具有如下的酮式结构：

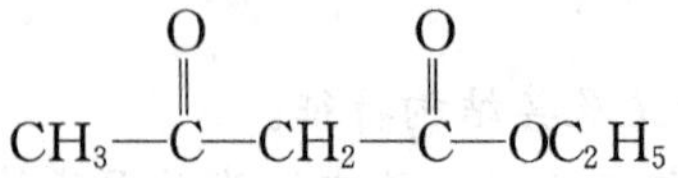

$$CH_3-\overset{\overset{\large O}{\|}}{C}-CH_2-\overset{\overset{\large O}{\|}}{C}-OC_2H_5$$

另一方面，乙酰乙酸乙酯与金属钠作用放出氢气而得到钠盐；与五氯化磷作用生成3-氯-2-丁烯酸乙酯；与乙酰氯作用生成酯。这些反应都说明乙酰乙酸乙酯分子中有羟基存在。此外，乙酰乙酸乙酯能使溴的四氯化碳溶液迅速褪色，这说明分子中具有碳碳双键；与三氯化铁溶液作用呈紫红色，这个显色反应是具有烯醇式结构化合物的特征反应，因此说明分子中具有烯醇式结构。上述反应又说明乙酰乙酸乙酯应具有如下的烯醇式结构：

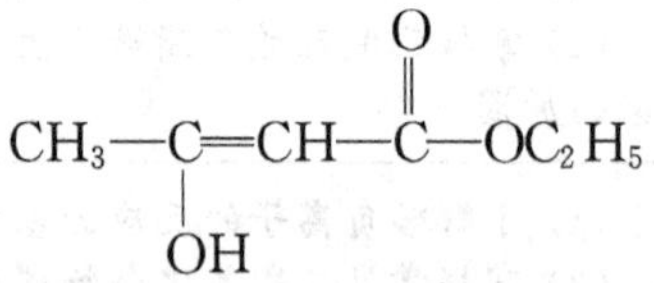

$$CH_3-\underset{\underset{\large OH}{|}}{C}=CH-\overset{\overset{\large O}{\|}}{C}-OC_2H_5$$

实际上，乙酰乙酸乙酯的上述两种异构体之间存在下列平衡：

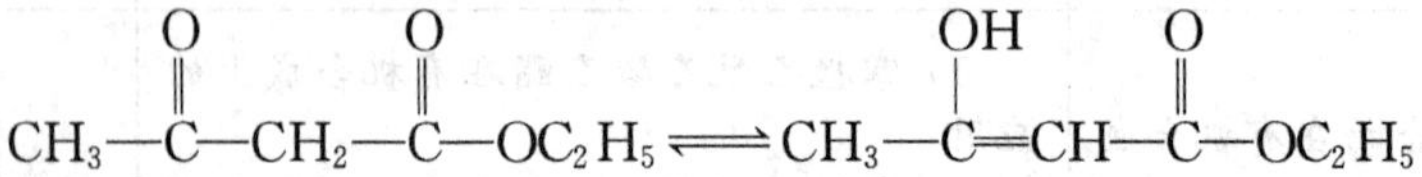

$$CH_3-\overset{\overset{\large O}{\|}}{C}-CH_2-\overset{\overset{\large O}{\|}}{C}-OC_2H_5 \rightleftharpoons CH_3-\overset{\overset{\large OH}{|}}{C}=CH-\overset{\overset{\large O}{\|}}{C}-OC_2H_5$$

乙酰乙酸乙酯的两种异构体，可在较低的温度下，用石英容器蒸馏分离。其中酮式的沸点为41℃(267Pa)，烯醇式的沸点为33℃(267Pa)。在室温条件下，液态乙酰乙酸乙酯平衡混合物中约含7.5%的酮式异构体。

β-二羰基化合物的烯醇式异构体具有较大稳定性的原因是：通过烯醇羟基氢原子构成分子内氢键，形成一个稳定的六元环状化合物；烯醇式羟基氧原子上的共用电子对与碳碳双键和碳氧双键是共轭体系，发生了电子的离域，降低了分子的能量。

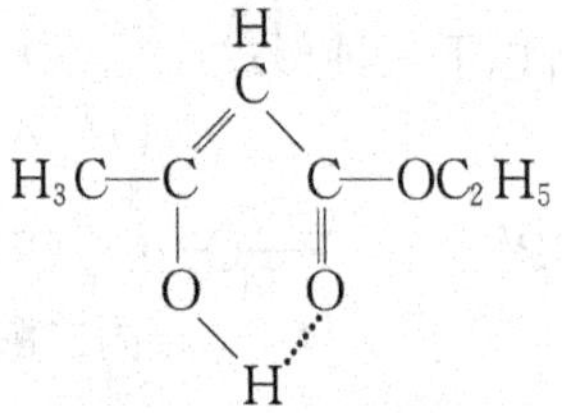

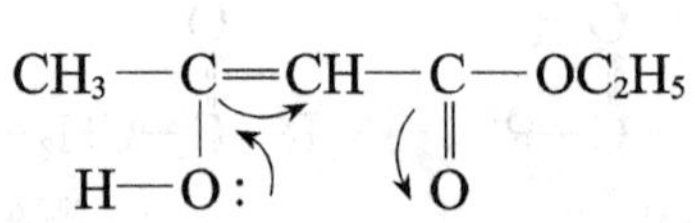

$$H_3C-C(=CH-)\cdots C(-OC_2H_5)=O\cdots H-O \qquad CH_3-\underset{\underset{H-\ddot{O}:}{|}}{C}=CH-\overset{}{\underset{\underset{\large O}{\|}}{C}}-OC_2H_5$$

β-二羰基化合物中的亚甲基同时受到两个羰基的影响，使α-氢原子有较强的酸性。如2，4-戊二酮在碱的作用下生成的负离子。

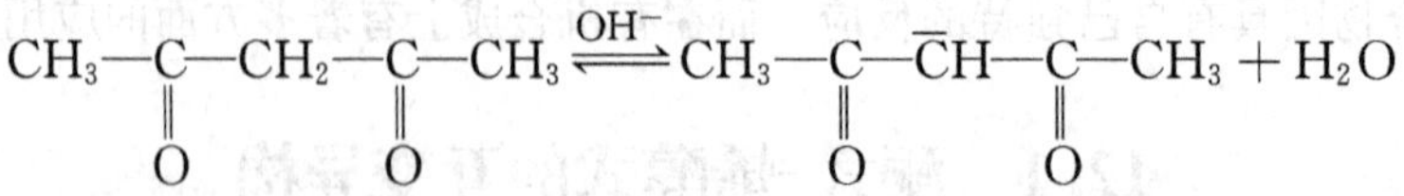

$$CH_3-\underset{\underset{\large O}{\|}}{C}-CH_2-\underset{\underset{\large O}{\|}}{C}-CH_3 \xrightleftharpoons{OH^-} CH_3-\underset{\underset{\large O}{\|}}{C}-\bar{C}H-\underset{\underset{\large O}{\|}}{C}-CH_3+H_2O$$

这种负离子并不是单纯的酮式结构，负电荷实际上在两个羰基间离域，这种离域作用比单羰基的离域作用强地多。可用下列共振式的叠加来表示：

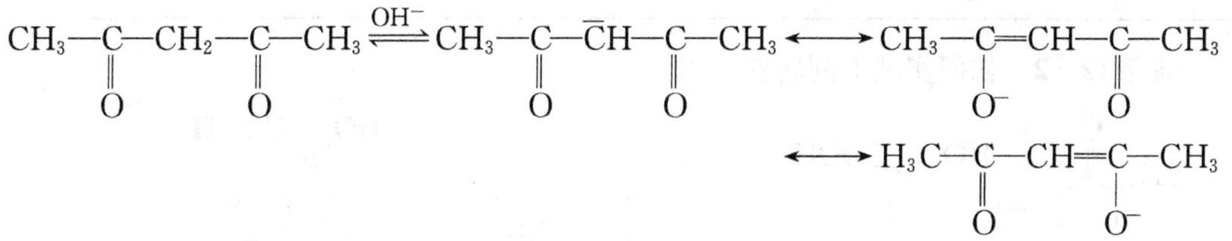

$$CH_3-\underset{\underset{O}{\|}}{C}-CH_2-\underset{\underset{O}{\|}}{C}-CH_3 \overset{OH^-}{\rightleftharpoons} CH_3-\underset{\underset{O}{\|}}{C}-\overline{C}H-\underset{\underset{O}{\|}}{C}-CH_3 \longleftrightarrow CH_3-\underset{\underset{O^-}{|}}{C}=CH-\underset{\underset{O}{\|}}{C}-CH_3$$

$$\longleftrightarrow H_3C-\underset{\underset{O}{\|}}{C}-CH=\underset{\underset{O^-}{|}}{C}-CH_3$$

β-二羰基化合物的负离子一般以烯醇式结构存在，所以称为烯醇负离子。但由于亚甲基碳原子上也带负电荷，且反应往往发生在此碳原子上，所以该负离子也常称之为碳负离子。

练习 12-1 下列哪些写法是错误的？

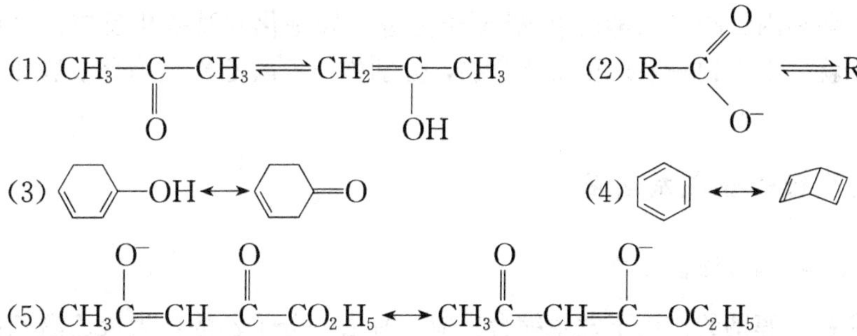

(1) $CH_3-\underset{\underset{O}{\|}}{C}-CH_3 \rightleftharpoons CH_2=\underset{\underset{OH}{|}}{C}-CH_3$

(2) $R-C(=O)-O^- \rightleftharpoons R-C(-O^-)=O$

(3) 环己二烯基-OH ⟷ 环己烯酮(=O)

(4) 苯 ⟷ 杜瓦苯

(5) $CH_3\overset{\overset{O^-}{|}}{C}=CH-\overset{\overset{O}{\|}}{C}-CO_2H_5 \longleftrightarrow CH_3\overset{\overset{O}{\|}}{C}-CH=\overset{\overset{O^-}{|}}{C}-OC_2H_5$

12.2 β-二羰基化合物碳负离子的反应

由共振构造式可以看出，碳负离子具有带部分负电荷的碳原子或氧原子，都具有亲核性能，因此在碳原子和氧原子上都有可能发生亲核反应，如下列简式所示：

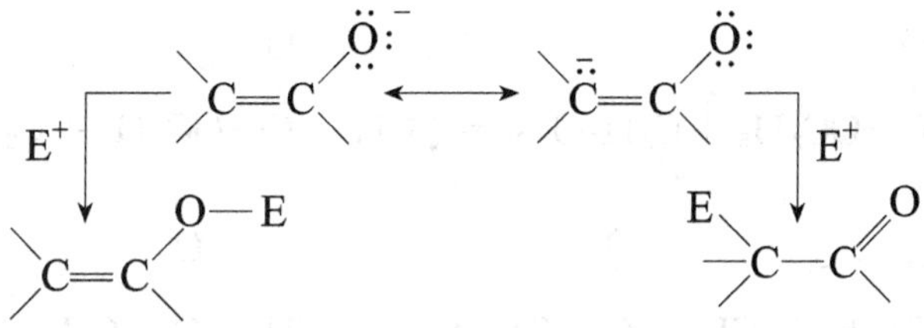

$$>C=C<\overset{\ddot{O}:^-}{} \longleftrightarrow >\overset{..}{\underset{-}{C}}-C=\ddot{O}:$$

$$\downarrow E^+ \qquad\qquad \downarrow E^+$$

$$>C=C(-O-E)< \qquad\qquad E-\underset{|}{\overset{|}{C}}-C(=O)-$$

但反应主要发生在亲核的碳原子上，所以在一般情况下得到的主要是碳原子上的烷基化或酰基化产物，也有少量氧原子上的烷基化或酰基化产物生成。

常见的β-二羰基化合物碳负离子的反应有下列几种：

(1) 碳负离子和卤烷的反应，即羰基α-碳原子的烷基化或烃基化反应。

(2) 碳负离子和羰基化合物的反应，也常称为羰基化合物和β-二羰基化合物的缩合反应。当与酰卤或酸酐作用时可得酰基化产物。

(3) 碳负离子和α，β-不饱和羰基化合物的共轭加成反应或1，4-加成反应。

通过这些反应，都形成了新的碳碳键。它们在有机合成中都是很重要的反应，有着非常广泛的应用。

练习 12－2 如何实现下列转变？

(1) 环己酮 $\longrightarrow$ 1-羟基环戊烷甲酸（HO、COOH）

(2) 菲 $\longrightarrow$ 9-羟基芴-9-甲酸（HO、COOH）

12.3 β-二羰基化合物在有机合成中的应用

β-二羰基化合物是有机合成的重要中间体，其中乙酰乙酸乙酯和丙二酸二乙酯用途最广。若在乙酰乙酸乙酯和丙二酸二乙酯的β-碳原子上进行烃基化和酰基化反应，再将生成的产物进行分解，就可以得到一系列重要化合物，分别称作乙酰乙酸乙酯合成法和丙二酸二乙酯合成法。

12.3.1 乙酰乙酸乙酯的合成及应用

1. 克莱森(Clainsen)(酯)缩合反应

两分子乙酸乙酯在乙醇钠的作用下发生缩合反应，脱去一分子乙醇，生成乙酰乙酸乙酯，又称为β-丁酮酸乙酯。

$$CH_3-\overset{\overset{\displaystyle O}{\|}}{C}-\boxed{OC_2H_5+H}-CH_2-\overset{\overset{\displaystyle O}{\|}}{C}-OC_2H_5 \xrightarrow[(2)H^+]{(1)C_2H_5ONa} CH_3-\overset{\overset{\displaystyle O}{\|}}{C}-CH_2-\overset{\overset{\displaystyle O}{\|}}{C}-OC_2H_5+C_2H_5OH$$

这个反应条件可以适合很多种不同酯的缩合，α-碳原子上含有氢原子的酯，在碱催化条件下发生缩合生成β-酮酸酯的反应称为克莱森缩合反应。

现以乙酸乙酯在乙醇钠催化作用下的缩合反应来说明克莱森缩合反应机理。

$$CH_3-\overset{\overset{\displaystyle O}{\|}}{C}-OC_2H_5+C_2H_5O^- \rightleftharpoons {}^-CH_2-\overset{\overset{\displaystyle O}{\|}}{C}-OC_2H_5+C_2H_5OH$$

$$CH_3-\overset{\overset{\displaystyle O}{\|}}{C}-OC_2H_5+{}^-CH_2-\overset{\overset{\displaystyle O}{\|}}{C}-OC_2H_5 \rightleftharpoons CH_3-\overset{\overset{\displaystyle O^-}{|}}{\underset{\underset{\displaystyle OC_2H_5}{|}}{C}}-CH_2-\overset{\overset{\displaystyle O}{\|}}{C}-OC_2H_5$$

$$CH_3-\overset{\overset{\displaystyle O^-}{|}}{\underset{\underset{\displaystyle OC_2H_5}{|}}{C}}-CH_2-\overset{\overset{\displaystyle O}{\|}}{C}-OC_2H_5 \rightleftharpoons CH_3-\overset{\overset{\displaystyle O}{\|}}{C}-CH_2-\overset{\overset{\displaystyle O}{\|}}{C}-OC_2H_5+C_2H_5O^-$$

$$CH_3-\overset{\overset{\displaystyle O}{\|}}{C}-CH_2-\overset{\overset{\displaystyle O}{\|}}{C}-OC_2H_5+C_2H_5O^- \rightleftharpoons CH_3-\overset{\overset{\displaystyle O}{\|}}{C}-\bar{C}H-\overset{\overset{\displaystyle O}{\|}}{C}-OC_2H_5+C_2H_5OH$$

$$CH_3-\overset{O}{\overset{\|}{C}}-\overline{C}H-\overset{O}{\overset{\|}{C}}-OC_2H_5 \xrightarrow{H^+} CH_3-\overset{O}{\overset{\|}{C}}-CH_2-\overset{O}{\overset{\|}{C}}-OC_2H_5$$

$$CH_3-\overset{O}{\overset{\|}{C}}-CH_2-\overset{O}{\overset{\|}{C}}-OC_2H_5 \rightleftharpoons CH_3-\overset{OH}{\overset{|}{C}}=CH-\overset{O}{\overset{\|}{C}}-OC_2H_5$$

含有α-氢的酯都可发生克莱森缩合反应，但两种不同的都含α-氢的酯缩合后会产生四种产物。

$$RCH_2\overset{O}{\overset{\|}{C}}OC_2H_5+R'CH_2\overset{O}{\overset{\|}{C}}OC_2H_5 \longrightarrow RCH_2\overset{O}{\overset{\|}{C}}\underset{R}{\underset{|}{C}H}\overset{O}{\overset{\|}{C}}OC_2H_5+R'CH_2\overset{O}{\overset{\|}{C}}\underset{R'}{\underset{|}{C}H}\overset{O}{\overset{\|}{C}}OC_2H_5$$

$$+RCH_2\overset{O}{\overset{\|}{C}}\underset{R'}{\underset{|}{C}H}\overset{O}{\overset{\|}{C}}OC_2H_5+R'CH_2\overset{O}{\overset{\|}{C}}\underset{R}{\underset{|}{C}H}\overset{O}{\overset{\|}{C}}OC_2H_5$$

若将一个含α-氢的酯和另一个不含α-氢的酯缩合，控制合适条件可生成主要产物。例如，苯甲酰乙酸乙酯可通过苯甲酸乙酯和乙酸乙酯的缩合反应来制备：

$$C_6H_5-\overset{O}{\overset{\|}{C}}-OC_2H_5+CH_3-\overset{O}{\overset{\|}{C}}-OC_2H_5 \xrightarrow[(2)H^+]{(1)C_2H_5ONa} C_6H_5-\overset{O}{\overset{\|}{C}}-CH_2-\overset{O}{\overset{\|}{C}}-OC_2H_5$$

为避免乙酸乙酯的自身缩合，可将苯甲酸乙酯和催化剂(乙醇钠)首先加入到反应容器中，待达到反应温度时，再将乙酸乙酯慢慢滴加到苯甲酸乙酯和催化剂的混合溶液中去。

在工业上乙酰乙酸乙酯可通过二乙烯酮和乙醇反应来制备。

$$\begin{array}{l} CH_2=C-O \\ \quad\;\; |\quad\;\; | \\ CH_2-C=O \end{array} \xrightarrow{C_2H_5OH} CH_3-\overset{O}{\overset{\|}{C}}-CH_2-\overset{O}{\overset{\|}{C}}-OC_2H_5$$

2. 乙酰乙酸乙酯在有机合成中的应用

1) 酮式分解

用氢氧化钠或氢氧化钾的稀碱溶液(5%的 NaOH 或 KOH)对乙酰乙酸乙酯类化合物进行水解，首先生成β-酮酸，β-酮酸在加热情况下分解成甲基酮和二氧化碳，这个反应称为乙酰乙酸乙酯类化合物的酮式分解反应。

$$CH_3-\overset{O}{\overset{\|}{C}}-\underset{R}{\underset{|}{\overset{R'}{\overset{|}{C}}}}-\overset{O}{\overset{\|}{C}}-OC_2H_5 \xrightarrow[(2)H^+/\triangle]{(1)5\%NaOH} CH_3-\overset{O}{\overset{\|}{C}}-\underset{R'}{\underset{|}{C}H}-R+CO_2+C_2H_5OH$$

从上述反应可知，利用乙酰乙酸乙酯类化合物的酮式分解反应可以制备各种甲基酮类化合物。

乙酰乙酸乙酯的酮式分解反应过程如下：

$$CH_3-\overset{O}{\overset{\|}{C}}-CH_2-\overset{O}{\overset{\|}{C}}-OC_2H_5 \xrightarrow{5\%NaOH} CH_3-\overset{O}{\overset{\|}{C}}-CH_2-\overset{O}{\overset{\|}{C}}-ONa$$

$$CH_3-\overset{O}{\overset{\|}{C}}-CH_2-\overset{O}{\overset{\|}{C}}-ONa \xrightarrow{H_3^+O} CH_3-\overset{O}{\overset{\|}{C}}-CH_2-\overset{O}{\overset{\|}{C}}-OH$$

$$CH_3-\overset{O}{\overset{\|}{C}}-CH_2-\overset{O}{\overset{\|}{C}}-OH \xrightarrow{\triangle} CH_3-\overset{O}{\overset{\|}{C}}-CH_3 + CO_2$$

2）酸式分解

当用氢氧化钠或氢氧化钾的浓碱溶液（40%的 NaOH 或 KOH）和乙酰乙酸乙酯类化合物反应时，则发生另一种分解反应，生成两分子羧酸，这个反应称为乙酰乙酸乙酯类化合物的酸式分解反应。

$$CH_3-\overset{O}{\overset{\|}{C}}-\underset{R}{\overset{R'}{C}}-\overset{O}{\overset{\|}{C}}-OC_2H_5 \xrightarrow[(2)H^+/\triangle]{(1)40\%NaOH} CH_3-\overset{O}{\overset{\|}{C}}-OH+R-\underset{R'}{CH}-\overset{O}{\overset{\|}{C}}-OH+C_2H_5OH$$

从上述反应可知，利用乙酰乙酸乙酯类化合物的酸式分解反应可以制备各种羧酸类化合物。

酸式分解反应过程如下：

$$CH_3-\overset{O}{\overset{\|}{C}}-CH_2-\overset{O}{\overset{\|}{C}}-OC_2H_5 \xrightarrow{^-OH} CH_3-\underset{OH}{\overset{O^-}{C}}-CH_2-\overset{O}{\overset{\|}{C}}-OC_2H_5$$

$$CH_3-\underset{OH}{\overset{O^-}{C}}-CH_2-\overset{O}{\overset{\|}{C}}-OC_2H_5 \longrightarrow CH_3-\overset{O}{\overset{\|}{C}}-OH+{}^-CH_2-\overset{O}{\overset{\|}{C}}-OC_2H_5$$

$$CH_3-\overset{O}{\overset{\|}{C}}-OH+{}^-CH_2-\overset{O}{\overset{\|}{C}}-OC_2H_5 \longrightarrow CH_3-\overset{O}{\overset{\|}{C}}-O^-+CH_3-\overset{O}{\overset{\|}{C}}-OC_2H_5$$

$$CH_3-\overset{O}{\overset{\|}{C}}-O^- \xrightarrow{H_3^+O} CH_3-\overset{O}{\overset{\|}{C}}-OH$$

$$CH_3-\overset{O}{\overset{\|}{C}}-OC_2H_5 \xrightarrow[(2)H_3^+O]{(1)^-OH} CH_3-\overset{O}{\overset{\|}{C}}-OH+C_2H_5OH$$

乙酰乙酸乙酯类化合物的酮式分解和酸式分解是一对相互竞争的反应，实验证明，碱的浓度越大，越有利于酸式分解，反之，则有利于酮式分解。

3）烷基化反应

$$CH_3\underset{O}{\underset{\|}{C}}CH_2COOC_2H_5 \xrightarrow{C_2H_5ONa} [CH_3-\overset{O^-}{\overset{|}{C}}=CHCOOC_2H_5]Na$$

$$\rightleftharpoons [CH_3-\overset{\overset{O}{\|}}{C}-\bar{C}HCOOC_2H_5]Na \xrightarrow{R-X} CH_3\overset{\overset{O}{\|}}{C}-\underset{\underset{R}{|}}{C}HCOOC_2H_5$$

$$\xrightarrow{C_2H_5ONa} [CH_3-\overset{\overset{O}{\|}}{C}-{}^{-}\underset{\underset{R}{|}}{C}COOC_2H_5]Na \xrightarrow{R'X} CH_3\overset{\overset{O}{\|}}{C}-\underset{\underset{R}{|}}{\overset{\overset{R'}{|}}{C}}COOC_2H_5$$

通过以上一系列反应，乙酰乙酸乙酯活泼亚甲基上的两个氢原子分别被两个烷基所取代。两个烷基可以相同，也可以不同。当两个烷基相同时，可以一步完成两个烷基的取代。

生成的烷基取代的乙酰乙酸乙酯在不同的条件下水解，得到不同的产物，这在有机合成上有重要的应用。

4）酰基化反应

在醇钠或其他强碱的作用下，乙酰乙酸乙酯与酰氯或酸酐发生反应，在活泼亚甲基上引入酰基。反应产物和烷基化反应的处理方法类似，经过碱性水解、酸化、脱羧后最终得到β-二酮。

$$CH_3\underset{\underset{O}{\|}}{C}CH_2\underset{\underset{O}{\|}}{C}OC_2H_5 \xrightarrow[DMF]{NaH} [CH_3-\underset{\underset{O}{\|}}{C}\bar{C}H-\underset{\underset{O}{\|}}{C}-O-CH_2-CH_3]Na^+ \xrightarrow[-NaCl]{RCOCl} CH_3-\underset{\underset{O}{\|}}{C}-\underset{\underset{\underset{R}{|}}{C=O}}{\underset{|}{C}}H-\overset{\overset{O}{\|}}{C}-O-CH_2-CH_3$$

练习 12-3 下列哪些化合物能用乙酰乙酸乙酯合成？请写出反应式。

(1) $CH_3\overset{\overset{O}{\|}}{C}CH_2CH_2CH_2CH_2CH_3$　　(2) $HOOC\underset{\underset{CH_3}{|}}{\overset{\overset{CH_3}{|}}{C}}COOH$

(3) $C_6H_5-CH_2\underset{\underset{CH_2CH_3}{|}}{C}HCOCH_3$　　(4) $CH_3CO\underset{\underset{CH_3}{|}}{C}HCH_2COOH$

12.3.2 丙二酸二乙酯的合成及在有机合成中的应用

丙二酸二乙酯为无色有香味的液体，沸点199℃，在有机合成上应用广泛。可以从氯乙酸的钠盐制备。

$$\underset{\underset{Cl}{|}}{CH_2}COONa \xrightarrow[OH^-]{NaCN} \underset{\underset{CN}{|}}{CH_2}COONa \xrightarrow[H_2SO_4]{C_2H_5OH} H_2C(COOC_2H_5)_2$$

$$\underset{\underset{CN}{|}}{CH_2}COONa \xrightarrow{H_3^+O} H_2C(COOH)_2 \xrightarrow[2C_2H_5OH]{H^+} H_2C(COOC_2H_5)_2$$

与乙酰乙酸乙酯相似，丙二酸二乙酯分子中亚甲基上的氢原子非常活泼，能与强碱(醇钠)作用生成钠盐，生成的钠盐是强的亲核试剂，可以与卤代烷作用，得到烃基化产物。若有两个α-氢原子，则可引入两个烃基。水解后生成相应烃基取代的丙二酸，它受热脱羧即可得到取代的乙酸。

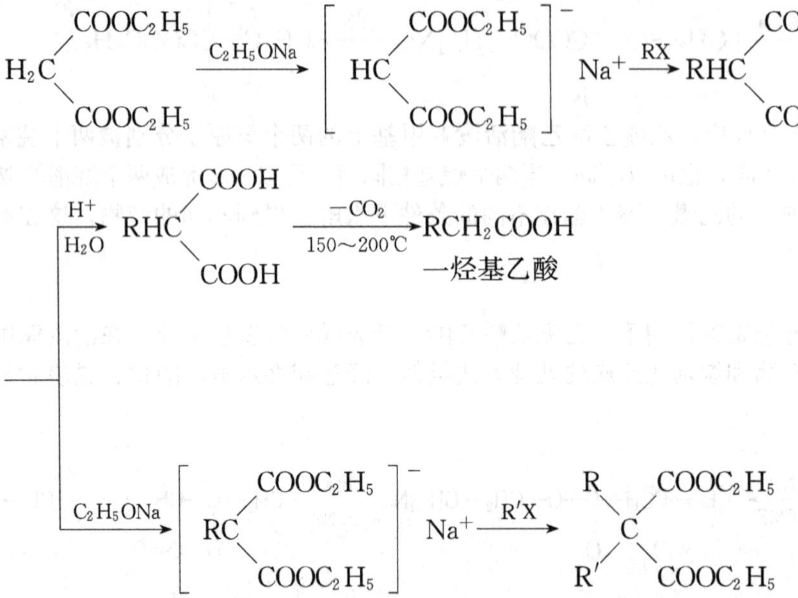

$$H_2C(COOC_2H_5)_2 \xrightarrow{C_2H_5ONa} [HC(COOC_2H_5)_2]^- Na^+ \xrightarrow{RX} RHC(COOC_2H_5)_2$$

$$\xrightarrow[H_2O]{H^+} RHC(COOH)_2 \xrightarrow[150\sim200℃]{-CO_2} RCH_2COOH$$

一烃基乙酸

$$\xrightarrow{C_2H_5ONa} [RC(COOC_2H_5)_2]^- Na^+ \xrightarrow{R'X} RR'C(COOC_2H_5)_2$$

利用丙二酸酯法主要来合成α-烃基取代乙酸，还可以合成二元羧酸。例如：

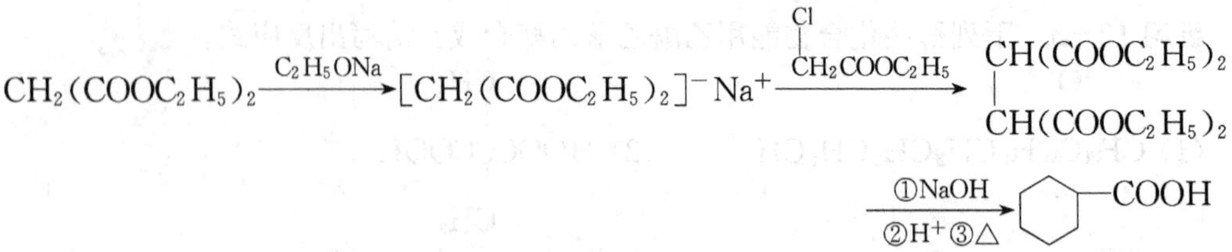

$$CH_2(COOC_2H_5)_2 \xrightarrow{C_2H_5ONa} [CH_2(COOC_2H_5)_2]^- Na^+ \xrightarrow{ClCH_2COOC_2H_5} \begin{matrix} CH(COOC_2H_5)_2 \\ | \\ CH(COOC_2H_5)_2 \end{matrix}$$

$$\xrightarrow[②H^+ ③\triangle]{①NaOH} C_6H_{11}\text{—}COOH$$

练习 12-4 用丙二酸二乙酯为原料，合成下列化合物。

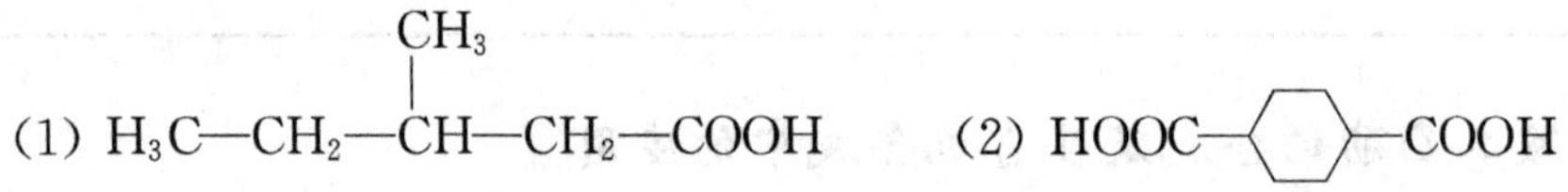

(1) $H_3C—CH_2—CH(CH_3)—CH_2—COOH$　　(2) HOOC—C_6H_{10}—COOH

12.4 碳负离子的亲核加成反应及在有机合成上的作用

12.4.1 迈克尔(Michael)反应

碳负离子(烯醇盐)与α，β-不饱和羰基化合物的加成反应称为迈克尔反应。乙酸乙酰乙酯、丙二酸二乙酯在碱性催化剂存在下都能与α，β-不饱和羰基化合物或α，β-不饱和腈起迈克尔反应。例如：

$$CH_3COCH{=}CH_2+CH_2(CO_2C_2H_5)_2 \xrightarrow[C_2H_5OH]{KOH} CH_3COCH_2CH_2CH(CO_2C_2H_5)_2$$

3-丁烯-2-酮　　丙二酸二乙酯　　2-乙氧羰基-5-己酮酸乙酯

$$\xrightarrow[(2)H^+\triangle]{(1)KOH\ \ H_2O} CH_3COCH_2CH_2CH_2CO_2H$$

5-己酮酸

$$\text{2-环己烯酮}+CH_3COCH_2CO_2C_2H_5 \xrightarrow{C_2H_5ONa} \text{3-[CH(COCH}_3\text{)CO}_2\text{C}_2\text{H}_5\text{]环己酮}$$

$$\xrightarrow[(2)H^{\oplus}\triangle]{(1)NaOH\ \ H_2O} \text{3-(CH}_2\text{COCH}_3\text{)环己酮}$$

3-(2-氧代丙基)环己酮

容易生成烯醇盐的其他含活性亚甲基的化合物也可以起迈克尔反应。例如：

$$\text{1,3-环己二酮}+CH_2{=}CHCO_2Et \xrightarrow[0℃]{EtONa,\ EtOH} \text{2-(CH}_2\text{CH}_2\text{CO}_2\text{Et)-1,3-环己二酮}$$

1，3-环己二酮　　丙烯酸乙酯　　2-(2-乙氧羰乙基)-1，3-环己二酮

迈克尔反应的机理为：

$$C_2H_5\ddot{O}:^{\ominus} + H{-}CH(COCH_3)(COOC_2H_5) \longrightarrow \left[CH_3C(=O)\ddot{C}^{\ominus}HCOOC_2H_5 \longleftrightarrow CH_3C(-\ddot{O}:^{\ominus}){=}CHCOOC_2H_5\right] + C_2H_5OH$$

$$CH_3CO\ddot{C}^{\ominus}H(COOC_2H_5) + CH_2{=}CH{-}C(CH_3){=}O \rightleftharpoons CH_3COCH(COOC_2H_5){-}CH_2{-}CH{=}C(CH_3){-}\ddot{O}:^{\ominus}$$

$$\rightleftharpoons CH_3COCH(COOC_2H_5)CH_2CH_2C(CH_3){=}O + C_2H_5O^{\ominus}$$

从形式上看，迈克尔反应是含活性亚甲基的化合物对 α，β-不饱和羰基化合物的 1，4-加成，生成的烯醇盐中间体互变异构成酮式化合物。

迈克尔反应的应用范围很广，在合成药物中有重要用途。

12.4.2 诺文葛尔(Knoevenagel)反应

醛、酮在有机碱催化下，与含活泼亚甲基的化合物发生的缩合反应称为诺文葛尔反应。

$$\begin{matrix}R\\R'\end{matrix}\!\!>C{=}O + H_2C\!\!<\!\!\begin{matrix}COOC_2H_5\\Z\end{matrix} \xrightarrow[C_6H_6]{碱} \begin{matrix}R\\R'\end{matrix}\!\!>C{=}C\!\!<\!\!\begin{matrix}COOC_2H_5\\Z\end{matrix} + H_2O$$

(Z=—COR，—COOC₂H₅，—NO₂，—CN 等)

诺文葛尔反应一般在苯和甲苯中进行，分离出生成的水，可以使反应向正方向进行。常用的催化剂有伯胺、仲胺、吡啶和六氢吡啶等。

$$C_6H_5\text{—}CHO + CH_2(COOC_2H_5)_2 \xrightarrow[-H_2O]{(C_2H_5)_2NH} C_6H_5\text{—}CH{=}C(COOC_2H_5)_2$$

$$\xrightarrow{H_3^+O} C_6H_5\text{—}CH{=}CHCOOH + CO_2 + 2C_2H_5OH$$

$$\text{(2-呋喃基)}CHO + H_2C(CN)_2 \xrightarrow[0℃]{PhCH_2NH_2} \text{(2-呋喃基)}CH{=}C(CN)_2 + H_2O$$

由于活泼亚甲基化合物优先与弱碱反应生成碳负离子，可以避免醛、酮自身发生羟醛缩合，该反应具有较高的收率，而且脂肪族醛和酮均可以进行反应，在合成α，β-不饱和化合物方面应用很广。

$$(CH_3)_2CHCH_2CH{=}O + H_2C(COOC_2H_5)_2 \xrightarrow[\triangle]{\text{哌啶，苯}} (CH_3)_2CHCH_2CH{=}C(COOC_2H_5)_2 + H_2O$$

若使用含有羧基的活泼亚甲基化合物进行该反应，缩合反应在加热条件下可进一步脱羧，直接生成α，β-不饱和羧酸。

$$C_6H_5\text{—}CHO + H_2C(COOC_2H_5)_2 \xrightarrow[-H_2O]{\text{哌啶，}95\sim100℃} [C_6H_5\text{—}CH{=}C(COOH)_2]$$

$$\xrightarrow[-CO_2]{\triangle} C_6H_5\text{—}CH{=}CHCOOH$$

练习 12－5 推测下列反应可能的机理。

(1) $CH_3\overset{O}{\overset{\|}{C}}CH_2CH_2CH_2Cl \xrightarrow{KOH,\ H_2O} CH_3\overset{O}{\overset{\|}{C}}\text{—}\triangleleft$ 77%～87%

(2) 三环酮醇（含羟基和羰基） $\xrightarrow{OH^-,\ H_2O}$ 双环二酮

(3) 2-($CH_2CH_2CH_2CH_2Br$)环己酮 ⟶ 螺环酮

(4) 4-甲基-4-乙酰基环己酮（H_3C，$COCH_3$） ⟶ 双环（CH_3，$=O$，OH）

阅读材料

点击化学(Click chemistry)

点击化学(Click chemistry)，又译为“链接化学”、“动态组合化学”(Dynamic Combinatorial Chemistry)、“速配接合组合式化学”，是由2001年诺贝尔化学奖获得者巴里·夏普莱斯(K. Barry Sharpless)在2001年引入的一个合成概念，主旨是通过小单元的拼接，来快速可靠地完成形形色色分子的化学合成。它尤其强调开辟以碳杂原子键(C—X—C)合成为基础的组合化学新方法，并借助这些反应(点击反应)来简单高效地获得分子多样性。点击化学的概念对化学合成领域有很大的贡献，在药物开发和分子生物学的诸多领域中，它已经成为目前最为有用和吸引人的合成理念之一。

点击化学的概念最早来源于对天然产物和生物合成途径的观察。仅仅凭借二十余种氨基酸和十余种初级代谢产物，自然界能够通过拼接上千万个这一类型的单元(氨基酸、单糖)，来合成非常复杂的生物分子(蛋白质和多糖)。这一过程具有明显的倾向性，即“乐于”借助形成碳杂原子键，来完成这一复杂的拼接。这一思想对于药物开发和合成具有很重要的意义。

夏普莱斯教授因在不对称催化合成反应研究方面作出的杰出贡献，2001年成为诺贝尔化学奖得主，现为美国加利福尼亚州拉贺亚斯克利普斯研究院肖席化学教授。他的最新一项研究“点击化学”，代表该领域最前沿的研究思路。

一般来说，一个理想点击反应的特征有：反应应用“组合”的概念，应用范围广；产率高；副产物无害；反应有很强的立体选择性；反应条件简单；原料和反应试剂易得；合成反应快速；不使用溶剂或在良性溶剂中进行，最好是水；产物易通过结晶和蒸馏分离，无须层析柱分离；产物对氧气和水不敏感；反应需要高的热力学驱动力(>84kJ/mol)；符合原子经济等。

点击化学是未来新药研发最有效的技术之一。化学合成药物在20世纪初至80年代经历了飞速发展时期，为人类健康作出了巨大贡献。随着基因工程技术的出现和人类基因组计划的实施，生物技术药物正在取代化学合成药物成为众人眼中的热点。然而，新技术如计算机、高端仪器和不断提高的分离分析手段在为生物技术药物研发带来突破的同时，也为化学合成药物带来了新的活力。当今世界大制药公司新药研究的主题仍是化学合成药物。进入21世纪，化学合成药物仍然是最有效、最常用、最大量及最重要的治疗药物。借助了现代技术的力量，手性技术、高通量筛选、组合化学等新技术正在快速提高化学合成药物的质量和开发速度。贝瑞·夏普利斯(K. Barry Sharpless)教授发展的“click chemistry”新技术，在化学合成领域掀起了一场风暴，成为目前国际医药领域最吸引人的发展方向，被业界认为是未来加快新药研发最有效的技术之一。

“点击化学”的提出顺应了化学合成对分子多样性的要求。从20世纪末开始，新药线的需求和高通量筛选方法的出现，使大量新型分子的合成成为化学合成的迫切任务，建立分子库、发展分子多样性成了重要的课题。20世纪90年代的新兴技术——组合化学是这方面的一项重要技术，在多肽分子库的建立上尤其成功，但在结构类型大改变的多样性上还有很大的局限性，因此需要有更多的方式和途径来发展分子多样性。“点击化学”的基本思想就是利用碳杂原子成键反应快速实现分子多样性。

目前，“点击化学”在国内尚未有应用研究报道，在 google 上查询显示中文信息寥寥，如果使用“click chemistry”，则可以找到近千篇相关文章(包括报道与论著)。国内仅有几篇相关内容的综述，介绍了“点击化学”的一些基本概念、原理、反应类型、应用及其前景；另有中科院上海生命科学院药物研究所研究人员在一篇有关药物发现应用光亲和标记技术的研究论文中指出希望引入“click chemistry”，因为它必将成为蛋白质组学研究的更强有力的工具，对药物的发现起到更大的推动作用。面对国际上影响如此大的新技术在国内却少人问津，文汇报曾为此载文作出了“中国问鼎诺贝尔奖除了时间还需要什么”的反思，借助获得 2004 年诺贝尔化学奖的以色列科学家的观点“应该从本质上去发现真正值得研究的课题”、美国国家科学基金会主任关于诺贝尔奖缘何频频花落美国的观点“一个重要因素是鼓励创新精神和向各种假设提出挑战”，希望给予我国科研人员一些启示。无论是追求本质还是挑战假设，至少善于快速利用新技术新方法应该是优秀的前沿科学家在创新工作中需要具备的重要意识。

本章小结

1. 酮式-烯醇式的互变异构：

$$R-CH_2-\overset{\overset{\displaystyle O}{\|}}{C}-R' \rightleftharpoons R-CH=\overset{\overset{\displaystyle OH}{|}}{C}-R'$$

2. β-二羰基化合物碳负离子的反应：

$$>C=C<^{\ddot{O}:^-}_{} \longleftrightarrow >\overset{-}{\ddot{C}}-C<^{\ddot{O}:}_{}$$

$$\xrightarrow{E^+} >C=C<^{O-E} \qquad \xrightarrow{E^+} -\overset{E}{\underset{|}{\overset{|}{C}}}-C<^{O}$$

3. 克莱森(Clainsen)(酯)缩合反应：

$$CH_3-\overset{\overset{\displaystyle O}{\|}}{C}-\boxed{OC_2H_5+H}-CH_2-\overset{\overset{\displaystyle O}{\|}}{C}-OC_2H_5 \xrightarrow[(2)H^+]{(1)C_2H_5ONa} CH_3-\overset{\overset{\displaystyle O}{\|}}{C}-CH_2-\overset{\overset{\displaystyle O}{\|}}{C}-OC_2H_5+C_2H_5OH$$

4. 乙酰乙酸乙酯及丙二酸酯的合成方法。

(1) 乙酰乙酸乙酯的合成。

制法：克莱森(Clainsen)(酯)缩合反应。

合成应用：

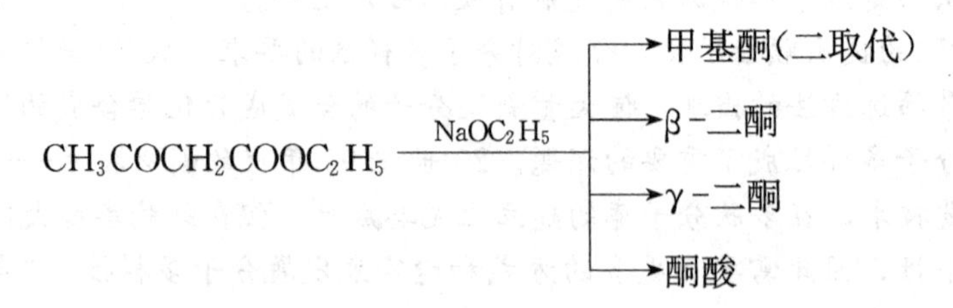

(2) 丙二酸酯的合成。

制法：

$$\underset{\displaystyle |\atop \displaystyle Cl}{CH_2COONa} \xrightarrow[OH^-]{NaCN} \underset{\displaystyle |\atop \displaystyle CN}{CH_2-COONa} \xrightarrow[H_2SO_4]{C_2H_5OH} H_2C\begin{matrix} \diagup COOC_2H_5 \\ \diagdown COOC_2H_5 \end{matrix}$$

$$\xrightarrow{H_3^+O} H_2C\begin{matrix} \diagup COOH \\ \diagdown COOH \end{matrix} \xrightarrow[2C_2H_5OH]{H^+} H_2C\begin{matrix} \diagup COOC_2H_5 \\ \diagdown COOC_2H_5 \end{matrix}$$

应用：

$$H_2C\begin{matrix} \diagup COOEt \\ \diagdown COOEt \end{matrix} \xrightarrow{EtONa} \begin{cases} \text{一元酸}(RCH_2CO_2H) \\ \text{二元酸}(HO_2C(CH_2)_2CO_2H) \\ \text{环烷酸} \end{cases}$$

5. 碳负离子的亲核加成反应及在有机合成上的作用：

(1) 迈克尔(Michael)反应。

(2) 诺文葛尔(Knoevenagel)反应。

习　　题

1. 命名下列化合物。

(1) $HOCH_2\underset{}{\overset{\displaystyle CH_3\atop \displaystyle |}{C}}HCH_2COOH$　　(2) $(CH_3)_2CH\overset{\displaystyle O\atop \displaystyle \|}{C}CH_2COOCH_3$

(3) $CH_3CH_2COCH_2CHO$　　(4) $(CH_3)_2C{=}CHCH_2\overset{\displaystyle OH\atop \displaystyle |}{C}HCH_3$

(5) $ClCOCH_2COOH$　　(6) 苯环：1-CHO，3-OCH_3，4-OH

(7) 苯环：1-OCH_3，2-NO_2　　(8) 苯环：1-CH_2CH_2OH，3-Cl

2. 下列羧酸酯中，哪些能进行酯缩合反应？写出其反应式。

(1) 甲酸乙酯　　(2) 乙酸正丁酯　　(3) 丙酸乙酯

(4) 2，2-二甲基丙酸乙酯　　(5) 苯甲酸乙酯　　(6) 苯乙酸乙酯

3. 下列各对化合物，哪些是互变异构体？哪些是共振杂化体？

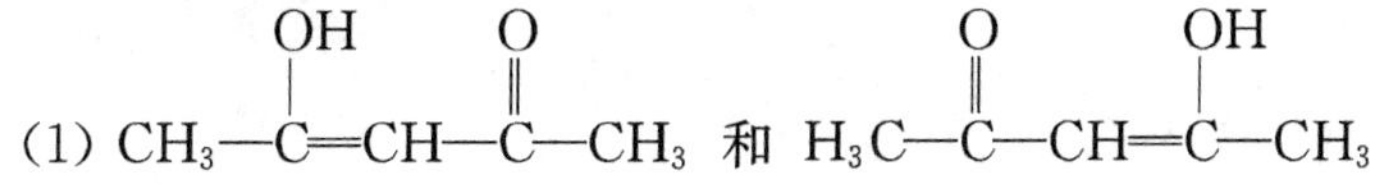

(2) 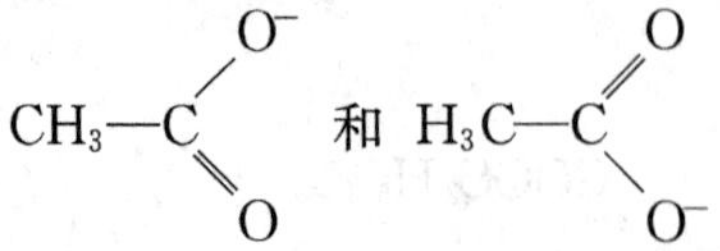 $CH_3-C(=O)O^-$ 和 $H_3C-C(=O)O^-$

(3) $CH_2=CH-CH=CH_2$ 和 $\overline{C}H_2-CH=CH-\overset{+}{C}H_2$

(4) 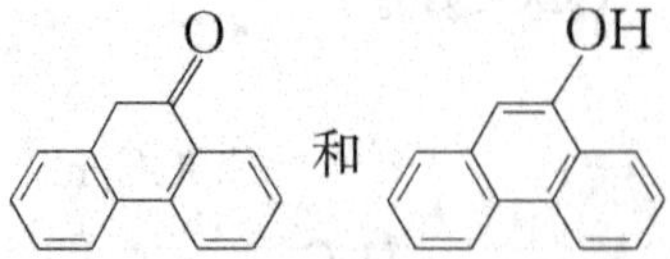 9(10H)-菲酮 和 9-菲酚

4. 写出下列化合物分别与乙酰乙酸乙酯钠衍生物作用后的产物。

(1) 烯丙基溴　(2) 溴乙酸甲酯　(3) 溴丙酮

(4) 丙酰氯　(5) 1，2-二溴乙烷　(6) α-溴代丁二酸二甲酯

5. 写出下列反应的机理。

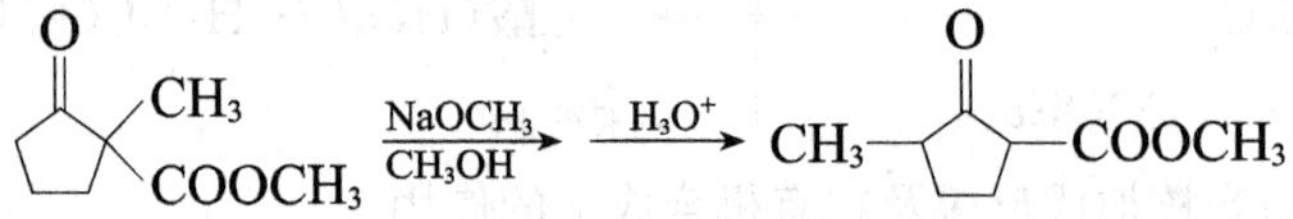

$$\text{2-甲基-2-甲氧羰基环戊酮}\xrightarrow[CH_3OH]{NaOCH_3}\xrightarrow{H_3O^+} CH_3-\text{(2-氧代环戊基)}-COOCH_3$$

6. 完成下列转变：

(1) 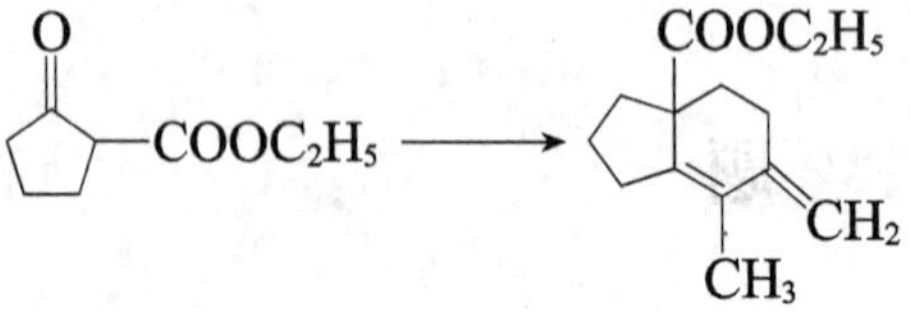 2-氧代环戊烷甲酸乙酯（$COOC_2H_5$）⟶ 含 $COOC_2H_5$、$=CH_2$、CH_3 的双环产物

(2) $CH_2COOC_2H_5$—$CH_2COOC_2H_5$ ⟶ $O=\langle\;\rangle=O$（1,4-环己二酮）

(3) $CH_2(COOEt)_2$ ⟶ 1,2-环戊二酮

(4) $CH_3COCH_2COOC_2H_5 \longrightarrow CH_3CH(OH)CH(C_2H_5)CH_2C(OH)(CH_3)CH_3$

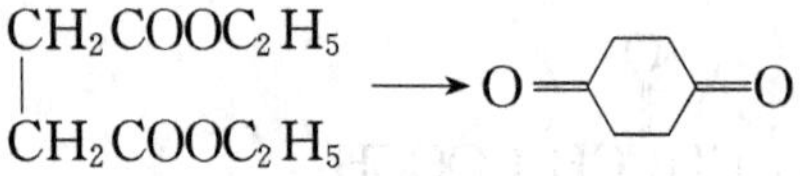

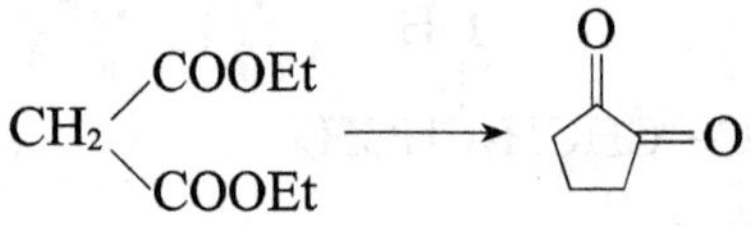

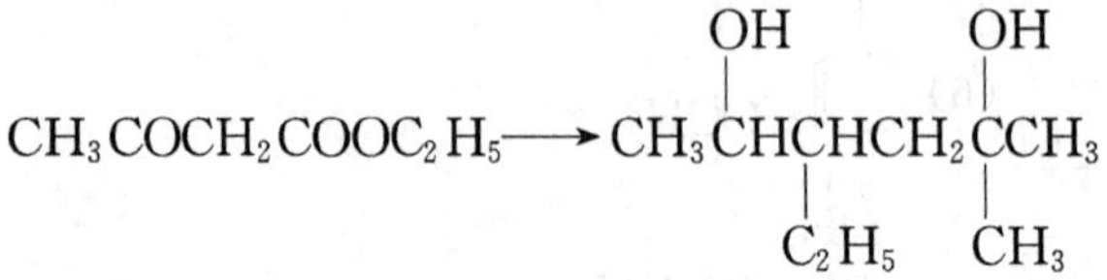

第13章 含氮化合物

教学目标

掌握硝基化合物的结构、命名、性质、制法及其代表物。

能够运用诱导效应、共轭效应解释硝基使苯环上氯原子的亲核取代活性增加和使酚羟基的酸性增强的原因。

掌握胺的结构、分类、命名和氮原子的杂化状态；了解胺的物理性质。

掌握胺的化学性质；掌握通过官能团相互转变制备胺的方法以及伯胺的特殊制法。

了解季铵盐和季铵碱的性质以及季铵碱的热消除规律(Hofmann 规则)。

掌握重氮盐的性质以及它们在有机合成上的应用。

了解偶氮化合物的结构和颜色的关系。

教学要求

知识要点	能力要求	相关知识
硝基化合物	(1) 了解硝基化合物的结构、制法 (2) 掌握硝基化合物的物理性质、化学性质	
胺	(1) 掌握胺的分类和命名与结构 (2) 掌握胺的制法 (3) 理解胺的物理性质和化学性质	
季铵盐和季铵碱	(1) 了解季铵盐和季铵碱的 (2) 掌握霍夫曼(Hofmann)消除反应	
重氮盐和偶氮化合物	(1) 掌握重氮化反应 (2) 理解重氮盐的性质及其在合成上的应用 (3) 了解偶氮化合物和偶氮染料	

在有机化合物中，除碳、氢、氧三种元素外，氮是第四种常见的元素。含氮的有机化合物种类很多，它们的结构特征是含有碳氮键(C—N，C═N，C≡N)，有的还含有 N—N，N═N，N≡N，N—O，N═O 及 N—H 等键。本章主要讨论硝基化合物、胺、重氮盐及偶氮化合物。

13.1 硝基化合物

13.1.1 硝基化合物的结构

烃分子中的氢原子被硝基(—NO_2)取代后的衍生物，称为硝基化合物。一元硝基化合物一般可写为 R—NO_2、Ar—NO_2，不能写成 R—ONO(R—ONO 表示硝酸酯)。

硝基化合物包括脂肪族、脂环族及芳香族硝基化合物；根据硝基相连接的碳原子不同，可分为伯、仲、叔硝基化合物；根据硝基的数目可分为一硝基和多硝基化合物。

氮原子的电子层结构为 $1s^2 2s^2 2p^3$。其价电子层具有五个电子，而价电子层最多可容纳八个电子，因此，硝基化合物的结构可表示如下：

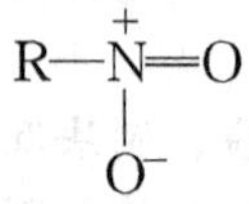

$$R-\overset{+}{N}(=O)-O^-$$

氮原子与一个氧原子以共价双键相结合，而与另一个氧原子以配位键相结合。由此判断，则这两种不同氮氧键的键长应该是不同的。但电子衍射法的实验表明，在硝基中的两个氮氧键的键长都是 0.121nm。可见，硝基中的两个氮氧键既不是一般的氮氧单键，也不是一般的氮氧双键，而是等同的。在硝基中，氮原子呈 sp^2 杂化，三个 sp^2 杂化轨道分别与两个氧原子、一个碳原子形成三个 σ 键，氮原子和两个氧原子上的 p 轨道相互重叠，形成包括三个原子在内的共轭体系：

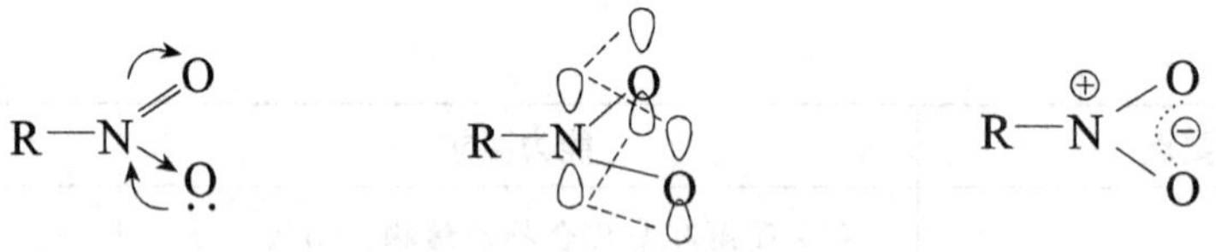

共振构造式：$R-\overset{+}{N}(=O)-O^- \longleftrightarrow R-\overset{+}{N}(-O^-)=O$ 或 $R-\overset{+}{N}(O^{-\frac{1}{2}})(O^{-\frac{1}{2}})$

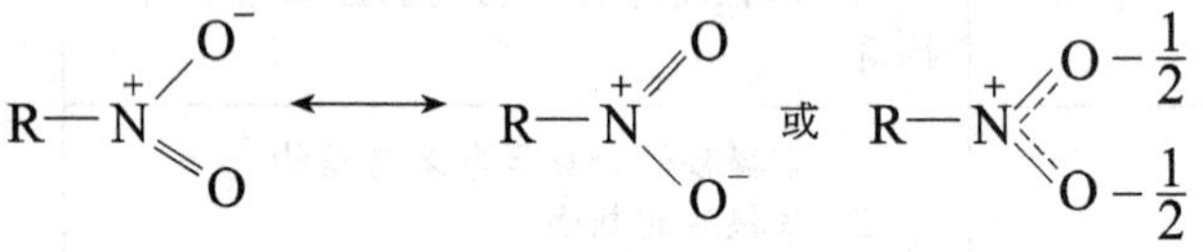

13.1.2 硝基化合物的制法

烷烃可与硝酸进行气相或液相硝化，生成硝基烷烃。其中以气相硝化更具有工业生产价值。例如：

$$CH_3CH_2CH_3 + HNO_3 \xrightarrow{420℃} \underset{32\%}{CH_3CH_2CH_2NO_2} + \underset{33\%}{(CH_3)_2CHNO_2} + \underset{26\%}{CH_3CH_2NO_2} + \underset{9\%}{CH_3NO_2}$$

得到的混合物在工业上一般不需要分离而直接应用，它是油脂、纤维素脂和合成树脂等的良好溶剂。

芳香族硝基化合物一般采用直接硝化法制备。常用的硝化剂是浓硝酸和浓硫酸的混合液。例如：

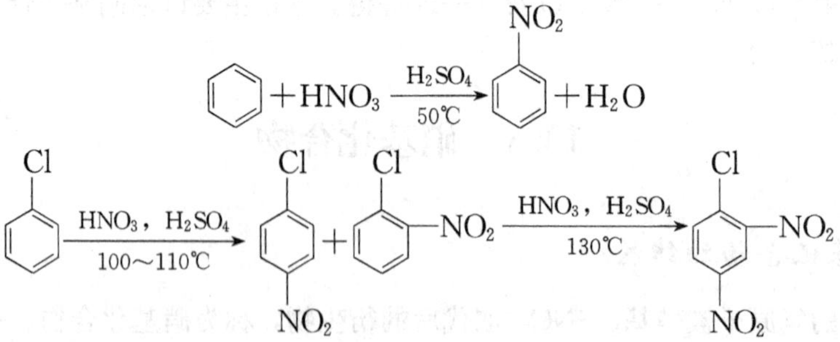

$$C_6H_6 + HNO_3 \xrightarrow[50℃]{H_2SO_4} C_6H_5NO_2 + H_2O$$

$$C_6H_5Cl \xrightarrow[100\sim110℃]{HNO_3,\ H_2SO_4} p\text{-}ClC_6H_4NO_2 + o\text{-}ClC_6H_4NO_2 \xrightarrow[130℃]{HNO_3,\ H_2SO_4} 2,4\text{-}(NO_2)_2C_6H_3Cl$$

13.1.3 硝基化合物的物理性质

脂肪族硝基化合物是近于无色，具有香味的高沸点液体，微溶于水，易溶于醇和醚等有机溶剂。

芳香族一元硝基化合物是无色或淡黄色的高沸点液体或固体，有苦杏仁味；多硝基化合物多数是黄色晶体。硝基化合物的相对密度都大于1，都不溶于水，而溶于有机溶剂。多硝基化合物在受热时一般易分解而发生爆炸，故可用于炸药。芳香族硝基化合物都有毒性，如硝基苯能把血红蛋白氧化成高铁血红蛋白，使它不能再携带氧而造成体内缺氧。表13-1列出一些硝基化合物的物理常数。

表13-1 硝基化合物的物理常数

名称	构造式	熔点/℃	沸点/℃	相对密度
硝基甲烷	CH_3NO_2	−28.5	101.5	1.1381
硝基乙烷	$CH_3CH_2NO_2$	−90	115	1.0448
1-硝基丙烷	$CH_3CH_2CH_2NO_2$	−108	132	$1.022^{25℃/4}$
2-硝基丙烷	$(CH_3)_2CHNO_2$	−93	120.3	1.024
硝基苯	$C_6H_5NO_2$	5.7	210.8	$1.205^{18℃/4}$
间二硝基苯	1，3-$C_6H_4(NO_2)_2$	90	302.8	$1.575^{18℃/4}$
1，3，5-三硝基苯	1，3，5-$C_6H_3(NO_2)_3$	122	315	1.688
邻硝基甲苯	1，2-$CH_3C_6H_4NO_2$	−9.5	222	1.1629
对硝基甲苯	1，4-$CH_3C_6H_4NO_2$	51.4	237.7	1.286
2，4-二硝基甲苯	1，2，4-$CH_3C_6H_3(NO_2)_2$	70	300	1.321
2，4，6-三硝基甲苯	1，2，4，6-$CH_3C_6H_2(NO_2)_3$	81	分解	1.654

13.1.4 硝基化合物的化学性质

1. α-氢的活泼性

1）互变异构现象

在脂肪族硝基化合物中，含有α-氢原子的伯或仲硝基化合物能逐渐溶解于氢氧化钠溶液而生成钠盐。

$$RCH_2NO_2 + NaOH \rightleftharpoons [RCHNO_2]^- Na^+ + H_2O$$

这是因为在伯、仲硝基化合物中，α-碳上的碳氢键的σ电子云与硝基氮氧双键的π电子云之间存在着σ-π超共轭效应，因此存在着下面的互变异构现象。

$$R\text{—}CH_2\text{—}N(=O)\rightarrow O \rightleftharpoons R\text{—}CH=N(\text{—}OH)\rightarrow O$$

硝基式　　　　假酸式

假酸式具有烯醇式结构特征，可与 $FeCl_3$ 溶液有显色反应，也能与 Br_2/CCl_4 溶液加成。

硝基化合物主要以硝基式存在，当遇到碱溶液时，碱与假酸式作用而生成盐，就破坏了假酸式和硝基式之间的平衡，硝基式不断地转变为假酸式，以至全部与碱作用而生成酸式盐。

叔硝基化合物没有 α-氢，不能与碱作用。

2）缩合反应

与羟醛缩合及克莱森缩合等反应类似，具有活泼 α-H 的硝基化合物在碱性条件下能与某些羰基化合物起缩合反应。例如：

$$C_6H_5CHO + CH_3NO_2 \xrightarrow{OH^-} \xrightarrow[\triangle]{-H_2O} C_6H_5CH{=}CHNO_2$$

$$CH_3COCH_3 + C_6H_5CH_2NO_2 \xrightarrow{OH^-} C_6H_5\underset{\displaystyle NO_2}{\underset{|}{C}H}-\underset{\displaystyle OH}{\underset{|}{C}}(CH_3)_2$$

其缩合过程是：具有活泼 α-H 的硝基化合物在碱的作用下脱去 α-H 形成碳负离子，碳负离子再与羰基化合物发生亲核反应。

2. 还原反应

硝基化合物可在酸性还原系统中（Fe、Zn、Sn 和盐酸）或催化剂存在条件下氢化为胺。如：

$$C_6H_5NO_2 \xrightarrow{Fe，HCl} C_6H_5NH_2$$

当苯环上还连有可被还原的羰基时，则用氯化亚锡和盐酸还原是特别有用的，因为它只还原硝基成为氨基。例如：

$$m\text{-}O_2NC_6H_4CHO \xrightarrow[\triangle]{SnCl_2，HCl(浓)} m\text{-}H_2NC_6H_4CHO$$

硝基苯还原时，在不同介质中（酸性、中性或碱性）可以得到不同的产物。在酸性或中性介质中进行的是单分子还原，在碱性介质中进行的则是双分子还原。在酸性介质中还原为苯胺。在中性介质中还原时，反应可停留在 N-羟基苯胺。例如：

$$C_6H_5NO_2 \xrightarrow[H_2O，60℃]{Zn，NH_4Cl} C_6H_5NHOH$$

N-羟基苯胺

在不同的碱性介质中还原时，可以分别得到偶氮苯、氧化偶氮苯或氢化偶氮苯等不同的还原产物。

所有这些产物，在酸性条件下都可被还原成苯胺。

$$C_6H_5NO_2 \xrightarrow[CH_3OH]{Zn(2mol),\ NaOH} C_6H_5-N=N-C_6H_5$$ 偶氮苯

$$C_6H_5NO_2 \xrightarrow[100℃]{葡萄糖,\ NaOH} C_6H_5-N=N(\rightarrow O)-C_6H_5$$ 氧化偶氮苯

$$C_6H_5NO_2 \xrightarrow[CH_3OH]{Zn(3mol),\ NaOH} C_6H_5-NH-NH-C_6H_5$$ 氢化偶氮苯

芳香族多硝基化合物用碱金属的硫化物或多硫化物，以及硫氢化铵、硫化铵或多硫化铵等为还原剂，在适当的条件下，可以选择性地将多硝基化合物中的一个硝基还原为氨基。例如：

$$m-C_6H_4(NO_2)_2 \xrightarrow[\triangle]{NaHS,\ CH_3OH} m-NH_2C_6H_4NO_2$$

它们的反应机理尚不清楚，但是这类反应在工业生产及有机合成上都有重要的作用。

在现在工业生产中，硝基化合物的还原一般采用催化加氢的方法，常用的催化剂有铜、镍、铂等，其在产品质量和收率等方面都优于化学还原法。例如：

$$C_6H_5NO_2 \xrightarrow[\sim 95\%]{H_2,\ Cu,\ \sim 300℃} C_6H_5NH_2$$

用催化加氢法还原硝基还有一个特点，就是反应是在中性条件下进行的，因此，对于那些带有酸性或碱性条件下易水解基团的化合物可用此法还原。例如：

$$o-NO_2C_6H_4NHCOCH_3 \xrightarrow[C_2H_5OH]{Pt,\ H_2} o-NH_2C_6H_4NHCOCH_3$$

3. 苯环上的亲电取代反应

硝基是间位定位基，它能使苯环钝化，只有在较剧烈的条件下，才可发生硝化、卤化和磺化等反应。

$$C_6H_5NO_2 \xrightarrow[140℃]{Br_2,\ Fe} m-BrC_6H_4NO_2$$

$$C_6H_5NO_2 \xrightarrow[95℃]{发烟\ HNO_3,\ 浓\ H_2SO_4} m-C_6H_4(NO_2)_2$$

$$C_6H_5NO_2 \xrightarrow[110℃]{发烟\ H_2SO_4} m-NO_2C_6H_4SO_3H$$

4. 硝基对其邻、对位取代基的影响

硝基是强的吸电子基，连于芳环上的硝基不仅使其所在芳环上的亲电取代反应较难进行，而且通过共轭和诱导效应对其邻、对位存在的取代基(如—X、—OH、—COOH、—NH_2)产生显著的影响(对其间位的取代基只存在吸电子诱导效应，故影响较小)。

1) 对卤素原子活泼性的影响

如前所述，一般情况下氯苯难以发生亲核取代反应。但是，若在氯苯的邻位或对位连有硝基时，氯原子就比较活泼，容易被羟基取代，而且，邻、对位上硝基数目越多，氯原子越活泼，反应也就越容易进行。例如：

$$\text{Cl}-C_6H_4-NO_2\ (p) \xrightarrow[130℃]{Na_2CO_3\ 溶液} \text{OH}-C_6H_4-NO_2\ (p) \qquad \text{Cl}-C_6H_4-NO_2\ (o) \xrightarrow[130℃]{Na_2CO_3\ 溶液} \text{OH}-C_6H_4-NO_2\ (o)$$

$$\text{Cl}-C_6H_3(NO_2)_2\ (2,4) \xrightarrow[回流，\sim100℃]{Na_2CO_3\ 溶液} \text{OH}-C_6H_3(NO_2)_2\ (2,4)$$

$$\text{Cl}-C_6H_2(NO_2)_3\ (2,4,6) \xrightarrow[温热，130℃]{Na_2CO_3\ 溶液} \text{OH}-C_6H_2(NO_2)_3\ (2,4,6)$$

反应的活性大小顺序如下：

$$\text{2,4,6-三硝基氯苯} > \text{2,4-二硝基氯苯}\ 或\ \text{2,6-二硝基氯苯} > \text{对硝基氯苯}\ 或\ \text{邻硝基氯苯} > \text{氯苯}$$

硝基氯苯的水解反应，是分两步进行的芳香族亲核取代反应。第一步是亲核试剂加在苯环上生成碳负离子(其中间体称为迈森海默络合物)，它的负电荷分散在苯环的各碳原子上。第二步是从中间体碳负离子中消去一个氯原子恢复苯环的结构。

此反应历程又称做加成-消除反应历程。

由于硝基是一个强的间位定位基，通过诱导效应和共轭效应，使苯环上的电子云密度降低，尤其是它的邻位和对位降低得很多，所以亲核的水解反应较易进行。

2) 对酚类酸性的影响

苯酚是一种弱酸，其酸性比碳酸还弱。当在苯环上引入硝基时可使其酸性增强。例如，2，4-二硝基苯酚的酸性与甲酸相近，2，4，6-三硝基苯酚的酸性几乎与强无机酸相近。表 13-2 列出了苯酚及硝基酚类的 pKa 值。

硝基对酚羟基的影响与硝基和羟基在环上的相对位置有关。当硝基处于羟基的邻、对位时，由于产物邻或对硝基苯氧负离子上的负电荷可以通过诱导效应和共轭效应分散到硝基上而得到稳定，故邻或对硝基苯酚的酸性较强。

表 13-2 苯酚及硝基酚类的 pKa 值

名称	苯酚	邻硝基苯酚	间硝基苯酚	对硝基苯酚	2，4-二硝基苯酚	2，4，6-三硝基苯酚
p*K*a	9.98	7.23	8.40	7.15	4.09	0.71

练习 13-1 完成下列转变：

(1) 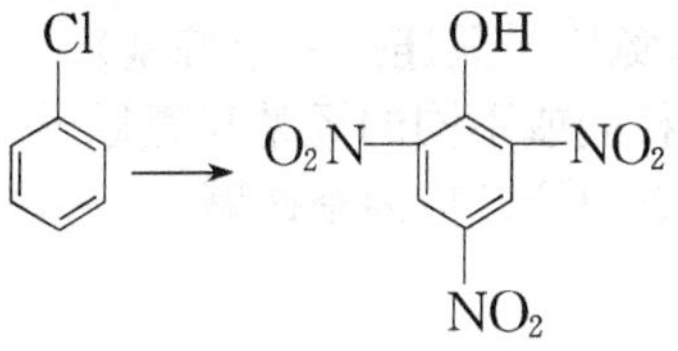 氯苯（Cl）→ 2,4,6-三硝基苯酚（OH，O_2N，NO_2，NO_2）

(2) 甲苯（CH_3）→（OH，NH_2，NO_2）

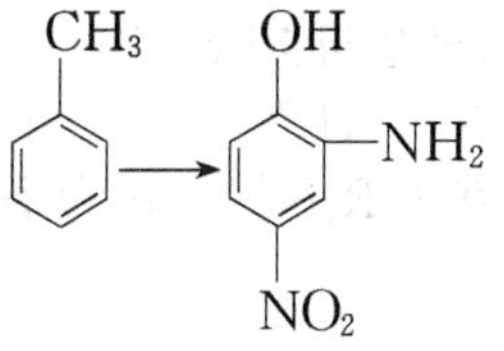

(3) 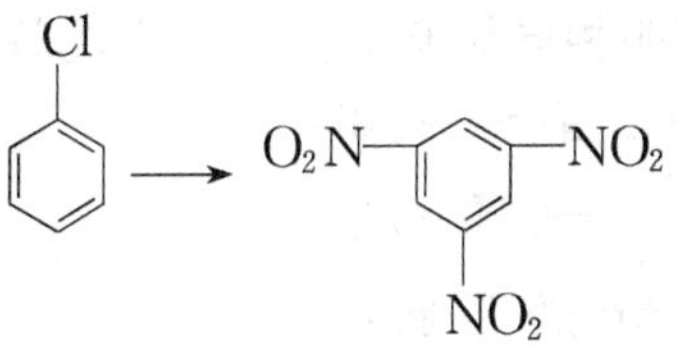 氯苯（Cl）→ 1,3,5-三硝基苯（O_2N，NO_2，NO_2）

(4) 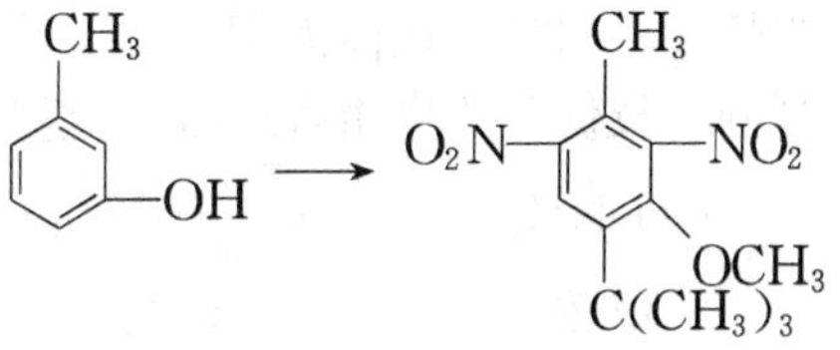 间甲苯酚（CH_3，OH）→（CH_3，O_2N，NO_2，OCH_3，$C(CH_3)_3$）

13.2 胺

13.2.1 胺的分类、命名与结构

1. 胺的分类

胺是指烃分子中的氢原子被氨基取代而生成的一类化合物。

根据胺分子氮上连接的烃基种类可以分为脂肪胺和芳香胺。例如：

$CH_3CH_2CH_2NH_2$ 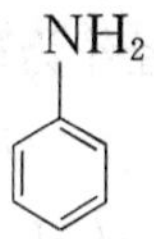　脂肪胺(丙胺)

$C_6H_5NH_2$　芳香胺(苯胺)

根据分子中氨基的数目可分为一元胺、二元胺和多元胺。例如：

CH_3NH_2　甲胺(一元胺)

$H_2N-CH_2-CH_2-NH_2$　乙二胺(二元胺)

根据胺分子中氮上相连的烃基的数目，可分为伯(一级)、仲(二级)、叔(三级)胺。例如：

NH_3	RNH_2	R_2NH	R_3N
氨	伯胺	仲胺	叔胺

这里值得注意的是：伯、仲、叔胺和伯、仲、叔醇的含义是不同的。伯、仲、叔醇指

羟基与伯、仲、叔碳原子相连的醇而言，而伯、仲、叔胺是按氮原子所连的烃基的数目而定的。例如：叔丁醇和叔丁胺，在它们的分子中虽然都具有叔丁基，但前者是叔醇，而后者却是伯胺。

$$H_3C-\underset{CH_3}{\overset{CH_3}{C}}-OH \qquad H_3C-\underset{CH_3}{\overset{CH_3}{C}}-NH_2$$

叔醇（羟基与叔碳相连）　　伯胺（氮原子只连接一个烷基）

与无机铵类（$H_4N^+X^-$、$H_4N^+OH^-$）相似，四个相同或不同的烃基与氮原子相连的化合物称为季铵化合物，其中 $R_4N^+X^-$ 称为季铵盐、$R_4N^+OH^-$ 称为季铵碱。

2. 胺的命名

简单的胺以习惯命名法命名，它是在“胺”字之前加以烃基的名称来命名。对于仲胺或叔胺，当烃基相同时，在前面用“二”或“三”表明相同烃基的数目；当烃基不同时，则按次序规则“较优”的集团后列出。“基”字一般可以省略。例如：

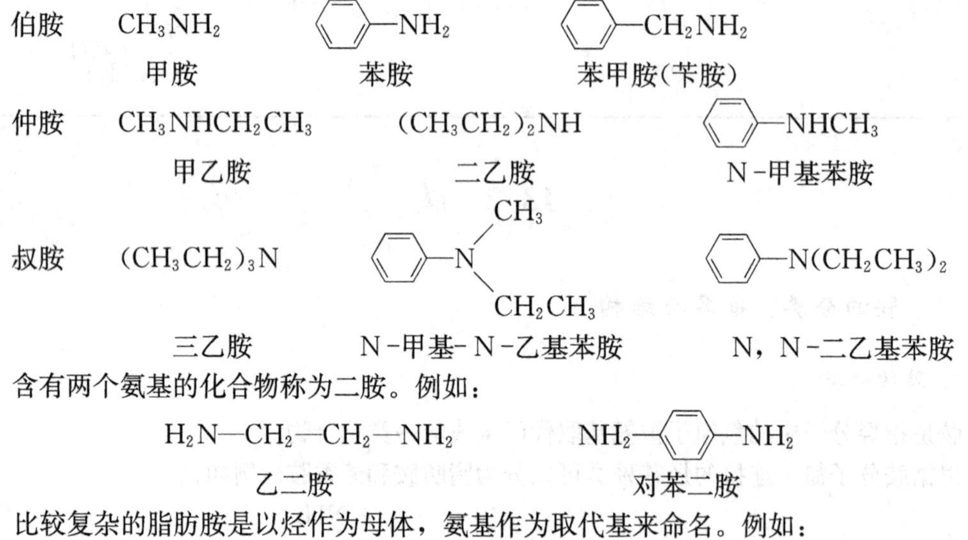

比较复杂的脂肪胺是以烃作为母体，氨基作为取代基来命名。例如：

$$CH_3-\underset{H_3C}{CH}-CH_2-\underset{NH_2}{CH}-CH_2-CH_3 \qquad C_6H_5-CH_2CH_2\overset{NH_2}{CH}CH_3 \qquad CH_3CH_2CH_2\underset{CH_3}{CH}\overset{CH_3}{N}-C_2H_5$$

2-甲基-4-氨基己烷　　1-苯基-3-氨基丁烷　　2-甲乙氨基戊烷

练习 13-2　分别指出下列化合物是芳胺还是脂肪胺，用1°、2°、3°表示出其属于伯、仲、叔胺哪一类。

(1) $CH_3CH_2NH_2$　　(2) $C_6H_{11}-NHCH_3$（环己基）

(3) $C_6H_5-N(CH_3)-CH_3$　　(4) $C_{10}H_7-NHCH_3$（萘基）

练习 13-3 命名下列化合物。

(1) $CH_3CH_2NHCH_3$

(2) 间位含 $NHCH_3$ 和 CH_3 的苯环结构

(3) 哌啶环 N 上连两个 CH_3（H_3C—$\overset{+}{N}$—CH_3），OH^-

(4) H_3C—⟨苯环⟩—NH—⟨苯环⟩—CH_3

3. 胺的结构

氮原子的电子层结构为 $1s^22s^22p^3$。在 NH_3 中，氮原子的三个 sp^3 杂化轨道和三个氢原子的 s 轨道重叠形成三个 σ 键。氮原子上还有一对未共用电子对占据另一 sp^3 轨道，处于棱锥形的顶端。这样，NH_3 的结构和碳的四面体结构相似。胺的结构和 NH_3 相似，也具有棱锥形的结构，如图 13.1 所示。

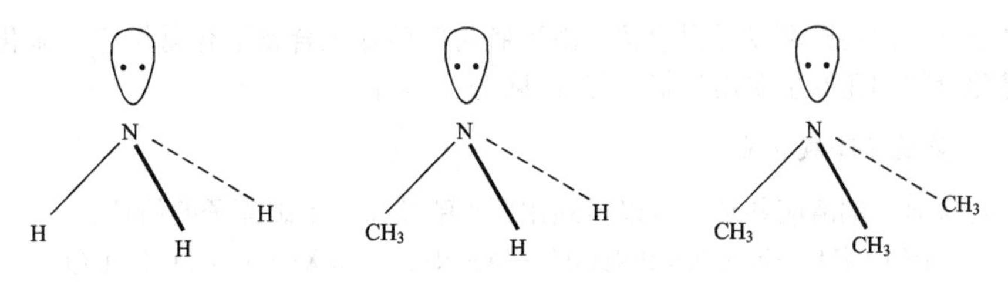

图 13.1 胺的结构

如果把胺分子的未共用电子对看成是一个附加的取代基，那么，对氮上连有的三个不同原子或原子团来说就应该具有旋光性。例如，甲乙胺分子在氮上连接了四个不同的取代基——甲基、乙基、氢原子和 sp^3 杂化轨道内的未共用电子对，该分子是手性分子，理应有对映异构体，但至今还没有分离出来类似甲乙胺分子的两个对映体。这是因为简单的手性胺很容易发生对映体的相互转变，不易分离得到其中某一个对映体。它们构型转化只需要 $25kJ \cdot mol^{-1}$ 的能量。

对于含有四个不同烃基的季铵化合物，这种转化是不可能的。手性季铵正离子可被拆分成对映体，它们是比较稳定的。例如，下列对映体就可以被拆开。

（左）N^+ 上连 CH_3、$C_6H_5H_2C$、C_6H_5、$CH_2CH{=}CH_2$；（右，镜像）N^+ 上连 CH_3、H_5C_6、$H_2C{=}CH{-}CH_2$、$CH_2C_6H_5$

13.2.2 胺的制法

1. 氨或胺的烃基化

氨或胺作为亲核试剂可与卤代烃、磺酸酯等烃基化试剂起反应，最终得到的是伯、仲、叔胺和季铵盐的混合物，反应式如下：

$$NH_3 + RX \xrightarrow[-HX]{S_N2} RNH_2 \xrightarrow[-HX]{RX} R_2NH \xrightarrow[-HX]{RX} R_3N \xrightarrow{RX} R_4N^+X^-$$

伯胺　　仲胺　　叔胺　　季铵盐

芳香族卤代物因其卤素原子活性较低，一般不与氨或胺发生反应。氯苯在高温高压并有铜催化剂(如 Cu_2O)存在下，才能与氨作用而生成苯胺。

$$C_6H_5Cl + 2NH_3 \xrightarrow[200℃，6\sim10MPa]{Cu_2O} C_6H_5NH_2 + NH_4Cl$$

在工业生产中，常用醇的氨解来制备脂肪族胺类，这是因为原料来源方便，生产过程中的腐蚀问题不大，对生产较为有利。工业上，甲胺、二甲胺、三甲胺就是用此法生产制得的。

$$CH_3OH + NH_3 \xrightarrow[380\sim450℃，5MPa]{Al_2O_3} CH_3NH_2 \xrightarrow[380\sim450℃，5MPa]{CH_3OH，Al_2O_3} (CH_3)_2NH \xrightarrow[380\sim450℃，5MPa]{CH_3OH，Al_2O_3} (CH_3)_3N$$

2. 硝基化合物还原

将硝基化合物还原可以得到伯胺。由于脂肪族硝基化合物不容易用直接硝化法得到，因此硝基化合物的还原主要用于制备芳胺(见 13.1.4 节)。

3. 霍夫曼酰胺降级反应

酰胺与次卤酸钠溶液共热，可以得到比原来酰胺少一个碳原子的伯胺。

$$RCONH_2 + NaOX + 2NaOH \longrightarrow RNH_2 + NaX + Na_2CO_3 + H_2O$$

$$C_6H_5-\overset{O}{\overset{\|}{C}}-NH_2 \xrightarrow[\sim90\%]{NaOH，Br_2} C_6H_5-NH_2$$

4. 醛酮的还原胺化

氨或伯胺与醛或酮缩合生成亚胺。亚胺不稳定，在催化加氢条件下，即被还原为相应的胺，这个方法称为还原胺化。

$$RR'C{=}O + NH_3 \xrightarrow[加压]{Ni-H_2} RR'CHNH_2$$

$$C_6H_5-\overset{O}{\overset{\|}{C}}H + NH_3 \xrightarrow[加压，60℃]{Ni-H_2} C_6H_5-CH_2NH_2$$

还原胺化是制备 R_2CHNH_2 或 R_2CHNHR' 类胺的好方法。这也因为仲卤烷 R_2CHBr 与 NH_3 反应时要发生消除副反应。

5. 腈和酰胺还原

腈易被催化加氢或用氢化铝锂还原得到伯胺。例如：

$$C_6H_5-CH_2CN \xrightarrow[或\ LiAlH_4]{H_2，Ni，140℃} C_6H_5-CH_2CH_2NH_2$$

苯基乙腈(苄腈)　　β-苯基乙胺

酰胺可以用氢化铝锂还原为胺，特别适用于制仲胺和叔胺。例如：

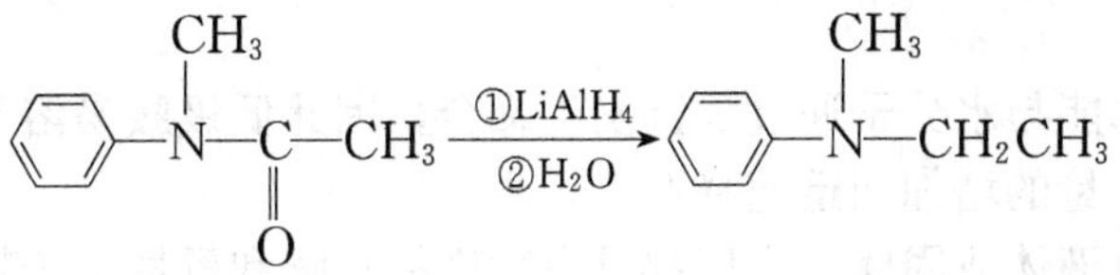

$$C_6H_5-N(CH_3)-\underset{\underset{O}{\|}}{C}-CH_3 \xrightarrow[②H_2O]{①LiAlH_4} C_6H_5-N(CH_3)-CH_2CH_3$$

N-甲基-N-乙酰苯胺　　　　N-甲基-N-乙基苯胺

6. 盖布瑞尔(Gabriel)合成法

盖布瑞尔合成法是制备纯净的伯胺的一种好方法，用邻苯二甲酰亚胺形成亚胺盐，再进行烷基化。

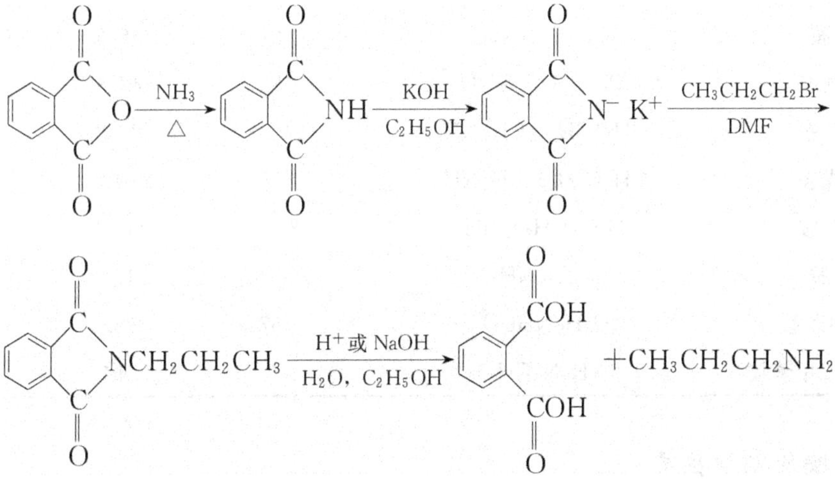

$$C_6H_4(CO)_2O \xrightarrow[\triangle]{NH_3} C_6H_4(CO)_2NH \xrightarrow[C_2H_5OH]{KOH} C_6H_4(CO)_2N^-K^+ \xrightarrow[DMF]{CH_3CH_2CH_2Br}$$

$$C_6H_4(CO)_2NCH_2CH_2CH_3 \xrightarrow[H_2O,\ C_2H_5OH]{H^+或NaOH} C_6H_4(COOH)_2 + CH_3CH_2CH_2NH_2$$

练习 13-4　完成下列转化。

(1) 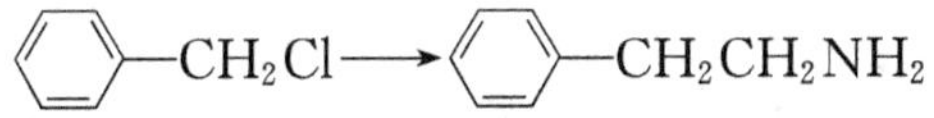 $C_6H_5-CH_2Cl \longrightarrow C_6H_5-CH_2CH_2NH_2$

(2) $C_6H_4(CO)_2O \longrightarrow$ 邻氨基苯甲酸（NH_2，$COOH$）

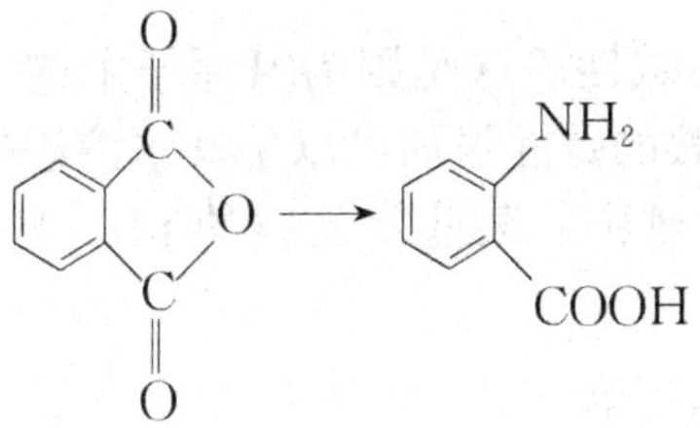

(3) 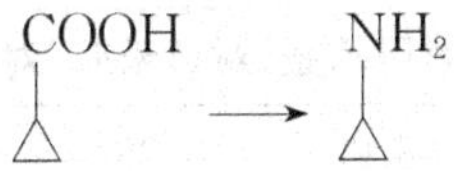 环丙基甲酸（COOH）$\longrightarrow$ 环丙胺（NH_2）

13.2.3　胺的物理性质

室温下，低级脂肪胺如甲胺、二甲胺、三甲胺和乙胺为气体，其他低级胺为液体，高级胺则为固体。低级胺的气味与氨相似，较高级的胺则有明显的鱼腥味，高级胺由于不挥发，气味要淡得多。

与醇相似，胺也是极性物质，除叔胺外均可形成分子间氢键，因此，伯胺和仲胺的沸点比相对分子质量相近的烷烃高。但因氮的电负性小于氧，所以其沸点低于相对分子质量相近的醇和羧酸。

伯、仲、叔胺都能与水分子通过氢键发生缔合，因此低级胺易溶于水，但在水中的溶解度随着相对分子质量的增加而迅速降低。

芳香族胺是无色液体或固体，它们都具有特殊的臭味和毒性，长期吸入苯胺蒸气会使人中毒，使用时必须小心。胺的物理常数如表 13－3 所示。

表 13－3　胺的物理常数

名称	构造式	熔点/℃	沸点/℃	相对密度
甲胺	CH_3NH_2	−93.5	−6.3	0.796(−10°)
乙胺	$CH_3CH_2NH_2$	−81	16.6	0.706(0°)
正丙胺	$CH_3CH_2CH_2NH_2$	−83	47.8	0.719
正丁胺	$CH_3(CH_2)_2CH_2NH_2$	−49.1	77.8	0.740
正戊胺	$CH_3(CH_2)_3CH_2NH_2$	−55	104.4	0.761
乙二胺	$H_2N(CH_2)_2NH_2$	8.5	116.5	0.899
苯胺	$C_6H_5NH_2$	−6.3	184	1.022
N-甲苯胺	$C_6H_5NHCH_3$	−57	196.3	0.989
N，N-二甲苯胺	$C_6H_5N(CH_3)_2$	2.5	194	0.956

13.2.4　胺的化学性质

胺分子中的官能团是氨基(—NH_2)，它决定了胺的化学性质，包括与它相连的烃基受氨基的影响所表现出的一些性质。

1. 碱性

和氨相似，所有的胺都是弱碱，其水溶液呈弱碱性。这是因为氮原子上的未共用电子对能与质子结合，形成带正电荷铵离子的缘故。胺的碱性强弱可以用其水溶液的碱解离常数 K_b 对数的负值 pK_b 来表示，pK_b 越小，碱性越强。某些常见胺的 pK_b 如表 13－4 所示。

表 13－4　常见胺的 pK_b 值

名称	氨	甲胺	二甲胺	三甲胺	苯胺	二苯胺	对甲基胺	对氯苯胺	对硝基苯胺
pK_b	4.76	3.38	3.27	4.21	9.37	13.8	8.92	9.85	13.0

从上面的数据可以看出，在水溶液中，胺的碱性强弱次序为：脂肪胺(仲胺＞伯胺＞叔胺)＞氨＞芳香胺。

对于脂肪胺来说，其碱性强弱取决于氮原子上未共用电子对与质子结合的能力。以氨作为标准，脂肪胺因烷基是供电子基，使氮上的电子密度增加，增强了对质子的吸引能力，故其碱性比氨强，且氮上所连烷基增多，其碱性也相应地增强。因此，在非水溶液或气相中，通常是：叔胺＞仲胺＞伯胺＞氨。但在水溶液中的情况是不同的，从水中实际测

得的 pK_b 值来看，叔胺的碱性反而减弱。例如：

	$(CH_3)_2NH$	CH_3NH_2	$(CH_3)_3N$	NH_3
pK_b	3.27	3.38	4.21	4.76

这是因为水的溶剂化作用。

因此，脂肪胺在水溶液中的碱性强弱是电子效应与溶剂化效应两者综合影响的结果。对于芳胺来说，其在水溶液中的碱性一般比脂肪胺弱，这是因为氮上的未共用电子对与苯环共轭，使其电子云密度部分地移向苯环，而相应地削弱了它与质子结合的能力。此外，在芳胺分子中，当取代基处于氨基的对位或间位(间位影响较小)时，供电子基使其碱性增强，吸电子基使其碱性减弱；当取代基处于氨基的邻位时，情况较复杂，常常给出非预期的结果。例如：

	对甲基苯胺 ($p-CH_3C_6H_4NH_2$)	苯胺 ($C_6H_5NH_2$)	对氯苯胺 ($p-ClC_6H_4NH_2$)	对硝基苯胺 ($p-NO_2C_6H_4NH_2$)
pK_b	8.92	9.37	9.85	13.0

胺和无机酸生成盐，铵盐易溶于水而不溶于醚、烃等有机溶剂。铵盐是弱碱生成的盐，若加较强的碱，就会使胺游离出来，这可用来精制和鉴别胺类。

2. 烃基化

胺是一种有机亲核试剂，与卤代烃(通常为伯卤代烷)或具有活泼卤素原子的芳卤化合物发生亲核取代反应，在胺的氮原子上引入烃基，称为烃基化反应。

$$RNH_2 + R'X \longrightarrow RR'\overset{+}{N}H_2X^- \xrightarrow{NaOH} RR'NH \xrightarrow[\text{②}NaOH]{\text{①}R'X} R'-N(R)(R') \xrightarrow{R'X} R-\overset{+}{N}R'_3X^-$$

这里可以生成仲胺、叔胺，最后产物为季铵盐，如R′为甲基，则常称此反应为“彻底甲基化”。

某些情况下，醇和酚也可代替卤代烷，发生烃基化反应。例如：

$$C_6H_5-NH_2 + 2CH_3OH \xrightarrow[\triangle]{H_2SO_4} C_6H_5-N(CH_3)_2 + 2H_2O$$

3. 酰基化

伯胺或仲胺作为亲核试剂与酰卤、酸酐等酰基化试剂反应，会生成N-取代酰胺和N,N-二取代酰胺。叔胺氮上没有氢原子，不能发生酰基化反应。例如：

$$RNH_2 + CH_3COCl \longrightarrow RNHCOCH_3 + HCl$$

$$RR'NH + CH_3COCl \longrightarrow RR'NCOCH_3 + HCl$$

在芳胺的氮原子上引入酰基，在有机合成上具有重要的意义，引入暂时性的酰基可以起到保护氨基或降低氨基对芳环的致活能力的作用。例如：

$$\text{对甲苯胺}\xrightarrow{(CH_3CO)_2O}\text{对甲基乙酰苯胺}(NHCOCH_3)\xrightarrow[\text{②}OH^-,\ H_2O]{\text{①}Br_2}\text{2-溴-4-甲基苯胺}$$

4. 磺酰化

伯胺和仲胺在氢氧化钠或氢氧化钾溶液中可与磺酸化试剂(如苯磺酰氯或对甲苯磺酰氯)作用，生成相应的磺酸胺。叔胺的氮原子上没有氢原子，不能发生磺酰化反应。此反应可用来鉴别和分离伯、仲、叔胺，称为兴斯堡试验法。反应过程如下：

$$\left.\begin{array}{l}RNH_2\\R_2NH\\R_3N\end{array}\right\}+C_6H_5-SO_2Cl\longrightarrow\begin{cases}RNHSO_2-C_6H_5\xrightarrow{NaOH}R\overset{-}{N}SO_2-C_6H_5\ Na^+ & \text{水溶性盐}\\R_2NSO_2-C_6H_5 & \text{不溶于 NaOH}\\\text{不反应}\end{cases}$$

5. 与亚硝酸反应

各类胺与亚硝酸反应时可生成不同产物。由于亚硝酸不稳定，通常用无机酸如盐酸、硫酸与亚硝酸钠代替亚硝酸。

脂肪族伯胺生成的重氮盐很不稳定，易分解，定量放出氮而生成碳正离子。生成的碳正离子可以发生各种反应，生成卤代烃、醇、烯等混合物。

$$RNH_2+HNO_2\longrightarrow{}^+RN{=}NOH^-+H_2O$$

$$\downarrow -N_2$$

$$\text{醇、烯、重排产物}\longleftarrow R^++OH^-+N_2\uparrow$$

由于反应产物比较复杂，因此没有合成价值。

芳香族伯胺与亚硝酸在低温及强酸条件下发生反应，生成重氮盐。例如：

$$H_3C-C_6H_4-NH_2+NaNO_2+2HCl\xrightarrow{0\sim5℃}H_3C-C_6H_4-N_2Cl+2H_2O+NaCl$$

此反应称为重氮化反应(详见本章第三节)。

脂肪族和芳香族仲胺与亚硝酸作用都生成难溶于水的黄色油状或固体的N-亚硝基胺。例如：

$$(CH_3CH_2)_2NH+HNO_2\longrightarrow(CH_3CH_2)_2N-N=O+H_2O$$

N-亚硝基二乙胺

$$C_6H_5-NHC_2H_5+HNO_2\longrightarrow C_6H_5-N(C_2H_5)-N=O+H_2O$$

N-乙基-N-亚硝基苯胺

由于N-亚硝基胺与稀盐酸共热时，会水解而得到原来的仲胺，因此可以用来分离或提纯仲胺。

脂肪族叔胺与亚硝酸无类似反应。

芳香族叔胺与亚硝酸作用，发生亚硝化反应。例如：

$$C_6H_5-N(CH_3)_2 + HNO_2 \longrightarrow ON-C_6H_4-N(CH_3)_2$$

对亚硝基-N，N-二甲苯胺

根据上述不同反应，可以用来鉴别伯、仲、叔胺。

6. 胺的氧化

胺易氧化，尤其芳胺，很容易被各种氧化剂氧化。例如，苯胺在空气中放置，会被氧化而颜色逐渐变深。实验和工业上常用 MnO_2 和 H_2SO_4 氧化苯胺，生成对苯醌。

$$C_6H_5NH_2 \xrightarrow[\text{稀 } H_2SO_4]{MnO_2} O=C_6H_4=O$$

7. 芳环上的取代反应

1）卤化

芳胺与卤素(氯或溴)反应很快。例如，在苯胺的水溶液中滴加溴水，则立即生成2，4，6-三溴苯胺的白色沉淀。

$$C_6H_5NH_2 + 3Br_2 \xrightarrow{H_2O} 2,4,6\text{-}Br_3C_6H_2NH_2 \downarrow + 3HBr$$

(白色)

该反应常被用来检验苯胺的存在，也用作苯胺的定量分析。

若要制备芳胺的一元溴代物，必须先将苯胺乙酰化，以降低其活化能力，再溴化，得对溴乙酰苯胺主要产物，水解即得到对溴苯胺。

$$C_6H_5NH_2 \xrightarrow{(CH_3CO)_2O} C_6H_5NHCOCH_3 \xrightarrow{Br_2} p\text{-}Br-C_6H_4-NHCOCH_3 \xrightarrow{H_2O} p\text{-}Br-C_6H_4-NH_2$$

2）硝化

芳胺硝化时，因硝酸具有氧化性，常有氧化反应发生。为了避免芳胺被氧化，可先将芳胺溶于浓硫酸中，使之生成苯胺硫酸氢盐后再硝化，硝化产物主要是间位取代物，因为 $-NH_3^+$ 是钝化芳环的间位定位基。例如：

$$C_6H_5NH_2 \xrightarrow{\text{浓 } H_2SO_4} C_6H_5\overset{+}{N}H_3HSO_4^- \xrightarrow[\triangle]{HNO_3} m\text{-}O_2N-C_6H_4-\overset{+}{N}H_3HSO_4^- \xrightarrow[OH^-]{H_2O} m\text{-}O_2N-C_6H_4-NH_2$$

这里也可以用氨基的乙酰化来保护氨基以避免苯胺被氧化。

$$C_6H_5NH_2 \xrightarrow{(CH_3CO)_2O} C_6H_5NHCOCH_3$$

乙酰化后若先硝化，然后水解，则主要得到对位取代物；若先磺化，再硝化、水解，则主要得到邻位取代物。例如：

$$C_6H_5NHCOCH_3 \xrightarrow[\triangle]{HNO_3} p\text{-}O_2N\text{-}C_6H_4\text{-}NHCOCH_3 \xrightarrow[H_2O]{H^+(OH^-)} p\text{-}O_2N\text{-}C_6H_4\text{-}NH_2$$

$$C_6H_5NHCOCH_3 \xrightarrow[\triangle]{H_2SO_4} p\text{-}HO_3S\text{-}C_6H_4\text{-}NHCOCH_3 \xrightarrow[H_2SO_4]{HNO_3} \text{2-}NO_2\text{-4-}SO_3H\text{-}C_6H_3\text{-}NHCOCH_3 \xrightarrow[H_2O]{H^+} o\text{-}O_2N\text{-}C_6H_4\text{-}NH_2$$

3）磺化

苯胺与浓硫酸作用，先生成苯胺硫酸氢盐，加热脱水生成磺基苯胺，再重排成对氨基苯磺酸。

$$C_6H_5NH_2 \xrightarrow{浓\ H_2SO_4} C_6H_5\overset{+}{N}H_3HSO_4^- \xrightarrow{180\sim190℃} p\text{-}H_2N\text{-}C_6H_4\text{-}SO_3H$$

这是工业上生产对氨基苯磺酸的方法。对氨基苯磺酸分子中同时具有酸性的磺酰基和碱性的氨基，它们之间可以中和成盐，这种在分子内形成的盐称为内盐。

练习 13-5 比较对甲苯胺、苄胺、2，4-二硝基苯胺和对硝基苯胺的碱性。

练习 13-6 3，4-二氯苯基氨基甲酸甲酯又称灭虫灵，是高效、低毒、低残留的稻田除草剂之一，如何用氯苯合成？

练习 13-7 以苯或甲苯为起始原料，制备下列化合物。

（1）间溴苯胺　　（2）邻氯苯胺　　（3）乙酰磺胺　　（4）邻乙酰氨基苯甲酸

练习 13-8 写出下面反应式中的各中间产物，用此法生产磺胺有何优点？

$$2C_6H_5NH_2 + H_2N-\overset{O}{\overset{\|}{C}}-NH_2 \xrightarrow{170\sim180℃} ? \xrightarrow[0\sim35℃]{HOSO_2Cl} ? \xrightarrow[45℃]{NH_3} ?$$

$$\xrightarrow[115\sim120℃]{NaOH/H_2O} ? \xrightarrow{HCl} H_2N-C_6H_4-SO_2NH_2$$

13.2.5 季铵盐和季铵碱

叔胺与卤代烷作用生成季铵盐：

$$R_3N + RX \longrightarrow R_4\overset{+}{N}X^-$$

季铵盐是晶体，具有盐的性质，易溶于水，不溶于乙醚，熔点高，常常在熔点分解，这些性质与无机盐有类似之处。季铵盐与伯、仲、叔胺的铵盐的不同之处是对碱的行为，伯、仲、叔胺的铵盐与碱作用，将胺游离出来，但季铵盐与碱作用却得不到游离的胺，而是含有季铵碱的平衡混合物。

$$[R_4N]^+X^- + KOH \rightleftharpoons [R_4N]^+OH^- + KX$$

如果反应在醇中进行，则由于KX不溶于醇而析出，使反应进行完全；一般常用湿的氧化银代替氢氧化钾，生成AgX沉淀。

$$2[(CH_3)_4N]^+I^- + Ag_2O \xrightarrow{H_2O} 2[(CH_3)_4N]^+OH^- + 2AgI\downarrow$$

卤化银沉淀后过滤，滤液蒸干，即得到季铵碱固体。

季铵碱是强碱，具有强碱的一般性质，类似氢氧化钾、氢氧化钠。季铵碱受热时会分解，生成叔胺和烯烃，这一特殊的反应称为霍夫曼(Hofmann)消除反应。不含有β-氢原子的季铵碱分解时，发生S_N2反应。例如：

$$(CH_3)_3\overset{+}{N}—CH_3 \quad OH^- \longrightarrow (CH_3)_3N + CH_3OH$$

有β-氢原子的季铵碱分解时，生成烯烃和叔胺，发生E_2反应。例如：

$$(CH_3CH_2)_3\overset{+}{N}CH_2CH_3OH^- \xrightarrow{\triangle} (CH_3CH_2)_3N + H_2C{=}CH_2 + H_2O$$

上述消除过程中，OH^-离子是进攻β-氢原子的碱，而中性分子$(CH_3CH_2)_3N$作为离去基团离去。

当季铵碱分子中有两个或两个以上不同的β-氢原子可被消除时，反应主要从含氢较多的β-碳原子上消除氢原子，主要生成双键上烷基最少的烯烃，这称为霍夫曼规则。例如：

$$\underset{\qquad\qquad\qquad |\ {}^+N(CH_3)_3OH^-}{CH_3CH_2\overset{\beta}{C}H_2\overset{\alpha}{C}H\overset{\beta'}{C}H_3} \xrightarrow[C_2H_5OH]{C_2H_5OK,\ 130℃} \underset{1\text{-戊烯}\ 98\%}{CH_3CH_2CH_2CH{=}CH_2} + \underset{2\text{-戊烯}\ 2\%}{CH_3CH_2CH{=}CHCH_3}$$

霍夫曼消除反应能切断C—N键，使季铵碱降解为烯，因此常用于测定胺的结构，有时也用来合成一些烯烃。例如：

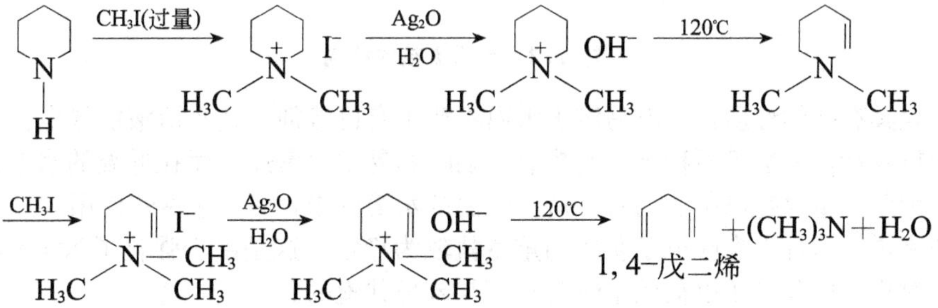

$$\text{哌啶(N—H)} \xrightarrow{CH_3I(\text{过量})} \text{N,N-二甲基哌啶鎓}\ I^- \xrightarrow[H_2O]{Ag_2O} \text{N,N-二甲基哌啶鎓}\ OH^- \xrightarrow{120℃} \text{开环烯胺}\ (H_3C—N—CH_3)$$

$$\xrightarrow{CH_3I} \text{三甲基铵盐}\ I^- \xrightarrow[H_2O]{Ag_2O} \text{三甲基铵}\ OH^- \xrightarrow{120℃} \underset{1,4\text{-戊二烯}}{CH_2{=}CHCH_2CH{=}CH_2} + (CH_3)_3N + H_2O$$

练习13-9 写出下列季铵碱受热分解时，生成的主要烯烃的结构：

(1) $[CH_3CH_2CHCH(CH_3)_2]^+ OH^-$（CH 上连 $N(CH_3)_3$）　　(2) $\left[\text{环己烷-1-}CH_3\text{-1-}N(CH_3)_3\right]^+ OH^-$

13.3 重氮盐和偶氮化合物

重氮和偶氮化合物分子中都含有—N＝N—官能团，重氮化合物中—N＝N—的一端和碳原子相连；偶氮化合物中两端都与碳原子相连。例如：

CH_2N_2	$C_6H_5N_2Cl$
重氮甲烷	氯化重氮苯
$CH_3—N＝N—CH_3$	$C_6H_5—N＝N—C_6H_5$
偶氮甲烷	偶氮苯

13.3.1 重氮化反应

在低温(一般为0～5℃)和强酸(通常为盐酸和硫酸)溶液中，伯芳胺与亚硝酸作用生成重氮盐的反应称为重氮化反应。例如：

$$C_6H_5—NH_2 \xrightarrow[0\sim5℃]{NaNO_2+HCl} C_6H_5—\overset{+}{N_2}Cl^-$$

若以 H_2SO_4 代替 HCl，则得到 $C_6H_5N_2HSO_4$。其实验操作一般是将伯芳胺溶解于过量的盐酸中，将溶液冷却并保持温度在0～5℃，慢慢加入亚硝酸钠溶液，同时不断搅拌。

重氮盐的结构可表示为$\left[Ar—\overset{+}{N}≡N\right]X^-$或简写为 $Ar\overset{+}{N_2}X^-$，已知重氮正离子的两个氮原子和苯环相连的碳原子是线型结构，而且两个氮原子的π轨道和苯环的π轨道形成离域的共轭体系，其结构如图13.2所示。

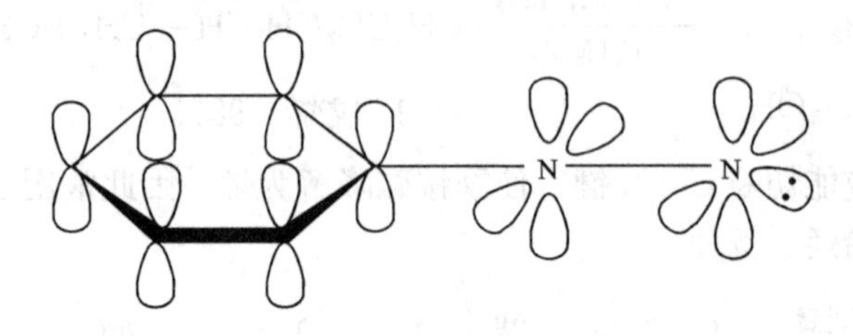

图13.2 苯重氮盐的结构

重氮盐具有盐的性质，一般易溶于水而不溶于有机溶剂，其水溶液能导电。干燥的盐酸或硫酸重氮盐，一般极不稳定，受热或震动时容易发生爆炸，而在低温的水溶液中则比较稳定。因此，重氮盐制备后通常保持在低温的水溶液中，而且应尽快使用。

一般来讲，苯环上有吸电子基团的重氮盐较为稳定，这是由于强化了N≡N与苯环的共轭，同时也说明具有正电荷的空轨道是不与苯环共轭的。

$$O_2N—C_6H_4—\overset{+}{N}≡N \qquad HO_3S—C_6H_4—\overset{+}{N}≡N$$

以上两种重氮盐可以在40～60℃时制备。

13.3.2 重氮盐的性质及其在合成上的应用

重氮盐的化学性质非常活泼，大致可以分为两大类：放氮反应和留氮反应。

1. 放氮反应

重氮盐中的重氮基可被氢、羟基、卤素、氰基等原子或原子团取代，同时放出氮气。通过该反应可以把氨基经重氮化转化为其他基团。

1）被氢原子取代

重氮盐在次磷酸（H_3PO_2）或甲醛-氢氧化钠溶液等还原剂作用下，重氮基被氢原子取代。该反应称为去氨基反应。

$$C_6H_5N_2Cl + H_3PO_2 + H_2O \longrightarrow C_6H_6 + H_3PO_3 + N_2\uparrow + HCl$$

$$C_6H_5N_2Cl + HCHO + 2NaOH \longrightarrow C_6H_6 + N_2\uparrow + HCOONa + NaCl + H_2O$$

用次磷酸还原，产率可以达到80%左右。

此反应在结构证明和有机合成中都很有用。因为去氨基反应有利于认识化合物的原来骨架；而在有机合成中，则可以起到特定位置上的“占位、定位”作用。例如：

$$C_6H_5NH_2 \xrightarrow{3Br_2} \text{2,4,6-}Br_3C_6H_2NH_2 \xrightarrow[0\sim5℃]{NaNO_2+H_2SO_4} \text{2,4,6-}Br_3C_6H_2N_2HSO_4 \xrightarrow[H_2O]{H_3PO_2} \text{1,3,5-}Br_3C_6H_3$$

$$p\text{-}CH_3CH_2CH_2C_6H_4NH_2 \xrightarrow{(CH_3CO)_2O} p\text{-}CH_3CH_2CH_2C_6H_4NHCOCH_3 \xrightarrow[②H_2O/OH^-]{①Br_2,\ Fe} \text{2-Br-4-}(CH_2CH_2CH_3)C_6H_3NH_2 \xrightarrow[0\sim5℃]{NaNO_2+H_2SO_4}$$

$$\text{2-Br-4-}(CH_2CH_2CH_3)C_6H_3N_2HSO_4 \xrightarrow[H_2O]{H_3PO_2} m\text{-}BrC_6H_4CH_2CH_2CH_3$$

2）被羟基取代

将重氮盐的酸性水溶液加热，即发生水解，放出氮气，生成酚。该反应又称重氮盐的水解反应，是氨基通过重氮盐制备酚的较好方法。

$$C_6H_5N_2HSO_4 + H_2O \xrightarrow[\triangle]{H^+} C_6H_5OH + N_2\uparrow + H_2SO_4$$

这类反应一般是用重氮硫酸盐，在强酸性的热硫酸溶液中进行。这是因为：①若采用重氮盐酸盐在盐酸溶液中进行，则由于体系中的氯离子作为亲核试剂也能与苯基正离子反应，生成副产物氯苯；②水解反应已生成的酚易与尚未反应的重氮盐会发生偶联反应，而强酸性的硫酸溶液可使偶联反应减少到最低程度，同时也能提高分解反应的温度，使水解进行得更加迅速、彻底。

在有机合成上利用此反应可使氨基转变成羟基，用来制备那些不宜用磺化-碱熔法等制得的酚类，如间溴苯酚、间硝基苯酚等。

$$m\text{-}BrC_6H_4NH_2 \xrightarrow[0\sim5℃]{NaNO_2+H_2SO_4} m\text{-}BrC_6H_4N_2HSO_4 \xrightarrow[\triangle]{H_2O} m\text{-}BrC_6H_4OH$$

$$m\text{-}O_2NC_6H_4NH_2 \xrightarrow[0\sim5℃]{NaNO_2+H_2SO_4} m\text{-}O_2NC_6H_4N_2HSO_4 \xrightarrow[\triangle]{H_2O} m\text{-}O_2NC_6H_4OH$$

3）被卤素原子取代

将重氮盐的水溶液与碘化钾一起加热，重氮盐很容易被碘取代，生成碘代物，同时放出氮气。

$$ArN_2HSO_4+KI \xrightarrow{\triangle} ArI+N_2\uparrow+KHSO_4$$

氯离子和溴离子的亲核能力较弱，因此用同样的方法很难将氯、溴引入苯环，但在氯化亚铜或溴化亚铜的催化下，重氮盐在氢卤酸溶液中加热，重氮盐可分别被氯和溴原子取代，生成芳香氯化物或溴化物。这一反应称为桑德迈尔(Sandmeyer)反应。例如：

$$C_6H_5N_2Cl \xrightarrow[HCl,\ \triangle]{CuCl} C_6H_5Cl+N_2\uparrow$$

由于反应中的 CuX 易分解，需要新鲜制备，后来加特曼(Gatterman)改用铜粉作催化剂，称为加特曼反应，此法操作简便，但收率较低。

$$C_6H_5N_2Cl \xrightarrow[\triangle]{Cu} C_6H_5Cl+N_2\uparrow$$

氟化物的制备是将氟硼酸加到重氮盐溶液中，生成不溶解的氟硼酸重氮盐沉淀，过滤、洗涤、干燥后，小心加热，即分解得芳香族氟化物。此反应称为希曼(Schiemann)反应。例如：

$$p\text{-}CH_3C_6H_4N_2Cl \xrightarrow{HBF_4} p\text{-}CH_3C_6H_4N_2BF_4 \xrightarrow[②\triangle]{①过滤，干燥} p\text{-}CH_3C_6H_4F$$

在有机合成中，利用重氮基被卤素取代的反应，可制备某些不易或不能直接卤化法得到的卤代芳烃及其衍生物。

4）被氰基取代

重氮盐与氰化亚铜的氰化钾水溶液作用(桑德迈尔反应)或在铜粉存在下与氰化钾水溶液作用(加特曼反应)，重氮基被氰基取代。

$$ArN_2Cl \xrightarrow{CuCN,\ KCN} ArCN+N_2\uparrow$$

例如：

$$o\text{-}NO_2C_6H_4NH_2 \xrightarrow{NaNO_2,\ HCl} o\text{-}NO_2C_6H_4N_2Cl \xrightarrow{CuCN,\ KCN} o\text{-}NO_2C_6H_4CN$$

由于苯的直接氰化是不可能的，因此，由重氮盐引入氰基是非常重要的。氰基可以转变成羧基、氨甲基等，这在有机合成中是很有意义的。例如：

$$p\text{-}CH_3C_6H_4NH_2 \xrightarrow[0\sim5℃]{NaNO_2,\ HCl} p\text{-}CH_3C_6H_4N_2Cl \xrightarrow[\triangle]{CuCN,\ KCN} p\text{-}CH_3C_6H_4CN \xrightarrow[\triangle]{H_2O,\ H^+} p\text{-}CH_3C_6H_4COOH$$

2. 保留氮反应

1）还原反应

在某些还原剂的作用下，重氮盐能被还原成苯肼，这是实验室及工业上制备苯肼采用的方法，常用的还原剂有盐酸加氯化亚锡、亚硫酸钠、亚硫酸氢钠、硫代硫酸钠等。例如：

$$C_6H_5N_2Cl \xrightarrow{SnCl_2,\ HCl} C_6H_5NHNH_2 \cdot HCl \xrightarrow{NaOH} C_6H_5NHNH_2$$

苯肼

纯的苯肼是无色油状液体，不溶于水，沸点 241℃，熔点 19.8℃，具有强还原性，在空气中，尤其是在光照射下，很快即变成棕色。苯肼在强烈条件下可还原成苯胺和氨。苯肼毒性较强，使用时应特别注意。

若以亚硫酸钠为还原剂，反应过程如下：

$$C_6H_5N_2Cl \xrightarrow{Na_2SO_3} C_6H_5N{=}N{-}SO_3Na \xrightarrow[\triangle]{Na_2SO_3} C_6H_5NH{-}NH{-}SO_3Na$$

$$\xrightarrow[100℃]{HCl,\ H_2O} C_6H_5NH{-}NH_2 \cdot HCl \xrightarrow{NaOH} C_6H_5NHNH_2$$

2）偶联反应

在微酸性、中性或微碱性溶液中，重氮盐正离子可以作为亲电试剂与酚、芳胺等活泼的芳香化合物进行芳环上的亲电取代，生成偶氮化合物，通常把这种反应称为偶联反应或偶合反应。参加偶联反应的重氮盐称为重氮组分，酚或芳胺等称为偶联组分。例如：

$$C_6H_5N_2Cl + C_6H_5X \longrightarrow C_6H_5N{=}N{-}C_6H_4{-}X + HCl$$

$$X={-}OH,\ {-}NH_2,\ {-}NHR,\ {-}NR_2$$

重氮盐与酚偶联在弱碱性(pH＝8～10)条件下进行，酚羟基是邻对位定位基，偶联反应一般在羟基的对位发生，对位有取代基时，得邻位偶联产物。例如：

$$C_6H_5N_2Cl + C_6H_5OH \xrightarrow[0℃]{NaOH,\ H_2O} C_6H_5N{=}N{-}C_6H_4{-}OH$$

$$C_6H_5N_2Cl + H_3C{-}C_6H_4{-}OH \xrightarrow[0℃]{NaOH,\ H_2O} C_6H_5N{=}N{-}C_6H_3(OH)(CH_3)$$

如果溶液的碱性太强(pH>10)，则不能发生偶联反应，因为在此条件下重氮盐与碱作用生成不能进行偶联反应的重氮酸或重氮酸根负离子。

重氮盐与芳胺在弱酸性(pH=5～7)溶液中发生偶联反应，生成对氨基偶氮化合物，若氨基的对位有取代基，则偶联在邻位发生。例如：

$$C_6H_5N_2Cl + C_6H_5N(CH_3)_2 \xrightarrow[0℃]{CH_3COONa,\ H_2O} C_6H_5-N=N-C_6H_4-N(CH_3)_2$$

对-(N，N-二甲氨基)偶氮苯

这里反应体系的酸性不能太强，因为酸性太强，会形成铵盐而降低芳胺的浓度，使偶联反应减少或中止。

重氮盐与伯芳胺或仲芳胺发生偶联反应，可以是苯环上的氢原子被取代，也可以是氨基上的氢原子被取代。例如：

$$C_6H_5N_2Cl + C_6H_5NH_2 \longrightarrow C_6H_5-N=N-NH-C_6H_5$$

苯重氮氨基苯

此反应生成的苯重氮氨基苯在苯胺中与少量的苯胺盐酸盐一起加热，会发生重排生成对氨基偶氮苯。

$$C_6H_5-N=N-NH-C_6H_5 \xrightarrow[30～40℃]{C_6H_5NH_2,\ HCl} C_6H_5-N=N-C_6H_4-NH_2$$

对氨基偶氮苯

当重氮盐与萘酚或萘胺类化合物反应时，因羟基和氨基使所在苯环活化，偶联反应发生在同环。对于α-萘酚和α-萘胺，偶联时发生在4位；若4位被占据，则发生在2位。而β-萘酚和β-萘胺，偶联时发生在1位；若1位被占据，则不发生反应。

[结构式：α-萘胺或(OH)，箭头指向4位；4-甲基-α-萘胺或(OH)，箭头指向2位；β-萘胺或(OH)，箭头指向1位]

NH_2 或(OH)　　NH_2 或(OH)　　CH_3　　NH_2 或(OH)

例如：

$$H_3C-C_6H_3(CH_3)-N_2Cl + \text{HO}_3\text{S}-C_{10}H_4(OH)(SO_3H) \xrightarrow{NaOH/H_2O} H_3C-C_6H_3(CH_3)-N=N-C_{10}H_4(HO)(SO_3Na)_2$$

迎春红(红色染料)

练习 13-10　合成下列化合物：

(1) 甲苯(CH_3) $\longrightarrow$ 间硝基甲苯(CH_3, NO_2)　　(2) 苯 $\longrightarrow$ 3,5-二溴苯胺(NH_2, Br, Br)

(3) NH_2、NO_2取代苯 → OH、NO_2取代苯　(4) CH_3、NO_2取代苯 → $COOH$、OH取代苯

(5) 苯 → 苯$-N{=}N-$(含NH_2、NH_2的苯环)

13.3.3 偶氮化合物和偶氮染料

脂肪族偶氮化合物加热时分解放出氮气，并形成烷基自由基，故常用于自由基反应的引发剂。

芳香族偶氮化合物具有高度的热稳定性，加热到300℃以上时才开始分解。

偶氮化合物可通过偶氮基的还原，使氮氮键断裂而生成氨基化合物，这也是合成氨基化合物的一种方法。例如：

$$C_{10}H_7-OH + {}^{-}O_3S-C_6H_4-N{=}NCl \xrightarrow{OH^-} N{=}N-C_6H_4-SO_3^-\ (\text{萘环上含}-OH)$$

$$\xrightarrow[\text{或 SnCl, HCl}]{Na_2S_2O_4} NH_2(-OH\text{萘}) + H_2N-C_6H_4-SO_3^-$$

α-氨基-β-萘酚　　对氨基苯磺酸盐

偶氮化合物都有颜色，有些由于颜色不稳定，可作分析化学的指示剂；芳香族偶氮化合物可广泛地用作染料，称为偶氮染料。

偶氮染料是最大的一类化学合成染料，有几千种化合物，约占全部染料的一半。

阅读材料

光化学反应和光化学污染

1. 光化学反应

由可见光和紫外光引起的化学反应称为光化学反应，又称光化作用。在环境中受阳光的照射，污染物吸收光子而使该物质分子处于某个电子激发态，而引起与其他物质发生化学反应。如光化学烟雾形成的起始反应是二氧化氮(NO_2)在阳光照射下，吸收紫外线(波长2900～4300Å，1Å=10^{-10}m)而分解为一氧化氮(NO)和原子态氧(O，三重态)的光化学反应，其反应式为由NO^{2+}而引起的链反应，导致了臭氧及与其他有机烃化合物的一系列反应而最终生成了光化学烟雾这类有毒产物，如过氧乙酰硝酸酯(PAN)等。

通常光化学反应包括氧化、光异构化、光二聚、光加成反应等。而在实验室中，根据参与光化学反应的官能团的不同，将光化学反应分为双键的异构化反应、羰基的光化学反应以及芳香化合物的光化学反应等。羰基的光化学反应又可分为光化学还原反应和光解反应。

光化学反应可引起化合、分解、电离、氧化还原等过程，主要可分为两类：一类是光合作用，如绿色植物使二氧化碳和水在日光照射下，借植物叶绿素的帮助，吸收光能，合成碳水化合物；另一类是光分解作用，如高层大气中分子氧吸收紫外线分解为原子氧、染料在空气中的褪色、胶片的感光作用等。

2. 光化学污染

氮氧化物和碳氢化合物(HC)在大气环境中受强烈的太阳紫外线照射后产生一种新的二次污染物——光化学烟雾，在这种复杂的光化学反应过程中，主要生成光化学氧化剂(主要是臭氧)及其他多种复杂的化合物，统称光化学烟雾(光化学烟雾主要是由于汽车尾气和工业废气排放造成的，汽车尾气中的烯烃类碳氢化合物和二氧化氮(NO_2)被排放到大气中后，在强烈的阳光紫外线照射下，会吸收太阳光所具有的能量。这些物质的分子在吸收了太阳光的能量后，会变得不稳定起来，原有的化学链遭到破坏，形成新的物质。这种化学反应被称为光化学反应，其产物就是含剧毒的光化学烟雾)

经过研究表明，在60°N～60°S之间的一些大城市，都可能发生光化学烟雾。光化学烟雾主要发生在阳光强烈的夏、秋季节，如湿度低、气温在24～32℃度的夏季晴天的中午或午后。随着光化学反应的不断进行，反应生成物不断蓄积，光化学烟雾的浓度不断升高，约3～4h后达到最大值。这种光化学烟雾可随气流飘移数百公里，使远离城市的农村也受到损害。

光化学烟雾的形成过程是很复杂的，通过实验室模拟研究，已初步弄清了它们的基本化学过程，大体为：

(1) 被污染空气中的二氧化氮发生光分解。

(2) 在被污染的空气中同时存在着许多有机化合物，它们与空气中的氧气、臭氧、二氧化氮起反应，氧化成一系列有机物，生成烟雾。

(3) 氧化过程中的中间产物导致一氧化氮向二氧化氮转化，并导致有毒物质的产生。

历史上曾经发生多起光化学污染事件，如1943年美国洛杉矶光化学烟雾事件、1952年12月5～8日英国伦敦光化学烟雾事件等。至今，我国还没有发生过像美国、英国等国家那样严重的光化学烟雾事件，但是，在以北京、太原、上海、南京、成都为中心的重污染城市，污染指数随时都可能处在发生光化学烟雾事件的危险之中。因此，我国相关部门必须在预防和治理光化学烟雾上采取有效措施，制定法规，尤其在污染严重的大中城市，要制定严格的大气质量标准和各类汽车尾气排放标准，加大治理力度，避免光化学烟雾事件在我国发生，实现我国经济、社会的可持续发展。

本章小结

1. 硝基化合物的结构、制法、物理性质、化学性质。

硝基对邻、对位上取代基的影响。

2. 胺的分类、命名、结构、制法、物理性质、化学性质。

胺的碱性及其影响因素；硝基物还原、醛酮还原胺化、Hofmann降级、Gabriel法合成；碱性，烷基化，酰基化，磺酰化，与HNO_2作用，氧化，芳环上的取代反应。

3. 季铵盐和季铵碱。霍夫曼(Hofmann)消除反应。

4. 重氮盐的制备及其在合成上应用。重氮盐的放氮反应、偶联反应。

习 题

1. 命名下列化合物。

(1) $CH_3CH_2CHCH(CH_3)_2$（CH 上连 NO_2）

(2) 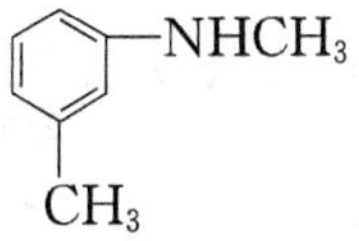 苯环上连 $NHCH_3$，间位连 CH_3

(3) $CH_3CH_2CHCH_2CH_3$（CH 上连 $NHCH_3$）

(4) 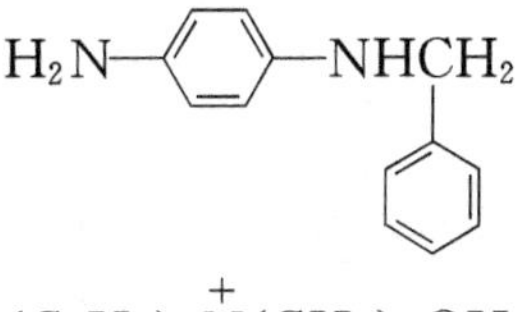 H_2N—C₆H₄—$NHCH_2$—C₆H₅

(5) 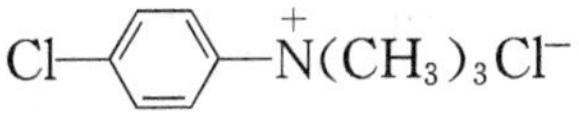 Cl—C₆H₄—$\overset{+}{N}(CH_3)_3Cl^-$

(6) $(C_2H_5)_2\overset{+}{N}(CH_3)_2OH^-$

(7) 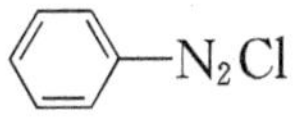 C₆H₅—N_2Cl

(8) 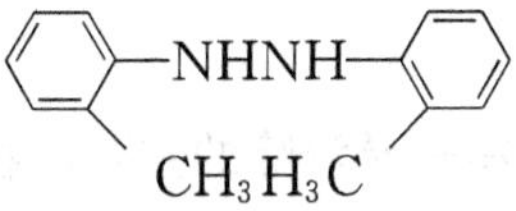 邻甲苯基—NHNH—邻甲苯基（CH_3、H_3C）

2. 写出下列化合物的构造式。

(1) 仲丁胺　　(2) 2-氨基-4-甲胺基己烷

(3) 溴化四正丁铵　　(4) 对氨基-N，N-二甲苯胺

(5) 1，6-己二胺　　(6) (E)-偶氮苯

(7) 对羟基偶氮苯　　(8) 溴化重氮苯

3. 将下列各组化合物按碱性由强至弱的次序排列。

(1) A. $(CH_3)_4\overset{+}{N}OH^-$　B. $H_3C—\underset{\|}{C}—NH_2$（C=O）　C. CH_3NH_2

D. 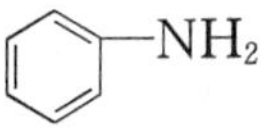 C₆H₅—NH_2　E. 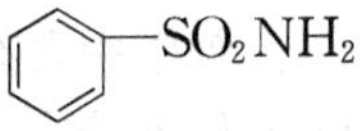 C₆H₅—SO_2NH_2

(2) A. 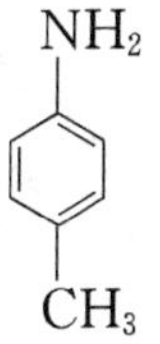 对甲基苯胺（NH_2，CH_3）　B. 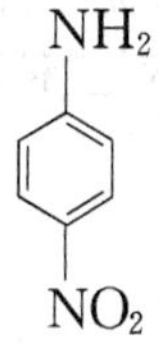 对硝基苯胺（NH_2，NO_2）　C. 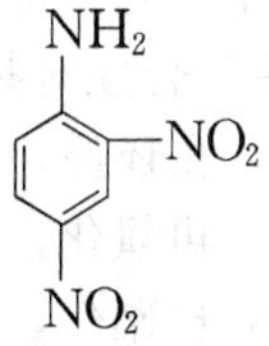 2，4-二硝基苯胺（NH_2，NO_2，NO_2）

D. $(CH_3)_3N$　E. $(CH_3)_2NH$

4. 试用化学方法分离下列各组化合物。

(1) $CH_3(CH_2)_2NO_2$、$(CH_3)_3CNO_2$ 和 $CH_3(CH_2)_2NH_2$

(2) 苯酚、苯胺和对氨基苯甲酸

(3) 正己醇、2-己酮、三乙胺和正己胺

5. 完成下列转变。

(1) 丙烯→异丙胺　　(2) 正丁醇→正戊胺和正丙胺

(3) 3，5-二溴苯甲酸→3，5-二溴苯胺　　(4) 乙烯→1，4-丁二胺

(5) 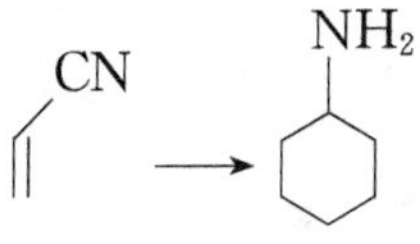 $CH_2=CH—CN$ ⟶ 环己胺（NH_2）

(6) 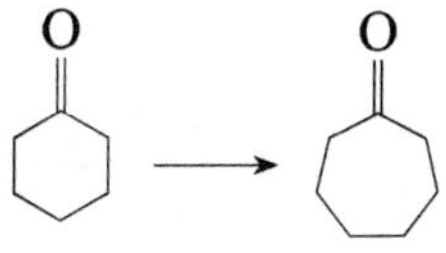 环己酮（O）⟶ 环庚酮（O）

6. 完成下列各反应式。

(1) $CH_3CH_2CN \xrightarrow{H_2O,\ H^+} ? \xrightarrow{SOCl_2} ? \xrightarrow{(CH_3CH_2CH_2)_2NH} ? \xrightarrow[H_2O]{LiAlH_4} ?$

(2) 3-甲基吡咯烷（N—H） $\xrightarrow[\text{② 湿}Ag_2O]{\text{① 过量}CH_3I} ? \xrightarrow{\triangle} ? \xrightarrow[\text{② 湿}Ag_2O]{\text{① }CH_3I} ? \xrightarrow{\triangle} ?$

(3) 邻苯二甲酰亚胺钾（NK） $\xrightarrow{BrCH(COOC_2H_5)_2} ? \xrightarrow[\text{② }C_6H_5CH_2Cl]{\text{①}C_2H_5ONa} ? \xrightarrow[\text{②}H^+]{\text{①}H_2O,\ OH^-} ? \xrightarrow{\triangle} ?$

7. 写出下列季铵碱按霍夫曼消除的主要产物。

(1) $CH_3CH_2CH_2CH_2\overset{+}{N}(CH_3)_3OH^-$

(2) 1-甲基环己基-$\overset{+}{N}(CH_3)_3$ OH^-（$(H_3C)_3\overset{+}{N}$ 与 CH_3 连在环己烷同一碳上）

(3) $C_6H_5-CH_2CH_2\overset{+}{N}(CH_3)_2CH_2CH_3\ OH^-$

(4) N-甲基喹嗪鎓（环上带 $COOC_2H_5$）OH^-

8. 如何用化学方法提纯下列化合物？

(1) 苯胺中含有少量硝基苯　　(2) 三苯胺中含有少量二苯胺

(3) 三乙胺中含有少量乙胺　　(4) 乙酰苯胺中含有少量苯胺

9. 由对氯甲苯合成对氯间氨基苯甲酸有下列三种可能的合成路线：

(1) 先硝化，再还原，然后氧化；

(2) 先硝化，再氧化，然后还原；

(3) 先氧化，再硝化，然后还原。

其中哪一种合成路线最好？为什么？

10. (1) 利用 RX 和 NH_3 合成伯胺的过程有哪些副反应？

(2) 如何避免或减少这些副反应？

(3) 在这一合成中哪一种卤代烷不适用？

11. 以甲苯或苯为起始原料合成下列化合物(其他试剂任选)。

(1) 苯环上：CH_2COOH，邻位 NH_2，对位 Br

(2) 苯环上：CH_3，邻位 NO_2，对位 I

(3) 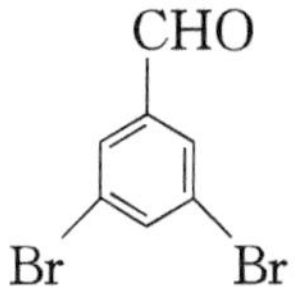 3,5-二溴苯甲醛结构式：CHO，Br，Br

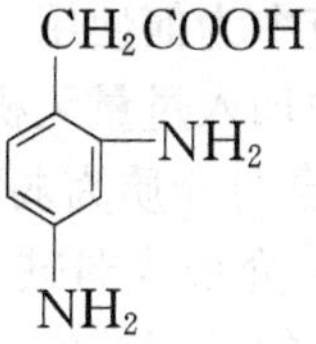

(4) CH_2COOH，NH_2，NH_2

(5) O_2N，Cl，—N═N—，OH

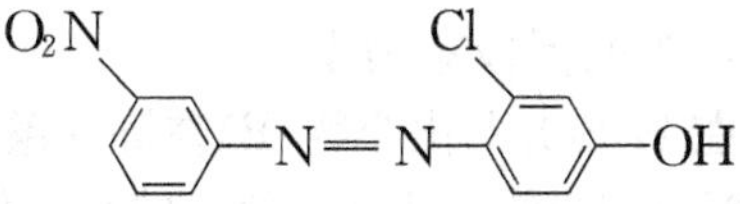

(6) 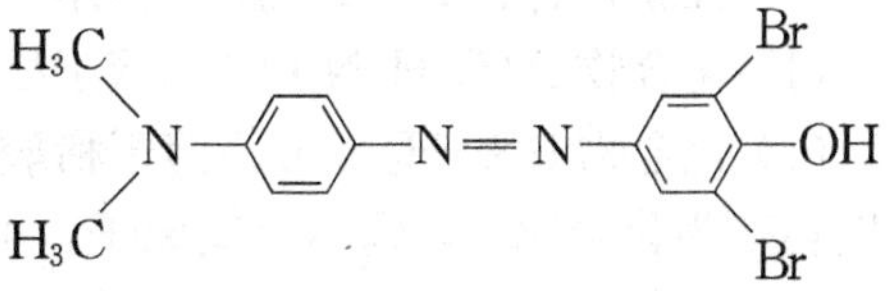 H_3C，N，H_3C，—N═N—，Br，OH，Br

12. 由指定原料合成下列化合物(其他试剂任选)。

(1) 由3-甲基丁醇分别制备：$(CH_3)_2CHCH_2CH_2NH_2$，$(CH_3)_2CHCH_2CH_2CH_2NH_2$ 和$(CH_3)_2CHCH_2NH_2$。

(2) 由苯合成 OH，CCH_2NH_2，CH_3 和 —N═N—N—，CH_3。

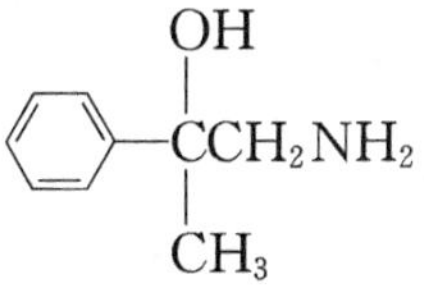

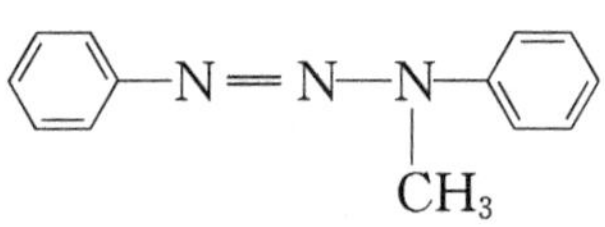

(3) 由 $CH_3CH_2NH_2$和1，5-二溴戊烷合成 $\overset{+}{N}$，^{-}O，CH_2CH_3

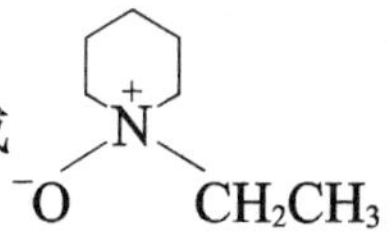

13. 脂肪族伯胺与亚硝酸钠、盐酸作用，通常得到醇、烯、卤代烃的多种产物的混合物，合成上无实用价值，但β-氨基醇与亚硝酸作用可主要得到酮。例如：

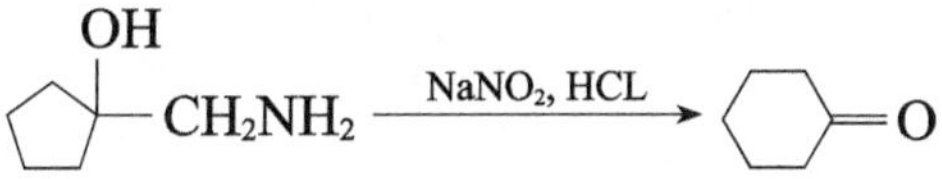

OH，CH_2NH_2 $\xrightarrow{NaNO_2,\ HCL}$ ═O

这种扩环反应在合成七～九元环状化合物时，特别有用。

(1) 这种扩环反应与何种重排反应相似？扩环反应的推动力是什么？

(2) 试用环己酮合成环庚酮。

14. 写出下列反应的机理。

(1) 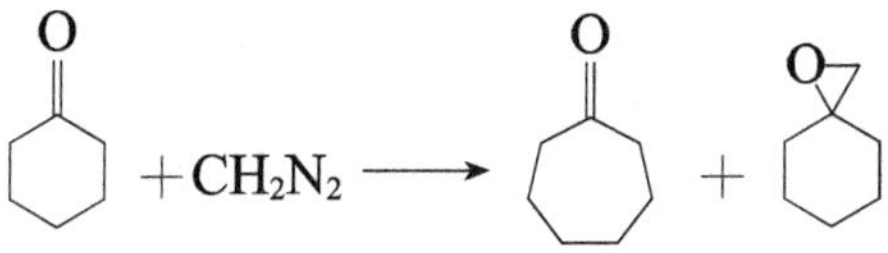 O，$+CH_2N_2$ ⟶ O，+ O

(2) H_3C—，OH，CH_2NH_2 $\xrightarrow[冷]{NaNO_2/HCl}$ O，H_3C

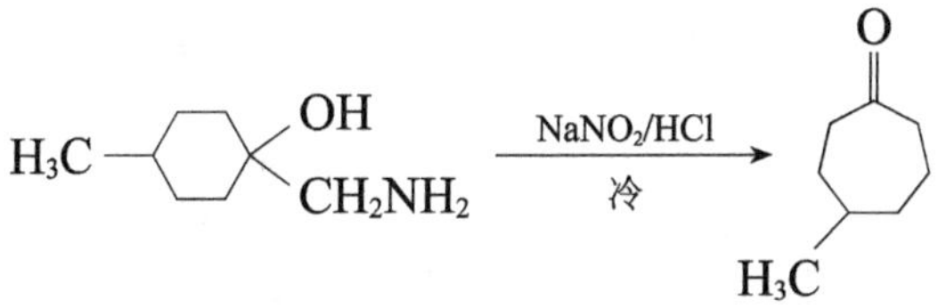

15. 某碱性化合物A(C_4H_9N)经臭氧化再水解，得到的产物中有一种是甲醛。A经催化加氢得B($C_4H_{11}N$)。B也可由戊酰胺和溴的氢氧化钠溶液反应得到。A和过量的碘甲烷作用，能生成盐C($C_7H_{16}IN$)。该盐和湿的氧化银反应并加热分解得到D(C_4H_6)。D和丁炔二酸二甲酯加热反应得E($C_{10}H_{12}O_4$)。E在钯存在下脱氢生成邻苯二甲酸二甲酯。试推测A、B、C、D和E的结构，并写出各步反应式。

16. 请解释在偶合反应中为何使用下列条件：

(1) 芳胺重氮化过程中加入过量无机酸。

(2) 与 $ArNH_2$ 进行偶合时介质为弱酸性。

(3) 与 ArOH 偶合时，介质为弱碱性溶液。

17. 推断化合物 A～E 的可能结构：

(1) 化合物 A($C_6H_4N_2O_4$)不溶于稀酸和稀碱，A 的偶极矩为零。

(2) 化合物 B(C_8H_9NO)不溶于稀酸和稀碱。在 H_2SO_4 中化合物(B)在高锰酸钾作用下可以转变为化合物 C，C 不含氮原子，可溶于碳酸氢钠溶液，只有一种一硝基取代产物。

(3) 化合物 D($C_7H_7NO_2$)可以发生剧烈的氧化反应生成化合物 E($C_7H_5NO_4$)，E 可溶于稀的碳酸氢钠溶液，有两种一氯代异构体。

第 14 章　杂环化合物

教学目标

掌握杂环化合物的分类方法，含有一个杂原子的杂环化合物母体的命名法。

掌握呋喃、噻吩、吡咯、吡啶的结构特征，学会运用休克尔规则解释它们具有芳香性(稳定性)的原因，并能用元素电负性的观点说明它们的芳香性为什么不相同？

了解五元杂环及六元杂环化合物的化学性质。

了解生物碱的含义、通性和分类。

教学要求

知识要点	能力要求	相关知识
杂环化合物的分类和命名	了解杂环化合物的分类和命名	
杂环化合物的结构与芳香性	掌握呋喃、噻吩、吡咯、吡啶等几种化合物的结构与芳香性	
五元杂环化合物——呋喃、噻吩、吡咯	(1) 掌握呋喃的化学性质——亲电取代反应、加成反应 (2) 掌握噻吩的化学性质——亲电取代反应 (3) 掌握吡咯的化学性质——酸碱性、取代反应、加成反应	
六元杂环化合物——吡啶	掌握吡啶的化学性质——弱碱性、取代反应、氧化与还原	
生物碱	(1) 了解生物碱的定义、通性和分类 (2) 了解几种重要的生物碱	

构成环的原子除碳原子外还有其他原子的一类环状化合物称为杂环化合物。这些其他原子统称为杂原子，最常见的杂原子有 N、O、S 等。

根据杂环化合物的定义，在以前章节里曾出现过的很多环内含有杂原子的化合物。例如：

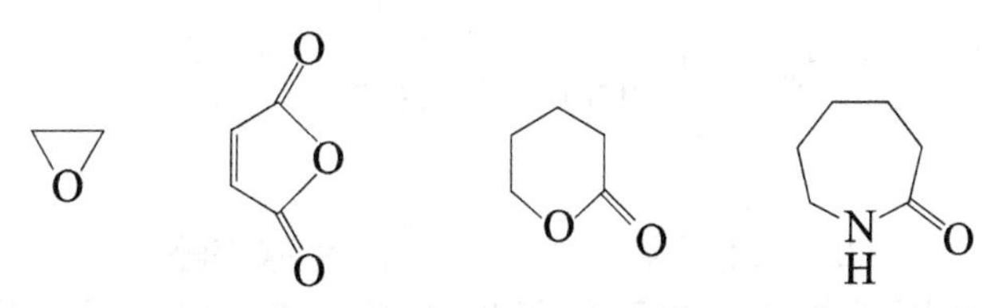

环氧乙烷　顺-丁烯二酸酐　δ-戊内酯　己内酰胺

但这些化合物的性质与相应的脂肪族化合物比较接近，既容易由开链化合物闭环得到，也容易开环变成链状化合物。因此，通常不将这些化合物归在杂环化合物的范围内讨论。本章主要讨论环比较稳定的，在结构上与芳香族化合物相似(主要为平面形，π电子数符合 $4n+2$ 规则)且具有芳香性的杂环化合物，即芳杂环化合物。

杂环化合物是一大类有机物，大约占已知有机物的 1/3。杂环化合物在自然界分布很广、功用很多。例如，中草药的有效成分——生物碱大多是杂环化合物；动植物体内起重要生理作用的血红素、叶绿素、核酸的碱基都是含氮杂环；部分维生素、抗菌素；一些植物色素、植物染料、合成染料都含有杂环。

本章重点介绍只含一个杂原子的五元杂环和六元杂环化合物的结构和性质。

14.1 杂环化合物的分类和命名

14.1.1 分类

杂环化合物根据环的大小主要有五元杂环和六元杂环；根据环的多少可以分为单杂环(含一个环)和稠杂环(含多个环，由苯环与单杂环或有两个以上单杂环稠并而成)；根据杂环中杂原子数目的多少，可分为含有一个杂原子的杂环和含有两个或两个以上杂原子的杂环。

14.1.2 命名

杂环化合物的命名比较复杂，包括基本母环及环上取代基两个方面。

1. 杂环母环的命名

母环的命名常用音译法，即按英文名称的音译，选用同音汉字，再加上“口”字旁，表示为环状化合物。例如：

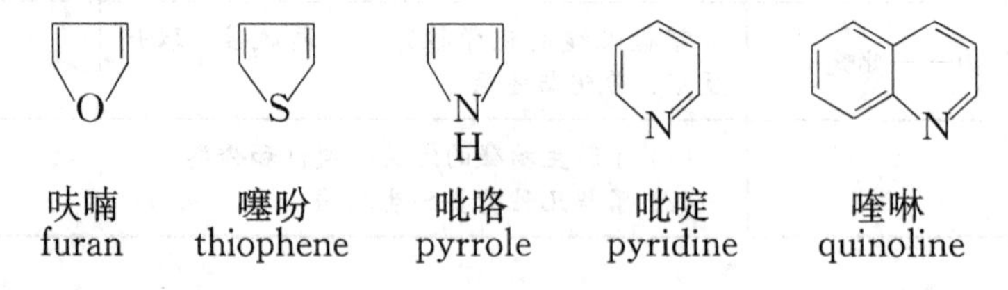

2. 环上取代基的编号

环上取代基的杂环化合物，命名时以杂环为母体，将杂环上的原子编号，确定取代基的位置。杂环的编号一般从杂原子编起，含多个杂原子时按 O→S→N 的次序编号。例如：

2-呋喃甲醛　　　　5-甲基噻唑

对于含有一个杂原子的杂环也可把靠近杂原子的位置叫做α位，其次是β位和γ位。

CH_3

C_2H_5—O—CH_3　　　N

α-甲基-α′-乙基呋喃　　　　γ-甲基吡啶

练习 14-1　命名下列杂环化合物：

(1) O —CH_2COOH

(2) S CH_3

(3) O —CH_2COOH

(4) N H —CH_2CH_2OH

(5) H_3C N HOH_2CH_2C S

(6) NO_2 N

14.2　杂环化合物的结构与芳香性

五元杂环化合物如呋喃、噻吩、吡咯，它们的碳原子与杂原子均以 sp^2 杂化轨道互相连接成 σ 键，且在同一平面上；每一碳原子还有一个电子在 p 轨道上，杂原子有两个电子在 p 轨道上，这五个 p 轨道垂直于环所在的平面相互交盖形成一个环状封闭的 6π 电子的共轭体系，符合休克尔的 $4n+2$ 规则，都具有芳香性，如图 14.1 所示。

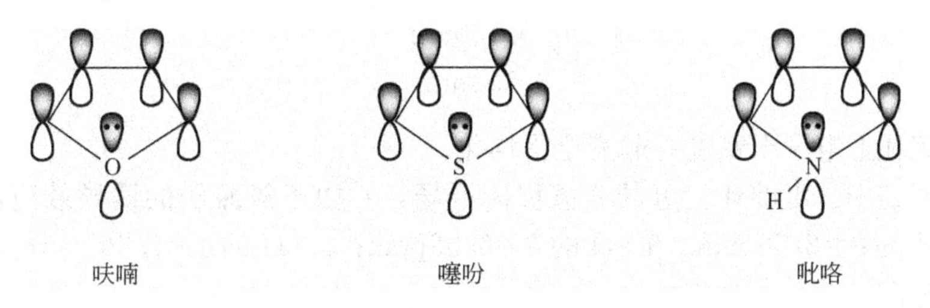

图 14.1　呋喃、噻吩、吡咯的原子轨道示意图

呋喃、噻吩、吡咯分子中，因为杂原子不同，所以它们的芳香性程度也不完全一致，键长的平均化程度也不一样。

0.144nm　　0.142nm　　0.143nm

4 3 5 2 O 1　0.135nm　0.137nm　　S　0.137nm　0.171nm　　N H　0.137nm　0.138nm

从键长的数据作比较，碳原子和杂原子(O、S、N)之间的键，都比饱和化合物中相应键长(C—O 0.143nm，C—N 0.147nm，C—S 0.182nm)短，而 C(2)—C(3) 与

C(4)—C(5)的键长较乙烯的C═C键(0.134nm)长，C(3)—C(4)的键长则较乙烷的C—C键(0.154nm)短。这些说明杂环化合物的键长在一定程度上发生了平均化，但仍具有不饱和化合物的性质。

核磁共振谱的测定表明，环上氢的核磁共振信号都出现在低场，这也是它们具有芳香性的一个标志：化学位移一般在7ppm(1ppm=10^{-6})左右。

呋喃：α-H　δ=7.42ppm　β-H　δ=6.37ppm

噻吩：α-H　δ=7.30ppm　β-H　δ=7.10ppm

吡咯：α-H　δ=6.68ppm　β-H　δ=6.22ppm

而且δ值为α(H)>β(H)，说明了α-碳上的电子云密度较β-碳要高些。

呋喃、噻吩、吡咯的离域能分别为67、117、88kJ·mol^{-1}，比苯的离域能(150.5kJ·mol^{-1})低，但比大多数共轭二烯烃的离域能(约28kJ·mol^{-1})要大得多。

由于呋喃、噻吩、吡咯环中杂原子上的未共用电子对参与了环的共轭体系，使环上的电子云密度增大，因此它们都比苯容易发生亲电取代反应，取代通常发生在α位上。

吡啶是典型的六元杂环化合物，环上的碳原子与氮原子均以sp^2杂化轨道成键，每个原子上有一个p轨道，p轨道中有一个p电子，共有$(4n+2)$个p电子形成环状封闭的共轭体系，具有芳香性。在氮原子上还有一对为共用电子，它们在sp^2杂化轨道中，并不与π体系发生作用，如图14.2所示。

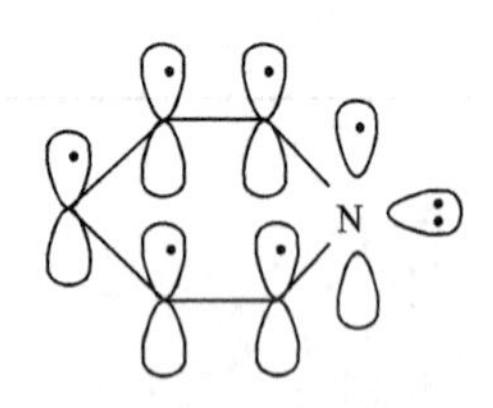

图14.2　吡啶的原子轨道示意图

由于氮原子的电负性较强，吡啶环上的电子云密度不像苯那样分布均匀。吡啶的碳碳键长与苯(0.140nm)近似，但C—N键长(0.134nm)比一般C—N单键0.147nm短，而比C═N键(0.128nm)长。

0.140nm
0.139nm
N　0.134nm

说明吡啶环上电子云密度并非完全平均化。

核磁共振谱中，吡啶环上氢的δ值移向低场，并由于氮原子的诱导效应，α-H的δ值最大(α-H的δ=8.50ppm；β-H的δ=6.98ppm；γ-H的δ=7.36ppm)。这也是它具有芳香性的标志。

与吡咯不同，吡啶氮上的一对未共享电子(sp^2)不参与共轭，而由于氮原子的吸电子诱导效应，使环上电子云密度降低，尤其α、γ位更甚(核磁共振δ值为α(H)>γ(H)>β(H)也说明这点)，类似于苯环连接—NO_2等吸电子基团的作用。所以吡啶的亲电取代反应较苯要难，且主要进入β位；但可以发生亲核取代反应，主要进入α及γ位。

综合五元、六元杂环化合物的结构，虽然它们都具有芳香性，但环上电子云密度的大小顺序为：

呋喃(O) ≈ 噻吩(S) ≈ 吡咯(NH) > 苯 > 吡啶(N)

14.3 五元杂环化合物——呋喃、噻吩、吡咯

14.3.1 呋喃

呋喃存在于松木焦油中，无色液体，沸点32℃，难溶于水，易溶于有机溶剂。它的蒸气遇到被盐酸浸湿过的松木片时，呈现绿色反应，这是鉴定呋喃的定性方法。

呋喃具有芳香性，但较苯活泼，如容易发生亲电取代反应，主要进入α位；也有一定的不饱和性，如容易进行加成反应等。

1. 亲电取代反应

在较为缓和的反应条件或试剂的作用下，呋喃可以进行一系列亲电取代反应。例如：

$$\text{呋喃} + 2Br_2 \longrightarrow \text{Br—(呋喃)—Br} + 2HBr$$

$$\text{呋喃} + CH_3COONO_2 \xrightarrow{-5℃\sim-30℃} \text{(呋喃)—}NO_2 + CH_3COOH$$

$$\text{呋喃} + C_5H_5\overset{+}{N}\cdot SO_3^- \xrightarrow{ClCH_2CH_2Cl} \text{(呋喃)—}SO_3^- \cdot \text{(吡啶}\overset{+}{N}\text{—H)} \xrightarrow{HCl} \text{(呋喃)—}SO_3H$$

$$\text{呋喃} + (CH_3CO)_2O \xrightarrow[\text{或 } SnCl_4]{(C_2H_5)_2O\cdot BF_3} \text{(呋喃)—}COCH_2 + CH_3COOH$$

这里需要注意的是，呋喃、吡咯不能用浓硫酸磺化或用混酸硝化，因为在强酸或强氧化剂的作用下，活泼的呋喃、吡咯容易发生开环、聚合等反应而得到焦油状聚合物。因此必须用比较缓和的非质子试剂如用CH_3COONO_2硝化、用$C_6H_5N^+SO_3^-$磺化可以得到较好的结果。

2. 加成反应

呋喃在镍催化下，加氢可以得到四氢呋喃。四氢呋喃沸点65℃，是良好的溶剂，也是有机合成的原料，通过开环反应可以制备己二胺和己二酸，它们是制造尼龙-66的原料。

$$\text{呋喃} \xrightarrow{H_2,Ni} \text{四氢呋喃} \xrightarrow[140℃,\ 0.4MPa]{HCl} Cl(CH_2)_4Cl$$

$$\xrightarrow{NaCN} NC(CH_2)_4CN \begin{cases} \xrightarrow{H_2,Ni} H_2N(CH_2)_6NH_2 \\ \xrightarrow{H_2O} HOOC(CH_2)_4COOH \end{cases}$$

呋喃也具有共轭双键的性质，如与顺丁烯二酸酐发生双烯合成反应(Diels - Alder 反应)，产率较高。

内式(90%)　　外式

呋喃的衍生物在自然界广泛存在，如阿拉伯糖、木糖等五碳糖都是四氢呋喃的衍生物。合成药物中呋喃类化合物也不少，如抗菌药物呋喃坦啶；维生素类药物的呋喃硫胺等。

14.3.2　噻吩

噻吩主要存在于煤焦油的粗苯中，粗苯中约含 5%。噻吩是无色液体，沸点 84℃，熔点−38.2℃，不溶于水，溶于有机溶剂。由于它的沸点与苯接近，所以难于用蒸馏的方法将它们分开，但是噻吩的亲电取代反应比苯容易进行，在室温下同浓硫酸作用即可磺化，生成 α-噻吩硫酸，其能溶于浓硫酸，利用此反应，可把粗苯中的噻吩除去。

噻吩在浓硫酸存在的条件下，与靛红一同加热即发生靛吩咛反应，显出蓝色，反应灵敏，是鉴别噻吩的定性方法。

噻吩不具备二烯的性质，不能氧化成亚砜和砜，但比苯更容易发生亲电取代反应。与呋喃类似，噻吩的亲电取代反应也发生在 α 位。例如：

H_2SO_4 → SO_3H
HNO_3 / $(CH_3CO)_2O$ → NO_2
Br_2 / CH_3COOH → Br
$ClCOCH_3$ / $SnCl_4$ → $COCH_3$

噻吩还能发生氯甲基化反应。

$$+HCHO+HCl \xrightarrow[0℃]{ZnCl_2} -CH_2Cl$$

噻吩经还原加氢得到四氢噻吩后，即显示出一般硫醚的性质，易氧化成环丁砜和亚砜。这说明噻吩环系被还原后，共轭体系被破坏，失去了芳香性。

$$+H_2 \xrightarrow[200℃，20MPa]{MoS_2} \xrightarrow[浓\ HNO_3]{[O]}$$

环丁砜是重要的溶剂，沸点 287℃，熔点 28℃。工业上常用丁二烯与二氧化硫作用，再加氢而得。

噻吩的衍生物中有许多是重要的药物，如维生素 H 及半合成头孢菌素(先锋霉素)等。

14.3.3 吡咯

吡咯存在于煤焦油、骨油和石油(少量)中，可由骨焦油分馏取得；或用稀碱处理，再用酸酸化后分馏提纯。

吡咯是无色油状液体，沸点131℃，微溶于水，易溶于有机溶剂，在空气中颜色逐渐变深。吡咯蒸气遇浸过盐酸的松木片显红色，这是鉴别吡咯及其低级同系物的定性方法。

1. 酸碱性

吡咯碱性极弱($pK_b=13.6$)，这主要因为氮原子上的未共用电子对参与了共轭体系的缘故。此外，吡咯还表现出很弱的酸性，可以与金属钠、固体氢氧化钠或氢氧化钾作用，生成吡咯的盐，吡咯的钠盐或钾盐遇水又形成吡咯。

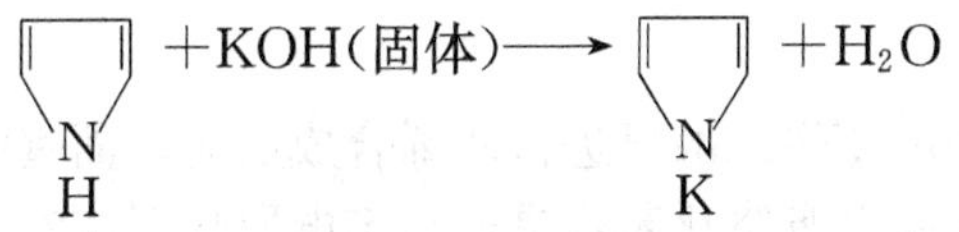

N—H +KOH(固体)⟶ N—K $+H_2O$

吡咯钠、钾盐和酚钠一样，可以用来合成一系列吡咯衍生物。

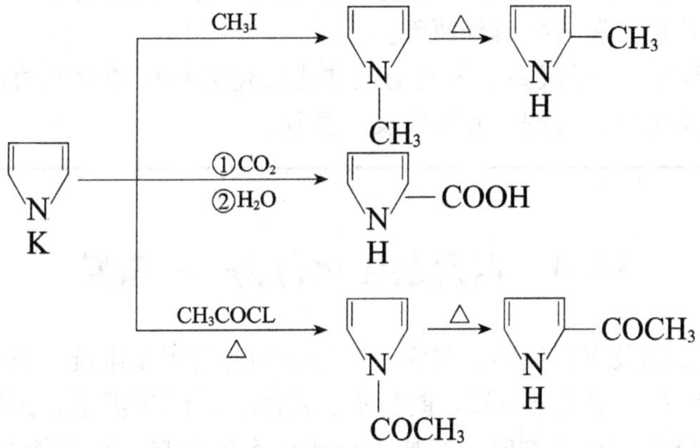

N—K —CH_3I→ N—CH_3 —△→ N—H (—CH_3)

N—K —①CO_2 ②H_2O→ N—H (—COOH)

N—K —CH_3COCL, △→ N—$COCH_3$ —△→ N—H (—$COCH_3$)

2. 取代反应

吡咯具有芳香性，比苯容易发生亲电取代反应。由于吡咯遇酸易聚合，因此一般不用酸性试剂进行卤化、磺化等反应，反应主要发生在α位。例如：

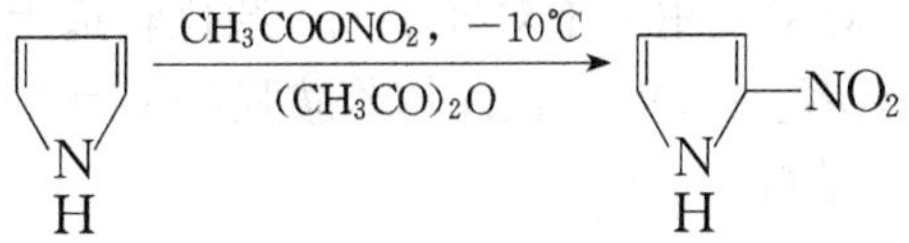

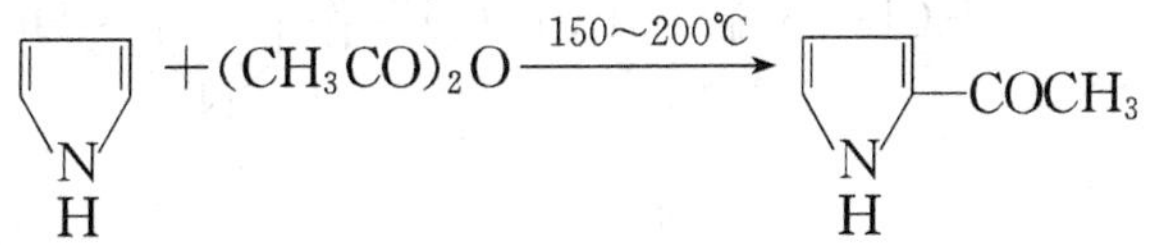

N—H —CH_3COONO_2，−10℃, $(CH_3CO)_2O$→ N—H (—NO_2)

N—H $+(CH_3CO)_2O$ —150～200℃→ N—H (—$COCH_3$)

在碱性介质中吡咯与碘作用可生成四碘吡咯，四碘吡咯常用来代替碘仿做伤口消毒剂。

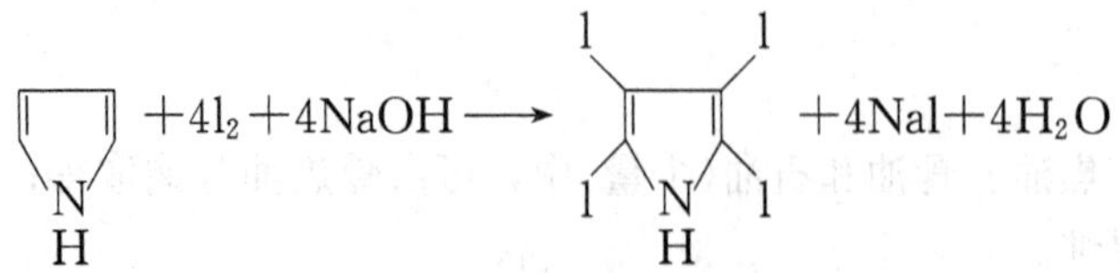

$$\text{吡咯} + 4I_2 + 4NaOH \longrightarrow \text{四碘吡咯} + 4NaI + 4H_2O$$

3. 加成反应

吡咯可被 Zn＋HOAc 还原成二氢吡咯，催化加氢则转变成四氢吡咯。

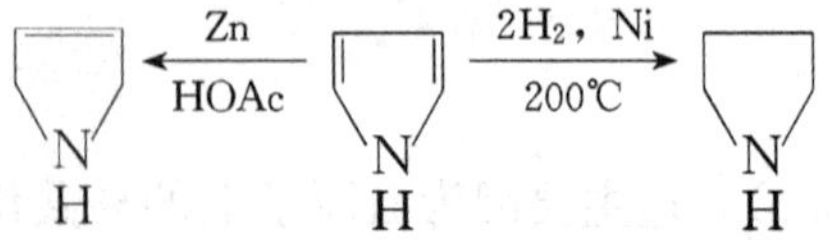

$$\text{二氢吡咯} \xleftarrow[\text{HOAc}]{\text{Zn}} \text{吡咯} \xrightarrow[200℃]{2H_2,\ Ni} \text{四氢吡咯}$$

四氢吡咯也称吡咯烷，它的碱性($pK_b=2.7$)比吡咯强得多，具有脂肪族仲胺的性质，可以和一般的酸形成稳定的铵盐。

练习 14－2

(1) 为什么呋喃能与顺丁烯二酸酐进行双烯合成反应，而噻吩及吡咯不能？

(2) 为什么呋喃、噻吩及吡咯比苯容易进行亲电取代反应？

(3) 呋喃在溴的甲醇溶液中反应，没有得到溴化产物，而是得 2，5－二甲氧基二氢呋喃，请写出相应的反应方程式并解释原因。

练习 14－3 2，5－二甲氧基二氢呋喃经催化氢化后再用酸性水溶液处理，得到什么化合物，请写出相应的反应方程式并标明反应类别。

14.4 六元杂环化合物——吡啶

吡啶存在于煤焦油及页岩油中，与它一起存在的还有甲基吡啶。吡啶是有特殊臭味的无色液体，沸点 115℃，熔点－42℃，能与水、乙醇、乙醚等混溶，还能溶解大部分有机物和许多无机盐。吡啶用作溶剂时，需要干燥成无水的吡啶，因其能与无水氯化钙配合，所以一般用固体氢氧化钾或氢氧化钠干燥吡啶。

吡啶主要化学性质如下：

1. 弱碱性

吡啶环上的氮原子有一对未共用电子对处于 sp^2 杂化轨道上，因它不参与共轭而能与 H^+ 结合，所以具有弱碱性($pK_b=8.8$)，碱性较苯胺强($pK_b=9.3$)，但比脂肪胺及氨弱得多，容易和无机酸生成盐。例如：

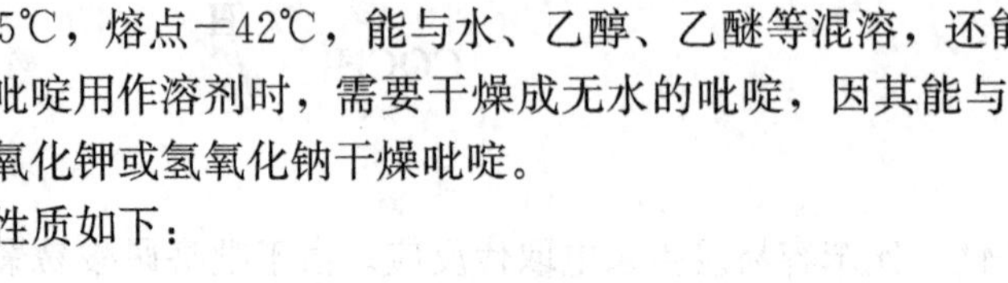

$$\text{吡啶} + HCl \longrightarrow \text{吡啶鎓}(N^+-H)\ Cl^-\ (\text{或写作 吡啶}\cdot HCl)$$

工业上从煤焦油中提取吡啶，利用它的弱碱性，用硫酸处理而生成硫酸盐而溶解，再用碱中和，使吡啶游离出来，然后蒸馏精制。

如果用非质子的硝化试剂、磺化试剂，或用卤素、卤代烷、酰氯与吡啶环反应，得到相应的吡啶盐。

$$\text{C}_5\text{H}_5\text{N} \xrightarrow[\text{Et}_2\text{O，室温}]{NO_2^+BF_4^-} \text{C}_5\text{H}_5\overset{+}{\text{N}}\text{-}NO_2\ BF_4^-$$

$$\text{C}_5\text{H}_5\text{N} \xrightarrow{SO_3} \text{C}_5\text{H}_5\overset{+}{\text{N}}\text{-}SO_3^-$$

$$\text{C}_5\text{H}_5\text{N} \xrightarrow{CH_3I} \text{C}_5\text{H}_5\overset{+}{\text{N}}\text{-}CH_3\ I^-$$

$$\text{C}_5\text{H}_5\text{N} \xrightarrow[\text{石油醚，}-20℃]{C_6H_5COCl} \text{C}_5\text{H}_5\overset{+}{\text{N}}\text{-}COC_6H_5\ Cl^-$$

$$\text{C}_5\text{H}_5\text{N} \xrightarrow[CCl_4]{Br_2} \text{C}_5\text{H}_5\overset{+}{\text{N}}\text{-}Br\ Br^-$$

其中与卤代烷结合生成的吡啶鎓盐相当于季铵盐，受热时发生分子重排，生成吡啶同系物。事实上，吡啶盐也是有芳香性的，是温和的硝化、磺化、烷基化、酰基化试剂。

2. 取代反应

由于氮的电负性比碳大，吡啶环上的电子云密度较低，且α位的电子云密度比β位的低。因此，吡啶与硝基苯类似，一般要在强烈条件下才能发生亲电取代反应，且主要在β位。环上的傅-克反应(烷基化和酰基化)则不能发生。例如：

$$\text{吡啶} \xrightarrow{Br_2,300℃} \text{3-溴吡啶} \xrightarrow{Br_2} \text{3,5-二溴吡啶}$$

$$\text{吡啶} \xrightarrow[300℃]{HNO_3,H_2SO_4} \text{3-}NO_2\text{吡啶}$$

$$\text{吡啶} \xrightarrow{H_2SO_4,350℃} \text{3-}SO_3H\text{吡啶}$$

与硝基苯相似，吡啶可与强的亲核试剂起亲核取代反应，主要生成α取代产物。例如：

$$\text{吡啶} + NaNH_2 \longrightarrow \text{2-氨基吡啶}(-NH_2)$$

此反应称为齐齐巴宾反应。

与2-硝基氯苯相似，2-氯吡啶可与碱或氨等亲核试剂作用，可生成相应的羟基吡啶或氨基吡啶。

$$\text{2-氯吡啶} + KOH \longrightarrow \text{2-羟基吡啶}(-OH) + KCl$$

$$\text{2-氯吡啶} + NH_3 \xrightarrow[220℃]{ZnCl_2} \text{2-氨基吡啶}(-NH_2)$$

3. 氧化与还原

吡啶较苯稳定，不易被氧化剂氧化，但其同系物甲基吡啶的侧链容易被氧化成相应的吡啶甲酸。例如：

$$\text{3-甲基吡啶}(-CH_3) \xrightarrow[\triangle]{KMnO_4/OH^-} \text{3-吡啶甲酸}(-COOH)$$

β-吡啶甲酸(烟酸)

$$\text{4-甲基吡啶}(CH_3) \xrightarrow[\triangle]{O_2,\ V_2O_5} \text{4-吡啶甲酸}(COOH)$$

γ-吡啶甲酸(异烟酸)

烟酸为维生素B族之一；异烟酸是合成抗结核病药物异烟肼(商品名雷米封)的中间体。吡啶可被催化加氢为六氢吡啶。

$$\text{吡啶} + 3H_2 \xrightarrow[95\%]{Ni,\ 180℃} \text{六氢吡啶}(N-H)$$

这个反应的条件比苯的氢化温和。六氢吡啶又称哌啶，为无色具有特殊臭味的液体，沸点106℃，熔点-7℃，能溶于水和有机溶剂，碱性与一般脂肪族仲胺相近，比吡啶的碱性强很多。

吡啶可与过氧化氢作用生成吡啶-N-氧化物，其与亲电试剂作用不仅条件相对温和，且亲电取代反应如溴化和硝化都发生在4位上。最后将氧原子除去，此反应提供了合成4-取代吡啶的一种较为方便的方法。

$$\text{吡啶} \xrightarrow{H_2O_2} \text{吡啶}(N\rightarrow O) \xrightarrow[H_2SO_4,\ \triangle]{\text{发烟}\ HNO_3} \text{4-硝基吡啶}(NO_2,\ N\rightarrow O) \xrightarrow[\triangle]{PCl_3} \text{4-硝基吡啶}(NO_2)$$

练习 14-4 2-氨基吡啶能在比吡啶温和的条件下进行硝化或磺化，取代主要发生在5位，说明其原因。

练习 14-5 如何理解γ-甲基吡啶的甲基的酸性比β-甲基吡啶的强这一事实？

练习 14-6 完成下列反应。

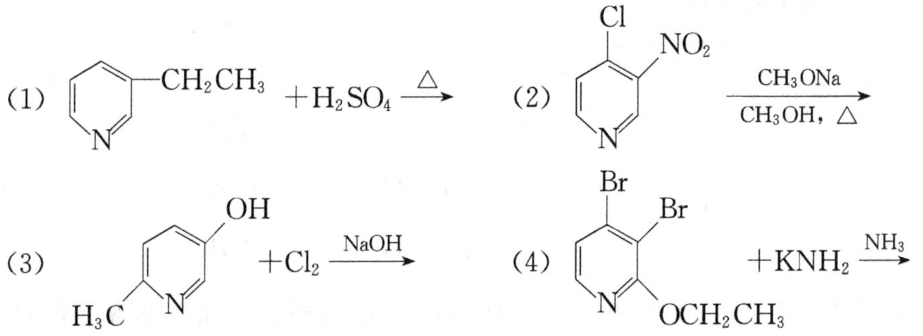

(1) 3-乙基吡啶（CH_2CH_3，N） $+H_2SO_4 \xrightarrow{\triangle}$

(2) 4-氯-3-硝基吡啶（Cl，NO_2，N） $\xrightarrow[CH_3OH,\ \triangle]{CH_3ONa}$

(3) 6-甲基-3-羟基吡啶（OH，H_3C，N） $+Cl_2 \xrightarrow{NaOH}$

(4) 3,4-二溴-2-乙氧基吡啶（Br，Br，N，OCH_2CH_3） $+KNH_2 \xrightarrow{NH_3}$

14.5 生 物 碱

14.5.1 生物碱的含义、通性和分类

生物碱的原意是指从动植物机体内取得的一切具有碱性的物质，但现在这个名词只是指具有强烈生理效能的碱性物质，因此氨基酸、吡咯色素等都不算在内。大多数生物碱是极有价值的药物，如我国中草药的疗效大多是由所含的生物碱而来。

生物碱大多是无色固体，游离的生物碱大多不溶或难溶于水，易溶于有机溶剂，但它们的盐一般易溶于水。生物碱一般都有手性，具有旋光性，且大多是左旋的，有明显的生理效应。例如，吗啡有优异的镇痛作用和强的麻醉作用；利血平有降血压的作用等。

生物碱可按不同的方式分类，按碳架分，可以分成以下四类：①苯乙胺和四氢吡咯、六氢吡啶、咪唑等杂环体系；②喹啉、异喹啉、吲哚等苯并杂环体系和嘌呤等杂环并杂环体系；③特殊并合的杂环体系；④萜类和甾族结构体系。

14.5.2 重要的生物碱

1. 烟碱

从烟草中提取得含量为2%～8%的12种生物碱中，最重要的是烟碱和新烟碱。

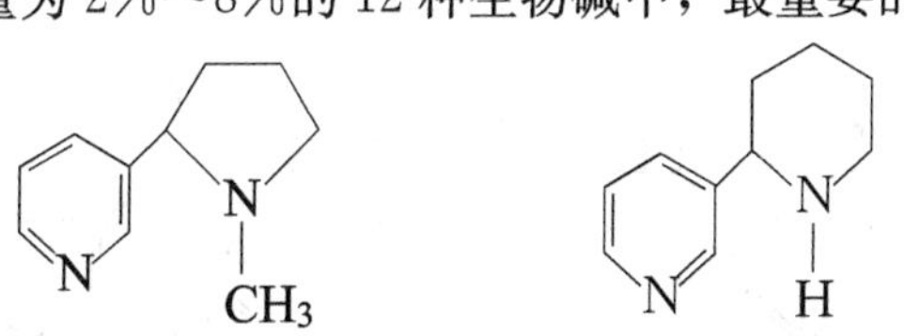

（结构式：N，N—CH_3）烟碱　　（结构式：N，N—H）新烟碱

烟碱和新烟碱均是微黄色的液体，生理效应也基本相同，少量有兴奋中枢神经、增高血压的作用，大量能抑制中枢神经系统，使心脏麻痹致死，因此不能作药用。烟碱在农业

上用作接触杀虫剂。烟碱氧化生成烟酸(β-吡啶甲酸)，进一步合成β-吡啶甲酰胺(俗称维生素 P)，是一种营养性物质。

2. 利血平

利血平又称蛇根草素，是从萝芙木中提取的生物碱，具有降血压的作用，含有吲哚环，呈弱碱性，具有下列结构：

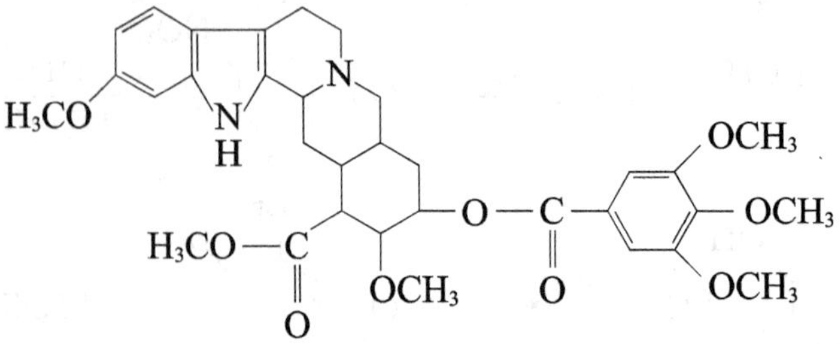

利血平的结构已经测定，它的全合成已于 1956 年由美国化学家伍德沃德(Wood-ward R B)完成，但是合成路线比较复杂，在每一步合成过程中，都要考虑立体定向的问题。药用的利血平是用人工培植的萝芙木根中提取得到的。我国目前药用的“降压灵”，是国产萝芙木中提取的弱碱性的混合生物碱，能降低血压，作用温和，副作用较小，对于初期高血压患者比较适用。

3. 金鸡纳碱和辛可宁碱

金鸡纳树的根、枝、干及皮内含有 25 种以上的碱。1820 年，从金鸡纳树皮中取得两种最重要的碱，即金鸡纳碱和辛可宁碱。它们的结构特征是含有喹啉环：

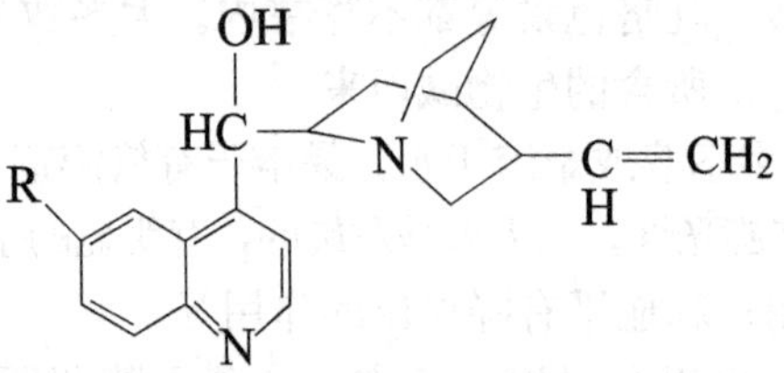

$R=OCH_3$，金鸡纳碱(奎宁碱)

R=H，辛可宁碱

1908 年拉贝(Rabe，P.)用降解法测定了结构，1944 年伍德沃德(Wood-ward R B)等完成了金鸡纳碱的全合成。金鸡纳碱是优良的治疗疟疾的药物，但由于受到种植地区和产量的限制，不能满足医药上的需要，而且金鸡纳碱对疟原虫只有抑制而无杀灭的效能，因此，促进了合成抗疟剂的研究。

4. 可可碱和咖啡碱

可可碱和咖啡碱存在于茶叶和可可豆里，少量的咖啡碱可刺激神经，是一种重要的药剂。它们的结构如下：

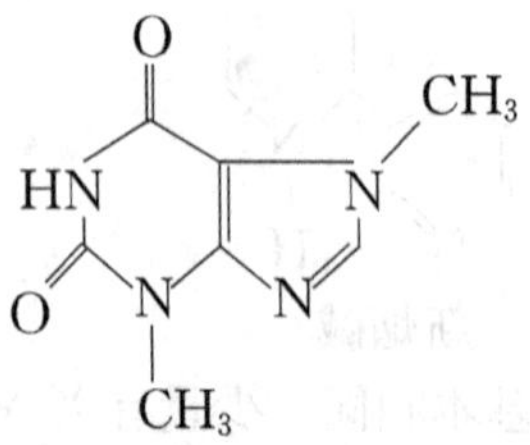

可可碱 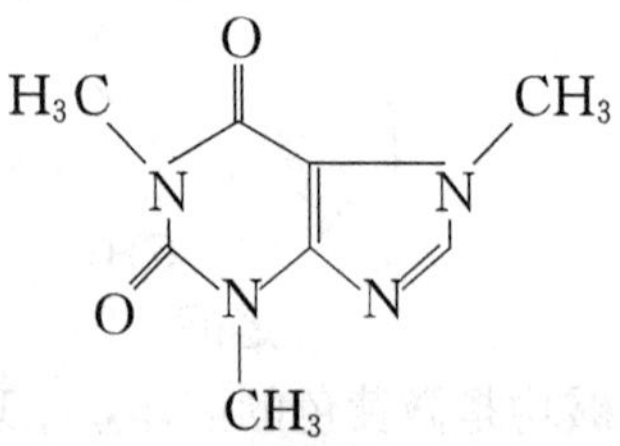　　咖啡碱

可可碱和咖啡碱主要由茶叶和可可豆中提取，干茶叶中咖啡碱的含量有时可高到5%。

阅读材料

叶　绿　素

叶绿素是一类与光合作用(photosynthesis)有关的最重要的色素。叶绿素从光中吸收能量，然后能量被用来将二氧化碳转变为碳水化合物。

叶绿素有几种不同的类型：叶绿素a和b是主要的类型，见于高等植物及绿藻；叶绿素c和d见于各种藻类，常与叶绿素a并存；叶绿素c罕见，见于某些金藻；细菌叶绿素见于某些细菌。在绿色植物中，叶绿素存在于称为叶绿体的细胞器内的膜状盘形单位(类囊体)。叶绿素分子包含一个中央镁原子，外围一个含氮结构，称为卟啉环；一个很长的碳氢侧链(称为叶绿醇链)连接于卟啉环上。叶绿素种类的不同是由某些侧基的微小变化造成的。叶绿素在结构上与血红素极为相似，血红素是哺乳动物和其他脊椎动物红细胞内的色素，用以携带氧气。

叶绿素是二氢卟酚(chlorin)色素，结构上和卟啉(porphyrin)色素(如血红素)类似。在二氢卟酚环的中央有一个镁原子。叶绿素有多个侧链，通常包括一个长的植基(phytyl chain)。高等植物叶绿体中的叶绿素主要有叶绿素a和叶绿素b两种(分子式：$C_{40}H_{70}O_5N_4Mg$)，属于合成天然低分子有机化合物。叶绿素不属于芳香族化合物。它们不溶于水，而溶于有机溶剂，如乙醇、丙酮、乙醚、氯仿等。在颜色上，叶绿素a呈蓝绿色，而叶绿素b呈黄绿色。叶绿素含有三种类型的双键，即碳碳双键、碳氧双键和碳氮双键。按化学性质来说，叶绿素是叶绿酸的酯，能发生皂化反应。叶绿酸是双羧酸，其中一个羧基被甲醇所酯化，另一个被叶绿醇所酯化。

叶绿素分子含有一个卟啉环的“头部”和一个叶绿醇的“尾巴”。镁原子居于卟啉环的中央，偏向于带正电荷，与其相连的氮原子则偏向于带负电荷，因而卟啉具有极性，是亲水的，可以与蛋白质结合。叶醇是由四个异戊二烯单位组成的双萜，是一个亲脂的脂肪链，它决定了叶绿素的脂溶性。叶绿素不参与氢的传递或氢的氧化还原，而仅以电子传递(即电子得失引起的氧化还原)及共轭传递(直接能量传递)的方式参与能量的传递。

卟啉环中的镁原子可被H^+、Cu^{2+}、Zn^{2+}所置换。用酸处理叶片，H^+易进入叶绿体，置换镁原子形成去镁叶绿素，使叶片呈褐色。去镁叶绿素易再与铜离子结合，形成铜代叶绿素，颜色比原来更稳定。人们常根据这一原理用醋酸铜处理来保存绿色植物标本。

叶绿素共有a、b、c和d四种。凡进行光合作用时释放氧气的植物均含有叶绿素a；叶绿素b存在于高等植物、绿藻和眼虫藻中；叶绿素c存在于硅藻、鞭毛藻和褐藻中，叶绿素d存在于红藻。

叶绿素a的分子结构由四个吡咯环通过四个甲烯基(═CH—)连接形成环状结构，称为卟啉(环上有侧链)。卟啉环中央结合着一个镁原子，并有一环戊酮(Ⅴ)，在环Ⅳ上的丙酸被叶绿醇($C_{20}H_{39}OH$)酯化，皂化后形成钾盐具有水溶性。在酸性环境中，卟啉环中的镁可被H^+取代，称为去镁叶绿素，呈褐色，当用铜或锌取代H^+，其颜色又变为绿色，此种色素稳定，在光下不退色，也不为酸所破坏，浸制植物标本的保存，就是利用此特性。在光合作用中，绝大部分叶绿素的作用是吸收及传递光能，仅极少数叶绿素a分子起转换光能的作用。它们在活体中大概都是与蛋白质结合在一起，存在于类囊体膜上。

本章小结

1. 杂环化合物的分类、命名和结构：结构和芳香性，五元杂环的结构，六元杂环的结构。

2. 五元杂环化合物及其化学性质：亲电取代，加成，吡咯的弱碱性和弱酸性，五元杂环的颜色反应。

3. 六元杂环化合物：碱性与亲核性，亲电取代，亲核取代，氧化反应及还原反应。

习　　题

1. 命名下列化合物。

(1) 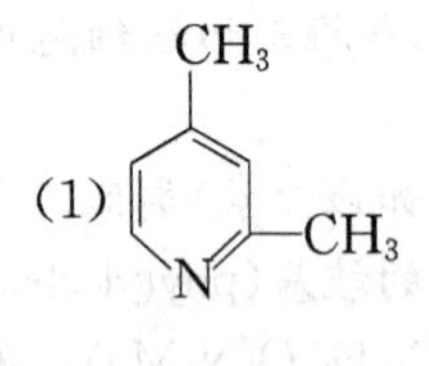

(2) $-COCH_3$ (S)

(3) $-COOH$ (O)

(4) N $-CH_3$

(5) $-CH_3$ (N)

(6) N NH_2

2. 写出下列化合物的构造式。

(1) α-呋喃甲醇　　(2) α，β'-二甲基噻吩

(3) 四氢呋喃　　(4) β-氯代呋喃

(5) 溴化N，N-二甲基四氢吡咯　　(6) N-甲基-2-乙基吡咯

(7) 8-羟基喹啉　　(8) 烟酸、异烟酸

3. 用化学方法区别下列两组化合物。

(1) 苯、噻吩和苯酚　　(2) 吡咯和四氢吡咯

4. 用适当的化学方法，将下列混合物中的少量杂质除去。

(1) 甲苯中混有少量吡啶　　(2) 苯中混有少量噻吩

(3) 吡啶中有少量六氢吡啶

5. 试比较下列化合物的亲电取代反应活性及芳香性的大小。

(1) 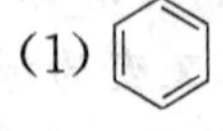　(2) 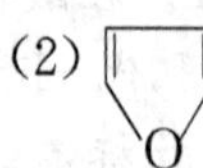　(3) 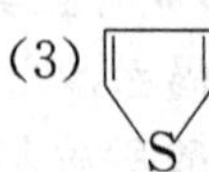　(4) 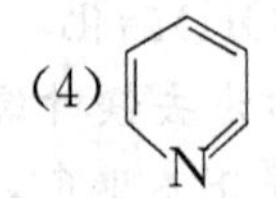

6. 完成下列反应，写出主要产物。

(1) H_3CO—(3-噻吩基) $\xrightarrow[H_2SO_4]{HNO_3}$?

(2) H_3CO—(2-噻吩基) $\xrightarrow[H_2SO_4]{HNO_3}$?

(3) H_3C—(2-呋喃基) $\xrightarrow{(CH_3CO)_2O/BF_3}$?

(4) (2-呋喃基)—CHO $\xrightarrow{CH_3CHO/稀\ OH^-}$?

(5) (3-噻吩基)—NO_2 $\xrightarrow[HOAc]{Br_2}$?

(6) 吡咯(N—H) $\xrightarrow[60℃]{CH_3I}$?

(7) (吡啶-2-基)—CH_3 $\xrightarrow{KMnO_4/H^+}$? $\xrightarrow{PCl_5}$? $\xrightarrow{NH_3}$? $\xrightarrow{Cl_2/浓\ NaOH}$?

(8) 喹啉 $\xrightarrow{浓\ H_2SO_4/HNO_3}$? + ?

7. 将苯胺、苄胺、吡咯、吡啶、氨按其碱性由强至弱的次序排列。

8. 吡啶分子中氮原子上的未共用电子对不参与 π 体系，这对电子可与质子结合。为什么吡啶的碱性比脂肪族胺小得多?

9. 合成题。

(1) 吡啶→ 2-羟基吡啶

(2) 呋喃→ 5-硝基糠酸

10. 完成下列反应式，并写出相应的反应机理。

(4-氯吡啶, Cl) $+CH_3ONa \xrightarrow[\triangle]{NaOH}$?

11. 毒芹的活性成分是一种叫毒芹碱的生物碱，从下面的反应过程中推测毒芹碱($C_8H_{17}N$)的结构。

$$(C_8H_{17}N)\xrightarrow{2CH_3I}\xrightarrow{湿\ Ag_2O}\xrightarrow{\triangle}\xrightarrow{CH_3I}\xrightarrow{湿\ Ag_2O}\xrightarrow{\triangle}\xrightarrow{O_3}\xrightarrow[H_2O]{Zn}$$

$$HCHO+CH_2(CHO)_2+CH_3CH_2CH_2CHO$$

第 15 章　糖　　类

教学目标

掌握单糖的开链结构、构型、环状结构、糖苷。

掌握单糖的化学性质。

了解二糖和多糖的种类。

教学要求

知识要点	能力要求	相关知识
单糖	(1) 了解单糖的定义及分类 (2) 掌握单糖的开链结构、构型、环状结构、糖苷 (3) 掌握单糖的化学性质	成苷反应、成脎反应
二糖	(1) 了解二糖的定义与分类 (2) 了解麦芽糖、纤维二糖、乳糖、蔗糖的性质与用途	
多糖	(1) 了解多糖的定义 (2) 了解淀粉、纤维素等多糖的性质与用途	

糖类(saccharide)是自然界中存在最多、分布最广的有机化合物，如葡萄糖、蔗糖、淀粉、纤维素等都是人类生活不可缺少的糖类化合物。由于最初发现的这类化合物都是由C、H、O三种元素组成且分子中氢和氧的比例与水相同为2∶1，通式可表示为$C_x(H_2O)_y$，故将此类物质称为碳水化合物(carbohydrate)。但后来研究发现有些结构和性质上应该属于糖类的化合物如鼠李糖($C_6H_{12}O_5$)，其分子组成并不符合上述通式；而有些分子式符合上述通式的化合物如乙酸($C_2H_4O_2$)，其结构和性质却与糖类完全不同。因此，把糖称为“碳水化合物”是不确切的，但因沿用已久，至今仍在使用。随着对糖类化合物研究的深入，现在认为糖是多羟基醛或多羟基酮以及它们的脱水缩合产物。

糖类化合物除作为能量来源外，同时也是体内遗传物质、酶、抗体、激素、膜蛋白等在生命活动中起重要作用的物质的重要组成部分，生物体的生、老、病、死均涉及糖类，大量事实证明对糖类化合物的研究已成为有机化学及生物化学中最令人感兴趣的领域之一。

糖类化合物按照其能否水解以及完全水解后生成的产物数目分为三大类。

(1) 单糖(monosaccharide)：不能水解成更小分子的糖，如葡萄糖、果糖、核糖。

(2) 寡糖(oligosaccharide)：又称低聚糖，是指水解后能生成2～10个单糖的糖类。其中能水解为两分子单糖的称为双糖(disaccharide)(或二糖)，如蔗糖、麦芽糖等。低聚糖中以双糖重要。

(3) 多糖(polysaccharide)：水解后能产生 10 个以上单糖的糖类。它们是十个到几千个单糖形成的高聚物，属于天然高分子化合物，如淀粉、纤维素。

15.1 单　　糖

15.1.1 单糖的分类

单糖(monosaccharide)为多羟基醛或多羟基酮，据此，单糖可分为醛糖与酮糖；又根据分子中碳原子数目分为三碳(丙)糖、四碳(丁)糖、五碳(戊)糖、六碳(己)糖等，两种方法联用可称为某醛糖或某酮糖。例如，葡萄糖是己醛糖、果糖是己酮糖、核糖是戊醛糖。单糖中最简单的是丙醛糖和丙酮糖；自然界存在的大多是戊糖或己糖。

$$\begin{array}{cccc} \mathrm{CHO} & \mathrm{CHO} & \mathrm{CHO} & \mathrm{CHO} \\ | & | & | & | \\ \mathrm{CHOH} & \mathrm{C{=}O} & \mathrm{CHOH} & \mathrm{C{=}O} \\ | & | & | & | \\ \mathrm{CH_2OH} & \mathrm{CH_2OH} & \mathrm{CHOH} & \mathrm{CHOH} \\ & & | & | \\ & & \mathrm{CH_2OH} & \mathrm{CH_2OH} \end{array}$$

丙醛糖(甘油醛)　　丙酮糖　　丁醛糖　　丁酮糖

$$\begin{array}{cccc} \mathrm{CHO} & \mathrm{CHO} & \mathrm{CHO} & \mathrm{CHO} \\ | & | & | & | \\ \mathrm{CHOH} & \mathrm{C{=}O} & \mathrm{CHOH} & \mathrm{C{=}O} \\ | & | & | & | \\ \mathrm{CHOH} & \mathrm{CHOH} & \mathrm{CHOH} & \mathrm{CHOH} \\ | & | & | & | \\ \mathrm{CHOH} & \mathrm{CHOH} & \mathrm{CHOH} & \mathrm{CHOH} \\ | & | & | & | \\ \mathrm{CH_2OH} & \mathrm{CH_2OH} & \mathrm{CHOH} & \mathrm{CHOH} \\ & & | & | \\ & & \mathrm{CH_2OH} & \mathrm{CH_2OH} \end{array}$$

戊醛糖　　戊酮糖　　己醛糖　　己酮糖

相应的醛糖和酮糖是同分异构体。由于单糖分子中常有多个手性碳原子，立体异构体很多，故通常以它的来源命名，如葡萄糖、果糖等。

15.1.2 单糖的结构

1. 单糖的开链结构及构型

一般的单糖，碳链无支链，除醛基、酮基外的碳原子都连有一个羟基(特殊单糖除外)，故单糖都含有不同数目的手性碳(丙酮糖除外)，都有立体异构体。含 n 个手性碳的化合物应具有 2^n 个立体异构体，2^{n-1} 对对映体，戊醛糖应有 $2^3=8$ 个立体异构体，组成 4 对对映体；己醛糖有 $2^4=16$ 个立体异构体，组成 8 对对映体。酮糖较相同碳原子数的醛糖少一个手性碳，故己酮糖只有 $2^3=8$ 个立体异构体，组成 4 对对映体。

手性碳较多的单糖用 R/S 标记法标出每个手性碳的构型比较麻烦，故人们常用 D/L 构型表示法来表示其构型。具体规定是：将单糖以 Fischer 投影式表示，碳链竖写，按系统命名法编号，编号最大即离羰基最远的手性碳原子的构型若与D-甘油醛的构型相同，此为D-型，反之为L-型。自然界存在的单糖绝大多数是D-型糖，如D-葡萄糖、D-果糖。L-型的醛糖现已人工合成。

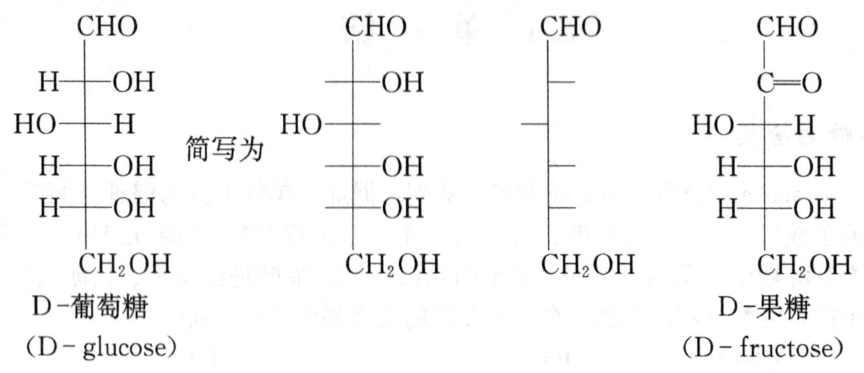

图15.1和15.2中分别列出三个到六个碳原子的D-醛糖及D-酮糖的Fischer投影式和名称。

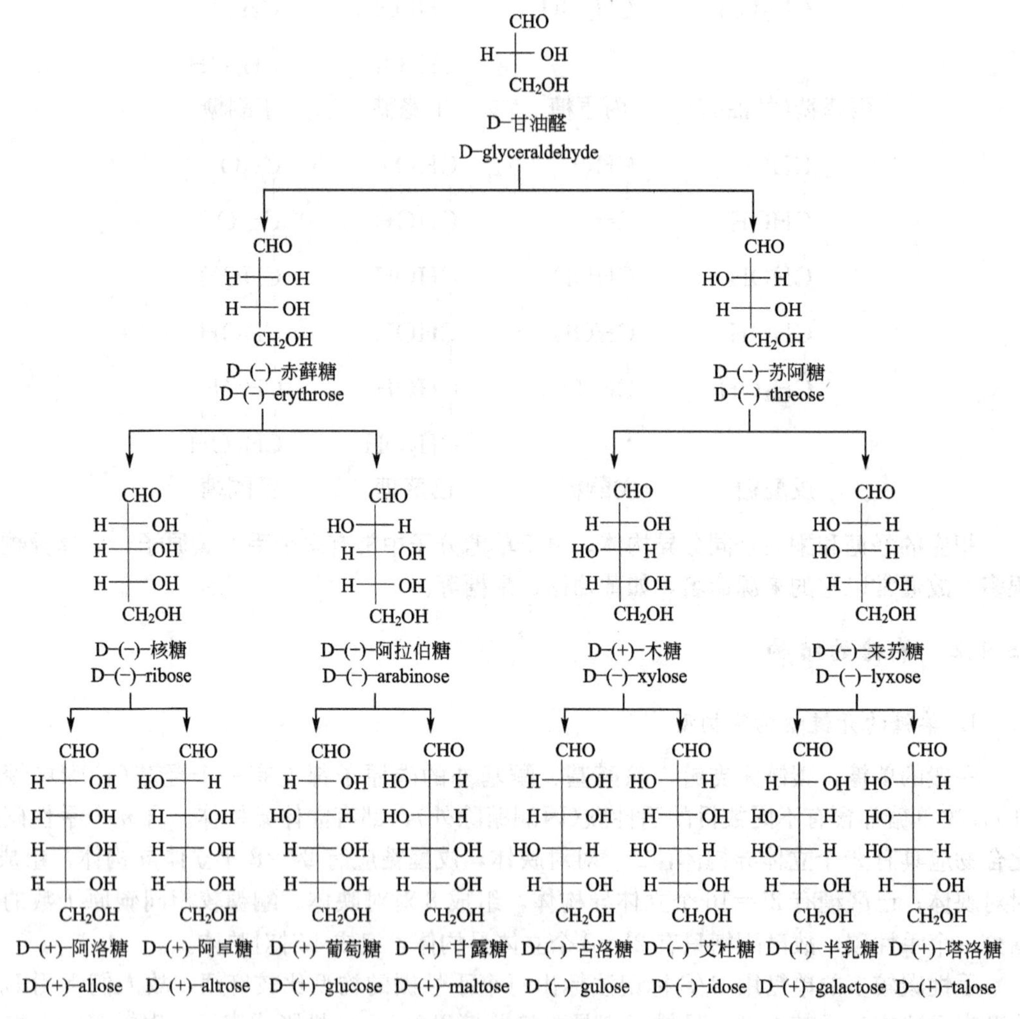

图15.1 D-醛糖

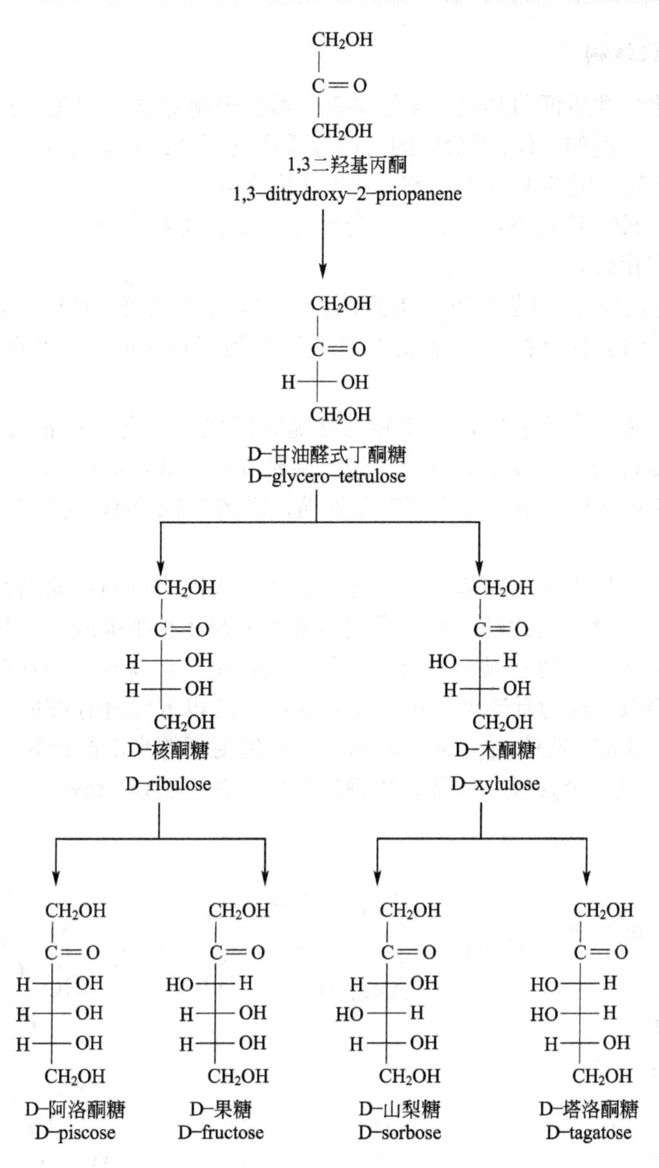

图 15.2 D-酮糖

图 15.1 中所列的两个丁醛糖、四个戊醛糖及八个己醛糖之间都互为非对映异构体，具有不同的俗名，它们各自的对映体是与其互为镜像关系的 L-型糖。例如 D-葡萄糖的对映异构体是 L-葡萄糖。

从图 15.1 和图 15.2 可以看出 D-葡萄糖与 D-甘露糖(仅 C2 构型不同)、D-葡萄糖与 D-半乳糖(仅 C4 构型不同)、D-果糖与 D-阿洛糖(仅 C3 构型不同)等，它们的差别仅是一个手性碳原子的构型不同。像这样只有一个手性碳原子构型不同的非对映异构体称为差向异构体(espier)。

练习 15-1 写出 D-葡萄糖的开链结构。

---

2. 单糖的环状结构

单糖的许多化学性质证明其具有多羟基醛或酮的开链结构，但是，这种开链结构却与某些实验事实不符。例如，D-葡萄糖的有些性质用其开链结构就无法解释：

(1) 它具有醛基，但却不与 $NaHSO_3$发生加成反应。

(2) 醛在干燥 HCl 作用下应与二分子醇反应形成缩醛类化合物，但葡萄糖只与一分子甲醇反应生成稳定化合物。

(3) D-葡萄糖在不同的条件下可得到两种结晶，从冷乙醇中可结晶得到熔点 146℃，比旋光度为+112°的晶体；而从热吡啶中则结晶得到熔点 150℃，比旋光度为+18.7°的晶体。

(4) 上述两种晶体溶于水后，其比旋光度随时间发生变化，并都在+52.7°时稳定不变。这种比旋光度自行发生改变的现象称为变旋光现象(autorotation)。

(5) 固体葡萄糖红外光谱中找不到羰基伸缩振动的特征峰值；在 H^1NMR 中，也不显示醛基的质子的特征峰。

受醛可以与醇作用生成半缩醛这一反应的启示，人们注意到，葡萄糖分子中同时存在醛基和羟基，可发生分子内的羟醛缩合反应形成稳定的环状半缩醛，这种环状结构已被 X 射线衍射结果所证实。糖通常以五元或六元环形式存在，当以六元环存在时，与杂环化合物吡喃(pyrane)相似，称为吡喃糖(glycopyranose)；若以五元环存在时，与杂环化合物呋喃(furan) 相似，称为呋喃糖(glycofuranose)。D-葡萄糖的半缩醛结构是由 C1 醛基与 C5 羟基作用形成的，是一个含氧六元环；单糖的环状结构一般以 Haworth 式表示。

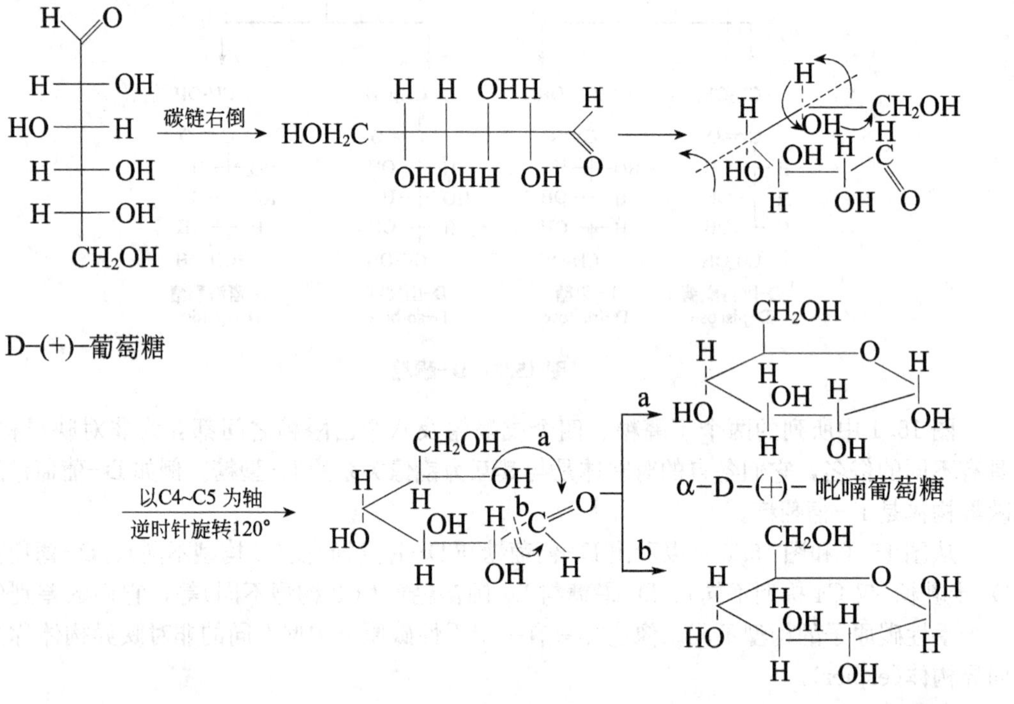

D-(+)-葡萄糖

碳链右倒

以C4~C5 为轴逆时针旋转120°

α-D-(+)-吡喃葡萄糖

β-D-(+)-吡喃葡萄糖

D-葡萄糖由开链醛式转变为环状半缩醛式时，C1 由 sp^2 杂化状态转化为 sp^3 杂化状态，形成一个新的手性碳原子，新形成的手性碳原子上的羟基称为半缩醛羟基或苷羟基，可以有两种构型，即上述的α-D-吡喃葡萄糖与β-D-吡喃葡萄糖，二者除苷羟基构型不同外，其余手性碳原子的构型均相同，互称为端基异构体或异头物(anomie)。书写吡喃糖的Haworth式时，通常将氧原子写在环的右上角，碳原子编号按顺时针排列，则原来Fischer投影式中左侧的羟基处于环平面上方；位于右侧的羟基处于环平面下方。对D-型糖而言，凡苷羟基在下方的称为α-异构体；苷羟基在环平面上方的称为β-异构体。L-型糖的Haworth式可由相应D-型糖的Haworth式得到。例如：

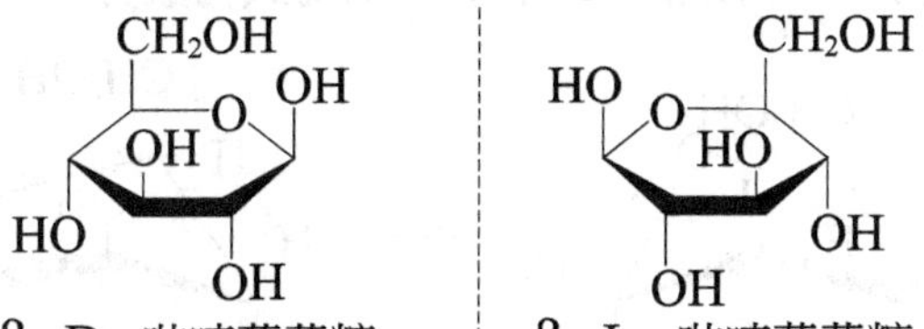

β-D-吡喃葡萄糖　　β-L-吡喃葡萄糖

在结晶状态下，α-D-葡萄糖与β-D-葡萄糖均可稳定存在，但它们溶于水后，可通过开链结构互相转化，最终达到动态平衡。

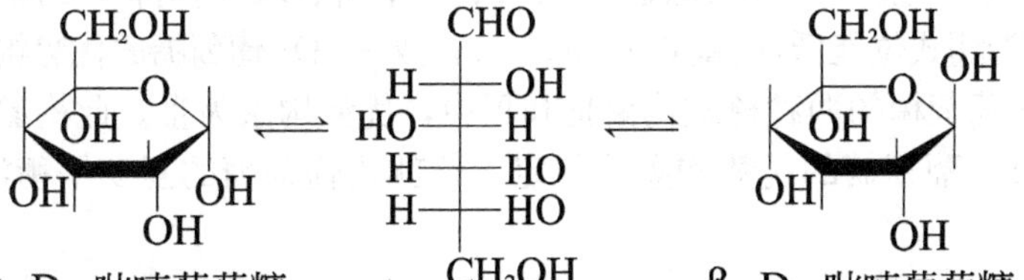

α-D-吡喃葡萄糖		β-D-吡喃葡萄糖
36%	0.024%	63.7%
$[\alpha]_D^t=+112°$		$[\alpha]_D^t=+18.7°$

平衡混合物中β-异构体占64%，α-异构体占36%，开链结构含量极少。三者平衡混合物的比旋光度为+52.7°。因此，当把比旋光度为+112°的α-D-葡萄糖溶于水后，其通过开链结构与β-D-葡萄糖相互转化，混合物中α-型的含量不断减少，β-型含量不断增加，比旋光度不断下降，直至以上三者的含量达到平衡，比旋光度稳定在+52.7°不再改变。这就是葡萄糖产生变旋光现象的原因。同样，β-D-葡萄糖溶于水后，也有变旋光现象。由此可见，糖的两种环状半缩醛结构的存在，以及它们通过开链结构的互变，是产生变旋光现象的内在原因。

果糖结晶的吡喃结构，也有α及β两种异构体，在水溶液中同样存在环式和链式的互变平衡体系，而且平衡混合物中除有两种吡喃型果糖外，还有两种呋喃型异构体。

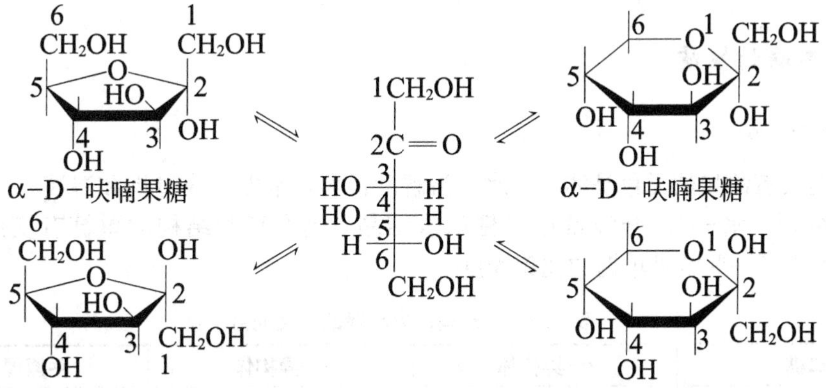

α-D-呋喃果糖　　α-D-呋喃果糖

β-D-呋喃果糖　　β-D-吡喃葡萄糖

练习 15-2 写出 α-D-吡喃半乳糖异头物的 Haworth 式，并标出苷羟基的位置。

在D-葡萄糖的水溶液中，β-型的含量要比α-型高(64∶36)，这是因为前者比后者稳定，这种相对稳定性与它们的构象有关。实际上，吡喃糖六元环的空间排列与环己烷类似，也具有稳定的椅式构象。例如β-D-葡萄糖的椅式构象为：

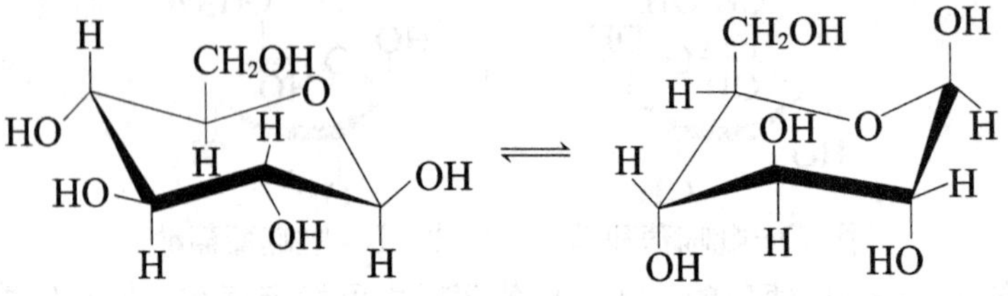

(Ⅰ) ⇌ (Ⅱ)

在以上两种椅式构象中，Ⅰ比Ⅱ稳定的多。因为Ⅰ中所有取代基都在e键上，而Ⅱ式中取代基均在a键。Ⅰ式比Ⅱ式位能低(约差 $6kJ \cdot mol^{-1}$)，故β-D-葡萄糖的优势构象为Ⅰ。

而在α-D-葡萄糖的两种椅式构象Ⅲ和Ⅳ中，优势构象为Ⅲ。此构象中苷羟基在a键上，故不如β-D-葡萄糖的优势构象Ⅰ稳定。这就是葡萄糖的互变平衡混合物中β-型含量较高的原因。

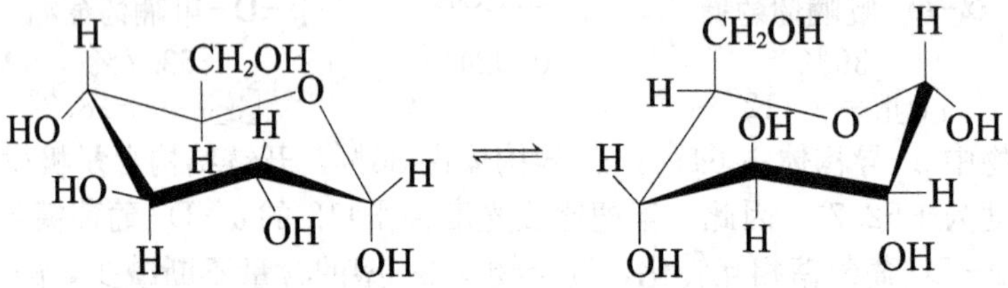

(Ⅲ) ⇌ (Ⅳ)

在所有D-型已醛糖中，只有β-D-葡萄糖的五个取代基全在e键上，故具有很稳定的构象。这也是D-葡萄糖在自然界含量最丰富、分布最广泛的原因。

练习 15-3 写出α及β-D-吡喃艾杜糖的优势构象式，指出哪种比较稳定。

15.1.3 单糖的性质

1. 物理性质

单糖是具有甜味的无色晶体，在水中溶解度很大，常能形成过饱和溶液——糖浆，难溶于有机溶剂，水-醇混合液常用于糖的重结晶。具有环状结构的单糖有变旋光现象。表15-1列出了一些常见单糖的比旋光度。

表 15-1 一些常见单糖的比旋光度

单糖	α-异构体	β-异构体	平衡混合物
D-葡萄糖	+112°	+18.7°	+52.7°

(续)

单糖	α-异构体	β-异构体	平衡混合物
D-果糖	−21°	−133°	−92°
D-半乳糖	+151°	−53°	+84°
D-甘露糖	+30°	−17°	+14°

2. 化学性质

单糖分子中的醇羟基显示醇的一般性质，如成酯、成醚、氧化、脱水等反应。单糖在水溶液中是以链式和环式平衡混合物存在的，故其具有环式结构半缩醛羟基的特性，如成苷反应；同时其链式结构也可通过平衡移动不断产生，因而表现出醛(酮)的性质，如与弱氧化剂反应、成脎反应等，但因其含量很少，所以某些可逆的加成反应(与饱和 $NaHSO_3$ 的反应)不能发生。

1) 单糖的差向异构化

在弱碱作用下，醛糖和酮糖能互相转化生成几种糖的混合物。例如，用稀碱处理 D-葡萄糖，就得到 D-葡萄糖、D-甘露糖和 D-果糖三种平衡混合。这种转化是通过烯醇式完成的。

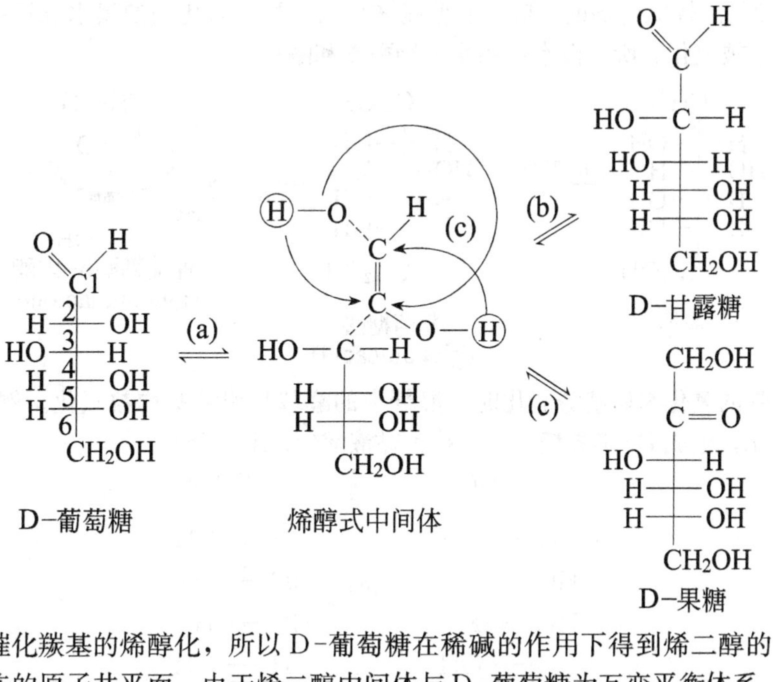

D-葡萄糖　　烯醇式中间体　　D-甘露糖　　D-果糖

碱可以催化羰基的烯醇化，所以 D-葡萄糖在稀碱的作用下得到烯二醇的中间体，其双键碳上所连的原子共平面。由于烯二醇中间体与 D-葡萄糖为互变平衡体系，所以 C1 羟基上的氢可转回 C2 上变回羰基醇结构，且有两条途径：一是 C1 羟基上的氢按箭头(a)所示方向从左侧加到 C2 上，则 C2 上的羟基便在右侧，即仍然生成 D-葡萄糖；二是 C1 羟基氢按箭头(b)所示方向从右侧加到 C2 上，则 C2 上的羟基便转至左侧，产物为 D-甘露糖；同时，C2 羟基上的氢原子也可以如箭头(c)转移到 C1 上，这样则生成 D-果糖。由于D-葡萄糖和 D-甘露糖互为差向异构体，因此它们之间的转化也称为差向异构化(epimerism)，如果将 D-甘露糖或 D-果糖用稀碱处理，同样得三者的平衡混合物。

生物体代谢过程中某些糖的衍生物间的相互转化就是通过烯醇式中间体进行的。

2）氧化反应

（1）单糖与碱性弱氧化剂的反应。Tollens 试剂、Fehling 试剂、Benedict 试剂（硫酸铜、碳酸钠和柠檬酸钠的混合物）均为碱性弱氧化剂，常用来鉴别醛与酮。但当酮的 α-碳原子连有羟基时，也容易被这些弱氧化剂所氧化。故酮糖与醛糖都能被上述试剂氧化。

$$\text{单糖} + [Ag(NH_3)^2]^+ \xrightarrow{OH^-} Ag\downarrow(\text{银镜}) + \text{复杂氧化物}$$

$$\text{单糖} + Cu^{2+} \xrightarrow{OH^-} \underset{\text{棕红色(砖红色)}}{Cu_2O\downarrow} + \text{复杂氧化物}$$

除单糖外，有的寡糖也能发生以上反应。凡能和弱氧化剂发生反应的糖称为还原糖（reducing sugar）；否则称为非还原糖（nonreduing sugar）；单糖都是还原糖。Benedict 试剂较稳定，不需临时配制，临床上常用作血糖或尿糖的定性定量检查，借以诊断糖尿病。

单糖在碱性条件下的氧化是通过烯醇式结构进行的。弱碱条件下糖可生成具有强还原性的烯二醇负离子，烯醇化速率决定氧化速率。例如，由于果糖 C1 上的氢原子比葡萄糖 C2 上的氢原子多一个，氢原子的迁移概率高，故烯醇化速率也较葡萄糖快（约快 13 倍），因此在与弱氧化剂反应时，果糖比葡萄糖反应速度快。

（2）单糖与酸性氧化剂的反应。醛糖能被温和的酸性氧化剂如溴水（pH＝5）氧化；而酮在室温下不被氧化。所以溴水可用来区别醛糖和酮糖。

CHO / H—OH / HO—H / H—OH / H—OH / CH_2OH （D-葡萄糖） $\xrightarrow{Br_2/H_2O}$ COOH / H—OH / HO—H / H—OH / H—OH / CH_2OH （葡萄糖酸 (gluconicacid)） $\xrightarrow{\triangle}$ CH_2OH, O, C=O, OH, HO, OH （葡萄糖酸δ-内酯 (gluconolactone)）

当用较强的氧化剂如硝酸氧化时，醛糖中的醛基和伯醇基均被氧化。例如，D-半乳糖被硝酸氧化，生成 D-半乳糖二酸，称为黏液酸（mucic acid）。

CHO / H—OH / HO—H / HO—H / H—OH / CH_2OH （D-半乳糖） $\xrightarrow{HNO_3}$ COOH / H—OH / HO—H / HO—H / H—OH / COOH （D-半乳糖二酸）

D-葡萄糖经硝酸氧化，则生成 D-葡萄糖二酸（glucaric acid）。

D-半乳糖二酸为内消旋体，无旋光性；D-葡萄糖二酸则有旋光性，据此可区分 D-半乳糖和 D-葡萄糖。醛糖氧化生成的糖二酸是否有旋光性可用于糖的构型测定。

糖醛酸是醛糖末端的羟甲基被氧化为羧基的产物如 D-葡萄糖醛酸。

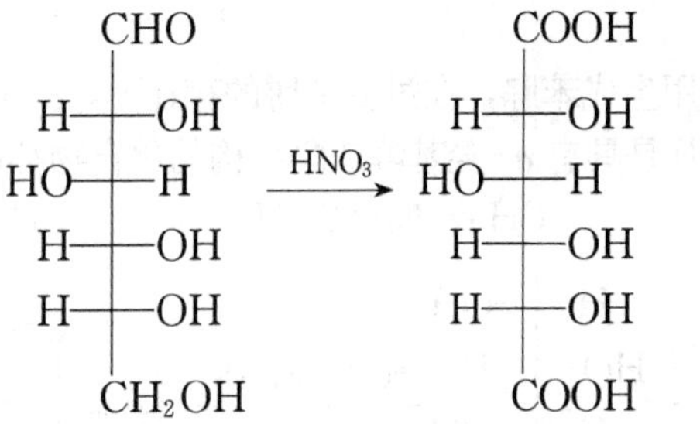

CHO / H—OH / HO—H / H—OH / H—OH / CH_2OH $\xrightarrow{HNO_3}$ COOH / H—OH / HO—H / H—OH / H—OH / COOH

D-葡萄糖　　D-葡萄糖二酸

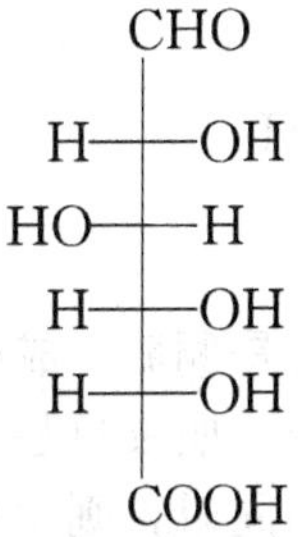

CHO / H—OH / HO—H / H—OH / H—OH / COOH

D-葡萄糖醛酸

糖醛酸很难用化学方法由糖来制备，但在生物代谢过程中，在特殊酶的作用下，糖的某些衍生物可被氧化为糖醛酸。其中D-葡萄糖醛酸有很重要的意义，因其在肝脏中能与一些含羟基的有毒物质结合成D-葡萄糖醛酸苷由尿排出体外，起到解毒作用。

邻二醇可被高碘酸氧化，单糖分子中含许多相邻的羟基，所以也可以被高碘酸氧化断裂。由于氧化是定量进行的(断裂1mol C—C键需消耗1mol HIO_4)，故可根据消耗HIO_4的量及氧化产物推测单糖的结构，这在研究糖的结构中是极为有用的。

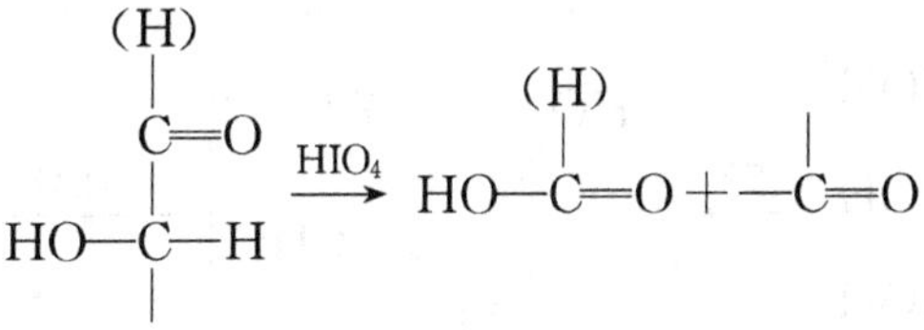

(H)—C=O / HO—C—H $\xrightarrow{HIO_4}$ HO—C(H)=O + —C=O

3) 还原反应

用催化氢化法或以硼氢化钠等还原剂，可将糖中羰基还原成羟基，产物为多元醇，称为糖醇。例如，D-果糖被还原时得甘露醇和山梨醇两种产物，以甘露醇为主。

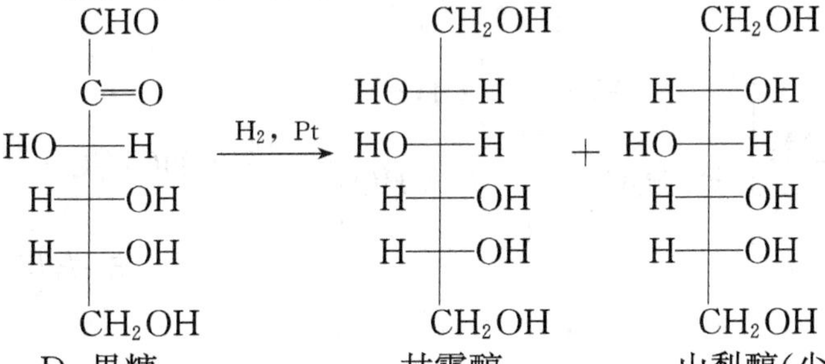

CHO / C=O / HO—H / H—OH / H—OH / CH_2OH $\xrightarrow{H_2,\ Pt}$ CH_2OH / HO—H / HO—H / H—OH / H—OH / CH_2OH + CH_2OH / H—OH / HO—H / H—OH / H—OH / CH_2OH

D-果糖　　甘露醇　　山梨醇(少量)

练习15-4　葡萄糖还原得到单一的葡萄糖醇，而果糖还原则得到两种糖醇，为什么？这两种糖醇是什么关系？

4）成脎反应

单糖的羰基与苯肼作用生成苯腙，在过量苯肼的存在下，α-羟基能继续与苯肼反应，生成糖的二苯脎，称为糖脎。凡是具有 α-羟基醛或酮结构的化合物都可与过量苯肼作用生成糖脎。

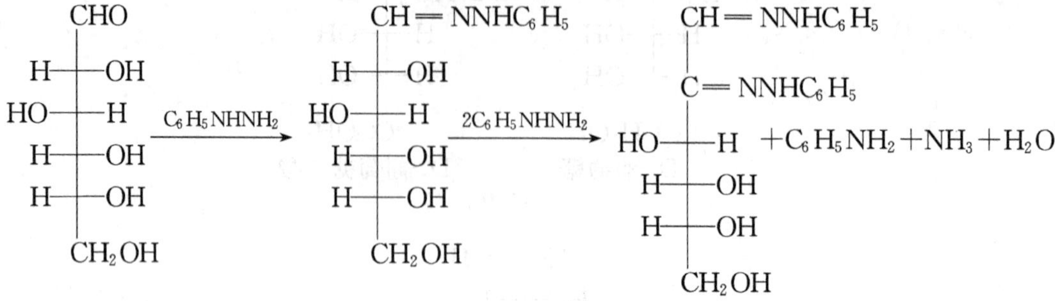

$$\begin{array}{c} CHO \\ H-\!\!\!-OH \\ HO-\!\!\!-H \\ H-\!\!\!-OH \\ H-\!\!\!-OH \\ CH_2OH \end{array} \xrightarrow{C_6H_5NHNH_2} \begin{array}{c} CH=NNHC_6H_5 \\ H-\!\!\!-OH \\ HO-\!\!\!-H \\ H-\!\!\!-OH \\ H-\!\!\!-OH \\ CH_2OH \end{array} \xrightarrow{2C_6H_5NHNH_2} \begin{array}{c} CH=NNHC_6H_5 \\ C=NNHC_6H_5 \\ HO-\!\!\!-H \\ H-\!\!\!-OH \\ H-\!\!\!-OH \\ CH_2OH \end{array} + C_6H_5NH_2 + NH_3 + H_2O$$

D-葡萄糖　　　　　　　　　　　　　　　　D-葡萄糖脎

由以上反应可以看出，无论醛糖还是酮糖，成脎反应仅发生在 C1 和 C2 上，并不涉及其他碳原子。因此，同碳原子数的单糖，如果只是 C1、C2 两个碳原子的羰基位置或构型不同，而其余手性碳原子的构型完全相同时，则生成相同的糖脎。例如，D-葡萄糖、D-甘露糖及 D-果糖的糖脎是相同的，因为它们的 C3、C4、C5 的构型都相同。

糖脎是黄色晶体，不同的糖脎结晶形状和熔点不同，成脎所需要的时间也不同，所以成脎反应常用于糖的鉴定。

5）脱水与显色反应

单糖在较浓的酸中发生分子内脱水反应，如戊醛糖与 12% 盐酸共热时，生成 α-呋喃甲醛又称糠醛；己醛糖在同样的条件下则生成 5-羟甲基呋喃甲醛。

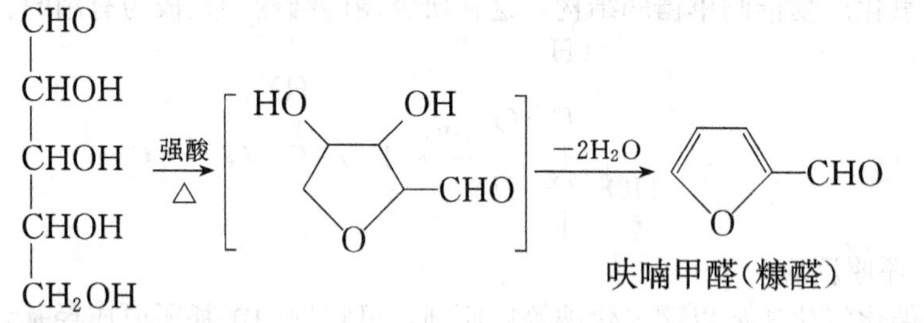

$$\begin{array}{c} CHO \\ | \\ CHOH \\ | \\ CHOH \\ | \\ CHOH \\ | \\ CH_2OH \end{array} \xrightarrow[\triangle]{\text{强酸}} \left[\text{3,4-二羟基-2-甲酰基四氢呋喃}\right] \xrightarrow{-2H_2O} \text{呋喃甲醛（糠醛）}$$

戊醛糖　　　　　　　　　　　　　　　　呋喃甲醛（糠醛）

$$\begin{array}{c} CHO \\ | \\ CHOH \\ | \\ CHOH \\ | \\ CHOH \\ | \\ CHOH \\ | \\ CH_2OH \end{array} \xrightarrow[\triangle]{\text{强酸}} \left[HOH_2C-\text{(3,4-二羟基四氢呋喃环)}-CHO\right] \xrightarrow{-2H_2O} HOH_2C-\text{(呋喃环)}-CHO$$

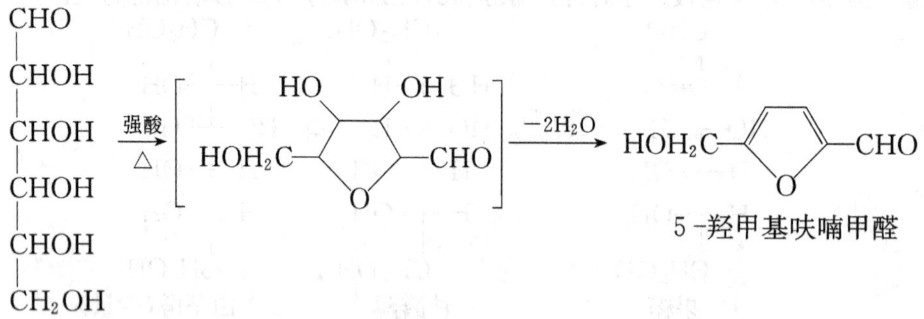

己醛糖　　　　　　　　　　　　　　　　5-羟甲基呋喃甲醛

酮糖也有类似反应，且反应速度更快。果糖通过相对含量较高的呋喃型结构直接脱水生成 5-羟甲基呋喃甲醛。

以上反应产生的呋喃甲醛类化合物可与酚类作用生成有色缩合物，如果很好地控制反应条件，这类显色反应可用于糖类的鉴别。常见的显色反应有以下两类。

一类是在糖的水溶液中加入 α-萘酚的酒精溶液，然后沿管壁慢慢加入浓硫酸，不要振摇，相对密度较大的浓硫酸沉到管底，在两层液面间很快出现一个紫色环。所有的糖都有这种颜色反应。这种反应称为 Molish 反应。

另一类是所用的试剂为浓盐酸及间苯二酚，其中己糖显鲜红色，戊糖显蓝至绿色，且酮糖比醛糖显色快近 15～20 倍，据此可区别醛糖和酮糖。这种反应称为 Seliwanoff 反应。

6）磷酸化反应

磷酸化(phosphorylation)反应是单糖具有重要生物学意义的反应之一。在生物体内，单糖的磷酸酯是重要的代谢及生物合成中间体。葡萄糖进入细胞后首先进行的反应就是磷酸化，不过，该磷酸化反应是有 ATP(三磷酸腺苷)参与并在己糖酶的催化下进行的。

CH_2OH ... ATP,酶 → $H_2O_3POCH_2$ ...

α-D-吡喃葡萄糖　　α-D-吡喃葡萄糖-6-磷酸酯

（α-D-6-磷酸葡萄糖，G-6-Ⓟ）

D-6-磷酸葡萄糖在代谢过程中再在不同酶的作用下转变成 D-1，6-二磷酸果糖，后者在酶作用下降解(逆醇醛缩合反应)为磷酸二羟基丙酮和 3-磷酸甘油醛。

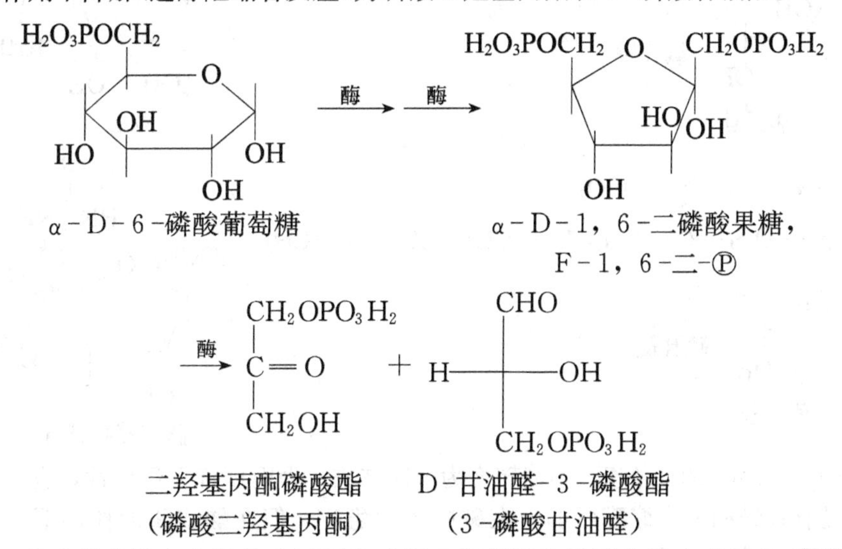

α-D-6-磷酸葡萄糖　　α-D-1，6-二磷酸果糖，F-1，6-二-Ⓟ

二羟基丙酮磷酸酯（磷酸二羟基丙酮）　　D-甘油醛-3-磷酸酯（3-磷酸甘油醛）

D-6-磷酸葡萄糖在生物体内还可生成用于核苷酸和辅酶生物合成的5-磷酸核糖。

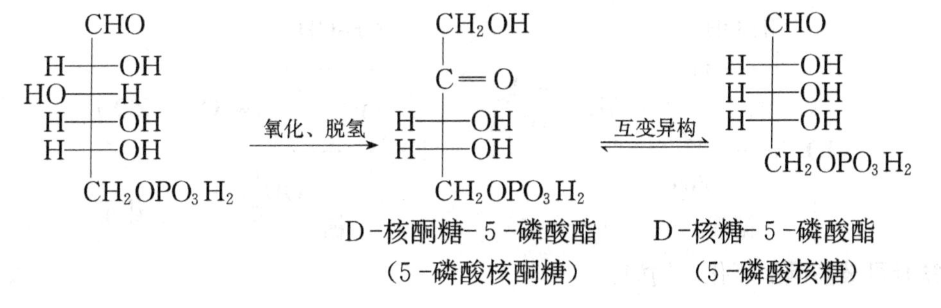

D-核酮糖-5-磷酸酯（5-磷酸核酮糖）　　D-核糖-5-磷酸酯（5-磷酸核糖）

7）成苷反应

单糖的环状半缩醛羟基可与另一含有活泼氢（如—OH，—SH，—NH）的化合物进行分子间脱水，生成的产物称为糖苷（glycoside）。这样的反应称为成苷反应。糖分子中参与成苷的基团——半缩醛（酮）羟基也称为苷羟基。例如：

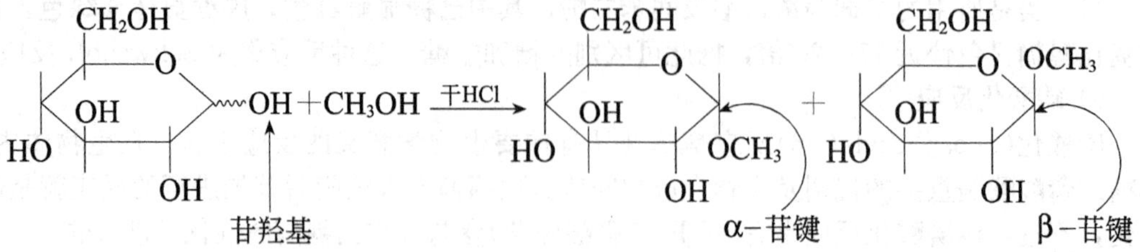

D-吡喃葡萄糖　　α-D-甲基吡喃葡萄糖苷　　β-D-甲基吡喃葡萄糖苷

糖苷由糖和非糖部分组成，非糖部分称为苷元（aglycone）或配基，如 CH_3OH。连接糖与苷元之间的键称为糖苷键（glucosidic　bond），与糖的 α、β-构型相对应，苷键也有α-苷键和β-苷键。根据苷键原子的不同，还可将苷键分为氧苷键、氮苷键、硫苷键和碳苷键等。

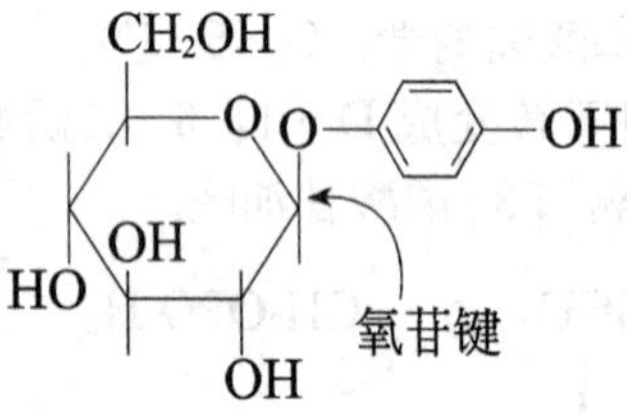

熊果苷 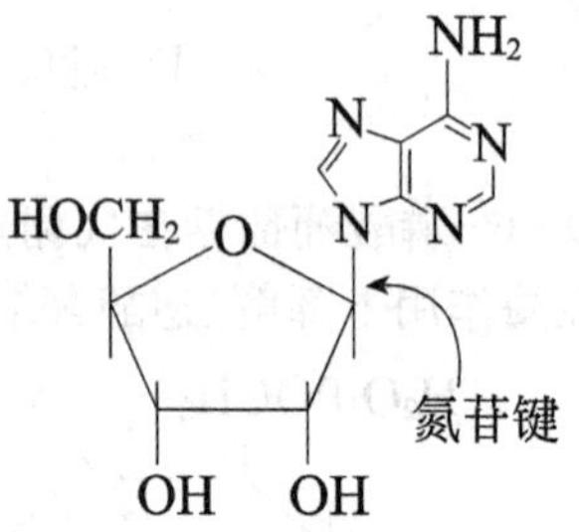　　腺苷

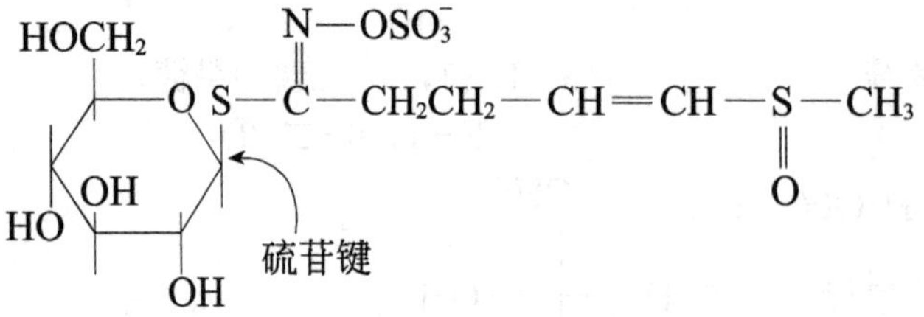

萝卜苷 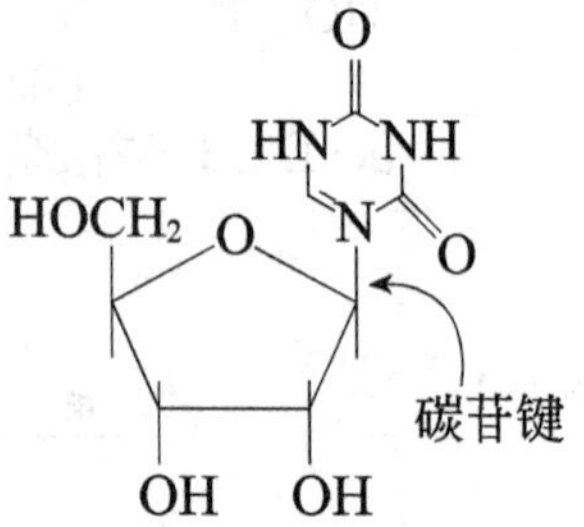　　假尿嘧啶核苷

糖苷中无半缩醛（酮）羟基，不能转变为开链结构，因而糖苷无还原性，也无变旋光作用。由于糖苷在结构上为缩醛（酮），在碱中较为稳定，但在酸或酶的作用下，苷键可断裂，生成原来的糖和苷元。

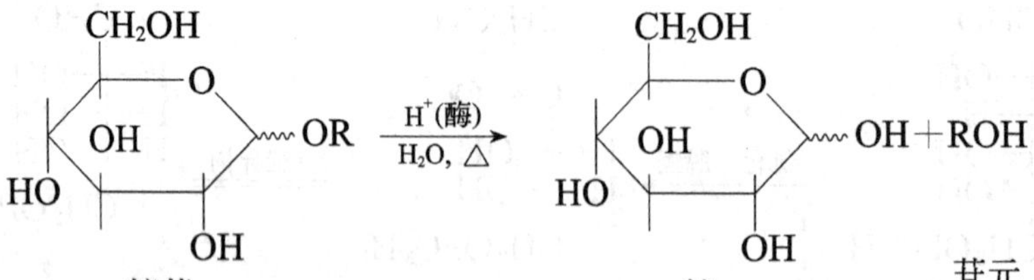

糖苷　　糖　　苷元

糖苷可被高碘酸氧化。例如：

糖苷大多为白色、无臭、味苦的结晶性粉末，能溶于水与乙醇，难溶于乙醚，有的可溶于氯仿、乙酸乙酯。糖苷广泛存在于自然界，尤其植物中更多，是中草药的有效成分(详见第15.3节)。化合物与糖结合成苷后，水溶性增大，挥发性降低，稳定性增强，毒性降低或消失。

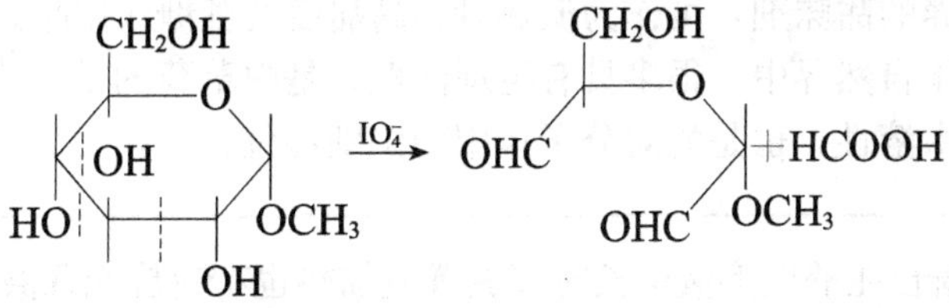
CH₂OH
O
OH
HO
OCH₃
OH
IO₄⁻
CH₂OH
O
OHC
+HCOOH
OHC
OCH₃

α-D-甲基吡喃葡萄糖苷

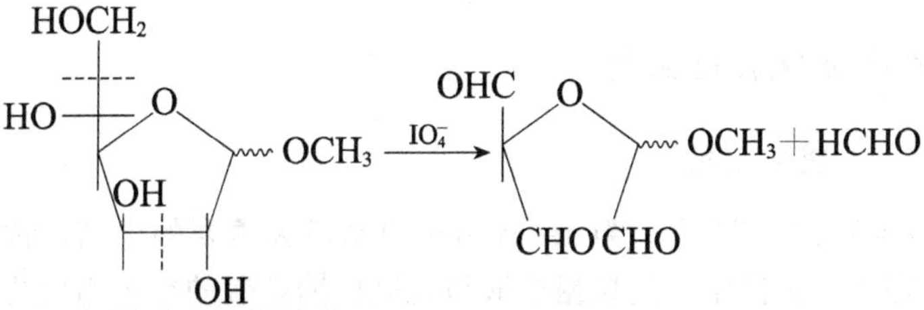
HOCH₂
HO
O
OCH₃
OH
OH
IO₄⁻
OHC
O
OCH₃+HCHO
CHO CHO

D-甲基呋喃葡萄糖苷

练习 15-5 写出D-核糖在稀碱作用下异构糖的构造式并命名。

练习 15-6 糖苷在酸性水溶液中也能产生变旋光现象，为什么？

糖苷中的糖苷基为单糖、双糖、三糖等，配基多为萜类、甾族类及生物碱等化合物。例如目前已作为商品生产的甜味剂之一的甜菊苷(stevioside)，就是由三分子葡萄糖与一分子萜醇酸(甜菊醇)形成的苷。

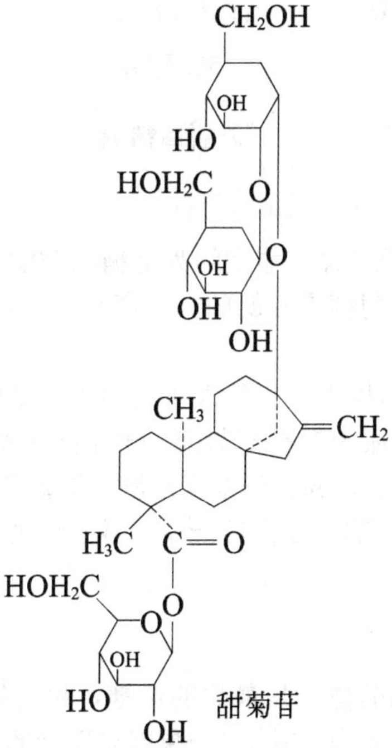
CH₂OH
OH
HO
HOH₂C
O
O
OH
OH
OH
CH₃
CH₂
H₃C
C=O
HOH₂C
O
O
OH
HO
OH

甜菊苷

甜菊糖是由菊科植物甜叶菊中提取的一种无色固体，比蔗糖约甜 300 倍，在体内不被代谢，是一种非营养的甜味剂，可作为低热量、高甜度的蔗糖代用品。

糖苷广泛存在于自然界中，很多具有生理活性，是中草药的重要成分之一。糖部分的存在可增大糖苷的水溶性，也是酶对分子作用的识别部位。

练习 15-7 糖苷在酸性溶液中长时间放置或加热也有变旋光现象，为什么？

15.1.4 重要的单糖及其衍生物

1. D-核糖及 D-脱氧核糖

D-核糖(ribose)及 D-脱氧核糖(deoxyribose)是极为重要的戊糖，常与磷酸及某些杂环化合物结合存在于核蛋白中，是核糖核酸与脱氧核糖核酸的重要组成之一。它们的开链结构及环状结构如下：

α-D-核糖 ⇌ D-核糖 ⇌ β-D-核糖

α-D-脱氧核糖 ⇌ D-脱氧核糖 ⇌ β-D-脱氧核糖

2. D-葡萄糖

D-葡萄糖(glucose)是无色晶体，甜度约为蔗糖的 70%，易溶于水，微溶于乙醇，比旋光度为+52.7°。由于 D-葡萄糖是右旋的，在商品中，常以“右旋糖(dextrose)”代表葡萄糖。

D-葡萄糖广泛存在于自然界中，正常人血液中含有 70～1000mg·$(100ml)^{-1}$ 的葡萄糖，称为血糖。糖尿病患者的尿中含有葡萄糖，含量随病情的轻重而不同。D-葡萄糖也是许多双糖、多糖的组成成分。淀粉、纤维素水解可得葡萄糖。

D-葡萄糖在医药上作营养剂，以供给能量，并有强心、利尿、解毒等作用，也是制备维生素 C 等药物的原料。

3. D-果糖

D-果糖(fructose)是无色晶体，是最甜的单糖，甜度约为蔗糖的 133%，易溶于水，可溶于乙醇和乙醚中，比旋光度为-92°。D-果糖是左旋的，所以又称左旋糖(levulose)。

D-果糖以游离状态存在于水果和蜂蜜中，蜂蜜的甜度来源于果糖。动物的前列腺液和精液中也含有果糖。菊科植物根部储藏的碳水化合物菊粉是果糖的高聚体。工业上用酸或酶水解菊粉制取果糖。

4. D-半乳糖

D-半乳糖(galactose)是无色晶体，有甜味，能溶于水及乙醇，比旋光度为+83.8°。其两种环状结构如下：

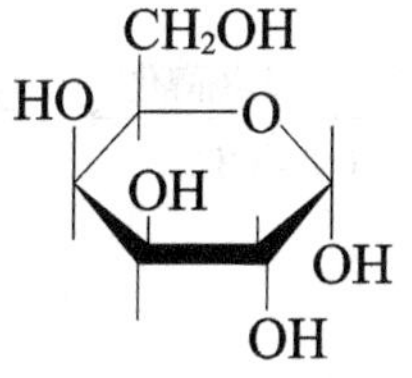

α-D-吡喃半乳糖 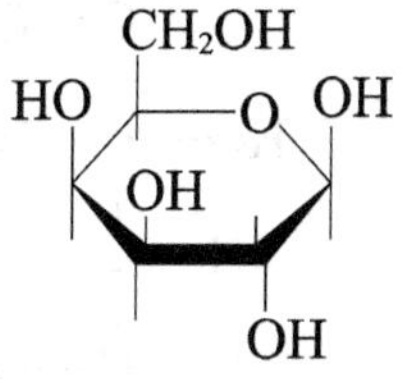　　β-D-吡喃半乳糖

D-半乳糖与葡萄糖结合成乳糖存在于哺乳动物的乳汁中，人体中的半乳糖是食物中乳糖的水解产物，在酶的催化下，D-半乳糖可通过差向异构反应转变为D-葡萄糖。脑髓中有一些结构复杂的脑磷脂也含有半乳糖，半乳糖还以多糖的形式存在于许多植物中，如黄豆、咖啡、豌豆等种子中都含这一类多糖。

5. 氨基糖

大多数天然氨基糖(amino sugar)是己醛糖分子中第二个碳原子的羟基被氨基取代的衍生物。它们以结合状态存在于糖蛋白和黏多糖中。如D-氨基葡萄糖和D-氨基半乳糖。

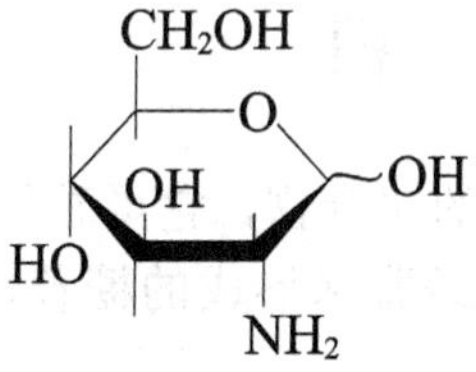

D-氨基葡萄糖 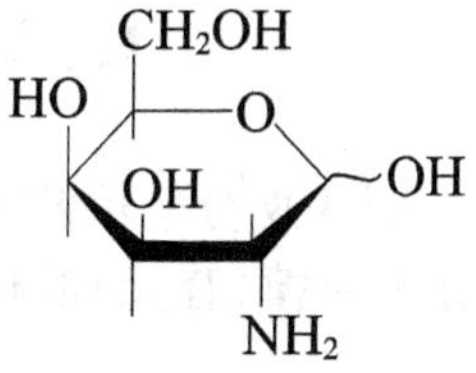　　D-氨基半乳糖

以上两种氨基糖的氨基乙酰化后，生成N-乙酰基-D-氨基葡萄糖和N-乙酰基-D-氨基半乳糖，它们分别是甲壳质(虾壳、蟹壳以及昆虫等外骨骼的主要成分)和软骨素中所含多糖的基本单位。链霉素分子中含有2-甲氨基-L-葡萄糖。

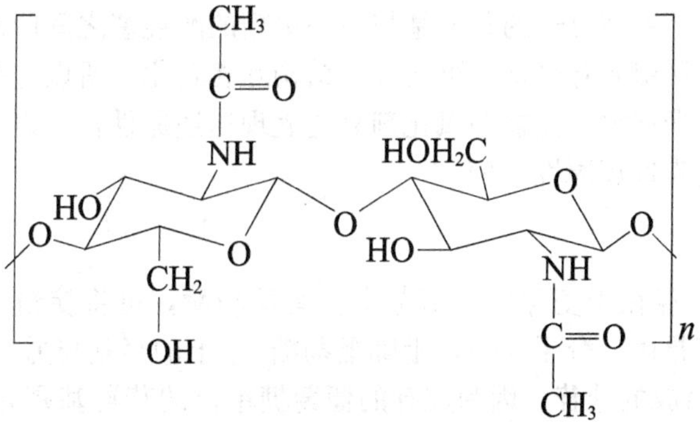

甲壳质

6. 维生素C

维生素C可看作是单糖的衍生物，它是由L-山梨糖经氧化和内酯化制备而成的，L-山梨糖则是由D-葡萄糖制备的。

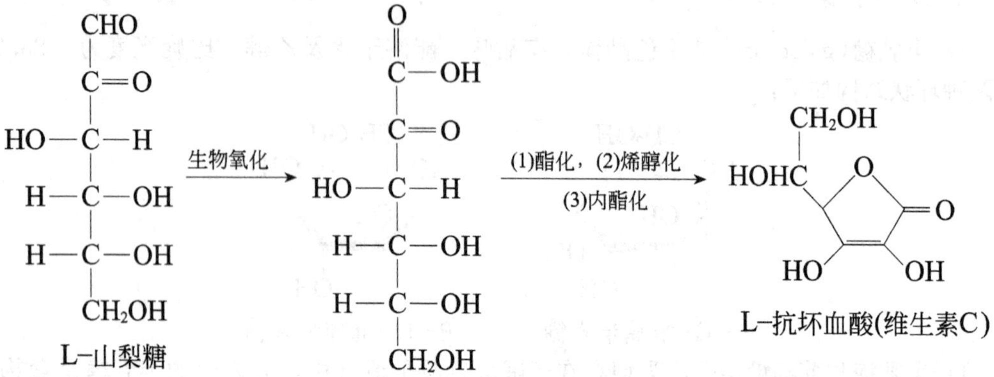

维生素C是可溶于水的无色晶体，L-型，比旋光度为+24°。烯醇型羟基上的氢显酸性，能防治坏血病，故医药上称为L-抗坏血酸。维生素C分子中相邻的烯醇型羟基(烯二醇结构)很易被氧化，故具有很强的还原性，它之所以能起重要的生理作用，就在于它在体内可发生氧化还原反应。此外，维生素C还可作食品的抗氧剂。

维生素C在新鲜蔬菜水果，尤其是柠檬、柑橘、番茄中含量丰富，许多动植物自己能合成维生素C，但人类却无此能力，必须从食物中摄取。人体缺乏维生素C会引起坏血病。

15.2 二　　糖

二糖(disaccharide)是由两分子单糖缩合而成的化合物，它可看作是一分子单糖(糖配基)的苷羟基和另一分子单糖(苷元)的任一羟基经脱水形成的糖苷，其水解生成两分子单糖。

二糖是寡糖中最重要的一类。二糖与单糖具有相似的物理性质，能成晶体，易溶于水，有甜味。自然界存在的双糖可分为还原性二糖和非还原性二糖。

15.2.1 还原性二糖

还原性二糖是一个单糖分子的苷羟基与另一单糖的醇羟基之间脱水形成的。这样的二糖分子中仍有一单糖保留有苷羟基，可与开链结构互相转化。所以这类二糖具有单糖的一切性质，如具有变旋光现象，能被弱氧化剂氧化表现出还原性，可以成脎，故称还原性二糖。以下介绍几种代表性还原性二糖。

1. 麦芽糖

麦芽糖(maltose)存在于麦芽中，麦芽中含有淀粉酶，可将淀粉水解成麦芽糖，麦芽糖由此得名。麦芽糖是由一分子α-D-吡喃葡萄糖C_1上的羟基与另一分子D-吡喃葡萄糖C_4上的醇羟基脱水而成的糖苷。因为成苷的葡萄糖单位的苷羟基是α-型的，所以把这种苷键称为α-1，4-苷键。

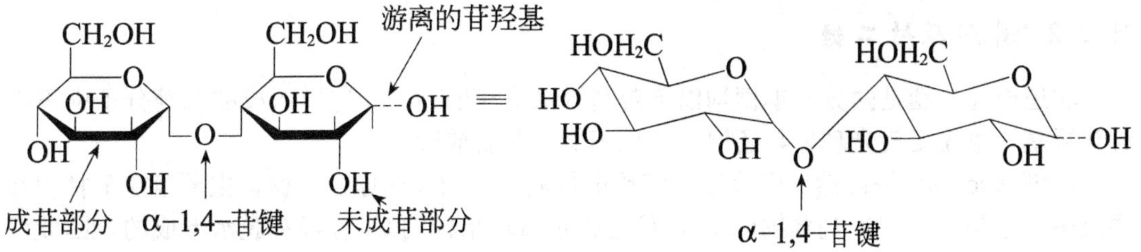

游离的苷羟基

成苷部分　α-1,4-苷键　未成苷部分

α-1,4-苷键

(＋)-麦芽糖

4-O-(α-D-吡喃葡萄糖苷基)-D-吡喃葡萄糖

麦芽糖在水溶液中的比旋光度为＋136°，甜度约为蔗糖的40%，在酸性溶液中水解成两分子D-葡萄糖，用作营养剂和细菌培养基。

2. 纤维二糖

纤维二糖(cellobiose)是纤维素部分水解生成的二糖，水解后也得到两分子D-葡萄糖，纤维二糖不能被α-葡萄糖苷酶水解，却能被β-葡萄糖苷酶水解，因此组成纤维二糖的两个葡萄糖单位是以β-1，4-苷键相连的。

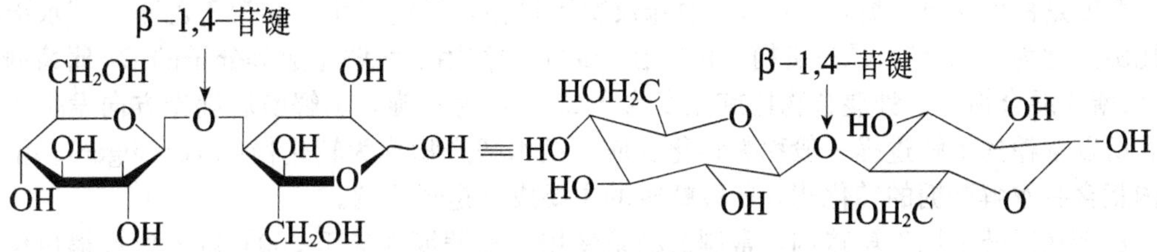

β-1,4-苷键

β-1,4-苷键

(＋)-纤维二糖

4-O-(β-D-吡喃葡萄糖苷基)-D-吡喃葡萄糖

纤维二糖与麦芽糖虽只是苷键构型不同，但在生理上却有较大差别。如麦芽糖可在人体内分解消化，而纤维二糖则不能被人体消化吸收且无甜味。

3. 乳糖

乳糖(lactose)存在于哺乳动物的乳汁中，人乳中含5%～8%，牛乳中含量为4%～5%，工业上可从制取奶酪的副产物乳清中获得。

乳糖是由β-D-半乳糖和D-葡萄糖以β-1，4-苷键结合而成的，用酸或酶水解可以得到一分子D-半乳糖和一分子D-葡萄糖。

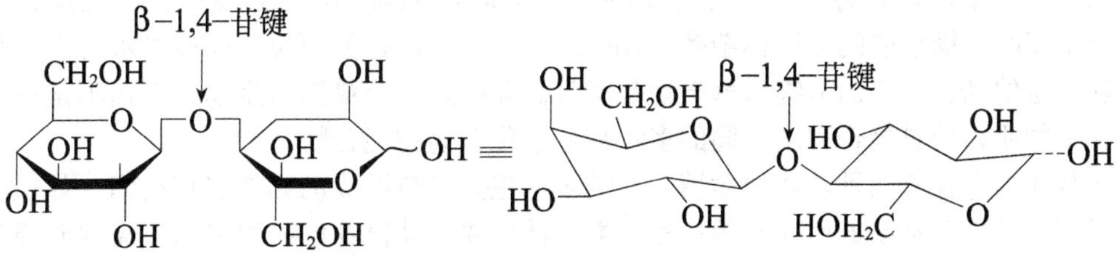

β-1,4-苷键

β-1,4-苷键

(＋)-乳糖

4-O-(β-D-吡喃半乳糖苷基)-D-吡喃葡萄糖

乳糖是白色结晶性粉末，比旋光度为＋53.5°，来源较少且甜味弱，乳糖的水溶性较小，医药上常利用其吸湿性小作为药物的稀释剂来配制散剂和片剂。

15.2.2 非还原性二糖

非还原性二糖是两分子单糖均以苷羟基脱水形成的糖苷。这样形成的二糖分子中不再含苷羟基，故无变旋光现象与还原性，也不能与苯肼成脎。

蔗糖(sucrose)是自然界中分布最广泛也是最重要的非还原性二糖，主要存在于甘蔗和甜菜中。它是由 α-D-葡萄糖的 C_1 苷羟基和 β-D-果糖的 C_2 苷羟基脱水形成的，因此蔗糖即是 α-D-葡萄糖苷，也是 β-D-果糖苷。

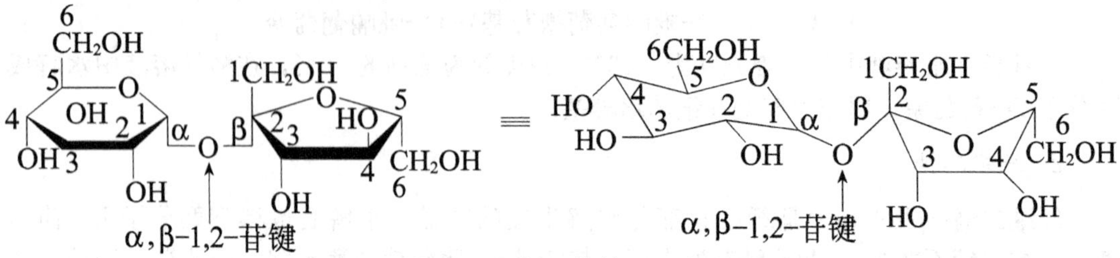

α,β-1,2-苷键　　α,β-1,2-苷键

(+)-蔗糖

α-D-吡喃葡萄糖苷基-β-D-吡喃果糖苷

蔗糖是白色晶体，熔点 186℃，甜味仅次于果糖，易溶于水，难溶于乙醇，其水溶液的比旋光度为+66.5°，是右旋糖。蔗糖在酸或酶的作用下水解生成等分子的 D-葡萄糖与 D-果糖的混合物，这种混合物比旋光度为-19.7°，为左旋，水解前后旋光方向发生了改变，所以蔗糖的水解过程一般称为转化反应，把水解产物称为转化糖(invertsuger)。蜜蜂体内就含有水解蔗糖的转化酶，所以蜂蜜的主要成分是转化糖。

蔗糖在医药上用作矫味剂，常制成糖浆使用，把蔗糖加热至 200℃以上变成褐色焦糖后，可用作饮料和食品的着色剂。

练习 15-8 鉴别下类各对化合物：(1)蔗糖、纤维二糖；(2)麦芽糖、乳糖。

15.3 多　糖

多糖(polysaccharide)是许多单糖分子以苷键结合而成的天然高分子化合物。一分子多糖完全水解后可生成几百、几千甚至上万个单糖或单糖衍生物。组成多糖的单糖可以相同也可以不同，以相同的为常见，称均多糖(homopolysaccharid)，如淀粉、纤维素、糖元等；以不同的单糖组成的多糖称杂多糖(heterosaccharide)，如阿拉伯胶最终水解产物是半乳糖和阿拉伯糖，粘多糖最终水解产物是氨基糖和糖醛酸等单糖衍生物。多糖不是一种单一的化学物质，而是聚合程度不同的多种高分子化合物的混合物。

生物体内存在着两种功能的多糖：一类多糖主要参与形成动物的支持组织，如植物中的纤维素、甲壳类动物的甲壳素等；另一类多糖主要为动植物的贮存养料，需要时通过酶的作用释放单糖，如植物中储藏的养分——淀粉，动物体内储藏的养分——糖元。另外，许多植物多糖还具有重要的生物活性，如黄芪糖可增强人体的免疫功能；香菇多糖和茯苓多糖有明显的抑制肿瘤生长的作用；V-岩藻多糖可诱导癌细胞“自杀”等。多糖在保健食品和药品开发利用方面具有广阔的前景。

多糖与单糖、双糖的性质相差较大。多糖大多为无定形粉末，多数不溶于水，个别能在水中形成胶体溶液，无甜味，无变旋光现象及还原性，但有旋光性。

15.3.1 淀粉

淀粉(starch)是植物光合作用的主要产物，是人类从食物摄取能量的主要来源。它广泛存在于植物的种子、果实和块茎中，稻米含75%～80%，大麦和小麦含60%～65%，玉米约含50%，马铃薯约含20%。淀粉用淀粉酶水解可得麦芽糖，在酸作用下，能水解为D-葡萄糖。因此淀粉的基本组成单位是D-葡萄糖。

淀粉是白色粉末，是由直链淀粉(amylose)和支链淀粉(amylopectin)组成的混合物。这两种淀粉的结构与性质有一定的差异，它们在淀粉中所占比例随植物的品种而异。

直链淀粉也称糖淀粉，在淀粉中含量为10%～30%。因来源、分离提纯方法不同，相对分子质量也不同，不易溶于冷水，在热水中有一定的溶解度。直链淀粉一般是由250～300个D-葡萄糖结构单位以α-1，4-苷键连接而成的链状化合物，很少或没有支链，可被淀粉酶水解为麦芽糖。

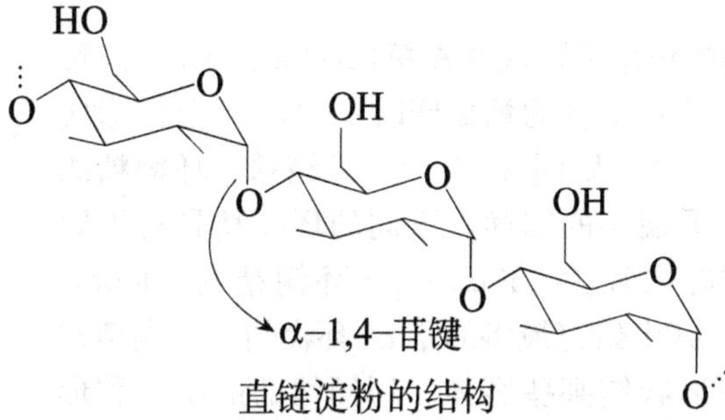

α-1,4-苷键

直链淀粉的结构

直链淀粉并不是直线型分子，而是借助分子内羟基间的氢键卷曲成螺旋状，每一圈螺旋有六个葡萄糖单位。直链淀粉遇碘显蓝色，就是由于直链淀粉螺旋结构的中空部分正好适合碘分子钻入，二者依靠分子间引力形成一种蓝色配合物所致。此反应非常灵敏，加热蓝色消失，冷却后重现。

支链淀粉又称胶淀粉，在淀粉中的含量占70%～90%，在热水中膨胀成糊状。支链淀粉也是由葡萄糖组成的，一般含6000～40000个D-葡萄糖结构单位，主链由α-1，4-苷键连接而成，分支处为α-1，6-苷键连接。

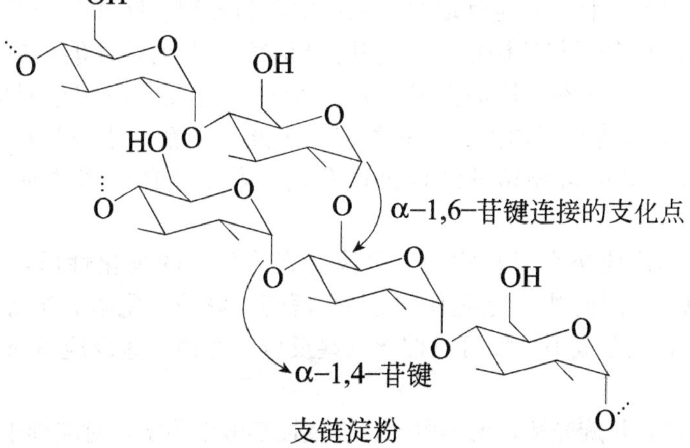

α-1,6-苷键连接的支化点

α-1,4-苷键

支链淀粉

支链淀粉中 α-1，4-苷键与 α-1，6-苷键之比约为 1∶(20～25)，即每隔 20～25 葡萄糖单位有一个分支。因此，支链淀粉的结构比直链淀粉复杂，其形状如图 15.3 所示。

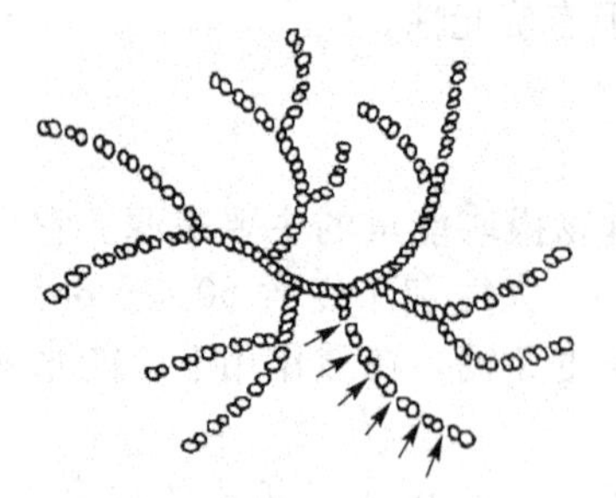

图 15.3 支链淀粉结构示意图

支链淀粉与碘生成紫红色配合物，用淀粉酶水解时，只有外围的支链被水解为麦芽糖。

以上两类淀粉均可在酸催化下加热水解，水解过程生成各种糊精和麦芽糖等中间产物，最终得到葡萄糖。糊精是分子量比淀粉小的多糖，包括紫糊精、红糊精和无色糊精等。糊精能溶于水，其水溶液具有极强的黏性，可作粘合剂。淀粉的水解过程如表 15-2 所示。

表 15-2 淀粉的水解过程

过程	淀粉→	紫糊精→	红糊精→	无色糊精→	麦芽糖→	葡萄糖
遇碘所显颜色	蓝色	紫蓝色	红色	不显色	不显色	不显色

淀粉经某种特殊酶的作用可形成环糊精(cyclodextrin，简称 CD)。环糊精是由 6～8 个或更多的葡萄糖以 α-1，4-苷键形成的环状寡糖的总称，前三个分别叫 α、β、γ-环糊精。环糊精的形状好似一个上端大、下端小的圆筒，不同的环糊精具有不同内径的空腔，如 α-空腔内径为 450pm；β-环糊精为 700pm；γ-环糊精则为 800pm，其中研究最多的是 α-环糊精。环糊精作为主体，筒中的空腔可以容纳某些客体。环糊精的的结构和形状如图 15.4 所示。

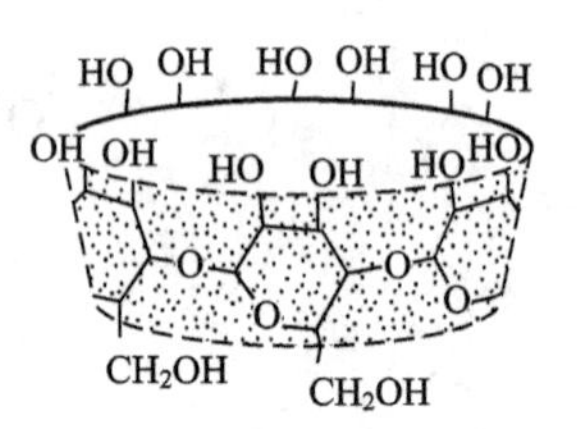

图 15.4 环糊精的结构示意图

筒状环糊精的外围上端是 C_2—OH 和 C_3—OH，下端是羟甲基，内腔由葡萄糖分子的 C—C、C—H、C—O 键组成，因此环糊精的外部是亲水的，内部是亲油的。这样，环糊精就可以在分子内腔通过疏水性结合的范德瓦尔斯力包容一定大小的非极性分子或分子的非极性部分(客体)形成包容复合物。原来不溶于水或其他极性溶剂的分子，由于钻入了环糊精的内腔中，便可被环糊精顺利带入水中。例如新的抗癌药之一——难溶于水的碳铂，就是这样被带入血液中而发挥其抗癌作用的。

环糊精的包容复合物的稳定性取决于主体空腔的容积、客体分子的大小、性质及空间构型。只有当客体分子与环糊精空腔的几何形状相匹配时，才能形成稳定的包容复合物。例如苯只能进入 α-环糊精的空腔形成复合物。这表明环糊精对客体分子具有一定的识别能力，这与酶与底物的作用相类似，因此环糊精已成为目前广泛研究的酶模型之一。近年来，在 α-环糊精的结构修饰及提高其识别能力等方面都取得了较大的进展。

环糊精与客体形成包容复合物后，可改变客体分子的理化性质，如溶解性、稳定性、气味、颜色等，因此被广泛应用于食品、医药、农药、化学分析等方面。此外，环糊精还可应用于有机合成中，如可以催化某些反应，并使一些反应具有立体或区域选择性等。

环糊精为晶体，具旋光性，无还原性，在碱性溶液中稳定，对酸则十分敏感。

15.3.2 纤维素

纤维素(cellulose)是植物细胞壁的主要组分，构成植物的支持组织，也是自然界分布最广的多糖。棉花中含量高达98%，木材约含50%，脱脂棉花及滤纸几乎全部是纤维素。

纤维素是纤维二糖的高聚体，彻底水解产物也是D-葡萄糖。一般由8000～10000个D-葡萄糖单位以β-1，4-苷键连接成直链，无支链。分子链之间借助分子间氢键维系成束状，几个纤维束又像麻绳一样拧在一起形成绳索状分子，如图15.5所示。

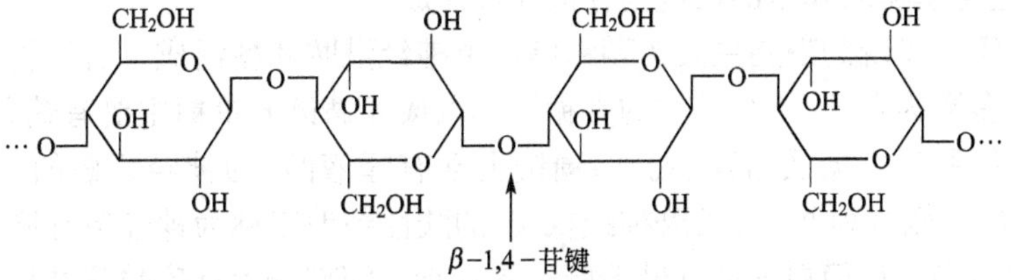

β-1,4-苷键

纤维素的构造式

图15.5 拧在一起的纤维素链示意图

纤维素的结构类似于直链淀粉，二者仅是苷键的构型不同。这种α、β-苷键的区别有重要的生理意义，人体内的淀粉酶只能水解α-苷键，而不能水解β-苷键，因此人类只能消化淀粉而不能消化纤维素。食草动物依靠消化道内微生物所分泌的酶，能把纤维素水解成葡萄糖，所以可用草作饲料。

纯粹的纤维素是白色固体，不溶于水和一般的有机溶剂。遇碘不显色，在酸作用下的水解比淀粉难。

纤维素的用途很广，除可用来制造各种纺织品和纸张外，还能制成人造丝、人造棉、玻璃纸、火棉胶、电影胶片等；纤维素用碱处理后再与氯乙酸反应即生成羧甲基纤维素钠(CMC)，常用作增稠剂、混悬剂、黏合剂和延效剂。

15.3.3 其他多糖

1. 黏多糖

粘多糖(mucopolysaccharide)又称氨基多糖，是由N-乙酰氨基己糖与糖醛酸组成的结构再单位聚合而成的含氮多糖。有些粘多糖的羟基还以硫酸酯的形式存在，因而具有酸性。透明质酸(hyaluronic acid)是结构最简单的一种粘多糖，由等摩尔的N-乙酰基-β-D-氨基葡萄糖和D-葡萄糖醛酸组成的结构单元聚合而成的，其结构可表示为：

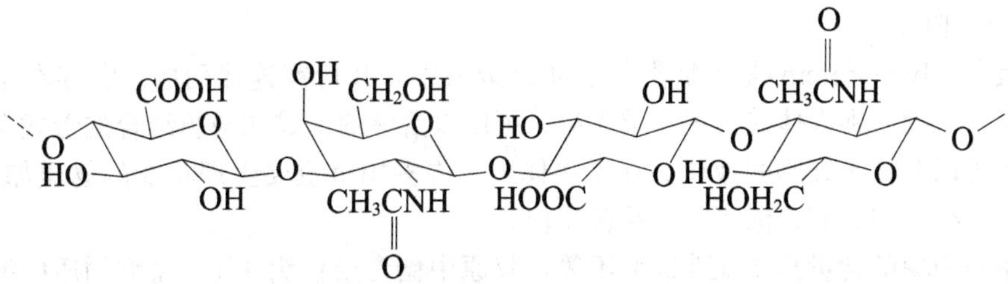

$\xrightarrow{\beta-1,4-苷键}$ $[$ β-D-葡萄糖醛酸 $\xrightarrow{\beta-1,3-苷键}$ N-乙酰基-β-D-氨基葡萄糖 $]_n$ $\xrightarrow{\beta-1,4-苷键}$

2. 糖缀合物

在生物体内，糖类常以糖苷键与脂类或蛋白质的多肽链相结合，构成糖缀合物或复合糖类(glycoconjugate or complex carbohydrate)。此类物质主要包括糖脂、糖蛋白等，它们是细胞膜的重要成分。

1) 糖脂

糖脂(glycolipid)由糖和脂类结合而成，包括甘油糖脂和鞘糖脂。甘油糖脂是由二脂酰甘油的3-羟基与单糖或寡糖链通过糖苷键连接而成。

在动物组织中发现的糖脂主要为鞘糖脂，由神经酰胺和糖组成，与生物遗传有关。鞘糖脂中糖部分多数为含2～4个单糖的寡糖链。构成寡糖链的单糖主要有葡萄糖、半乳糖、氨基葡萄糖、氨基半乳糖及岩藻糖。寡糖链上含有唾液酸(为神经氨酸的一系列衍生物，常指N-乙酰神经氨酸和N-羟乙酰神经氨酸)的酸性鞘糖脂称为神经节苷脂；不含唾液酸的称为中性鞘糖脂，最简单的中性鞘糖脂是脑苷脂；糖部分含有硫酸酯结构的称为硫酸鞘糖脂，也称脑硫脂。脑苷脂和脑硫脂常含有22～26个碳原子的脂肪酸。脑的脑苷脂中主要是半乳糖。

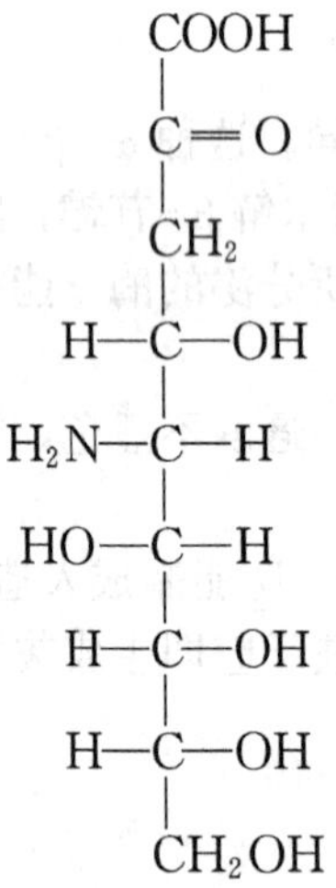

$$\begin{array}{c}
COOH\\
|\\
C{=}O\\
|\\
CH_2\\
|\\
H{-}C{-}OH\\
|\\
H_2N{-}C{-}H\\
|\\
HO{-}C{-}H\\
|\\
H{-}C{-}OH\\
|\\
H{-}C{-}OH\\
|\\
CH_2OH
\end{array}
\qquad
\begin{array}{c}
COOH\\
|\\
C{=}O\\
|\\
CH_2\\
|\\
H{-}C{-}OH\\
|\\
H_3C\overset{O}{\overset{\|}{C}}\underset{H}{N}{-}C{-}H\\
|\\
HO{-}C{-}H\\
|\\
H{-}C{-}OH\\
|\\
H{-}C{-}OH\\
|\\
CH_2OH
\end{array}
\qquad
\begin{array}{ll}
CH_2OH & \\
| & \\
CH{-\!-\!-} & NH\\
| & |\\
CHOH & C{=}O\\
| & |\\
HC & (CH_2)_7\\
\| & |\\
CH & CH\\
| & \|\\
(CH_2)_{12} & CH\\
| & |\\
CH_3 & (CH_2)_7\\
 & |\\
 & CH_3
\end{array}$$

神经氨酸 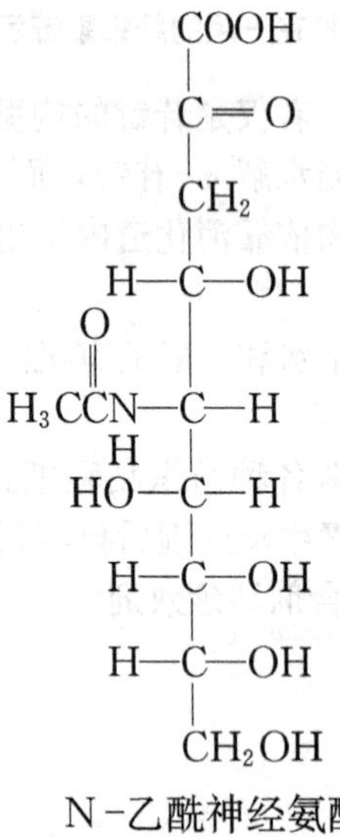　　　　N-乙酰神经氨酸 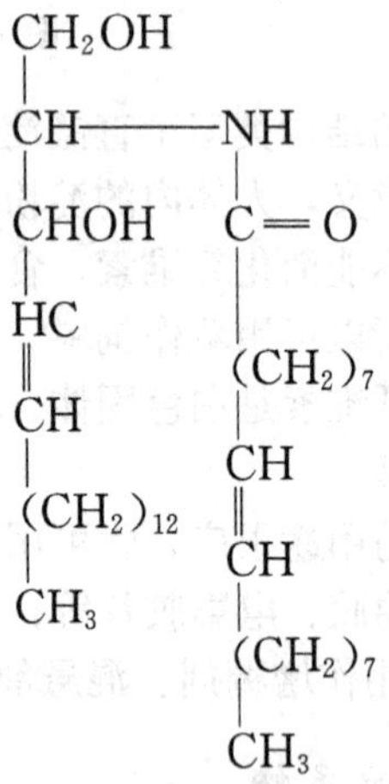　　　　神经酰胺

鞘糖脂主要存在于动物大脑及其他神经组织中，聚集于细胞膜表面，其寡糖链暴露于膜外侧，能与细胞周围的其他生物大分子作用，从而起到参与细胞间识别的作用。

鞘糖脂还与细胞的免疫性及血型的特异性等有关。研究发现，神经节苷脂是许多细菌毒素的受体，癌细胞中的神经节苷脂也与正常细胞不同。

2) 糖蛋白

糖蛋白(glycoprotein)是由糖类与多肽或蛋白质以共价键连接而成。它存在于一切生物机体中，从细菌到人体甚至病毒都含有；可以以溶解的形式或与膜结合的形式存在于细胞中，也可以存在于细胞间液中。在生物体内，许多担负重要生理功能的物质如膜蛋白、运载蛋白、核蛋白、酶、激素等都是糖蛋白。

糖蛋白中糖的含量从1%到85%不等，胶原中糖含量仅为1%，血型物质中糖含量高达85%。糖链的长短也不一，短者仅含一个单糖，长者可达20～30个单糖残基。组成人体糖蛋白的单糖或单糖衍生物主要有：半乳糖、葡萄糖、甘露糖、N-乙酰神经氨酸、L-岩藻糖、N-乙酰氨基半乳糖、N-乙酰氨基葡萄糖和D-木糖等。

糖蛋白中糖部分以N-苷键或O-苷键与多肽链或蛋白质中的氨基酸残基相连。

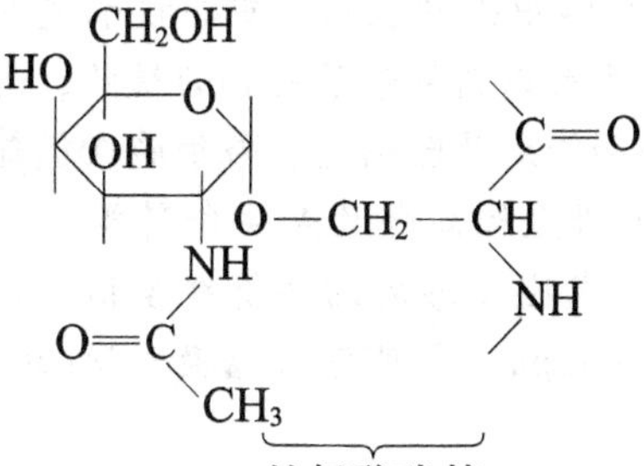

丝氨酸残基

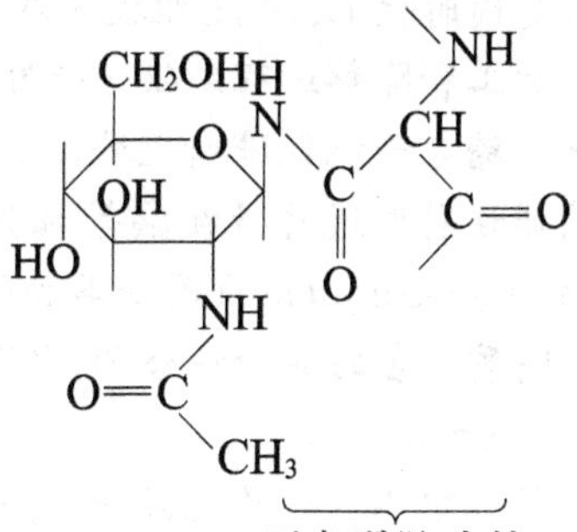

天冬酰胺残基

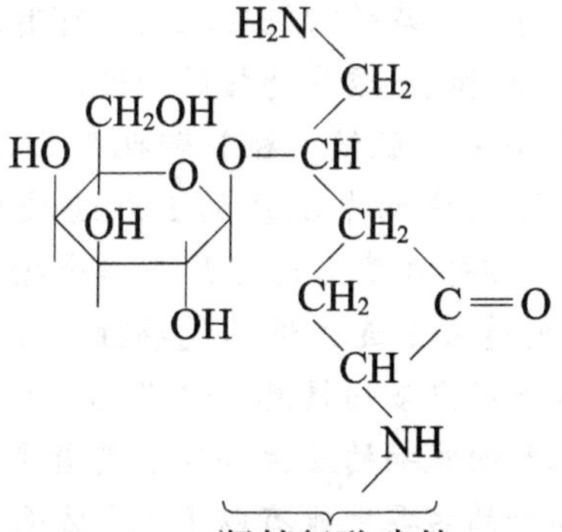

羟赖氨酸残基

糖部分多数为寡糖链，当单糖(或单糖衍生物)形成寡糖链时，由于单糖有较多的羟基，它们之间可有多种结合方式，可形成1，2、1，3、1，4和1，6-糖苷链，糖苷键的类型既可是α-型，又可为β-型，再加上单糖间的不同连接次序，使得寡糖链的结构复杂多样。

寡糖链结构的复杂性和多样性使其成为生物信息的极好载体。在细胞膜中，糖蛋白镶嵌于脂双层上，其寡糖链与糖脂中的寡糖链伸向膜的外侧，如同细胞的“天线”一样，对生物信息的传递，细胞间的识别等起着重要作用。研究表明，糖蛋白中的寡糖链还具有改变蛋白质的溶解性、黏度、荷电状态、构象、变性性质及保护蛋白质免受水解等功能。因而，糖类化合物在生命活动过程中起着不可估量的作用，与蛋白质和核酸一样，也是重要的信息分子。

阅读材料

糖化学与糖生物学对人类健康的关系

100多年前德国著名科学家E. Fisher就开始研究糖类。1923年M. Heidelberger和T. Oswld提出细菌的抗原是由糖类物质组成而不是蛋白质。从20世纪60年代起，人们发现糖类物质具有多方面和复杂的生物活性，如细胞间的通信、识别相互作用，胚胎的发生、转移，信号的传递，细胞的运动与粘附，抗微生物的粘附与感染及调节机体的免疫功能，等等。20 世纪 70 年代开始了糖化学(Carbohydrate Chemistry) 和生物化学交叉研究，因此诞生了糖生物学(Glycobiology)这门新学科。

糖生物学研究的领域是糖化学、糖链生物合成、糖链在生物体系中的功能、糖链操作技术等。在后基因时代 DNA 重组技术在糖生物学中得到应用，重组技术使参与寡糖和蛋白聚糖组装、加工和降解过程的酶分子鉴定以及对识别糖分子结构的植物、动物凝集素的鉴定成为可能。糖分子能促进新生蛋白质折叠和辨别淋巴细胞、粒细胞在循环中穿行的方向，聚糖组装错误引发遗传性疾病等都说明了研究糖复合物是生命科学的一个重要的分支。糖复合物(glycoconjugate)是糖类和蛋白质或脂类形成的共价结合物，近年来又发现了蛋白质-糖-脂质三者的共价结合物。Glycoconjugate 也可译为糖缀合物(结合物)或复合糖(complex carbohydrate)。

糖类在生物体中不仅作为能源(如淀粉和糖元)或结构组分(如蛋白聚糖或纤维素)，而且担负着极为重要的生物功能。一个含有四个特定糖基的四糖在理论上可有三万余种异构体。这是因为肽的连接都用的是氨基酸的 α-氨基和 α-羧基连接的肽键，一个氨基酸残基只能在氨基侧链各形成一个肽链，一般不会形成分支肽链，核苷酸也都是 3′，5′-磷酸二酯键连接，也不可能存在分支的核酸。但是寡糖中两个糖基的互相连接可以有 1→2、1→3、1→4、1→6 等不同方式，一个糖残基和相邻残基有时可形成四个糖苷键，从而使糖链分支，而且糖基还有 α，β 异头碳构型，更造成了连接键的复杂性。可以说，具有相同残基数量的寡糖和肽或寡核苷酸相比，前者含有更多的信息。越来越多的事实证明，糖复合物中的寡糖是体内重要的信息分子，对人类的疾病的发生和发展起着重要的作用，同时也是一类重要的治疗药物。糖类物质作为药物的主要功能有以下几个方面。

1. 对免疫系统的影响

糖类物质能维持机体免疫系统的动态平衡，当机体免疫系统受损或功能低下时多糖和寡糖能刺激各种免疫细胞成熟、分化和繁殖，使机体免疫系统恢复平衡(免疫系统能行使正常的监视、消灭外源性异物的功能，这些异物包括病原微生物、癌细胞、自身衰老死亡的细胞等)。

2. 多糖、寡糖药物降血糖的作用

有些多糖是 β 受体激动剂，通过第二信使将信息传递到线粒体，使糖的氧化利用加速，引起降血糖。糖类物质降血糖的另一个机理是由于糖类药物都极易溶于水，口服后在肠道内吸水膨胀占据肠道空间并形成膜覆盖住肠道，减缓食物的吸收速度，控制住餐后血糖的飙升。德国拜耳集团研制开发的阿卡波糖是一种肠道 α-葡萄糖苷酶抑制剂，它抑制肠道 α-葡萄糖苷酶，阻断从食物中水解单糖降低胰岛 α-葡萄糖苷酶的负担。

3. 抗辐射

动物实验证明有些多糖能刺激造血干细胞、粒细胞-聚噬细胞集落和脊髓中造血细胞的产生，所以具有抗辐射升高白细胞的作用。

4. 抗病毒作用

多糖具有抗艾滋病病毒的作用。HIV-1 病毒对人体的侵袭首先是对辅助性淋巴细胞(即 CD4 细胞)的吸附。某些硫酸化的多糖能阻断 HIV 对辅助性淋巴细胞(即 CD4 细胞)的吸附，起到屏蔽效应。对幽门螺旋杆菌的抗菌作用与抗病毒机理相似，也是阻止幽门螺旋杆菌依附到胃肠道，防止了细菌的感染。

5. 抗类风湿关节炎的糖类药物

缺乏 IgG 半乳糖型分子的人是类风湿关节炎侵袭的对象，同样也包括肺结核、麻风、病节性回肠炎和类肉瘤的病人。美国 Greenwish 制药公司已开发出以糖类为基础的治疗类风湿关节炎的药物，其中 WG－80126 在 1994 年就开始了Ⅲ期临床试验，是具有免疫调节、抗增殖和抗炎特征的糖类药物。

6. 以糖类物质为基础的疫苗

寡糖与载体蛋白质耦合所得的疫苗——被验证是高度有效的。如 b 型流感嗜血杆菌在幼儿中引起急性下呼吸道感染，这种流感病毒致死率达 10%，还在 60%的患儿中引起细菌性脊髓灰质炎(脑膜炎)(病毒引起的脊髓灰质炎导致小儿麻痹)，存活下来的儿童也往往带有终身残疾。在 20 世纪 90 年代，研究证明一种由 Hib 衍生的寡糖和蛋白质载体耦合缀合物形式的疫苗(Hib 疫苗在发达国家已成为计划免疫的疫苗)使 Hib 感染的发病率下降了 95%。还有癌疫苗也是以糖为基础的疫苗，这些疫苗是用癌细胞表面存在的寡糖免疫制成的。

中医中药是中国的瑰宝，中草药含有大量的水溶性物质，就是多糖和寡糖。中草药传统的服药途径是水煎，水煎过程即是提取糖的过程，进入到病人体内的中草药组分是糖类物质，起的作用也与多糖寡糖作用相似，其作用多方面、持久温和。把生命科学的最新进展、研究成果、新技术应用到糖类药物研究与开发上，就会创造出为人类健康做出贡献的新药，同时也会给中药现代化开拓了新方向、新领域、新技术。

本章小结

1. 掌握单糖的结构，葡萄糖的开链式、δ-氧环式、构象式，果糖的开链式、氧环式。

2. 了解单糖的物性，构型、旋光性、变旋光现象、水中开链式与氧环式的互变异构、弱碱中烯醇式的互变异构。

3. 重点掌握单糖的化学性质：

(1) 单糖的差向异构化。

(2) 氧化反应。单糖与碱性弱氧化剂 Tollens 试剂、Fehling 试剂、Benedict 试剂，以及与酸性氧化剂如溴水(pH=5)的反应。

(3) 还原反应。催化氢化或以硼氢化钠等还原剂，可将糖中羰基还原成羟基，产物为多元醇称糖醇。

(4) 成脎反应。

(5) 脱水与显色反应。单糖在较浓的酸中发生分子内脱水反应。

(6) 磷酸化反应。

4. 掌握还原性二糖如麦芽糖、纤维二糖、乳糖及非还原性二糖如蔗糖的组成、成键方式、性质。

5. 了解淀粉、纤维素等多糖的组成、成键方式、性质和应用。

习　题

1. 试解释下列名词。

(1) 变旋光现象　　(2) 端基异构体

(3) 差向异构体　　(4) 苷键

(5) 还原糖与非还原糖

2. 写出下列化合物的 Haworth 式，并指出有无还原性及变旋光现象，能否水解。

(1) β-D-呋喃-2-脱氧核糖　　(2) β-D-呋喃果糖-1，6-二磷酸酯

(3) α-D-吡喃葡萄糖的对映异构体　　(4) N-乙酰基-α-D-氨基半乳糖

(5) β-D-甘露糖苄基苷

3. 写出 D-甘露糖与下列试剂反应的主要产物。

(1) Br_2/H_2O　　(2) 稀 HNO_3

(3) CH_3OH+HCl(干燥)　　(4) $NaBH_4$

(5) 过量苯肼　　(6) 乙酐

4. 比较β-D-吡喃葡萄糖、β-D-吡喃甘露糖、β-D-吡喃半乳糖三者优势构象式的差别。

5. 用简便化学方法鉴别下列各组化合物。

(1) 葡萄糖和果糖

(2) 蔗糖和麦芽糖

(3) 淀粉和纤维素

(4) β-D-吡喃葡萄糖甲苷和 2-O-甲基-β-D-吡喃葡萄糖

6. 写出麦芽糖的链式结构和环式结构的互变平衡体系。

7. 写出下列戊糖的名称、相对构型，哪些互为对映体？哪些互为差向异构体？

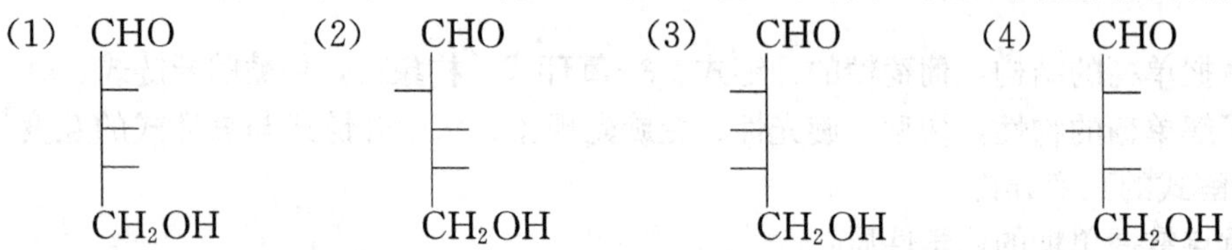

8. 单糖衍生物(A)，分子式为($C_8H_{16}O_5$)，没有变旋光现象，也不被 Benedict 试剂氧化，(A)在酸性条件下水解得到(B)和(C)两种产物。(B)分子式为($C_6H_{12}O_6$)，有变旋光现象和还原性，被溴水氧化得 D-半乳糖酸。(C)的分子式(C_2H_6O)，能发生碘仿反应，试写出(A)的构造式及有关反应。

第 16 章　氨基酸、蛋白质和核酸

教学目标

了解氨基酸的结构、分类、命名。

掌握氨基酸的性质和制法。

了解蛋白质与核酸的性质及结构。

教学要求

知识要点	能力要求	相关知识
氨基酸	(1) 了解氨基酸的定义、结构简式、习惯命名法等概念 (2) 掌握氨基酸的化学性质 (3) 掌握氨基酸的制备方法	Gabriel 合成法、Strecker 合成法
蛋白质	(1) 了解蛋白质的分类、结构 (2) 理解蛋白质的性质	
核酸	(1) 了解核酸的分类、结构 (2) 理解核酸的性质	

蛋白质和核酸是生命现象的物质基础，是参与生物体内各种生物变化最重要的组分。蛋白质存在于一切细胞中，它们是构成人体和动植物的基本材料，肌肉、毛发、皮肤、指甲、血清、血红蛋白、神经、激素、酶等都是由不同蛋白质组成的。蛋白质在有机体中承担不同的生理功能，它们供给肌体营养、输送氧气、防御疾病、控制代谢过程、传递遗传信息、负责机械运动等。核酸分子携带着遗传信息，在生物的个体发育、生长、繁殖和遗传变异等生命过程中起着极为重要的作用。

人们通过长期的实验发现：蛋白质被酸、碱或蛋白酶催化水解，最终均产生 α-氨基酸。因此，要了解蛋白质的组成、结构和性质，必须先讨论 α-氨基酸。

16.1　氨　基　酸

16.1.1　氨基酸的分类、命名和结构

羧酸分子中羟基上的一个或几个氢原子被氨基取代的化合物称为氨基酸。根据氨基和羧基的相对位置，可分为 α-氨基酸、β-氨基酸等，是构成蛋白质分子的基础。其中 α-氨基酸在自然界中存在最广，也最重要，结构简式如下所示：

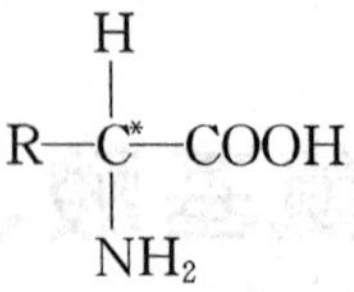

$$R-\overset{H}{\underset{NH_2}{\overset{|}{\underset{|}{C^*}}}}-COOH$$

氨基酸可以按照系统命名法，以羧酸为母体，氨基为取代基团来命名。但 α-氨基酸通常按其来源或性质所得的俗称来命名。例如：

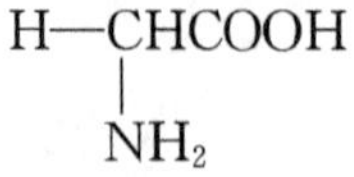

$$\underset{NH_2}{\underset{|}{H-CHCOOH}}$$

α-氨基乙酸甘氨酸

$$CH_3-\underset{NH_2}{\underset{|}{CH}}-COOH$$

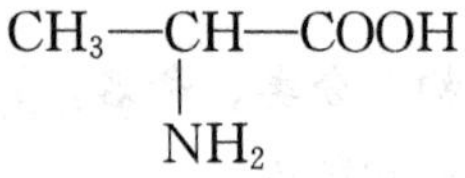

β-氨基丙酸丙氨酸

氨基酸分子中可以有多个氨基和羧基。氨基和羧基数目相等的氨基酸近中性，称为中性氨基酸；氨基数目多于羧基的显碱性，称为碱性氨基酸；羧基数目多于氨基的呈酸性，称为酸性氨基酸。

练习 16-1 甘氨酸、赖氨酸、谷氨酸分别属于哪类氨基酸。

练习 16-2 写出赖氨酸、组氨酸的构造式。

16.1.2 α-氨基酸的物理性质

α-氨基酸为无色晶体，易溶于水而难溶于非极性有机溶剂。熔点较高，许多在加热至熔点时分解。显然这与它们的结构密切相关。α-氨基酸是两性离子化合物，为高极性物质。晶体中分子间的静电吸引力较强，要改变分子的有序排列，需要较高的能量。

在红外光谱中，α-氨基酸没有特征的 C═O 吸收带，但在 $1600cm^{-1}$ 附近有一羧基负离子吸收带，在 $(3100\sim2600)cm^{-1}$ 有 N—H 的伸缩振动吸收带。

16.1.3 α-氨基酸的化学性质

1. 两性和等电点

氨基酸分子中既有弱碱性的氨基又有弱酸性的羧基，分子内形成盐，是一个偶极离子。它既能与较强的酸作用生成铵盐，又能与较强的碱作用生成羧酸盐，显两性化合物的特性。在水溶液中与酸、碱反应的过程表示如下：

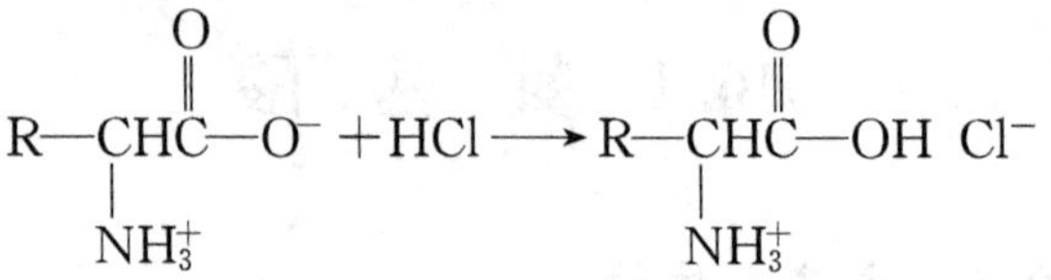

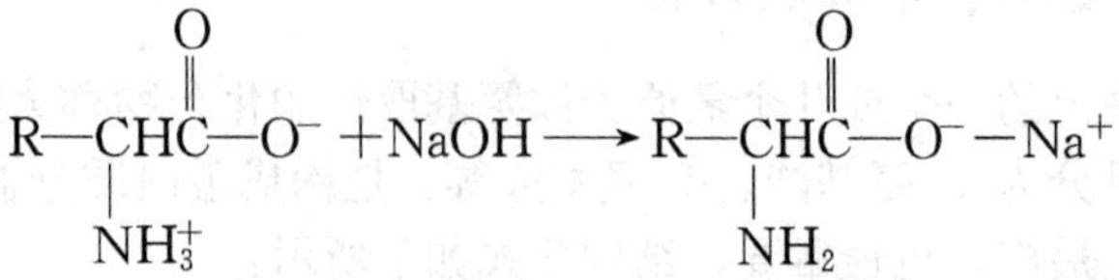

$$R-\underset{NH_3^+}{\underset{|}{CH}}-\overset{O}{\overset{\|}{C}}-O^- + HCl \longrightarrow R-\underset{NH_3^+}{\underset{|}{CH}}-\overset{O}{\overset{\|}{C}}-OH\ Cl^-$$

$$R-\underset{NH_3^+}{\underset{|}{CH}}-\overset{O}{\overset{\|}{C}}-O^- + NaOH \longrightarrow R-\underset{NH_2}{\underset{|}{CH}}-\overset{O}{\overset{\|}{C}}-O^- - Na^+$$

氨基酸在水溶液中存在如下平衡：

$$\mathrm{R{-}CH(NH_2){-}C({=}O){-}OH \rightleftharpoons R{-}CH(NH_3^+){-}C({=}O){-}O^-}$$

由于氨基酸中—COOH 的离解能力与—NH_2 接受质子的能力不相等，或者说—COO^- 接受质子的能力与—NH_3^+ 解离出质子的能力不相等，因此中性氨基酸水溶液的 pH 不等于 7(一般小于 7)，酸性氨基酸和碱性氨基酸的 pH 分别小于 7 和大于 7。当外加适量的酸和碱时，有可能使溶液中正离子和负离子浓度相等，此时氨基酸完全以两性离子形式存在。将此溶液置于电场中，氨基酸既不会向阳极移动，也不会向阴极移动，这时溶液的 pH 称为该氨基酸的等电点(PI，isoelectric point)。不同的氨基酸其等电点也不相同，中性 α-氨基酸的等电点为 5～6.3，酸性的为 2.8～3.2，碱性的为 9.7～10.7。在等电点时，偶极离子的浓度最大，氨基酸的溶解度最小，因此可以通过调节等电点来分离、提纯氨基酸。

练习 16-3 丝氨酸的等电点大于 7 还是小于 7？将其溶于水中，要使它达到等电点应加碱还是加酸？写出它在强碱、强酸和等电点时的存在形式。

练习 16-4 比较氨基酸在不同 pH 下的溶解度：(1)pH 小于等电点；(2)pH 等于等电点。

---

2. *与亚硝酸反应*

大多数氨基酸中含有伯氨基，可以定量与亚硝酸反应，生成 α-羟基酸。

$$\mathrm{R{-}CH(NH_2){-}C({=}O){-}OH \xrightarrow{HNO_2} R{-}CH(OH){-}C({=}O){-}OH}$$

3. *脱氨基反应*

氨基酸分子的氨基可以被双氧水或高锰酸钾等氧化剂氧化，生成 α-亚氨基酸，然后进一步水解，脱去氨基生成 α-酮酸并放出氨气。

$$\mathrm{R{-}CH(NH_2){-}C({=}O){-}OH \xrightarrow{[O]} R{-}C({=}NH){-}COOH \xrightarrow{+H_2O} R{-}C(OH)(NH_2){-}COOH \xrightarrow{-NH_3} R{-}C({=}O){-}COOH}$$

4. *脱羧反应*

将氨基酸缓缓加热或在高沸点溶剂中回流，可以发生脱羧反应生成胺。生物体内的脱羧酶也能催化氨基酸的脱羧反应，这是蛋白质腐败发臭的主要原因。例如，赖氨酸脱羧生成 1，5-戊二胺(尸胺)。

$$\mathrm{H_2N{-}(CH_2)_4{-}CH(NH_2)COOH \xrightarrow{\triangle} H_2N{-}(CH_2)_5{-}HN_2}$$

5. 与水合茚三酮反应

α-氨基酸用水合茚三酮处理时呈紫色。

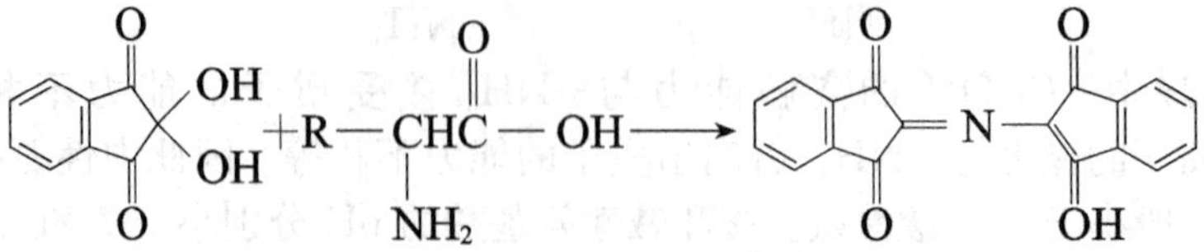

（水合茚三酮 + $R-CH(NH_2)-COOH \longrightarrow$ 紫色产物）

反应中α-氨基酸氧化成醛，同进脱去氨基，水合茚三酮则生成氨基茚二酮。后者再与另一分子的水合茚三酮脱水生成紫色物质。生成的紫色溶液在570nm有强吸收，其强度与α-氨基酸的浓度呈线性关系，所以此反应可用于α-氨基酸的定量分析，也用于α-氨基酸的电泳、纸层析、薄析层析等定性分析的显色。N-取代的α-氨基酸、β-氨基酸以及γ-氨基酸等均不与水合茚三酮发生显紫色反应。

6. 受热后的反应

α-氨基酸受热后，能在两分子之间发生脱水反应。具体过程如下所示。

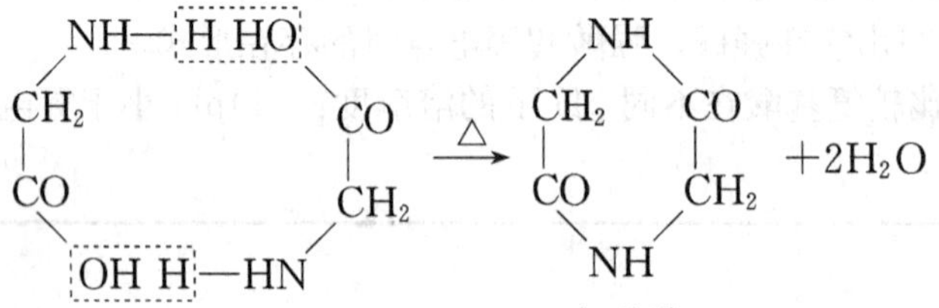

$$2\,H_2N-CH_2-COOH \xrightarrow{\triangle} \text{交酰胺} + 2H_2O$$

交酰胺

α-氨基酸受热后，还容易脱去一分子氮，生产α，β不饱和羧酸。

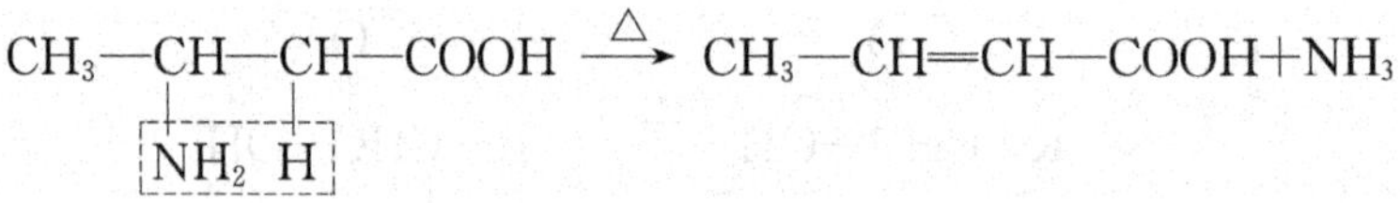

$$CH_3-CH(NH_2)-CH(H)-COOH \xrightarrow{\triangle} CH_3-CH=CH-COOH+NH_3$$

练习 16-5 苯丙氨酸与亚硝酸反应产生何种物质，写出相关方程式。

16.1.4 α-氨基酸的制备

1. 蛋白质水解法

利用蛋白质的水解，可以得到氨基酸。例如，毛发在6mol/L盐酸中于110℃水解几小时，可以得到L-胱氨酸等多种氨基酸。糖、淀粉等的微生物发酵，也可得到氨基酸。例如，糖或淀粉在谷氨酸短杆菌存在下发酵，可得到谷氨酸。食用味精(谷氨酸钠)就是用这种方法生产的。

2. 化学合成法

用化学合成法制得的氨基酸，通常是外消旋体。

1）α-卤代酸的氨化

$$R-\underset{\underset{X}{|}}{CH}-\overset{\overset{O}{\|}}{C}-OH \xrightarrow{NH_3} R-\underset{\underset{NH_2}{|}}{CH}-\overset{\overset{O}{\|}}{C}-OH$$

通常使用过量的氨，以防止氨基的多烷基化。α-卤代酸可由羧酸的卤化得到。

2）Gabriel 合成法

邻苯二甲酰亚胺钾盐与α-卤代酸酯反应，尔后将生成物水解，可制得α-氨基酸：

$$\text{邻苯二甲酰亚胺钾(NK)} + X-\underset{\underset{R}{|}}{CH}-\overset{\overset{O}{\|}}{C}-OR' \longrightarrow \text{邻苯二甲酰亚胺基}N-\underset{\underset{R}{|}}{CH}COOR'$$

$$\xrightarrow{H_3O^+} R-\underset{\underset{NH_2}{|}}{CH}-\overset{\overset{O}{\|}}{C}-OH + \text{邻苯二甲酸}(C_6H_4(COOH)_2) + R'OH$$

此法可以得到纯度较高的α-氨基酸。

练习 16-6 以乙醇为原料，用 Gabriel 法合成丙氨酸。

3）丙二酸酯法

α-卤代丙二酸酯与邻苯二甲酰亚胺钾盐反应，生成邻苯二甲酰亚胺基丙二酸酯，后者在碱性条件下可在分子中引入烃基，尔后水解则生成α-氨基酸。

$$CH_2(COOC_2H_5)_2 \xrightarrow[Br_2]{CCl_4} BrCH(COOC_2H_5)_2$$

$$\text{邻苯二甲酰亚胺钾(NK)} \xrightarrow{BrCH(COOC_2H_5)_2} \text{邻苯二甲酰亚胺基}N-CH(COOC_2H_5)_2$$

$$\xrightarrow[RX]{C_2H_5ONa} \text{邻苯二甲酰亚胺基}N-\underset{\underset{R}{|}}{C}(COOC_2H_5)_2 \xrightarrow[(2)H^+,\ \triangle]{(1)OH^-,\ H_2O} R-\underset{\underset{NH_2}{|}}{CH}-\overset{\overset{O}{\|}}{C}-OH$$

4）Strecker 合成法

Strecker 合成法是将醛最终转化为氨基酸的合成方法。首先是醛与氨、HCN 或氰化铵反应，经亚胺生成α-氨基腈，再经水解得到氨基酸。

$$RCHO \xrightarrow{HCN} R\underset{\underset{OH}{|}}{\overset{\overset{CN}{|}}{CH}} \xrightarrow{NH_3} R\underset{\underset{NH_2}{|}}{\overset{\overset{CN}{|}}{CH}} \xrightarrow{H_2O} R\underset{\underset{NH_2}{|}}{\overset{\overset{COOH}{|}}{CH}}$$

16.2 蛋 白 质

蛋白质是由 α-氨基酸由肽键相互连接而成的生物大分子，是组成细胞的基本物质，细胞内除水分外，其余80%的物质是蛋白质，蛋白质是生命的基础。许多蛋白质已获得结晶纯品，根据元素分析的结果发现，各类蛋白质的元素组成相似，都含有C、H、O、N四种元素以及少量的S，有的还含有P、Fe、Cu、I等元素。一般蛋白质的平均组成为：C，53%；H，7%；N，16%；O，23%；S，1%。各种蛋白质纯品中N的含量均接近于16%，即6.25g蛋白质含有1g氮。如果测出蛋白质样品中的总含氮量，再乘以6.25，即可得出样品中的蛋白质含量，这在蛋白质的定量测定上是很有用的。

16.2.1 蛋白质的分类

生物体内的蛋白质种类繁多，结构复杂，很难从化学结构上分类。

1. 按水解产物分类

1) 简单蛋白质

水解后只生成 α-氨基酸的蛋白质称为简单蛋白质，如卵清蛋白、乳清蛋白、角蛋白、丝蛋白。

2) 结合蛋白质

水解产物除 α-氨基酸外，还生成非蛋白质的物质，这种蛋白质称为结合蛋白质，它包括多种。

(1) 辅基：非蛋白质物质。

(2) 糖蛋白：含糖类化合物的蛋白质。

(3) 脂蛋白：含脂类化合物的蛋白质。

(4) 核蛋白：含核酸化合物的蛋白质。

(5) 色蛋白：含有其他辅基的蛋白质。

2. 按溶解度分类

1) 纤维状蛋白

纤维状蛋白是指不溶于水的蛋白质。这类蛋白质构成动物的组织如丝、毛发、皮肤、角、爪甲、蹄、羽毛等，包括角蛋白、肌球蛋白、胶元等。

2) 球状蛋白

球状蛋白是指可溶于水或酸、碱、盐的溶液中的蛋白质，包括各种酶、蛋白激素等。这类蛋白质在生物体内起着维护、调节生命活动的功能，如血红蛋白、肌红蛋白等。

16.2.2 蛋白质的结构

蛋白质的结构复杂，性能各异，这不仅与氨基酸的组成和连接次序有关，同时也与肽链存在不同的立体形象即三维结构有关。蛋白质的三维结构有四个层次，分述如下。

1. 一级结构

组成蛋白质分子的氨基酸种类、数目和排列顺序是蛋白质的最基本结构，称为一级结构，如果分子中有二硫桥，还包括二硫桥的位置。实际上，一级结构是蛋白质分子中共价键连接的全部情况。

2. 二级结构

蛋白质的二级结构指蛋白质的空间构象，由于氢键的作用使肽链(蛋白质)呈 α-螺旋或 β-折叠片结构。

α-螺旋：肽链呈右手螺旋状。每圈 3.6 个氨基酸残基单位，螺距 0.54nm，如图 16.1 所示。

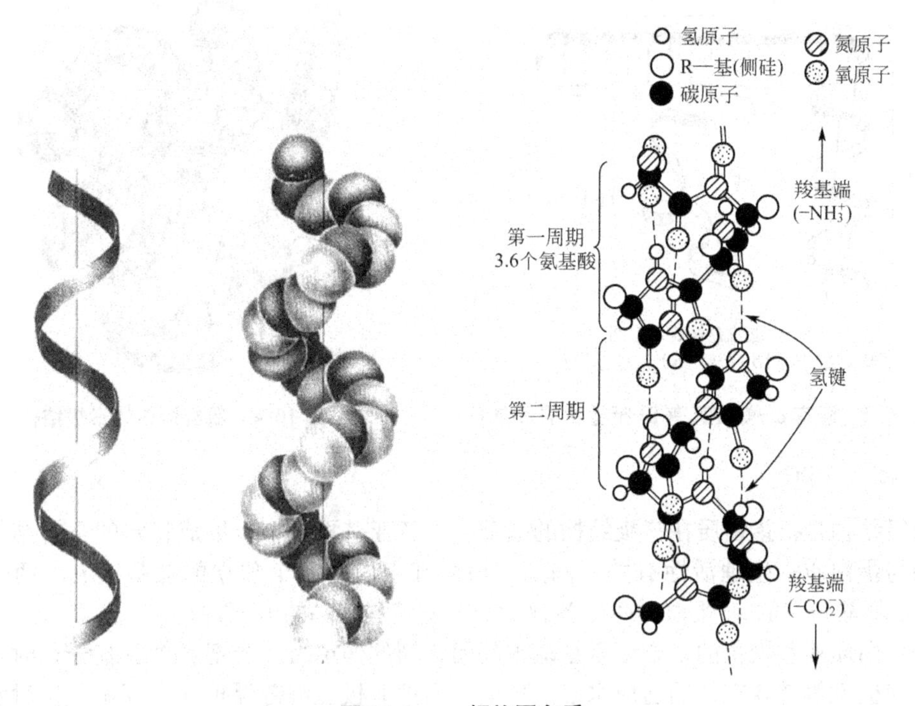

图 16.1　α-螺旋蛋白质

β-折叠片：肽链伸展在褶纸形的平面上，相邻的肽链又通过氢键缔合，如图 16.2 所示。

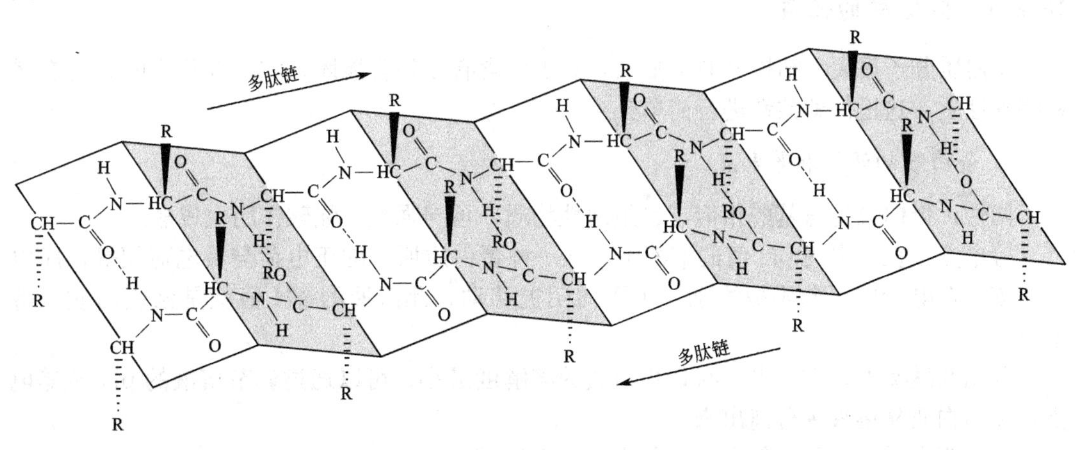

图 16.2　β-折叠片蛋白质

很多蛋白质常常是在分子链中既有α-螺旋，又有β-折叠，并且多次重复这两种空间结构，如图16.3所示。

3. 三级结构

三级结构是指蛋白质在二级结构的基础上再进一步卷曲、褶叠、盘绕，如图16.4所示。蛋白质的三级结构是其它次级键，如—S—S—(二硫键)、离子键、氢键、疏水键、支链等，共同作用的结果。

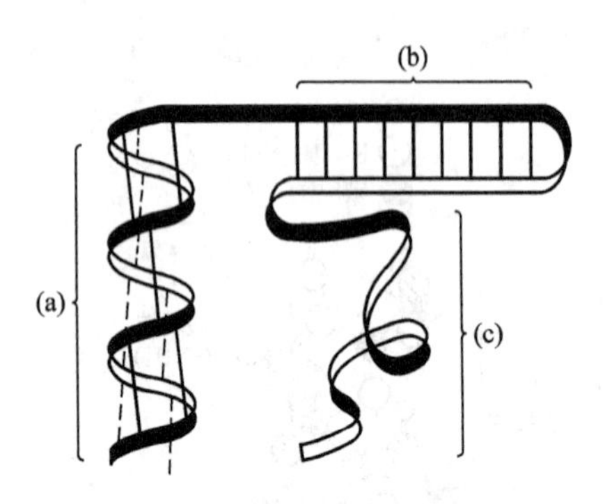

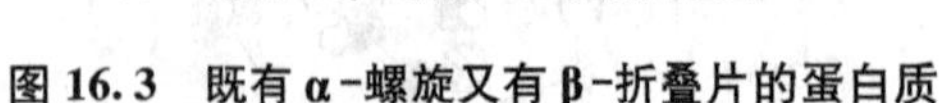

蛋白质结构示意图
(a) α-螺旋 (b) β-折叠 (c) 无规则卷曲

图16.3 既有α-螺旋又有β-折叠片的蛋白质

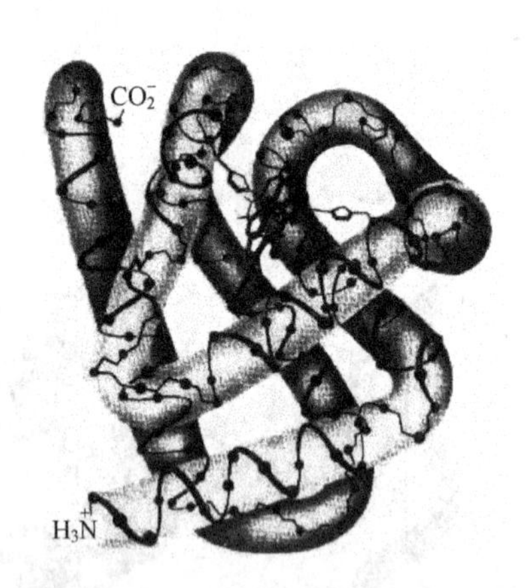

图16.4 肌红蛋白的三级结构

4. 四级结构

四级结构是指蛋白质在三级结构的基础上，各亚基再进一步形成特定的空间结构。四级结构与蛋白质的生理活性有关。例如，马血红蛋白由四个独立的亚基组成，两个各含141个氨基酸残基的a-蛋白和两个各含146个氨基酸残基的b-蛋白。

使蛋白质亚基聚集的主要因素是疏水基团之间的作用力。当把各个亚基分开时，其三维形状使极性侧链露在外围适应水溶液环境，而把非极性侧链保护在内部避免接触水，但是在分子表面仍有一小片疏水区与水接触。当两个或更多个亚基聚集在一起时，这些疏水区互相接触而避免与水接触，从而维持各亚基之间的聚合。

16.2.3 蛋白质的性质

蛋白质分子很大，结构又非常复杂，分子中含有多种官能团，它们互相影响，可有多种特殊性质，这里仅就共性进行简单介绍。

1. 蛋白质的两性和等电点

两性：蛋白质与氨基酸相似，也是两性物质，可与强酸、强碱作用生成盐。

等电点：在一定的pH值的溶液中，某一种蛋白质所带的正电荷与负电荷相等，净电荷为零，在电场中不向阳极移动，也不向阴极移动，此溶液的pH值就是该蛋白质的等电点。

与氨基酸类似，在等电点时，蛋白质的溶解度最小，可以通过调节溶液的pH至等电点，使蛋白质从溶液中分离出来。

不同蛋白质有不同的等电点，如表16-1所示。

表 16-1　一些蛋白质的等电点

蛋白质	等电点	蛋白质	等电点
丝纤维蛋白	2.0～2.4	乳球蛋白	4.5～5.5
酪蛋白	4.6	胰岛素	5.3～5.35
白明胶	4.8～4.85	血清球蛋白	5.4～5.5
血清蛋白	4.88	血红蛋白	6.79～6.83
卵清蛋白	4.84～4.90	鱼精蛋白	12～12.4

由于组成蛋白质的基本单位是氨基酸，肽链末端有游离的—NH_2 和—COOH，侧链中还有未结合的碱性基团和酸性基团，所以蛋白质也是两性物质。蛋白质的两性离子性质使其成为生物体内的重要缓冲剂，人体的正常 pH 值主要是靠血液中的蛋白质(如血浆蛋白)来调节的，和氨基酸一样，在等电点时，蛋白质分子在电场中也不迁移，其导电性、溶解度、黏度、渗透压等皆最小。

2. 蛋白质的高分子性质

1) 胶体性质

蛋白质在水溶液中形成直径 1～10μm 的颗粒，在其表面有许多—NH_2、—COOH、—OH、—SH 及—CONH—等亲水基团，与水分子形成水化层，使颗粒彼此分离，具有胶体的性质，不能透过半透膜，具有丁达尔现象、布朗运动等性质。

2) 盐析性质

向蛋白质溶液中加入浓的无机盐($(NH_4)_2SO_4$、Na_2SO_4、$MgSO_4$、NaCl)后，蛋白质就从溶液中析出，这种作用称为盐析。盐析主要是破坏蛋白质颗粒周围的双电子层，使小颗粒变成大颗粒而沉淀。

盐析是一个可逆过程，盐析出来的蛋白质还可以再溶于水中，不影响其生理功能和性质。不同的蛋白质进行盐析，需要盐的浓度是不同的，通过改变盐的浓度，可以分离不同的蛋白质。

一些与水混溶的有机溶剂如乙醇、甲醇、丙酮等，对水有很大的亲合力，也能破坏蛋白质分子的水化层，使蛋白质沉淀。一些重金属离子如 Hg^{2+}、Pd^{2+}、Ag^+ 等，能和蛋白质分子的负电荷结合生成不溶性的蛋白盐，从而使蛋白质发生沉淀。用有机溶剂使蛋白质沉淀时，初期是可逆的，用重金属离子处理时为不可逆的。

3. 蛋白质的变性

蛋白质受物理或化学因素影响，分子内部原有的高度规律的空间排列发生变化，致使原有性质部分或全部丧失，称为蛋白质的变性。

使蛋白质变性的因素有光照、受热、遇酸碱、有机溶剂等。蛋白质变性后，溶解度大为降低，从而凝固或析出。Pb^{2+}、Cu^{2+}、Ag^+ 等重金属盐使蛋白质变性，就是人体重金属中毒的缘由。解毒的方法是大量服用蛋白质，如牛奶、生鸡蛋，然后用催吐剂将凝固的蛋白质重金属盐吐出来。

利用高温和酒精消毒灭菌，就是利用蛋白质的变性使细菌失去生理功能和生物活性。

有些蛋白质当变性作用不超过一定限度时，除去致变因素仍可恢复或部分恢复原有性能，这种变性是可逆的。例如，血红蛋白经酸变性后加碱中和可恢复原输氧性能的2/3。有些蛋白质的变性是不可逆的，例如，鸡蛋的蛋白热变性后便不能复原。一般认为，蛋白质变性主要是二级结构和三级结构改变，不涉及一级结构。变性蛋白质理化性质的改变最明显的是溶解度降低。

4. 蛋白质的颜色反应

1）与水合茚三酮反应

与α-氨基酸一样，蛋白质与水合茚三酮一起加热呈蓝色，该反应可用于纸层析。

2）与缩二脲反应

蛋白质与硫酸铜碱性溶液反应，呈紫色。这一反应称为缩二脲反应。

3）蛋白黄反应

含有芳香族氨基酸，特别是含有酪氨酸、色氨酸残基的蛋白质，遇浓硝酸后产生白色沉淀，加热后沉淀变黄色，故称蛋白黄反应。实际上是芳环上的硝化反应，生成黄色硝基化合物。皮肤被硝酸玷污后变黄就是这个反应。

4）米隆(Millon)反应

蛋白质遇硝酸汞的硝酸溶液时变为红色。这是因为酪氨基中的酚基与汞形成有色化合物，利用这个反应检验蛋白质中是否含酪氨酸。

练习16-7 有关蛋白质变性的正确叙述是：

(1) 变性导致蛋白质一级结构的破坏；

(2) 盐析、生物碱试剂等的沉淀方法，可使其变性；

(3) 加热、加压、酸、碱作用，可使蛋白质变性。

16.3 核　酸

核酸是一种非常重要的生物高分子。因最早是从细胞核分离得到的，且有酸性，故称为核酸。在细胞内，大部分核酸是与蛋白质结合以核蛋白的形式存在，也有少量是以游离形式或与氨基酸结合形式存在。

核酸是支配人体整个生命活动的本源物质，是“生命之源”、“生命之本”，是生物化学、有机化学、医学中研究最活跃的课题。

16.3.1 核酸的分类

核酸是由许多不同的核苷酸(nucleotide)聚合而成的，所以有时也把核酸称为多聚核苷酸(polynucleotide)。

核酸分子除含C、H、O、N四种常见元素外，还含有大量的P元素，个别的还含S元素，其中N占15%～16%，P占9%～10%。核酸是结合蛋白质的非蛋白部分，可由核蛋白水解得到。核蛋白彻底水解可得到下列产物：

核蛋白 → 蛋白质
核蛋白 → 核酸 → 核苷酸 → 核苷 → 戊糖
核苷 → 碱基
核苷酸 → 磷酸

核酸中的戊糖分为D-核糖(D-ribose)和D-2-脱氧核糖(D-2-deoxyribose)两类。因此核酸也分为核糖核酸(RNA)和脱氧核糖核酸(DNA)两大类。RNA与DNA在化学组成上的异同如表16-2所示。

表16-2 RNA与DNA在化学组成上的异同

类别		RNA	DNA
戊糖		D-核糖	D-2-脱氧核糖
含氮碱	嘧啶碱	尿嘧啶　胞嘧啶	胸腺嘧啶　胞嘧啶
	嘌呤碱	腺嘌呤　鸟嘌呤	腺嘌呤　鸟嘌呤
磷酸		H_3PO_4	H_3PO_4

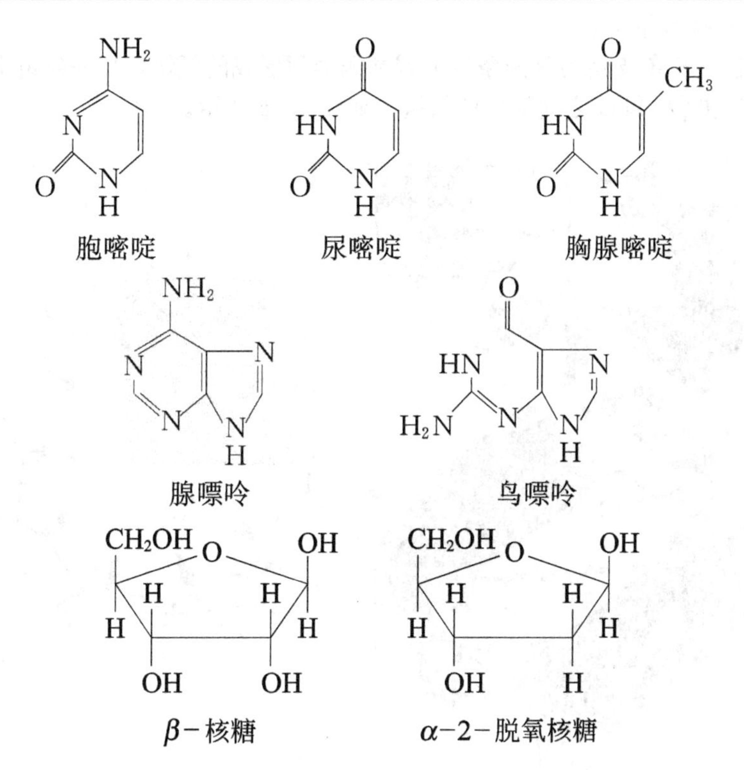
胞嘧啶　尿嘧啶　胸腺嘧啶
腺嘌呤　鸟嘌呤
β-核糖　α-2-脱氧核糖

练习16-8 DNA和RNA在结构上有什么主要区别。

16.3.2 核酸的结构

核酸的结构和蛋白质的结构一样，非常复杂，分为一级结构和空间结构。一级结构指组成核酸的诸核苷酸之间连键的性质及核苷酸的排列顺序。空间结构指多核苷酸链内或链与链之间通过氢键折叠卷曲而形成的构象。

1. DNA和RNA的一级结构

核苷酸是核酸的单体。核苷酸5′位上的磷酸还有两个羟基，可以与另一个核苷酸中戊糖其他位(如3′位)上的羟基形成磷酸二酯键。两个核苷酸分子通过磷酸二酯键结合成二核苷酸，继续结合成三核苷酸、四核苷酸……多核苷酸。

RNA的一级结构就是由四种核苷酸以不同的比例、不同的顺序，通过磷酸二酯键连接的多核苷酸长链。

DNA的一级结构就是由四种脱氧核苷酸以不同的比例、不同的顺序，通过磷酸二酯键连接的多脱氧核苷酸长链。

2. DNA和RNA的二级结构

1) DNA的二级结构

美国生物学家沃森(Watson E. S.)和克里克(Crick F H C)(两人获1962年诺贝尔化学奖)提出了DNA的双螺旋结构模型，即两条多聚脱氧核糖核苷酸链以相反走向围绕着同一轴盘绕，形成右螺旋结构。

两DNA链的构象支持力是两条链上碱基侧链间形成的氢链，如一条链上的T和C分别与另一条链上的A和G之间形成的氢键，如图16.5所示。

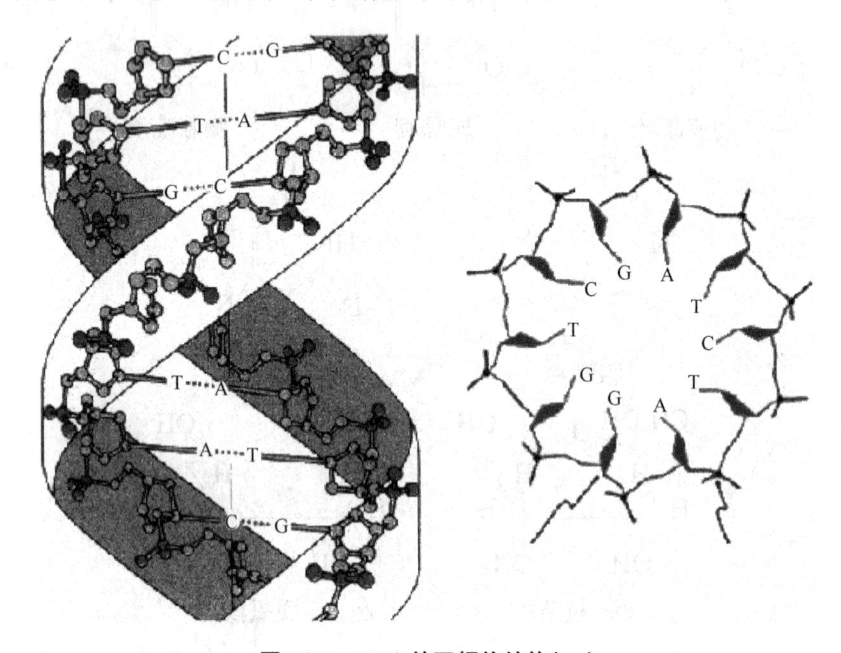

图16.5　DNA的双螺旋结构(一)

每10个核苷酸形成螺旋的一圈，每圈高度3.4nm，碱基在螺旋内，其平面与中心轴垂直，脱氧核酸和磷酸在螺旋外，脱氧核糖环平面与轴平行，螺旋的平均直径为2.0nm，顺轴方向每隔0.34nm有一个核苷酸单元，如图16.6所示。

2) RNA的二级结构

天然的RNA的二级结构，一般与DNA的双螺旋结构不一样，而人工合成的多聚腺苷酸、多聚尿苷酸却具有类似DNA的双螺旋结构，所以具有与DNA十分相似的物理化学性质。

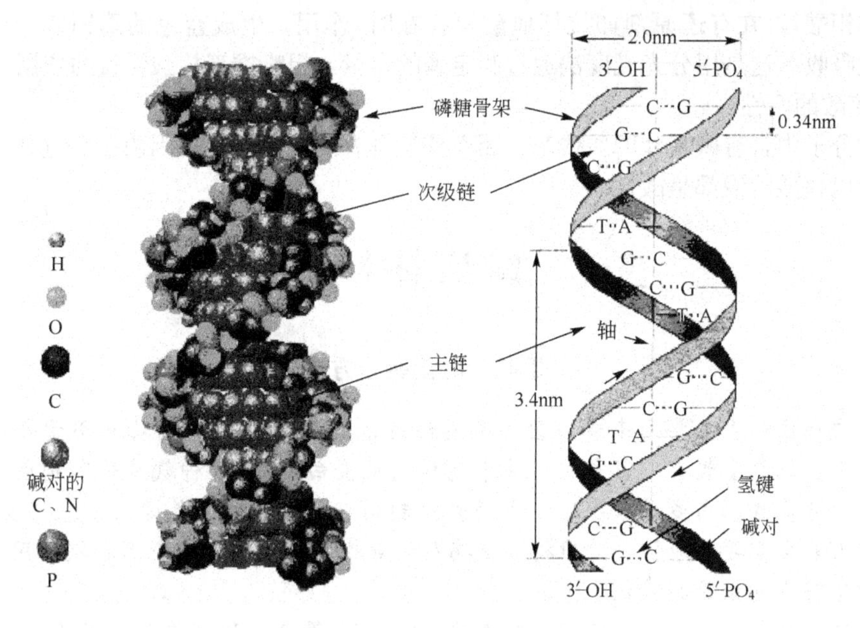

图 16.6 DNA 的双螺旋结构(二)

16.3.3 核酸的性质

1. 物理性质

DNA 为白色纤维状物质，RNA 为白色粉状物质，它们都微溶于水，水溶液显酸性，具有一定的黏度及胶体溶液的性质。它们可溶于稀碱和中性盐溶液，易溶于 2-甲氧基乙醇，难溶于乙醇、乙醚等溶剂。核酸在 260nm 左右都有最大吸收，可利用紫外分光光度法进行定量测定。

2. 化学性质

1) 核酸的水解

核酸是核苷通过磷酸二酯键连接而成的高分子化合物，在酸、碱或酶的作用下都能水解。在酸性条件下，由于糖苷键对酸不稳定，核酸水解生成碱基、戊糖、磷酸及单核苷酸的混合物。在碱性条件下，可得单核苷酸或核苷(DNA 较 RNA 稳定)。酶催化的水解比较温和，可有选择性地断裂某些键。

2) 核酸的变性

在外来因素的影响下，核酸分子的空间结构被破坏，导致部分或全部生物活性丧失的现象，称为核酸的变性。变性过程中核苷酸之间的共价键(一级结构)不变，但碱基之间的氢键断裂。例如，DNA 的稀盐酸溶液加热到 80～100℃时，它的双螺旋结构解体，两条链分开，形成无规则的线团。核酸变性后理化性质随之改变：黏度降低，比旋光度下降，260nm 区域紫外吸收值上升等。能够引起核酸变性的因素很多，例如，加热、加入酸或碱、加入乙醇或丙酮等有机溶剂以及加入尿素、酰胺等化学试剂都能引起核酸变性。

3) 核酸的颜色反应

核酸的颜色反应主要是由核酸中的磷酸及戊糖所致。核酸在强酸中加热水解有磷酸生成，能与钼酸铵(在有还原剂如抗坏血酸等存在时)作用，生成蓝色的磷钼蓝，在 660nm 处有最大吸收。这是用分光光度法通过测定磷的含量，粗略推算核酸含量的依据。

4) 核酸的两性

核酸分子中含有碱基和磷酸残基，因而核酸具有两性性质。但因磷酸酰基比碱基更易解离，所以核酸溶液都呈酸性。

阅读材料

“饿死”肿瘤有新方法

氨基酸在医药上主要用来制备复方氨基酸输液，也用作治疗药物和用于合成多肽药物。用作药物的氨基酸有一百多种，其中包括构成蛋白质的 20 种氨基酸和构成非蛋白质的 100 多种氨基酸。由多种氨基酸组成的复方制剂在现代静脉营养输液以及“要素饮食”疗法中占有非常重要的地位，对维持危重病人的营养，抢救患者生命起积极作用，成为现代医疗中不可少的医药品种之一。

谷氨酸、精氨酸、天门冬氨酸、胱氨酸、L-多巴等氨基酸可单独作用治疗一些疾病，如治疗肝病疾病、消化道疾病、脑病、心血管病、呼吸道疾病以及用于提高肌肉活力、儿科营养和解毒等。

此外氨基酸衍生物在癌症治疗上出现了希望。美国一项最新研究发现，如果限制体内一种名为谷氨酰胺的氨基酸的含量水平，就可以使肿瘤细胞无法正常吸收葡萄糖，从而抑制它的生长。美国犹他大学研究人员在美国《国家科学院学报》上介绍说，医学界早已知道，与正常细胞相比，肿瘤细胞需要吸收更多的葡萄糖才能维持其生长。他们最新的研究从葡萄糖入手，希望能切断肿瘤细胞的“糖路”，达到“饿死”肿瘤细胞的目的。他们的研究发现，体内一种名为谷氨酰胺的氨基酸对肿瘤细胞吸收葡萄糖十分关键。假如没有谷氨酰胺，肿瘤细胞就会因为无法吸收葡萄糖而出现“短路”，从而无法正常生长。即使只是限制谷氨酰胺的含量水平，也能抑制肿瘤细胞的生长。研究人员说，这种“饿死”肿瘤细胞新方法为癌症治疗提供了新思路。

本章小结

1. 掌握氨基酸的分类、命名、结构。

2. 了解氨基酸的物理性质，重点掌握氨基酸的化学性质：两性和等电点、与亚硝酸反应、脱氨基反应、脱羧反应、与水合茚三酮反应、受热后的反应。

3. 掌握 α-氨基酸的化学制备方法。

4. 了解蛋白质的分类、结构、性质。

5. 了解核酸的分类、结构、性质。

习　题

1. 丙氨酸、谷氨酸、精氨酸、甘氨酸混合液的 pH 值为 6.00，将此混合液置于电场中，试判断它们各自向电极移动的情况。

2. 赖氨酸是含两个氨基一个羧基的氨基酸，试写出其在强酸性水溶液中和强碱性水溶液中存在的主要形式，并估计其等电点的 pH。

3. 有一个八肽，经末端分析知 N 端和 C 端均为亮氨酸，缓慢水解此八肽得到如下一系列二肽、三肽：精氨酸-苯丙氨酸-甘氨酸、脯氨酸-亮氨酸、苯丙氨酸-甘氨酸、丝氨酸-脯氨酸-亮氨酸、苯丙氨酸-甘氨酸-丝氨酸、亮氨酸-丙氨酸-精氨酸、甘氨酸-丝氨酸、精氨酸-苯丙氨酸。试推断此八肽中氨基酸残基的排列顺序。

4. 写出丙氨酸与下列试剂作用的反应式。

(1) NaOH　　(2) HCHO

(3) $(CH_3CH_2CO)_2O$　　(4) HCl

(5) HNO_2　　(6) CH_3OH

5. 完成下列转化。

(1) 正戊醇→α-氨基戊酸

(2) 丙二酸，甲苯→苯丙氨酸

(3) 丁酰胺→2-甲基-2-氨基丙酸丙酯

(4) 乙烯→天冬氨酸

6. 以甘氨酸、丙氨酸、苯丙氨酸组成的三肽中，氨基酸有几种可能的排列形式？写出它们的结构。

7. 某氨基酸能完全溶于 pH=7 的纯水中，而所得氨基酸的溶液 pH=6，试问该氨基酸的等电点在什么范围内？是大于 6，还是等于 6？

8. 化合物 A 的分子式为 $C_5H_{11}O_2N$，具有旋光性，用稀碱处理发生水解后生成 B 和 C。B 也有旋光性，既溶于酸又溶于碱，并能与亚硝酸作用放出氮气；C 无旋光性，但能发生碘仿反应。试推断 A 的结构。

附 录

一、常见有机基团

中文名称	化学式	英文	中文名称	化学式	英文
甲基	$CH_3—$	Methyl	乙基	$CH_3CH_2—$	Ethyl
丙基	$CH_3CH_2CH_2—$	n - Propyl	异丙基	$(CH_3)_2CH—$	i - Propyl
丁基	$CH_3CH_2CH_2CH_2—$	n - Butyl	异丁基	$(CH_3)_2CHCH_2—$	i - Butyl
叔丁基	$(CH_3)_3C—$	t - Butyl	仲丁基	$CH_3CH_2(CH_3)CH—$	s - Butyl
戊基	$CH_3CH_2CH_2CH_2CH_2—$	pentyl	乙烯基	$CH_2=CH—$	vinyl
烯丙基	$H_2C=CHCH_2—$	allyl	丙烯基	$CH_3CH=CH—$	propenyl
苯基	$C_6H_5—$	Phenyl	芳基		Aryl
羟基	HO—	hydroxy	甲酰基	$H—C(=O)—$	formyl

二、有机化学常用符号一览表

符号	英语名称	中文名称
Å	Ångstroms	埃(10^{-10}m)
bp	boiling point	沸点
D	debye	德拜，偶极矩的度量
(d，l)	dextro -(d -)，laevo -(l -)	立体化学构型的标记
(+)-，(-)-	dextro isomer，laevo isomer	右旋体，左旋体
(±)-	racemic compound	外消旋体
DMF	dimethylformamide	二甲基甲酰胺 $HCON(CH_3)_2$
DMSO	dimethyl sulfoxide	二甲基亚砜$(CH_3)_2SO$
DNA	deoxyribonucleic acid	脱氧核糖核酸
E	entgegen	(德)相反的意思，在烯烃 Z、E 命名中指相反的一边
E	electrophilic reagent	亲电试剂
E1	unimolecular elimination mechanism	单分子消除反应机理
E2	bimolecular elimination mechanism	双分子消除反应机理
fp	freezing point	凝固点
FT	fourier transform	傅里叶变换
GC	gas chromatography	气相色谱法

（续）

符号	英语名称	中文名称
GLC	gas-liquid chromatography	气-液色谱法
GSC	gas-solid chromatography	气-固色谱法
HOAc	acetic acid	醋酸 CH_3COOH
HPLC	high performance liquid chromatography	高效液相色谱法
hν	photic symbol	光的符号
Hz	hertz	赫兹
I	inductive effect	诱导效应
IR	infrared spectrometry	红外光谱法
J	coupling constant	偶合常数(单位常用 Hz)
k	reaction velocity constant	反应速度常数
K	equilibrium constant of reaction	反应平衡常数
K_a	acid dissociation constant	酸性离解常数
K_b	basic dissociation constant	碱性离解常数
m	meta	间位
m/e	mass charge ratio	质荷比
MHz	10^6 Hz	等于 10^6 Hz
mp	melting point	熔点
Ms	mesyl	甲磺酰基
MS	mass spectroscopy	质谱
NBS	n-bromosuccinimide	N-溴代琥珀酰亚胺(N-溴代丁二酰亚胺)
NMR	nuclear magnetic resonance	核磁共振
Nu	nucleophilic reagent	亲核试剂
o	ortho	邻位
p	para	对位
pH	ameasure of the acidity	酸性的度量等于$-\log[H^+]$
pK_a	logarithm of the reciprocal of the acid dissociation constant	酸的强度的度量$-\log K_a$
pK_b	logarithm of the reciprocal of the basic dissociation constant	碱的强度的度量$-\log K_b$
PTC	phase-transfer catalysis	相转移催化(作用)
R	alkyl or cycloalkyl	烷基或环烷基

（续）

符号	英语名称	中文名称
(R，S)	rectus，sinister	立体化学构型的标记：(拉丁文)rectus 右，sinister 左
RNA	ribonucleic acid	核酸
S_N1	unimolecular nucleophilic substitution mechanism	单分子亲核取代反应机理
S_N2	bimolecular nucleophilic substitution mechanism	双分子亲核取代反应机理
STP	standard temperature and pressure	标准温度和压力
TEBA	triethyl benzyl animonium chloride	苄基三乙基氯化铵
THF	tetrahydrofuran	四氢呋喃
TLC	thin layer chromatography	薄层色谱法
TMS	tetramethylsilane	四甲基硅$(CH_3)_4Si$
Ts(Tos)	tosyl or p-toluenesulfonyl	对甲基苯磺酰基 $p-CH_3C_6H_4SO_2-$
TTFA	thallium trifluoroacetate	三氟乙酸铊
UPS	ultraviolet photo electron spectroscopy	紫外光电子能谱
uv	ultraviolet	紫外
XPS	X-ray photo electron spectroscopy	X 射线光电子能谱
Z	zusammen	(德)同的意思，烯烃 Z、E 命名中同一边的意思
Z	benzyloxycarbonyl	苯甲氧基羰基 $C_6H_5CH_2OCO-$
[α]	specific rotation	比旋光
δ	chemical shift	由 TMS 向低场方向的化学位移，单位用 ppm 表示
△	symbol of heating in reaction	反应中的加热符号
μ	dipole moment	偶极矩
φ	wave function of atomic orbital	原子轨道的波函数
ψ	wave function of molecular orbital	分子轨道的波函数

三、常用有机溶剂的物理常数

溶剂	沸点/℃	熔点/℃	分子量	相对密度(20℃)	介电常数	溶解度(克/百克水)	与水共沸混合物
							沸点/℃
乙醚	35	−116	74	0.71	4.3	6.0	3.4
二硫化碳	46	−111	76	1.26	2.6	0.29(20℃)	44

（续）

溶剂	沸点/℃	熔点/℃	分子量	相对密度(20℃)	介电常数	溶解度(克/百克水)	与水共沸混合物
							沸点/℃
丙酮	56	−95	58	0.79	20.7	∞	
氯仿	61.2	−64	119	1.49	4.8	0.82(20℃)	56
甲醇	65	−98	32	0.79	32.7	∞	
四氯化碳	77	−23	154	1.59	2.2	0.08	66
乙酸乙酯	77.1	−84	88	0.90	6.0	8.1	70.4
乙醇	78.3	−114	46	0.79	24.6	∞	78.1
苯	80.4	5.5	78	0.88	2.3	0.18	69.2
异丙醇	82.4	−88	60	0.79	19.9	∞	80.4
正丁醇	118	−89	74	0.81	17.5	7.45	92.2
甲酸	101	8	46	1.22	58.5	∞	107
甲苯	111	−95	92	0.87	2.4	0.05	84.1
吡啶	115	−42	79	0.98	12.4	∞	92.5
乙酸	118	17	60	1.05	6.2	∞	
乙酸酐	140	−73	102	1.08	20.7	反应	
硝基苯	211	6	123	1.20	34.8	0.19(20℃)	99

四、常见危险化学品的火灾危险与处置方法

分子式	名称	火灾危险	处置方法
CH_4	甲烷	与空气混合能形成爆炸性混合物，遇火星，高温有燃烧爆炸危险	雾状水、泡沫、二氧化碳
CH_3Cl	氯甲烷	空气中遇火星或高温(白热)能引起爆炸，并生成光气，接触铝及其合金能生成有自燃性的铝化合物	雾状水、泡沫
CH_3NH_2	甲胺(无水)	遇明火、高温有引起燃烧爆炸危险。钢瓶和附件损坏会引起爆炸	雾状水、泡沫、二氧化碳、干粉
CH_2N_2	重氮甲烷	化学反应时，能发生强烈爆炸。未经稀释的液体或气体在接触碱金属、粗糙的物品表面或加热到100℃时，能发生爆炸	干粉、石粉、二氧化碳、雾状水
CH_3NO_3	硝酸甲酯	遇明火、高温、受撞击，有引起燃烧爆炸危险	雾状水；禁止用砂土压盖

（续）

分子式	名称	火灾危险	处置方法
CH_3SH	甲硫醇	遇明火易燃烧，遇酸放出有毒气体，遇水放出有毒易燃气体，遇氧化剂反应强烈，其蒸气能与空气形成爆炸性混合物	二氧化碳、化学干粉、1211灭火剂、砂土，忌用酸碱灭火剂、水和泡沫
CCl_3NO_2	三氯硝基甲烷	剧毒，不易燃烧。受热分解放出有毒气体，遇发烟硫酸分解生成光气和亚硝 基硫酸，在碱和乙醇中分解加快	水、泡沫、砂土
$C(NO_2)_4$	四硝基甲烷	遇明火、高温、震动、撞击，有引起燃烧爆炸危险	雾状水、二氧化碳
$COCl_2$	碳酰氯	剧毒，漏气可致附近人畜生命危险。受热后瓶内压力增大，有爆炸危险	雾状水、二氧化碳。万一有光气泄漏，微量时可用水蒸气冲散，可用液氨喷雾解毒
CS_2	二硫化碳	遇火星、明火极易燃烧爆炸，遇高温、氧化剂有燃烧危险	水、二氧化碳、黄沙；禁止使用四氯化碳
CCl_3CHO	三氯乙醛(无水)	不燃烧，但受热分解放出有催泪性及腐蚀性的气体	雾状水、泡沫、砂土、二氧化碳
$CH_2{=}CH_2$	乙烯	易燃，遇火星、高温、助燃气有燃烧爆炸危险	水、二氧化碳
$CH_2{=}CHCl$	氯乙烯	与空气形成爆炸性混合物，遇火星、高温有燃烧爆炸危险	雾状水、泡沫、二氧化碳
C_2H_5Cl	氯乙烷	与空气混合能形成爆炸性混合物，遇火星、高温有燃烧爆炸危险	雾状水、泡沫、二氧化碳
CH_3CHO	乙醛	遇火星、高温、强氧化剂、湿性易燃物品、氨、硫化氢、卤素、磷、强碱等，有燃烧爆炸危险。其蒸气与空气混合成为爆炸性混合物	干砂、干粉、二氧化碳、雾状水、泡沫
CH_2ClCHO	氯乙醛	可燃，有腐蚀性，并有刺激性臭味	雾状水、泡沫、二氧化碳、干粉
CH_2FCOOH	氟乙酸	可燃，受热分解放出有毒的氟化物气体，有腐蚀性	泡沫、雾状水、砂土、二氧化碳
$C_2H_5NH_2$	乙胺	易燃，有毒，遇高温、明火、强氧化剂有引起燃烧爆炸危险	泡沫、二氧化碳、雾状水、干粉、砂土
$(CH_2)_2O$	环氧乙烷	与空气混合能形成爆炸性混合物，遇火星有燃烧爆炸危险	水、泡沫、二氧化碳

（续）

分子式	名称	火灾危险	处置方法
CH_3OCH_3	甲醚	与空气混合能形成爆炸混合物，遇火星、高温有燃烧爆炸危险	雾状水、泡沫、二氧化碳
$(CH_3O)_2SO_2$	硫酸二甲酯	剧毒，可燃，蒸气无严重气味，不易被察觉，往往在不知不觉中中毒。遇明火、高温能燃烧，与氢氧化铵反应强烈	雾状水、泡沫、二氧化碳、砂土
$(CH_3)_2S$	甲硫醚	易燃，遇热分解，分解剧烈时有爆炸危险，与氧化剂反应剧烈，遇高温、明火极易燃烧	二氧化碳、干粉、泡沫、砂土
CH_3SCN	硫氰酸甲酯	有毒，遇明火能燃烧，受热放出有毒气体	雾状水、泡沫、干粉、砂土；忌用酸碱灭火剂
$CH_3CH_2CH_3$	丙烷	与空气混合能形成爆炸性混合物，遇火星、高温有燃烧爆炸危险	雾状水、二氧化碳
C_3H_6	环丙烷	与空气混合形成爆炸性混合物，遇火星、高温有燃烧爆炸危险	二氧化碳、泡沫
$CH_3CH{=}CH_2$	丙烯	与空气混合能形成爆炸性混合物，遇火星、高温有燃烧爆炸危险	雾状水、泡沫、二氧化碳
$CH_3C{\equiv}CH$	丙炔	遇明火易燃易爆，受高温引起爆炸，遇氧化剂反应剧烈	水、二氧化碳
$ClCH_2CH_2CN$	3-氯丙腈	有毒，遇明火燃烧，受热放出有毒物质，易经皮肤吸收中毒，其毒性介于丙烯腈和氢氰酸之间	泡沫、二氧化碳、干粉、砂土
CH_3COCH_3	丙酮	蒸气与空气混合能为爆炸性混合物，遇明火、高温易引起燃烧	抗溶性泡沫、泡沫、二氧化碳、化学干粉、黄砂
$CH_2{=}CHCHO$	丙烯醛	易燃，能与空气形成爆炸性混合物，遇火星易燃，遇光和热有促进作用，能引起爆炸的危险	泡沫、干粉、二氧化碳、砂土
$C_2H_5OCH_3$	甲乙醚	遇高温、明火、强氧化剂有引起燃烧爆炸的危险，其蒸气能与空气形成爆炸性混合物	泡沫、抗溶性泡沫、二氧化碳、干粉
$HCOOC_2H_5$	甲酸乙酯	遇热、明火、氧化剂有引起燃烧危险	泡沫、二氧化剂、干粉、砂土、雾状水
$C_3H_5(ONO_2)_3$	硝化甘油	遇暴冷、暴热、明火、撞击，有引起爆炸的危险	雾状水

（续）

分子式	名称	火灾危险	处置方法
$CH_3(CH_2)_2CH_3$	正丁烷	与空气混合能形成爆炸性混合物，遇火星、高温有燃烧爆炸危险	水、雾状水、二氧化碳
$C_2H_5CH=CH_2$	1-丁烯	与空气混合能形成爆炸性混合物，遇火星、高温有燃烧爆炸危险	雾状水、泡沫、二氧化碳
$CH_2=CHCH=CH_2$	丁二烯	与空气混合能形成爆炸性混合物，遇火星、高温有燃烧爆炸危险	雾状水、二氧化碳
$CH_2=CHCH_2CN$	3-丁烯腈	剧毒，在空气中能燃烧、受热分解或接触酸能生成有毒的烟雾	雾状水、泡沫、砂土、二氧化碳；禁用酸碱式灭火器
$(C_2H_5)_2NH$	二乙胺	易燃、遇高温、明火、强氧化剂有引起燃烧危险	雾状水、泡沫、干粉、二氧化碳
$CH_3OC_3H_7$	甲基丙基醚	遇热、明火、强氧化剂有引起燃烧爆炸危险，其蒸气极易燃烧	泡沫、二氧化碳、干粉、抗溶性泡沫
$(C_2H_5)_2O$	乙醚	极易燃烧，遇火星、高温、氧化剂、过氯酸、氯气、氧气、臭氧等有发生燃烧爆炸危险，有麻醉性，对人的麻醉浓度(质量浓度)为109.8～196.95g/m^3。浓度超过303g/m3时有生命危险	干粉、二氧化碳、砂土、泡沫
$O(CH_2)_3CH_2$	四氢呋喃	蒸气能与空气形成爆炸物，与酸接触能发生反应，遇明火、强氧化剂有引起燃烧危险，与氢氧化钾、氢氧化钠有反应，未加过稳定剂的四氢呋喃暴露在空气中能形成有爆炸性的过氧化物	泡沫、干粉、砂土
$HN(CH_2)_3CO$	2-吡咯烷酮	有毒，遇明火能燃烧，受热时能分解出有毒的氧化氮气体，能与氧化剂发生反应	雾状水、泡沫、二氧化碳、砂土
$ClCH_2COOC_2H_5$	氯乙酸乙酯	有毒，受热分解，产生有毒的氯化物气体，与水或水蒸气起化学反应产生有毒及腐蚀性气体，能与氧化剂发生反应，遇明火、高温能燃烧	泡沫、二氧化碳、砂土
$(CH_3)_4Si$	四甲基硅烷	遇热、明火、强氧化剂有引起燃烧的危险	砂土、二氧化碳、泡沫
$CH_3(CH_2)_3CH_3$	正戊烷	易燃，其蒸气与空气混合能形成爆炸性混合物，遇明火、高温、强氧化剂有引起燃烧危险	泡沫、干粉、二氧化碳、砂土

（续）

分子式	名称	火灾危险	处置方法
$(CH_2)_5$	环戊烷	遇热、明火、氧化剂能引起燃烧，其蒸气如与空气混合形成有爆炸性危险的混合物	泡沫、二氧化碳、干粉、1211灭火剂、砂土
$O(CH_2)_4CH_2$	四氢吡喃	存放过程中遇空气能产生有爆炸性的物质，遇热、明火、强氧化剂有引起燃烧的危险	泡沫、二氧化碳、砂石
$CH_3(CH_2)_4CH_3$	正己烷	遇热或明火能发生燃烧爆炸，蒸气与空气形成爆炸或混合物	泡沫、二氧化碳、干粉
$(CH_2)_6$	环己烷	易燃，遇明火、氧化剂能引起燃烧、爆炸	泡沫、二氧化碳、干粉、砂土
$CH_2=CH(CH_2)_3CH_3$	1-己烯	遇热、明火、强氧化剂有燃烧爆炸危险，其蒸气能与空气形成爆炸性混合物	泡沫、二氧化碳、干粉、1211灭火剂、砂土
$(C_2H_5)_3B$	三乙基硼	遇空气、氧气、氧化剂、高温或遇水分解（放出有毒易燃气体），均有引起燃烧危险（比三丁基硼活泼）	二氧化碳、干砂、干粉；禁止用1211等含卤化合物的灭火剂
$(C_3H_7)_2O$	正丙醚	遇热、明火、强氧化剂有引起燃烧的危险	泡沫、二氧化碳、干粉、黄砂
$C_6H_5NO_2$	硝基苯	有毒，遇火种、高温能引起燃烧爆炸，与硝酸反应强烈	雾状水、泡沫、二氧化碳、砂土
$C_6H_3(NO_2)_3$	1，3，5-三硝基苯	遇明火、高温或经震动、撞击、摩擦，有引起燃烧爆炸危险	雾状水；禁止用砂土盖
$(NO_2)_2C_6H_3NHNH_2$	2，4-二硝基苯肼	干品受震动、撞击会引起爆炸，与氧化剂混合，能成为有爆炸性的混合物	水、泡沫、二氧化碳
C_6H_5OH	苯酚	遇明火、高温、强氧化剂有燃烧危险，有毒和腐蚀性	水、砂土、泡沫
NOC_6H_4OH	4-亚硝基（苯）酚	遇明火，受热或接触浓酸、浓碱，有引起燃烧爆炸的危险	水、干粉、泡沫、二氧化碳
$(NO_2)_2C_6H_3OH$	2，4-二硝基苯酚	遇火种、高温易引起燃烧，与氧化剂混合同能成为爆炸性混合物，遇重金属粉末能起化学作用而生成盐，增加危险性，有毒	雾状水、黄砂、泡沫、二氧化碳

（续）

分子式	名称	火灾危险	处置方法
$(NO_2)_3C_6H_2OH$	2，4，6-三硝基苯酚	与重金属（除锡外）或重金氧化物作用生成盐类，这类苦味酸盐极不稳定，受摩擦、震动，易发生剧烈爆炸，遇明火、高温也有引起爆炸的危险	水
C_6H_5SH	苯硫酚	可燃，受热分解或接触酸类放出有毒的硫化物气体，并有腐蚀性	雾状水、泡沫、二氧化碳、砂土
$C_6H_5SO_2NHNH_2$	苯磺酰肼	遇火种、高温或与氧化剂接触，有引起燃烧的危险	雾状水、二氧化碳、泡沫、砂土
$C_6H_5CH_2Cl$	苄基氯	有毒，遇明火能燃烧，当有金属（如铁）存在时分解，并可能引起爆炸，与水或水蒸气发生作用，能产生有毒和腐蚀性的气体，与氧化剂能发生强烈反应	泡沫、砂土、二氧化碳、干粉
$C_6H_5CHCl_2$	二氯甲基苯	可燃，有毒和腐蚀性	干砂、二氧化碳
$C_6H_5CH(OH)CN$	苯乙醇腈	剧毒，可燃，遇热、酸分解放出有毒气体	水、二氧化碳、砂土；禁用酸碱灭火剂
$C_6H_5N(CH_3)_2$	N，N-二甲（基）苯胺	有毒，遇明火能燃烧，受热能分解放出有毒的苯胺气体，能与氧化剂发生反应	泡沫、二氧化碳、干粉、砂土
$C_6H_5N{=}NNHC_6H_5$	重氮氨基苯	受强烈震动或高温有爆炸危险	砂土、泡沫、二氧化碳、雾状水
$C_{12}H_{16}O_6(NO_3)_4$	硝化纤维素（含氮≤12.6%，含硝化纤维素≤55%）	遇火星、高温、氧化剂、大多数有机胺（如间苯二甲胺）会发生燃烧和爆炸。干燥品久储变质后，易引起自燃，通常加乙醇、丙醇或水作湿润剂，湿润剂干燥后，容易发生火灾	水、泡沫、二氧化碳
$C_{10}H_4(NO_2)_4$	四硝基萘	受撞击或高温会发生爆炸，摩擦敏感度较TNT稍低。遇还原剂反应剧烈，分解后放出有毒的氧化氮气体	雾状水、泡沫；禁止用砂土压盖

参 考 文 献

[1] 邢其毅，裴伟伟，徐瑞秋，裴坚．基础有机化学(上、下册) [M]．3 版．北京：高等教育出版社，2005.
[2] 高鸿宾．有机化学 [M]．4 版．北京：高等教育出版社，2005.
[3] 徐寿昌．有机化学 [M]．2 版．北京：高等教育出版社，1993.
[4] 袁履冰．有机化学 [M]．北京：高等教育出版社，2000.
[5]《化学发展简史》编写组．化学发展简史 [M]．北京：科学出版社，1980.
[6] 钱旭红．有机化学 [M]．2 版．北京：化学工业出版社，2006.
[7] 胡宏纹．有机化学(上、下册) [M]．3 版．北京：高等教育出版社，2006.

参考文献

[1] [illegible]

[2] [illegible]

[3] [illegible]

[4] [illegible]

[5] [illegible]

[6] [illegible]

[7] [illegible]